Adolf Engler, Karl Prantl, Adolf Engler

Die Natürlichen Pflanzenfamilien nebst ihren Gattungen und wichtigeren Arten insbesondere den Nutzpflanzen

Adolf Engler, Karl Prantl, Adolf Engler

**Die Natürlichen Pflanzenfamilien nebst ihren Gattungen und wichtigeren Arten insbesondere den Nutzpflanzen**

ISBN/EAN: 9783742865342

Hergestellt in Europa, USA, Kanada, Australien, Japan

Cover: Foto ©berggeist007 / pixelio.de

Manufactured and distributed by brebook publishing software (www.brebook.com)

Adolf Engler, Karl Prantl, Adolf Engler

# Die Natürlichen Pflanzenfamilien nebst ihren Gattungen und wichtigeren Arten insbesondere den Nutzpflanzen

# Die natürlichen
# PFLANZENFAMILIEN

nebst

ihren Gattungen und wichtigeren Arten

insbesondere den Nutzpflanzen,

unter Mitwirkung zahlreicher hervorragender Fachgelehrten

begründet von

**A. Engler** und **K. Prantl**

fortgesetzt

von

**A. Engler**

ord. Professor der Botanik und Direktor des botan. Gartens in Dahlem

## Gesamtregister zum I. Teil

Leipzig

Verlag von Wilhelm Engelmann

1909

Alle Rechte, besonders das der Übersetzung, vorbehalten.

# REGISTER.

## A.

Abacina Norm. (*Buelliac.*) 1*. 232.
Abacina Norm. (*Lecideac.*) 1*. 137.
Abactopteris Fée (*Polypodiac.*) 4. 167.
Abietinella C. Müll. (*Leskeac.*) 3. 1011, 1017.
Abietinella (C. Müll.) Broth. (*Leskeac.*) 3. 1017.
Abroteia Harv. (*Delesseriac.*) 2. 408, 411.
Abrothallus auct. (*Patellariac.*) 1. 225.
Abrothallus De Not. (*Patellariac.*) 1. 222, 227. 1*. 138.
A. microspermus Tul. 1. 227, Fig. 174 B—D.
A. Parmeliarum (Sommerf.) Nyl. 1. 227, Fig. 174 A.
Absidia Van Tiegh. (*Mucorac.*) 1. 123. 126.
A. septata Van Tiegh. 1. 126, Fig. 110 B.
Acanthachlya Schröt. (*Saprolegniac.*) 1. 99.
Acanthobolus Kütz. (*Gigartinac.*) 2. 355.
Acanthoceras Kütz. (*Ceramiac.*) 2. 501.
Acanthocladium Broth. et Geh. (*Hypnac.*) 3. 1074.
Acanthocladium Mitt. (*Hypnac.*) 3. 1062, 1075, 1237.
A. tanytrichum (Mont.) 3. 1075, Fig. 766 A—D.
A. trichocoleoides (C. Müll.) 3. 1076, Fig. 767 A—F.
Acanthococcus Hook. et Harv. (*Rhodophyllidac.*) 2. 369, 377.
Acanthococcus Lagerh. (*Pleurococcac.*) 2. 59.
Acanthocodium Surg. (*Codiac.*) 2. 144.
Acanthodiscus Pant. (*Bacillariac.*) 1b. 68.
Acanthodium Mitt. (*Hypnac.*) 3. 1077.
Acanthographina Wainio (*Graphidac.*) 1*. 102.
Acanthographis Wainio (*Graphidac.*) 1*. 102.

Acanthomyces Schröt. (*Saprolegniac.*) 1. 101.
Acanthomyces Thaxt. (*Laboulbeniac.*) 1. 504.
Acanthonema J. G. Ag. (*Cladophorac.*) 2. 118.
Acanthopeltis Okamura (*Gelidiac.*) 2. 342, 348, 349.
A. japonica Okamura 2. 348, Fig. 213.
Acanthophiobolus Berl. (*Pleosporac.*) 1. 439.
Acanthophora Lamx. (*Rhodomelac.*) 2. 426, 435.
Acanthostigma De Not. (*Sphaeriac.*) 1. 394, 397, 398.
A. perpusillum De Not. 1. 397, Fig. 256 F, G.
Acanthothecium Speg. (*Excipulac.*) 1**. 395, 397.
Acanthothecium Wainio (*Graphidac.*) 1*. 92, 101.
A. pachygraphoides Wainio 1*. 101, Fig. 49 A, B.
Acanthotylus Kütz. (*Gigartinac.*) 2. 358.
Acarospora Mass. (*Acarosporac.*) 1*. 150, 152.
A. chlorophana (Wahlenbg.) Mass. 1*. 153, Fig. 73 B—D.
A. discreta (Ach.) Th. Fr. 1*. 153, Fig. 73 A.
Acarosporaceae 1*. 113, 150—154.
Acaulon C. Müll. (*Pottiac.*) 3. 383.
Acaulon C. Müll. (*Pottiac.*) 3. 413, 414, 1194.
A. Schimperianum Sull. 3. 415, Fig. 267 L—P.
Acerbia Sacc. (*Ceratostomatac.*) 1. 408.
Acetabula Fries (*Pezizac.*) 1. 182, 187.
Acetabularia Berk. (*Agaric.*) 1**. 253.
Acetabularia Lamx. (*Dasycladac.*) 2. 154, 156.
A. mediterranea Lamx. 2. 154, Fig. 105.
Acetabularieae (*Dasycladac.*) 2. 156.
Acetabulum Lamk. (*Dasycladac.*) 2. 156.

Achiton Corda (*Marchantiac.*) 3. 31.
Achitonium Corda (*Tuberculariac.*) 1\*\*. 502.
Achlya Nees (*Saprolegniac.*) 1. 96, 98, 99; 98, Fig. 78b.
A. racemosa Hildebr. 1. 98, Fig. 78a.
Achlyites Nees (*Phycomycet.*) 1\*\*. 519.
Achlyogeton Schenk (*Lagenidiac.*) 1. 89.
Achlyopsis De Wild. (*Peronosporac.*) 1\*\*. 530.
Achnantheae (*Bacillariac.*) 1b. 57, 120.
Achnanthella Gaill. (*Bacillariac.*) 1b. 120.
Achnanthes Bory (*Bacillariac.*) 1b. 45, 120.
A. brevipes Ag. 1b. 120, Fig. 221 *A—C*.
A. (Achnanthidium) flexella (Kütz.) Bréb. 1b. 120, Fig. 222 *A—C*.
A. inflata 1b. 45, Fig. 36 Nr. 13—16.
A. longipes Ag. 1b. 120, Fig. 221 *D, E*.
Achnanthes Turp. (*Pleurococcac.*) 2. 59.
Achnanthidium Kütz. (*Bacillariac.*) 1b. 121.
Achnanthoideae (*Bacillariac.*) 1b. 57, 120.
Achnanthosigma Reinh. (*Bacillariac.*) 1b. 132, 135.
Achorion (*Plectascin.*) 1\*\*. 424. 536.
Achyrophyllum Mitt. (*Ptychomniac.*) 3. 1220, 1221.
Acia Karst. (*Hydnac.*) 1\*\*. 144.
Acicularia d'Archiac. (*Dasycladac.*) 2. 139, 548.
Acidodontium Mitt. (*Bryac.*) 3. 560.
Acidodontium Schwaegr. (*Bryac.*) 3. 542, 560.
A. megalocarpum (Hook.) 3. 560, Fig. 420 *K*.
A. ramicola (Spruce) 3. 560, Fig. 420 *A—E*.
A. subrotundum Hook. et Wils. 3. 560, Fig. 420 *F—J*.
Acinetactis Stokes (*Rhizomastigac.*) 1a. 115.
Acinetae (*Phaeophyc.*) 2. 181.
Acinetospora Born. (*Phaeophyc.*) 2. 290.
Acinula Fries (*Mycel.*) 1\*\*. 516.
Acioniscium Rostaf. (*Didymiac.*) 1. 30.
Acker-Champignon (*Psalliota arvensis* Schaeff.) 1\*\*. 112.
Acladium Link (*Mucedinac.*) 1\*\*. 418, 432, 433.
A. conspersum Link 1\*\*. 433, Fig. 224 *B*.
Acmosporium Corda (*Mucedinac.*) 1\*\*. 435.
Acolea Dum. (*Jungerm. akrog.*) 3. 77.
Acolea Trevis. (*Jungerm. akrog.*) 3. 80.
Acoleos C. Müll. (*Bartramiac.*) 3. 656.
Acoleos (C. Müll.) Broth. (*Bartramiac.*) 3. 1210.
Acolium De Not. (*Cypheliac.*) 1\*. 83.
Aconiopteris Presl (*Polypodiac.*) 4. 331.

Acosta C. Müll. (*Leucomiac.*) 3. 1096.
Acrasieae 1. 1—4.
Acrasis Van Tiegh. (*Dictyostcliac.*) 1. 4.
Acremoniella Sacc. (*Dematiac.*) 1\*. 436, 464, 465.
A. atra (Corda) Sacc. 1\*\*, 465, Fig. 241 *A*.
Acremonium Link (*Mucedinac.*) 1\*\*. 419, 433, 434.
A. alternatum Link 1\*\*. 433, Fig. 224 *E*.
Acroblaste Reinsch (*Chaetophorac.*) 2. 97, 98.
A. Reinschii Wille 2. 98, Fig. 62.
Acrobolbus Nees (*Jungerm. akrog.*) 3. 77, 86.
A. Wilsonii (Tayl.) Nees 3. 70, Fig. 40 *D, E*.
Acrobolbus Trevis. (*Jungerm. akrog.*) 3. 81. 99.
Acrocarpi (*Bryal.*) 3. 283—700.
Acrocarpia Aresch. (*Fucac.*) 2. 284.
Acrocarpus Kütz. (*Gelidiac.*) 2. 347.
Acrocarpus Schenk (*Hymenophyllac.?*) 4. 112, 490, 496, 512.
Acrochaete Pringsh. (*Chaetophorac.*) 2. 92, 95.
A. repens Pringsh. 2. 95, Fig. 59.
Acrochaetium Naeg. (*Helminthocladiac.*) 2. 331.
Acrocladiopsis Broth. (*Hypnac.*) 3. 1078, 1088.
Acrocladium Mitt. (*Hypnac.*) 3. 1087.
Acrocladium Mitt. (*Hypnac.*) 3, 1022, 1037.
A. auriculatum (Mont.) 3. 1038, Fig. 745 *A—D*.
Acrocladus Naeg. (*Cladophorac.*) 2. 118.
Acrocordia Mass. (*Pyrenulac.*) 1\*. 65.
Acrocordia Müll. Arg. (*Pyrenulac.*) 1\*. 65.
Acrocryphaea Bryol. eur. (*Cryphaeac.*) 3. 737, 738, 1214.
A. mexicana Schimp. 3. 738, Fig. 552 *A—G*.
Acrocryphaea Mitt. (*Cryphaeac.*) 3. 738.
Acrocylindrium Bon. (*Mucedinac.*) 1\*\*. 420, 440, 441.
A. Cordae Sacc. 1\*\*. 440, Fig. 228 *F*.
Acrocystis Ell. et Halst. (*Mucorac.?*) 1\*\*. 530.
Acrocystis Zanard. (*Rhodomelac.*) 2. 479, 480.
A. nana Zanard. 2. 479, Fig. 266 *C*.
Acrodiscus Zanard. (*Grateloupiac.*) 2. 513.
Acrolejeunea Spruce (*Jungerm. akrog.*) 3. 119, 128.

Acrolepis Lindb. (*Brachytheciac.*) 3. 1149.
Acropeltis E. Fr. (*Cladoniac.*) 1*. 142.
Acropeltis Mont. (*Gelidiac.*) 2. 342, 348.
Acrophorus Moore (*Polypodiac.*) 4. 208, 209, 219.
Acrophorus Presl (*Polypodiac.*) 4. 159, 163, 164.
A. nodosus (Bl.) Presl 4. 163, Fig. 89 *D—F.*
Acrophytum Lib. (*Hypocreac.*) 1. 368.
Acroporium Mitt. (*Sematophyllac.*) 3. 1120.
Acroporium (Mitt.) Mitt. (*Sematophyllac.*) 3. 1120, 1238.
Acropteris Fée (*Polypodiac.*) 4. 235, 288.
Acropteris Link (*Polypodiac.*) 4. 233, 235.
Acropteris Schenk (*Filical.*) 4. 512.
Acropterygium Diels (*Gleicheniac.*) 4. 353, Fig. 188 *C.*
Acropus Hag. (*Bryac.*) 3. 538.
Acroradula Spruce (*Jungerm. akrog.*) 3. 114.
Acrorixis Trevis. (*Diploschistac.*) 1*. 122.
Acroschisma Hook. f. et Wils. (*Andreaeac.*) 3. 266.
Acroscyphus Lév. (*Sphaerophorac.*) 1*. 85, 86.
Acrosiphonia J. G. Ag. (*Cladophorac.*) 2. 118.
Acrosorium (Zanard.) Kütz. (*Delesseriac.*) 2. 410.
Acrospeira Berk. et Br. (*Dematiac.*) 1**. 156, 163.
**Acrospermaceae** 1. 267, 277—278, 1**. 535.
Acrospermum Tode (*Acrospermac.*) 1. 277, 278.
A. compressum Tode 1. 277, Fig. 201 *A—D.*
Acrosphaeria Corda (*Xylariac.*) 1. 487.
Acrospira Mont. (*Mucedinac.*) 1**. 449, 439.
Acrostalagmus Corda (*Mucedinac.*) 1**. 120, 442, 444.
A. cinnabarinus Corda 1**. 442, Fig. 229 *B, C.*
Acrosticheae (*Polypodiac.*) 4. 159, 330.
Acrostichinae (*Polypodiac.*) 4. 330, 331.
Acrostichites Goepp. (*Filical.*) 4. 175, 495.
Acrostichophyllum Velen. (*Filical.*) 4. 512.
Acrostichopteris Fontaine (*Filical.*) 4. 491.
Acrostichum auct., Hk. Bk. (*Polypodiac.*) 4. 195, 198, 251, 265, 305, 331, 336.
Acrostichum L. (*Polypodiac.*) 4. 330, 334, 335.

A. aureum L. 4. 335, Fig. 174 *J.*
Acrostichum Velen. (*Filical.*) 4. 512.
Acrostolia Dum. (*Jungerm. akrog.*) 3. 52, 53.
Acrothamnium Nees (*Hyphomycet.*) 1**. 516.
Acrotheca Fuckel (*Dematiac.*) 1**. 455, 460.
A. atra (Preuss) Sacc. 1**. 460, Fig. 238 *C.*
Acrothecieae (*Dematiac.*) 1**. 476.
Acrothecium Preuss (*Dematiac.*) 1**. 476, 481.
A. tenebrosum (Preuss) Sacc. 1**. 481, Fig. 250 *B.*
Acrothecula Sacc. (*Dematiac.*) 1**. 481.
**Acrotylaceae** 2. 305, 350—352.
Acrotylus J. Ag. (*Acrotylac.*) 2. 351.
A. australis J. Ag. 2. 351, Fig. 214 *A, B.*
Actidesmium Reinsch (*Tetrasporac.*) 2. 51.
Actidium Fries (*Hysteriac.*) 1. 272, 277.
A. hysterioides Fries 1. 277, Fig. 200 *F.*
Actinastrum Lagerh. (*Pleurococcac.*) 2. 36, 37, 38.
A. Hantzschii Lagerh. 2. 37, Fig. 36 *L.*
Actinella Lewis (*Bacillariac.*) 1b. 119.
A. mirabilis Grun. 1b. 119, Fig. 220 *C.*
A. punctata Lewis 1b. 119, Fig. 220 *A, B.*
Actiniceps Berk. et Br. (*Stilbac.*) 1**. 489, 490.
Actiniopsis Starb. (*Sphaeriac.*) 1**. 512.
Actiniopteris Link (*Polypodiac.*) 4. 255, 287, 288, 512.
A. radiata (Koenig) Link 4. 287, Fig. 151 *A—C.*
Actiniopteris Schenk (*Filical.*) 4. 512.
Actiniscus Ehrenb. (*Bacillariac.*) 1b. 86, 150.
Actinococcus Kütz. (*Gigartinac.*) 2. 354, 360.
A. subcutaneus Rosv. 2. 358, Fig. 218.
Actinocyclus Ehrenb. (*Bacillariac.*) 1b. 77, 78.
A. ovalis Norm. 1b. 78, Fig. 119 *A.*
A. Ralfsii Smith 1b. 78, Fig. 119 *B.*
Actinodictyon Pant. (*Bacillariac.*) 1b. 74, 75.
A. antiquorum Pant. 1b. 75, Fig. 114.
Actinodisceae (*Bacillariac.*) 1b. 55, 68.
Actinodiscus Grev. (*Bacillariac.*) 1b. 68, 70.
A. barbadensis Grev. 1b. 70, Fig. 97.
A. splendens (Shadb.) Ralfs 1b. 73, Fig. 106 *C, D.*

Actinodontium Schwaegr. (*Hookeriac.*) 3.
957.
Actinodontium (Schwaegr.) Mitt. (*Hookeriac.*)
3. 920, 959, 1235.
Actinoglena Zach. (*Hymenomonadac.*) 1 a.
162.
Actinoglyphis Mont. (*Chiodectonac.*) 1*. 103.
Actinogonium Ehrenb. (*Bacillariac.*) 1 b. 73.
Actinogramma Ehrenb. (*Bacillariac.*) 1 b. 73.
Actinomma Sacc. (*Tuberculariac.*) 1**.
311, 313.
Actinomonas Kent (*Rhizomastigac.*) 1 a.
113.
A. mirabilis Kent 1 a 113, Fig. 71 *A*.
Actinomucor Schostak. (*Mucorac.*) 1**.
530.
Actinomyces Harz (*Chlamydobacteriac.*) 1 a.
40.
Actinoneis Cleve (*Bacillariac.*) 1 b. 121.
Actinonema Fries (*Sphaerioidac.*) 1**.
366, 369.
A. Rosae (Lib.) Fries 1**. 369, Fig. 194
*J—L.*
Actinopelte Stizenb. (*Peltigerac.*) 1*. 192.
Actinophlebia Presl (*Cyatheac.*) 4. 129.
Actinoplaca Müll. Arg. (*Ectolechiac.*) 1*.
123, 124.
Actinoptychinae (*Bacillariac.*) 1 b. 55, 72.
Actinoptychus Ehrenb. (*Bacillariac.*) 1 b.
72, 73.
A. (Polymyxus) flos marina Brun. 1 b. 73,
Fig. 107.
A. undulatus Ralfs 1 b. 73, Fig. 106 *A, B*.
Actinoscypha Karst. (*Mollisiac.?*) 1. 210,
218.
Actinosphaeria Shadb. (*Bacillariac.*) 1 b. 73.
Actinostachys Wall. (*Schizaeac.*) 4. 362.
Actinostroma Klotzsch (*Telephorac.*) 1**.
126.
Actinotaenium Naeg. (*Desmidiac.*) 2. 8.
Actinothecium Ces. (*Leptostromatac.*)
1**, 387, 388.
A. caricicola Ces. 1**. 388, Fig. 202 *N—P*.
Actinothecium Fw. (*Verrucariac.*) 1*. 54.
Actinothuidium Besch. (*Leskeac.*) 3. 1019.
Actinothuidium (Besch.) Broth. (*Leskeac.*) 3. 1004, 1019.
A. Hookeri (Mitt.) 3. 1019, Fig. 737 *A—H*.
Actinothyrium Kunze (*Leptostromatac.*)
1**. 391.
Actinotrichia Decne. (*Chaetangiac.*) 2.
337, 339.
Acurtis Fries (*Agaricac.*) 1**. 222.
Acyrella Rostaf. (*Trichiac.*) 1. 22.

Addo (*Marsilia Nardu* A. Br. u. *M. Drummondii* A. Br.) 4. 417.
Adectum Link (*Polypodiac.*) 4. 217.
Adelanthus Carringt. (*Jungerm. akrog.*) 3.
82.
Adelanthus Mass. (*Jungerm. akrog.*) 3. 99.
Adelanthus Mitt. (*Jungerm. akrog.*) 3. 96,
99.
Adelocolia Mitt. (*Jungerm. akrog.*) 3. 99.
Adelothecium C. Müll. (*Hookeriac.*) 3. 925.
Adelothecium Mitt. (*Hookeriac.*) 3. 919,
925.
A. bogotense (Hampe) 3. 925, Fig. 676
*A—E*.
Adelphodon Lindb. (*Leskeac.*) 3. 991, 998.
Adenocystideae (*Laminariac.*) 2. 253.
Adenocystis Hook. f. (*Laminariac.*) 2.
244, 250, 253, 255.
A. Lessonii Hook. f. et Harv. 2. 244, Fig.
165 *A*; 250, Fig. 170 *B, C*.
Adenoderris J. Sm. (*Polypodiac.*) 4. 189.
Adenophorus Gaudich. (*Polypodiac.*) 4. 306,
311.
Adiantellum Presl (*Polypodiac.*) 4. 282,
286.
Adiantinae (*Polypodiac.*) 4. 255, 282.
Adiantites Goepp. (*Filical.*) 4. 475, 488.
A. oblongifolium Goepp. 4. 488, Fig. 285.
Adiantopsis Fée (*Polypodiac.*) 4. 255,
271; 271, Fig. 144 *A—E*.
A. pedata (Hook.) Moore 4. 271, Fig. 144 *A*.
A. radiata (L.) Fée 4. 271, Fig. 144 *B—E*.
Adiantum L. (*Polypodiac.*) 4. 2, 16, 56,
62, 146, 255, 282, 285, 286; 285, Fig.
150 *A—H*.
A. Capillus Veneris L. 4. 16, Fig. 11 *II*;
56, Fig. 38 *A*; 146, Fig. 85 *B*; 285, Fig.
150 *E, F*.
A. cuneatum Sw. 4. 2, Fig. 1.
A. Feei Moore 4. 285, Fig. 150 *II*.
A. macrophyllum Sw. 4. 285, Fig. 150 *C*.
A. nigrum L. 4. 32, Fig. 17 *A—D*.
A. Parishii Hook. 4. 285, Fig. 150 *A, B*.
A. pedatum L. 4. 285, Fig. 150 *G*.
A. venustum Don 4. 285, Fig. 150 *D*.
Adlerfarn (*Pteridium aquilinum* L.) 4. 296.
Aecidites Pers. (*Uredinac.*) 1**. 521.
Aecidium Pers. (*Uredinal.*) 1**. 27, 29,
31, 76, 77, 78.
A. corruscans Fries 1**. 78, Fig. 53 *B*.
A. elatinum Alb. et Schw. 1**. 77, Fig. 52;
78, Fig. 53 *A*.
A. Englerianum P. Henn. et Lindau 1**.
77, Fig. 51 *A—C*.

Aecidium Euphorbiae Pers. 1\*\*. 29, Fig. 16.
A. Grossulariae Pers. 1\*\*. 31, Fig. 19.
A. Jakobsthalii Henrici Magn. 1\*\*. 27, Fig. 14 C, D.
A. leucospermum DC. 1\*\*. 76, Fig. 50 A, B.
A. ornamentale Kalchbr. 1\*\*. 27, Fig. 14 A, B.
A. punctatum Pers. 1\*\*. 76, Fig. 50 C, D.
A. strobilinum (Alb. et Schw.) Reess 1\*\*. 78, Fig. 53 C, D.
Aegerita Batt. (*Agaricae.*) 1\*\*. 251.
Aegerita Pers. (*Tuberculariae.*) 1\*\*. 499, 500, 501.
A. torulosa (Berk.) Sacc. 1\*\*. 501, Fig. 258 A, B.
Aeglophyllum Kütz. (*Delesseriae.*) 2. 410.
Aegragopila Kütz.[1] (*Cladophorae.*) 2. 118.
Aeodes J. Ag. (*Grateloupiae.*) 2. 510, 511.
Aerobryidium Fleisch. (*Neckerae.*) 3. 807, 820.
Aerobryopsis Fleisch. (*Neckerae.*) 3. 807, 818, 1226.
A. longissima (Doz. et Molk.) 3. 819, Fig. 611 A—D.
Aerobryum (*Neckerae.*) 3. 807, 821.
Aerobryum C. Müll. (*Neckerae.*) 3. 820.
Aerobryum Doz. et Molk. (*Neckerae.*) 3. 827, 1227.
A. speciosum Doz. et Molk. 3. 827, Fig. 915 A—D.
Afzelia Ehrh. (*Dicranae.*) 3. 304, 318.
Agardhia Cabrera (*Codiae.*) 2. 144.
Agardhia Gray (*Mesocarpae.*) 2. 23.
Agardhia Menegh. (*Corallinae.*) 2. 544.
Agardhiella Schmitz (*Rhodophyllidae.*) 2. 368, 370, 371.
A. tenera (G. Ag.) Schmitz 2. 370, Fig. 222 E.
Agareae (*Laminariae.*) 2. 254.
**Agaricaceae** 1\*\*. 114, 198—276.
Agariceae (*Agaricae.*) 1\*\*. 230.
Agaricites L. (*Hymenomycet.*) 1\*\*. 522.
**Agaricus** L. (*Agaricae.*) 1\*\*. 231, 232, 260, 261.
A. (Tricholoma) equester L. 1\*\*. 261, Fig. 122 H.
A. (Omphalia) Fibula Bull. 1\*\*. 261, Fig. 122 B.
A. (Clitocybe) fragrans Sow. 1\*\*. 261, Fig. 122 G.
A. (Mycena) galericulatus Scop. 1\*\*. 261, Fig. 122 D.

A. (Pleurotus) nidulans Fries 1\*\*. 261, Fig. 122 A.
A. (Mycena) stylobates Pers. 1\*\*. 261, Fig. 122 C.
A. (Collybia) tuberosus Bull. 1\*\*. 261, Fig. 122 E.
A. (Collybia) velutipes Curt. 1\*\*. 261, Fig. 122 F.
Agaricus Sacc. (*Agaricae.*) 1\*\*. 237, 238.
Agarum Post. et Rupr. (*Laminariae.*) 2. 254, 256.
A. Turneri Post. 2. 256, Fig. 173.
Aglaomorpha Schott (*Polypodiae.*) 4. 319.
Aglaophyllum Mont. (*Delesseriae.*) 2. 410.
Aglaopisma De Not. (*Caloplacae.*) 1\*. 228.
Aglaospora De Not. (*Melanconidae.*) 1. 470.
Aglaozonia Zanard. (*Cutleriae.*) 2. 263.
Agonium Oerst. (*Algae*) 1 a. 92.
Agostea Sacc. (*Clypeosphaeriae.*) 1. 452.
Agyriella Ell. et Ev. (*Celidiae.*) 1\*\*. 533.
Agyriella Sacc. (*Melanconiae.*) 1\*\*. 399, 402.
Agyrina Sacc. (*Patellariae.*) 1. 230.
Agyriopsis Sacc. et Syd. (*Celidiae.*) 1\*\*. 533.
Agyrium Fries (*Celidiae.*) 1. 219, 220, 1\*. 93.
A. rufum (Pers.) Fr. 1. 220, Fig. 170 A, B.
Agyrium Lib. (*Melanconiae.*) 1\*\*. 402.
Agyrophora (Nyl.) A. Zahlbr. (*Gyrophorae.*) 1\*. 158.
Ahlesia Fuckel (*Hypocreae.*) 1. 354; 1\*. 151.
Ahnfeldtia Fries (*Gigartinae.*) 2. 366.
Ahnfeldtia Trevis. (*Cauleryae.*) 2. 136.
Ainactis Kütz. (*Rivulariae.*) 1 a. 89.
Aipospila Trevis. (*Lecanorae.*) 1\*. 204.
Akole (*Nephrodium unidentatum* Hook. et Arn.) 4. 175.
Alaria C. Müll. (*Hypnae.*) 3. 1030.
Alaria Grev. (*Laminariae.*) 2. 245, 253, 255.
A. dolichorhachis Kjellm. 2. 245, Fig. 166 A.
Alarieae (*Laminariae.*) 2. 253.
Albeffia Speg. (*Coryneliae.*) 1\*\*. 543.
Alboffiella Speg. (*Phallin.?*) 1\*\*. 356.
**Albuginaceae** 1. 110—112; 1\*\*. 530.
Albugo Pers. (*Albuginae.*) 1. 110, 111.
A. candida (Pers.) 1. 111, Fig. 94, 95.
A. Portulacae DC. 1. 111, Fig. 96.
Alcicornium Gaudich. (*Polypodiae.*) 4. 336.
Alcicornopteris Kidston (*Filical.*) 4. 512.
Alcyonidiopsis Mass. (*Algae*) 2. 548.
Aldridgea Mass. (*Thelephorae.*) 1\*\*. 118, 120.

---
[1] recte Aegagropila Kütz.!

# Alectoria — Amanita

Alectoria (*Usneac.*) 1\*. 219, 222.
Alectoria Ach. (*Usneac.*) 1\*. 217, 219.
A. jubata (L.) Nyl. 1\*. 220, Fig. 114 *A*.
A. ochroleuca (Ehrh.) Nyl. 1\*. 220, Fig. 115 *B*.
Alectoruridae (*Algae*) 2. 548.
Alectorurus Schimp. (*Algae*) 2. 548.
Alethopterides (*Filical.*) 4. 494, 496.
Alethopteris Sternbg. (*Filical.*) 4. 496, 792.
A. decurrens (Artis) Zeiller 4. 496, Fig. 296.
Aleuria Fuckel (*Pezizac.*) 1. 182, 187.
Aleuritopteris Fée, J. Sm. (*Polypodiac.*) 4. 274.
Aleurodiscus Rabh. (*Thelephorae.*) 1\*\*. 117, 119, 120.
A. amorphus (Pers.) Rabh. 1\*\*. 119, Fig. 67 *C—E*.
Algae 2. V. 1—580.
Alicularia Corda (*Jungerm. akrog.*) 3. 78.
Alicularia Syn. Hep. (*Jungerm. akrog.*) 3. 80, 90, 99.
Aligrimmia Williams (*Grimmiac.*) 3. 1196.
A. peruviana Williams 3. 1197, Fig. 840 *A—F*.
Allantodia R. Br. (*Polypodiac.*) 4. 222, 227, 229.
A. javanica (Bl.) Bedd. 4. 227, Fig. 121 *E*.
Allantospora Wakker (*Mucedinac.*) 1\*\*. 418, 429, 430.
A. radicicola Wakker 1\*\*. 430, Fig. 222 *A*.
Allarthonia Nyl. (*Arthroniac.*) 1\*. 89, 91, 241.
Allarthothelium (Wainio) A. Zahlbr. 1\*. 241.
Allescheria Hart. (*Mucedinac.*) 1\*\*. 558.
Allescheria Sacc. et Sydow (*Aspergillac.*) 1\*\*. 537, 538.
Allescheriella P. Henn. (*Dematiac.*) 1\*\*. 456, 464.
Allodorina From. (*Volvocac.*) 2. 38.
Allogonium Kütz. (*Algae?*) 2. 57, 92.
Allographa Chev. (*Graphidac.*) 1\*\*. 99.
Alloioneis Schum. (*Bacillariac.*) 1b. 124, 132.
Alloiopteris Pot. (*Filical.*) 4. 478, 479, 491, 492.
A. Essinghii (Andrae) Pot. 4. 492, Fig. 290.
A. quercifolia (Goepp.) Pot. 4. 492, Fig. 291.
Allosurus Bernh. (*Polypodiac.*) 4. 279.
Alobiella Spruce (*Jungerm. akrog.*) 3. 95, 98.
Aloidella C. Müll. (*Polytrichac.*) 3. 685.
Aloidella De Not. (*Pottiac.*) 3. 428.
Aloidella Schimp. (*Pottiac.*) 3. 428.
Aloidella Vent. (*Pottiac.*) 3. 428.
Aloina C. Müll. (*Pottiac.*) 3. 428.
Aloina (C. Müll.) Kindb. (*Pottiac.*) 3. 444, 428.
A. ericaefolia (Neck.) Kindb. 3. 425, Fig. 279 *A*.
Aloiopteris Pot. (*Sphenopterid.*) 4. 492.
Aloma C. Müll. (*Fissidentac.*) 3. 357, 1187.
Aloma Dus. (*Hypnac.*) 3. 1030, 1236.
Alomidium C. Müll. (*Fissidentac.*) 3. 357.
Alophos Ren. et Card. (*Polytrichac.*) 3. 1211.
Alophosia Card. (*Polytrichac.*) 3. 1211.
A. azorica Card. 3. 1212, Fig. 848 *A—J*.
Alphitomorpha Wallr. (*Erysibac.*) 1. 330.
Alsia (*Cryphaeac.*) 3. 1214.
Alsia Kindb. (*Brachytheciac.*) 3. 1150.
Alsia Sull. (*Leucodontac.*) 3. 761.
Alsia Sull. (*Leucodontac.*) 3. 748, 759.
A. californica (Hook. et Arn.) 3. 759, Fig. 569 *A—D*.
Alsia Sull. (*Neckerac.*) 3. 858.
Alsidium C. Ag. (*Rhodomelac.*) 2. 426, 438.
Alsieae Fleisch. (*Cryphaeac.*) 3. 1214.
Alsophila R. Br. (*Cyatheac.*) 4. 123, 132, 133, 135, 137, 138; 137, Fig. 84a.
A. frigida Karst. 4. 133, Fig. 83 *A, B*: 135, Fig. 84.
A. podophylla Hook. f. 4. 133, Fig. 83 *D, E*.
A. pruinata Kaulf. 4. 133, Fig. 83 *C*.
A. tristis Bl. 4. 133, Fig. 83 *F*.
Alsophilina Dormitzer (*Cyatheac.*) 4. 138, 507.
A. cyatheoides (Unger) Pot. 4. 506, Fig. 309.
Alternaria Nees (*Dematiac.*) 1\*\*. 482, 485.
A. tenuis Nees 1\*\*. 485, Fig. 252 *H*.
Alveolaria Lagerh. (*Melampsorac.*) 1\*\*. 38, 41, 43, 548.
A. Cordiae Lagerh. 1\*\*. 43, Fig. 27 *A*.
Alwisia Berk. et Br. (*Trichiac.*) 1\*\*. 524.
Alysium C. Ag. (*Chaetangiac.*) 2. 338.
Amallospora Penzig (*Tuberculariac.*) 1\*\*. 508.
A. Dacrydion Penzig 1\*\*. 507, Fig. 260 *F, H*.
Amanita Pers. (*Agaricac.*) 1\*\*. 232, 273, 274; 1. 56.
A. phalloides (Fr.) Quél. 1\*\*. 274, Fig. 125 *B*.

Amanita pustulata (Schaeff.) Schröt. 1**.
274, Fig. 125 A.
A. rubescens 1. 56, Fig. 43.
Amanitopsis Roze (Agaricac.) 1**. 232,
274, 273.
A. plumbea (Schaeff.) Schröt. 1**. 271,
Fig. 124 C.
A. vaginata (Bull.) Roze 1**. 271, Fig.
124 C.
Amansia Lamx. (Rhodomelac.) 2. 429,
468.
A. glomerata C. Ag. 2. 468, Fig. 261 B.
A. multifida Lamx. 2. 468, Fig. 261 A.
Amansieae (Rhodomeac.) 2. 429, 465.
Amansites Brongn. (Algae) 2. 548.
Amauroascus Schröt. (Gymnoascac.) 1.
294.
Amaurochaete Rostaf. (Reticulariae.) 1.
25.
Amaurodon Schröt. (Hydnac.) 1**. 148.
Amauropelta Kunze (Polypodiae.) 4. 167.
Amblia Presl (Polypodiae.) 4. 189.
Amblyactinium Naeg. (Desmidiac.) 2. 11.
Amblyamphora Cleve (Bacillariae.) 1b. 140.
Amblyodon Palis. (Meesiac.) 3, 627, 628.
A. dealbatus (Dicks.) 3. 210, Fig. 127;
628, Fig. 474 A—D.
Amblyodon Palis. (Meesiac.) 3. 628.
Amblyodon Palis. (Muiac.) 3. 613.
Amblyophis Ehrenb. (Euglenae.) 1a. 175.
AmblyosporiumFresen. (Mucedinac.) 1**.
418, 431, 432.
A. Botrytis Fresen. 1**. 431, Fig. 223 E.
Amblyothallia C. Müll. (Fissidentac.) 3. 359,
1188.
Amblyphyllum Lindb. (Pottiac.) 3. 420.
Amblystegieae (Hypnac.) 3. 1021, 1236.
Amblystegiella Leske (Hypnac.) 3.
1022, 1025.
Amblystegium (Hypnac.) 3. 1021, 1022,
1025, 1026, 1027, 1030, 1032, 1036,
1038, 1041, 1042.
Amblystegium Bryol. eur. (Hypnac.) 3.
1021, 1022.
A. serpens (L.) 3. 1023, Fig. 738 A—E.
Amblystegium Bryol. eur. (Hypnac.) 3.
1025, 1027.
Amblystegium De Not. (Hypnac.) 3. 1036.
Amblystegium Jaeger (Hypnac.) 3. 1026.
Amblystegium Mitt. (Leskeac.) 3. 1005.
Amblytropis Mitt. (Hookeriac.) 3. 953.
Amblytropis (Mitt.) Broth. (Hookeriac.)
3. 920, 953.
Ambrosiella Sacc. (Sphaerioidac.) 1**. 368.

Ambury (Plasmodiophora Brassicae Woron.)
1. 6.
Ameghiniella Speg. (Ceuangiac.) 1. 232,
240.
Amentacea Spreng. (Lycopodiac.) 4. 601.
Amerosporae (Dematiac.) 1**. 454.
Amerosporae (Sphaerioidac.) 1**. 349.
Amerosporae (Stilbac.) 1**. 488, 492.
Amerosporae (Tuberculariac.) 1**. 498,
510.
Amerosporium Speg. (Excipulac.) 1**.
393, 394.
Amesium Newm. (Polypodiac.) 4. 233.
Ammatoidea W. et G.S. West (Campto-
trichae.) 1a. 91.
A. Normannii West 1a. 91, Fig. 62 B.
Amniscium Wallr. (Pannariac.) 1*. 181.
Amoeba (Rhizopod.) 1. 37.
A. Limax Duj. 1. 37, Fig. 19 A.
A. princeps Ehrenb. 1. 37, Fig. 19 B.
Amoeba Cart. (Rhizomastigae.) 1a. 114.
Amoebaea Ehrenb. (Rhizopod.) 1. 37.
Amoebaea lobosa Bütschli (Rhizopod.) 1. 37.
Amoebaea reticulata Bütschli (Rhizopod.)
1. 37.
Amoebidium Cienk. (Sarcosporidia) 1.
41.
Amoebochytrium Zopf (Cladochytriac.)
1. 80, 82.
A. rhizidioides Zopf 1. 82, Fig. 63.
Amorphomyces Thaxt. (Laboulbeniac.)
1. 496, 500, 501.
A. Falagriae Thaxt. 1. 500, Fig. 291 C.
Ampelogramme J. Sm. (Polypodiac.) 4. 259.
Ampelomyces Ces. (Sphaerioidac.) 4. 356.
Ampelopteris Kunze (Polypodiac.) 4. 167.
Amphibia Stackh. (Rhodomelac.) 2. 450.
Amphibiophytum Karst. (Jungerm. anakrog.)
3. 55.
Amphiblestra Fourn. (Polypodiac.) 4. 219.
Amphiblestra Presl (Polypodiac.) 4. 256,
288, 289.
A. latifolia (H. B. et K.) Presl 4. 289, Fig.
152 A, B.
Amphibolis Suhr (Caulerpac.) 2, 136.
Amphicampa Ehrenb. (Bacillariac.) 1b. 118,
140.
Amphicampa Rabh. (Bacillariac.) 1b. 134.
Amphicratium Vanhöff. (Peridiniac.) 1b.
20.
Amphicosmia Fée (Cyatheac.) 4. 131.
Amphicosmia Gardn. (Cyatheac.) 4. 129,
132.
Amphidesmium Schott (Cyatheac.) 4. 132.

Amphidinium Clap. et Lach. (*Gymno-diniac.*) 1b. 3, 4.
A. operculatum Clap. et Lach. 1b. 4, Fig. 4.
Amphidium (Nees/Schimp. *Orthotrichac.*) 3. 457, 459, 1198.
A. lapponicum (Hedw.) Schimp. 3. 460, Fig. 309 *A—D.*
Amphidium Nyl. (*Collemac.*) 1*. 175.
Amphidium Nyl. (*Lichinac.*) 1*. 166.
Amphidoma Stein (*Peridiniac.*) 1b. 24.
A. Nucula Stein 1b. 24, Fig. 35.
Amphigymnia (Wainio) Hue (*Parmeliac.*) 1*. 213.
Amphiloma E. Fr. (*Lichen.*) 1*. 239.
Amphiloma Koerb. (*Caloplacac.*) 1*. 228.
**Amphimonadaceae** 1a. 118. 137—141.
Amphimonas Diesing (*Distomatin.*) 1a. 156.
Amphimonas Duj. (*Bodonac.*) 1a. 134.
Amphimonas Duj. (*Amphimonadac.*) 1a. 138.
A. globosa Kent 1a. 138, Fig. 94 *A.*
Amphinomium Nyl.(*Collemac.*) 1*. 170, 175.
Amphipentas Ehrenb. (*Bacillariac.*) 1b. 92.
Amphipleura Kütz. (*Bacillariac.*) 1b. 36, 123, 131.
A. (Berkeleya) Dilwinii Ag. 1b. 36, Fig. 49 *H—K.*
A. (Reicheltia) nobilis (Reichelt) 1b. 131, Fig. 238 *A, B.*
A. pellucida (Ehrenb.) Kütz. 1b. 131, Fig. 237 *A, B.*
A. (Rouxia) Peragalli (Brun. et Hér.) 1b. 131, Fig. 239 *A, B.*
Amphiprora Ehrenb. (*Bacillariac.*) 1b. 45, 124, 134.
A. alata Kütz. 1b. 45, Fig. 56 No. 17—20; 134, Fig. 246 *A, C.*
A. gigantea var. decussata Grun. 1b. 134, Fig. 246 *B.*
Amphiproridae (*Bacillariac.*) 1b. 123.
Amphiroa Lamx. (*Corallinac.*) 2. 540, 541, 542.
A. rigida Lamx. 2. 541, Fig. 287 *C.*
Amphischizonia Mont. (*Chrysotrichac.*) 1*. 243.
Amphisolenia Stein (*Peridiniac.*) 1b. 26, 28.
A. globifera Stein 1b. 28, Fig. 40 *A, B.*
Amphisphaerella Sacc. (*Sphaeriac.*) 1. 401, 402.
Amphisphaeria Ces. et De Not. (*Amphi-sphaeriac.*) 1. 413, 415.
A. applanata (Fr.) Ces. et De Not. 1. 415, Fig. 162 *A—C.*

**Amphisphaeriaceae** 1. 386, 413—417.
Amphisporium Link (*Sphaeropsidal.?*) 1**. 398.
Amphitetras Ehrenb. (*Bacillariac.*) 1b. 92.
Amphithrix Kütz. (*Rivulariac.*) 1a. 85, 86, 87.
A. janthina B. et Fl. 1a. 86, Fig. 39 *B.*
Amphitrite Cleve (*Bacillariac.*) 1b. 134.
Amphitropis Pfitzer (*Bacillariac.*) 1b. 134.
Amphodontei Fleisch. (*Bryales*) 3. 1173.
Amphora Ehrenb. (*Bacillariac.*) 1b. 45, 138, 139.
A. ovalis Kütz. 1b. 45, Fig. 56 Nr. 4—6; 139, Fig. 255 *A—F.*
Amphora (Ehrenb.) (*Bacillariac.*) 1b. 139, 140.
Amphoradenium Desv. (*Polypodiac.*) 4. 306.
Amphoridium Mass. (*Verrucariac.*) 1*. 54.
Amphoridium (Mass.) Koerb. (*Verrucariac.*) 1*. 55.
Amphoridium Schimp. (*Orthotrichac.*) 3. 459.
Amphoritheca C. Müll. (*Hypnac.*) 3. 1063.
Amphoritheca Hampe (*Funariac.*) 3. 521.
Amphoropsis Grun. (*Bacillariac.*) 1b. 133, 134.
Ampullaria C. Müll. (*Splachnac.*) 3. 507.
Amygdalaria Norm. (*Lecanorac.*) 1*. 201.
Amylocarpus Currey (*Terfeziac.*) 1. 319; 1**. 537.
Amylophora J. Ag. (*Sphaerococcac.*) 2. 387.
Anabaena Bory (*Nostocac.*) 1a. 72, 74, 75.
A. flos aquae Bréb. 1a. 75, Fig. 36 *D.*
Anabaeneae (*Nostocac.*) 1a. 72.
Anacalypta Roehl. (*Pottiac.*) 3. 422.
AnacamptodonBrid. (*Fabroniac.*) 3. 900, 905.
A. splachnoides (Froel.) 3. 906, Fig. 664 *A—E.*
Anacamptodon Bryol. jav. (*Fabroniac.*) 3. 906.
Anacamptodon C. Müll. (*Fabroniac.*) 3. 905.
Anachoropteris Corda (*Filical.*) 4. 504, 509, 510.
Anacolia Schimp. (*Bartramiac.*) 3. 632, 633.
A. intertexta (Schimp.) 3. 635, Fig. 478 *A—E.*
A. Menziesii Hook. 3. 636, Fig. 479 *A—G.*
A. subsessilis (Tayl.) 3. 634, Fig. 477 *A—D.*
A. Webbii (Mont.) 3. 635, Fig. 478 *F.*
Anacoliopsis C. Müll. (*Bartramiac.*) 3. 655.
Anacystis Menegh. (*Chroococcac.*) 1a. 56; 2a. 27.

Anadema J. G. Ag. (*Cladophorac.*) 2. 118.
Anadyomene Lamx. (*Valoniac.*) 2. 146, 149, 151.
A. stellata (Wulf.) Ag. 2. 146, Fig. 97.
Anadyomeneae (*Valoniac.*) 2. 148.
Anaglyphodon Philib. (*Bryac.*) 3. 367, 1205.
Analipus Kjellm. (*Chordariac.*) 2, 226, 229.
A. fusiformis Kjellm. 2. 229, Fig. 158.
Anapausia Presl (*Polypodiac.*) 4. 198.
Anapeltis J. Sm. (*Polypodiac.*) 4. 306, 316.
Anaptychia Koerb. (*Physciac.*) 1\*. 234, 236.
A. ciliaris (L.) Mass. 1\*. 235, Fig. 123 C.
A. leucomelaena (L.) Wainio 1\*. 235, Fig. 123 B.
Anaptychia Th. Fr. (*Physciac.*) 1\*. 236.
Anapyrenium Müll. Arg. (*Dermatocarpac.*) 1\*. 59.
Anarthrocanna Goepp. (*Protocalamariac.*) 4. 558.
Anasmogonium Mitt. (*Polytrichac.*) 3. 687, 1213.
Anastigma Card. (*Hypnac.*) 3. 1078, 1093, 1237.
Anastrephidium C. Müll. (*Neckerac.*) 3. 854.
Anastrepta S. O. Lindbg. (*Jungerm. akrog.*) 3. 83.
Anastrophyllum Spruce (*Jungerm. akrog.*) 3. 76, 83.
A. Karsteni Schiffn. 3. 83, Fig. 45.
Anatheca Schmitz (*Rhodophyllidac.*) 2. 368, 374.
Anaulene (*Bacillariac.*) 1b. 56, 97.
Anaulus Ehrenb. (*Bacillariac.*) 1b. 97, 98.
A. birostratus Grun. 1b. 98, Fig. 170 C.
A. mediterraneus Grun. 1b. 98, Fig. 170 A, B.
Anaxetum Schott (*Polypodiac.*) 4. 306.
Anchistea Presl (*Polypodiac.*) 4. 253.
Anconiopteris Presl (*Polypodiac.*) 4. 331.
Ancylistaceae 1. 89, 92.
Ancylistes Pfitzer (*Ancylistac.*) 1. 92.
A. Closterii Pfitzer 1. 92, Fig. 75.
Ancylistineae 1. 63, 88—92; 1\*\*. 528.
Ancylonema Berggr. (*Desmidiac.*) 2. 7, 8, 10.
A. Nordenskioeldii Berggr. 2. 10, Fig. 6 B.
Ancyromonas Kent (*Oicomonadac.*) 1a. 118, 119.
A. sigmoides Kent 1a. 119, Fig. 76 A.
Ancyrophanes Raunk. (*Stemonitac.*) 1\*\*. 525.
Andersoniella Schmitz (*Dumontiac.*) 2. 517, 520.

Andreaea Ehrh. (*Andreacac.*) 3. 266, 1173; 164, Fig. 83 A—N; 212, Fig. 129 J, K; 225, Fig. 138 A—K; 227, Fig. 139 B.
A. alpina Hedw. 3, 175, Fig. 94 G—J.
A. australis F. v. Müll. 3. 267, Fig. 165 A—D.
A. Blytii Schimp. 3. 166, Fig. 84 A.
A. crassinervia Bruch 3. 225, Fig. 138 A, C.
A. marginata Hook. f. et Wils. 3. 266, Fig. 163 A, B.
A. nivalis Hook. 3. 267, Fig. 164.
A. petrophila Ehrh. 3. 164, Fig. 83 A—M, O; 166, Fig. 84 B—E; 175 Fig. 94 A—F; 182, Fig. 101 B, C, E; 195, Fig. 115 D, E; 225, Fig. 138 B, E—K; 264 Fig. 161 A—E.
A. rupestris Hedw. 3. 164, Fig. 83 N.
A. Wilsonii Hook. f. 3. 266, Fig. 162 A—D.
**Andreaeaceae** 3. 265—268, 1173; 175, Fig. 94 A—J.
Andreaeales 3. 1, 253, 262, 1171.
Andriana C. Fr. Braun (*Matoniac.*) 4. 348.
Androcryphia Nees (*Jungerm. akrog.*) 3. 57.
Androgynia (Wood) Hansg. (*Oedogoniac.*) 2. 111.
Androphoreae Nordst. (*Vaucheriac.*) 2. 134.
Androsaceus Pat. (*Agaricac.*) 1\*\*. 226.
Androstachys Grand'Eury (*Filical.*) 4. 479.
Aneimia Sw. (*Schizaeac.*) 4. 25, 66, 359, 360, 367, 369, 370, 512; 369, Fig. 197 A—F.
A. aurita Sw. 4. 370, Fig. 198 B.
A. cuneata Kunze 4. 370, Fig. 198 C.
A. elegans (Gardn.) Prantl 4. 369, Fig. 197 A—C.
A. fulva Sw. 4. 360, Fig. 192 L.
A. glareosa Gardn. 4. 369, Fig. 197 E.
A. hirta Sw. 4. 25, Fig. 14 I—V.
A. oblongifolia Sw. 4. 369, Fig. 197 F.
A. Phyllitidis (L.) Sw. 4. 66, Fig. 44; 359, Fig. 191 E, F; 360, Fig. 192 F, G; 370, Fig. 198 A.
A. trichorhiza Gardn. 4. 369, Fig. 197 D.
Aneimiaebotrys Fée (*Schizaeac.*) 4. 367.
Aneimidictyon J. Sm. (*Schizaeac.*) 4. 367.
Aneimidium Schimp. (*Filical.*) 4. 488.
Aneimieae (*Schizaeac.*) 4. 361, 366.
Aneimiorrhiza J. Sm. (*Schizaeac.*) 4. 367, 371.
Aneimites Dawson (*Filical.*) 4. 488.
Anellaria Karst. (*Agaricac.*) 1\*\*. 231, 232, 233, 234.
A. separata (L.) Karst. 1\*\*. 233, Fig. 114 D.

Anema Nyl. (*Pyropsidac.*) 1*. 159, 162.
A. Notarisii (Mass.) Forss. 1*. 158, Fig. 78 B; 162, Fig. 79 A, B.
Anetium Splitg. (*Polypodiac.*) 4. 297, 301, 302.
A. citrifolium (L.) Splitg. 4. 301, Fig. 159 A. B.
Aneura Dum. (*Jungerm. anakrog.*) 3. 52.
Aneuron Kindb. (*Fissidentae.*) 3. 352.
Aneurotypus Dum. (*Jungerm. anakrog.*) 3. 52.
Angelinia Fries (*Hypodermatae.*) 1. 267, 268.
Angiocarpus Trevis. (*Jungerm. anakrog.*) 3. 50.
Angiopoma Lév. (*Sphaerioidac.*) 1**. 373, 374.
Angiopterideae (*Marattiac.*) 4. 436, 445.
Angiopteridium Schimp. (*Filical.*) 4. 500.
Angiopteris Hoffm. (*Marattiac.*) 4. 166, 437; 423, Fig. 236 A, E.
A. crassipes Wall. 4. 433, Fig. 238 A; 434 Fig. 239 A, B.
A. Teysmanniana De Vries 4. 437, Fig. 240 A, B.
Angiopteris Mitch. (*Polypodiac.*) 4. 166.
Angiopteris Stur (*Marattial.*) 4. 425, 433, 434, 436, 437, 439, 445.
Anhaltia Schwabe (*Algae*) 1a. 92.
Anhymenium C. Müll. (*Rhegmatodontac.*) 3. 1125.
Anhymenium Griff. (*Rhegmatodontac.*) 3. 1125.
Anictangium Hedw. (*Hedwigiac.*) 3. 714.
Anictangium Hook. et Tayl. (*Hedwigiac.*) 3. 716.
Anisocampium Presl (*Polypodiac.*) 3. 167.
Anisocladus Reinke (*Sphacelariac.*) 2. 195, 197.
Anisodiscus Pant. (*Bacillariac.*) 1b. 67.
Anisodon Bryol. eur. (*Fabroniac.*) 3. 909.
Anisogonium Presl (*Polypodiac.*) 4. 224, 228.
Anisomeridium Müll. Arg. (*Pyrenulae.*) 1* 64.
Anisonema Dangeard (*Chloromonadin.*) 1a. 170.
Anisonema Duj. (*Peranemae.*) 1a. 180, 183.
A. acinus Duj. 1a. 183, Fig. 134 A.
Anisonema Duj. et Moeb. (*Peranemae.*) 1a. 184.
Anisonema Kent (*Bodonae.*) 1a. 134.
Anisonemeae (*Peranemae.*) 1a. 179, 183.
Anisostichium Mitt. (*Bryac.*) 3. 554.

Anisothecium Mitt. (*Dicranac.*) 3. 308, 310, 1180.
Anisothecium Müll. Arg. (*Graphidac.*) 1*. 99.
Anixia Hoffm. (*Perisporiae.*) 1. 333, 334.
A. parietina (Schrad.) Lindau 1. 334, Fig. 231 A, B.
Anixiopsis E. Chr. Hansen (*Aspergillac.*) 1**. 337.
Ankistrodesmus Corda (*Pleurococcac.*) 2. 58.
Ankyropteris Stenzel (*Filical.*) 4. 510.
Annularia Schulz. (*Agaricac.*) 1**. 231, 232, 258, 259.
A. Fenzlii Schulz. 1**. 258, Fig. 121 B.
Annularia Sternbg. (*Calamariac.*) 4. 550, 553.
A. sphenophylloides 4. 552, Fig. 346 C.
A. stellata (Schloth.) Wood 4. 552; 553, Fig. 346 B.
Anodontium Brid. (*Orthotrichac.*) 3. 465.
Anodotrichum Corda (*Mucedinac.*) 1**. 448.
Anodus Boul. (*Dicranac.*) 3. 305.
Anodus Bryol. eur. (*Dicranac.*) 3. 304.
Anoectangium auct. (*Pottiac.*) 3. 390.
Anoectangium Brid. (*Hedwigiac.*) 3. 717, 720.
Anoectangium Hedw. (*Hypopteryginac.*) 3. 965.
Anoectangium (Hedw.) Bryol. eur. (*Orthotrichac.*) 3. 457, 458, 1198.
A. compactum Schwaegr. 3. 459, Fig. 308 A—C.
A. euchloron (Schwaegr.) Mitt. 3. 459, Fig. 307 A—D.
Anoectangium Hedw. (*Spiridentac.*) 3. 767.
Anoectangium Hook. (*Funariac.*) 3. 511.
Anoectangium Hook. (*Helicophyllac.*) 3. 973.
Anoectangium Lindb. (*Orthotrichac.*) 3. 459.
Anoectangium Paris (*Pottiac.*) 3. 389.
Anoectangium Schwaegr. (*Dicranac.*) 3. 304, 306.
Anoectangium Spreng. (*Erpodiac.*) 3. 707.
Anogramme Link (*Polypodiac.*) 4. 255, 257, 258.
A. leptophylla (L.) Link 4. 258, Fig. 136 A, B.
Anomalocladus Mitt. (*Leskeac.*) 3. 994.
Anomalolejeunea Spruce (*Jungerm. akrog.*) 3. 118, 127.
Anomobryum Schimp. (*Bryac.*) 3. 561.
Anomobryum Schimp. (*Bryac.*) 3. 542, 561, 1205.

Anomobryum auratum (Mitt.) 3. 562, Fig. 421 A—E.
A. filiforme (Dicks.) 3. 562, Fig. 421 H.
A. nitidum (Mitt.) 3. 562 Fig. 421 F, G.
Anomoclada Spruce (Jungerm. akrog.) 3. 95, 100.
Anomocladus Mitt. (Leskeac.) 3. 1236.
Anomodon (Leskeac.) 3. 990.
Anomodon Arn. (Leskeac.) 3. 1008.
Anomodon C. Müll. (Leskeac.) 3. 981, 986, 994, 996, 999.
Anomodon Fürnr. (Entodontac.) 3. 183.
Anomodon Fürnr. (Leskeac.) 3. 997.
Anomodon Hampe (Entodontac.) 3. 885.
Anomodon Hampe (Neckerac.) 3. 817.
Anomodon Hook. et Tayl. (Leskeac.) 3. 984, 986, 1236.
A. abbreviatum Mitt. 3. 988, Fig. 718 A—E.
A. apiculatus Bryol. eur. 3. 987, Fig. 717 A—D.
A. armatus Broth. 3. 989, Fig. 719 A—F.
Anomodon Hook. et Tayl. (Leucodontac.) 3. 753.
Anomodon Hüben. (Leskeac.) 3. 994.
Anomodon Mont. (Fabroniac.) 3. 906.
Anomodon Schimp. (Pottiac.) 3. 398.
Anomodon Sull. et Lesq. (Leskeac.) 3. 990.
Anomodon Wils. (Leskeac.) 3. 985.
Anomodonteae (Leskeac.) 3. 978, 984, 1236.
Anomodontium Hüben. (Entodontac.) 3. 878.
Anomoioneis Pfitzer (Bacillariac.) 1b. 124.
Anomomorpha Müll. Arg. (Graphidac.) 1*. 98.
Anomorpha Nyl. (Graphidac.) 1* 98.
Anomomorpha (Nyl.) Wainio (Graphidac.) 1*. 97, Fig. 48 M.
Anomopedium Naeg. (Hydrodictyac.) 2. 73.
Anomopteris Brongn. (Filical.) 4. 502, 506.
Anomorrhoea Eichw. (Filical.) 4. 507.
Anomothecium Müll. Arg. (Graphidac.) 1*. 98; 97 Fig. 48 E.
Anoplolejeunea Spruce (Jungerm. akrog.) 3. 119, 131.
Anopodium J. Sm. (Polypodiac.) 4. 306.
Anopteris Prantl (Polypodiac.) 4. 256, 288, 290.
A. heterophylla (L.) Prantl 4. 290, Fig. 153 A, B.
Anorthoneis Grun. (Bacillariac.) 1b. 122.
Anotia Jack (Jungerm. akrog.) 3. 115.
Anotopteris Schimp. (Filical.) 4. 498.
Anotrichium Naeg. (Ceramiac.) 2. 187.

Antelminellia Schütt (Bacillariac.) 1b. 32, 64, 65.
A. gigas (Castr.) Schütt 1b. 32, Fig. 44; 65, Fig. 82.
Antennaria Link (Perisporiac.) 1. 333, 337.
A. salicinum (Pers.) Kze. 1. 337, Fig. 233 D—H.
A. scoriadea Berk. 1. 337, Fig. 233 A—C.
Antennatula Fries (Perisporiac.) 1. 337.
Anthelia Dum. (Jungerm. akrog.) 3. 98, 105.
Anthelia S. O. Lindb. (Jungerm. akrog.) 3. 104, 106.
Anthina Fries (Mycel.) 1**. 517.
Anthoceros Forst. (Jungerm. akrog.) 3. 55.
Anthoceros L. (Anthocerotac.) 3. 139, 140.
A. gracilis Rchdt. 3. 140, Fig. 73 A—G.
A. laevis L. 3. 136, Fig. 71 A—C.
Anthoceros L. (Jungerm. akrog.) 3. 52.
Anthoceros Sw. (Anthocerotac.) 3. 140.
Anthoceros Syn. Hep. (Anthocerotac.) 3. 139.
**Anthocerotaceae** 3. 6, 135—140.
Anthocerotales 3. 1, 6.
Anthoconum Palis. (Marchantiac.) 3. 34.
Anthodiscus Grove et Sturt (Bacillariac.) 1b. 68, 69, 70.
A. floreatus Grove et Sturt 1b. 69, Fig. 96.
Anthomyces Dietel (Pucciniac.) 1**. 553.
Anthopeziza Wettst. (Helotiac.) 1. 194.
Anthophycus Kütz. (Fucac.) 2. 286.
Anthophysa Bory (Monadac.) 1a. 131, 133.
A. vegetans Stein 1a. 133, Fig. 89 C.
Anthophysa Fresen. (Craspedomonadac.) 1a. 125.
Anthoscyphus Trevis. (Jungerm. akrog.) 3. 92.
Anthostoma Nitschke (Valsac.) 1. 455, 456.
A. melanotes (Berk. et Br.) Sacc. 1. 456, Fig. 275 A, B.
A. ontariense Ell. et Ev. 1. 456, Fig. 275 C, D.
Anthostomella Sacc. (Clypeosphaeriac.) 1. 451, 452, 453.
A. clypeata (De Not.) Sacc. 1. 453, Fig. 274 C, D.
Anthracobia Boud. (Pezizac.) 1. 180.
Anthracoderma Speg. (Sphaerioidac.) 1**. 354, 359.
Anthracoidea Bref. (Ustilaginac.) 1**. 6, 12, 13.
A. Caricis (Pers.) Bref. 1**. 13, Fig. 8 A.
Anthracophyllum Ces. (Agaricac.) 1**. 222, 223.

Anthracophyllum nigrita (Lév.) Kalchbr.
1\*\*. 223, Fig.112 C.
Anthracothecium Mass. (Pyrenulac.) 1\*.
68.
A. ochreoflavum Müll. Arg. 1\*. 63, Fig. 35
M, N.
Anthracothecium Wainio (Pyrenulac.) 1\*.
62, 68.
Anthraknose (Gloeosporium ampelophagum
Pass.) 1\*\*. 399.
Anthrocephalus Griff. (Marchantiac.) 3. 29.
Anthrodia Karst. (Polyporac.) 1\*\*. 179.
Anthromyces Fresen. (Stilbac.) 1\*\*. 496,
497.
A. Copridis Fresen. 1\*\*. 497, Fig. 237 A, B.
Anthromycopsis Pat. et Trab. (Stilbac.)
1\*\*. 493, 494, 495.
A. Broussonetiae Pat. et Trab. 1\*\*. 495,
Fig. 236 F—H.
Anthrophyopsis Nathorst (Filical.) 4. 312.
Anthurus Kalchbr. (Clathrac.) 1\*\*. 281,
286.
A. borealis Burt. 1\*\*. 286, Fig. 136 A—D.
A. Muellerianus Kalchbr. var. aseroeformis
1\*\*. 286, Fig. 136 F, G.
A. Sanctae Catherinae Ed. Fisch. 1\*\*. 286,
Fig. 136 E.
Antigramme Presl (Polypodiac.) 4. 230, 233.
Antilyssa Wallr. (Peltigerac.) 1\*. 194.
Antiosorus Roem. (Polypodiac.) 4. 295.
Antithamnion Naeg. (Cramiac.) 2. 484.
497, 498.
A. pteroton (Schousb.) Born. 2. 498, Fig.
271 B, C.
Antitrichia Brid. (Leucodontac.) 3. 748,
755.
A. curtipendula (Hedw.) 3. 755, Fig. 566
A—C.
Antitrichia Broth. (Leucodontac.) 3. 756.
Antitrichia Kindb. (Leucodontac.) 3. 759.
Antitrichia Nees (Neckerac.) 3. 817.
Antoiria Raddi (Jungerm. akrog.) 3. 116.
Antracocarpon Mass. (Tholotremac.) 1\*. 120.
Antrocephalus Lehm. (Marchantiac.) 3. 31.
Antrophyinae (Polypodiac.) 4. 297, 300.
Antrophyum Kaulf. (Polypodiac.) 4. 297,
300.
A. ensiforme Hook. 4. 300, Fig. 158 D.
A. Mannianum Hook. 4. 300, Fig. 158 E.
Anzia Garovagl. (Pyrenulac.) 1\*. 241.
Anzia Nyl. (Parmeliac.) 1\*. 213.
Anzia Stizenb. (Parmeliac.) 1\*. 208, 213.
A. colpodes (Michx.) Stizenb. 1\*. 214, Fig.
111 A, B.

Aongstroemia Bryol. eur. (Dicranac.) 3.
307, 1178.
A. longipes (Sommerf.) Bryol. eur. 3. 308
Fig. 179 A—D.
Aongstroemia C. Müll. (Dicranac.) 3. 298,
316, 318.
Aongstroemiopsis Fleisch. (Dicranac.)
3. 1178.
A. julacea (Doz. et Molk.) 3. 1178, Fig.
829 A—E.
Apalodictyon C. Müll. (Bryac.) 3. 574, 590,
1206.
Apalodium Mitt. (Bryac.) 3. 543.
Apalophlebia Presl (Polypodiac.) 4. 324.
Aphanarthron J. Ag. (Rhodomelac.) 2. 455.
Aphanistis Sorokin (Hyphochytriac.) 1\*\*.
527.
Aphanizomenon Morren (Nostocac.) 1a.
72, 74, 75.
A. flos aquae Ralfs 1a. 75, Fig. 56 E.
Aphanoascus Zukal (Aspergillac.) 1. 297,
299, 300; 1\*\*. 537.
A. cinnabarinus Zukal 1. 300, Fig. 213
E—H.
Aphanocapsa Naeg. (Chroococcac.) 1a.
52, 53, 55.
A. Castagnei Rbh. 1a. 53, Fig. 49 L.
Aphanochaete A. Br. (Chaetophorac.) 2. 94.
Aphanochaete (Berth.) Hansg. (Chaeto-
phorac.) 1a. 92, 94, 95.
A. repens Berth. 2. 95, Fig. 58.
Aphanocladia Falkbg. (Rhodomelac.) 2.
427, 444.
Aphanomyces De Bary (Saprolegniac.)
1. 96, 100.
A. stellatus De Bary 1. 100, Fig. 81.
Aphanopsis Nyl. (Collemac.) 1\*. 176.
Aphanorrhegma Lindb. (Funariac.) 3. 516.
Aphanorrhegma Sull. (Funariac.) 3.516.
A. serratum (Hook. et Wils.) Sull. 3. 517
Fig. 371 A—E.
Aphanothece Naeg. (Chroococcac.) 1a. 55.
Aphanothece Naeg. (Chroococcac.) 1a.
52, 53, 55.
A. Castagnei Rbh. 1a. 53, Fig. 49 M.
Aphelidium Zopf (Gymnococcac.) 1. 38.
Aphlebia Pot. (Filical.) 4. 503.
Aphlebia Presl (Filical.) 4. 503.
Aphlebiocarpeae Stur (Marattial.) 4. 445.
Aphlebiocarpus Stur (Marattial.) 4. 445,
447, 448.
A. Schützei Stur 4. 447, Fig. 254.
Aphragmia (Trevis.) A. Zahlbr. (Gyalectac.)
1\*. 125.

Aphragmium A. Fischer (*Pythiac.*) 1. 104.
Aphrothoraca Hertw. (*Heliozoa*) 1. 38.
Aphyllocalpa Cav. (*Osmundac.*) 4. 378.
AphyllostachysGoepp. (*Calamariac.*) 4. 557.
Aphyllum Artis (*Lepidodendrac.*) 4. 727.
Aphyllum Unger (*Filical.*) 4. 511.
Apiocarpa Hüben (*Bryac.*) 3. 535.
Apiocystis Naeg. (*Tetrasporac.*) 2. 45. 47. 49.
A. Brauniana Naeg. 2. 45, Fig. 26 *E—H.*
Apiospora Sacc. (*Pleosporac.*) 1. 428, 430.
Apiosporium Kunze (*Perisporiac.*) 1. 333, 338.
Apjohnia Harv. (*Valoniac.*) 2. 158, 159.
Aplanes De Bary (*Saproleguiac.*) 1. 96, 101.
A. Braunii De Bary 1. 101, Fig. 82.
Aplococcus Roze (*Chroococcac.*) 1a. 55.
Aplolepideae (*Bryal.*) 3. 284.
Aplonema Hass. (*Cladophorac.*) 2. 117.
Aplophlebis Brongn. (*Filical.*) 4. 494.
Aplosporella Speg. (*Sphaerioidac.*) 1\*\*. 363.
Aplotomma Mass. (*Buelliac.*) 1\*. 232.
Aplozia Dum. (*Jungerm. akrog.*) 3. 78, 80, 89.
Aplozia Dum. (*Jungerm. akrog.*) 3. 76, 82, 89.
Apodachlya Pringsh. (*Leptomitac.*) 1. 101, 102.
A. pirifera Zopf 1. 102, Fig. 84.
Apodya Cornu (*Leptomitac.*) 1. 101.
Apolodium Mitt. (*Bryac.*) 3. 543.
Aponectria Sacc. (*Hypocreac.*) 1. 355.
Apophlaea Harv. (*Sphaerococcac.*) 2. 395.
Aporea Bailey (*Amphimonadac.*) 1a. 150.
Aporia Duby (*Hypodermatac.*) 1. 269.
Aporia Duby (*Phacidiac.*) 1. 263.
Aporodiscus Rattr. (*Bacillariac.*) 1b. 80.
Aporophallus A. Möll. (*Phallac.*) 1\*\*. 289, 290.
A. subtilis A. Möll. 1\*\*. 290, Fig. 150.
Aporotheca Limpr. (*Polytrichac.*) 3. 694, 1213.
Aposphaeria Berk. (*Sphaerioidac.*) 1\*\*. 350, 354.
A. Calathiscus (Corda) Sacc. 1\*\*. 354, Fig. 185 *D—F.*
Apostemidium Karst. (*Helotiac.*) 1. 207.
Apotamia Fée (*Polypodiac.*) 4. 282.
Apotemnoum Corda (*Dematiac.*) 1\*\*. 477.
Apothomanthus (Spruce Schiffn. (*Jungerm. akrog.*) 3. 75, 91.
Appendicularia Peck (*Laboulbeniac.*) 1. 504.
Appendiculina Berl. (*Laboulbeniac.*) 1. 504.

Aptogonum Ralfs (*Desmidiac.*) 2. 8, 14, 15.
A. Baileyi Ralfs 2. 15, Fig. 9 *E.*
Aptychella Broth. (*Sematophyllac.*) 3. 1115.
AptychopsisBroth. (*Sematophyllac.*) 3. 1099, 1114.
Aptychus C. Müll. (*Sematophyllac.*) 3. 1105, 1108. 1111.
Aptychus (C. Müll.) Broth. (*Sematophyllac.*) 3. 1111, 1238.
Apus Fries (*Thelephorac.*) 1\*\*. 123.
Apyrenium Fries (*Dacromycetac.*) 1\*\*. 97, 102.
Aquilina Presl (*Polypodiac.*) 4. 296.
Arachnion Schweinf. (*Sclerodermatac.*?) 1\*\*. 339.
Arachniopsis Spruce (*Jungerm. akrog.*) 3. 94. 103.
A. coactilis Spruce 3. 101, Fig. 55 *A.*
Arachniotus Schröt. (*Gymnoascac.*) 1. 294.
ArachnoidiscusEhrenb. (*Bacillariac.*) 1b. 68, 69.
A. ornatus Ehrenb. 1b. 69, Fig. 95.
Arachnopeziza Fuckel (*Helotiac.*) 1. 194, 199, 200.
A. Aurelia (Pers.) Fuckel 1. 199, Fig. 157 *B—E.*
Arachnophyllum Zanard. (*Delesseriac.*) 2. 410.
Arachnoscypha Boud. (*Helotiac.*) 1. 202.
AraiosporaThaxt. (*Leptomitac.*) 1\*\*. 529.
Araucarioideae J. G. Ag. (*Caulerpac.*) 2. 137.
Araucarioxyla (*Cycadofilic.*) 4. 795.
Araucarioxylon Kraus (*Cycadofilic.*) 4. 795.
Araucarites Germ. (*Filical.*) 4. 479.
Arcangelia Sacc. (*Pleosporac.*) 1. 428, 430.
A. Hepaticarum Sacc. 1. 430, Fig. 267 *E—G.*
Archaearospora Th. Fr. (*Acarosporac.*) 1\*. 154.
Archaeocalamites Stur (*Protocalamariac.*) 4. 558.
Archaeopterides (*Filical.*) 4. 480, 488.
Archaeopteris Daws. (*Filical.*) 4. 477, 489.
A. hibernica (Forb.) Daws. 4. 489, Fig. 286.
Archagaricon Hanc. et Atth. (*Hymenomycet.*) 1\*\*. 522.
Archangiopteris Christ et Giesenhag. (*Marattiac.*) 4. 433, 434, 436, 439.
A. Henryi Christ et Giesenhag. 4. 433, Fig. 238 *B*; 434, Fig. 239 *C, D.*

Archegoniatae 3. 1.
Archeria Ray Lank. (*Chlorophyc.*) 2. 27.
Archevernia Th. Fr. (*Usneac.*) 1*. 217.
**Archidiaceae** 3. 283, 288—289.
Archidiales (*Musci*) 3. 2.
**Archidium** Brid. (*Archidiac.*) 3. 288.
A. alternifolium Dicks. 3. 223, Fig. 136 *A—D*; 227, Fig. 139 *A*.
A. chioense Schimp. 3. 288, Fig. 170 *A—E*.
A. phascoides Brid. 3. 215, Fig. 130 *II*.
Archidontei Fleisch. (*Bryol.*) 3. 1173.
Archilejeunea Spruce (*Jungerm. akrog.*) 3. 120, 130.
Arctoa Bryol. eur. (*Dicranac.*) 3. 326, 1183.
Arctobryum Hag. (*Bryac.*) 3. 568, 1205.
Arctomia Th. Fr. (*Collemiac.*) 1*. 169, 173.
Arctopodium Unger (*Filical.*) 4. 511, 782.
Arcyria Hill (*Trichiac.*) 1. 20, 21, 22; 1**. 525.
A. nutans (Bull.) 1. 21, Fig. 12 *D—F*.
Ardissonia De Not. (*Bacillariac.*) 1b. 115.
Areodictyon C. Müll. (*Bryac.*) 3. 563. 574.
Areolaria Forq. (*Sclerodermatac.*) 1**. 336.
Areschougia Harv. (*Rhodophyllidac.*) 2. 369, 378.
Argopsis Th. Fr. (*Cladoniac.*) 1*. 140, 146.
A. megalospora Th. Fr. 1*. 146, Fig. 68 *I—II*.
Argynna Morgan (*Perisporiac.*) 1. 333, 338.
Argyrobarbula C. Müll. (*Pottiac.*) 3. 426.
Argyrobryum C. Müll. (*Bryac.*) 3. 584, 1206.
Argyrochosma J. Sm. (*Polypodiac.*) 4. 272.
Aristaria Müll. (*Polypodiac.*) 4. 299.
Aristella Kütz. (*Bacillariac.*) 1b. 150.
Aristophycus Mass. (*Algae*) 2. 548.
**Armillaria** Fries (*Agaricac.*) 1**. 231, 232, 269, 555.
A. mellea (Vahl) Quél. 1**. 269, Fig. 123 *B*.
Armillariella Karst. (*Agaricac.*) 1**. 555.
Arnellia S. O. Lindb. (*Jungerm. akrog.*) 1. 75, 80.
Arnium Nitschke (*Sordariac.*) 1. 390.
Arnoldia Mass. (*Collemiac.*) 1*. 171.
Arnoldiella (Wainio) A. Zahlbr. 1*. 171.
A. minutula Born.) 1*. 38, Fig. 22.
Arrhenia Fries (*Agaricac.*) 1**. 198, 199, 200.
A. cupularis (Wahlenbg.) Fr. 1**. 200, Fig. 106 *D*.
A. cupuliformis P. Henn. 1**. 200, Fig. 106 *E*.

Arrhenopterum Hedw. (*Aulacomniac.*) 3. 624.
Arrhenopterum (Hedw.) Broth. (*Aulacomniac.*) 3. 625.
**Arrhytidia** Berk. (*Dacryomycetac.*) 1**. 97, 102.
Arsenopteris Webb et Berth. (*Polypodiac.*) 4. 167.
**Arthonia** (Ach.) A. Zahlbr. (*Arthoniac.*) 1*. 89, 91; 1. 219.
A. didyma Koerb. 1*. 89, Fig. 45 *F*.
A. galactites (DC.) DC. 1*. 89, Fig. 45 *E*.
A. punctiformis Ach. 1*. 89, Fig. 45 *G*.
A. radiata (Pers.) Th. Fr. 1*. 24, Fig. 20; 89, Fig. 45 *A—D, J*.
**Arthoniaceae** 1*. 88, 89—91.
Arthoniactis Wainio (*Lecanactidac.*) 1*. 115.
Arthoniopsis Müll. Arg. (*Arthoniac.*) 1*. 89, 91.
Arthopyrenia (Mass.) Müll. Arg. (*Pyrenulac.*) 1*. 62, 64.
A. analepta (Ach.) 1*. 63, Fig. 35 *E*.
A. anisoloba Müll. Arg. 1*. 63, Fig. 35 *D*.
A. cerasi Koerb. 1*. 63, Fig. 35 *F*.
A. gemmata (Ach.) 1*. 63, Fig. 35 *C, O*.
Arthotheliopsis Wainio (*Ectolechiac.*) 1*. 123, 124.
Arthothelium Mass. (*Arthoniac.*) 1*. 89, 91.
A. spectabile (Fw.) Mass. 1*. 89, Fig. 45 *H*.
Arthrinieae (*Dematiac.*) 1**. 454, 455.
Arthrinium Kunze (*Dematiac.*) 1**. 455, 461, 462.
A. caricicola Kze. et Schm. 1**. 461, Fig. 239 *C*.
Arthrobacterium Fischer (*Bacteriac.*) 1a. 21.
Arthrobactridium Fischer (*Bacteriac.*) 1a. 25.
Arthrobactrillum Fischer (*Bacteriac.*) 1a. 29.
Arthrobactrinium Fischer (*Bacteriac.*) 1a. 29.
Arthrobotrya J. Sm. (*Polypodiac.*) 4. 195, 198.
**Arthrobotrys** Corda (*Mucedinac.*) 1**. 444, 445, 446; 1. 49.
A. oligospora 1. 49, Fig. 33.
A. superba Corda 1**. 446, Fig. 231 *D*.
Arthrobotrys Wallr. (*Polypodiac.*) 4. 167, 173.
Arthrobotryum Ces. (*Stilbac.*) 1**. 496, 497, 559.

Arthrobotryum atrum Berk. et Br. 1**. 197, Fig. 257 E, F.
A. stilboideum Ces. 1**. 197, Fig. 257 D.
Arthrocardia (Decne.) Aresch. (Corallinac.) 2. 543.
Arthrocladia Duby (Desmarestiae.) 2. 210, 211.
A. villosa (Huds.) Duby 2. 210, Fig. 117 D.
Arthrocladieae (Desmarestiae.) 2. 211.
Arthrocormeae (Leucobryac.) 3. 313, 349, 1187.
Arthrocormus auct. (Leucobryac.) 3. 350.
Arthrocormus Doz. et Molk. (Leucobryac.) 3. 349.
A. Schimperi Doz. et Molk. 3. 350, Fig. 208 A—E.
Arthrodanaea Presl (Marattiac.) 3. 442.
Arthrodendron Scott (Calamariae.) 4. 555.
Arthrodesmus Ehrenb. (Bacillariae.) 1b. 150.
Arthrodesmus Ehrenb. (Desmidiac.) 2. 7, 11, 12.
A. convergens Ehrenb. 2. 12, Fig. 7 C.
Arthrodia Rafin. (Desmidiac.) 2. 9.
Arthrodontei Fleisch. (Bryal.) 3. 281, 1173.
Arthrogonium A. Br. (Ulotrichac.) 2. 85.
Arthromeris J. Sm. (Polypodiac.) 4. 306, 321.
Arthronaria Ach. (Lichen.) 1*. 239.
Arthronema Hass. (Nostocac.) 1a. 76.
Arthrophycus Hall. (Algae) 2. 548.
Arthrophycus J. Ag. (Fucac.) 2. 288.
Arthropityostachys Ren. (Calamariae.) 4. 557.
Arthropitys Goepp. (Calamariae.) 4. 555, 554, Fig. 317 A, B.
Arthroporella Stolley (Algae) 2. 548.
Arthropteris J. Sm. (Polypodiac.) 4. 204, 205, 206.
A. altescandens (Colla) J. Sm. 4. 206, Fig. 110 D.
A. ramosa (Palis.) J. Sm. 4. 206, Fig. 110 C.
A. tenella (Forst.) J. Sm. 4. 206, Fig. 110 A, B.
Arthrorabdium Ehrenb. (Desmidiac.) 2. 9.
Arthrorhaphis Th. Fr. (Fungi) 1*. 135.
Arthrorhynchus Kolen. (Laboulbeniae.) 1. 501.
Arthrospira Stizenb. Oscillariae.) 1a. 63, 65, 66.
A. Jenneri (Hass.) Stizenb. 1a. 65, Fig. 52 F.

Arthrosporium Sacc. (Stilbac.) 1**. 192, 193.
A. albicans Sacc. 1**. 191, Fig. 255 A.
Arthrosporum (Mass.) A. Zahlbr. (Lecideae.) 1*. 135.
Arthrosporum Th. Fr. (Lecideae.) 1*. 135.
Arthrothamnus Rupr. (Laminariae.) 2. 254, 259.
Arthrotilum Rbh. (Rivulariae.) 1a. 89.
Artoceras [sphalm.] Berk. (Hymenogastr.) 1**. 313.
Artocreas Berk. et Br. (Thelephorae.) 1**. 120, 313.
Artotrogus Mont. (Pythiae.) 1. 105.
Aschersonia Mont. (Nectrioideae.) 1**. 383, 384, 385.
A. tahitensis Mont. 1**. 384, Fig. 261 L—P.
Aschion Fischer (Eutuberae.) 1. 288.
Aschisma Lindb. (Pottieae.) 3. 382, 383.
A. carniolicum (Web. et Mohr) Lindb. 3. 383, Fig. 239.
Aschistodon Mont. (Dicranae.) 3. 299.
Aschistodon (Mont.) Broth. (Dicranae.) 3. 1175.
Ascidium A. Br. (Protococcac.) 2. 68.
Ascidium (Müll. Arg.) Fée (Thelotremae.) 1*. 118.
Ascobolaceae 1. 175, 188—193; 1**. 532.
Ascobolus Pers. (Ascobolae.) 1. 189, 192, 193.
A. glaber Pers. 1. 192, Fig. 154 G, H.
A. immersus Pers. 1. 192, Fig. 154 D—F.
A. stercorarius (Bull.) Schröt. 1. 192, Fig. 154 J—L.
Ascocalathium Eidam (Pyronemae.) 1. 176.
Ascochyta Lib. (Sphaerioideae.) 1**. 366, 367.
A. Citri Penzig 1**. 367, Fig. 193 G, H.
A. Hesperidearum Penzig 1**. 367, Fig. 193 J, L.
A. piniperda Lindau 1**. 367, Fig. 193 A—E.
A. Pisi Lib. 1**. 367, Fig. 193 F.
Ascocladium Naeg. (Ceramiae.) 2. 487.
Ascococcus (Billr.) Cohn (Cocac.) 1a. 16.
Ascocorticiaceae 1. 158, 164.
Ascocorticium Bref. (Ascocorticiae.) 1. 164.
A. albidum Bref. 1. 164, Fig. 137.
Ascocyclus Magn. (Ectocarpac.) 2. 183, 186, 189.

Ascocyclus orbicularis (J. Ag.) Magn. 2. 183, Fig. 129 E.
Ascodesmis Van Tiegh. (Pyronemac.) 1. 176.
Ascoglena Stein (Euglenac.) 1a. 175, 176; 2. 570.
A. vaginicola Stein 1a. 175, Fig. 126 E.
Ascoidea Bref. (Ascoideac.) 1. 145, 146.
A. rubescens Bref. 1. 146, Fig. 128.
Ascoideaceae 1. 145—147; 1**. 531.
Ascolichenes 1*. 49—236.
Ascolobium S. O. Lindb. (Jungerm. akrog.) 3. 132.
Ascomyces Mont. (Exoascac.) 1. 159, 160.
Ascomycetella Ellis (Phymatosphaeriac.) 1. 242; 1**. 539.
Ascomycetella Peck (Phymatosphaeriac.) 1. 243.
Ascomycetes 1. 142—505.
Ascophanus Boud. (Ascobolac.) 1. 188, 189.
A. ochraceus (Crouan) Boud. 1. 189, Fig. 152 D.
Ascophyllum Stackh. (Fucac.) 2. 274, 275, 276, 279, 281.
A. nodosum (L.) Le Jolis 2. 274, Fig. 183 E; 275, Fig. 184 a: 275, Fig. 184 b F—H.
Ascospora Fries (Mycosphaerellac.) 1. 421, 423.
A. Himantia (Pers.) Rehm 1. 423, Fig. 265 A, B.
Ascospora Mont. (Sphaerioidac.) 1**. 378.
Ascosporium Berk. (Exoascac.) 1. 159.
Ascotricha Berk. (Chaetomiac.) 1. 387.
Ascozoma Heimerl (Ascobolac.) 1. 190.
Ascozonus Renny (Ascobolac.) 1. 190.
Aseimotrichum Corda (Hyphomycet.) 1**. 516.
Aseroë La Bill. (Clathrac.) 1**. 281, 287, 288.
A. rubra La Bill. 1**. 287, Fig. 137 A—C.
A. r. f. actinoloba 1**. 287, Fig. 137 A.
A. r. f. Junghuhnii 1**. 287, Fig. 137 B.
Asiphonogama 3. 1—1246; 4. 1—808.
Askepas Schiffn. (Marchantiac.) 3. 35.
Askepos Griff. (Marchantiac.) 3. 35.
Asparagopsis Mont. (Bonnemaisoniac.) 2. 418, 420.
Aspergillaceae 1. 293, 297—308; 1**. 537.
Aspergilleae (Mucedinac.) 1**. 416, 418, 538.
Aspergillus Mich. (Aspergillac.) 1. 297, 301, 302; 1**. 418, 530, 537, 538.

A. herbariorum (Wigg.) 1. 301, Fig. 214 A—H.
A. nidulans (Eidam) 1. 302, Fig. 215 A—J.
Aspergillus Wilhelm (Aspergillac.) 1. 303.
Asperococceae (Encoeliac.) 2. 201.
Asperococcus Lamx. (Encoeliac.) 2. 201, 204.
A. bullosus Lamx. 2. 199, Fig. 140 G.
Aspicilia Mass. (Lecanorac.) 1*. 201.
Aspicilia (Mass.) Th. Fr. (Lecanorac.) 1*. 201.
Aspiciliopsis Müll. Arg. (Lecanorac.) 1*. 203.
Aspiciliopsis (Müll. Arg.) A. Zahlb. (Lecanorac.) 1. 203.
Aspidelia Strn. (Parmeliac.) 1*. 216.
Aspidiaria Presl (Lepidodendrac.) 4. 727.
Aspidieae (Polypodiac.) 4. 158, 166.
Aspidiinae (Polypodiac.) 4. 166, 202, 512.
Aspidiopsis Pot. (Lepidodendrac.) 4. 721, 729, 735, 740, 747; 729, Fig. 424.
Aspidites Goepp. (Filical.) 4. 475, 494.
Aspidium Sw. (Polypodiac.) 4. 41, 42, 45, 46, 56, 80, 149, 166, 183, 184, 187; 184, Fig. 96 C—J; 187, Fig. 97 A—D.
A. coriaceum Sw. 4. 46, Fig. 28 A, B.
A. cristatum Sw. 4. 45, Fig. 25 A.
A. filix mas L. 4. 41, Fig. 19; 42, Fig. 22 A; 45, Fig. 25 B—D.
A. Griffithii (Hook. f. et Thoms.) Diels 4. 184, Fig. 96 G.
A. Leuzeanum (Presl) Kze. 4. 187, Fig. 97 D.
A. Moorei (Hook.) Christ 4. 184, Fig. 96 H, J.
A. pachyphyllum Kunze 4. 187, Fig. 97 A—C.
A. singoporianum Wall. 4. 184, Fig. 96 C, D.
A. trifoliatum (L.) Sw. 4. 149, Fig. 86 N.
Aspidophora Mont. (Delesseriac.) 2. 410.
Aspidopodium Diels (Polypodiac.) 4. 307, 319.
Aspidopyrenium Wainio (Verrucariac.) 1*. 54, 58.
Aspidothelium Wainio (Verrucariac.) 1*. 54, 56, 58.
A. cinerascens insignis Wainio 1*. 58, Fig. 32 A—C.
Aspidotis Nutt. (Polypodiac.) 4. 277.
Asplenidictyum J Sm. (Polypodiac.) 4. 233.
Asplenieae (Polypodiac.) 4. 158, 222.
Asplenlinae (Polypodiac.) 4. 222.

Aspleniopsis Mett. et Kuhn (*Polypodiac.*) 4. 255, 272, 273.
A. decipiens Mett. 4. 273, Fig. 145 A.
Aspleniopteris Font. (*Filical.*) 4. 495.
Aspleniopteris Sternb. (*Filical.*) 4. 501.
Asplenites Goepp. (*Marattiac.*) 4. 444, 475.
Asplenitis J. Sm. (*Polypodiac.*) 4. 237.
Asplenium auct., Hk. Bk. (*Polypodiac.*) 4. 222, 224.
Asplenium L. (*Polypodiac.*) 4. 32, 53, 56, 57, 59, 64, 73, 81, 82, 149, 222, 233, 234, 238, 242, 245; 234, Fig. 125 A—H; 238, Fig. 126 A—L; 242, Fig. 127 A—K.
A. Adiantum nigrum L. 4. 53, Fig. 37 C—E; 56, Fig. 38 C; 82, Fig. 39 A—J; 234, Fig. 125 B—D.
A. bulbiferum Forst. 4. 73, Fig. 52 A, B; 149, Fig. 86 C.
A. cicutarium Sw. 4. 242 Fig. 127 C.
A. dimorphum Kunze 4. 242, Fig. 127 G, H.
A. ensiforme Wall. 4. 234, Fig. 125 F, G.
A. esculentum Presl 4. 64, Fig. 42 I—IV.
A. falcatum Lam. 4. 238, Fig. 126 G.
A. Filix mas (L.) Sw. 4. 56, Fig. 38 F; 80, Fig. 56.
A. fissum Kit. 4. 438, Fig. 126 K, L.
A. fontanum Bernh. 4. 242, Fig. 127 B.
A. Hemionitis L. 4. 234, Fig. 125 H.
A. laserpitiifolium Lam. 4. 242, Fig. 127 A.
A. Mannii Hook. 4. 242, Fig. 127 D, E.
A. mucronatum Presl 4. 238, Fig. 126 H.
A. Nidus L. 4. 234, Fig. 125 E.
A. obtusatum Forst. 4. 238, Fig. 126 F.
A. resectum Sm. 4. 238, Fig. 126 E.
A. Ruta muraria L. 4. 238, Fig. 126 J.
A. rutifolium Kze. 4. 242, Fig. 127 F.
A. salicifolium L. 4. 238, Fig. 126 D.
A. Seelosii Leyb. 4. 238, Fig. 126 A, B.
A. theciferum (H. B. et K.) Mett. 4. 242, Fig. 127 J, K.
A. Trichomanes L. 4. 53, Fig. 37 F, G; 81, Fig. 57 A, B; 234, Fig. 125 A; 238, Fig. 126 C.
A. trifoliatum (L.) Sw. 4. 184, Fig. 96 E, F.
A. viride 4. 59, Fig. 40 B.
Astasia Duj. (*Astasiac.*) 1a. 177.
A. margaritifera Schmarda 1a. 177, Fig. 128 A.
Astasia Ehrenb. (*Euglenac.*) 2. 570.
Astasia Ehrenb., Carter, Clark (*Paranemac.*) 1a. 180.
Astasia Fromantel (*Holomastigac.*) 1a. 114.

Astasia Stein, Bütschli (*Astasiac.*) 1a. 178.
**Astasineae** 1a. 174, 177—178.
Astasioides Bütschli (*Astasiac.*) 1a. 177.
Astasiopsis Bütschli (*Astasiac.*) 1a. 177.
Asterella Palis. (*Marchantiac.*) 3. 31, 33.
Asterella Sacc. (*Microthyriac.*) 1. 339, 340.
Astericium Corda (*Hydrodictyac.*) 2. 72.
Astericium Corda (*Pleurococcac.*) 2. 60.
Asteridiella Mac Alpine (*Microthyriac.*) 1**. 539.
Asteridium Sacc. (*Microthyriac.*) 1. 339, 342.
Asterina Lév. (*Microthyriac.*) 1. 339, 341.
A. Veronicae (Lib.) Cke. 1. 341, Fig. 234 E—G.
Asterionella Hass. (*Bacillariac.*) 1b. 113, 117, 118.
A. formosa Hass. 1b. 118, Fig. 215 A, B.
Asteriscium C. Müll. (*Pottiac.*) 3. 508.
Asteristion Leight. (*Peltigerac.*) 1*. 191.
Asterocalamites Zeiller (*Protocalamariac.*) 4. 553, 558; 559, Fig. 354.
A. scrobiculatus Schloth. 4. 558, Fig. 350.
Asterocarpus Goepp. (*Marattiac.*) 4. 439.
Asterochlaena Corda (*Filical.*) 4. 474, 504, 509, 510.
A. ramosa (Cotta) Stenzel 4. 510, Fig. 313.
Asterococcus Lamx. (*Encoeliac.*) 2. 201, 204.
Asterocystis De Wild. (*Olpidiac.*) 1**. 526.
Asterocystis Gobi (*Bangiac.*) 1a. 57, 92; 2. 314.
Asterocytis Gobi [sphalm.](*Bangiac.?*) 2. 314.
Asterodictyon Ehrenb.(*Hydrodictyac.*) 2. 72.
Asterodiscus Johns. (*Bacillariac.*) 1b. 75.
Asterodon Pat. (*Hydnac.*) 1**. 139, 143.
A. ferruginosum (Karst.) Pat. 1**. 143, Fig. 76 K—O.
Asterolampra Ehrenb. (*Bacillariac.*) 1b. 74, 75.
A. affinis Grev. 1b. 75, Fig. 110 A.
A. aliena Grev. 1b. 75, Fig. 110 C.
A. marylandica Grev. 1b. 75, Fig. 110 B.
Asterolamprinae (*Bacillariac.*) 1b. 56, 74.
Asteroma DC. (*Sphaerioidac.*) 1**. 350, 357.
A. Padi Sacc. 1**. 357, Fig. 187 C—F.
Asteromidium Sacc. (*Sphaerioidac.*) 1**. 370.
Asteromphalus Ehrenb. (*Bacillariac.*) 1b. 74, 75.

Asteromphalus Roperianus (Grev.) Ralfs 1b. 75, Fig. 112.
Asteronia Sacc. (*Microthyriac.*) 1. 339, 340.
Asterophora Ditmar (*Mucedinac.*) 1**. 419, 439.
Asterophora Ditmar (*Agaricac.*) 1**. 209.
Asterophyllites Brongn. (*Calamariac.*) 4. 515, 553, 562; 552, Fig. 346 D, E.
Asterophyllostachys Schimp. (*Calamariac.*) 4. 557.
Asterophyllum Schimp. (*Sphenophyllac.*) 4. 515.
Asteroporum Müll. Arg. (*Pyrenulac.*) 1*. 62.
Asteropteris J. W. Daws. (*Filical.*) 4. 474, 504, 510.
Asteroselene Wittr. (*Desmidiac.*) 2. 9.
Asterosphaerium Reinsch (*Chlorophyc.*) 2. 27.
Asterosporina Schröt. (*Agaricac.*) 1**. 243.
Asterosporium Kunze (*Melanconiac.*) 1**. 409, 411.
A. Hoffmanni Kunze 1**. 411, Fig. 214 C—E.
Asterostomella Passer. et Thüm. (*Sphaerioideac.*) 1**. 350, 355.
Asterostomella Speg. (*Leptostromatac.*) 1**. 389, 390.
Asterostomidium Speg. (*Sphaerioideac.*) 1**. 372, 373.
Asterostroma Massee (*Thelephorac.*) 1**. 118, 122.
Asterotheca Presl (*Marattiac.*) 4. 439, 445, 448, 495; 439, Fig. 241 A, B.
Asterothecae Stur (*Marattiac.*) 4. 445.
Asterothecium Wallr. (*Mucedinac.*) 1**.439.
Asterothrix Kütz. (*Algae*) 1a. 92.
Asterothyrium Müll. Arg. (*Ectolechiac.*) 1*. 123.
Asteroxanthium Kütz. (*Desmidiac.*) 2. 11.
Asterstomella Passer. et Thüm. [sphalm.] 1**. 355.
Asterula Sacc. (*Microthyriac.*) 1. 339.
Asthmatos Salisb. (*Flagellata?*) 1a. 186.
A. ciliaris Salisb. 1a. 186, Fig. 140 A.
Astomi Brid. (*Archidiac.*) 3. 288.
Astomiopsis C. Müll. (*Dicranac.*) 3. 293, 297.
Astomum Hampe (*Dicranac.*) 3. 294.
Astomum Hampe (*Pottiac.*) 3. 382, 384, 1189.
A. Sullivantii (Schimp.) Hampe 3. 384, Fig. 241 A—E.

A. tetragonum (Harv.) 3. 385, Fig. 242 A—H.
Astraeus Morg. (*Calostomatac.*) 1**. 344.
A. stellatus (Scop.) 1**. 344, Fig. 178 A—C.
Astrella Lindb. (*Marchantiac.*) 3. 31.
Astreptonema Hauptfl. (*Saprolegniac.*) 1**. 528.
Astrocystis Berk. et Br. (*Cucurbitariac.?*) 1**. 408, 411.
Astrodochium Ell. et Ev. (*Tuberculariac.*) 1**. 499, 500.
Astrodontium Doz. et Molk. (*Entodontac.*) 3. 873.
Astrodontium Schwaegr. (*Leucodontac.*) 3. 748.
Astrolegnia Schröt. (*Saprolegniac.*) 1. 99.
Astroma DC. (*Mycosphaerellac.*) 1. 421.
Astromyelon Williams. (*Calamariac.*) 4. 556.
Astrophora De Bary (*Saprolegniac.*) 1. 99.
Astrophyllum Neck. (*Mniac.*) 3. 606.
Astroplaca Bagl. (*Lecideac.*) 1*. 132.
Astroporeae (*Marchantiac.*) 3. 25, 28.
Astrosiga Kent (*Craspedomonadac.*) 1a. 124, 126.
A. radiata Zach. 1a. 126, Fig. 83 B.
Astrotheliaceae 1*. 52, 72—73.
Astrothelium (Eschw.) Trevis. (*Astrotheliac.*) 1*. 73.
A. sulphureum (Eschw.) Müll. Arg. 1*. 73, Fig. 38 A, B.
Astrothelium Nyl. (*Astrotheliac.*) 1. 73, 74.
Atactosia Bl. (*Polypodiac.*) 4. 306.
Ateleobryum Mitt. (*Bryac.*) 3. 540.
Atestia Trevis. (*Usneac.*) 1**. 220.
Athalamia Falcon. (*Marchantiac.*) 3. 30.
Athecaria Nyl. (*Fungi*) 1*. 78.
Athrismidium Trevis. (*Trypetheliac.*) 1*. 69.
Athrismidium (Trevis.) A. Zahlbr. (*Trypetheliac.*) 1*. 70.
Athyrium Roth (*Polypodiac.*) 4. 89, 222, 223; 223, Fig. 120 A—H.
A. acrostichoides (Sw.) Diels 4. 223, Fig. 120 C.
A. alpestre (Hoppe) Nyl. 4. 223, Fig. 120 F—H.
A. Filix femina (L.) Roth 4. 223, Fig. 120 A, B, D, E.
A. F. f. var. clarissima Jones 4. 89, Fig. 64 A.
Atichia Fw. (*Cenangiac.?*) 1. 232, 241.
Atomaria Stackh. (*Rhodomelac.*) 2. 456.
Atractiella Sacc. (*Stilbac.*) 1**. 489, 490.
Atractium Link (*Stilbac.*) 1**. 492, 493.

Atractium flammeum Berk. et Rav. 1\*\*. 491, Fig. 255 B.
Atractobolus Tode (Plectobasid.?) 1\*\*. 346, 533.
Atractonema Stein (Astasiae.) 9a. 178.
Atractonema Stokes (Astasiae.) 1a. 178.
Atractophora Crouan (Gelidiac.) 2. 342, 344, 345.
A. hypnoides Crouan 2. 344, Fig. 209 C—E.
Atractylocarpus Mitt. (Dicranac.) 3. 337.
Atrichae Rostaf. (Myxogastr.) 1. 13.
Atrichum James (Polytrichae.) 3. 677.
Atrichum Palis. (Polytrichae.) 3. 671, 673.
A. undulatum (L.) Palis. 3. 154, Fig. 74; 156, Fig. 76 C; 202, Fig. 122 A; 211, Fig. 128 A, D; 212, Fig. 129 .1—F; 217, Fig. 131 C; 272, Fig. 166 A; 276, Fig. 169 C.
Attheya West (Bacillariac.) 1b. 88.
A. decora West 1b. 88, Fig. 145.
Auchenangium Nees (Bryac.) 3. 535.
Audouinella (Bory) Bonnem. (Helminthocladiac.) 2. 331.
Auerswaldia Sacc. (Dothideac.) 1. 375, 376, 377.
A. Chamaeropis (Cke.) Sacc. 1. 377, Fig. 248 H.
Aulacocystis Hass. (Bacillariac.) 1b. 131.
Aulacodiscinae (Bacillariac.) 1b. 56, 76.
Aulacodiscus Ehrenb. (Bacillariac.) 1b. 41, 47, 77.
A. Petersii Ehrenb. var. notabilis Rattr. 1b. 47, Fig. 57 C; 77, Fig. 116 .1, B.
A. scaber Ralfs 1b. 41, Fig. 53 E; 77, Fig. 116 C.
Aulacogramma Müll. Arg. (Graphidac.) 98; 97, Fig. 48 A.
Aulacographa (Leight.) Müll. Arg. (Graphidac.) 1\* 98; 97, Fig. 48 D.
Aulacographina Müll. Arg. (Graphidac.) 1\*. 100.
Aulacomitrium Mitt. (Orthotrichae.) 3. 457, 475, 1201.
A. humillimum Mitt. 3. 476, Fig. 325 .1—F.
**Aulacomniaceae** 3. 285, 623—626, 1208.
Aulacomnium Mitt. (Aulacomniac.) 3. 623.
Aulacomnium Mont. (Orthotrichae.) 3. 464.
Aulacomnium Schwaegr. (Aulacomniae.) 3. 623, 624.
A. androgynum (L.) 3. 239, Fig. 145 G; 240, Fig. 146 A—K; 625, Fig. 473 H, J.
A. heterostichum (Hedw.) 3. 625, Fig. 473 A—D.
A. palustre (L.) Schwaegr. 3. 186, Fig. 104 A; 189, Fig. 106 A; 625, Fig. 473 G.

A. turgidum (Wahlenbg.) 3. 625, Fig. 473 E, F.
Aulacopilum Wils. (Erpodiac.) 3. 704, 707, 710.
A. Balansae C. Müll. 3. 710, Fig. 533 A—D.
A. Hodgkinsoniae C. Müll. 3. 710, Fig. 533 E—K.
Aulacopteris Grand'Eury (Filical.) 4. 511.
Aulacosira Thwait. (Bacillariac.) 1b. 59.
Aulaxina Fée (Graphidac.) 1\*. 92, 94.
Auliscus Ehrenb. (Bacillariac.) 1b. 77, 80, 81.
A. (Fenestrella) barbadensis Grev. 1b. 81, Fig. 128.
A. Clevei Grun. 1b. 80, Fig. 126 B.
A. (Pseudoceratulus) Kinkerii (Pant.) 1b. 81, Fig. 129.
A. (Pseudoauliscus) peruvianus (Grev.) Ratr. 1b. 81, Fig. 127.
A. (Euauliscus) Rhipis A. Schm. 1c. 80, Fig. 126 A.
Aulographum Lib. (Hysteriac.) 1. 272, 273.
A. vagum Desm. 1. 273, Fig. 197 .1—C.
Aulosira Kirchn. (Nostocac.) 1a. 72, 75, 76.
A. laxa Kirchn. 1a. 75, Fig. 56 G.
Aulosireae (Nostocac.) 1a. 72, 76.
Aurainvillea Decne. (Codiac.) 2. 144.
Aureobasidium Viala et Boyer (Hypochnac.) 1\*\*. 115, 116, 117.
A. Vitis Viala et Boyer 1\*\*. 115, Fig. 66 G—H.
Auricula Castr. (Bacillariac.) 1b. 124, 134.
A. complexa (Greg.) Cleve 1b. 134, Fig. 247.
Auricularia Bull. (Auriculariac.) 1. 54; 1\*\*. 84, 85.
A. Auricula Judae (L.) Schröt. 1. 54, Fig. 50 .1—D; 1\*\*. 85, Fig. 56 J—M.
**Auriculariaceae** 1\*\*. 83—86, 553.
Auriculariales 1\*\*. 24, 82—88, 553.
Auriculariae (Auriculariac.) 1\*\*. 84.
Auriculariella Sacc. (Auriculariac.) 1\*\*. 85.
Auriculariinae 1\*\*. 1, 24.
Auriscalpium Karst. (Hydnac.) 1\*\*. 144.
Austinia C. Müll. (Fabroniac.) 3. 900, 901.
A. tenuinervis (Mitt.) 3. 901, Fig. 660 .1—E.
Austrogramme Fourn. (Polypodiac.) 4. 257.
Autobasidiomycetes 1\*\*. 1.
Autophyllites Grand'Eury (Protosalamariac.) 4. 548, 560.
Axosiphon Aresch. (Rhodophyllidac.) 2. 378.
Aytonia Forst. (Marchantiac.) 3. 25, 30.
A. nepalensis (Lehm.) Schiffn. 3. 30, Fig. 15 C—H.

2\*

Aytonia rupestris Forst. 3. 30, Fig. 15 *A, B*.
Azolla Lam. (*Salviniac.*) 4. 383, 384, 385,
   388, 391, 392, 394, 396, 397, 400, 402;
   385, Fig. 207 *A--E*; 391, Fig. 212 *A*.
A. filiculoides Lam. 4. 385, Fig. 208 *A, B*;
   388, Fig. 209 *A--C*; 392, Fig. 213 *A--F*;
   394, Fig. 215 *A, B*; 396, Fig. 217; 397,
   Fig. 218 *A, B*; 397, Fig. 219.
A. nilotica Decne. 4. 283, Fig. 206.
Azolla Meyen (*Salviniac.*) 4. 401.
Azollophyllum W. Daws. (*Salviniac.*) 4. 402.

## B.

Baccarinia Sacc. (*Lophiostomatac.*) 1. 418.
Bachelotia Born. (*Phaeophyc.*) 2. 181.
Bacidia De Not. (*Lecideac.*) 1*. 135.
Bacidia (De Not.) A. Zahlbr. (*Lecideac.*) 1*.
   129, 135, 243.
B. Beckhausii (Koerb.) Arn. 1*. 130, Fig.
   63 *G*.
B. borborodes (Koerb.) A. Zahlbr. 1*. 130,
   Fig. 63 *F*.
B. rosella (Pers.) De Not. 1*. 130. Fig. 63 *H*.
Bacidia Müll. Arg. (*Lecideac.*) 1*. 135.
Bacillaria Gmel. (*Bacillariac.*) 1 b. 34,
   142.
B. paradoxa Gmel. 1 b. 34, Fig. 47 *A--E*.
Bacillariaceae 1 b. 34--150.
Bacillariales 1 b. 31, 2 *V*.
Bacille de charbon symptomatique (*Bacillus carbonis* Mig.) 1 a. 26.
Bacillina Nyl. (*Pertusariac.*) 1*. 199.
Bacillus Cohn (*Bacteriac.*) 1 a. 6, 8, 21,
   25, 26, 27.
B. amylobacter Van Thiegh. 1 a. 8, Fig. 2
   *C, D*; 2. 549.
B. inflatus Koch 1 a. 8, Fig. 2 *A*.
B. oedematis Liborius 1 a. 27, Fig. 29.
B. permiensis Ren. et Bertr. 2. 549.
B. subtilis (Ehrenb.) Cohn 1 a. 6, Fig. 1 *A*;
   8, Fig. 2 *B*: 27, Fig. 30.
B. tetani Nicolaier 1 a. 26, Fig. 26.
B. typhi Gaffky 1 a. 6, Fig. 1 *F*; 26, Fig. 27,
   28.
B. vorax Renault 2. 549.
B. vulgaris (Hauser) Migula 1 a. 6, Fig. 1 *G*.
Bacillus Fischer 1 a. 21.
Bacteria 1 a. 2--13; 2. 548.
**Bacteriaceae** 1 a. 13, 20--30.
Bacteriastrum Schadb. (*Bacillariac.*) 1 b.
   38, 85, 86.
B. varians Lauder 1 b. 38, Fig. 50 *E*; 86,
   Fig. 143 *A--D*.

Bacteridium Schröt. (*Coccac.*) 1 a. 16.
Bacterien 1 a. 2--13.
Bacterioidomonas Künstler (*Flagellata*) 1 a.
   94, 117.
Bacterium Ehrenb. (*Bacteriac.*) 1 a. 21
   22, 23, 24, 25.
B. aceti (Kütz.) Zopf 1 a. 25, Fig. 24.
B. acidi lactici (Hueppe) Mig. 1 a. 25, Fig.
   25.
B. Anthracis (Koch et Cohn) Mig. 1 a. 25
   Fig. 15, 16.
B. capsulatum Pfeiffer 1 a. 25, Fig. 23.
B. diphtheritidis (Loeffler) Mig. 1 a. 23
   Fig. 20 *B*.
B. erysipelatos suum Mig. 1 a. 24, Fig.
   21 *A*; 24, Fig. 22.
B. influenzae Pfeiffer 1 a. 23, Fig. 20 *A*.
B. murisepticum (Koch) Mig. 1 a. 24, Fig.
   21 *B*.
B. pneumoniae (Weichselbaum) Mig. 1 a.
   22, Fig. 18.
B. pneumonicum (Friedländer) Mig. 1 a. 23
   Fig. 17.
B. tuberculosis (Koch) Mig. 1 a. 23, Fig. 19
Bactridium Fischer (*Bacteriac.*) 1 a. 25.
Bactridium Kunze (*Tubulariac.*) 1**.
   507, 508.
B. flavum Kze. et Schm. 1**. 507, Fig. 260
   *E*.
Bactrillum Fischer (*Bacteriac.*) 1 a. 29.
Bactrinium Fischer (*Bacteriac.*) 1 a. 29.
Bactrodesmium Cooke (*Dematiac.*) 1**.
   477.
Bactrophora J. Ag. (*Chordariac.*) 2. 225
   226.
Bactrophycus J. Ag. (*Fucac.*) 2. 288.
Bactrosphaeria Penz. et Sacc. (*Sphaeriac.*) 1**. 542.
Bactrospora Mass. (*Patellariac.*) 1. 222
   229, 230; 1*. 111.
B. dryina (Ach.) Mass. 1. 230, Fig. 170
   *A--C*.
Bactryllium Heer (*Algae*) 2. 549.
Baculospora Zukal (*Hypocreac.*) 1. 346
   348, 349.
B. pellucida Zukal 1. 149, Fig. 235 *A--C*
Badhamia Berk. (*Physarac.*) 1. 32, 34
   1**. 525.
Baeomyces (*Lecanorac.*) 1*. 204.
Baeomyces Pers. (*Cladoniac.*) 1*. 140.
B. placophyllus Wahlenbg. 1*. 141, Fig.
   66 *A--B*.
Baeopodium Trevis. (*Cladoniac.*) 1*. 141.
Baeotithis Norm. (*Moriolac.*) 1*. 52.

Bärlappsamen (*Lycopodium clavatum* L.) 1.
589.
Baggea Auersw. (*Patellariae.*) 1. 222, 230,
231.
B. pachyasca Auersw. 1. 230, Fig. 176
*F—H.*
Bagliettoa Mass. (*Verrucariae.*) 1*. 54.
Bagnisiella Speg. (*Dothideac.*) 1. 375,
376.
Baiera Fr. Braun (*Filical.*) 4. 512.
Baileya Kütz. (*Lemanac.*) 2. 327.
Bakeropteris O. Ktze. (*Polypodiac.*) 4. 288.
Bakterien 1a. 2—13.
Balanium Wallr. (*Hyphomycet.*) 1**. 516.
Balansia Speg. (*Hypocreac.*) 1. 348, 369,
371.
B. claviceps Speg. 1. 371 Fig. 247 *A*.
Balanthiopsis Mitt. (*Jungerm. akrog.*) 3.
110, 111.
Balantites Goepp. (*Filical.*) 4. 475.
Balantium Kaulf. (*Cyatheac.*) 4. 119, 120.
B. Culcita (L'Hérit.) Kaulf. 4. 120, Fig. 78.1.
Balbiania Sirodot (*Helminthocladiae.*) 2.
329, 332.
Baldwiniella Broth. (*Neckerae.*) 3. 835,
850.
B. sandwicensis Broth. 3. 849, Fig. 628
*A—E*.
Baliostichus Sternb. (*Algae*) 2. 549.
Ballia Harv. (*Ceramiac.*) 2. 484, 497,
498.
B. calitricha Mont. 2. 498, Fig. 271 *A*.
Balsamia Vittad. (*Balsamiac.*) 1. 288. 289;
1**. 536.
B. vulgaris Vittad. 1. 289, Fig. 209 *D — G*.
**Balsamiaceae** 1. 281, 288—290; 1**.
535.
Balzania Speg. (*Hypocreac.*) 1**. 511.
Bambusina Kütz. (*Desmidiae.*) 2. 15.
Bangia Lyngbye (*Bacillariac.*) 1b. 124.
Bangia Lyngbye (*Bangiac.*) 2. 311.
B. atropurpurea Lyngbye 2. 311, Fig. 192
*A*, *B*.
B. fuscopurpurea Lyngbye 2. 311, Fig. 192
*C*.
**Bangiaceae** 2. 304, 307—316.
Bangiales 2. 304, 307—316.
Bangiopsis Schmitz (*Bangiac.*) 2. 314.
Barbella (*Neckerac.*) 3. 807.
Barbella C. Müll. (*Neckerae.*) 3. 823.
Barbella (C. Müll.) Fleisch. (*Neckerac.*) 3.
823, 1227.
B. Stevensii (Ren. et Card.) 3. 824, Fig. 613
*A—D*.

Barbula (*Pottiac.*) 3. 396, 404, 405, 407,
111, 426, 428.
Barbula Brid. (*Dicranac.*) 3. 318.
Barbula Brid. (*Pottiac.*) 3. 397, 411.
Barbula De Not. (*Pottiac.*) 3. 407.
Barbula Hedw. (*Dicranac.*) 3. 308.
Barbula Hedw. (*Pottiac.*) 3. 482, 407,
1193: 242, Fig. 148 *A—J*.
B. canescens 3. 274, Fig. 168 *C*.
B. fallax Hedw. 3. 408, Fig. 263 *A—C*.
B. muralis Timm 3. 215, Fig. 130 *L*.
B. pachyloma Broth. 3. 411, Fig. 264 *A—D*.
B. ruralis (L.) Hedw. 3. 171, Fig. 91 *D*: 189,
Fig. 106 *D, E*; 191, Fig. 109; 195, Fig.
115 *B, C*; 274, Fig. 168 *B*.
Barbula Kindb. (*Pottiac.*) 3. 395.
Barbula Lindb. (*Pottiac.*) 3. 389.
Barbula Schimp. (*Pottiac.*) 3. 407.
Barbula Schwaegr. (*Pottiac.*) 3. 449.
Barclayella Dietel (*Melampsorac.*) 1**.
38, 39, 548.
Barclayella Sacc. (*Melanconiae.*) 1**. 407.
Bargellinia Borzi (*Endomycetae.?*) 1. 156.
Barlaea Sacc. (*Pezizac.*) 1. 179.
Barlaeina Sacc. (*Pezizae.*) 1**. 532.
Bartramia (*Bartramiac.*) 3. 632, 644, 645,
649, 653, 654, 655, 660.
Bartramia Bryol. eur. (*Bartramiac.*) 3. 644.
Bartramia Card. (*Bartramiac.*) 3. 1209.
Bartramia C. Müll. (*Bartramiac.*) 3. 643.
Bartramia C. Müll. (*Rhizogoniac.*) 3. 624.
Bartramia Floerke (*Bartramiac.*) 3. 632.
Bartramia Hedw. (*Bartramiac.*) 3. 622,
635, 1209.
B. breviseta Lindb. 3. 638, Fig. 481 *A—F*.
B. defoliata C. Müll. 3. 640, Fig. 483 *E—J*.
B. flavicans Mitt. 3. 639, Fig. 482 *A—F*.
B. fragilifolia C. Müll. 3. 639, Fig. 482 *G—M*.
B. pomiformis Hedw. 3. 638, Fig. 481 *G—K*.
B. secunda Schimp. 3. 640, Fig. 483 *A—D*.
Bartramia Mitt. (*Bartramiac.*) 3. 634.
Bartramia Sw. (*Bartramiac.*) 3. 644, 653.
Bartramia Tayl. (*Bartramiac.*) 3. 634.
Bartramia Turn. (*Bartramiac.*) 3. 634.
**Bartramiaceae** 3. 285, 631—660, 1209.
Bartramidula Bryol. eur. (*Bartramiac.*)
3. 632, 643.
B. comosa (Hampe et C. Müll.) 3. 643,
Fig. 486 *H—O*.
B. Wilsoni Bryol. eur. 3. 643, Fig. 486
*A—G*.
Bartramiopsis Kindb. (*Polytrichac.*) 3.
671, 677.
B. Lescurii (James) 3. 678, Fig. 513 *L—R*.

Barya Fuckel (*Hypocreae.*) 1. 347, 361, 362.
B. parasitica Fuckel 1. 361, Fig. 241 *E—G.*
Basiascum Cavara (*Melanconiae.*) 1**. 405.
Basichiton Trevis. (*Jungerm. akrog.*) 3. 110.
Basidiella Cooke (*Stilbac.*) 1**. 492, 494.
Basidiobolus Eidam (*Entomophthorac.*) 1. 135, 136, 138, 141.
B. ranarum Eidam 1. 135, Fig. 121 *C*; 136, Fig. 122 *A*; 141, Fig. 127.
Basidiomycetenflechten 1*. 237—240.
Basidiomycetes 1**. 1—346.
Basidiophora Roze et Cornu (*Peronosporac.*) 1. 112, 114.
B. entospora Roze et Cornu 1. 114, Fig. 98.
Bathelium Ach. (*Trypetheliac.*) 1*. 70.
Bathelium (Ach.) Müll. Arg. (*Trypetheliac.*) 1*. 70.
Bathelium Trevis. (*Trypetheliac.*) 1*. 71.
Bathmium Fée (*Polypodiac.*) 4. 183.
Bathypteris Eichw. (*Filical.*) 4. 507.
Batrachospermeae (*Helminthocladiac.*) 2. 329.
Batrachospermum Roth (*Helminthocladiac.*) 2. 329, 330; 1a. 60, Fig. 51 *J.*
B. Crouanianum Sirodot 2. 330, Fig. 200 *A—C.*
B. moniliforme Roth 2. 330, Fig. 201 *A—F.*
Battarina Sacc. (*Hypocreac.*) 1. 364.
Battarrea Pers. (*Tulostomatac.*) 1**. 342, 344, 357, 557.
B. Stevenii Fries 1**. 344, Fig. 181 *B—D.*
B. Tepperiana Ludw. 1**. 344, Fig. 181 *A.*
Battersia Reinke (*Sphacelariac.*) 2. 193, 195.
B. mirabilis Reinke 2. 193, Fig. 135 *A.*
Baumanniella P. Henn. (*Clavariac.*) 1**. 130, 131.
B. togoensis P. Henn. 131, Fig. 71 *A—C.*
Baxteria Van Heurck (*Bacillariac.*) 1b. 100, 101.
B. Brunnii Van Heurck 1b. 100, Fig. 177 *A, B.*
Bayerhofferia Trevis. (*Lichen.*) 1*. 240.
Bazzania S. F. Gray (*Jungerm. akrog.*) 3. 95, 100.
B. inaequilatera (Lindenbg.) Ktze 3. 100, Fig. 54 *E.*
B. Liebmanniana (G. et L.) Ktze. 3. 100, Fig. 54 *D.*
B. Novae Hollandiae (Nees) Ktze. 3. 100, Fig. 54 *A—C.*
B. trilobata 3. 66, Fig. 38.
Bazzania Trevis. (*Jungerm. akrog.*) 3. 100, 101.

Beccaria C. Müll. (*Pottiac.*) 3. 424.
Beccariella Ces. (*Telephorac.*) 1**. 118, 127.
Bechera Sternbg. (*Calamariac.*) 4. 553.
Beckettia C. Müll. (*Pottiac.*) 3. 419.
Beckhausia Hampe (*Trypetheliac.*) 1*. 69.
Beggiatoa Trevis. (*Beggiatoac.*) 1a. 41.
B. alba (Vauch.) Trevis. 1a. 41, Fig. 47.
Beggiatoaceae 1a. 13, 41.
Beinertia Goepp. (*Filical.*) 4. 499.
Belemnopteris O. Feistm. (*Filical.*) 4. 503.
Bellerochea Van Heurck (*Bacillariac.*) 1b. 89, 90.
B. malleus (Brightw.) Van Heurck 1b. 90, Fig. 149 *A, B.*
Bellia Broth. (*Hookeriac.*) 3. 919, 923, 1233.
B. straminea (Mitt.) 3. 923, Fig. 675 *A—E.*
Bellincinia Raddi (*Jungerm. akrog.*) 3. 115.
B. rotundifolia Schiffn. 3. 116, Fig. 67 *A—D.*
Bellincinioideae (*Jungerm. akrog.*) 3. 75, 115.
Bellinginia Rchb. (*Jungerm. akrog.*) 3. 116.
Bellotia Harv. (*Sporochnac.*) 2. 237, 238.
B. eriophorum Harv. 2. 237, Fig. 161 *A*; 238, Fig. 162 *A, B.*
Belonia Koerb. (*Pyrenulac.*) 1*. 62. 67.
Belonidium Mont. et Dur. (*Mollisiac.*) 1. 210, 213, 214.
B. pruinosum (Jerd.) Rehm 1. 214, Fig. 167 *A—C.*
Beloniella Sacc. (*Mollisiac.*) 1, 210, 216, 217.
B. graminis (Desm.) Rehm 1. 216, Fig. 168 *M—O.*
Beloniella Th. Fr. (*Verrucariac.*) 1*. 57.
Beloniella (Th. Fr.) A. Zahlbr. (*Verrucariac.*) 1*. 57.
Belonioscypha Rehm (*Helotiac.*) 1. 194, 206.
B. ciliatospora (Fuck.) Rehm 1. 206, Fig. 161 *A—C.*
B. vexata (De Not.) Rehm 1. 206, Fig. 161 *D, E.*
Belonium Sacc. (*Helotiac.*) 1. 194, 205.
Belonopsis Sacc. (*Mollisiac.*) 1. 210, 214.
B. Uredo Rehm 1. 214, Fig. 167 *D—F.*
Beltraminia Trevis. (*Buelliac.*) 1*. 233.
Beltraminia (Trevis.) Malme (*Buelliac.*) 1*. 233; 233, Fig. 122 *C.*

Beltrania Penzig *(Dematiac.)* 1\**. 172, 475, 476.
B. rhombica Penzig 1\**. 475, Fig. 247 *G.*
Beltranieae *(Dematiac.)* 1\**. 472.
Belvisia Mirb. *(Schizaeac.)* 4. 362.
**Benettitaceae** 4. 474.
Benettiteae *(Filical.)* 4. 474.
Benizia Deb. et Ett. *(Filical.)* 4. 495.
Berengeria *(Buelliac.)* 1\*. 232, 233.
Berengeria *(Lecanorac.)* 1\*. 205.
Berengeria Mass. *(Cladoniac.)* 1\*. 144.
Berengeria Trevis. *(Buelliac.)* 1\*. 205, 232.
Bergeria Presl *(Lepidodendrac.)* 4. 726, 735; 726, Fig. 122.
Berggrenia Cooke *(Bulgariac.?)* 1. 232, 240.
Bergonia Temp. *(Bacillariac.)* 1b. 77, 81.
B. barbadensis Temp. 1b. 81, Fig. 130.
Berkelella Sacc. *(Hypocreac.)* 1. 346, 351.
Berkeleya Schütt *(Bacillariac.)* 1b. 132.
Berlesiella Sacc.*(Melogrammatac.)*1.478, 480.
Bernhardia Willd. *(Psilotac.)* 4. 619.
Bernoullia Heer *(Filical.)* 4. 495.
Bertholdia Lagerh. *(Mycoideac.)* 2. 105, 160.
Bertholdia Schmitz *(Nematostomac.)* 2. 523, 526.
Bertia De Not. *(Sphaeriac.)* 1. 394, 399; 1\*. 240.
B. moriformis (Tode) De Not. 1. 399, Fig. 257 *D, E.*
Bertiella Sacc. *(Sphaeriac.)* 1. 399.
Bescherellea Dub. *(Cyrtopodac.)* 3. 702, 766, 1215.
B. Cyrtopus Fr. Müll. 3. 767, Fig. 575 *A—G.*
Bestia Broth. *(Cryphaeac.)* 3. 852, 858, 1214.
B. longipes (Sull.) 3. 859, Fig. 631 *A—F.*
Biagia Trevis. *(Jungerm. akrog.)* 3. 57.
Biatora Koerb. *(Lecideac.)* 1\*. 132.
B. immersa (Web.) Arn. 1\*. 28, Fig. 21 *D, F.*
B. sanguineoatra Wulf. 1\*. 5, Fig. 4 *A, B.*
Biatora Th. Fr. *(Lecideac.)* 1\*. 132.
Biatorella De Not. *(Acarosporac.)* 1. 93, 150, 151, 152.
Biatorella De Not. *(Patellariac.)* 1. 222, 230.
B. resinae (Fr.) Rehm 1. 230, Fig. 176 *D, E.*
Biatoridium Lahm *(Acarosporac.)* 1\*. 152.
Biatoridium Lahm *(Patellariac.)* 1. 230.
Biatorina *(Lecideac.)* 1\*. 136.
Biatorina (Mass.) Th. Fr. *(Lecideac.)* 1\*. 134.

Biatorina Müll. Arg. *(Lecideac.)* 1\*. 134.
Biatorinopsis *(Gyalectac.)* 1\*. 126.
Biatorinopsis Müll. Arg. *(Gyalectac.)* 1\*. 125.
Bibliarium Ehrenb. *(Bacillariac.)* 1b. 102.
Biceratium Vanhöffen *(Peridiniac.)* 1b. 20.
Bichatia Turpin *(Chlorophyc.)* 2. 27.
Bichatia Turpin *(Chroococcac.)* 1a. 54.
Bicoecea L. Clark *(Bicoecac.)* 1a. 122. 132.
B. dissimilis Stokes 1a. 132, Fig. 88 *D.*
B. lacustris J. Clark 1a. 122, Fig. 79 *A.*
B. socialis Lauterb. 1a. 122, Fig. 79 *B.*
**Bicoecaceae** 1a. 117, 121—123.
Bicosoeca Bütschli *(Bicoecac.)* 1a. 123.
Bicosoeca Kent *(Amphimonadac.)* 1a. 140.
Bicricium Sorokin *(Lagenidiac.)* 1\*\*. 528.
Biddulphia Gray *(Bacillariac.)* 1b. 42, 47, 92, 93.
B. (Odontella) aurita (Lyngbye) Bréb. 1b. 93, Fig. 158 *A—C.*
B. (Eubiddulphia) pulchella Gray 1b. 42, Fig. 54 *A—C;* 93, Fig. 157.
B. (Cerataulus) Smithii (Rop.) Van Heurck 1b. 47, Fig. 57 *A, B.*
Biddulphieae *(Bacillariac.)* 1b. 56, 87.
Biddulphiinae *(Bacillariac.)* 1b. 56, 92.
Biddulphioideae *(Bacillariac.)* 1b. 56, 85.
Bjerkandera Karst. *(Polyporac.)* 1\**. 163, 165, 166.
Bifariella C. Müll. *(Rhizogoniac.)* 3. 617.
Bifida Stackh. *(Rhodophyllidac.)* 2. 376.
Bifrontia Norm. *(Moriolac.)* 1\*. 52.
Bifurcaria Stackh. *(Fucac.)* 2. 279, 282.
Bilimbia *(Lecideac.)* 1\*. 136.
Bilimbia De Not. *(Lecideac.)* 1\*. 135.
Bilimbia Müll. Arg. *(Lecideac.)* 1\*. 135.
Bilobites Dekay *(Algae)* 2. 549.
Bindera (Harv.) J. Ag. *(Rhodymeniac.)* 2. 398, 403.
Bindera J. Ag. *(Ceramiac.)* 2. 499.
Binderella Schmitz *(Gelidiac.)* 2. 341, 342, 343.
B. neglecta Schmitz 2. 343, Fig. 208 *G, H.*
Binderelleae *(Gelidiac.)* 2. 341, 342.
Binuclearia Wittr. *(Ulotrichac.)* 2. 84.
B. tatrana Wille 2. 84, Fig. 50.
Birkenreizker *(Lactaria torminosa* Schaeff.) 1\**. 113.
Birkenschwamm *(Polyporus betulinus* Bull.) 1\**. 163.
Bispora Corda *(Dematiac.)* 1\**. 170, 171, 472.
B. monilioides Corda 1\**. 170, Fig. 245 *F.*
Bisporeae *(Dematiac.)* 1\**. 171.
Bisporella Sacc. *(Helotiac.)* 1. 207.

Bissetia Broth. (*Neckerae.*) 3. 835, 846.
B. lingulata (Mitt.) 3. 846, Fig. 626 *A—H.*
Bitter Rot (*Melanconium fuligineum* Scriba et Viala) 4**. 405.
Bivonella Sacc. (*Hypocreae.*) 1. 347, 353.
Bizozzeria Speg. (*Sphaeriae.*) 1. 403.
Bizzozeria Sacc. et Berl. (*Cucurbitariae.*) 1. 408.
Bizzozeriella Speg. (*Tubulariae.*) 1**. 500, 504.
Black Fern (*Cyathea medullaris* Sw.) 4. 129.
Black Knot (*Plowrightia morbosa* Schwein.) 1. 378.
Blandowia Willd. (*Anthocerotae.*) 3. 140.
Blasia Fries (*Jungerm. anakrog.*) 3. 52, 53, 56.
Blasia L. (*Jungerm. anakrog.*) 3. 50, 57.
B. pusilla L. 3. 43, Fig. 24; 43, Fig. 26.
Blasia Sande Lac. (*Anthoceratae.*) 3. 139.
Blastenia (Mass.) Th. Fr. (*Caloplacac.*) 1*. 226.
Blastenia Wainio (*Caloplacae.*) 1*. 226.
Blasteniospora Trevis. (*Theloschistae.*) 1*. 229.
Blastocladia Reinsch (*Leptomitae.*) 1. 103.
B. Pringsheimii Reinsch 1. 103, Fig. 87.
Blastodesmia Mass. (*Pyrenulae.*) 1*. 62, 67.
Blastomyces Cost. et Roll (*Mucedinae.*) 1**. 418, 419, 432.
Blastophysa Reinke (*Valoniae.*) 2. 148, 149.
Blastotrichum Corda (*Mucedinae.*) 1**. 447, 448, 449.
B. carneum Preuss 1**. 449, Fig. 232 *L.*
B. confervoides Corda 1**. 449, Fig. 232 *K.*
Blechnidium Moore (*Polypodiae.*) 4. 245.
Blechninae (*Polypodiac.*) 4. 222, 243.
Blechnopsis Presl (*Polypodiac.*) 4. 245.
Blechnoxylon R. Etheridge (*Pterophyt.*) 4. 797.
Blechnum L. (*Polypodiae.*) 4. 222, 245, 246, 248, 250; 246, Fig. 130 *A—D;* 248, Fig. 131 *A—G.*
B. attenuatum (Willd.) Mett. 4. 248, Fig. 131 *B.*
B. occidentale L. 4. 246, Fig. 130 *A—C.*
B. Patersoni (Spreng.) Mett. 4. 248, Fig. 131 *A.*
B. Plumieri (Desv.) Christ 4. 248, Fig. 131 *C.*
B. reptans (B. et S.) Christ 4. 248, Fig. 131 *F, G.*
B. Spicant (L.) Sm. 4. 248, Fig. 131 *D, E.*

B. volubile Kaulf. 4. 246, Fig. 130 *D, E.*
Blennoria Fries (*Melanconiae.*) 1** 399, 402, 403.
B. Buxi Fries 1**. 402, Fig. 209 *C—F.*
Blennothallia (Trevis.) Wainio (*Collemac.*) 1*. 172, 244.
Blennothelia A. Zahlbr. [sphalm.] (*Collemac.*) 1*. 244.
Blepharacis C. Müll. (*Dieranae.*) 3. 342.
Blepharidophyllum Angstr. (*Jungerm. akrog.*) 3. 410, 413.
Blepharocysta Ehrenb. (*Peridiniae.*) 1b. 12, 23, 24.
B. splendor maris Ehrenb. 1b. 24, Fig. 34 *A, B.*
B. striata Schütt 1b, 12, Fig. 15; 24, Fig. 34 *C.*
Blepharostoma Dum. (*Jungerm. akrog.*) 3. 97, 102.
Blepharostoma S. O. Lindb. (*Jungerm. akrog.*) 3. 104.
B. setiformis (Ehrh.) S. O. Lindb. 3. 105, Fig. 57 *F, G.*
B. trichophyllum (L.) Dum. 3. 105, Fig. 57 *A—E.*
Blepharozia Dum. (*Jungerm. akrog.*) 3. 108, 109.
Blepharozia Mitt. (*Jungerm. akrog.*) 3. 114.
Blindia Broth. (*Dieranae.*) 3. 306, 1176.
Blindia Bryol. eur. (*Dieranae.*) 3. 304, 306, 1176.
Blindia C. Müll. (*Dicranac.*) 3. 306, 318.
Blindiadelphus Lindb. (*Dicranac.*) 3. 306.
Blitrydium De Not. (*Trybliae.*) 1. 253.
Blodgettia Harv. (*Cladophorae.*) 2. 118.
Blodgettia Wright (*Dematiae.*) 1**. 476, 479, 480.
B. Bornetii Wright 1**. 479, Fig. 249 *II.*
Blossevillea Aresch. (*Fucae.*) 2. 284.
Bloxamia Berk. et Br. (*Melanconiae.*) 1**. 399, 403.
Blumenavia A. Möll. (*Clathrae.*) 1**. 281, 282, 283.
B. rhacodes A. Möll. 1**. 282, Fig. 130 *A—B.*
Blutreizker (*Lactaria deliciosa* L.) 1**. 112, 218.
Blytia Endl. (*Jungerm. anakrog.*) 3. 55.
Blyttia Nees (*Jungerm. anakrog.*) 3. 55.
Blyttia Sande Lac. (*Jungerm. anakrog.*) 3. 57.
Blyttia Sap. (*Jungerm. akrog.*) 3. 134.
Blyttia Syn. Hep. (*Jungerm. anakrog.*) 3. 54.
Bocksia Goepp. (*Calamariae.*) 4. 474, 552.

Bodo Burnett (*Oicomonadac.*) 1 a. 119.
Bodo Ehrenb. (*Bodonac.*) 1 a. 135.
Bodo Ehrenb. (*Monadac.*) 1 a. 133.
Bodo Ehrenb. (*Peranemac.*) 1 a. 183.
Bodo (Ehrenb.) Stein (*Bodonac.*) 1 a. 99, 134; 99, Fig. 65 *A*.
B. edax Klebs 1 a. 135, Fig. 90 *A*.
B. saltans Ehrenb. 1 a. 135, Fig. 90 *B*.
Bodo Fischer (*Bodonac.*) 1 a. 135.
Bodo Kent (*Tetramitac.*) 1 a. 144.
**Bodonaceae** 1 a. 118, 133—137.
Boerlagella Penz. et Sacc. (*Sphaeriac.*) 1\*\*. 542.
Bohleria Trevis. (*Dermatocarpac.*) 1\*. 60.
Bolacotricha Berk. et Br. (*Dematiac.*) 1\*\*. 457, 467.
Bolbitis Schott (*Polypodiac.*) 4. 198.
Bolbitius Fries (*Agaricac.*) 1\*\*. 204, 206.
B. titubans (Bull.) Fr. 1\*\*. 206, Fig. 108 *A*.
Boleteae (*Polyporac.*) 1\*\*. 152, 188.
Boletinus Kalchbr. (*Polyporac.*) 1\*\*. 194, 195.
Boletopsis P. Henn. (*Polyporac.*) 1\*\*. 188, 194, 195.
B. luteus (L.) P. Henn. 1\*\*. 195, Fig. 103 *A—D*.
Boletus Dill. (*Polyporac.*) 1\*\*. 194.
Boletus Dill. (*Polyporac.*) 1\*\*. 188, 191, 193, 195.
B. scaber Bull. 1\*\*. 193, Fig. 102 *A, B*.
B. subtomentosus Fries 1\*\*. 195, Fig. 103 *A*.
Boletus Kalchbr. (*Polyporac.*) 1\*\*. 194.
Boletus Pers. (*Polyporac.*) 1\*\*. 196.
Bolinia Nitschke (*Xylariac.*) 1. 381, 382.
Bombardia Fries (*Sphaeriac.*) 1. 394, 399, 400.
B. fasciculata Fries 1. 399, Fig. 257 *G—J*.
Bombardiastrum Pat. (*Sphaeriac.*) 1. 395, 404.
Bombyliospora De Not. (*Lecideac.*) 1\*. 129, 136, 243.
B. pachycarpa (Del.) De Not. 1\*. 130, Fig. 63 *L*.
Bombyliospora Müll. Arg., Tuckerm., Wainio (*Lecideac.*) 1\*. 136.
Bommerella E. Marchal (*Chaetomiac.*) 1. 387, 389.
B. trigonospora E. Marchal 1. 389, Fig. 252 *H, J*.
Bommeria Fourn. (*Polypodiac.*) 4. 262.
Bonaventura Deb. et Ett. (*Filical.*) 4. 495.
Bonia Pat. (*Thelephorac.*) 1\*\*. 118, 123.
B. flava (Berk.) Pat. 1\*\*. 122, Fig. 68 *G, H*.

Bonnemaisonia C. Ag. (*Bonnemaisoniac.*) 2. 418, 419, 420.
B. asparagoides (Woodw.) C. Ag. 2. 419, Fig. 239 *B*.
**Bonnemaisoniaceae** 2. 305, 417—420.
Bonordenia Schulzer (*Hypocreac.*) 1. 349.
Bonplandiella Speg. (*Tuberculariac.*) 1\*\*. 511, 513.
Boodlea Murr. et De Toni (*Valoniac.*) 2. 149, 151.
Boreoselaginella Warb. (*Selaginellac.*) 4. 673.
Bornetella Mun.-Chalmas (*Dasycladac.*) 2. 156, 158.
Bornetia Thuret (*Ceramiac.*) 2. 483, 488.
B. secundiflora (J. Ag.) Born. 2, 488, Fig. 268 *C*.
Bornia Sternb. (*Calamariac.*) 4. 553, 558.
Borrera Ach. (*Physciae.*) 1\*. 234, 236.
Borrera Ach. (*Theloschistac.*) 1\*. 230.
Boryna Gratel. (*Ceramiac.*) 2. 501.
Borzia Cohn (*Oscillatoriac.*) 1 a. 63, 65, 66.
B. trilocularis Cohn 1 a. 65, Fig. 52 *E*.
Boschia Mont. (*Marchantiac.*) 3. 26.
Bostrychia Mont. (*Rhodomelac.*) 2. 428, 450, 451.
B. Hookeri (Harv.) J. Ag. 2. 451, Fig. 253 *A, B*.
Bostrychonema Ces. (*Mucedinac.*) 1\*. 445, 446, 447.
B. alpestre Ces. 1°. 446, Fig. 231 *J*.
**Bothrodendraceae** 4. 717. 739—740, 753.
Bothrodendron Lindl. et Hutt. (*Bothrodendrac.*) 4. 739, 746.
B. minutifolium 4. 739, Fig. 432.
Botrychium Sw. (*Ophioglossac.*) 4. 472.
Botrychium Sw. (*Ophioglossac.*) 4. 452, 457, 462, 463, 465, 469.
B. Lunaria Sw. 4. 457, Fig. 259 *B, D*; 464, Fig. 260 *C—E*.
B. virginianum Sw. 4. 452, Fig. 258 *B—F*; 463, Fig. 261 *A—C*.
**Botrydiaceae** 2. 28, 123—125.
Botrydina Bréb. (*Pleurococcac.*) 2. 59.
Botrydiopsis Borzi (*Botrydiac.*?) 2. 125.
Botrydiopsis Grev. (*Pleurococcac.*) 2. 59.
Botrydium Wallr. (*Botrydiac.*) 2. 123, 124, 125.
B. granulatum (L.) Grev. 2. 123, Fig. 82.
Botryocarpa Grev. (*Delesseriac.*) 2, 408, 414.
Botryocladium Preuss (*Mucedinac.*) 1\*\*. 444.
Botryococcus Kütz. (*Tetrasporac.*) 2. 44, 47, 51.

Botryococcus Braunii Kütz. 2. 44, Fig. 25.
Botryocystis Kütz. (*Volvacae.*) 2. 42.
Botryodiplodia Sacc.(*Sphaerioidae.*) 1\*\*. 370, 371, 372.
B. Chamaeropsis Delacr. 1\*\*. 371, Fig. 195 *M, N.*
B. Panacis (Fries) Starb. 1\*\*. 371, Fig. 195 *O — R.*
Botryoglossum Kütz. (*Delesseriac.*) 2. 408, 411.
Botryogramma Fée (*Polypodiac.*) 4. 279.
Botryomonas Schmidle (*Cryptomonadin*) 1a. 168.
B. natans Schmidle 1a. 168, Fig. 122.
Botryonipha Preuss (*Stilbac.*) 1\*\*. 489.
Botryopes Preuss (*Stilbac.*) 1\*\*. 490.
Botryophora Bomp. (*Codiac.*) 2. 143.
Botryophora J. G. Ag. (*Dasycladac.*) 2. 156, 157.
**Botryopteridaceae** Ren. 4, 477, 479.
Botryopteris Presl (*Ophioglossac.*) 4. 472.
Botryopteris Ren. (*Filical.*) 4. 478, 479, 491, 510.
B. forensis Ren. 4. 478, Fig. 268 *A, B.*
Botryosphaeria Ces. et De Not. (*Melogrammatae.*) 1. 477, 478, 479.
B. melanops (Tul.) Wint. 1. 479, Fig. 283 *A — D.*
Botryosphaeria De Not. (*Hypocreac.*) 1. 360.
Botryosporium Corda (*Mucedinae.*) 1\*\*. 418, 428, 429.
B. pulchrum Corda 1\*\*. 429, Fig. 221 *F.*
Botryosporium Schwein. (*Dematiac.*) 1\*\*. 483.
Botryothallus Klotzsch (*Polypodiac.*) 4. 195, 198.
Botryotrichum Sacc. et March. (*Dematiac.*) 1\*\*. 457, 467, 468, 558.
B. piluliferum Sacc. et March. 1\*\*. 468, Fig. 243 *C.*
Botrypus Rich. (*Ophioglossac.*) 4. 469.
Botrytideae (*Mucedinae.*) 1\*\*. 416, 418.
Botrytis Mich. (*Mucedinae.*) 1\*\*. 419, 435, 436.
B. cinerea Pers. 1\*\*. 436, Fig. 226 *C.*
B. Douglasii Tub. 1\*\*. 436, Fig. 226 *A.*
B. gemella (Bon.) Sacc. 1\*\*. 436, Fig. 226 *G.*
B. geniculata Corda 1\*\*. 436, Fig. 226 *D.*
B. granuliformis Sacc. 1\*\*. 436, Fig. 226 *E.*
B. Preußii Sacc. 1\*\*. 436, Fig. 226 *F.*
B. tenella Sacc. 1\*\*. 436, Fig. 226 *B.*
Botrytites Mich. (*Hymenomycet.*) 1\*\*. 522.
Bottaria (*Pyrenulac.*) 1\*. 68.

Bottaria Mass. (*Trypetheliac.*) 1\*. 69, 71.
Boudiera Cooke (*Ascobolac.*) 1. 189, 191, 192.
B. areolata Cooke et Phill. 1. 192, Fig. 154 *A.*
Boudierella Cost. (*Entomophthorac.*) 1\*\*. 531.
Boudierella Sacc. (*Ascobolac.*) 1\*\*. 532.
Bovilla Sacc. (*Sordariac.*) 1. 390, 393; 1\*\*. 542.
Bovista Pers. (*Lycoperdac.*) 1\*\*. 315, 319.
B. nigrescens Pers. 1\*\*. 319, Fig. 164 *A, B.*
B. plumbea Pers. 1\*\*. 319, Fig. 164 *C.*
Bovistella Morgan (*Lycoperdac.*) 1\*\*. 315, 319.
Bowiesia Grev. (*Bonnemaisoniac.*) 2. 419.
Bowmannites Binney (*Sphenophyllac.*) 4. 518.
Bowringia Hook. (*Polypodiac.*) 4. 251.
Brachelyma Schimp. (*Fontinalac.*) 3. 731, 1213.
Brachiolejeunea Spruce (*Jungerm. akrog.*) 3. 119, 128.
Brachsenkraut (*Isoetes* L.) 4. 776.
Brachtia Trevis. (*Chlorophyc.*) 2. 27.
Brachyblepharis Syn. Hep. (*Marchantiac.*) 3. 34.
Brachycladia Sonder (*Chaetangiac.*) 2. 338.
Brachycladites Corda (*Hyphomycet.*) 1\*\*. 523.
Brachycladium Corda (*Dematiac.*) 1\*\*. 481.
Brachydesmium Sacc. (*Dematiac.*) 1\*\*. 477.
Brachymenium Schwaegr. (*Bryac.*) 3. 542, 555, 1204.
B. Borgenianum Hampe 3. 555, Fig. 416 *A, G.*
B. coarctatum (C. Müll.) 3. 556, Fig. 417 *A — E.*
B. exile (Doz. et Molk.) 3. 556, Fig. 417 *F, G.*
B. pulchrum Hook. 3. 557, Fig. 418 *A — G.*
B. radiculosum (Schwaegr.) 3. 557, Fig. 418 *H — N.*
B. Regnellii Hampe 3. 559, Fig. 419 *A — F.*
Brachymenium Tayl. (*Bryac.*) 3. 560.
Brachymitrium Tayl. (*Splachnac.*) 3. 500.
Brachyodon Fürnr. (*Dicranac.*) 3. 304.
Brachyodontium Bruch (*Dicranac.*) 3. 304.
B. trichodes (Web. fil.) Bruch 3. 305, Fig. 178 *E — G.*
Brachyodus Bryol. germ. (*Dicranac.*) 3. 304.
Brachypoda Broth. (*Neckerac.*) 3. 798.
Brachypuccinia Dietel (*Pucciniac.*) 1\*\*. 66.
Brachysira Kütz. (*Bacillariac.*) 1b. 129.

Brachysorus Presl (*Polypodiac.*) 4. 222.
Brachysporium Sacc. (*Dematiac.*) 1\*\*. 476, 479, 480.
B. stemphylioides (Corda) Sacc. 1\*\*. 479, Fig. 249 *E*.
Brachysteleum Reichb. (*Grimmiac.*) 3. 440.
Brachysteleum Schimp. (*Grimmiac.*) 3. 441, 1196.
**Brachytheciaceae** 3. 1128—1166, 1238.
Brachythecium Bryol. eur. (*Brachytheciac.*) 3. 1129, 1440, 1238.
B. acuminatum (Hedw.) 3. 1141, Fig. 807 *A—E.*
B. Buchanani (Hook.) 3. 1142, Fig. 808 *A—E.*
B. paradoxum (Hook. f. et Wils.) 3. 1146, Fig. 809 *A—E.*
Brachythecium De Not. (*Brachytheciac.*) 3. 1138, 1148.
Brachythecium Jaeg. (*Brachytheciac.*) 3. 1157.
Brachythecium Mitt. (*Brachytheciac.*) 3. 1140.
Brachythecium Schimp. (*Brachytheciac.*) 3. 1152.
Brachythrix (A. Braun) Hansg. (*Chamaesiphoniac.*) 1a. 61.
Brachytrichia Zanard. (*Rivulariac.*) 1a. 85, 88, 90.
B. Balani B. et Fl. 1a. 88, Fig. 60 *C*.
Brachyuromyces Dietel (*Pucciniac.*) 1\*\*. 57.
Brätling (*Lactaria volema* L.) 1\*\*. 112.
Brainea Hook. (*Polypodiac.*) 4. 222, 250, 251.
B. insignis Hook. 4. 250, Fig. 132 *D—F*.
Braithwaitea Lindb. (*Hypnodendrac.*) 3. 776, 1166, 1167, 1224.
B. sulcata (Hook.) 3. 777, Fig. 582 *A—H*.
Braithwaitea Mitt. (*Neckerac.*) 3. 776.
Brassia Mass. (*Thelotremac.*) 1\*. 119.
Brassia Wainio (*Thelotremac.*) 1\*\*. 119.
Braunfelsia Paris (*Dicranac.*) 3. 317, 321, 1182.
B. enervis (Doz. et Molk.) Par. 3. 321, Fig. 189 *A—C*.
Braunia (*Hedwigiac.*) 3. 713.
Braunia Bryol. eur. (*Hedwigiac.*) 3. 714, 717.
B. exsecta C. Müll. 3. 716, Fig. 537 *J, K*.
B. secunda (Hook.) 3. 718, Fig. 538 *A—G*.
Braunia Hook. f. (*Hedwigiac.*) 3. 720.
Braunia Lesq. (*Hedwigiac.*) 3. 715.
Braunia Mitt. (*Hedwigiac.*) 3. 717.
Brauniella C. Müll. (*Dicranac.*) 3. 341.

Brebissonia Grun. (*Bacillariac.*) 1b. 131.
Brefeldia Rostaf. (*Brefeldiac.*) 1. 25, 28.
B. maxima Fries 1. 25, Fig. 14 *D*.
**Brefeldiaceae** 1. 15, 28—29.
Brefeldiella Speg. (*Microthyriac.*) 1. 339, 340.
Bremia Regel (*Peronosporac.*) 1. 113, 116, 117.
B. Lactucae Regel 1. 116, Fig. 101.
Brenner, schwarzer (*Glueosporium ampelophagum* Pass.) 1\*\*. 399.
Bresadolia Speg. (*Polyporac.*) 1\*\*. 196, 197.
Bretonia Gebh. et Mh. (*Mycel.*) 1\*\*. 523.
Breutelia Bryol. eur. (*Bartramiac.*) 3. 654.
Breutelia Schimp. (*Bartramiac.*) 3. 632, 653, 1210.
B. aciphylla (Wils.) 3. 659, Fig. 501 *J—M*.
B. affinis (Hook.) 3. 654, Fig. 495 *B*; 654, Fig. 496 *A—G*.
B. arcuata 3. 180, Fig. 99 *D*.
B. Brittonii Ren. et Card. 3. 656, Fig. 498 *D, F—H*.
B. cuspidatissima (C. Müll.) 3. 654, Fig. 495 *A*; 654, Fig. 496 *H—L*.
B. fuscoaurea Broth. 3. 658, Fig. 500 *A—D*.
B. gigantea (Brid.) 3. 657, Fig. 499 *A—C*.
B. incana (Tayl.) 3. 654, Fig. 495 *C*; 655, Fig. 497 *A—F*.
B. integrifolia (Tayl.) 3. 658, Fig. 500 *E—G*.
B. robusta (Hampe) 3. 654, Fig. 495 *E*; 659, Fig. 501 *E—H*.
B. Stuhlmanni Broth. 3. 659, Fig. 501 *A—D*.
B. tomentosa (Sw.) 3. 654, Fig. 495 *D*; 656, Fig. 498 *A—C, E, J*.
Briardia Sacc. (*Stictidac.*) 3. 245, 248.
B. purpurascens Rehm 1. 248, Fig. 183 *C, D*.
Briardina Mun.-Chalmas (*Algac*) 2. 550.
Briarea Corda (*Mucedinac.*) 1\*\*. 418, 431, 432.
B. elegans Corda 1\*\*. 431, Fig. 223 *J*.
Brigantiaea Trevis. (*Lecideac.*) 1\*. 137, 244.
Brigantiea A. Zahlbr. (*Lecideac.*) 1\*. 244.
Brigantiella Sacc. (*Lophiostomatac.*) 1. 420.
Brightwellia Ralfs (*Bacillariac.*) 1b. 64, 67, 68.
B. hyperborea Grun. 1b. 68, Fig. 89.
Briosia Cavara (*Stilbac.*) 1\*\*. 493, 495, 496.
B. ampelophaga Cavara 1\*\*. 495, Fig. 256 *N, O*.
Brissocarpus Bisch. (*Marchantiac.*) 3. 26.
Brittsia White (*Filical.*) 4. 512.

Brochidium Perty (*Protococcac.*) 2. 68.
Brongniartella Bory (*Rhodomelac.*) 2. 427, 446, 447.
B. byssoides (Good. et Wood.) Born. 2. 447, Fig. 249.
Bronzepilz (*Boletus aereus* Bull.) 1**. 112.
Broomeia Berk. (*Lycoperdin.?*) 1**. 323, 324.
B. congregata Berk. et Curt. 1**. 323, Fig. 167 *A*—*C*.
BroomellaSacc. (*Hypocreac.*) 1. 348, 366.
Brothera C. Müll. (*Dicranac.*) 3. 317, 329.
B. Leana (Sull.) C. Müll. 3. 321, Fig. 189 *D*.
Bruchia Hornsch. (*Entodontac.*) 3. 883.
Bruchia Schwaegr. (*Dicranac.*) 3. 290, 291.
B. brevifolia Sull. 3. 291, Fig. 171 *A*—*C*.
Bruckmannia Sternbg. (*Calamariac.*) 4. 553.
Brunaudia Sacc. (*Penangiac.*) 1. 234.
Brunchorstia Erikss. (*Leptostromatac.*) 1**. 391, 392; 1. 233.
B. destruens Erikss. 1. 233.
Brunia Temp. (*Bacillariac.*) 1 b. 71.
B. japonica Temp. 1b. 71, Fig. 102.
Bruniella Van Heurck (*Bacillariac.*) 1 b. 68.
Brussone (*Glocosporium ampelophagum* Pass.) 1**. 399.
**Bryaceae** 3. 286, 532—604, 1204.
Bryales 3. 2, 243, 268—1172.
Bryeae 3. 534, 541, 1204.
Bryella C. Müll. (*Bryac.*) 3. 540.
Bryhnia Kaur. (*Brachytheciac.*) 3. 1130, 1157, 1238.
B. Novae Angliae (Sull. et Lesq.) 3. 1158, Fig. 817 *A*—*F*.
Bryinae anomalae 3. 288.
Bryobrittonia Williams (*Pottiac.*) 3. 414, 427.
B. pellucida Williams 3. 427, Fig. 280 *A*—*E*.
Bryocladia Schmitz (*Rhodomelac.*) 2. 427, 442.
Bryoideae J. G. Ag. (*Caulerpac.*) 2. 136.
Bryoidiopsis C. Müll. (*Fissidentac.*) 3. 353.
Bryoidium C. Müll. (*Fissidentac.*) 3. 353, 1187.
Bryolejeunea Spruce (*Jungerm. akrog.*) 3. 130.
Bryomnium Card. (*Mniac.*) 3. 1206.
Bryophagus Nitschke (*Gyalectac.*) 1*. 126.
Bryophyta 3. 1—1246.
Bryopogon Link (*Usneac.*) 1*. 219.
Bryopogon (Link) A. Zahlbr. (*Usneac.*) 1*. 219.

**Bryopsidaceae** 2. 28, 127—129.
Bryopsis Lam. (*Bryopsidac.*) 2. 128, 129.
B. plumosa (Huds.) Ag. 2. 128, Fig. 84.
Bryopteris Lindenbg. (*Jungerm. akrog.*) 3. 119, 130.
B. fruticulosa Tayl. 3. 117, Fig. 68 *C*; 123, Fig. 69 *A*.
Bryopteris Nees (*Jungerm. akrog.*) 3. 129, 130.
Bryopteris Syn. Hep. (*Jungerm. akrog.*) 3. 129.
Bryothamnion Kütz. (*Rhodomelac.*) 2. 427, 442.
Bryotypus Hag. (*Bryac.*) 3. 569, 1205.
Bryoxiphieae (*Dicranac.*) 3. 286, 290, 303.
Bryoxiphium Mitt. (*Dicranac.*) 3. 303.
B. norvegicum Mitt. 3. 303, Fig. 177 *A*, *B*.
Bryum (*Aulacomniac.*) 3. 624.
Bryum (*Bryac.*) 3. 543, 598.
Bryum (*Georgiac.*) 3. 668.
Bryum auct. (*Bryac.*) 3. 546, 552.
Bryum Bryol. eur. (*Bryac.*) 3. 545.
Bryum C. Müll. (*Bryac.*) 3. 555.
Bryum Dicks. (*Bartramiac.*) 3. 641.
Bryum Dicks. (*Bryac.*) 3. 561, 563.
Bryum Dicks. (*Catascopiac.*) 3. 630.
Bryum Dicks. (*Georgiac.*) 3. 669.
Bryum Dicks. (*Meesiac.*) 3. 627.
Bryum Dill. (*Bartramiac.*) 3. 644.
Bryum (Dill.) Schimp. (*Bryac.*) 3. 542, 564, 1205; 188, Fig. 105 *C*, *D*.
B. amoenum Broth. 3. 593, Fig. 443 *A*—*F*.
B. appressifolium Broth. 3. 582, Fig. 437 *D*—*H*.
B. arcticum (R. Br.) 3. 568, Fig. 425 *A*, *B*.
B. argenteum L. 3. 158, Fig. 78 *A*—*E*; 183, Fig. 102; 234, Fig. 143 *F*.
B. autumnale Limpr. 3. 577, Fig. 434 *A*—*C*.
B. bimum Schreb. 3. 204, Fig. 123 *C*.
B. blandum Hook. f. et Wils. 3. 591, Fig. 442 *A*—*F*.
B. Bohnhofii C. Müll. 3. 597, Fig. 448 *A*—*C*.
B. bulbifolium Lindbg. 3. 582, Fig. 437 *A*—*C*.
B. caespiticioides C. Müll. 3. 588, Fig. 440 *A*—*F*.
B. calophyllum R. Br. 3. 573, Fig. 420 *A*.
B. campylothecium Tayl. 3. 595, Fig. 446 *A*—*D*.
B. chryseum Mitt. 3. 585, Fig. 438 *A*—*E*.
B. cirratum Hoppe et Hornsch. 3. 562, Fig. 421 *J*.

Bryum coronatum Schwaegr. 3. 587, Fig. 439 A—F.
B. densifolium Brid. 3. 596, Fig. 447 A—C.
B. dolomiticum Kaur. 3. 572, Fig. 428 D—F.
B. erythrocarpum Schwaegr. 3. 239, Fig. 445 B, C.
B. fallax Wittr. 3. 565, Fig. 423 D.
B. flaccum Wils. 3. 578, Fig. 435 A—E.
B. formosum Mitt. 3. 598, Fig. 449 A, B.
B. fulvellum Wils. 3. 569, Fig. 426 A—F.
B. gambirensis C. Müll. 3. 587, Fig. 439 G—L.
B. Gilliesii Hook. 3. 575, Fig. 432 A—H.
B. globosum Lindb. 3. 570, Fig. 427 A—D.
B. inclinatum (Sw.) 3. 565, Fig. 423 B.
B. laevigatum Hook. f. et Wils. 3. 594, Fig. 445 A—D.
B. lapponicum Kaur. 3. 572, Fig. 428 A—C.
B. leptothecium Tayl. 3. 595, Fig. 446 E—H.
B. mammillatum Lindb. 3. 577, Fig. 434 D—F.
B. maritimum Bomans 3. 566, Fig. 424 D—H.
B. Marratii Wils. 3. 566, Fig. 424 A—C.
B. megamorphum C. Müll. 3. 597, Fig. 448 D—F.
B. oblongum Lindb. 3. 585, Fig. 438 F—K.
B. oediloma C. Müll. 3. 575, Fig. 431 A—F.
B. pachyloma Card. 3. 594, Fig. 444 A—D.
B. pallens (Sw.) 3. 565, Fig. 423 E.
B. pendulum Hornsch. 3. 565, Fig. 423 A.
B. perspinidens Broth. 3. 596, Fig. 447 D, E.
B. pseudotriquetrum (Hedw.) 3. 565, Fig. 423 F.
B. purpurascens (R. Br.) 3, 573, Fig. 429 B.
B. roseum (Dill.) Schreb. 3. 179, Fig. 97.
B. sinuosum Ryan 3. 584, Fig. 436 A—F.
B. splachnoides (Harv.) C. Müll. 3. 576, Fig. 433 A—F.
B. timmiostomoides Philib. 3. 574, Fig. 430 A—F.
B. uliginosum (Bruch) 3. 565, Fig. 423 C.
B. weberaceum Besch. 3. 590, Fig. 441 A—G.
Bryum Eliz. Brit. (Mniac.) 3. 604.
Bryum Grev. (Bryac.) 3. 554.
Bryum Gunn. (Bartramiac.) 3. 632.
Bryum Hedw. (Leptostomac.) 3. 602.
Bryum Hook. (Mniac.) 3. 605.
Bryum Hook. (Rhizogoniac.) 3. 624.
Bryum Huds. (Bryac.) 3. 545.

Bryum Huds. (Polytrichac.) 3. 673.
Bryum L. (Hedwigiac.) 3. 714.
Bryum L. (Meesiac.) 3. 627, 628.
Bryum L. (Polytrichac.) 3. 671.
Bryum Neck. (Polytrichac.) 3. 685.
Bryum Neck. (Weberac.) 3. 663.
Bryum Sw. (Hypnodendrac.) 3. 1170.
Buellia (Lecideac.) 1*. 137.
Buellia De Not. (Buelliac.) 1*. 231.
**Buelliaceae** 1*. 142, 230—233, 252.
Buglossum Wahlenbg. (Polyporac.) 1**. 188.
Bulbochaete Ag. (Oedogoniac.) 2. 110, 111.
B. elachistandra Wittr. 2. 110, Fig. 73 E—G.
Bulbocoleon Pringsh. (Chaetophorac.) 2. 92, 96.
B. piliferum Pringsh. 2. 96, Fig. 60.
Bulgaria Fries (Cenangiac.) 1. 232, 238.
B. polymorpha (Oed.) Wettst. 1. 238, Fig. 180 A—D.
Bulgarieae (Cenangiac.) 1. 231.
Bulgariella Karst. (Cenangiac.) 1. 232, 238.
BullariaDC.(Melanconiac.) 1**. 406, 407.
B. Umbelliferarum DC. 1**. 406, Fig. 244 O, P.
Bulliardella Sacc. (Hysteriac.) 1. 276.
BumilleriaBorzi(Ulotrichac.) 2. 83, 84, 85.
B. Borziana Wille 2. 83, Fig. 49.
Bunodea Mass. (Pyrenulac.) 1*. 67.
Burkardia Schmid (Cenangiac.) 1. 239.
Burnettia Grout (Brachytheciac.) 1. 1133, 1134.
Burrillia Setch. (Tilletiac.) 1**. 22.
Bursaria O. F. Müll. (Peridiniac.) 1b. 20.
Bursulla Sorok. (Monadin.) 1. 38.
Bursullineae Zopf (Monadin.) 1. 38.
Buthotrephis Hall. (Algae) 2. 550.
Butterpilz (Boletus luteus L.) 1**. 142, 193.
Buxbaumia Hall. (Buxbaumiac.) 3. 666.
B. aphylla L. 3. 155, Fig. 75 A—E: 156, Fig. 76 A: 206, Fig. 125 A, B: 233, Fig. 142 B, C; 274, Fig. 168 K: 666, Fig. 506 A—C.
B. indusiata Brid. 3. 665, Fig. 505 A.
Buxbaumia Schmid (Weberac.) 3. 663.
**Buxbaumiaceae** 3. 287, 664—666.
Byssiplaca Mass. (Lecanorac.) 1*. 202.
Byssocarpon Wainio (Chiodectonac.) 1*. 105.
Byssocaulon (Mont.) Nyl. (Chrysotrichac.) 1*. 242.
ByssocystisRiess(Sphaerioidac.) 1**. 350, 356.

Byssocystis textilis Riess 1**. 356, Fig. 186 K—M.
Byssoloma Trevis. (Pilocarpac.) 1*. 116.
Byssonectria Karst. (Hypocreac.) 1. 346, 349.
B. abducens Karst. 1. 349, Fig. 235 D.
Bissophitum A. Zahlbr. [sphalm.] (Lichen.) 1*. 244.
Byssophoropsis Wainio (Chiodectonac.) 1*. 105.
Byssophorum Wainio (Chiodectonac.) 1*. 105.
Byssophytum Mont. (Lichen.) 1*. 239, 244.
Byssosphaeria Cooke (Sphaeriac.) 1. 398.
Byssospora Mass. (Lecideac.) 1*. 135.
Byssothecium Fuckel (Amphisphaeriac.) 1. 414.
Byssus L. (Mycel.) 1**. 517.
Byssus Sw. (Chiodectonac.) 1*. 105.
Bythotrephes Hall. (Algae) 2. 550.

## C.

Cacodon Lindb. (Bryac.) 3. 547.
Cacosphaeria Speg. (Diatrypac.) 1. 473.
Cacumisporium Preuss (Dematiac.) 1**. 481.
Caenopteris Berg (Polypodiac.) 4. 233.
Caenopus Sacc. (Xylariac.) 1. 487.
Caeoma Link (Uredinal.) 1**. 79.
C. deformans (Berk. et Br.) Tubeuf 1**. 79, Fig. 54.
Caeomurus Link (Pucciniac.) 1**. 551.
Caepidium J. Ag. (Chordariac.) 2. 226, 230.
Caespitibryum Podp. (Bryac.) 3. 582, 1205.
Cafraria Presl (Polypodiac.) 4. 252.
Cagniardia Trevis. (Chlorophyc.) 2. 27.
**Calamariaceae** 4. 551—558: 555, Fig. 348.
**Calamariales** 4. 11, 551, 558.
Calamariopsis Pot. (Pteridophyt.) 4. 797.
Calamitea Cotta (Calamariac.) 4. 554.
Calamites Suckow (Calamariac.) 4. 548, 555.
C. ramosus 4. 718, Fig. 409.
Calamitina Weiss (Calamariac.) 4. 556.
Calamocladus Schimp. (Calamariac.) 4. 553.
Calamodendron Brongn. (Calamariac.) 4. 554, 555.
Calamodendrostachys Ren. (Calamariac.) 4. 557.
Calamophyllites Grand'Eury (Calamariac.) 4. 552, 556.

Calamopitys Unger (Cycadofilic.) 4. 787.
C. Saturni 4. 787, Fig. 474 A—C.
Calamopitys Wille (Calamariac.) 4. 555.
Calamopsis Solms (Cycadofilic.) 4. 797.
Calamopteris Unger (Filical.) 4. 511.
Calamostachys Schimp (Calamariac.) 4. 548, 557; 552, Fig. 346 A; 557, Fig. 349.
Calamosyrinx Unger (Calamariac.) 4. 544.
Calamphora Cleve (Bacillariac.) 1b. 140.
Calathiscus Mont. (Clathrac.) 1**. 283, 287, 289.
C. Sepia Mont. 1**. 287, Fig. 138.
Calcareae Rostaf. (Myxogastr.) 1. 15.
Calcarisporium Preuss (Mucedinac.) 1**. 420, 441.
Caldesia Trevis. (Patellariac.) 1. 221, 223.
C. sabina (De Not.) Rehm 1. 223, Fig. 171 II, J.
Caldesiella Sacc. (Hydnac.) 1**. 148.
Calenia Müll. Arg. (Lecanorac.) 1*. 199, 205.
Calialoa Trevis. (Chlorophyc.) 2. 27.
**Caliciaceae** 1*. 80—83.
Calicium (Caliciaceac.) 1*. 81.
Calicium (Pers.) De Not. (Caliciac.) 1*. 80, 81, 241.
C. hyperellum (Ach.) Pers. 1. 81, Fig. 42 A.
Calliblepharis Kütz. (Sphaerococcac.) 2. 385, 393, 394.
C. ciliata (Huds.) Kütz. 2. 394, Fig. 232 B.
Callibryum Wibel (Polytrichac.) 3. 671.
Callicosta C. Müll. (Hookeriac.) 3. 949.
Callicosta C. Müll. (Pilotrichac.) 3. 913.
Callicosta Mitt. (Hookeriac.) 3. 936.
Callicostella (Hookeriac.) 3. 936, 949.
Callicostella C. Müll. (Hookeriac.) 3. 936.
Callicostella (C. Müll.) Jaeg. (Hookeriac.) 3. 920, 936, 1235.
C. papillata (Mont.) Mitt. 3. 938, Fig. 684 A—G.
Callicostellopsis Broth. (Hookeriac.) 3. 920, 954.
C. meridensis (C. Müll.) 3. 954, Fig. 695 A—E.
Calliergon (Hypnac.) 3. 1036, 1037, 1038.
Calliergon Lindb. (Hypnac.) 3. 1036.
Calliergon Sull. (Hypnac.) 3. 1036.
Calliergon (Sull.) Kindb. (Hypnac.) 3. 1022, 1036, 1236.
C. sarmentosum (Wahlenb.) 3. 1036, Fig. 744 A—E.
Callipsygma J. Ag. (Codiac.) 2. 141, 142.

Callipteridium Weiss (*Filical.*) 4. 485, 497.
C. pteridium (Schloth.) Zeiller 4. 485, Fig. 280; 497, Fig. 217.
Callipteris Bory (*Polypodiac.*) 4. 224, 228.
Callipteris Brongn. (*Filical.*) 4. 486, 497, 792.
C. conferta (Sternb.) Brongn. 4. 486, Fig. 282; 497, Fig. 298.
C. c. praelongata 4. 486, Fig. 282.
Callithamnieae (*Ceramiac.*) 2. 483, 489.
Callithamnion Lyngbye (*Ceramiae.*) 2. 483, 489, 490.
C. corymbosum C. Ag. 2. 490, Fig. 269 *A*.
C. gracillimum Harv. 2. 490, Fig. 269 *B*.
Callogramme Fée (*Polypodiac.*) 4. 224.
Callonema Reinsch (*Bangiac.*) 2. 314.
Callophyllis Kütz. (*Gigartinac.*) 2. 355, 362, 363.
C. laciniata Kütz. 2. 363, Fig. 220 *B—D*.
C. variegata (Bory) Kütz. var. prolifera 2. 363, Fig. 220 *A*.
Callopisma (*Caloplacae.*) 1*. 228.
Callopisma De Not. (*Caloplacae.*) 1*. 228.
Calloria Fries (*Mollisiac.*) 1. 210, 217, 218.
C. fusarioides (Berk.) Fries 1. 217, Fig. 169 *E—G*.
Callorieae (*Mollisiac.*) 1. 210.
Callosisperma Preuss (*Melanconiac.*) 1**. 405.
Callymenia J. Ag. (*Gigartinac.*) 2. 355, 364.
C. reniformis (Turn.) J. Ag. 2. 364, Fig. 221.
Callymenieae (*Gigartinac.*) 2. 355, 362.
Calobryum Nees (*Jungerm. anakrog.*) 3. 50, 60.
C. Blumei Nees. 3. 61, Fig. 35 *D, E*.
C. mnioides (Gottsch.) Schiffn. 3. 61, Fig. 35 *A—C*.
Calocera Fries (*Dacryomycetae.*) 1**. 97, 101.
C. cornea (Batsch) Fries 1**. 101 Fig. 64, *K, L*.
C. palmata (Schum.) Fries 1**. 101, Fig. 64 *G—J*.
C. viscosa (Pers.) Fries 1**. 101, Fig. 64 *A—F*.
Calocladia Grev. (*Bonnemaisoniac.*) 2. 419.
Calocladia Lév. (*Erysibae.*) 1. 331.
Calocylindrus Naeg. (*Desmidiac.*) 2. 11.
Calodiscus Rabh. (*Bacillariac.*) 1b. 146.
Calodon Quél. (*Hydnac.*) 1**. 144, 148.
Caloglossa (Harv.) J. Ag. (*Delesseriac.*) 2. 409, 414.
Calomastia Sacc. (*Sphaeriac.*) 1. 100, 101.

Calomniaceae 3. 666—667.
Calomnion Hook. f. et Wils. (*Calomniac.*) 3. 667.
C. laetum Hook. f. et Wils. 3. 667, Fig. 507 *A—H*.
Calonectria De Not. (*Hypocreac.*) 1. 346, 347, 359.
C. Bloxami (Berk. et Br.) Sacc. 1. 359, Fig. 240 *E*.
C. decora (Wallr.) Sacc. 1. 359, Fig. 240 *F*.
Caloneis Cleve (*Bacillariac.*) 1b. 124.
Calonema Gray (*Valoniac.*) 2. 151.
Calonema Morgan (*Trichiac.*) 1**. 525.
Calonemeae (*Myxogastr.*) 1**. 15.
Calophylloides Kindb. (*Bryac.*) 3. 573.
Caloplaca (*Lecanorac.*) 1*. 207.
Caloplaca Th. Fr. (*Caloplacac.*) 1*. 226, 227.
C. citrina (Hoffm.) Th. Fr. 227, Fig. 119 *F*.
C. decipiens (Ach.) 227, Fig. 119 *E*.
C. murorum (Hoffm.) Th. Fr. 227, Fig. 119 *A—D*.
Caloplacaceae 1*. 112, 226—228.
Calopogeia Carr. et Pears. (*Jungerm. akrog.*) 3. 86.
Caloporus Quél. (*Polyporac.*) 1**. 171.
Caloscypha Boud. (*Pezizac.*) 1. 179.
Calosiphonia Crouan (*Nematostomac.*) 2. 523.
C. vermicularis (J. Ag.) Schmitz 2. 523, Fig. 278 *A*.
Calosphaeria Tul. (*Diatrypac.*) 1. 473, 474.
C. minima Tul. 1. 474, Fig. 281 *C—D*.
C. princeps Tul. 1. 474, Fig. 281 *A, B*.
Calosphaerieae (*Diatrypac.*) 1. 473.
Calospora Nitschke (*Melanconidac.*) 1. 470.
Calospora Sacc. (*Melanconidac.*) 1. 468, 470.
Calosporella Schröt. (*Melanconidac.*) 1. 470.
Calostoma Desv. (*Calostomatac.*) 1**. 339, 340, 557.
C. cinnabarinum (Desv.) Mass. 1**. 340, Fig. 177 *D—F*.
C. lutescens (Schwein.) Mass. 1**. 340, Fig. 177 *A—C*.
Calostomataceae 1**. 331, 339—341.
Calothricopsis Wainio (*Lichinac.*) 1*. 165.
C. insignis Wainio 1*. 165, Fig. 84 *A, B*.
Calothrix C. A. Ag. (*Rivulariac.*) 1a. 85, 86, 87.
C. wembaerensis H. et Schm. 1a. 86, Fig. 59 *C*.

Calvatia Fries *(Lycoperdac.)* 1\*\*. 316.
Calycella Quél. *(Helotiac.)* 1. 205.
Calycella Sacc. *(Helotiac.)* 1. 207.
Calycidium Stirt. *(Sphaerophorac.)* 1\*. 85.
C. cuneatum Stirt. 1\*. 86, Fig. 44 *D.*
Calycularia Mitt. *(Jungerm. anakrog.)* 3. 50, 57.
Calymella Presl *(Gleicheniac.)* 4. 352, 355.
Calymmatotheca Zeiller *(Filical.)* 4. 512.
Calymmodon Presl *(Polypodiac.)* 4. 306.
Calymmotheca Stur *(Marattial.)* 4. 448, 490, 512.
C. asteroides (Lesq.) Zeill. 4. 449, Fig. 257 *IV.*
C. avoldensis Stur 4. 449, Fig. 257 *I.*
C. Frenzlii Stur 4. 449, Fig. 257 *II.*
C. Stangeri Stur 4. 449, Fig. 257 *III.*
**Calymperaceae** 3. 363—380, 1188.
Calymperella C. Müll. *(Pottiac.)* 3. 118, 1194.
Calymperes Sw. *(Calymperac.)* 3. 364, 373, 1189.
C. Ångstroemii Besch. 3. 374, Fig. 237 *A.*
C. Dozyanum Mitt. 3. 373, Fig. 236 *A—D.*
C. moluccense Schwaegr. 3. 374, Fig. 237 *B.*
C. Palisoti Schwaegr. 3. 373, Fig. 236 *E.*
C. serratum A. Br. 3. 364, Fig. 226 *C*: 379, Fig. 238 *A—D.*
Calymperidium (Doz. et Molk.) Lac. 3. 370.
Calymperopsis C. Müll. *(Calymperac.)* 3. 368, 1188.
Calypogeia Corda *(Jungerm. akrog.)* 3. 100.
Calypogeia Raddi *(Jungerm. akrog.)* 3. 100.
Calypogeia Raddi *(Jungerm. akrog.)* 3. 76, 80.
C. ericetorum Raddi 3. 81, Fig. 43.
C. Liebmanniana (Gottsch.) Spruce 3. 81, Fig. 44.
Calypogeia Dum. *(Jungerm. akrog.)* 3. 93.
Calyptella Quél. *(Thelephorac.)* 1\*\*. 128.
Calypterium Bernh. *(Polypodiac.)* 4. 166.
Calyptopogon Mitt. *(Pottiac.)* 3. 113, 419, 1195.
C. crispatus Hampe 3. 419, Fig. 273 *A—C.*
Calyptoporus Lindb. *(Orthotrichac.)* 3. 467, 1199.
Calyptospora J. Kühn *(Melampsorac.)* 1\*\*. 39, 46, 47, 548.
C. Goeppertiana J. Kühn 1\*\*. 46, Fig. 29 *A—C.*
Calyptothecium Broth. et Geh. *(Neckerac.)* 3. 803.

Calypthothecium Mitt.*(Neckerac.)* 3. 835, 838, 1229.
C. nitidum (Hook.) 3. 838, Fig. 623 *A—F*
Calyptothecium Mitt. *(Neckerac.)* 3. 791, 838.
Camarophyllus Fries *(Agaricac.)* 1. 211, 212.
Camarops Karst. *(Xylariac.)* 1. 481, 482.
Camarosporium Schulzer *(Sphaerioidac.)* 1\*\*. 376.
C. picastrum (Fr.) Sacc. 1\*\*. 376, Fig. 198 *D—F.*
C. varium (Pers.) Starb. 1\*\*. 376, Fig. 198 *A—C.*
Camillea Fries *(Xylariac.)* 1. 481, 486, 487.
C. Leprieurii Mont. 1. 486, Fig. 286 *E—G*
Campanea Trevis. *(Jungerm. akrog.)* 3. 101.
Campanella P. Henn. *(Agaricac.)* 1\*\*. 198, 199, 200.
C. Buettneri P. Henn. 1\*\*. 200, Fig. 106 *C*
Campbellia Cooke et Massee *(Polyporac.)* 1\*\*. 188, 189.
Campium Presl *(Polypodiac.)* 4. 198.
Campolepis Kindb. *(Neckerac.)* 3. 852.
Camposporium Harkn. *(Dematiac.)* 1\*\*. 476, 480.
Campsotrichum Ehrenb.*(Dematiac.)* 1\*\*. 456, 463.
C. Ehrenbergii Corda 1\*\*. 463, Fig. 240 *D.*
C. Eugeniae Pat. 1\*\*. 463, Fig. 240 *E.*
Campsotrichum Ehrenb. *(Dematiac.)* 1\*\*. 467.
Campteria Presl *(Polypodiac.)* 4. 290.
Camptochaete Reichardt *(Lembophyllac.)* 3. 864.
C. Arbuscula (Hook.) 3. 864, Fig. 634 *A—E.*
Camptodium Fée *(Polypodiac.)* 4. 167, 170.
Camptodontium Dus. *(Dicranac.)* 3. 1181; 1181, Fig. 831 *A—G.*
C. Brotheri Dus. 3. 1180, Fig. 831 *A—G.*
Camptolepis *(Neckerac.)* 3. 854, 856.
Camptomyces Thaxt. *(Laboulbeniac.)* 1. 496, 498, 499.
C. melanopus Thaxt. 1. 498, Fig. 290 *J.*
Camptopteris Presl *(Matoniac.)* 4. 350.
Camptosorus Link *(Polypodiac.)* 4. 230, 231.
Camptosphaeria Fuckel *(Gnomoniac.)* 1. 447, 449, 450.
C. sulphurea Fuckel 1. 450, Fig. 273 *D, E.*
Camptosporium Link *(Dematiac.)* 1\*\*. 469.
Camptothecium *(Brachytheciac.)* 3. 1134.
Camptothecium Bryol. eur. *(Brachytheciac.)* 3. 1129, 1138.

Camptothecium lutescens (Huds.) 1. 1139, Fig. 806 A—C.
Camptothrix W. et G. S. West (Camptotrichac.) 1a. 91.
C. repens West 1a. 91, Fig. 62 A.
Camptotrichaceae 1a. 50, 90—92.
Camptoum Link (Dematiac.) 1**. 155, 460, 461.
C. curvatum (Kze. et Schum.) Link 1**. 460, Fig. 238 D.
Campylacea Mass. (Pyrenulac.) 1*. 65.
Campylaephora J. Ag. (Ceramiac.) 2. 485, 502.
Campyliadelphus Lindb. (Hypnac.) 3. 1041, 1042.
Campyliadelphus (Lindb.) Broth. (Hypnac.) 3. 1021, 1042.
Campylium Milde (Hypnac.) 3. 1056.
Campylium Mitt. (Hypnac.) 3. 1041.
Campylium Sull. (Hypnac.) 3. 1041.
Campylium (Sull.) Bryhn (Hypnac.) 3. 1021, 1041.
C. decussatum (Hook. f. et Wils.) 3. 1043, Fig. 748 A—D.
C. relaxum (Hook. f. et Wils.) 3. 1043, Fig. 748 E, F.
C. Sommerfeldti (Myr.) 3. 1041, Fig. 747 A—D.
Campylochaetium Besch. (Dicranac.) 3. 309.
Campylodiscus Ehrenb. (Bacillariac.) 1b. 145, 146, 147.
C. Echeneis Ehrenb. 1b. 147, Fig. 267 A.
C. noricus Ehrenb. 1b. 147, Fig. 267 B.
C. superbus Rabh. 1b. 147, Fig. 267 C.
Campylodontium C. Müll. (Entodontac.) 3. 881.
Campylodontium Doz. et Molk. (Entodontac.) 3. 871, 881.
C. Regnellianum (C. Müll.) 3. 882, Fig. 643 A—E.
Campylodontium Mitt. (Entodontac.) 3. 881.
Campylodontium Schwaegr. (Fabroniac.) 3. 905.
Campyloneis Grun. (Bacillariac.) 1b. 121.
C. Grevillei (W. Sm.) Grun. 1b. 121, Fig. 223 A—C.
Campyloneuron Presl (Polypodiac.) 1. 306, 311; 313, Fig. 163 H.
Campylophyllopsis Broth. (Hypnac.) 3. 1041, 1053.
Campylophyllum Schimp. (Hypnac.) 3. 1042.

Campylophyllum (Schimp.) Broth. (Hypnac.) 3. 1021, 1042.
Campylopodiella Card. (Dicranac.) 3. 1183.
C. tenella Card. 3. 1184, Fig. 833 A—G.
Campylopodium (C. Müll.) Besch. (Dicranac.) 3. 307, 311, 1180.
C. euphorocladum (C. Müll.) Besch. 3. 311, Fig. 181 A—E.
Campylopus (Dicranac.) 3. 1184.
Campylopus Brid. (Dicranac.) 3. 317, 330, 1184.
C. atrovirens De Not. 3. 190, Fig. 108 C.
C. brevipilus Bryol. eur. 3. 330, Fig. 193 E; 331 Fig. 195 A, B.
C. flexuosus (L.) Brid. 3. 190, Fig. 108 B; 330, Fig. 193 A—C.
C. Mildei Limpr. 3. 190, Fig. 108 D.
C. Schwarzii Schimp. 3. 330, Fig. 193 D; 331 Fig. 194 A, B.
C. turfaceus Schimp. 3. 190, Fig. 108 A.
Campylopus Brid. (Grimmiac.) 3. 550.
Campylopus C. Müll. (Dicranac.) 3. 330, 331, 336.
Campylopus Limpr. (Dicranac.) 3. 331, 1185.
Campylopus Sull. (Dicranac.) 3. 329.
Campylosira Grun. (Bacillariac.) 1b. 112, 115.
C. cymbelliformis (Schmidt) Grun. 1b. 115, Fig. 208 A, B.
Campylostelium Bryol. eur. (Grimmiac.) 3. 540, 542.
C. saxicola Web. et Mohr 3. 543, Fig. 295 A—C.
Campylostylus Shadb. (Bacillariac.) 1b. 115.
Campylothelium Müll. Arg. (Paratheliac.) 71, 72.
C. Puiggarii Müll. Arg. 1*. 72 Fig. 37 A—D.
Cancellata (Sigillariac.) 1. 750.
Cancellophycus Saporta (Algae) 2. 550.
Candelaria Koerb. (Lecanorac.) 1*. 207.
Candelaria Mass. (Parmeliac.) 1*. 207, 208, 209.
Candelaria Nyl. (Lecanorac.) 1*. 207.
Candelaria Th. Fr. (Parmeliac.) 1*. 209.
Candelariella Müll. Arg. (Lecanorac.) 1*. 199, 207.
C. vitellina (Ehrh.) Müll. Arg. 1*. 206, Fig. 107 D.
Candelariella Wainio (Lecanorac.) 1*. 207.
Candollea Mirb. (Polypodiac.) 1. 324.
Candollea Raddi (Jungerm. akrog.) 3. 87, 113.

Cannophyllites Brongn. (*Filical.*) 4. 501.
Cantharelleae (*Agaricac.*) 1**. 198.
Cantharellus Adans. (*Agaricac.*) 1**. 201.
Cantharellus (Adans.) L. (*Agaricac.*) 1**. 190, 200, 201.
C. aurantiacus (Wulf.) Fr. 1**. 200, Fig. 106 *K*.
C. cibarius Fries 1**. 200, Fig. 106 *G*.
Cantharomyces Thaxt. (*Laboulbeniac.*) 1. 504.
Cantharomyces Thaxt. (*Laboulbeniac.*) 1. 496, 497, 498.
C. Bledii Thaxt. 1. 498, Fig. 290 *F*.
Capillaria C. Müll. (*Fabroniac.*) 3. 908.
Capillaria Corda (*Mucedinac.*) 1**. 435.
Capillaria Pers. (*Mycel.*) 1**. 516.
Capillidium (C. Müll.) Broth. (*Neckerac.*) 3. 807, 821, 1226.
Capitularia Floerke (*Cladoniac.*) 1*. 143.
Capnodiastrum Speg. (*Sphaerioidac.*) 1**. 363, 365.
Capnodium Mont. (*Perisporiac.*) 1. 338.
Capronia Sacc. (*Pleosporac.*) 1. 429, 443.
Capsosiphon Gobi (*Ulvac.*) 2. 78.
Capsosira Kütz. (*Stigonematac.*) 1a. 81, 82, 83.
C. Brebissonii Kütz. 1a. 82, Fig. 58 *N—P*.
Cardinitis J. Sm. (*Polypodiac.*) 4. 262.
Cardiochlaena Fée (*Polypodiac.*) 4. 183.
Cardiomanes Presl (*Hymenophyllac.*) 4. 105.
Cardiopteris Schimp. (*Filical.*) 4. 489, 490.
C. polymorpha (Goepp.) Schimp. 4. 489, Fig. 287.
Cardotia Besch. (*Leucobryac.*) 3. 348.
Carestiella Bres. (*Stictidac.*) 1**. 533.
Carolopteris Deb. et Ett. (*Filical.*) 4. 512.
Carpacanthus Kütz. (*Fucac.*) 2. 287.
Carpenterella Mun.-Chalmas (*Algae*) 2. 550.
Carpoblepharideae (*Ceramiac.*) 2. 485, 500.
Carpoblepharis Kütz. (*Ceramiac.*) 2. 485, 500, 501.
C. flaccida (Turn.) Kütz. 2. 501, Fig. 272 *A, B*.
Carpobolus Schwein. (*Anthocerotac.*) 3. 139.
Carpocaulon Kütz. (*Rhodomelac.*) 2. 434.
Carpoceros Dum. (*Anthocerotac.*) 3. 140.
Carpococcus J. Ag. (*Rhodophyllidac.*) 2. 368, 374.
Carpodesmia Grev. (*Phaeophyc.*?) 2, 289.
Carpoglossum Kütz. (*Fucac.*) 2. 279, 281.
Carpolepidium Palis. (*Jungerm. akrog.*) 3. 87, 112, 113, 116, 132.
Carpolipum Nees (*Anthocerotac.*) 3. 139.
Carpomitra Kütz. (*Sporochnac.*) 2. 238, 239.
Carpopeltis Schmitz (*Grateloupiac.*) 2. 510, 514.
Carpophyllum Grev. (*Fucac.*) 2. 279, 286.
Carpothamnion Kütz. (*Ceramiac.*) 2. 504.
Carringtonia S. O. Lindb. (*Ricciac.*) 3. 15.
Carteria Dies. (*Volvocac.*) 2. 38.
Caryospora De Not. (*Amphisphaeriac.*) 1. 413, 414, 415.
C. putaminum (Schwein.) De Not. 1. 415, Fig. 262 *J—L*.
Cassebeeria Kaulf. (*Polypodiac.*) 4. 149, 255, 287, 288.
C. triphylla (Lam.) Kaulf. 4. 149, Fig. 86 *D*; 287, Fig. 151 *D—F*.
Castagnea Derb., Sol. (*Chordariac.*) 2. 225, 226.
Castoreum Cooke et Massee (*Scleroder-matac.*?) 1**. 338.
Castracania De Toni (*Bacillariac.*) 1b. 103.
Casuarinites Schloth. (*Calamariac.*) 4. 553.
Catagoniopsis Broth. (*Brachytheciac.*) 3. 1129, 1162.
Catagonium C. Müll. (*Hypnac.*) 3. 1087.
Catagonium (C. Müll.) C. Müll. (*Hypnac.*) 3. 1078, 1087, 1237.
C. politum (Hook. f. et Wils.) 3. 1088, Fig. 772 *A—F*.
Catarrhaphia Mass. (*Lichen.*) 1*. 239.
Catastoma Morg. (*Lycoperdac.*) 1**. 315, 318.
C. circumscissum (B. et C.) Morg. 1**. 318, Fig. 163 *A, B*.
Catenaria Sorokin (*Hypochytriac.*) 1. 83, 84.
Catenella Grev. (*Rhodophyllidac.*) 2. 368, 370, 371.
C. Opuntia (Good. et Wood.) Grev. 2. 370, Fig. 222 *D*.
Catenularia C. Müll. (*Bartramiac.*) 3. 649.
Catenularia Grove (*Dematiac.*) 1**. 456, 464, 465.
C. atra (Corda) Sacc. 1**. 465, Fig. 244 *C*.
Catenularia Zipp. (*Polypodiac.*) 4. 306.
Catharinaea Ehrh. (*Polytrichac.*) 3. 671, 1211, 1239.
C. undulata (L.) 3. 672, Fig. 509 *A—E*.
Catharinea (*Polytrichac.*) 3. 673, 676, 679.
Catharinea Ehrh. (*Polytrichac.*) 3. 673.

Catharinea Hampe (*Polytrichac.*) 3. 679.
Catharinea Hook. (*Polytrichac.*) 3. 673.
Catharinea Raddi (*Polytrichac.*) 3. 684.
Catharinea Roehl. (*Polytrichac.*) 3. 685.
Catharinella C. Müll. (*Polytrichac.*) 3. 685.
Catharinella Kindb. (*Polytrichac.*) 3. 685.
Catharinia Sacc. (*Pleosporac.*) 1. 443.
Catharomnion Hook. f. et Wils. (*Hypopterygiac.*) 3. 965, 966.
C. ciliatum (Hedw.) 3. 968, Fig. 705 .1—F.
Catillaria Mass. (*Lecideac.*) 1*. 134.
Catillaria (Mass.) Th. Fr. (*Lecideac.*) 1*. 129, 133, 134.
C. sphaeroides (Mass.) A. Zahlbr. 1*. 130, Fig. 63 E.
Catillaria Müll. Arg. (*Lecideac.*) 1*. 134.
Catillaria Wainio (*Lecideac.*) 1*. 133.
Catillariopsis Stein. (*Lecideac.*) 1*. 137.
Catinula Lév. (*Excipulac.*) 1**. 392, 393.
Catocarpon (Koerb.) Arn. (*Lecideac.*) 1*. 137.
Catocarpus (*Lecideac.*) 1*. 137.
Catocarpus Arn. (*Lecideac.*) 1*. 137.
Catocarpus Koerb. (*Lecideac.*) 1*. 137.
Catolechia Fw. (*Buelliac.*) 1*. 232.
Catolechia (Fw.) Th. Fr. (*Buelliac.*) 1*. 232.
Catolechia Mass. (*Lecideac.*) 1*. 137.
Catopodium J. Sm. (*Polypodiac.*) 4. 306.
Catopyrenium (Fw.) Stizenb. (*Dermatocarpac.*) 1*. 60.
Catopyrenium Koerb. (*Dermatocarpac.*) 1*. 60.
**Catoscopiaceae** 3. 629—631.
Catoscopium Brid. (*Catoscopiac.*) 3. 630.
C. nigritum (Hedw.) 3. 630, Fig. 175 G—O.
Catascopium Fürnr. (*Dicranac.*) 3. 313.
Cattanea Garov. (*Dematiac.*) 1**. 483.
Caudalejeunea Steph. (*Jungerm. akrog.*) 3. 119, 129.
Caudospora Starb. (*Valsac.*) 1. 455, 464. 465.
C. taleola (Fr.) Starb. 1. 464, Fig. 277 G, H.
Caulacantheae (*Gelidiac.*) 2. 342, 346.
Caulacanthus Kütz. (*Gelidiac.*) 2. 342, 346, 347.
C. ustulatus (Mert.) Kütz. 2. 347, Fig. 210.
Caulerpa Lamk. (*Caulerpac.*) 2. 136.
C. crassifolia (J. G. Ag.) Ag. 2. 136, Fig. 89.
Caulerpa Lamx. (*Algae*) 2. 550.
**Caulerpaceae** 2. 28, 134—137.
Caulerpites Brongn. (*Algae*) 2. 555.
Caulerpites Eichw. (*Algae*) 2. 564.
Caulerpites Sternb. (*Algae*) 2. 559.

Caulocystis Aresch. (*Fucac.*) 2. 284.
Cauloglossum Grev. (*Scotiac.*) 1**. 299.
Caulopterides (*Filical.*) 4. 139, 195, 505.
Caulopteris Lindb. et Hutt. (*Filical.*) 4. 505, 509; 505, Fig. 206 A—D: 718, Fig. 409.
C. aliena Zeiller 4. 505, Fig. 306.
C. patria Grand'Eury 4. 505, Fig. 306.
C. peltigera Brongn. 4. 505, Fig. 306.
C. varians Zeiller 4. 505, Fig. 306.
Cavaraea Sacc. (*Hypocreac.*) 1. 364.
Cavendishia S. F. Gray (*Jungerm. akrog.*) 3. 116.
Cecalyphus Palis. (*Leucodontac.*) 3. 748.
Celeceras Kütz. (*Ceramiac.*) 2. 501.
**Celidiaceae** 1. 176, 218; 1**. 533.
Celidiopsis Mass. (*Celidiac.*) 1. 221; 1*. 90.
Celidium Tul. (*Celidiac.*) 1. 219, 220, 221. 1*. 90.
C. Stictarum (De Not.) Tul. 1. 220, Fig. 170 F—J.
Cellopora Spongites L. (*Algae*) 2. 560.
Celothelium Mass. (*Pyrenulac.*) 1*. 65.
Celothelium Mass. (*Trypetheliac.*) 1* 69.
Celothelium (Mass.) Müll. Arg. (*Trypetheliac.*) 1*. 70.
Celtidia Janse (*Perisporiac.*) 1**. 539.
Cenangella Sacc. (*Cenangiac.*) 1. 231, 234.
**Cenangiaceae** 1. 176, 231—240.
Cenangiinae (*Cenangiac.*) 1. 231.
Cenangites Fries (*Discomycet.*) 1**. 520.
Cenangium Fries (*Cenangiac.*) 1. 231, 232, 233.
C. Abietis (Pers.) Rehm 1. 233, Fig. 177 E—G.
C. Ulmi Tul. 1. 233, Fig. 177 C, D.
Cenchridium Stein (*Prorocentrac.*) 1.* 8.
C. globosum (Wille) Stein 1b. 8, Fig. 10.
Cenomyce (*Usneac.*) 1*. 225.
Cenomyce Ach. (*Cladoniac.*) 1*. 143.
Cenomyce (Ach.) Th. Fr. (*Cladoniac.*) 1*. 143.
Cenozosia Mass. (*Usneac.*) 1*. 220.
Cenozosia Stizenb. (*Usneac.*) 1*. 222.
Centricae (*Bacillariac.*) 1b. 55, 57.
Centroceras Kütz. (*Ceramiac.*) 2. 501.
Centrodiscus Pant. (*Bacillariac.*) 1b. 147.
Centroporus Pant. (*Bacillariac.*) 1b. 58, 60, 61.
C. crassus Pant. 1b. 60, Fig. 70.
Cephalocylindrum Sacc. (*Mucedinac.*) 1**. 428.

Cephalodochium Bon. (*Tuberculariae.*) 1\*\*. 499, 503, 505.
C. album Bon. 1\*\*. 505, Fig. 259 *E—G*.
Cephalosporieae (*Mucedinae.*) 1\*\*. 416, 417, 558.
Cephalosporium Corda (*Mucedinae.*) 1\*\*. 418, 428, 429.
C. Acremonium Corda 1\*\*. 429, Fig. 221 *A, B*.
Cephalothamnium Stein (*Monadac.*) 1a. 131, 132, 133.
C. cyclopum Stein 1a. 133, Fig. 89 *B*.
Cephalotheca Fuckel (*Aspergillae.*) 1\*\*. 297, 298, 537.
C. cellaris Richon 1. 298, Fig. 212 *G*.
C. fragilis (Zukal) 1. 298, Fig. 212 *H—K*.
C. sulfurea Fuckel 1. 298, Fig. 212 *E, F*.
Cephalothecium Corda (*Mucedinae.*) 1\*\*. 444, 445, 446.
C. roseum Corda 1\*\*. 446, Fig. 231 *C*.
Cephalothrix Duchass. (*Valoniae.*) 2. 150.
Cephalotrichum Berk. (*Dematiae.*) 1\*\*. 455, 461.
Cephalotrichum Bryol. eur. (*Polytrichae.*) 3. 691.
Cephalotrichum C. Müll. (*Polytrichae.*) 3. 685, 691.
Cephalozia Aust. (*Jungerm. akrog.*) 3. 105.
Cephalozia Dum. (*Jungerm. akrog.*) 3. 84, 97, 98, 102.
Cephalozia S. O. Lindb. (*Jungerm. akrog.*) 3. 98.
Cephalozia Spruce (*Jungerm. akrog.*) 3. 96, 97, 98, 99.
Cephalozia Trevis. (*Jungerm. akrog.*) 3. 98.
Cephalozielle Mass. (*Jungerm. akrog.*) 3. 98.
Cephaloziella Spruce (*Jungerm. akrog.*) 3. 95, 98.
Cephaloziopsis Spruce (*Jungerm. akrog.*) 3. 85.
Ceracea Crag. (*Dacryomycetae.*) 1\*\*. 97, 98, 99.
C. Lagerheimii Pat. 1\*\*. 98, Fig. 63 *A—C*.
**Ceramiaceae** 2. 306, 481—504.
Ceramianthemum (Don) Rupr. (*Sphaerococcae.*) 2. 391.
Ceramieae (*Ceramiac.*) 2. 485. 501.
Ceramites Mass. (*Algae*) 2. 550.
Ceramium Reinw. (*Polypodiae.*) 4. 181.
Ceramium (Roth) Lyngbye (*Ceramiac.*) 2. 485, 501.
C. echionotum (Kütz.) J. Ag. 2. 501, Fig. 272 *C, D*.
Cerania Ach. (*Usneae.*) 1\*. 225.

Cerania S. Gray (*Usneae.*) 1\*. 225.
Cerantha Syn. Hep. (*Jungerm. akrog.*) 3. 121, 124, 125, 126.
Cerasterias Reinsch (*Pleurococcae.*) 2. 60.
Cerataulina Perag. (*Bacillariae.*) 1b. 49, 95, 96.
C. Bergonii Perag. 1b. 49, Fig. 59 *A, C*; 96, Fig. 165 *A—C*.
Cerataulus Ehrenb. (*Bacillariae.*) 1b. 93.
Ceratieae (*Peridiniae.*) 1b. 16, 17.
Ceratiinae (*Peridiniae.*) 1b. 16, 17.
Ceratiomyxa Schröt. (*Ceratiomyxae.*) 1. 16.
C. mucida 1. 16, Fig. 7 *A—D*.
C. porioides 1. 16, Fig. 7 *E*.
**Ceratiomyxaceae** 1. 15—16.
Ceratitium Rabh. (*Pucciniae.*) 1\*\*. 554.
Ceratium Alb. et Schwein. (*Ceratiomyxae.*) 1. 16.
Ceratium Schrank (*Peridiniae.*) 1b. 10, 14, 18, 20.
C. tripos Nitzsch 1b. 10, Fig. 13 *A*; 14, Fig. 18 *A—C*; 20, Fig. 28 *A—D*.
Ceratocarpia Rolland. (*Aspargillae.*) 1. 297, 308; 1\*\*. 537, 539.
Ceratocladium Corda (*Mucedinae.*) 1\*\*. 457, 467, 468.
C. microspermum Corda 1\*\*. 468, Fig. 243 *A, B*.
Ceratocladium Pat. (*Stilbac.*) 1\*\*. 494.
Ceratocoryinae (*Peridiniae.*) 1b. 25.
Ceratocorys Stein (*Peridiniae.*) 1b. 25, 26.
C. horrida Stein 1b. 26, Fig. 37 *A—C*.
Ceratodactylis J. Sm. (*Polypodiae.*) 4. 279.
Ceratodictyeae (*Sphaerococcae.*) 2. 384, 388.
Ceratodictyon Zanard. (*Sphaerococcae.*) 2. 384, 388.
Ceratodon auct. (*Dicranae.*) 3. 301.
Ceratodon Brid. (*Dicranae.*) 3. 294, 301, 1175.
C. purpureus (L.) Brid. 3. 224, Fig. 134 *A—D*; 294, Fig. 172 *E, F*.
Ceratodon Bruch (*Dicranae.*) 3. 298.
Ceratolejeunea (*Jungerm. akrog.*) 3. 125.
Ceratolejeunea Spruce (*Jungerm. akrog.*) 3. 118, 125.
C. mauritiana Steph. 3. 123, Fig. 69 *F, G*.
Ceratomyces Thaxt. (*Laboulbeniac.*) 1. 497, 505.
C. mirabilis Thaxt. 1. 505, Fig. 293 *F*.
C. rostratus Thaxt. 1. 505, Fig. 293 *G*.
Ceratoneis Ehrenb. (*Bacillariae.*) 1b. 117, 118.
C. arcus (Ehrenb.) Kütz. 1b. 118, Fig. 218.

Ceratonema Wallr. (*Mycel.*) 1\*\*. 516.
Ceratophora Dies. (*Peridiniae.*) 1b. 22.
Ceratophora Humb. (*Polyporae.*) 1\*\*. 179.
Ceratophora Pant. (*Peridiniae.*) 1b. 95, 97.
C. nitida Pant. 1b. 97, Fig. 169 A.
C. robusta Pant. 1b. 97, Fig. 169 B.
Ceratophorum Sacc. (*Dematiae.*) 1\*\*. 476, 477, 478.
C. helicosporum Sacc. 1\*\*. 477, Fig. 248 F.
Ceratophorus Dies. (*Peridiniae.*) 1b. 20.
Ceratophycus Schimp. (*Algae*) 2. 550.
Ceratopodium auct. (*Stilbae.*) 1\*\*. 493.
Ceratopteris Brongn. (*Parkeriae.*) 4. 15, 25, 42, 340, 342.
C. thalictroides Brongn. 4. 15, Fig. 10 E, F; 25, Fig. 14 A, B; 42, Fig. 22 B; 340, Fig. 178 A—E; 342, Fig. 179 A—D.
Ceratosphaeria Niessl (*Ceratostomatae.*) 1. 405, 407.
C. aeruginosa Rehm 1. 407, Fig. 259 H, J.
C. lampadophora (Berk. et Br.) Nießl 1. 407, Fig. 259 G.
Ceratosporium Schwein. (*Dematiae.*) 1\*\*. 487, 488.
C. strepsiceros (Ces.) Sacc. 1\*\*. 487, Fig. 253 G.
Ceratostoma Fries (*Ceratostomatae.*) 1. 405, 406, 407.
C. subrufum Ell. et Ev. 1. 407, Fig. 259 C, D.
Ceratostoma Fries (*Hypocreae.*) 1. 354.
**Ceratostomataceae** 1. 386, 405—408; 1\*\*. 543.
Ceratostomella Sacc. (*Ceratostomatae.*) 1. 405, 406, 407.
C. pilifera (Fr.) Wint. 1. 407, Fig. 259 A, B.
Cercaria O. F. Müll. (*Euglenae.*) 1a. 175.
Cercaria O. F. Müll. (*Peridiniae.*) 1b. 20.
Cercidium Dang. (*Volvocae.*) 2. 39.
Cercidospora Koerb. (*Pleosporae.*) 1. 431; 1\*. 78, 240.
Cercobodo Krassilst. (*Rhizomastigae.*) 1a. 113, 115.
C. longicauda (Dus.) Senn 1a. 115, Fig. 75.
Cercomonadina Kent 1a. 118.
Cercomonas Davaine (*Tetramitae.*) 1a. 144.
Cercomonas Duj. (*Rhizomastigae.*) 1a. 115.
Cercomonas Duj. (*Flagellata?*) 1a. 185.
C. crassicauda Duj. 1a. 185, Fig. 137.
Cercomonas Lambl. (*Distomatin.*) 1a. 150.
Cercomonas Perty (*Monadae.*) 1a. 133.
Cercomonas Stein (*Oicomonadae.*) 1a. 119.
Cercomonas Stein (*Rhizomastigae.*) 1a. 115.

Cercophora Fuckel (*Sordariae.*) 1. 390.
Cercospora Fresen. (*Dematiae.*) 1\*\*. 486, 487.
C. Armoraciae Sacc. 1\*\*. 487, Fig. 253 A.
C. beticola Sacc. 1\*\*. 487, Fig. 253 C.
C. Capparidis Sacc. 1\*\*. 487, Fig. 253 B.
Cercosporella Sacc. (*Mucedinae.*) 1\*\*. 450, 451.
C. pantoleuca Sacc. 1\*\*. 450, Fig. 233 K.
C. persica Sacc. 1\*\*. 450, Fig. 233 J.
Ceriomyces Corda (*Polyporae.?*) 1\*\*. 196, 197.
C. albus (Corda) Sacc. 1\*\*. 197, Fig. 105 A—C.
Cerioporus Quél. (*Polyporae.*) 1\*\*. 168.
Ceriospora Niessl (*Gnomoniae.*) 1. 449.
Ceriosporella Berl. (*Gnomoniae.*) 1. 449.
Cerocorticium P. Henn. (*Thelephorae.*) 1\*\*. 553.
Cerogramme Diels (*Polypodiae.*) 4. 260.
Ceropteris Link (*Polypodiae.*) 4. 259, 260.
Cesatia Rabh. (*Melanconiae.*) 1\*\*. 503.
Cesatiella Sacc. (*Hypocreae.*) 1. 348, 363.
Cesia Carringt. (*Jungerm. akrog.*) 3. 77.
Cesius S. F. Gray (*Jungerm. akrog.*) 3. 77.
Cesiusa O. Ktze. (*Jungerm. akrog.*) 3. 77, 80.
Cestodiscus Grev. (*Bacillariae.*) 1b. 67.
Ceterach Willd. (*Polypodiae.*) 4. 222, 243, 244; 253, Fig. 128 A, G.
C. alternans (Wall.) Kühn 4. 243, Fig. 128 A, B.
C. cordatum (Schlecht.) Kaulf. 4. 243, Fig. 128 G.
C. officinarum Willd. 4. 243, Fig. 128 C—F.
Cetraria Ach. (*Parmeliae.*) 1\*. 208, 214.
C. glauca (L.) Ach. 1\*. 215, Fig. 112 A.
C. islandica (L.) Ach. 1\*. 215, Fig. 112 B.
Ceuthocarpon Karst. (*Clypeosphaeriae.*) 1. 454.
Ceuthospora Grev. (*Sphaerioidae.*) 1\*\*. 354, 361, 362.
C. Cattleyae Delacr. 1\*\*. 361, Fig. 190 G.
Chaconia Juel (*Uredinal.*) 1\*\*. 81.
Chaenographis Müll. Arg. (*Graphidae.*) 1\*. 98; 97, Fig. 48 J.
Chaenotheca (*Caliciae.*) 1\*. 81.
Chaenotheca Th. Fr. (*Caliciae.*) 1\*. 80, 81, 211.
Ch. chrysocephala (Turn.) Th. Fr. 1\*. 81, Fig. 42 C.
Chaenotheca Wainio (*Caliciae.*) 1\*. 81.
**Chaetangiaceae** 2. 305, 335—339.
Chaetangieae (*Chaetangiae.*) 2. 337, 338.

Chaetangium Kütz. (*Chaetangiae.*) 2. 337, 338, 339.
Ch. ornatum Kütz. 2. 338, Fig. 207 D.
Chaetoceras Ehrenb. (*Bacillariae.*) 1b. 33, 38, 48, 51, 53, 85, 86, 87; 87, Fig. 144 C.
Ch. boreale Bail. 1b. 38, Fig. 50 D; 48, Fig. 58 R; 87, Fig. 144 A.
Ch. cochlea Schütt 1b. 51, Fig. 61 J, K.
Ch. medium Schütt 1b. 51, Fig. 61 L.
Ch. paradoxum Schüttii Cleve 1b. 53, Fig. 63 A.
Ch. protuberans Lauder 1b. 33, Fig. 46 E; 87, Fig. 144 B.
Ch. Ralfsii Ehrenb. 1b. 53, Fig. 63 B.
Ch. secundum Cleve 1b. 38, Fig. 50 F.
Chaetoceras Kütz. (*Ceramiae.*) 2. 501.
Chaetocereae (*Bacillariae.*) 1b. 56, 87.
**Chaetocladiaceae** 1. 123, 131—132.
Chaetocladium Fresen. (*Chaetocladiae.*) 1. 131, 132.
Ch. Brefeldii Van Tiegh. et Monn. 1. 132, Fig. 117.
Chaetococcus Kütz. (*Rivulariae.*) 1a. 85.
Chaetocolea Spruce (*Jungerm. akrog.*) 3. 104, 108.
Ch. palmata Spruce 3. 109, Fig. 61 A—D.
Chaetoconidium Zukal (*Mucedinae.*) 1\*\*. 419, 438, 439.
Ch. arachnoideum Zukal 1\*. 438, Fig. 227 K.
Chaetoderma Kütz. (*Squamariae.*) 2. 535.
Chaetodiplodia Karst. (*Sphaerioideae.*) 1\*\*. 370, 371.
Ch. chaetomioides (Ces.) Sacc.' 1\*\*. 371, Fig. 195 H, J.
Chaetoglena Ehrenb. (*Euglenae.*) 1a. 176.
Chaetomastia Sacc. (*Sphaeriae.*) 1. 404.
Chaetomella Fuckel (*Sphaerioideae.*) 1\*\*. 363, 364, 365.
Ch. Brassicae (Schwein.) Starb. 1\*\*. 365, Fig. 192 A—D.
Ch. Sacchari Delacr. 1\*\*. 365, Fig. 192 E, F.
**Chaetomiaceae** 1. 386, 387—390.
Chaetomidium Zopf (*Chaetomiae.*) 1. 388.
Chaetomitriella C. Müll. (*Sematophyllae.*) 3. 1123.
Chaetomitriella (C. Müll.) Broth. (*Sematophyllae.*) 3. 1123.
Chaetomitrium Doz. et Molk. (*Hookeriae.*) 3. 919, 950.
Ch. acanthocarpum Bryol. jav. 3. 951, Fig. 693 A—E.

Chaetomium Kunze (*Chaetomiae.*) 1. 387, 389.
Ch. crispatum Fuckel 1. 389, Fig. 252 G.
Ch. globosum Kunze 1. 389, Fig. 252 A—E.
Ch. spirale Zopf 1. 389, Fig. 252 F.
Chaetomorpha Kütz. (*Cladophorac.*) 2. 117.
Chaetomyces Thaxt. (*Laboulbeniae.*) 1. 496, 503, 504.
Ch. Pinophili Thaxt. 1. 503, Fig. 292 G.
Chaetonema Novak (*Chaetophorae.*) 2. 92, 94.
Chaetopeltis Berth. (*Mycoideae.*) 2. 103, 160.
Ch. minor Moeb. 2. 103, Fig. 68 A—D.
Ch. orbicularis Berth. 2. 103, Fig. 68 E, F.
Chaetopeltis Sacc. (*Leptostromatae.*) 1\*\*. 391, 392.
Ch. laurina (F. Tassi) Sacc. 1\*\*. 391, Fig. 203 M—O.
Chaetophlya Ehrenb. (*Euglenae.*) 1a. 176.
Chaetophoma Cooke (*Sphaerioideae.*) 1\*\*. 350, 357.
Ch. coniformis (Sommerf.) Starb. 1\*\*. 357, Fig. 187 A, B.
Chaetophora (*Hookeriae.*) 3. 930.
Chaetophora Brid. (*Hookeriae.*) 3. 938.
Chaetophora Schrank (*Chaetophorae.*) 2. 92.
**Chaetophoraceae** 2. 27, 86—101, 160.
Chaetophoreae (*Chaetophorae.*) 2. 91.
Chaetoplea Sacc. (*Pleosporae.*) 1. 440.
Chaetoporus Karst. (*Polyporae.*) 1\*\*. 156.
Chaetopsis Grev. (*Dematiae.*) 1\*\*. 457, 469.
Ch. stachyobola Corda 1\*\*. 469, Fig. 244 C.
Chaetopsis Mitt. (*Jungerm. akrog.*) 3. 105.
Chaetopteris Kütz. (*Sphacelariae.*) 2. 195, 196.
Chaetospermum Sacc. (*Tubulariae.*) 1\*\*. 500, 504.
Chaetosphaeria Tul. (*Sphaeriae.*) 1. 394, 397, 398.
Ch. tristis (Tode) Schröt. 1. 397, Fig. 256 H—K.
Chaetosphaerites Tul. (*Pyrenomycet.*) 1\*\*. 521.
Chaetospora C. Ag. (*Gelidiae.*) 2. 346.
Chaetosporium Corda (*Hyphomycet.*) 1\*\*. 516.
Chaetostroma Corda (*Tuberculariae.*) 1\*\*. 511, 511, 512.
Ch. atrum Sacc. 1\*\*. 512, Fig. 262 F, G.

Chaetostromella Karst. (*Tuberculariac.*) 1**. 514, 515.
Chaetostylum Van Tiegh. et Monn. (*Mucorac.*) 1. 127.
Chaetotheca Zukal (*Aspergillac.*) 1. 298.
Chaetothyrium Speg. (*Microthyriac.*) 1. 339, 340.
Chaetozythia Karst. (*Nectrioidac.*) 1**. 383.
Chailletia Karst. (*Stictidae.*) 1. 251.
Chainoderma Massee (*Podaxac.*) 1**. 332, 333.
Chalara Corda (*Dematiac.*) 1**. 457, 470, 471.
Ch. Ampullula Sacc. 1**. 470, Fig. 245 C.
Ch. heterospora Sacc. 1**. 470, Fig. 245 B.
Chalareae (*Dematiac.*) 1**. 455, 457.
Chalymotta Karst. (*Agaricae.*) 1**. 231, 232, 233, 234.
Ch. retirugis (Fr.) P. Henn. 1**. 233, Fig. 114 C.
Chamaeceros Milde (*Anthocerotae.*) 3. 139.
Chamaedoris Mont. (*Valoniac.*) 2. 148, 150.
Ch. annulata Lamk. var. cupulata Wittr. 2. 150, Fig. 100.
Chamaemorus Bory (*Volvocac.*) 1a. 188.
Chamaeota W. Sm. (*Agaricae.*) 1**. 259.
Chamaesiphon A. Br. et Grun. (*Chamaesiphonac.*) 1a. 58, 60.
Ch. confervicola A. Br. 1a. 60, Fig. 51 H.
**Chamaesiphonaceae** 1a. 50, 57—61.
Chamaethamnion Falkbg. (*Rhodomelac.*) 2. 428, 449.
Chamaethamnion Reinke (*Cladophorac.*) 2. 118.
Chamonixia L. Rolland (*Hysterangiac.?*) 1**. 356.
Champia Desv. (*Rhodymeniac.*) 2. 398, 402, 404.
Ch. parvula Harv. 2. 402, Fig. 235 G.
Chandonanthus Mitt. (*Jungerm. akrog.*) 3. 105.
Chandonanthus Mitt. (*Jungerm. akrog.*) 3. 104, 105.
Chandonanthus S. O. Lindb. (*Jungerm. akrog.*) 3. 105.
Chantransia (DeC.) Schmitz (*Helminthocladiae.*) 2. 329, 331, 332.
Ch. corymbifera Thuret 2. 332, Fig. 202 A—F.
Chantransia Fries (*Helminthocladiac.*) 2.331.
Chantransieae (*Helminthocladiac.*) 2. 329, 331.

Chapsa Mass. (*Thelotremae.*) 1*. 118.
Chara (Vaill.) A. Br. (*Charac.*) 2. 162, 163, 164, 165, 166, 167, 172, 175, 551.
Ch. ceratophylla Wall. 2. 175, Fig. 128 B.
Ch. crinita Wallr. 2. 175, Fig. 128 A.
Ch. fragilis Desv. 2. 162, Fig. 109, 110; 163, Fig. 111; 164, Fig. 112; 165, Fig. 114; 166, Fig. 115, 116; 167, Fig. 117, 118; 168, Fig. 119.
Ch. hispida (L.) Wallr. 2. 164, Fig. 113.
**Characeae** 2. 161—175.
Characieae (*Pleurococcae.*) 2. 60, 65, 67.
Characium (*Protococcae.*) 2. 65, 68.
Ch. Sieboldi A. Br. 2. 68, Fig. 40 F—H.
Chareae (*Charac.*) 2. 172, 174.
Charoideae J. G. Ag. (*Caulerpac.*) 2. 136.
Charonectria Sacc. (*Hypocreac.*) 1. 346, 349.
Charrinia Viala et Ravaz. (*Massariac.*) 1. 444, 447.
Chascostoma S. O. Lindb. (*Jungerm. akrog.*) 3. 79.
Chauvinia Bory (*Caulerpac.*) 2. 136.
Chauvinia Harv. (*Delesseriac.*) 2. 408, 414.
Chauviniopsis Saporta (*Algae*) 2. 554.
Cheilanthes Sw. (*Polypodiac.*) 4. 255, 274, 276, 277; 276, Fig. 146 A—F.
Ch. farinosa Kaulf. 4. 276, Fig. 146 C.
Ch. fragrans (L.) Webb et Berth. 4. 276, Fig. 146 A, B.
Ch. myriophylla Desv. 4. 276, Fig. 146 F.
Ch. Regnelliana Mett. 4. 276, Fig. 146 D, E.
Cheilanthinae (*Polypodiac.*) 4. 255, 265.
Cheilanthis auct., Hk. Bk. (*Polypodiac.*) 4. 194, 266, 271.
Cheilanthites Goepp. (*Filical.*) 4. 475, 491.
Cheilocyphos Dum. (*Jungerm. akrog.*) 3. 92.
Cheilodonta Boud. (*Mollisiae.*) 1. 217.
Cheilolejeunea Spruce (*Jungerm. akrog.*) 3. 124.
Cheilolejeunea Spruce (*Jungerm. akrog.*) 3. 118, 124.
Cheilolepton Fée (*Polypodiac.*) 4. 198, 201.
Cheiloplecton Fée (*Polypodiac.*) 4. 269.
Cheilosoria Trevis. (*Polypodiac.*) 4. 274.
Cheilosorus Mett. (*Polypodiac.*) 4. 233.
Cheilosporum (Decne.) Aresch. (*Corallinac.*) 2. 540, 541, 543.
Ch. sagittatum (Lamx.) Aresch. 2. 541, Fig. 287 D.
Cheilothela Lindb. (*Dicranac.*) 3. 294, 301, 1175.

Cheilymenia Boud. (*Pezizac.*) 1. 180.
Cheiroglossa Prantl (*Ophioglossac.*) 4. 469.
Cheiromyces Berk. et Curt. (*Dematiac.*) 1\*\*. 488.
Cheiropleuria Presl (*Polypodiac.*) 4. 330, 336, 337.
Ch. bicuspis Presl 4. 337, Fig. 175 *A*, *B*.
Cheiropsora Fries (*Melanconiac.*) 1\*\*. 405.
Cheiropteris Christ (*Polypodiac.*) 4. 166, 188.
Ch. palmatopedata (Bak.) Christ 4. 188, Fig. 98 *A—C*.
Cheirostrobus Scott (*Protocalamariac.*) 1. 560.
Chelepteris Corda (*Filical.*) 4. 507.
Cheloniodiscus Pant. (*Bacillariac.*) 1 b. 82.
Ch. ananiensis Pant. 1 b. 82, Fig. 132.
Chemnitzia Endl. (*Caulerpac.*) 2. 136.
Chiastospora Riess (*Nectrioidac.*) 1\*\*. 384, 385.
Ch. parasitica Riess 1\*\*. 384, Fig. 201 *R.*
Chiliospora Mass. (*Acarosporac.*) 1\*. 152.
Chilomonas Bütschli (*Cryptomonadin.*) 1 a. 169.
Chilomonas Ehrenb. (*Cryptomonadin.*) 1 a. 103, 168.
Ch. Paramaecium Ehrenb. 1 a. 103, Fig. 67 *A*; 168, Fig. 121.
Chilonectria Sacc. (*Hypocreac.*) 1. 355.
Chilopteris Presl (*Polypodiac.*) 4. 306.
Chiloscyphus Corda (*Jungerm. akrog.*) 3. 76, 92.
Ch. combinatus Nees 3. 92, Fig. 50.
Chiloscyphus Mont. (*Jungerm. akrog.*) 3. 87.
Chiloscyphus Sande Lac. (*Jungerm. akrog.*) 3. 92.
Chiloscyphus Syn. Hep. (*Jungerm. akrog.*) 3. 90.
Chinostomum Broth. (*Sematophyllac.*) 3. 1241.
Chiodecton (*Chiodectonac.*) 1\*. 105.
Chiodecton (*Lecanactidac.*) 1\*. 115.
Chiodecton (Ach.) Müll. Arg. (*Chiodectonac.*) 1\*. 103, 104.
Ch. myrticola Fée 1\*. 104, Fig. 50 *A—D*, *F*.
Ch. sanguineum (Sw.) Wainio 1\*. 104, Fig. 50 *G*.
Ch. seriale Ach. 1\*. 104, Fig. 50 *E*.
**Chiodectonaceae** 1\*. 81, 102—105.
Chiodectonoides Müll. Arg. (*Pertusariac.*) 1\*. 198.
Chiographa Leight. (*Graphidac.*) 1\*. 99.
Chionocroum Ehrh. (*Parmeliac.*) 1\*. 215.

Chionostomum C. Müll. (*Sematophyllac.*) 3. 1099, 1107, 1241.
Ch. rostratum (Griff.) 3. 1107, Fig. 784 *A—J.*
Chionyphe Thien. (*Cladophorac.*) 2. 119.
Chiracanthia Falkbg. (*Rhodomelac.*) 2. 427, 441.
Chiropterus Kurz (*Ophioglossac.*) 4. 472.
Chitonia Fries (*Agaricac.*) 1\*\*. 231, 232. 239, 240, 555.
Ch. rubriceps Cook et Massee 1\*\*. 239, Fig. 116 *B*.
Chitoniella P. Henn. (*Agaricac.*) 1\*\*. 231, 232, 240.
Chitonomyces Peyr. (*Laboulbeniac.*) 1. 496, 499. 500.
Ch. borealis Thaxt. 1. 500, Fig. 291 *A*.
Chitonospora Sacc. (*Pleosporac.*) 1. 428, 433, 434.
Ch. ammophila Sacc., Bomm. et Rouß. 1. 433, Fig. 268 *L*.
Chlamydium Corda (*Marchantiac.*) 3. 36, 37.
**Chlamydobacteriaceae** 1 a. 13, 35—40.
Chlamydoblepharis Francé (*Volvocac.*) 1 a. 188.
Chlamydococcus A. Br. (*Volvocac.*) 2. 38.
Chlamydomonadeae (*Volvocac.*) 2. 37.
Chlamydomonas Ehrenb. (*Volvocac.*) 2. 33, 37, 38.
Ch. pulviusculus (Müll.) Ehrenb. 2. 33, Fig. 18.
Chlamydomonas F. Cohn (*Volvocac.*) 1 a. 188.
Chlamydomyxa Arch. (*Chlamydomyxac.*) 2. 570.
**Chlamydomyxaceae** 2. 570.
Chlamydophora (*Heliozoa*) 1 a. 94.
Chlamydopus Speg. (*Tulostomatac.*) 1\*\*. 557.
Chloramoeba Lagerh. (*Chloromonadin.*) 1 a. 170, 171.
Ch. heteromorpha Bohler 1 a. 171, Fig. 124 *C.*
Chlorangiella De Toni (*Tetrasporac.*) 2. 48.
Chlorangium Link (*Lecanorac.*) 1\*. 201.
Chlorangium Stein (*Tetrasporac.*) 2. 47, 48.
Ch. stentorinum (Ehrenb.) Stein 2. 47, Fig. 28.
Chloraster Ehrenb. (*Volvocac.*) 2. 37, 39.
Ch. gyrans Ehrenb. 2. 39, Fig. 22 *A*.
Chlorea Nyl. (*Usneac.*) 1\*. 218.
Chlorella Beijerinck (*Pleurococcac.*) 2. 160.
Chloridieae (*Dematiac.*) 1\*\*. 455, 457.

Chloridium Ehrenb. (*Dematiac.*) 1\*\*. 169.
Chloridium Link (*Dematiac.*) 1\*\*. 457, 468, 469.
Ch. minutum Sacc. 1\*\*. 469, Fig. 244 *A*.
Chlorochytrium Cohn (*Pleurococcac.*) 2. 62, 65.
Ch. Lemnae Cohn 2. 62, Fig. 38 *A*.
Chlorocladus Sond. (*Dasyeladac.*) 2. 156, 157.
Chlorococcum Fries (*Protococcac.*) 2. 65.
Chlorocystis Reinh. (*Protococcac.*) 2. 62, 65, 66.
Ch. Cohnii (Wright) Reinh. 2. 62, Fig. 38 *D*.
Chlorodendron Senn (*Volvocac.*) 1 a. 187.
Chlorodesmis Harv. (*Codiac.*) 2. 141.
Chlorodesmus Philipps (*Hymenomonadac.*) 1 a. 159, 162.
Ch. hispidus Philipps 1 a. 162, Fig. 116 *B*.
Chlorodictyon J. Ag. (*Usneac.*) 1\*. 220.
Chlorodictyon J. G. Ag. (*Caulerpac.*) 2. 135, 136, 137.
Ch. foliosum J. G. Ag. 2. 135, Fig. 88.
Chlorogonium Ehrenbg. (*Volvocac.*) 2. 37, 39.
Ch. euchlorum Ehrenbg. 2. 39, Fig. 22 *C—H*.
Chlorogramma Müll. Arg. (*Graphidac.*) 1\*. 100.
Chlorographa Müll. Arg. (*Graphidac.*) 1\*. 98; 97, Fig. 48 *K*.
Chlorographina Müll. Arg. (*Graphidac.*) 1\*. 100.
Chlorographopsis Wainio (*Graphidac.*) 1\*. 98; 97, Fig. 48 *J*.
Chlorolepus Bomp. (*Cladophorac.*) 2. 119.
**Chloromonadineae** 1a. 111, 170—173.
Chloromonas Kent (*Euglenac.*) 1a. 177.
Chloromonas Stokes (*Chromulinac.*) 1 a. 157.
Chloronotus Vent. (*Pottiac.*) 3. 426.
Chloropedium Naeg. (*Pleurococcac.*) 2. 58.
Chloropeltis Stein (*Euglenac.*) 1a. 176.
Chlorophyceae 2. 24—161, 570.
Chloroplegma Zanard. (*Codiac.*) 2. 141.
Chloropteris Mont. (*Cladophorac.*) 2. 118.
Chlorosaccus Luther (*Chloromonadin.?*) 1a. 170.
Chlorosiphon Kütz. (*Encoeliac.*) 2. 204.
Chlorospeniella Karst. (*Helotiac.*) 1. 210.
Chlorosphaera Henfrey (*Pleurococcac.*) 2. 53, 58.
Chlorosphaera Klebs (*Chlorosphaerac.*) 2. 52, 53.
Ch. Alismatis Klebs 2. 54, Fig. 34.

**Chlorosphaeraceae** 2. 27, 52—53.
Chlorosplenium Fries (*Helotiac.*) 1. 193, 195, 196.
Ch. aeruginosum Oed. (De Not.) 1. 195, Fig. 155 *H—L*.
Chlorospora Speg. (*Peronosporac.*) 1\*\*. 530.
Chlorosporella Schröt. (*Mycosphaerellac.*) 1. 426.
Chlorothecium Borzi (*Protococcac.*) 2. 69.
Chlorotylium Kütz. (*Chaetophorac.*) 2. 97.
Chnoophora Kaulf. (*Cyatheac.*) 4. 132.
Chnoospora J. Ag. (*Phaeophyc.*) 2. 289.
Choanephora Cunningh. (*Choanephorac.*) 1. 131.
Ch. infundibulifera (Curr.) Sacc. 1. 131, Fig. 116.
**Choanephoraceae** 1. 123, 131.
Choapsis Gray (*Zygnemac.*) 2. 20.
Choffatia Saporta (*Filical.*) 4. 514.
Choiromyces Vittad. (*Terfeziac.*) 1. 313, 318, 319.
Ch. maeandriformis Vittad. 1. 318, Fig. 226 *A—D*.
Ch. Magnusii (Mattirolo) Paol. 1. 318, Fig. 226 *E—G*.
Cholerabacillus (*Microspira comma* R. Koch) 1a. 32.
Choleravibrio (*Microspira comma* R. Koch) 1a. 32.
Chomiocarpon Corda (*Marchantiac.*) 3. 26, 36, 1244.
Ch. quadratus (Scop.) S. O. Lindb. 3. 17, Fig. 6 *B*, *C*: 36, Fig. 20.
Chomiocarpus Broth. (*Marchantiac.*) 3. 1244.
Chonanthelia Spruce (*Jungerm. akrog.*) 3. 132.
Chondracanthus Kütz. (*Gigartinac.*) 2. 357.
Chondria (C. Ag.) Harv. (*Rhodomelac.*) 2. 423, 426, 434.
Ch. tenuissima (Good. et Woodw.) C. Ag. 2. 423, Fig. 244 *J*: 434, Fig. 245 *A*.
Chondrieae (*Rhodomelac.*) 2. 426, 432.
Chondrioderma Rostaf. (*Didymiac.*) 1. 30, 31.
Ch. radiatum L. 1. 30, Fig. 17 *D*.
Chondriopsis J. Ag. (*Rhodomelac.*) 2. 434.
Chondrites Sternbg. (.*Algae*) 2. 551.
Chondroclonium Kütz. (*Gigartinac.*) 2. 357.
Chondrococcus Kütz. (*Rhizophyllidac.*) 2. 329, 330, 331.
Ch. Lambertii (Turn.) Kütz. 2. 331, Fig. 283 *J*.

Chondrodictyon Kütz. (*Gigartinac.*) 2. 357.
Chondrodon Kütz. (*Bonnemaisoniac.*) 2. 419.
Chondropsis Nyl. (*Parmeliac.*) 1*. 209.
Chondrosiphon Kütz. (*Rhodymeniac.*) 2. 403.
Chondrospora Mass. (*Parmeliac.*) 1*. 213.
Chondrothamnion Kütz. (*Rhodymeniac.*) 2. 403.
Chondrus (Stackh.) J. Ag. (*Gigartinac.*) 2. 354, 355, 356.
Ch. crispus (L.) Stackh. 2. 355, Fig. 215 B.
Chondrymenia Zanard. (*Sphaerococcac.*) 2. 385, 389, 390.
Ch. lobata Zanard. 2. 390, Fig. 230 A.
Chonemonas Perty (*Euglenac.*) 1a. 176.
Chonta Molina (*Cyatheac.*) 4. 122.
Chorda Stackh. (*Laminariac.*) 2. 252, 253, 254.
Ch. Filum (L.) Stackh. 2. 252, Fig. 171.
Chordaria Ag. (*Chordariac.*) 2. 223, 225, 229.
Ch. flagelliformis (Müll.) Ag. 2. 223, Fig. 154 A.
**Chordariaceae** 2. 181, 221—230.
Chordarieae (*Chordariac.*) 2. 225.
Chordeae (*Laminariac.*) 2. 253.
Choreoclonium Reinsch (*Mycoideac.*) 2. 105.
Choreocolax Reinsch (*Gelidiac.*) 2. 341, 343.
Ch. Polysiphoniae Reinsch 2. 343, Fig. 208 A—F.
Choreonema Schmitz (*Corallinac.*) 2. 539, 541.
Chorionopteris Corda (*Filical.*) 4. 479.
Ch. gleichenioides Corda 4. 479, Fig. 269 A—D.
Chorisodontium Mitt. (*Dicranac.*) 3. 328.
**Choristocarpaceae** 2. 180, 190—191.
Choristocarpus Zanard. (*Choristocarpac.*) 2. 190, 191.
Ch. tenellus (Kütz.) Zanard. 2. 191, Fig. 134 A—C.
Choristosoria Kuhn (*Polypodiac.*) 4. 266.
Chorostate Nitschke (*Valsac.*) 1. 462, 465.
Chorostatella Sacc. (*Valsac.*) 1. 462, 465.
Chroa Reinsch (*Laminariac.*) 2. 255.
Chromatium Perty (*Bacteriac.*) 1a. 30.
Chromatium Schröt. (*Bacteriac.*) 1a. 30.
Chromatochlamys Trevis. (*Verrucariac.*) 1*. 57.
Chromelosporium Corda (*Mucedinac.*) 1°*. 433.

Chromocephalum Sacc. (*Stilbac.*) 1**. 494.
Chromodiscus Müll. Arg. (*Graphidac.*) 1*. 101.
Chromopeltis Reinsch (*Mycoideac.*) 2. 105.
Chromophyton Woron. (*Chromulinac.*) 1a. 153; 2. 570.
Chromosporieae (*Mucedinac.*) 1**. 416.
Chromosporium Corda (*Mucedinac.*) 1** 416, 420, 421.
Ch. viride Corda 1**. 421, Fig. 217 F.
Chromostylium (*Entomophthorac.*) 1. 140.
Chromostylum Giard (*Entomophthorac.*) 1**. 531.
Chromothece Kirchn. (*Chroococcac.*) 1a. 55.
Chromulina Cienk. (*Chromulinac.*) 1a. 97, 153, 154; 2. 570.
Ch. nebulosa Cienk. 1a. 154, Fig. 107 C.
Ch. ovalis Klebs 1a. 154, Fig. 107 B.
Ch. Rosanoffii (Woron.) Bütschli 1a. 154, Fig. 107 A.
Ch. Woroniniana Fischer 1a. 97, Fig. 64 A.
**Chromulinaceae** 1a. 153—158; 2. 570.
**Chroococcaceae** 1a. 50—57.
Chroococcus Naeg. (*Chroococcac.*) 1. 52, 53.
Ch. turgidus Naeg. 1a. 53, Fig. 49 A.
Chroodactylon Hansg. (*Algac*) 1a. 57, 92; 2. 314.
Chroodiscus (Müll. Arg.) A. Zahlbr. (*Thelotremac.*) 1*. 120.
Chrooicia Trevis. (*Trypetheliac.*) 1*. 70.
Chroolepideae (*Chaetophorac.*) 2. 91, 97.
Chroolepus Ag. (*Chaetophorac.*) 2. 99.
Chrooloma Müll. Arg. (*Graphidac.*) 1*. 101.
Chroomonas Hansg. (*Cryptomonadin.*) 1a. 169.
Chroostroma Corda (*Tuberculariac.*) 1**. 502.
Chroothece Hansg. (*Chroococcac.*) 1a. 52, 53, 54.
Ch. Richteriana Hansg. 1a. 53, Fig. 49 D.
Chryphaeadelphus Broth. [sphalm.] (*Fontinalac.*) 3. 1213.
Chrysamoeba Klebs (*Chromulinac.*) 1a. 153, 154.
Ch. radians Klebs 1a. 154, Fig. 107 D.
Chrysoblastella Williams (*Pottiac.*) 3. 1193.
Ch. boliviana R. S. Will. 3. 1194, Fig. 838 A—H.
Chrysocapsa Hansg. (*Chroococcac.*) 1a. 54.
Chrysochytrium Schröt. (*Synchytriac.*) 1. 74.

Chrysocladium Fleisch. (*Neckerac.*) 3.
1226.
Ch. retrorsum (Mitt.) Fleisch. 3. 1227, Fig.
877 *A—G*.
Chrysococcus Klebs (*Chromulinac.*) 1a.
153, 156.
Ch. rufescens Klebs 1a. 156, Fig. 109 *A*.
Chrysocosma J. Sm. (*Polypodiac.*) 4. 272.
Chrysodiopteris Saporta (*Polypodiac.*) 4.
512.
Chrysodium Fée (*Polypodiac.*) 4. 334.
Chrysogluten Br. et Farn. (*Fungi*) 1. 240.
Chrysohypnum Hampe (*Hypnac.*) 3. 1041,
1049.
Chrysohypnum Roth (*Hypnac.*) 3. 1041.
**Chrysomonadaceae** Engler 1a. 153. 2.
570.
**Chrysomonadaceae** Hansg. 2. 570.
Chrysomonadineae 1a. 111, 154—167.
Chrysomonas Stein (*Chromulinac.*) 1a. 153.
Chrysomyxa Unger (*Melampsorac.*) 1**.
38, 39, 548.
Ch. Rhododendri (DC.) 1**. 39, Fig. 23
*A—D*.
Chrysomyxeae (*Melampsorac.*) 1**. 38.
Chrysophlyctis Schilbersky (*Pucciniac.*)
1**. 526.
Chrysopsora Lagerh. (*Pucciniac.*) 1**.
48, 49, 548, 549.
Ch. Gynoxidis Lagerh. 1**. 49, Fig. 31
*A—B*.
Chrysopteris Link (*Polypodiac.*) 4. 306.
Chrysopyxis Stein (*Chromulinac.*) 1a.
153, 157; 2. 570.
Ch. bipes Stein 1a. 157, Fig. 110 *A*.
Chrysopyxis Stein (*Chrysomonadac.*) 2.
570.
Chrysopyxis Stokes (*Hymenomonadac.*) 1a.
161.
Chrysosphaerella Lauterb. (*Chromulinac.*) 1a. 153, 158.
Ch. longispina Lauterb. 1a. 158, Fig. 111.
Chrysosquarridinum Fleisch. (*Neckerac.*) 3.
1226.
Chrysothallus Wainio (*Trypetheliac.*) 1*. 70.
Chrysothelium Wainio (*Trypetheliac.*) 1*.
70.
Chrysothrix Mont. (*Chrysothricac.*) 1*.
117, 242.
Ch. nolitangere Mont. 1*. 117, Fig. 57 *A*,
*B*.
**Chrysotrichaceae**¹) 1*. 113, 117, 242.

---
¹) Chrysothricaceae ist unrichtig.

Chrysymenia J. Ag. (*Rhodymeniac.*) 2.
398, 402, 403.
Ch. uvaria (Wulf.) Kütz. 2. 402, Fig. 235
*B*.
Chthonoblastus Kütz. (*Oscillatoriac.*) 1a. 70.
Chylocladia (Grev.) Thuret (*Rhodymeniac.*) 2. 398, 402, 404.
Ch. kaliformis Grev. 2. 402, Fig. 235 *H, J*.
Chytridiaceae (*Fungi*) 1a. 94, 117.
Chytridineae 1. 63, 64—87, 1**. 525.
Chytridium A. Br. (*Rhizidiac.*) 1. 75, 80.
Ch. Olla A. Br. 1. 80, Fig. 61.
Ciboria Fuckel (*Helotiac.*) 1. 193, 195, 196.
C. rufofusca (Weberb.) Sacc. 1. 195, Fig.
155 *M, N*.
Cibotium Kaulf. (*Cyatheac.*) 4. 119, 120,
121.
C. Barometz Link 4. 120, Fig. 78 *E, F*.
Cicinnobolus Ehrenb. (*Sphaerioidac.*)
1**. 350, 356.
C. Cesatii De Bary 1**. 356, Fig. 186 *J*.
Cidaris Fries (*Helvellac.*) 1. 169, 170.
Cienkowskia Rostaf. (*Physarac.*) 1. 32,
33.
Ciliaria Quél. (*Pezizac.*) 1. 180.
Ciliaria Stackh. (*Sphaerococcac.*) 2. 393.
Ciliata (*Infusoria*) 1a. 94, 116.
Cilicia Mont. (*Chrysotrichac.*) 1*. 117.
Ciliciopodium Corda (*Stilbac.*) 1**. 489,
490, 491.
C. sanguineum (Corda) Sacc. 1**. 491,
Fig. 254 *B, C*.
Ciliocarpus Corda (*Sclerodermatac.*) 1**.
339.
Cilioflagellata 1b. 1.
Ciliofusarium Rostr. (*Tuberculariac.*)
1**. 514.
Ciliophrys Cienk. (*Pseudospor.*) 1a. 94,
112, 187.
Cimaenomonas Grassi (*Tetramitac.*) 1a. 145.
Cincinalis Desv. (*Polypodiac.*) 4. 266, 267.
Cincinnulus Dum. (*Jungerm. akrog.*) 3. 100.
Cinclidium Sw. (*Mniac.*) 3. 603, 613.
C. stygium Sw. 3. 613, Fig. 464 *A—F*.
Cinclidoteae (*Pottiac.*) 3. 381, 412, 1194.
Cinclidotus Bryol. eur. (*Pottiac.*) 3. 411.
Cinclidotus Palis. (*Pottiac.*) 3. 412, 1194.
C. fontinaloides (Hedw.) Palis. 3. 412, Fig.
266 *A—F*.
C. riparius Host 3. 272, Fig. 166 *B*; 274,
Fig. 168 *A*.
Cingularia Weiss (*Calamariac.*) 4. 557.
Cintractia Cornu (*Ustilaginac.*) 1**. 8.
Cionidium Moors (*Polypodiac.*) 4. 183, 186.

Cionium Rostaf. (*Didymiac.*) 1. 30.
Circinaria Fée (*Physciac.*) 1*. 234.
Circinaria Wallr. (*Theloschistac.*) 1*. 229.
Circinella Van Tiegh. et Monn. (*Mucorac.*) 1. 125.
Circinotrichum Nees (*Dematiac.*) 1**. 457, 466, 467.
C. maculiforme Nees 1**. 466, Fig. 242 D.
Cirriphyllopsis Broth. (*Brachytheciac.*) 3. 1147.
Cirriphyllum Grout (*Brachytheciac.*) 3. 1129, 1152.
C. Boschii (Schwaegr.) 3. 1153, Fig. 814 A—E.
C. decurvans (Mitt.) 3. 1152, Fig. 813 A—F.
Cistula Cleve (*Bacillariac.*) 1b. 123, 130.
C. Lorenziana (Grun.) Cleve 1b. 130, Fig. 235.
Citharistes Stein (*Peridiniac.*) 1b. 26, 29, 30.
C. Apsteinii Schütt 1b. 30, Fig. 43.
Citromyces Wehmer (*Mucedinac.*) 1**. 418, 431, 432.
C. glaber Wehmer 1**. 431, Fig. 223 F.
Cladastomum C. Müll. (*Dicranac.*) 3. 293, 295.
Cladhymenia Harv. (*Rhodomelac.*) 2. 426, 433.
Cladia Nyl. (*Cladoniac.*) 1*. 143.
Cladina (Nyl.) Wainio (*Cladoniac.*) 1*. 143.
Cladobotryum Nees (*Mucedinac.*) 1**. 420, 440, 441.
C. Thümenii Sacc. 1**. 440, Fig. 228 G.
Cladobryum Nees (*Jungerm. anakrog.*) 3. 60.
Cladocarpi Fleisch. (*Bryal.*) 3. 288.
**Cladochytriaceae** 1. 66, 80—87, 527.
Cladochytrium Nowakowski (*Cladochytriac.*) 1. 80, 81.
Cladoderris Pers. (*Thelephorac.*) 1**. 118, 126.
Cladodium (Brid.) Schimp. (*Bryac.*) 3. 369, 1205.
Cladodium Tuck. (*Lecanorac.*) 1*. 203.
Cladogramma Ehrenb. (*Bacillariac.*) 1b. 69.
Cladomenia Quél. (*Polyporac.*) 1**. 167.
Cladomeris Quél. (*Polyporac.*) 1**. 167.
Cladomnieae (*Ptychomniac.*) 3. 1218.
Cladomnion Hook. f. et Wils. (*Ptychomniac.*) 3. 1218, 1220.
C. ericoides (Hook.) 3. 754, Fig. 565 G—N.
Cladomniopsis Fleisch. (*Ptychomniac.*) 3. 1218, 1219.

C. crenato-obtusa (C. Müll.) 3. 1220, Fig. 853 A—G.
Cladomnium Dus. (*Ptychomniac.*) 3. 1219
Cladomnium Hook. f. et Wils. (*Ptychomniac.*) 3. 1218, 1220.
Cladomnium Hook. f. (*Leucodontac.*) 3. 753
Cladomnium Hook. f. et Wils. (*Spiridentac.*) 3. 768.
Cladomnium Lac. (*Ptychomniac.*) 3. 1218
Cladomonas Stein (*Amphimonadac.*) 1a. 138, 139, 140.
C. fruticulosa Stein 1a. 139, Fig. 95 A.
Cladomphalus Bail. (*Bacillariac.*) 1b. 150
Cladonema Kent (*Monadac.*) 1a. 132.
Cladonia (*Cladoniac.*) 1*. 142.
Cladonia (Hill) Wainio (*Cladoniac.*) 1*. 140, 143.
C. bellidiflora (Ach.) Schaer. 1*. 144, Fig. 67 F.
C. fimbriata (L.) Hoffm. 1*. 7. Fig. 11 A, B
C. foliosa var. alcicornis (Lam. et DC.) E. Fr. 1*. 144, Fig. 67 H.
C. furcata (Huds.) Fr. 1*. 6, Fig. 10 E 144, Fig. 67 J.
C. miniata Meyer 1*. 144, Fig. 67 A.
C. Novae Angliae Del. 1*. 38, Fig. 23 C
C. papillaria (Ehrh.) Hoffm. 1*. 144, Fig. 67 D.
C. pyxidata (L.) E. Fr. 1*. 144, Fig. 67 E
C. p. forma ronosmia Flk. 1*. 5, Fig. 1.
C. rangiferina (L.) Weber 1*. 144, Fig. 67 C.
C. retipora (Labill.) E. Fr. 1*. 144, Fig. 67 B
C. verticillata Hoffm. 1*. 144, Fig. 67 G, K
**Cladoniaceae** 1*. 113, 114, 139—147.
Cladophlebis Brongn. (*Filical.*) 4. 595.
Cladophora Kütz. (*Cladophorac.*) 2. 115, 117, 118.
C. fracta (Vahl) Kütz. 2. 118, Fig. 79.
C. (Spongomorpha) ophiophila Magn. et Wille 2. 115, Fig. 76 A, B.
C. rupestris (L.) Kütz. 2. 115, Fig. 76 C.
**Cladophoraceae** 2. 28, 114—119.
Cladopodanthus Doz. et Molk. (*Leucobryac.*) 3. 343, 344, 1187.
C. pilifer Doz. et Molk. 3. 345, Fig. 204 A—C.
Cladopsis Nyl. (*Pyrenopsid.*) 1*. 159.
Cladopus Spruce (*Jungerm. akrog.*) 3. 97.
Cladoradula Spruce (*Jungerm. akrog.*) 3. 113.
Cladorrhinum Sacc. (*Dematiac.*) 1**. 457, 469, 470.
C. foecundissimum Sacc. et March. 1**. 469, Fig. 244 G.

Cladosiphon Kütz. (*Chordariac.*) 2. 225, 227.
Cladosphaeria Nitschke (*Massariac.*) 1. 444, 446.
Cladosporieae (*Dematiac.*) 1\*\*. 471.
Cladosporites Link (*Hyphomyect.*) 1\*\*. 522.
Cladosporium Link (*Dematiac.*) 1\*\*. 471, 474, 475.
C. herbarum (Pers.) Link 1\*\*. 475, Fig. 247 A, B.
Cladostephus Ag. (*Sphacelariac.*) 2. 194, 195, 196.
C. verticillatus (Lightf.) Ag. 2. 194, Fig. 136.
Cladosterigma Pat. (*Stilbac.*) 1\*\*. 489, 491, 492.
C. fusisporum Pat. 1\*\*. 491, Fig. 254 M, N
Cladothele Hook. f. et Harv. (*Striariac.*) 2. 207.
Cladothrix Cohn (*Chlamydobacterinc.*) 1 a. 35, 38, 39, 40.
C. (Actinomyces) bovis (Harz) Migula 1 a. 39, Fig. 15 g—i.
C. dichotoma Cohn 1 a. 38, Fig. 14; 39, Fig. 15 a—f.
Cladotrichum Bon. (*Mucedinac.*) 1\*\*. 447.
Cladotrichum Corda (*Dematiac.*) 1\*\*. 472, 474, 475.
C. scyphophorum Corda 1\*\*. 475, Fig. 247 D.
**Cladoxyleae** 4. 782.
Cladoxylon Unger (*Cladoxyl.*) 4. 782.
C. dubium Unger 4. 782, Fig. 167 B, C.
C. mirabile Unger 4. 782, Fig. 167 A.
Cladurus Falkbg. (*Rhodomelac.*) 2. 426, 435.
Claerostroma Nitschke (*Valsac.*) 1. 462.
Claopodium Kindb. (*Leskeac.*) 1. 1008.
Claopodium Lesq. et James (*Leskeac.*) 3. 1008.
Claopodium (Lesq. et James) Ren. et Card. (*Leskeac.*) 3. 1004, 1008, 1236.
C. leuconeuron (Sull. et Lesq.) 3. 1008, Fig. 732 A—G.
Clarkeinda O. Ktze. (*Agaricae.*) 1\*\*. 555.
Clasmatocolea Spruce (*Jungerm. akrog.*) 3. 76, 90.
Clasmatodon Hampe (*Fabroniac.*) 3. 911.
Clasmatodon Hook. et Wils. (*Fabroniac.*) 3. 908, 909.
C. parvulus (Hampe) 3. 910, Fig. 667 A—D.
Clasmatodon Lindb. (*Fabroniac.*) 3. 910.
Clasmatodon Sull. (*Fabroniac.*) 3. 901.

Clasteria J. D. Dana (*Filical.*) 4. 505.
Clasterisporium auct. (*Dematiac.*) 1\*\*. 477.
Clasterosporieae (*Dematiac.*) 1\*\*. 476.
Clasterosporium Schwein. (*Dematiac.*) 1\*\*. 476, 477.
C. glomerulosum Sacc. 1\*\*. 477, Fig. 248 B.
C. hormiscioides (Corda) Sacc. 1\*\*. 477, Fig. 248 A.
Clastidium Kirchn. (*Chamaesiphonac.*) 1 a. 58, 59, 60.
C. setigerum Kirchn. 1 a. 60, Fig. 51 G.
Clastobryum Doz. et Molk. (*Entodontac.*) 3. 871, 873, 1231.
C. indicum Doz. et Molk. 3. 874, Fig. 640 A—F.
C. planulum (Mitt.) 3. 874, Fig. 639 A—G.
Clastoderma A. Blytt (*Stemonitac.*) 1. 26, 27.
**Clathraceae** 1\*\*. 280, 280—289.
Clathraria (*Sigillariac.*) 4. 746, 750; 750, Fig. 449.
Clathrella Ed. Fischer (*Clathrac.*) 1\*\*. 281, 284, 555.
C. chrysomelina (A. Moell.) Ed. Fischer 1\*\*. 284, Fig. 132 A.
C. crispa (Turp.) Ed. Fischer 1\*\*. 284, Fig. 132 B.
C. pusilla (Berk.) Ed. Fischer 1\*\*. 284, Fig. 132 C.
Clathrina (Müll. Arg.) Wainio (*Cladoniac.*) 1\*. 143.
Clathrocysta Stein (*Peridiniac.*) 1 b. 19.
Clathrocystis Henfr. (*Chroococcac.*) 1 a. 52, 53, 56.
C. aeruginosa Henfr. 1 a. 53, Fig. 49.
Clathroides (Mich.) Rostaf. (*Trichiac.*) 1. 22.
Clathroporina Müll. Arg. (*Pyrenulac.*) 1\*. 62, 67.
Clathroporina Wainio (*Pyrenulac.*) 1\*. 67.
Clathropteris Brongn. (*Matoniac.*) 4. 349, 513, 514.
C. Münsteriana Schenk 4. 349, Fig. 185.
Clathrosphaera Zalewski (*Mucedinac.*) 1\*\*. 451, 452.
C. spirifera Zalewski 1\*\*. 452, Fig. 234 F, G.
Clathrospora Rabh. (*Pleosporac.*) 1. 440.
Clathrus Mich. (*Clathrac.*) 1\*\*. 281, 282, 283.
C. cancellatus Tourn. 1\*\*. 281, Fig. 128 A—E; 282, Fig. 129 A.
C. columnatus (Bosc) 1\*\*. 282, Fig. 129 B.
**Clatroptychiaceae** 1. 15, 18.

Clatroptychium Rostaf. (*Clatroptychiac.*) 1. 18.
C. rugulosum (Wallr.) 1. 18, Fig. 9.
Claudea Lamx. (*Delesseriac.*) 2. 409, 413, 415.
C. elegans Lamx. 2. 413, Fig. 238 E.
Claudopus Fries (*Agaricac.*) 1\*\*. 254.
Clavaria Bull. (*Dacryomycetac.*) 1\*\*. 101.
Clavaria Vaill. (*Clavariac.*) 1\*\*. 130, 133.
C. abietina Pers. 1\*\*. 133, Fig. 72 H.
C. Botrytis Pers. 1\*\*. 133, Fig. 72 F, G.
C. cristata (Holmsk.) Pers. 1\*\*. 133, Fig. 72 A, B.
C. inaequalis Müll. 1\*\*. 133, Fig. 72 E.
C. pistillaris L. 1\*\*. 133, Fig. 72 C, D.
**Clavariaceae** 1\*\*. 114, 130—138.
Clavariella Karst. (*Clavariac.*) 1\*\*. 133, 135.
Clavariopsis Holterm. (*Tremellac.*) 1\*\*. 553.
Clavatula Stackh. (*Gelidiac.*) 2. 347.
Claviceps Tul. (*Hypocreac.*) 1. 48, 57, 348, 370, 371; 48, Fig. 32 A, B.
C. purpurea (Fr.) Tul. 1. 57, Fig. 45; 371, Fig. 247 B—L.
Clavicipiteae (*Hypocreac.*) 1. 346, 348.
Clavicula Pant. (*Bacillariac.*) 1b. 113, 117, 118.
C. platycephala Grun. 1b. 118, Fig. 216 B.
C. polymorpha Grun. et Pant. var. aspicephala Pant. 1b. 118, Fig. 216 A.
Clavogaster P. Henn. (*Secotiac.*) 1\*\*. 299.
Clavularia Grev. (*Bacillariac.*) 1b. 142, 145.
C. barbadensis Grev. 1b. 145, Fig. 263 A, B.
Clavularia Karst. (*Stilbac.*) 1\*\*. 489, 490.
Clavulina Schröt. (*Clavariac.*) 1\*\*. 133, 134.
Cleistobolus Lippert (*Trichiac.*) 1\*\*. 524.
Cleistocarpi (*Bryal.*) 3. 283.
Cleistostoma Brid. (*Calymperac.*) 3. 364.
Cleistostoma Brid. (*Hedwigiac.*) 3. 701, 718.
C. ambigua (Hook.) 3. 719, Fig. 539 A—L.
Cleistostomeae (*Hedwigiac.*) 3. 713, 718.
Cleistotheca Zukal (*Perisporiac.*) 1. 333, 335, 337.
C. papyrophila Zukal 1. 335, Fig. 232 M—O.
Clepsidropsis Unger [sphalm.] (*Filical.*) 4. 511.
Clepsydropsis Unger (*Filical.*) 4. 479, 510, 511.
Clevea S. O. Lindb. (*Marchantiac.*) 3. 28.
Clevea S. O. Lindb. (*Marchantiac.*) 3. 25, 29.

Cliftonaea Harv. (*Rhodomelac.*) 2. 428, 459, 460.
C. pectinata Harv. 2. 459, Fig. 258 B.
Climacaulon C. Müll. (*Pottiac.*) 3. 428.
**Climaciaceae** 3. 733—736, 1213.
Climacidium Ehrenb. (*Bacillariac.*) 1b. 118, 140.
Climacina Besch. (*Calymperac.*) 3. 375, 1189.
Climacium (*Climaciac.*) 3. 735.
Climacium (*Neckerac.*) 3. 852.
Climacium Brid. (*Neckerac.*) 3. 776, 850.
Climacium Mitt. (*Neckerac.*) 3. 852, 856.
Climacium Voit (*Brachytheciac.*) 3. 1138.
Climacium Web. et Mohr (*Climaciac.*) 3. 733, 734.
C. dendroides (Dill.) Web. et Mohr 3. 180, Fig. 99 A; 186, Fig. 104 B; 734, Fig. 549 A—D.
Climacodium Grun. (*Bacillariac.*) 1b. 88, 89.
C. Frauenfeldianum Grun. 1b. 89, Fig. 148.
Climacodon Karst. (*Hydnac.*) 1\*\*. 144.
Climaconeis Grun. (*Bacillariac.*) 1b. 105.
Climacosira Grun. (*Bacillariac.*) 1b. 102, 105.
C. (Climaconeis) Lorenzii Grun. 1b. 105, Fig. 184 A.
C. Frauenfeldii Grun. 1b. 105, Fig. 184 B.
C. (Lamella) oculata (Brun.) 1b. 105, Fig. 185 A, B.
C. miriflca (W. Sm.) Grun. 1b. 105, Fig. 183 A, B.
Climacosphenia Ehrenb. (*Bacillariac.*) 1b. 39, 108, 109.
C. moniligera Ehrenb. 1b. 39, Fig. 51 F—H; 109, Fig. 196 A—C.
Clinoconidium Pat. (*Tuberculariac.*) 1\*\*. 499, 501.
Clinterium Fries (*Excipulac.*) 1\*\*. 394.
Clintoniella Sacc. (*Hypocreac.*) 1. 364.
Cliostomum E. Fr. (*Lecideac.*) 1\*. 134.
Clisosporium Bon. (*Sphaerioideac.*) 1\*\*. 352.
Clithris Fries (*Phacidiac.*) 1. 257, 259, 260.
C. quercina (Pers.) Rehm 1. 259, Fig. 190 A—D.
Clitocybe Fries (*Agaricac.*) 1\*\*. 260, 265.
Clitocybella Schröt. (*Agaricac.*) 1\*\*. 269.
Clitopilus Fries (*Agaricac.*) 1\*\*. 254, 257.
Clitoxylon Cooke (*Xylariac.*) 1. 485.
Clonium Schröt. (*Hysteriac.*) 1. 273.
**Clonostachys** Corda (*Mucedinac.*) 1\*\*. 420, 441, 442.

Clonostachys Araucaria Corda 1\*\*. 542, Fig. 229 A.
Clonothrix Roze (Algae) 1a. 92.
Clostenema Stokes (Astasiac.) 1a. 178.
Closteridium Reinsch (Protococcac.) 2. 68.
Closterium Nitzsch (Euglenac.) 1a. 175.
Closterium Nitzsch (Desmidiac.) 2.7,9,10.
C. moniliferum (Bory) Ehrenb. 2. 10, Fig. 6 E.
Closterognomis Sacc. (Gnomoniac.) 1. 449.
Clostridium Prazmowski (Bacteriac.) 1a. 25.
Clostrillum Fischer (Bacteriac.) 1a. 29.
Clostrinium Fischer (Bacteriac.) 1a. 29.
Clubbing (Plasmodiophora Brassicae Woron.) 1. 6.
Club-rost (Plasmodiophora Brassicae Woron.) 1. 6.
Clypeina Mich. (Algae) 2. 551.
Clypeolum Speg. (Microthyriac.) 1. 339, 340.
Clypeosphaeria Fuckel (Clypeosphaeriac.) 1. 451, 453.
C. Notarisii Fuckel 1. 453, Fig. 274 G, H.
**Clypeosphaeriaceae** 1. 272, 387, 451—454.
Clypeum Massee (Hysteriac.) 1. 274.
Cnemidaria Presl (Cyatheac.) 4. 129, 130.
**Coccaceae** 1a. 13, 14—20.
Coccidiae 1. 39.
Coccobolus Wallr. (Sphaeropsidal.) 1\*\*. 398.
Coccocarpia Pers. (Pannariac.) 1\*. 180, 184.
C. aurantiaca (Hook. f. et Tayl.) Mont. et v. d. Bosch. 1\*, 179, Fig. 95 D.
Coccochloris Spreng. (Chlorophyc.) 2. 27.
Coccochloris Spreng. (Chroococcac.) 1a. 55.
Coccochromaticae (Bacillariac.) 1b. 54.
Coccocladus Cramer (Dasycladac.) 2. 157.
Coccodinium Mass. (Lichen.) 1\*. 164.
Coccogoneae 1a. 50.
Coccomonas Stein (Volvocac.) 2. 37, 39, 40.
C. orbicularis Stein 2. 39, Fig. 22 M, N.
Coccomyces De Not. (Phacidiac.) 1. 257, 262, 263.
C. coronatus (Schum.) De Not. 1. 262, Fig. 192 G, H.
Cocconeideae (Bacillariac.) 1b. 57, 121.
Cocconeis Ehrenb. (Bacillariac.) 1b. 58, 121, 122.
C. Pediculus Ehrenb. 1b. 58, Fig. 58 E, F.
C. placentula Ehrenb. 1b. 122, Fig. 224 C, a, b.

C. (Orthoneis) punctatissima Grev. 1b. 122, Fig. 225 A, B.
C. (Eucocconeis) scutellum Ehrenb. 1b. 122, Fig. 225 A, B.
Cocconema Ehrenb. (Bacillariac.) 1b. 52, 138.
C. cistula (Hemp.) Kirchn. 1b. 52, Fig. 62 A, B.
Cocconia Sacc. (Phacidiac.) 1. 257, 263.
Coccopeziza Hariot et Karst. (Stictidac.?) 1. 246, 252.
Coccophacidium Rehm (Phacidiac.) 1. 257, 258.
C. Pini (Alb. et Schwein.) Rehm 1. 258, Fig. 188 F—H.
Coccophora Grev. (Fucac.) 2. 279, 281.
Coccophysium Trevis. (Volvocac.) 2. 38.
Coccospora Wallr. (Mucedinac.) 1\*\*. 417, 421.
Coccosporella Karst. (Mucedinac.) 1\*\*. 417, 421.
Coccosporium Corda (Dematiac.) 1\*\*. 482, 484.
Coccotrema Müll. Arg. (Pyrenulac.) 1\*. 62, 66.
Coccotylus Kütz. (Gigartinac.) 2. 358.
Cochlidium Kaulf. (Polypodiac.) 4. 297, 298.
Cochlodinium Schütt (Gymnodiniac.) 1b. 2, 3, 5.
C. geminatum Schütt 1b. 2, Fig. 1.
C. strangulatum Schütt 1b. 5, Fig. 7.
**Codiaceae** 2. 28, 138—144.
Codiolum A. Br. (Botrydiac.) 2. 124.
Codiophyllum Gray (Grateloupiac.) 2. 144, 150, 310, 313.
Codites Sternbg. (Algae) 2. 551.
Codium Ag. (Codiac.) 2. 141, 144.
C. tomentosum (Huds.) Stackh. 2. 144, Fig. 95.
Codonia Dum. (Jungerm. anakrog.) 3. 58, 59.
Codonioideae Jungerm. anakrog. 3. 49, 56.
Codonoblepharum Doz. et Molk. (Calymperac.) 3. 364.
Codonoblepharum Schwaegr. (Orthotrichac.) 3. 460.
Codonocladium Stein Craspedomonadac. 1a. 125, 126.
C. umbellatum Tat. 1a. 126, Fig. 83.4.
Codonocolea Spruce Jungerm. akrog.) 3. 125.
Codonodesmus Stein (Craspedomonadac.) 1a. 126.

Codonoeca Clark (Oicomonadae.) 1a.
119, 120.
C. costata Clark 1a. 120, Fig. 77 A.
Codonoecina Kent 1a. 118.
Codonosiga Clark (Craspedomonadae.)
1a. 125.
C. Botrytis Ehrenb. 1a. 97, Fig. 64 C; 107,
Fig. 69 A; 125, Fig. 82 B.
C. pulcherrima Clark 1a. 123, Fig. 81.
Codonosiginae (Craspedomonadae.) 1a. 124.
Codonosigopsis (Robin) Senn (Craspedomonadae.) 1a. 125, 128, 129.
Codosiga Kent (Craspedomonadae.) 1a. 126.
Coelastrum Naeg. (Hydrodictyac.) 2. 72,
73.
C. sphaericum Naeg. 2. 73, Fig. 43.
Coelidium Hook. f. et Wils. (Lembophyllac.)
3. 865,
Coelidium Jaeger (Hypnac.) 3. 1037.
Coelidium Reichdt. (Lembophyllac.) 3. 866.
Coelocaulon Link (Parmeliac.) 1*. 216.
Coelocladia Rosenv. (Striariac.) 2. 290.
Coeloclonium J. Ag. (Rhodomelac.) 2.
426, 433, 434: 434, Fig. 244 D.
C. opuntioides (Harv.) 2. 434, Fig. 244 c.
Coelodictyon Kütz. (Rhodomelac.) 2. 479.
Coelogramma Müll. Arg. (Graphidac.) 1*. 99.
Coelographium Sacc. (Stilbac.) 1**. 494.
Coelomonas Stein (Chloromonadin.) 1a.
170, 171.
Coelosphaeria Sacc. (Cucurbitariac.) 1. 409.
Coelosphaerium Naeg. (Chroococcac.)
1a. 52, 56.
C. Kützingianum Naeg. 1a. 56, Fig. 50 A.
Coelotrochium Schlüter (Algae) 2. 552.
Coemansia Van Tiegh. (Mucedinac.) 1**.
420, 441, 442.
C. reversa Van Tiegh. 1**. 440, Fig. 228 J.
Coemansiella Sacc. (Mucedinac.) 1**.
418, 429, 430.
C. alabastrina Sacc. 1**. 430, Fig. 222 B.
Coenogoniaceae 1*. 113, 127—128.
Coenogonium Ehrenb. (Coenogoniac.)
1*. 127.
C. Linkii Ehrenb. 1*. 128, Fig. 62 C, D.
Coenoicia Trevis. (Trypetheliac.) 1*. 70.
Cohnia Winter (Coccac.) 1a. 16.
Coilodesme Strömf. (Encoeliac.) 2. 199,
201, 202.
C. bulligera Strömf. 2. 199, Fig. 140 F.
Coilodesmeae (Encoeliac.) 2. 200.
Coilomyces Berk. et Curt. (Lycoperdac.?)
1**. 324.
Colacium Ehrenb. (Tetrasporac.) 2. 48.

Colacium Stein (Euglenac.) 1a. 175, 176;
2. 570.
C. vesiculosum Ehrenb. 1a. 175, Fig. 126 D.
Colacodasya Schmitz (Rhodomelac.) 2.
430, 473.
Colacolepis Schmitz (Gigartinac.) 2. 354,
361.
Colaconema Schmitz (Rhodomelac.) 2.
428, 452.
C. pulvinatum Schmitz 2. 452, Fig. 254
A—D.
Coleochaetaceae 2. 27, 111—114.
Coleochaete Bréb. (Coleochaetac.) 2. 112,
113, 114.
C. pulvinata A. Br. 2. 113, Fig. 75.
C. soluta Pringsh. 2. 112, Fig. 74.
Coleochaetium (Besch.) Ren. et Card.
(Orthotrichac.) 3. 457, 474, 1201.
C. plicatum (Palis.) Besch. 3. 474, Fig. 324
A—E.
C. secundum (C. Müll.) 3. 474, Fig. 324
F—J.
Coleochila Dum. (Jungerm. akrog.) 3. 80,
89, 90.
Coleodesmium Borzi (Nostocac.) 1a. 76.
Coleopuccinia Pat. (Endophyllac.) 1**.
36, 37, 549.
C. sinensis Pat. 1**. 36, Fig. 21 B.
Coleospermum Kirchn. (Nostocac.) 1a. 76.
Coleosporiaceae 1**. 548.
Coleosporieae (Coleosporiac.) 1**. 38.
Coleosporium Lév. (Coleosporiac.) 1**.
38, 42, 43, 548.
C. Euphrasiae (Schum.) 1**. 43, Fig. 27 C.
C. Senecionis (Pers.) 1**. 43, Fig. 27 D.
Coleroa Fries (Sphaeriac.) 1. 394, 395,
396.
C. Chaetomium (Kze.) Rabh. 1. 396, Fig.
255 C, D.
Collacystis Kunze (Nectrioidac.) 1**. 383.
Collarium Link (Hyphomycet.) 1** 516.
Collema (Hill) A. Zahlbr. (Collemac.) 1*.
169, 171; 1a. 49.
C. Laureri (Fw.) Nyl. 1*. 173, Fig. 91 B.
C. microphyllum (Ach.) Koerb. 1*. 42, Fig.
26; 1a. 49, Fig. 48 F.
C. multifidum (Scop.) Schaer. 1*. 173, Fig.
91 G, H.
C. orbiculare (Schaer.) D. et S. 1*. 173,
Fig. 91 C.
C. pulposum (Bernh.) Ach. 1*. 172, Fig.
90 A, B.
C. p. forma granulatum Ach. 1*. 5, Fig.
8 A, B.

Collema vespertilio (Lightf.) Wainio 1\*. 173, Fig. 91 D.
**Collemaceae** 1\*. 113, 168—176.
Collemella (Tuck.) A. Zahlbr. (*Collemac.*) 1\*. 174.
Collemodiopsis Wainio (*Collemac.*) 1\*. 172.
Collemodium (Nyl.) A. Zahlbr. (*Collemac.*) 1\*. 175.
Collemopsidium Nyl. (*Pyrenopsidac.*) 1\*. 159, 161.
Collemopsis Nyl. (*Pyrenopsidac.*) 1\*. 161.
Colletonema Bréb. (*Bacillariac.*) 1b. 128.
Colletosporium Corda (*Dematiac.*) 1\*\*. 162.
Colletotrichum Corda (*Melanconiac.*) 1\*\*. 399, 403, 404.
C. glocosporioides Penz. 1\*\*. 404, Fig. 210 D—F.
C. Malvarum (A. Br. et Casp.) Southw. 1\*\*. 404, Fig. 210 A.
C. Pisi Pat. 1\*\*. 404, Fig. 210 B, C.
Collodictyon Carter (*Tetramitac.*) 1a. 143, 144.
C. triciliatum Carter 1a. 144, Fig. 99 B.
Collolechia Mass. (*Pannariac.*) 1\*. 181.
Collonema Grove (*Sphaerioidac.*) 1\*\*. 377, 380, 381.
C. papillatum Grove 1\*\*. 381, Fig. 200 A, B.
Collosisperma Preuss (*Melanconiac.*) 1\*\*. 405.
Collybia Fries (*Agaricac.*) 1\*\*. 260.
Collybiella Quél. (*Agaricac.*) 1\*\*. 270.
Collybiopsis Fries (*Agaricac.*) 1\*\*. 228.
Collyria Fries (*Dacryomycetac.*) 1\*\*. 97, 102.
Cololejeunea Spruce (*Jungerm. akrog.*) 3. 117, 121.
C. Goebelii (Gott.) Schiffn. 3. 67, Fig. 39.
C. venusta (Sande Lac.) Schiffn. 3. 123, Fig. 69 H, J.
Colpodella Cienk. (*Bodonac.*) 1. 38; 1a. 134.
Colpoma Wallr. (*Phacidiac.*) 1. 260.
Colpomenia Derb. Sol. (*Encoeliac.*) 2. 201, 203.
Colponema Stein (*Bodonac.*) 1a. 134, 136.
C. loxodes Stein 1a. 136, Fig. 92 B.
Colpopelta Corda (*Desmidiac.*) 2. 10, 11.
Colposoria Presl (*Polypodiac.*) 4. 212.
Colpotella Corda (*Desmidiac.*) 2. 11.
Colpoxylon Brongn. (*Cycadofilic.*) 4. 788.
Colura Dum. (*Jungerm. akrog.*) 3. 121, 125.
Colura Trevis. (*Jungerm. akrog.*) 3. 124, 126.

Coluria R. Br. (*Jungerm. akrog.*) 3. 121.
Colurolejeunea Spruce (*Jungerm. akrog.*) 3. 118, 121.
C. Naumanni Schiffn. et Gott. 3. 65, Fig. 37 A—C.
C. ornata Goeb. 3. 65, Fig. 37 D, E.
Colus Cav. et Séch. (*Clathrac.*) 1\*\*. 281, 285.
C. Garciae A. Moell. 1\*\*. 285, Fig. 134 C.
C. Gardneri (Berk.) Ed. Fischer 1\*\*. 285, Fig. 134 B.
C. hirudinosus Cav. et Séch. 1\*\*. 285, Fig. 134 A.
Colysis Presl (*Polypodiac.*) 4. 306.
Comatricha Preuss (*Stemonitac.*) 1. 9, 26, 27.
C. nigra (Pers.) 1. 9, Fig. 4 A; 26, Fig. 15 A, B.
Comatulina C. Müll. (*Hypnodendrac.*) 3. 1167, 1168.
Comatulina (C. Müll.) Broth. (*Hypnodendrac.*) 3. 1166, 1172.
Comben De Not. (*Roccellac.*) 1\*. 106, 109.
Comesia Sacc. (*Patellariac.*) 1. 241.
Cometella Schwein. (*Dematiac.*) 1\*\*. 484.
Cometium Mitt. (*Orthotrichac.*) 3. 478, 1202.
Complanaria (C. Müll.) Fleisch. (*Neckerac.*) 3. 1239.
Completoria Lohde (*Entomophthorac.*) 1. 137, 140.
C. complens Lohde 1. 140, Fig. 125.
Compositae (*Marchantiac.*) 3. 25, 34.
Compsomyces Thaxt. (*Laboulbeniac.*) 1. 497, 504, 505.
C. verticillatus Thaxt. 1. 505, Fig. 293 A, B.
Compsopogon Mont. (*Compsopogonac.*) 2. 319, 320.
C. coeruleus Mont. 2. 319, Fig. 197 C—G.
C. leptocladus Mont. 2. 319, Fig. 197.4, B.
**Compsopogonaceae** 2. 304, 318—320.
Compsothamnieae (*Ceramiac.*) 2. 483, 491.
Compsothamnion (Naeg.) Schmitz (*Ceramiac.*) 2. 483, 491.
Comptoniopteris Saporta (*Filical.*) 4. 191.
Conchocelis Batters (*Bangiac.*) 2. 315.
Conferva L.) Lagerh. (*Ulotrichac.*) 2. 84, 85.
**Confervales** 2. 74—122.
Confervites Brongn. (*Algae*) 2. 552.
Confervoideae (*Chlorophyc.*) 2. 27.
Coniangium Fw. (*Arthoniac.*) 1\*. 91.
Conida Mass. (*Celidiac.*) 1. 219, 220; 1\*. 90.

Conida nephromiaria (Nyl.) Arn. 1. 220, Fig. 170 E.
Conidella Elenk. (Fungi) 1*. 90.
Conidiascus Holterm. (Ascoideae.) 1**. 531.
Conidiobolus Bref. (Entomophthorac.) 1. 135, 136, 138, 140, 141.
C. utriculosus Bref. 1. 135, Fig. 121 B; 136, Fig. 122 B; 140, Fig. 126.
Coniocarpineae 1*. 79—87.
Coniocarpon DC. (Arthoniae.) 1*. 91.
Coniocarpon (DC.) A. Zahlbr. (Arthoniac.) 1*. 91.
Coniocephalum Brond. (Stilbae.) 1**. 490.
Coniochaeta Sacc. (Sphaeriac.) 1. 400, 401.
Coniochila Mass. (Thelotremac.) 1*. 118.
Coniocybe Ach. (Caliciac.) 1*. 80, 82, 241.
C. furfuracea Ach. 1*. 81, Fig. 42 B.
Coniogramme Fée (Polypodiae.) 4. 255, 261.
C. fraxinea (Don) Fée 4. 261, Fig. 138 A, B.
Comoloma Flk. (Arthonias.) 1*. 91.
Coniomela Sacc. (Sphaeriac.) 1. 400, 401.
Coniophora DC. (Thelephorac.) 1**. 118, 119, 120, 554.
C. cerebrella (Pers.) Schröt. 1**. 119, Fig. 67 F, G.
Coniophyllum Müll. Arg. (Sphaerophorac.) 1*. 85.
Coniopteris Brongn. (Filical.) 4. 515.
Coniosporieae (Dematiac.) 1**. 454, 455.
Coniosporium Link (Dematiac.) 1**. 455, 457, 458.
C. capnodioides Sacc. 1**. 458, Fig. 236 A.
Coniothecium Corda (Dematiac.) 1**. 482, 483.
C. applanatum Sacc. 1**. 483, Fig. 251 A.
Coniothele Norm. (Verrucariac.) 1*. 56.
Coniothyrella Speg. (Excipulae.) 1**. 395.
Coniothyrium auct. (Sphaerioidae.) 1**. 352.
Coniothyrium Corda (Sphaerioidae.) 1**. 362, 363, 364.
C. Berlandieri Viala et Sauv. 1**. 363, Fig. 191 J.
C. Hederae (Desm.) Sacc. 1**. 363, Fig. 191 F—H.
Conjugatae 2. 1—23.
Conocephalum Wigg. (Marchantiac.) 3. 34.
Conocephalus Dum. (Marchantiac.) 3. 36.
Conocephalus Neck. (Marchantiac.) 3. 26, 34.

C. conicus (L.) Dum. 3. 34, Fig. 19 A—C
Conomitrium Mont. (Fissidentac.) 3. 352, 364.
Conoplea Pers. (Dematiac.) 1**. 465.
Conoscyphus Mitt. (Jungerm. akrog.) 3. 76, 92.
Conostomum Sw. (Burtramiac.) 3. 632, 641, 1210.
C. curvirostre (Mitt.) 3. 641, Fig. 483 A—E.
C. rhynchostegium C. Müll. 3. 642, Fig. 485 A—E.
Conotrema Tuck. (Diploschistac.) 1*. 121.
C. urceolatum (Ach.) Tuck. 1*. 122, Fig. 60 G.
Conradia Malme (Buelliac.) 1*. 233; 233 Fig. 122 A.
Constantinea Post. et Rupr. (Dumontiac.) 2. 517, 519, 520.
C. Rosa marina (Gmel.) Post. et Rupr. 2. 519, Fig. 277 C.
Contarinia Endl. et Dies. (Fucac.) 2. 286.
Contarinia Zanard. (Rhizophyllidac.) 2. 529, 531.
C. peyssonneliaeformis Zanard. 2. 531 Fig. 283 B, C.
Convallarites Brongn. (Equisetac.) 4. 550.
Cookeina O. Ktze. (Helotiac.) 1. 195.
Cookella Sacc. (Phymatosphaeriac.) 1. 242, 243.
Coprinarius Fries (Agaricac.) 1**. 231, 232, 233.
C. (Psathyrella) disseminatus (Pers.) Schröt. 1**. 233, Fig. 114 A.
C. (Panaeolus) fimicola (Fr.) Schröt. 1**. 233, Fig. 114 B.
Coprineae (Agaricac.) 1**. 204.
Coprinus Pers. (Agaricac.) 1**. 204, 205, 206; 1. 55.
C. domesticus Fries 1**. 206, Fig. 108 C.
C. ephemeroides (Bolt.) Fr. 1**. 206, Fig. 108 F.
C. lagopus Fries 1**. 206, Fig. 108 D.
C. micaceus 1. 55, Fig. 41.
C. oblectus Fries 1**. 206, Fig. 108 J.
C. plicatilis Fries 1**. 206, Fig. 108 B.
C. porcellans (Schaeff.) Schröt. 1**. 206, Fig. 108 G.
C. stercorarius Fries 1**. 206, Fig. 108 E.
C. sterquilinus Fries 1**. 206, Fig. 108 H.
Coprobia Boud. (Pezizac.) 1. 185.
Coprolepa Fuckel (Sordariac.) 1. 392.
Copromyxa Zopf (Guttulinae.) 1. 2, 3.
C. protea 1. 3, Fig. 1.

Coprotrichum Bonord. (*Mucedinae.*) 1\*\*. 426.
Coptophyllum Gardn. (*Schizaeac.*) 4. 367, 368.
Cora E. Fr. (*Hymenolich.*) 1\*. 237.
C. pavonia E. Fr. 1\*. 238, Fig. 124 F.
Corallina (Tourn.) Lamx. (*Corallinac.*) 2. 540, 543, 552.
C. rubens L. 2. 543, Fig. 288 A—C.
**Corallinaceae** 2. 306, 537—544.
Corallinites Unger (*Algae*) 2. 552.
Coralliodendron Kütz. (*Codiac.*) 2. 144.
Corallocephalus Kütz. (*Codiac.*) 2. 144.
Corallodendron Jungh. (*Stilbac.*) 1\*\*. 489, 490.
Corallomyces Berk. et Curt. (*Hypocreac.*) 1. 348, 366.
C. elegans Berk. et Curt. 1. 366, Fig. 244 B.
Corallopsis Grev. (*Sphaerococcac.*) 2. 385, 393, 394.
C. Urvillei (Mont.) J. Ag. 2. 394, Fig. 232 A.
Corradoria Mart. (*Rhodomelac.*) 2. 439.
Corradoria Trevis. (*Caulerpac.*) 2. 136.
Corbierea Dang. (*Volvocac.*) 2. 37, 38.
Cordaea Nees (*Jungerm. anakrog.*) 3. 55.
Cordaites (*Cycadofilic.*) 4. 795; 718, Fig. 409.
Cordalia Gobi (*Tuberculariae.*) 1\*\*. 500.
Cordalia Gobi (*Ustilagin.*) 1\*\*. 23.
Cordana Preuss (*Dematiae.*) 1\*\*. 472, 475, 476.
C. pauciseptata Preuss 1\*\*. 475, Fig. 247 F.
Cordaneae (*Dematiae.*) 1\*\*. 472.
Cordella Speg. (*Dematiae.*) 1\*\*. 456, 464.
Cordierites Mont. (*Cordieritidac.*) 1. 244.
**Cordieritidaceae** 1. 176, 244.
Corditubera P. Henn. (*Sclerodermatae.*) 1\*\*. 334, 335.
C. Staudtii P. Henn. 1\*\*. 335, Fig. 174.
Cordyceps Fries (*Hypocreac.*) 1. 348, 368.
C. cinerea (Tul.) Sacc. 1. 368, Fig. 246 E.
C. Huegelii Corda 1. 368, Fig. 246 B. C.
C. militaris (L.) Link 1. 368, Fig. 246 A.
C. ophioglossoides (Ehrh.) Link 1. 368, Fig. 246 F—K.
C. sphecocephala Kl.) Berk. et Curt. 1. 368, Fig. 246 D.
Cordylecladia J. Ag. (*Rhodymeniae.*) 2. 398, 400, 401.
C. erecta (Grev.) J. Ag. 2. 400, Fig. 234 E, F.
Cordylia Tul. (*Hypocreac.*) 1. 369.
Corella Wainio (*Hymenolichen.*) 1\*. 237.

Coremium Link (*Stilbac.*) 1\*\*. 489, 490, 491.
C. glaucum Fries 1\*\*. 491, Fig. 254 D, E.
Corethromyces Thaxt. (*Laboulbeniae.*) 1. 496, 500, 501.
C. Cryptobii Thaxt. 1. 500, Fig. 291 F.
Corethron Castr. (*Bacillariae.*) 1b. 82, 83.
C. (Eucorethron) eriophilum Castr. 1b. 83, Fig. 133 A.
C. (Scoparius) Murrayanum Castr. 1b. 83, Fig. 133 B.
Corethropsis Corda (*Mucedinae.*) 1\*\*. 418, 430.
C. paradoxa Corda 1\*\*. 430, Fig. 222 E, F.
Corinna Heib. (*Bacillariae.*) 1b. 97.
Corinophorus Mass. (*Pyrenopsidac.*) 1\*. 163.
Coriolus Quél. (*Polyporac.*) 1\*\*. 172.
Coriscium Wainio (*Pyrenidiac.*) 1\*. 76, 77.
Cormodictyon Picc. (*Valoniac.*) 2. 150.
Cormopteris Solms (*Filical.*) 4. 504.
Cormothecium Mass. (*Buelliae.*) 1\*. 232.
Cornalia'sche Körperchen (*Nosema Bombycis* Naeg.) 1. 41.
Cornea Stackh. (*Gelidiac.*) 2. 347.
Cornicularia Schreb. (*Parmeliac.*) 1\*. 216.
Cornicularia (Schreb.) Stizenb. (*Parmeliac.*) 1\*. 216.
Cornuella Setchell (*Tilletiac.*) 1\*\*. 15, 23.
Cornularia Karst. (*Sphaerioidae.*) 1\*\*. 377, 384.
C. pyramidalis (Schwein.) Starb. 1\*\*. 384, Fig. 200 K—M.
Cornuvia Rostaf. (*Trichiae.*) 1. 20, 21, 22.
C. circumscissa (Wallr.) 1. 21, Fig. 12 A, B.
C. Serpula (Wig.) 1. 21, Fig. 12 C.
Coronella Crouan (*Mucedinae.*) 1\*\*. 417, 426, 427.
C. nivea Crouan 1\*\*. 427, Fig. 220 F.
Coronellaria Karst. (*Helotiae.*) 1. 205.
Coronia Ehrenb. (*Bacillariae.*) 1b. 146.
Coronophora Fuckel (*Diatrypac.*) 1. 473, 474.
C. angustata Fuckel 1. 474, Fig. 281 E, F.
C. gregaria (Lib.) Fuckel 1. 474, Fig. 281 G, H.
Coronopifolia Stackh. *Sphaerococcac.* 2. 386.
Corsinia Nees et Bisch. (*Marchantiae.*) 3. 30.
Corsinia Raddi (*Marchantiae.*) 3. 25, 26.
C. marchantioides Raddi 3. 20, Fig. 8.1—H.
Corsinioideae (*Marchantiae.*) 3. 25, 26.
Corticium Pers. (*Thelephorae.*) 1\*\*. 122.

4\*

Corticium Pers. (*Thelephorac.*) 1\*\*. 117, 118, 119, 353, 554; 1. 53.
C. amorphum 1. 53, Fig. 39.
C. coeruleum (Schrad.) Fr. 1\*\*. 119, Fig. 67 A, B.
Corticium Sacc. (*Thelephorac.*) 1\*\*. 117.
Corticularia Kütz. (*Ectocarpac.*) 2. 187.
Cortinaria Pers. (*Agaricac.*) 1\*\*. 244.
Cortinarius Fries (*Agaricac.*) 1\*\*. 253.
Cortinarius Fries (*Agaricac.*) 1\*\*. 231, 262, 244, 245.
C. (Hydrocybe) acutus (Pers.) Fr. 1\*\*. 245, Fig. 118 A.
C. (Myxacium) collinatus (Pers.) Fr. 1\*\*. 245, Fig. 118 D.
C. (Phlegmacium) fulgens (Alb. et Schw.) Fr. 1\*\*. 245, Fig. 118 E.
C. (Telamonia) hemitrichus (Pers.) Fr. 1\*\*. 245, Fig. 118 B.
C. (Dermocybe) raphnoides (Pers.) Fr. 1\*\*. 245, Fig. 118 C.
Cortinellus Roze (*Agaricac.*) 1\*\*. 231, 232, 268, 269.
C. vaccineus (Pers.) Roze 1\*\*. 269, Fig. 123 A.
Cortiniopsis Schröt. (*Agaricac.*) 1\*\*. 237.
Corycus Kjellm. (*Encoeliac.*) 2. 200. 202.
Corydalia Tul. (*Hypocreac.*) 1. 368.
Coryne Berk. (*Dacryomycetac.*) 1\*\*. 100.
Coryne Tul. (*Helotiac.*) 1. 195, 209.
C. prasinula Karst. 1. 209, Fig. 164 G—J.
C. sarcoides (Jacq.) Tul. 1. 209, Fig. 164 E, F.
Corynecladia J. Ag. (*Rhodomelac.*) 2. 431.
Corynelia Ach. (*Coryneliac.*) 1. 511, 512; 1\*\*.543.
C. clavata (L.) Sacc. 1. 512, Fig. 261 A—E.
**Coryneliaceae** 1. 386, 511—513; 1\*\*. 543.
Coryneliella Har. et Karst. (*Coryneliac.*) 1. 511, 512.
Corynella Boud. (*Helotiac.*) 1. 209.
Corynella Karst. (*Helotiac.*) 1. 205.
Corynepteris Baily (*Filical.*) 4. 445, 478, 479, 492.
C. coralloides (Gutb.) Zeill. 4. 478, Fig. 266 B, B'.
C. stellata Baily 4. 478, Fig. 266 A.
Coryneum Nees (*Melanconiac.*) 1\*\*. 509, 510.
C. Kunzei Corda 1\*\*. 510, Fig. 213 C—E.
C. Notarisianum Sacc. 1\*\*. 510, Fig. 213 F—H.

Corynomorpha J. Ag. (*Grateloupiac.*) 2. 510, 513.
Corynophlaea Kütz. (*Chordariac.*) 2. 225, 228.
Corynophoron Nyl. (*Cladoniac.*) 1\*. 146.
Corynospora J. Ag. (*Ceramiac.*) 2. 589.
Corynospora Thuret (*Ceramiac.*) 2. 589.
Corypta Neck. (*Anthocerotac.*) 3. 150.
Coscinaria Ell. et Ev. (*Hypocreac.*) 1. 348, 372.
Coscinedia Mass. (*Thelotremac.*) 1\*. 118.
Coscinocladium Kunze (*Lichen.*) 1\*. 239.
Coscinodisceae (*Bacillariac.*) 1 b. 55, 58.
Coscinodiscinae (*Bacillariac.*) 1 b. 55, 64.
Coscinodiscus Ehrenb. (*Bacillariac.*) 1 b. 54, 64, 66, 67.
C. (Haynaldiella) antiqua Pant. 1 b. 67, Fig. 87.
C. (Cestodiscus) convexus Castr. 1 b. 54, Fig. 53 A.
C. excentricus Ehrenb. 1 b. 54, Fig. 53 C.
C. Macraeanus Grev. 1 b. 54, Fig. 53 B.
C. (Anisodiscus) Pantocsekii Grun. 1 b. 67, Fig. 88 A, B.
Coscinodiscus Grev. (*Bacillariac.*) 1 b. 66.
Coscinodon Brid. (*Disceliac.*) 3. 509.
Coscinodon Spreng. (*Grimmiac.*) 3. 445.
C. calyptratus (Hook.) Kindb. 3. 445, Fig. 297 A—C.
C. cribrosus (Hedw.) Spruce 3. 447, Fig. 299 G—J.
Coscinosphaeria Ehrenb. (*Bacillariac.*) 1 b. 59.
Cosentinia Tod. (*Polypodiac.*) 4. 272.
Cosmaridium Gay (*Desmidiac.*) 2. 11.
Cosmariospora Sacc. (*Tuberculariac.*) 1\*\*. 506, 507.
C. Bizzozeriana Sacc. 1\*\*. 507, Fig. 260.1.
Cosmarium (Corda) Lund (*Desmidiac.*) 2. 3, 4, 5, 7, 10.
C. Botrytis Menegh. 2. 3, Fig. 2; 4, Fig. 4; 5, Fig. 5.
Cosmocladium Bréb. (*Desmidiac.*) 2. 7, 11, 12.
C. saxonicum De Bary 2. 12, Fig. 7 A.
Cosmospora Rabh. (*Hypocreac.*) 1. 358.
Costantinella Matruch. (*Dematiac.*) 1\*\*. 558.
Costaria Grev. (*Laminariac.*) 2. 254, 257.
C. Mertensii (Mert.) Post. et Rupr. 2. 257, Fig. 174.
Costia Leclercq (*Trimastigac.*) 1 a. 141, 142, 143.

Costia necatrix (Henneguy) Leclercq 1a. 142, Fig. 97 D.
Costiopsis Senn (Tetramitae.) 1a. 143, 144.
C. Nitschei (Nitsche et Weltn.) Senn 1a. 144, Fig. 98.
Cottaea Goepp. (Filical.) 4. 507.
Cotyledon Brun. (Bacillariac.) 1b. 68.
Couturea Cast. (Sphaerioidae.) 1\*\*. 373, 375.
Crandallia Ell. et Sacc. (Leptostromatae.) 1\*\*. 391, 392.
Craspedaria Fée (Polypodiae.) 4. 322.
Craspedocarpus Schmitz (Rhodophyllidae.) 2. 369, 375.
Craspedodiscus Ehrenb. (Bacillariae.) 1b. 66.
Craspedodiscus Ehrenb. (Bacillariae.) 1b. 64, 65, 66.
C. insignis A. Schm. 1b. 66, Fig. 81.
**Craspedomonadaceae** 1a. 117, 123—129.
Craspedon Fée (Strigulae.) 1\*. 76.
Craspedoporus Grev. (Bacillariae.) 1b. 77, 78.
C. Ralfsianus Grev. 1b. 78, Fig. 117.
Crassidicranum Limpr. (Dicranae.) 3. 328, 1183.
Craterellus Pat. (Thelephorac.) 1\*\*. 128.
Craterellus Pers. (Thelephorac.) 1\*\*. 118, 127, 129.
C. lutescens (Pers.) Fr. 1\*\*. 129, Fig. 70 H.
Crateriachea Rostaf. (Physarac.) 1. 32, 33.
Crateridium Trevis. (Caliciac.) 1\*. 241.
Craterium Trent. (Physarac.) 1. 32, 33.
C. leucocephalum (Pers.) 1. 32, Fig. 18 C.
Craterocolla Bref. (Tremellac.) 1\*\*. 90, 92, 93.
C. Cerasi (Schum.) Bref. 1\*\*. 93, Fig. 60 A—D.
Craterolechia Mass. (Lichen.) 1\*. 239.
Craterospermum A. Br. (Mesocarpae.) 2. 23.
Craticula Grun. (Bacillariae.) 1b. 124.
Cratoneuron Kindb. (Hypnae.) 3. 1027.
Cratoneuron Sull. (Hypnae.) 3. 1027, 1030.
Cratoneuron (Sull.) Roth (Hypnae.) 3. 1021, 1030, 1236.
C. falcatum (Brid.) 3. 1031, Fig. 712 A—D.
Cratoneuropsis Broth. (Hypnae.) 3. 1021, 1043.
Crematopteris Schimp. (Filical.) 4. 502.
Crenacantha Kütz. (Chaetophorac.?) 2. 100.

Crenothrix Cohn (Chlamydobacteriac.) 1a. 33, 37, 40.
C. polyspora Cohn 1a. 37, Fig. 43.
Crenularia C. Müll. (Fissidentac.) 3. 358, 1188.
Crenulidium C. Müll. (Fissidentac.) 3. 358.
Creographa Mass. (Graphidac.) 1\*. 101.
Creotophus Karst. (Hydnac.) 1\*\*. 144.
Crepidopteris Sternbg. (Filical.) 4. 496.
Crepidotus Fries (Agaricac.) 1\*\*. 240.
Creswellia Grev. (Bacillariac.) 1b. 62.
Cribraria Pers. (Cribrariae.) 1. 18, 19.
C. intricata Schrad. 1. 19, Fig. 10 C.
C. piriformis Schrad. 1. 19, Fig. 10 B.
C. rufa Schrad. 1. 19, Fig. 10 A.
**Cribrariaceae** 1. 15, 18—20.
Cricunopus Karst. (Polyporac.) 1\*\*. 195.
Crinidium Broth. (Neckerac.) 3. 789, 805.
Crinipellis Pat. (Agaricac.) 1\*\*. 355.
Crinula Fries (Cenangiac.) 1. 232, 240.
Crispidium C. Müll. (Fissidentac.) 3. 358, 1188.
Crispula Bryol. eur. (Pottiac.) 3. 395.
Cristatella Stache (Algae) 2. 552.
Cristella Pat. (Thelephorac.) 1\*\*. 125.
Cristularia Sacc. (Mucedinac.) 1\*\*. 437.
Crocicreas Fries (Sphaerioidae.) 1\*\*. 350, 355.
Crocodia Link (Stictae.) 1\*. 188.
Crocynia (Ach.) Nyl. (Chrysotrichac.) 1\*. 242.
C. gossypina (Sw.) Nyl. 1\*. 242, Fig. 125.
Crocysporium Corda (Tuberculariae.) 1\*\*. 500.
**Cronartiaceae** 1\*\*. 548.
Cronartieae (Cronartiac.) 1\*\*. 38.
Cronartium Fries (Cronartiac.) 1\*\*. 38, 40, 41, 42, 548, 549.
C. asclepiadeum (Willd.) 1\*\*. 41, Fig. 25 A, B; 42, Fig. 26 C.
C. ribicolum Dietr. 1\*\*. 42, Fig. 26 A, B.
Cronisia Berk. (Ricciac.?) 3. 15.
Crossidium Jur. (Pottiac.) 3. 426.
C. griseum (Jur.) Jur. 3. 425, Fig. 279 B.
Crossocarpus Rupr. (Gigartinac.) 2. 362.
Crossochorda Schimp. (Algae) 2. 552.
Crossomitrium C. Müll. (Hookeriac.) 3. 919, 956.
C. Spruceanum C. Müll. 3. 956, Fig. 697 A—E.
Crossopodia Mac Coy (Algae) 2. 552.
Crossotheca Zeiller (Marattial.) 4. 447, 448, 490, 491, 495.
C. Crepini Zeiller 4. 447, Fig. 253 A, B.

Crossotolejeunea Spruce (*Jungerm. akrog.*) 3. 127.
Crossotolejeunea Spruce (*Jungerm. akrog.*) 3. 118, 127.
Crotonocarpia Fuckel (*Sphaeriac.*) 1. 394, 399, 400.
C. moriformis Fuckel 1. 399, Fig. 257 F.
Crouania Fuckel (*Pezizac.*) 1. 179.
Crouania J. Ag. (*Ceramiac.*) 2. 484, 497, 498.
C. attenuata (Bonnem.) J. Ag. 2. 498, Fig. 271 D.
Crouanieae (*Ceramiac.*) 2. 484, 497.
Crucibulum Tul. (*Nidulariae.*) 1\*\*. 326, 327.
C. vulgare Tul. 1\*\*. 327, Fig. 169 A—F.
Crucigenia Morr. (*Pleurococcac.*) 2. 56, 58.
Crumenula De Not. (*Cenangiac.*) 1. 231, 234.
C. pinicola (Rebent.) Karst. 1. 234, Fig. 178 A—C.
Crumenula Duj. (*Euglenac.*) 1a. 175.
Cruoria Fries (*Squamariac.*) 2. 533, 534, 535.
C. pellita (Lyngby) Fr. 2. 534, Fig. 284 C, D.
Cruorieae (*Squamariac.*) 2. 533, 534.
Cruoriella Crouan (*Squamariac.*) 2. 534, 535.
C. armorica Crouan 2. 534, Fig. 284 E.
Cruoriopsis Dufour (*Squamariac.*) 2. 534, 535.
Cruziana D'Orbigny (*Algae*) 2. 549.
Cryphaea (*Cryphaeac.*) 3. 738, 739, 742, 743, 745.
Cryphaea (*Hedwigiac.*) 3. 714.
Cryphaea C. Müll. (*Cryphaeac.*) 3. 745.
Cryphaea Hook. f. (*Cryphaeac.*) 3. 742.
Cryphaea Mohr (*Cryphaeac.*) 3. 737, 739, 1214.
C. attenuata Bryol. eur. 3. 741, Fig. 554 A—G.
C. protensa Bruch et Schimp. 3. 740, Fig. 553 A—E.
C. sphaerocarpa Hook. 3. 737, Fig. 551 A—C.
Cryphaea Mont. (*Cryphaeac.*) 3. 743.
Cryphaea Nees (*Fontinalac.*) 3. 731.
**Cryphaeaceae** 3. 703, 736—747, 1214.
Cryphaeadelphus C. Müll. (*Fontinalac.*) 3. 731.
Cryphaeadelphus (C. Müll.) Card. (*Fontinalac.*) 3. 723, 731, 1213.

C. subulatus (Palis.) 3. 730, Fig. 547 A—F.
Cryphaeae Fleisch. (*Cryphaeac.*) 3. 1214.
Cryphaeopsis Broth. (*Cryphaeac.*) 3. 1214.
Cryphidium Mitt. (*Cryphaeac.*) 3. 742.
Cryphidium (Mitt.) Broth. (*Cryphaeac.*) 3. 737, 742.
C. Muelleri (Hampe) 3. 737, Fig. 551 D, E; 742, Fig. 555 A, D.
Crypsinus Presl (*Polypodiac.*) 4. 306.
Cryptangium C. Müll. (*Fontinalac.*) 3. 725.
Crypteris Natt. (*Polypodiac.*) 4. 266.
Cryptica Hesse (*Eutuberac.*) 1. 286.
Cryptocarpus Aust. (*Jungerm. anakrog.*) 3. 50.
Cryptocarpus Doz. et Molk. (*Orthotrichac.*) 3. 475.
Cryptococcus Kütz. (*Chlorophyc.*) 2. 27.
Cryptocoryneum Fuckel (*Dematiac.*) 1\*\*. 476, 477, 478.
C. fasciculatum Fuckel 1\*\*. 477, Fig. 248 E.
Cryptoderis Auersw. (*Gnomoniac.*) 1. 447, 449, 450.
C. lamprotheca (Desm.) Auersw. 1. 450, Fig. 273 A—C.
Cryptodiscus Corda (*Stictidac.*) 1. 243, 249, 250.
C. foveolaris Rehm 1. 280, Fig. 184 E, F.
Cryptoglena Cart. (*Volvocac.*) 2. 38, 40.
Cryptoglena Clap. et Lachm. (*Euglenac.*) 1a. 176.
Cryptoglena Ehrenb. (*Euglenac.*) 1a. 175, 176, 177.
C. pigra Ehrenb. 1a. 176, Fig. 127 B.
Cryptogramme (*Polypodiac.*) 4. 289.
Cryptogramme R. Br. (*Polypodiac.*) 4. 255, 279, 280, 512; 280, Fig. 148 D, E.
C. japonica (Thunb.) Prantl 4. 280, Fig. 148 E.
Cryptolechia Mass. (*Lecanorac.*) 1\*. 203.
Cryptoleptodon Ren. et Card. (*Neckerac.*) 3. 835, 836.
C. flexuosus (Harv.) 3. 837, Fig. 622 A—J.
Cryptomela Sacc. (*Melanconiac.*) 1\*\*. 405.
Cryptomitrium Underw. (*Marchantiac.*) 3. 25, 33.
**Cryptomonadineae** 1a. 111, 167—169.
Cryptomonas (*Chrysomonadac.*) 1. 570.
Cryptomonas Duj. (*Euglenac.*) 1a. 176.
Cryptomonas Duj. (*Volvocac.*) 2. 41.
Cryptomonas Ehrenb. (*Cryptomonad.*) 1a. 168, 169.
C. erosa Ehrenb. 1a. 169, Fig. 123 A.

Cryptomonas (Chroomonas) Nordstedtii (Hansg.) Senn 1a. 169, Fig. 123 C.
Cryptomonas Ehrenb. (Prorocentrac.) 1b. 8.
Cryptomonas Ehrenb. (Volvocac.) 2. 40.
Cryptomyces Grev. (Phacidiac.) 1. 257, 262.
C. maximus (Fr.) Rehm 1. 262, Fig. 192 A, B.
Cryptonemia J. Ag. (Grateloupiac.) 2. 510, 512, 514.
C. Lomation (Bertol.) J. Ag. 2. 512, Fig. 274 F, G.
**Cryptonemiales** 2. 306, 505—544.
Cryptopapillaria Fleisch. (Neckerac.) 3. 1226.
Cryptopleura Kütz. (Delesseriac.) 2. 410.
Cryptopodia Limpr. (Neckerac.) 3. 1229.
Cryptopodia Röhl. (Neckerac.) 3. 839, 843.
Cryptopodium Brid. (Rhizogoniac.) 3. 615, 621.
C. bartramioides (Hook.) 3. 622, Fig. 471 A—F.
Cryptopodium Hampe (Bartramiac.) 3. 634.
Cryptopyxis C. Müll. (Funariac.) 3. 518.
Cryptoraphideae (Bacillariac.) 1b. 55.
Cryptosiphonia J. Ag. (Dumontiac.) 2. 516, 517.
Cryptosorus Fée (Polypodiac.) 4. 306, 310.
Cryptosphaerella Sacc. (Valsac.) 1. 459.
Cryptosphaeria Grev. (Valsac.) 1. 458.
Cryptosphaerina Lamb. et Fautr. (Valsac.) 1**. 544.
Cryptospora Tul. (Melanconidac.) 1. 468, 469.
C. Betulae Tul. 1. 469, Fig. 279 E, F.
C. suffusa (Fr.) Tul. 1. 469, Fig. 279 C, D.
Cryptosporella Sacc. (Melanconidac.) 1. 468, 469.
C. hypodermia (Fr.) Sacc. 1. 469, Fig. 279 A, B.
Cryptosporium Kunze (Melanconiac.) 1**. 413, 414, 415.
C. Neesii Corda 1**. 414, Fig. 216 N—P.
Cryptostictis Fuckel (Sphaerioidac.) 1**. 373, 374.
C. glandicola (Schwein.) Starb. 373, Fig. 197 N.
Cryptotheca Mitt. (Neckerac.) 3. 798.
Cryptothecia Strt. (Arthoniae.?) 1* 92.
Cryptothecium Sacc. et Penz. (Perisporiac.) 1**. 339.
Cryptothele (Th. Fr.) Forss. (Pyrenopsidac.) 1*. 159.

Cryptotheliopsis A. Zahlbr. (Pyrenopsidac.) 1*. 160.
Cryptothelium Mass. (Astrotheliac.) 1*. 74.
Cryptovalsa Ces. et De Not. (Valsac.) 1*. 458.
Crystallia Sommerf. (Bacillariac.) 1b. 136.
Cteisium Mich. (Schizaeac.) 4. 363.
Ctenidium Mitt. (Hypnac.) 3. 1016, 1054.
Ctenidium Schimp. (Hypnac.) 3. 1047.
Ctenidium (Schimp.) Mitt. (Hypnac.) 3. 1044, 1047.
C. molluscum (L.) 3. 1047, Fig. 754 A—E.
Ctenis Lindl. et Hutt. (Filical.) 4. 499.
Ctenium Schimp. (Hypnac.) 3. 1062.
Ctenocladus Borzi (Chaetophorac.) 2. 89, 92, 93.
C. circinnatus Borzi 2. 89, Fig. 54.
Ctenodiscus Pant. (Bacillariac.) 1b. 148.
Ctenodus Kütz. (Sphaerococcac.) 2. 385.
Ctenomyces Eidam (Gymnoascac.) 1. 294, 295, 296; 1**. 536.
C. serratus Eidam 1. 296, Fig. 211 A—F.
Ctenophora Bréb. (Bacillariac.) 1b. 115.
Ctenopteris Bl. (Polypodiac.) 4. 306, 308, 309.
Ctenopteris Brongn. (Filical.) 4. 498.
Ctenosiphonia Falkbg. (Rhodomelac.) 2. 429, 466.
Ctesium Pers. (Graphidac.) 1*. 99.
Cubonia Sacc. (Ascobolac.) 1. 188, 189.
Cucurbitaria Gray (Cucurbitariac.) 1. 58, 408, 410.
C. Berberidis (Pers.) Gray 1. 410, Fig. 260 G, H.
C. macrospora Ces. 1. 58, Fig. 47.
**Cucurbitariaceae** 1. 386, 408—411, 1**. 543.
Cucurbitula Fuckel (Sphaeriac.) 1. 400, 401.
Cudbear (Roccella spec. div.) 1*. 109.
Cudonia Fries (Geoglossac.) 1. 163, 167.
Cudoniella Sacc. (Geoglossac.) 1. 163, 166.
Culcita Presl (Cyatheac.) 4. 119.
Cupressina (Hypnac.) 3. 1047, 1052, 1063.
Cupressina (Sematophyllac.) 3. 1108, 1109.
Cupressina C. Müll. (Hypnac.) 3. 1063.
Cupressina C. Müll. (Sematophyllac.) 3. 1108.
Cupressina Mitt. (Hypnac.) 3. 1063.
Cupressina Mitt. (Sematophyllac.) 3. 1108.
Cupressina Ren. (Hypnac.) 3. 1063.
Cupressinadelphus C. Müll.) Broth. (Hookeriac.) 3. 920, 939.

Cupressinopsis Broth. (*Sematophyllac.*) 3. 1109.
Curdiaea Harv. (*Sphaerococcac.*) 2. 385, 391.
Curreya Sacc. (*Dothideae.*) 1. 375, 379.
C. conorum (Fuckel) Sacc. 1. 379, Fig. 249 J, K.
Curreyella Massee (*Pezizac.*?) 1**. 532.
Curreyella Sacc. (*Dothideae.*) 1. 375, 379.
Cuspidaria C. Müll. (*Sematophyllac.*) 3. 1120.
Cuspidaria Fée (*Polypodiac.*) 4. 303.
Cuspidaria Mitt. (*Sematophyllac.*) 3. 1108, 1120.
Cutleria Grev. (*Cutleriac.*) 2. 264, 265.
C. multifida (Smith) Grev. 2. 264, Fig. 178 A—G.
**Cutleriaceae** 2. 181, 262—265.
Cyanocapsa Kirchn. (*Chroococcac.*) 1a. 54.
Cyanocephalium Zukal (*Hypocreac.*) 1. 347, 358, 359.
C. murorum Zukal 1. 359, Fig. 240 A—D.
Cyanocystis Borzi (*Chamaesiphonac.*) 1a. 58, 59, 60.
C. versicolor Borzi 1a. 60, Fig. 51 E.
Cyanoderma Weber (*Gelidiac.*) 2. 316: 1a. 59, 92.
Cyanophyceae Sachs 1*. 45—50.
Cyathea Sm. (*Cyatheac.*) 4. 32, 47, 123, 124, 128.
C. appendiculata Bak. 4. 124, Fig. 80 G.
C. arborea (Plum.) Sm. 4. 124, Fig. 80 A, A'.
C. aurea Klotzsch 4. 124, Fig. 80 B—D.
C. Cunninghamii Hook. f. 4. 124, Fig. 80 H.
C. Dregei Kze. 4. 124, Fig. 80 F.
C. Imrayana Hook. 4. 47, Fig. 31 A—C.
C. medullaris Sw. 4. 32, Fig. 17 E.
C. microphylla Mett. 4. 124, Fig. 80 E.
C. sinuata Hook. 4. 128, Fig. 81 A—C.
**Cyatheaceae** 4. 91, 113—139, 473.
Cyatheae (*Cyatheac.*) 4. 119, 123.
Cyatheites Goepp. (*Filical.*) 4. 473, 494.
Cyatheopteris Schimp. (*Filical.*) 4. 507.
Cyathicula De Not. (*Helotiac.*) 1. 194, 205.
C. coronata (Bull.) De Not. 1. 205, Fig. 160 N, O.
Cyathodium Kunze (*Marchantiac.*) 3. 25, 27.
C. cavernarum Kze. 3. 27, Fig. 13.
Cyathomonas From. (*Amphimonadac.*) 1a. 97, 138, 140.

C. truncata (From.) Fresen. 1a. 97, Fig 64 B; 140, Fig. 96.
Cyathophora S.F. Gray (*Marchantiac.*) 3. 36
Cyathophorella Broth. (*Hypopterygiac.*) 3 965.
Cyathophorum Hampe et Lor. (*Hookeriac.* 3. 963.
Cyathophorum Palis. (*Hypopterygiac.*) 3 965, 1235.
C. bulbosum (Hedw.) 3. 966, Fig. 703 A—G
C. parvifolium Bryol. eur. 3. 967, Fig. 70 B, C.
C. tahitense Besch. 3. 967, Fig. 704 D.
Cyathus Hall. (*Nidulariac.*) 1**. 326, 328
C. striatus (Huds.) Hoffm. 1**. 328, Fig 170 A—D.
Cyatophorum Ren. et Card. (*Hypnac.*) 3 1083.
Cycadofilices 4. 13, 474, 504, 512 716, 731, 780—795.
Cycadopteris Ligno (*Filical.*) 4. 498.
Cycadopteris Schimp. (*Filical.*) 4. 498.
Cycadospadix (*Cycadoxyl.*) 4. 793.
**Cycadoxyleae** 4. 793—794.
Cycadoxylon Ren. (*Cycadoxyl.*) 4. 793.
Cyclamura Stokes (*Euglenac.*) 1a. 176.
Cyclidium Duj. (*Peranemac.*) 1a. 181.
Cyclidium Duj. (*Peranemac.*) 1a. 185, 186.
C. distortum Duj. 1a. 185, Fig. 139.
Cyclidium Ehrenb. (*Peranemac.*) 1a. 184.
Cyclidium O. F. Müll. (*Cryptomonad.*?) 1a 168.
Cyclocarpineae 1*. 79, 111—236, 242.
Cyclocheila Wainio (*Parmeliac.*) 1**. 213
Cyclocladia Goldenb. (*Lepidodendrac.*) 4 738.
Cyclocladia Lindl. et Hutt. (*Calamariac.* 4. 556.
Cycloconium Cast. (*Dematiac.*) 1**. 470, 471, 472.
C. oleaginum Cast. 1**. 470, Fig. 245 E.
Cyclocrinus Eichw. (*Algae*) 2. 552.
Cycloderma Klotzsch (*Calostomatac.*?) 1**. 341.
Cyclodictyon Mitt. (*Hookeriac.*) 3. 934.
Cyclodictyon Mitt. (*Hookeriac.*) 3. 920, 934, 1235.
C. Blumeanum (C. Müll.) 3. 935, Fig. 683 A—D.
Cyclodium Presl (*Polypodiac.*) 4. 167, 194, 195.
C. meniscioides (Willd.) Presl 4. 194, Fig. 101 C—E.

Cyclomyces Kunze (*Polyporac.*) 1**. 156, 185, 186.
C. fuscus Kunze 1**. 185, Fig. 98 *D*.
C. Greenii Berk. 1**. 185, Fig. 98 *C*.
Cyclonexis Stokes (*Ochromonadac.*) 1a. 163, 164.
C. annularis Stokes 1a. 164, Fig. 118.
Cyclopeltis J. Sm. (*Polypodiac.*) 4. 166, 183, 184.
C. semicordata (Sw.) J. Sm. 4. 184, Fig. 96 *A, B*.
Cyclophora Castr. (*Bacillariac..*) 1b. 124.
Cyclophorus Desv. (*Polypodiac.*) 4. 324.
Cyclopteris Brongn. (*Filical.*) 4. 500.
Cyclopteris Grand'Eury (*Filical.*) 4. 498, 500.
Cyclopteris Gray (*Polypodiac.*) 4. 163.
Cyclosorus Link (*Polypodiac.*) 4. 167.
Cyclosporeae (*Phaeophyc.*) 2. 181.
Cyclostigma Haughton (*Bothrodendrac.*) 4. 739.
Cyclostoma Crouan (*Stictidac.*) 1. 252.
Cyclostomella Pat. (*Hysteriac.*) 1. 278.
Cyclotella Kütz. (*Bacillariac.*) 1b. 64, 65, 66.
C. comta (Ehrenb.) Kütz. var. affinis Grun. 1b. 66, Fig. 85 *A, B*.
C. Kuetzingiana Thwait. 1b. 66, Fig. 85 *C*.
Cycnea Berk. (*Pottiac.*) 3. 413.
Cylicocarpus Lindb. (*Orthotrichac.*) 3. 459.
Cylindrina Pat. (*Sphaeriac.*?) 1. 395, 405.
Cylindrites Goepp. (*Algae*) 2. 553.
Cylindrium Bon. (*Mucedinac.*) 1**. 417, 425, 426.
C. elongatum Bon. 1**. 425, Fig. 219 *E*.
Cylindrocapsa Reinsch (*Cylindrocapsac.*) 2. 106, 107.
C. involuta Reinsch 2. 106, Fig. 70.
**Cylindrocapsaceae** 2. 106—107.
Cylindrocephalum Bon. (*Mucedinac.* 1**. 418, 428.
Cylindrocladium Morgan (*Mucedinac.*) 1**. 444, 445.
Cylindrocolla Bon. (*Tuberculariac.*) 1**. 500, 504, 505.
C. miniata Sacc. 1**. 505, Fig. 259 *L*.
Cylindrocystis (Menegh.) De Bary (*Desmidiac.*) 2. 7, 9, 10.
C. crassa De Bary 2. 10, Fig. 6 *D*.
Cylindrodendrum Bon. (*Mucedinac.*) 1**. 419, 437, 438.
C. album Bon. 1**. 438, Fig. 227 *F*.
Cylindromonas Hansg. (*Volvoc.*) 2. 43.

Cylindrophoma Berl. et Vogl. (*Sphaerioidac.*) 1**. 354.
Cylindrophora Bon. (*Mucedinac.*) 1**. 419, 437, 438.
C. alba Bon. 1**. 438, Fig. 227 *D*.
C. tenera Bon. 1**. 438, Fig. 227 *E*.
Cylindrospermum Kütz. (*Nostocac.*) 1a. 72, 73.
C. stagnale B. et Fl. 1a. 73, Fig. 36 *F*.
Cylindrosporium Unger (*Melanconiac.*) 1**. 443, 444, 445.
C. Quercus Sorok. 1**. 444, Fig. 246 *J, K*.
C. Tubeufianum Allesch. 1**. 444, Fig. 246 *L, M*.
Cylindrotheca Rabh. (*Bacillariac.*) 1b. 84, 85.
C. gracilis (Bréb.) Grun. 1b. 85, Fig. 144.
Cylindrothecium Bryol. eur. (*Entodontac.*) 3. 878.
Cylindrothecium De Not. (*Entodontac.*) 3. 883.
Cylindrothecium Mitt. (*Entodontac.*) 3. 878.
Cylindrotrichum Bon. (*Mucedinac.*) 1**. 418, 433.
C. inflatum Bon. 1**. 433, Fig. 224 *C*.
Cymatella Pat. (*Agaricac.*) 1**. 554, 555.
Cymathere J. Ag. (*Laminariac.*) 2. 244, 254, 257.
C. triplicata (Post. et Rupr.) J. Ag. 2. 244, Fig. 165 *B*.
Cymatococcus Hansg. (*Pleurococcac.*) 2. 59.
Cymatoderma Jungh. (*Thelephorac.*) 1**. 126.
Cymatogonia Grun. (*Bacillariac.*) 1b. 73.
Cymatoneis Cleve (*Bacillariac.*) 1b. 123, 130.
C. circumvallata Ehrenb. 1b. 130, Fig. 234.
Cymatopleura W. Sm. (*Bacillariac.*) 1b. 145.
C. Solea (Bréb.) W. Sm. 1b. 145, Fig. 264 *A—C*.
Cymatosira Grun. (*Bacillariac.*) 1b. 112, 114, 115.
C. belgica Grun. 1b. 115, Fig. 207 *A, B*.
Cymbalamphora Cleve (*Bacillariac.*) 1b. 139, 140.
Cymbaria Tayl. (*Orthotrichac.*) 3. 457.
Cymbella Ag. (*Bacillariac.*) 1b. 35, 36, 48, 137, 138, 139.
C. (Encyonema) caespitosa Kütz. 1b. 36, Fig. 49 *L*.
C. cistula Hemp. 1b. 35, Fig. 48 *E*.
C. cymbiformis (Kütz.) Bréb. var. parva W. Sm. 1b. 138, Fig. 253 *B*.

Cymbella gastroides Kütz. 1b. 138, Fig. 253 C.
C. gastroides minor Kütz. 1b. 58, Fig. 58 A—D.
C. (Cocconema) lanceolata (Ehrenb.) Rabh. 1b. 138, Fig. 253 A, D.
C. (Encyonema) prostrata (Berk.) Ralfs 1b. 139, Fig. 254 A, B.
Cymbellinae (Bacillariae.) 1b. 37, 137.
Cymbophora Bréb. (Bacillariae.) 1b. 138.
Cymbosira Kütz. (Bacillariae.) 1b. 120.
Cymoglossa Schimp. (Filical.) 4. 512.
Cymopolia Lamx. (Dasycladac.) 2. 153, 156, 158, 553.
C. barbata (L.) Harv. 2. 152, Fig. 103.
Cynocephalum Endl. (Marchantiac.) 3. 34.
Cynodontiella Limpr. (Dicranac.) 3. 314.
Cynodontium (Bryol. eur.) Schimp. (Dicranac.) 3. 312, 314, 1180.
C. gracilescens (Web. et Mohr) Schimp. 3. 314, Fig. 184 A, B.
Cynodontium Limpr. (Dicranac.) 3. 315, 1180.
Cynodontium Schimp. (Dicranac.) 3. 318.
Cynontodium Mitt. (Dicranac.) 3. 299.
Cynophallus Fries (Phallac.) 1**. 290, 555.
**Cypheliaceae** 1*. 80, 83—85.
Cypheliopsis A. Zahlbr. (Cypheliac.) 1*. 84.
Cyphelium De Not. (Caliciae.) 1*. 81.
Cyphelium Th. Fr. (Cypheliac.) 1*. 81, 83; 40, Fig. 24.
C. brunneolum (Ach.) Mass. 1*. 5, Fig. 6.
C. Notarisii (Tul.) A. Zahlbr. 1*. 84, Fig. 42 F.
Cyphella Fries (Thelephorac.) 1**. 118, 128, 129, 553.
C. Musae Jungh. 1**. 129, Fig. 70 J, K.
C. Urbani P. Henn. 1**. 129, Fig. 70 L, M.
Cyphina Sacc. (Nectrioidae.) 1**. 386.
Cyphoma Hook. f. et Wils. (Polytrichac.) 3. 681.
Cyphopteris Presl (Filical.) 4. 497.
Cyptodon Paris et Schimp. (Cryphaeac.) 3. 742.
Cyptodon (Paris et Schimp.) Broth. (Cryphaeac.) 3. 743.
Cyrtidula Minks (Fungi) 1*. 78.
Cyrtodon R. Br. (Splachnac.) 3. 502.
Cyrtogonium J. Sm. (Polypodiac.) 4. 198, 201.
Cyrtographa Müll. Arg. (Chiodectonac.) 1*. 103, 242.
Cyrtohypnum Hampe (Leskeae.) 3. 1011.

Cyrtomiphlebium Hook. (Polypodiac.) 4. 189.
Cyrtomium Presl (Polypodiac.) 4. 189, 193.
Cyrtophlebium R. Br. (Polypodiac.) 4. 306, 314.
**Cyrtopodaceae** 3. 1215—1216.
Cyrtopodendron Fleisch. (Cyrtopodac.) 3. 1215.
Cyrtopus Brid. (Spiridentac.) 3. 767.
Cyrtopus (Brid.) Hook. f. (Cyrtopodac.) 3. 702, 766, 767, 1215.
C. setosus (Hedw.) 3. 766, Fig. 574 A, B; 768, Fig. 576 A—F.
Cyrtopus Broth. (Neckerac.) 3. 790.
Cyrtopus C. Müll. (Neckerac.) 3. 789, 829.
Cyrtopus C. Müll. (Prionodontae.) 3. 765.
Cyrtopus C. Müll. (Spiridentac.) 3. 768.
Cyrtopus Mitt. (Neckerac.) 3. 790.
Cyrtopus Spruce (Leucodontae.) 3. 755.
Cyrtymenia Schmitz (Grateloupiac.) 2. 510, 511.
Cystea Sm. (Polypodiac.) 4. 163.
Cystobacter Schröter (Bacteriac.) 1a. 25.
Cystoclonieae (Rhodophyllidac.) 2. 368, 369.
Cystoclonium Kütz. (Rhodophyllidac.) 2. 368, 369, 370.
C. purpurascens (Huds.) Kütz. 2. 370, Fig. 222 A—C.
Cystococcus Naeg. (Protococcac.) 2. 65; 1*. 6, Fig. 10 E.
Cystocoleus Thuret (Scytonematac.) 1a. 80.
Cystocoleus Thwait. (Coenogoniae.) 1*. 128.
Cystodictyon Gray (Valoniae.) 2. 149, 151.
Cystodium J. Sm. (Polypodiac.) 4. 210.
Cystophora J. Ag. (Fucac.) 2. 270, 279, 284.
C. paniculata J. Ag. 2. 270, Fig. 180 A, B.
Cystophora Rabh. (Dematiae.) 1**. 556, 564.
Cystophyllum J. Ag. (Fucac.) 2. 279, 283, 284.
C. muricatum (Turn.) J. Ag. 2. 284, Fig. 186 b.
Cystopleura Bréb. (Bacillariae.) 1b. 140.
Cystopodineae (Phycomycet.) 1. 63.
Cystopteris Bernh. (Polypodiac.) 4. 59, 74, 149, 159, 163.
C. bulbifera (L.) Bernh. 4. 74, Fig. 53 A—C.
C. fragilis (L.) Bernh. 4. 59, Fig. 40 A; 149, Fig. 86 E; 163, Fig. 89 A—C.
Cystopus Lév. (Albuginae.) 1. 46, 52, 109, 110.

Cystopus candidus 1. 16, Fig. 31 A: 108, Fig. 92 A.
C. Portulacae 1. 52, Fig. 38 A.
Cystoseira Ag. (Fucac.) 2. 276, 279, 282, 283, 353.
C. Erica marina Nacc. 2. 283, Fig. 186 a.
C. ericoides 2. 189, Fig. 133 A.
C. fibrosa (Huds.) Ag. 2. 276, Fig. 184 b K.
C. granulata 2. 227, Fig. 156.
Cystoseirites Sternbg. (Algae) 2. 353.
Cystotheca Berk. et Curt. (Perisporiac.) 1. 333, 338.
Cystothyrium Speg. (Leptostromatac.) 1**. 390.
Cystotricha Berk. et Broome (Sphaerioidac.) 1**. 366, 368.
Cytidium Morgan (Physarac.) 1**. 525.
Cytispora Fries (Sphaerioidac.) 1**. 359.
Cytisporella Sacc. (Sphaerioidac.) 1**. 359.
Cytodiplospora Oudem. (Sphaerioidac.) 1**. 366, 370.
Cytoplea Bizz. et Sacc. (Sphaerioidac.) 1**. 363, 365.
C. subconcava (Schwein.) Harb. 1**. 365, Fig. 192 G—K.
Cytospora Ehrenb. (Sphaerioidac.) 1**. 351, 359, 360.
C. microspora (Corda) Rabh. 1**. 360, Fig. 189 F, G.
C. niphostoma Sacc. 1**. 360, Fig. 189 K, L.
C. pinastri Fries 1**. 360, Fig. 189 H, J.
Cytosporella Sacc. (Sphaerioidac.) 1**. 351, 359.
Cytosporina Sacc. (Sphaerioidac.) 1**. 377, 381, 382.
C. leucomyxa Corda 1**. 381, Fig. 200 P, Q.
Cytosporium Peck (Sphaerioidac.) 1**. 376, 377.
Cytozoa 1. 39.
Cyttaria Berk. (Cyttariac.) 1. 241.
C. Gunnii Berk. 1. 241, Fig. 181 A.
C. Harioti E. Fischer 1. 241, Fig. 181 B, C.
Cyttariaceae 1. 176, 241—242.

D.

Dacampia Mass. (Fungi) 1*. 78.
Dacrina Fries (Tuberculariac.) 1**. 511.
Dacrymycella Bizz. (Tuberculariac.) 1**. 499, 502.
Dacryobolus Fries (Ascobolac.?) 1**. 346, 533.
Dacryodochium Karst. (Tuberculariac.) 1**. 499, 503.
Dacryomitra Tul. (Dacryomycetac.) 1**. 97, 98, 100.
D. glossoides (Pers.) Bref. 1**. 98, Fig. 63 S—U.
Dacryomyces Nees (Dacryomycetac.) 1**. 97, 98, 99.
D. abietinus (Pers.) Schröt. 1**. 98, Fig. 63 D—G.
D. chrysocomus (Bull.) Tul. 1**. 98, Fig. 63 H—L.
Dacryomycetaceae 1**. 97—102.
Dacryomycetineae 1**. 1, 96—102.
Dacryopsis Massee (Dacryomycetac.) 1**. 97, 100.
Dactylaria Sacc. (Mucedinac.) 1**. 447, 448, 449.
D. purpurella Sacc. 1** 449, Fig. 232 J.
Dactylella Grove (Mucedinac.) 1**. 447, 448, 449.
D. ellipsospora (Preuss) Grove 1**. 449, Fig. 232 G, H.
Dactylieae (Mucedinac.) 1**. 447.
Dactylina Nyl. (Usneac.) 1*. 217, 218.
D. arctica (Hook.) Nyl. 1*. 219, Fig. 113 A—C.
Dactyliosolen Castr. (Bacillariac.) 1b. 82, 83.
C. antarcticum Castr. 1b. 83, Fig. 136.
Dactylium Bon. (Mucedinac.) 1**. 448.
Dactylium Nees (Mucedinac.) 1**. 447, 449, 450.
D. tenerum (Bon.) Sacc. 1**. 450, Fig. 233 A.
Dactyloblastus Trevis. (Lecanorac.) 1*. 206.
Dactylococcopsis Hansg. (Chroococcac.) 1a. 52, 53, 54.
D. rhaphidioides Hansg. 1a. 53, Fig. 49 F.
Dactylococcus Naeg. (Tetrasporac.) 2. 45, 47, 48.
D. infusionum Naeg. 2. 45, Fig. 26 A—D.
Dactylopora Carpenter (Algae) 2. 360, 362.
Dactylopora Lamk. (Dasycladac.) 2. 359, 353.
Dactylopora Reuss (Algae) 2. 357.
Dactyloporella Gümb. (Algae) 2. 353.
Dactyloporella Gümb. (Dasycladac.) 2. 158.
Dactyloporus Herzer (Hymenomycet.) 1**. 324.
Dactylopteris Goepp. (Filical.) 4. 312.
Dactylospora Koerb. (Patellariac.) 1. 228; 1*. 138.

**Dactylosporium** Harz (*Dematiac.*) 1\*\*. 482, 485.
D. macropus (Corda) Harz 1\*\*. 485, Fig. 252 G.
**Dactylotheca** Zeiller (*Marattiales*) 4. 446, 495.
D. dentata (Brongn.) Zeiller 4. 446, Fig. 248 A, B.
**Dactylothece** Lagerh. (*Pleurococcac.*) 2. 57, 59.
D. Braunii Lagerh. 2. 57, Fig. 36 F.
**Daedalea** Pers. (*Polyporac.*) 1\*\*. 155, 180, 181.
D. confragosa (Bolt.) Pers. 1\*\*. 181, Fig. 96 E, F.
D. quercina (L.) Pers. 1\*\*. 181, Fig. 96 A, B.
D. unicolor (Bull.) Fr. 1\*\*. 181, Fig. 96 C, D.
**Daedaleites** Meschin. (*Hymenomycet.*) 1\*\*. 522.
**Daedaleopsis** Schröt. (*Polyporac.*) 1\*\*. 180.
**Daedalus** Rouault (*Algae*) 2. 553.
**Daldinia** De Not. (*Xylariae.*) 1. 481, 486, 487.
D. concentrica (Bolt.) Ces. et De Not. 1. 486, Fig. 286 D.
**Dallingeria** Kent (*Trimastigae.*) 1a. 141, 142.
D. Drysdali Kent 1a. 142, Fig. 97 A.
**Daltonia** Hampe (*Hookeriae.*) 3. 923, 952.
**Daltonia** Hook. et Tayl. (*Hookeriae.*) 3. 919, 920, 1233.
D. contorta C. Mill. 3. 921, Fig. 674 A — E.
**Daltonia** Spreng. (*Neckerae.*) 3. 809.
**Daltonia** W.-Arn. (*Hookeriae.*) 3. 957.
**Daltonia** W.-Arn. (*Neckerae.*) 3. 814, 820.
**Daltonia** W.-Arn. (*Pilotrichac.*) 3. 912.
**Daltonieae** (*Hookeriae.*) 3. 1232, 1233.
**Damnosporium** Corda (*Tuberculariae.*) 1\*\*. 508.
**Danaea** Sm. (*Marattiae.*) 4. 434, 436, 442, 443, 444.
D. alata J. Sm. 4. 443, Fig. 245 A — E.
D. elliptica Sm. 4. 433, Fig. 238 E; 434, Fig. 239 J, K.
**Danaeae** (*Marattial.*) 4. 445.
**Danaeeae** (*Marattiac.*) 4. 436, 442.
**Danaeites** auct. (*Marattial.*) 4. 448.
**Danaeites** Goepp. 4. 444, 445, 495.
D. saraepontanus Stur 4. 444, Fig. 246 A — C.
**Danaeopsis** Feistm. (*Filical.*) 4. 502.
**Danaeopsis** Heer (*Marattiac.*) 4. 441, 444.

**Dangeardia** Schröter (*Rhizidiac.*) 1\*\*. 527.
**Dangeardiella** Sacc. et Syd. (*Dothideac.*) 1\*\*. 541.
**Dangpaschin** (*Alsophila ornata* J. Scott) 4. 136.
**Dapetes** Fries (*Agaricae.*) 1\*\*. 218.
**Darbishirella** A. Zahlbr. (*Roccellac.*) 1\*. 106, 108.
**Darea** Juss. (*Polypodiae.*) 4. 241.
**Darea** Willd. (*Polypodiae.*) 4. 233.
**Dareastrum** Fée (*Polypodiae.*) 4. 233.
**Darluca** Cast. (*Sphaerioidae.*) 1\*\*. 366, 368, 369.
D. Bivonae Fuckel 1\*\*. 369, Fig. 194 P.
D. filum (Biv.) Cast. 1\*\*. 369, Fig. 194 M — O.
**Darwiniella** Speg. (*Dothideac.*) 1. 375, 378.
**Dasya** C. Ag. (*Rhodomelac.*) 2. 430, 473, 474.
D. elegans (Martens) C. Ag. 2. 473, Fig. 263 B, C.
D. hirta J. Ag. 2. 473, Fig. 263 D.
**Dasyactis** Kütz. (*Rivulariae.*) 1a. 89.
**Dasycladaceae** 2. 28, 152 — 159.
**Dasycladeae** (*Dasycladac.* 2. 157.
**Dasycladus** Ag. (*Dasycladac.*) 2. 156, 157.
D. clavaeformis (Roth) Ag. 2. 157, Fig. 107.
**Dasyclonium** G. Ag. (*Rhodomelac.*) 2. 464.
**Dasyeae** (*Rhodomelac.*) 2. 429, 471.
**Dasygloea** Thwait. (*Oscillariae.*) 1a. 64, 69.
D. amorpha Berk. 1a. 69, Fig. 53 C.
**Dasymitrium** Lindb. (*Orthotrichac.*) 3. 476.
**Dasyobolus** Sacc. (*Helotiae.*) 1. 193.
**Dasyopsis** Zanard. (*Rhodomelac.*) 2. 430, 473, 475.
D. plana (C. Ag.) Zanard. 2. 473, Fig. 263 E.
**Dasyphila** Sonder (*Ceramiac.*) 2. 484, 495.
**Dasyphileae** (*Ceramiac.*) 2. 484, 495.
**Dasyphloea** Mont. (*Dumontiac.*) 2. 516, 518.
**Dasyporella** Stolley (*Algae*) 2. 553.
**Dasyscypha** Fries (*Helotiae.*) 1. 194, 201, 202.
D. Willkommii Hartig. 1. 202, Fig. 159 A, B.
D. Winteriana Rehm 1. 202, Fig. 159 C — E.

Dasyscypha Schröt. (*Helotiac.*) 1. 201.
Daubrecia Zeiller (*Filical.*) 4. 513.
Davallia Hk. Bk. (*Polypodiac.*) 4. 164, 208, 210, 215, 216, 221.
Davallia Sm. (*Polypodiac.*) 46, 87, 149, 205, 212, 213, 214; 213, Fig. 115 C—K.
D. alata Bl. 4. 213, Fig. 115 C—D.
D. canariensis Sm. 4. 149, Fig. 86 J; 213, Fig. 116 K.
D. dissecta P. Sm. 4. 46, Fig. 27 A, B.
D. elegans Sw. 4. 87, Fig. 63 C.
D. pentaphylla Bl. 4. 213, Fig. 115 J.
D. Reineckii Christ 4. 213, Fig. 115 E—H.
Davallieae (*Polypodiac.*) 4. 158, 204.
Dawsonia Bory (*Delesseriac.*) 2. 410.
Dawsonia R. Br. (*Dawsoniac.*) 3. 700.
D. longiseta Hampe 3. 699, Fig. 330 M—O.
D. polytrichoides R. Br. 3. 699, Fig. 330 J—L.
D. superba R. Br. 3. 665, Fig. 505 B; 697, Fig. 529 C; 699, Fig. 330 A—H.
**Dawsoniaceae** 3. 698—700.
Debarya Wittr. (*Zygnemac.*) 2. 18, 20.
D. glyptosperma (De Bary) Wittr. 2. 18, Fig. 11 D.
Debneria Lamx. (*Algae*) 2. 554.
Debya Pant. (*Bacillariac.*) 1b. 72, 73.
D. insignis Pant. 1b. 73, Fig. 104.
Debya Rattr. (*Bacillariac.*) 1b. 80.
Decaisnella H. Fabre (*Amphisphaeriac.*) 1. 416.
Decaisnella Mun.-Chalmas (*Algae*) 2. 562.
Dechenia Goepp. (*Lepidodendrac.*) 4. 727.
Decodon C. Müll. (*Orthotrichac.*) 3. 1198.
Deconia W. Sm. (*Agaricac.*) 1**. 235.
Delacourea H. Fabre (*Pleosporac.*) 1. 428, 440.
Delacroixia Sacc. et Syd. (*Entomophthorac.*) 1**. 531.
Delamarica Hanriot (*Encoeliac.*) 2. 201, 203.
Delastria Tul. (*Terfeziac.*) 1. 313, 315, 317.
D. rosea Tul. 1. 317, Fig. 225 A—D.
Delesseria Lamx. (*Delesseriac.*) 2. 408, 412, 413.
D. imbracata (Harv.) Aresch. 2. 413, Fig. 238 C.
D. sanguinea (L.) Lamx. 2. 413, Fig. 238 A, B.
**Delesseriaceae** 2. 305, 406—416.
Delessericae (*Delesseriac.*) 2. 408, 412.
Delesserites Brongn. (*Algae*) 2. 555.
Delesserites Ludw. (*Algae*) 2. 564.

Delesserites Sternbg. (*Algae*) 2. 554.
Delisea Fée (*Stictac.*) 1*. 188.
Delisea Lamx. (*Bonnemaisoniac.*) 2. 418, 419.
D. fimbriata Lamx. 2. 419, Fig. 239 A.
Delitschia Auersw. (*Sordariac.*) 1. 390, 392, 393.
D. bisporula (Crouan) Hansg. 1. 393, Fig. 254 A, B.
Delortia Pat. (*Auriculariac.?*) 1**. 86.
Delphinella Sacc. (*Hysteriac.*) 1. 273.
Delpinoella Sacc. (*Hysteriac.*) 1**. 534.
Deltomonas Kent (*Amphimonadac.*) 1a. 138.
**Dematiaceae** 1**. 416, 454—488.
Dematieae (*Tuberculariac.*) 1**. 498, 510, 514, 515, 559.
Dematium E. Fries (*Fungi*) 1*. 240.
Dematium Pers. (*Dematiac.*) 1**. 456, 465.
D. hispidulum (Pers.) Fr. 1**. 465, Fig. 244 E.
Dematium Pers. (*Mycel.*) 1**. 517.
Dendrelion Pant. (*Bacillariac.*) 1b. 150.
Dendrella Bory (*Bacillariac.*) 1b. 136.
Dendriscocaulon Müll. Arg. (*Collemac.?*) 1*. 176.
Dendriscocaulon Nyl. (*Collemac.?*) 1*. 176.
Dendroalsia Eliz. Britt. (*Cryphaeac.*) 3. 859, 1214.
Dendroceros Nees (*Anthocerotac.*) 3. 139, 140.
D. cichoriaceus (Mont.) Leitg. 3. 137, Fig. 72 A.
D. crispatus (Hook.) Nees 3. 137, Fig. 72 B, C.
D. javanicus Nees 3. 137, Fig. 72 D.
Dendrocryphaea Par. et Schimp. 3. 737, 743.
D. Gorveyana (Mont.) 3. 737, Fig. 551 J, K; 744, Fig. 556 A—E.
D. tasmanica (Mitt.) 3. 737, Fig. 551 F—H.
Dendrodochium Bon. (*Tuberculariac.*) 1**, 499, 502, 505.
D. affine Sacc. 1**. 505, Fig. 259 A, B.
Dendroglossa Presl (*Polypodiac.*) 4. 198.
Dendroglossophyllum C. Müll. (*Neckerac.*) 4. 850, 856.
Dendrographa Darbish. (*Roccellac.*) 1*. 106, 107.
Dendrographium Massee (*Stilbac.*) 1**. 496, 497, 498.
D. atrum Massee 1**. 497, Fig. 257 G.

Dendrohypnum Hampe (*Hypnodendrac.*) 3. 1169.
Dendrohypnum Hampe (*Neckerac.*) 3. 778.
Dendrolejeunea Spruce (*Jungerm. akrog.*) 3. 129.
Dendroligotrichum C. Müll. (*Polytrichac.*) 3. 679.
Dendroligotrichum (C. Müll.) Broth. (*Polytrichac.*) 3. 671, 679.
D. dendroides (Hedw.) 3. 680, Fig. 314 *A—H*.
Dendroligotrichum Lindb. (*Polytrichac.*) 3. 679.
Dendromonades Stein (*Monadac.*) 1a. 131.
Dendromonas Stein (*Monadac.*) 1a. 131, 132, 133.
D. virgaria Stein 1a. 133, Fig. 89 *A*.
Dendrophoma Sacc. (*Sphaerioidac.*) 1\*\*. 350, 354, 355.
D. Convallariae Cav. 1\*\*. 354, Fig. 185 *G—L*.
Dendrophomella Sacc. (*Sphaerioidac.*) 1\*\*. 355.
Dendropogon C. Müll. (*Cryphaeac.*) 3. 743, 745.
Dendropogon Hampe (*Cryphaeac.*) 3. 742.
Dendropogon Jäger (*Cryphaeac.*) 3. 743.
Dendropogon Mitt. (*Cryphaeac.*) 3. 745, 746.
Dendropogon Schimp. (*Cryphaeac.*) 3. 737, 745, 1214.
D. rufescens Schimp. 3. 737, Fig. 351 *L —N*; 745, Fig. 357 *A—F*.
Dendropogonella Eliz. Britt. (*Cryphaeac.*) 3. 1214.
Dendryphieae (*Dematiac.*) 1\*\*. 477.
Dendryphium Wallr. (*Dematiac.*) 1\*\*. 477, 481.
D. nodulosum Sacc. 1\*\*. 481, Fig. 250 *C*.
Dennstaedtia Bernh. (*Polypodiac.*) 4. 87, 205, 217; 217, Fig. 117 *A, C—E*.
D. cicutaria (Sw.) Moore 4. 217, Fig. 117 *C—E*.
D. rubiginosa (Kaulf.) Moore 4. 87, Fig. 63 *D*; 217, Fig. 117 *A*.
Denticella Ehrenb. (*Bacillariac.*) 1b. 93.
Denticula Kütz. (*Bacillariac.*) 1b. 102, 107.
D. elegans Kütz. var. valida Pedic. 1b. 107, Fig. 188 *A*.
D. indica Grun. 1b. 107, Fig. 188 *B*.
Denticula Kütz. (*Bacillariac.*) 1b. 114.
Dentigera Rosen (*Rhizidiac.*) 1. 79.
Deparea Hk. et Gr. (*Polypodiac.*) 4. 183, 186.

Depazea Fries (*Sphaerioidac.*) 1\*\*. 351.
Depazites Fr. (*Sphaeropsidal.*) 1\*\*. 328.
Derbesia Sol. (*Derbesiac.*) 2. 130.
D. tenuissima (De Not.) Crouan 2. 130 Fig. 85.
Derbesiaceae 2. 28, 129—130.
Derepyxis Stokes (*Hymenomonadac.*) 1a. 157, 159, 160.
D. (Epipyxis) dispar Stokes 1a. 161, Fig 115 *C*.
D. ollula Stokes 1a. 161, Fig. 115 *B*.
Dermatea Fries (*Cenangiac.*) 1. 231, 235, 237.
D. carpinea (Pers.) Rehm 1. 237, Fig. 171 *E*.
D. Cerasi (Pers.) De Not. 1. 237, Fig. 171 *A—D*.
D. Frangulae (Pers.) Tul. 1. 237, Fig. 171 *F, G*.
Dermateae (*Cenangiac.*) 1. 231.
Dermateinae (*Cenangiac.*) 1. 231.
Dermatella Karst. (*Cenangiac.*) 1. 235, 236.
Dermatina Almq. (*Mycoporac.*) 1\*. 78.
Dermatiscum Nyl. (*Gyrophorac.*) 1\*. 147, 149.
**Dermatocarpaceae** 1\*. 51, 58—61.
Dermatocarpon (Eschw.) Th. Fr. (*Dermatocarpac.*) 1\*. 58, 60.
D. miniatum (L.) 1\*. 59, Fig. 33 *A*.
D. m. var. complicatum (Sw.) 1\*. 59, Fig 33 *C*.
D. monstruosum (Mass.) 1\*. 59, Fig. 33 *D, E*.
D. rivulorum (Arn.) 1\*. 59, Fig. 33 *B*.
Dermatocarpon Muss. (*Dermatocarponac.* 1\*. 61.
Dermatodon Hüben. (*Pottiac.*) 3. 426.
Dermatophyton Peter (*Mycoideae.*) 2. 103, 104.
Derminus Fries (*Agaricac.*) 1\*\*. 231, 232, 240, 242.
D. (Hebeloma) crustuliniformis (Bull.) Schröt. 1\*\*. 242 Fig. 117 *C*.
D. (Galera) Hypni (Batsch) Schröt. 1\*\*. 242, Fig. 117 *B*.
D. (Crepidotus) mollis (Schäff.) Schröt. 1\*\*. 242, Fig. 117 *A*.
Dermocarpa Crouan (*Chamaesiphonac.*) 1a. 58, 59, 60.
D. prasina Born 1a. 60, Fig. 51 *F*.
Dermocorynus Crouan (*Grateloupiac.*) 2. 510, 513.
Dermocybe Fries (*Agaricac.*) 1\*\*. 247.
Dermodium Rostaf. (*Trichiac.*) 1. 20, 23.
Dermogloea Zanard. (*Algae*) 1a. 92.

Dermonema (Grev.) Harv. (*Helmintho-cladiae.*) 2. 329, 334, 335.
D. dichotomum Harv. 2. 335, Fig. 205 A —C.
Dermonemeae (*Helminthocladiae.*) 2. 329, 334.
Desmarella Kent (*Craspedomonadae.*) 1a. 124, 126, 127.
D. moniliformis Kent 1a. 127, Fig. 84 C.
Desmarestia Lamx. (*Desmarestiae.*) 2. 210, 211.
D. aculeata (L.) Lamx. 2. 210, Fig. 157 A. B.
D. ligulata (Light.) Lamx. 2. 210, Fig. 157C.
**Desmarestiaceae** 2. 181. 209—211.
Desmarestieae (*Desmarestiae.*) 2. 211.
Desmatodon (*Pottiae.*) 3. 526, 529.
Desmatodon Brid. (*Pottiae.*) 3. 511.
Desmatodon Brid. (*Pottiae.*) 3. 515, 526.
Desmatodon C. Müll. (*Pottiae.*) 3. 526.
Desmatodon Kindb. (*Pottiae.*) 3. 526.
Desmatodon Lindb. (*Pottiae.*) 3. 526, 528, 529.
DesmazierellaLib.(*Helotiae.*)1.194, 200.
D. acicola Lib. 1. 200, Fig. 158 B, C.
Desmazieria Mont. (*Usneae.*) 1*. 220.
Desmia Eichw. (*Filical.*) 4. 507.
Desmia (Lyngby) J. Ag. (*Rhizophyllidae.*) 2. 530.
**Desmidiaceae** 2. 1—16, 159, 554.
Desmidiospora Thaxt. (*Mucedinae.*) 1*c. 452, 453, 454.
D. myrmecophila Thaxt. 1**. 453, Fig. 235 G—J.
Desmidium (Ag.) Ralfs (*Desmidiae.*) 2. 8, 14, 15.
D. Swartzii Ag. 2. 15, Fig. 9 F.
Desmithamnion Reinsch (*Phaeophyc.*) 2. 289.
Desmogonium Ehrenb. (*Bacillariae.*) 1b. 115, 118, 119, 150.
Desmogonium Euler (*Bacillariae.*) 1b. 119.
Desmolegnia Schröt. (*Saprolegniae.*) 1. 98.
Desmonema Berk. et Thwait. (*Nostocac.*) 1a. 72, 75, 76.
D. Wrangelii Borzi 1a. 75, Fig. 56 K.
Desmophlebis Brongn. (*Filical.*) 4. 493.
Desmopteris Stur (*Marattial.*) 4. 445.
Desmotheca Lindb. *Orthotrichae.* 3. 457, 473.
D. apiculata Doz. et Molk. Lindb. 3. 466, Fig. 316 E—K.
Desmotrichum Kütz. *Encoeliac.* 2. 198, 200, 201.

D. undulatum J. Ag. Reinke 2. 198, Fig. 139 A—D.
Desmotrichum Lév. (*Mucedinae.*) 1**. 454.
Detonia Sacc. *Pezizac.* 1. 179.
Detonina O. Ktze. (*Pleosporae.*) 1. 540.
Detonula F. Schütt (*Bacillariae.*) 1b. 83.
Diacalpe Bl. (*Polypodiae.*) 4. 159, 160.
D. aspidioides Bl. 4. 160, Fig. 87 A—D.
Diachea Fries (*Spumariae.*) 1. 29.
Diachora J. Müll. (*Dothideae.*) 1. 375, 376, 377.
D. Onobrychidis (DC.) J. Müll. 1. 377, Fig. 248 E—G.
Diactinium A. Br. (*Hydrodictyac.*) 2. 73.
Diadena Palis. (*Zygnemac.*) 2. 20.
Diadesmis Kütz. (*Bacillariae.*) 1b. 114, 124.
Diafnia Presl (*Polypodiae.*) 4. 245.
Diagraphina Müll. Arg. (*Graphidae.*) 1*. 101.
Dialonectria Sacc. (*Hypocreac.*) 1. 356.
Dialytes Nitschke (*Valsae.*) 1. 362.
Dialytrichia Limpr. (*Pottiae.*) 3. 382, 511.
D. mucronata (Brid.) 3. 511, Fig. 265 A—D.
Dialytrichia Schimp. (*Pottiae.*) 3. 511.
Diaphanium Fries (*Tuberculariae.*) 1**. 500, 506.
Diaphanodon Ren. et Card. (*Neckerae.*) 3. 828, 1227.
D. thuidioides Ren. et Card. 3. 828, Fig. 616 A—G.
Diaphanophyllum Lindb. (*Dicranae.*) 3. 299.
Diaporthe Nitschke (*Valsac.*) 1. 455, 462, 464.
D. leiphaemia (Fr.) Sacc. 1. 464, Fig. 277 A—D.
D. sorbicola (Nitschke) Bref. et Tav. 1. 464, Fig. 277 E, F.
Diaporthopsis H. Fabre (*Valsac.*) 1. 465.
Diastaloba Spruce *Jungerm. akrog.* 3. 144.
Diatoma DC. (*Bacillariae.*) 1b. 32, 110, 111.
D. elongatum Ag. 1b. 32, Fig. 45 C, D; 111, Fig. 198 B.
D. vulgare Bory 1b. 111, Fig. 198 A—C.
Diatomeae (*Bacillariae.*) 1b. 31.
Diatomella Grev. (*Bacillariae.*) 1b. 102, 105, 106.
D. Balfouriana Grev. 1b. 105, Fig. 186 A, B.
Diatominae (*Bacillariae.*) 1b. 57, 100.

Diatomosira Trevis. (*Bacillariae.*) 1b. 113.
**Diatrypaceae** 1. 387, 472—477.
Diatrype Fries (*Diatrypac.*) 1. 473, 475, 476.
D. disciformis (Hoffm.) Fr. 1. 476, Fig. 282 D, E.
D. Stigma (Hoffm.) Fr. 1. 476, Fig. 282 A—C.
Diatrypeae (*Diatrypac.*) 1. 473.
Diatrypella Ces. et De Not. (*Diatrypac.*) 1. 473, 475, 476.
D. quercina (Pers.) Nitschke 1. 476, Fig. 282 F—J.
Diatrypeopsis Speg. (*Diatrypac.*) 1. 475.
Diblastia Trevis. (*Lecanorac.*) 1*. 207.
Diblastia Trevis. (*Parmeliac.*) 1*. 209.
Diblemma J. Sm. (*Polypodiac.*) 4. 306, 315.
Diblepharis Lagerh. (*Monoblepharidac.*) 1**. 529.
Dibrachiella Spruce (*Jungerm. akrog.*) 3. 130.
Dicaeoma Nees (*Pucciniac.*) 1**. 551.
Dicarpella Bory (*Rhodomelac.*) 2. 439.
Dicercomonas Grassi (*Distomatin.*) 1a. 150.
Dichaena Fries (*Dichaenac.*) 1. 270.
D. quercina (Pers.) Fries 1. 270, Fig. 195 A—C.
**Dichaenaceae** 1. 267, 270.
Dichasium A. Br. (*Polyporac.*) 4. 167.
Dichelodontium Hook. f. et Wils. (*Ptychomniac.*) 3. 855, 871, 875, 1218, 1219, 1231.
D. nitidum Hook. f. et Wils. 3. 875, Fig. 611 A—G.
Dichelyma (*Fontinalac.*) 3. 731.
Dichelyma Myr. (*Fontinalac.*) 3. 731.
Dichelyma Myr. (*Fontinalac.*) 3. 723, 731.
D. falcatum (Hedw.) 3. 732, Fig. 548 A—F.
Dichelymeae (*Fontinalac.*) 3. 731, 1213.
Dichelymoidea Besch. (*Dicranac.*) 3. 325.
Dichiton Mont. (*Jungerm. akrog.*) 3. 76, 86.
Dichlaena Mont. et Dur. (*Nectrioidac.*) 1**. 383, 384.
D. Lentisci Dur. et Mont. 1**. 384, Fig. 204 J, K.
Dichloria Grev. (*Desmarestiac.*) 2. 211.
Dichobotryum Cooke (*Dematiac.*) 1*. 461.
Dichococcus Naeg. (*Pleurococcac.*) 2. 56.
Dichodium Nyl. (*Collemac.*) 1*. 169, 171.

D. byrsinum (Ach.) Nyl. 1*. 171, Fig. 89.
Dichodontium Schimp. (*Dicranac.*) 3. 312, 316, 1180, 1239.
Dichogramme Presl (*Polypodiac.*) 4. 306.
Dichomera Cooke (*Sphaerioidac.*) 1**. 376.
Dichomera Cooke (*Sphaerioidac.*) 1**. 376, 377.
D. Saubinetii (Mont.) Cooke 1**. 376, Fig. 198 G—J.
Dichomeris Ehrenb. (*Bacillariae*) 1b. 99.
Dichominum Neck. (*Marchantiac.*) 3. 35.
Dichominum Broth. (*Marchantiac.*) 3. 1251.
Dichomyces Thaxt. (*Laboulbeniac.*) 1. 496, 498, 499.
D. furciferus Thaxt. 1. 498, Fig. 290 L.
Dichonema Nees (*Hymenolichen.*) 1*. 237.
Dichophycus Zanard. (*Rhodymeniac.*) 2. 399.
Dichopteris Zigno (*Filical.*) 4. 499.
Dichorexia Presl (*Cyatheac.*) 4. 132.
Dichosporangium Hauck (*Ectocarpac.*) 2. 186, 188.
D. repens Hauck 2. 188, Fig. 132 B.
Dichosporium Nees (*Physarac.*) 1**. 525.
Dichosporium Pat. (*Sphaeriac.*) 1**. 543.
Dichothrix Zanard. (*Rivulariac.*) 1a. 85, 86, 87.
D. gypsophila B. et Fl. 1a. 86, Fig. 59 D.
Dichotomaria C. Müll. (*Hedwigiac.*) 3. 714.
Dickfuß (*Boletus pachypus* Fr.) 4**. 113.
Dickieia Berk. (*Bacillariae.*) 1b. 129.
Dicksonia Ilk. Bk. (*Cyatheac.*) 4. 121.
Dicksonia Hk. Bk. (*Polypodiac.*) 4. 210, 217.
Dicksonia Labill. (*Cyatheac.*) 4. 119.
Dicksonia L'Hérit. (*Cyatheac.*) 4. 119, 120, 121.
D. arborescens L'Hérit. 4. 120, Fig. 78 B—D.
Dicksonieae (*Cyatheac.*) 4. 119.
Dicksoniites Sterzel (*Filical.*) 4. 355, 473, 480, 495.
Dicladia Ehrenb. (*Bacillariae.*) 1b. 149.
D. mitra Bail. 1b. 149, Fig. 276.
Dicladiopsis De Toni (*Bacillariac.*) 1b. 149.
D. barbadensis (Grev.) De Toni 1b. 149, Fig. 277 A.
D. robusta (Grev.) De Toni 1b. 149, Fig. 277 B.
Diclasmia Trevis. (*Stictac.*) 1*. 188.
Diclidopteris Brack. (*Polypodiac.*) 4. 297.
Diclisodon Moore (*Polypodiac.*) 4. 167.

Dicnemoloma Ren. (*Dicranac.*) 3. 325, 1183.
Dicnemonaceae 3. 1186.
Dicnemoneae (*Dicranac.*) 3. 284, 290, 337.
Dicnemos Mont. (*Priodontac.*) 3. 1215.
Dicnemos Schwaegr. (*Dicnemonac.*) 3. 337, 339, 1186.
D. calycinus (Hook.) Schwaegr. 3. 339, Fig. 199 *A—F*.
Dicoccum Corda (*Dematiac.*) 1**. 470, 471, 472.
D. inquinans Sacc. 1**. 470, Fig. 245 *D*.
Dicostegia Presl (*Marattiac.*) 4. 444.
Dicranaceae 3. 284, 289—342, 1173.
Dicraneae (*Dicranac.*) 3. 284, 290, 316, 1180.
Dicranella C. Müll. (*Dicranac.*) 3. 308.
Dicranella Jaeg. (*Dicranac.*) 3. 311.
Dicranella Lindb. (*Dicranac.*) 3. 310, 1180.
Dicranella Schimp. (*Dicranac.*) 3. 307, 308, 1179, 1239.
D. heteromella (Dill., L.) Schimp. 3. 309, Fig. 180 *A—D*.
Dicranelleae (*Dicranac.*) 3. 284, 290, 307, 1178.
Dicranema Sonder (*Gigartinac.*) 2. 355, 362.
Dicranemeae (*Gigartinac.*) 2. 355, 362.
Dicranidion Harkn. (*Tuberculariac.*) 1**. 510.
Dicranobryum C. Müll. (*Bryac.*) 3. 556, 1204.
Dicranochaete Hieron. (*Protococcac.*) 2. 65, 66.
Dicranodontium Bryol. eur. (*Dicranac.*) 3. 317, 336, 1186.
Dicranodontium Kindb. (*Dicranac.*) 3. 336.
Dicranoglossum J. Sm. (*Polypodiac.*) 4. 302, 303, 304.
D. furcatum (Willd.) J. Sm. 4. 304, Fig. 161 *A, B*.
Dicranoidea Berch. (*Dicranac.*) 3. 325, 1183.
Dicranolejeunea Spruce (*Jungerm. akroy.*) 3. 119, 128.
Dicranoloma Ren. (*Dicranac.*) 3. 322, 1183.
Dicranophlebia Mart. (*Cyatheac.*) 4. 134.
Dicranophora Schröt. (*Mucorac.*) 1. 123, 128.
D. fulva Schröt. 1. 128, Fig. 113.
Dicranopteris Bernh. (*Gleicheniac.*) 4. 352.
Dicranopteris Schenk (*Filical.*) 4. 500.
Dicranoweisia Lindb. (*Dicranac.*) 3. 317, 318, 1180.

Dicranum (*Dicranac.*) 3. 318.
Dicranum auct. (*Dicranac.*) 3. 314.
Dicranum Brid. (*Dicranac.*) 3. 301, 307.
Dicranum Hedw. (*Dicranac.*) 3. 308, 316, 330.
Dicranum Hedw. (*Dicranac.*) 3. 317, 325, 1183, 1239.
D. albicans Bryol. eur. 3. 327, Fig. 192 *G*.
D. Drummondi C. Müll. 3. 327, Fig. 192 *A—E*.
D. fulvellum (Dicks.) Sm. 3. 325, Fig. 191 *A—D*.
D. majus Sm. 3. 327, Fig. 192 *F*.
Dicranum Hook. (*Dicranac.*) 3. 295.
Dicranum Hook. (*Drepanophyllac.*) 3. 531.
Dicranum Limpr. (*Dicranac.*) 3. 326, 1183.
Dicranum Mitt. (*Dicranac.*) 3. 321.
Dicranum Sw. (*Dicranac.*) 3. 320.
Dicranum Sw. (*Leucodontac.*) 3. 748.
Dicranum Timm. (*Dicranac.*) 3. 318.
Dicranum Web. et Mohr (*Dicranac.*) 3. 298.
Dicranum Web. et Mohr (*Grimmiac.*) 3. 442.
Dicrophlebis Brongn. (*Filical.*) 4. 494.
Dicropteris Pomel (*Filical.*) 4. 513.
Dictiderma Bonnemais. (*Ceramiac.*) 2. 501.
Dictydium Schrad. (*Cribrariac.*) 1. 18, 19.
D. cernuum (Pers.) 1. 19, Fig. 10 *D, E*.
Dictymenia Grev. (*Rhodomelac.*) 2. 427, 444.
D. Sonderi Harv. 2. 444, Fig. 248.
Dictymia J. Sm. (*Polypodiac.*) 4. 306, 315.
Dictyocha (*Bacillariac.*) 1b. 150.
Dictyochiton Corda (*Marchantiac.*) 3. 33.
Dictyocline Moore (*Polypodiac.*) 4. 183, 186.
Dictyococcus Hansg. (*Pleurococcac.*) 2. 59.
Dictyocystis Lagerh. (*Tetrasporac.*) 2. 159.
Dictyoglossum J. Sm. (*Polypodiac.*) 4. 331, 334.
Dictyogramme Presl (*Polypodiac.*) 4. 261.
Dictyographa Darbish. (*Roccellac.*) 1*. 108.
Dictyographa Müll. Arg. (*Graphidac.*) 1*. 92, 96.
Dictyolampra Ehrenb. (*Bacillariac.*) 1b. 66.
Dictyolithes Hall. (*Algae*) 2. 554.
Dictyoneis Cleve (*Bacillariac.*) 1b. 129.
Dictyonema (Ag.) A. Zahlbr. (*Hymenolich.*) 1*. 237; 1a. 59.
D. sericeum (E. Fr.) Mont. 1*. 238, Fig. 124 *A—E*; 1a. 59, Fig. 48 *C*.
Dictyonema Hall. (*Algae*) 2. 554.
Dictyoneurum Rupr. (*Laminariac.*) 2. 254, 259.
D. californicum Rupr. 2. 258, Fig. 175.

Dictyophora Desv. (*Phallac.*) 1\*\*. 289, 294, 295, 356.
D. phalloidea Desv. 1\*\*. 294, Fig. 146, 295, Fig. 147 *A*, *B*.
Dictyophora (J. Ag.) Schmitz (*Sphaerococcac.*) 2. 395.
Dictyophyllum Lindl. et Hutt. (*Matoniac.*) 4. 349, 513, 514.
Dictyophyton Hall. (*Algae*) 2. 554.
Dictyopsis Sonder (*Rhodophyllidac.*) 2. 376.
Dictyopteridium O. Feistm. (*Filical.*) 4. 502.
Dictyopteris Gutbier (*Filical.*) 4. 502.
Dictyopteris Ilk. Bk. (*Polypodiac.*) 4. 183.
Dictyopteris J. Sm. (*Polypodiac.*) 4. 315.
Dictyopteris Lamx. (*Dictyotac.*) 2. 295, 296.
Dictyopteris Presl (*Polypodiac.*) 4. 183, 185, 306.
Dictyopyxis Grev. (*Bacillariac.*) 1b. 62.
Dictyosiphon Grev. (*Dictyosiphonac.*) 2. 213, 214.
D. Chordaria Aresch. 2. 213, Fig. 148.1, *B*.
**Dictyosiphonaceae** 2. 181, 212—214.
Dictyosphaeria Decne. (*Valoniac.*) 2. 148, 150.
Dictyosphaerium Naeg. (*Tetrasporac.*) 2. 44, 47, 51.
D. Ehrenbergianum Naeg. 2. 44, Fig. 24 *A*.
D. pulchellum Wood 2. 44, Fig. 24 *B - E*.
Dictyosporae (*Dematiac.*) 1\*\*. 482.
Dictyosporae (*Sphaerioidac.*) 1\*\*. 349.
Dictyosporae (*Stilbac.*) 1\*\*. 498.
Dictyosporae (*Tuberculariac.*) 1\*\*. 514.
Dictyosporites Corda (*Hyphomycet.*) 1\*\*. 522.
Dictyosporium Corda (*Dematiac.*) 1\*\*. 482, 483.
**Dictyosteliaceae** 1. 2, 4.
Dictyostelium Bref. (*Dictyosteliac.*) 1. 4.
Dictyota Lamx. (*Dictyotac.*) 2. 292, 295, 297.
D. dichotoma (Huds.) Lamx. 292, Fig. 189 *A—F*.
**Dictyotaceae** 2. 291—297.
Dictyotales 2. 291—297.
Dictyolites Brongn. (*Algae*) 2. 555.
Dictyotus Pat. (*Agaricac.*) 1\*\*. 199, 201.
Dictyoxiphium Hook. (*Polypodiac.*) 4. 205, 219, 220.
D. panamense Hook. 4. 220. Fig. 119 *A — C*.
Dictyoxylon Brongn. (*Pteridophyt.*) 4. 445, 556, 731, 744.
Dictyuchus Leitgeb (*Saprolegniac.*) 1. 96, 99.

D. monosporus Leitgeb 1. 99, Fig. 79.
Dictyurus Bory (*Rhodomelac.*) 2. 430, 476.
D. purpurascens Bory 2. 476, Fig. 264 *D*.
Dicurella Harv. (*Sphaerococcac.*) 2. 390.
Diderma Pers. (*Didymiac.*) 1. 31.
Didermella Schröt. (*Physarac.*) 1. 34.
Didyctium C. Müll. (*Pottiac.*) 3. 424.
Didymaria Costa (*Mucedinac.*) 1\*\*. 445, 446.
D. Ungeri Corda 1\*\*. 446, Fig. 231, *G*, *H*.
Didymascus Sacc. (*Phacidiac.*?) 1\*\*. 534.
Didymella Sacc. (*Pleosporac.*) 1. 428, 431, 433.
D. superflua (Auersw.) Sacc. 1. 433, Fig. 268 *A*, *B*.
**Didymiaceae** 1. 15, 30—32.
Didymium Schrad. (*Didymiac.*) 1. 9, 13, 30.
D. farinaceum Schrad. 1. 30, Fig. 17.1— *C*.
D. granulosum 1. 9, Fig. 4 *F*.
D. Serpula Fr. 1. 9, Fig. 4 *B*, *E*: 13, Fig. 6 *D—F*.
Didymobotryum Sacc. (*Stilbac.*) 1\*\*. 496.
Didymochaeta Sacc. et Ell. (*Sphaerioidac.*) 1\*\*. 366, 369.
Didymochlaena Desv. (*Polypodiac.*) 4. 166, 181, 182.
D. lunulata Desv. 4. 182, Fig. 95 *A—C*.
Didymochlaena Ilk. Bk. (*Polypodiac.*) 4. 181.
Didymochlamys P. Henn. (*Tilletiac.*) 1\*\*. 23, 546.
Didymocladium Sacc. (*Mucedinac.*) 1\*\*. 445, 447.
D. ternatum (Bon.) Sacc. 1\*\*. 446, Fig. 231 *N*.
Didymocladon Ralfs (*Desmidiac.*) 2. 11.
Didymodon (*Pottiac.*) 3. 393, 424, 426.
Didymodon De Not. (*Dicranac.*) 3. 304.
Didymodon De Not. (*Pottiac.*) 3. 392, 511.
Didymodon Hedw. (*Dicranac.*) 3. 336.
Didymodon Hedw. (*Pottiac.*) 3. 383, 504, 1192.
D. campylocarpus (C. Müll.) 3. 406, Fig. 262 *A—K*.
D. rubellus (Hoffm.) Bryol. eur. 3. 396, Fig. 253 *A*, *B*.
Didymodon Hook. (*Dicranac.*) 3. 334.
Didymodon Hook. (*Pottiac.*) 3. 420.
Didymodon Hook. f. et Wils. (*Pottiac.*) 3. 398, 1193.
Didymodon Jaeg. (*Pottiac.*) 3. 399.

Didymodon Limpr. (*Pottiac.*) 3. 405, 1192.
Didymodon Mitt. (*Dicranac.*) 3. 314, 315, 316, 318.
Didymodon Schwaegr. (*Orthotrichac.*) 3. 457.
Didymodon Wahlenb. (*Dicranac.*) 3. 298.
Didymodon Web. et Mohr (*Dicranac.*) 3. 300.
Didymoglossum V. d. Bosch (*Hymenophyllac.*) 4. 405.
Didymoprium Kütz. (*Desmidiae.*) 2. 8, 15.
D. Grevillei Kütz. 2. 15, Fig. 9 *H*.
Didymopsis Sacc. et March. (*Mucedinae.*) 1**. 444, 445, 446.
D. Helvellae (Corda) Sacc. et March. 1**. 446, Fig. 234 *A*.
Didymopsora Dietel (*Cronartiac.*) 1**. 549.
Didymosorus Deb. et Ett. (*Filical.*) 4. 513.
Didymosphaeria Fuckel (*Pleosporac.*) 1. 428, 432, 433.
D. acerina Rehm 1. 433, Fig. 268 *E*.
D. brunneola Niessl 1. 433, Fig. 268 *C*, *D*.
Didymosporae (*Dematiac.*) 1**. 471.
Didymosporae (*Stilbac.*) 1**. 496.
Didymosporae (*Tuberculariac.*) 1**. 506, 514, 559.
Didymosporium Nees (*Melanconiae.*) 1**. 406, 407.
D. culmigenum Sacc. 1**. 406, Fig. 211 *M*, *N*.
Didymothamnium Sacc. (*Dematiac.*) 1**. 471.
Didymotrichia Berl. (*Sphaeriac.*) 1. 396.
Diellia Brack. (*Polypodiac.*) 4. 149, 205, 211, 212; 211, Fig. 114 *A*—*N*.
D. Alexanderi (Hillebr.) Diels 4. 211, Fig. 114 *G*.
D. A. var. bipinnata Hillebr. 4. 211, Fig. 114 *H*.
D. A. var. 4. 211, Fig. 114 *J*—*L*.
D. centifolia (Hillebr.) Diels 4. 211, Fig. 114 *D*.
D. erecta Brack. 4. 211, Fig. 114 *C*.
D. falcata Brack. 4. 149, Fig. 86, *F*; 211, Fig. 114 *B*, *B'*.
D. Knudsenii var. 4. 211, Fig. 114 *M*, *N*.
D. laciniata (Hillebr.) Diels 4. 211, Fig. 114 *E*.
D. l. var. subbipinnata Hillebr. 4. 211, Fig. 114 *F*.
D. pumila Brack. 4. 211, Fig. 114 *A*.
Dietelia P. Henn. (*Cronartiae.*) 1**. 38, 41, 519.

Digenea C. Ag. (*Rhodomelac.*) 2. 427, 437.
D. simplex (Wulf.) C. Ag. 2. 437, Fig. 245.
Digramma Kze. (*Polypodiac.*) 4. 304.
Digrammaria Hk. Bk. (*Polypodiac.*) 4. 184.
Digrammaria Hook. (*Polypodiac.*) 4. 224.
Digrammaria Presl (*Polypodiac.*) 4. 184, 188, 224.
Dilaena Dum. (*Jungerm. akrog.*) 3. 55.
Dilophia Sacc. (*Pleosporac.*) 1. 428, 433.
D. graminis Fuckel Sacc. 1. 433, Fig. 268 *H*—*K*.
Dilophospora Desm. (*Sphaerioidac.*) 1**. 377, 381, 382.
D. graminis Desm. 1**. 381, Fig. 200 *B*.
Dilophospora Fuckel (*Pleosporac.*) 1. 433.
Dilophus J. Ag. (*Dictyotac.*) 2. 295, 297.
Dilsea Stackh. (*Dumontiac.*) 2. 317, 320.
Dimargaris Van Tiegh. (*Mucedinac.*) 1**. 418, 431.
D. crystalligena Van Tiegh. 1**. 431, Fig. 223 *A*, *B*.
Dimastigamoeba Blochm. (*Rhizomastigae.*) 1a. 115.
Dimastigoaulax Dies. (*Peridiniae.*) 1b. 20.
Dimaura Norm. (*Buelliae.*) 1*. 231.
Dimaura Norm. (*Lichen.*) 1*. 240.
Dimelaena (*Buelliae.*) 1*. 232.
Dimelaena (*Physciae.*) 1*. 234, 236.
Dimelaena Beltr. (*Buelliae.*) 1*. 233.
Dimerella Trevis. (*Gyalectac.*) 1*. 125.
Dimerodontium C. Müll. (*Leskeac.*) 3. 994.
Dimerodontium Mitt. (*Fabroniac.*) 3. 900, 911.
D. mendozense Mitt. 3. 911, Fig. 669 *A*—*F*.
Dimerogramma Ralfs (*Bacillariac.*) 1b. 112, 115.
D. fulvum (Greg.) Ralfs 1b. 115, Fig. 203 *B*.
D. (Eudimerogramma) marinum (Grey) Ralfs 1b. 114, Fig. 203 *A*.
D. Glyphodesmia Williamsonii Greg. 1b. 114, Fig. 206 *A*—*C*.
Dimeromyces Thaxt. (*Laboulbeniac.*) 1. 496, 497, 498.
D. africanus Thaxt. 1. 498, Fig. 290 *C*—*D*.
D. muticus Thaxt. 1. 498, Fig. 290 *A*, *B*.
Dimerospora Stnr. *Lecanorac.* 1*. 204.
Dimerospora Th. Fr. *Lecanorac.* 1*. 204.
Dimerosporae *Sphaerioidae.* 1**. 349.
Dimerosporium Fuckel (*Perisporiac.*) 1. 333, 334.
D. pulchrum Sacc. 1. 334, Fig. 231 *E*—*G*.
Dimorella Norm. (*Moriolac.*) 1*. 52.
Dimorpha Grassi (*Distomatin.*) 1a. 150.

Dimorpha Gruber (*Rhizomastigae.*) 1a. 113, 114, 115.
D. mutans Gruber 1a. 114, Fig. 73.
Dimorpha Klebs (*Rhizomastigae.*) 1a. 115.
Dimorphella C. Müll. (*Hypnae.*) 3. 1083.
Dimorphella (C. Müll.) Ren. et Card. (*Hypnae.*) 3. 1078, 1083.
D. Pechuelii (C. Müll.) 3. 1083, Fig. 770 *A—H*.
Dimorphococcus A. Br. (*Pleurococcac.*) 2. 56, 57.
Dimorphomyces Thaxt. (*Laboulbeniae.*) 1. 496, 497, 498.
Dinckleria Nock. (*Jungerm akrog.*) 3. 87, 113.
Dinckleria Trevis. (*Jungerm. akrog.*) 3. 87.
Dinema Perty (*Peranemac.*) 1a. 178, 180, 184.
D. griseolum Perty 1a. 184, Fig. 136.
Dinemasporium Lév. (*Excipulac.*) 1**. 393, 394, 395.
D. gramineum Lév. 1**. 394, Fig. 204 *F*, *G*.
D. hispidulum (Schrad.) Sacc. 1**. 394, Fig. 204 *C—E*.
Dinemeae (*Peranemac.*) 1a. 180, 184.
Dineuron Ren. (*Filical.*) 4. 511.
Dinobryaceae 1a. 153: 2. 570.
Dinobryon Ehrenbg. (*Ochromonadac.*) 1a. 163, 164, 165: 2. 570.
D. Sertularia Ehrenb. 1a. 165, Fig. 119*A*.
D. (Epipyxis) utriculus (Stein) Klebs 1a. 165, Fig. 119 *B*.
Dinobryopsis Lemm. (*Ochromonadac.*) 1a. 164.
Dinoflagellata 1b. 1.
Dinomonas Kent (*Bodonac.*) 1a. 134, 135.
D. vorax Kent 1a. 135, Fig. 90 *C*.
Dinophyseae (*Peridiniae*) 1b. 16, 26.
Dinophysis Ehrenb. (*Peridiniae.*) 1b. 26, 27, 28.
D. acuta Ehrenb. 1b. 28, Fig. 39 *A—C*.
Dinopyxis Stein (*Prorocentrac.*) 1b. 8.
Diomphala Ehrenb. (*Bacillariae.*) 1b. 136.
Diorchidium Kalchbr. (*Pucciniae.*) 1**. 351.
Diorchidium Kalchbr. (*Pucciniae.*) 1**. 351, 352.
Diorygma Eschw. (*Graphidae.*) 1*. 100.
Diphratora (*Lecanorae.*) 1*. 204, 205.
Diphratora Trevis. (*Lecanorae.*) 1*. 204.
Diphyllum Mitt. (*Jungerm. akrog.*) 3. 113.
Diphyllus Carr. et Pears (*Jungerm. akrog.*) 3. 98.
Diphysciaceae [= Weberaceae] 3. 287.

Diphyscium Ehrh. (*Weberac.*) 3. 663.
D. foliosum (L.) Web. et Mohr 3. 169, Fig. 89 *A—H*; 170, Fig. 90 *A—C*; 217, Fig. 131 *D—G*; 230, Fig. 140 *E*.
Diplamphora Cleve (*Bacillariae.*) 1b. 140.
Diplasiolejeunea Spruce (*Jungerm akrog.*) 3. 118, 121.
Diplazites Goepp. (*Filical.*) 4. 443, 473, 493.
Diplazites Stur (*Marattial.*) 4. 445.
Diplazium Sw. (*Polypodiac.*) 4. 222, 224, 227; 227, Fig. 121 *A—D, F*.
D. celtidifolium Kunze 4. 227, Fig. 121 *B, C*.
D. lanceum (Thunbg.) Presl 4. 227, Fig. 121 *A*.
D. marginatum (L.) Diels 4. 227, Fig. 121 *F*.
D. radicans (Schk.) Presl 4. 227, Fig. 121 *D*.
Diplectridium Fischer (*Bacteriae.*) 1a. 25.
Diplocarpa Massee (*Heliotiae.*) 1**. 533.
Diploceras Sacc. (*Melanconiac.*) 1**. 413.
Diplocladium Bon. (*Mucedinae.*) 1**. 445, 446.
D. minus Bon. 1**. 446, Fig. 231 *E*.
Diplococcium Grove (*Dematiae.*) 1**. 473, 474, 475.
D. strictum Sacc. 1**. 475, Fig. 247 *C*.
Diplococcus auct. (*Coccae.*) 1a. 16.
Diplocolon Naeg. (*Scytonematac.*) 1a. 78, 80.
D. Heppii Naeg. 1a. 78, Fig. 37 *F*.
Diplocomium Brid. (*Meeseae.*) 3. 628.
Diplocystis Berk. et Curt. (*Lycoperdae.*) 1**. 323, 324.
D. Wrightii Berk. et Curt. 1** 323, Fig. 167 *D*.
Diplocystis Trevis. (*Chlorophye.*) 2. 27.
Diploderma Kjellm. (*Bangiae.*) 2. 311.
Diploderma Link (*Calostomatae.*) 1** 342.
Diplodia Fries (*Sphaerioidae.*) 1**. 370, 371.
D. Aurantii Catt. 1**. 371, Fig. 195 *A—D*.
D. herbarum (Corda) Lév. 1**. 371, Fig. 195 *E—G*.
Diplodictyum C. F. Braun (*Filical.*) 4. 514.
Diplodiella Karst. (*Sphaerioidae.*) 1**. 370, 371, 372.
D. Cardoniа Flag. et Sacc. 1**. 371, Fig. 195 *K, L*.
Diplodina West (*Sphaerioidae.*) 1**. 366, 368, 369.
D. Castaneae Prill. et Delacr. 1**. 369, Fig. 194 *B—D*.
D. clodiensis Sacc. 1**. 369, Fig. 194 *F—H*.

Diplodina Ligustri Delacr. 1\*\*. 369, Fig. 194 E.
Diplodorina From. (Volvocac.) 2. 42.
Diplogramma Müll. Arg. (Graphidac.) 1\*. 92, 94.
Diplographis (Mass.) Müll. Arg. (Graphidac.) 1\*. 98; 97, Fig. 48 F.
Diploicia Mass. (Buelliac.) 1\*. 232.
Diplolabis Ren. (Marattiac.) 4. 440, 448, 544.
Diplolaena Dum. (Jungerm. akrog.) 3. 55.
Diplolaena Nees (Jungerm. akrog.) 3. 58.
Diplolepideae (Bryol.) 3. 285.
Diplolepis Kindb. (Pottiac.) 3. 438.
Diploloma Müll. Arg. (Graphidac.) 1\*. 100.
Diplomastix Kent (Bodonac.) 1\*. 134.
Diplomita From. (Peranemac.) 1a. 183.
Diplomita Kent (Amphimonadac.) 1a. 138, 140.
D. socialis Kent 1a. 38, Fig. 94 C.
Diplomitrion Corda (Jungerm. akrog.)3. 55.
Diplomitrium Nees (Jungerm. akrog.) 3. 55.
Diplomyces Thaxt. (Laboulbeniac.) 1. 496, 503.
D. actobianus Thaxt. 1. 503, Fig. 292 E.
Diplonaevia Sacc. (Stictidac.) 1. 249.
Diploneis Ehrenb. (Bacillariac.) 1b. 124.
Diplonema De Not. (Cladophorac.) 2. 117.
Diplonema Kjellm. (Ulvac.) 2. 77.
Diplopeltis Pass. (Leptostromatac.) 1\*\*. 390.
Diplophacelus Corda (Filical.) 4. 512.
Diplophlyctis Schröt. (Rhizidiac.) 1. 75, 78.
Diplophylleia Dum. (Jungerm. akrog.) 3. 84.
Diplophylleia Rchb. (Jungerm. akrog.) 3. 112.
Diplophylleia Trevis. (Jungerm. akrog.) 3. 83, 112.
Diplophyllum Dum. (Jungerm. akrog.)3. 84.
Diplophyllum Dum. (Jungerm. akrog.) 3. 110, 112.
D. albicans (L.) Dum. 3. 112, Fig. 64 G, H.
D. obtusifolium (Hook.) Dum. 3. 112, Fig. 64 D—F.
Diplophysa Schröt. (Oochytriac.) 1. 84, 85.
D. Saprolegniae (Cornu) Schröt. 1. 84, Fig. 68 E.
D. Schenkiana (Zopf) Schröt. 1. 84, Fig. 68 A—D.
Diplophysalis Zopf (Pseudosporeae) 1. 38.
Diplopora Schafh. (Dasycladac.) 2. 139, 557.

Diplopsalis Bergh (Peridiniac.) 1b. 18, 21.
D. lenticula Bergh 1b. 21, Fig. 31 A—C.
Diplopterygium Diels (Gleicheniac.) 4. 353, 354, Fig. 188 A.
Diplora Bak. (Polypodiac.) 4. 222, 229, 230.
D. integrifolia Bak. 4. 229, Fig. 122 A, B.
Diploschistaceae 1\*. 121—122, 242.
Diploschistes Norm. (Diploschistac.) 1\*. 121, 122, 243.
D. scruposus (L.) Norm. 1\*. 122, Fig. 60 A—F.
Diploscyphus De Not. (Jungerm. akrog.) 3. 92.
Diplosiga Frenzel (Craspedomonadac.) 1a. 125, 128.
Diplosigeae (Craspedomonadac.) 1a. 125, 128.
Diplosigopsis Francé (Craspedomonadac.) 1a. 125, 128, 129.
Diplosporium Bon. (Mucedinac.) 1\*\*. 445, 446.
D. album Bon. 1\*\*. 446, Fig. 234 F.
Diplosporium Link (Dematiac.) 1\*\*. 474.
Diplostichum Mont. (Orthotrichac.) 3. 457.
Diplostromium Kütz. (Encoeliac.) 2. 201.
Diplostronium Kjellm. (Encoeliac.) 2. 574.
Diplotegium Corda (Lepidodendrac.) 4. 727.
Diplothallus Wainio (Collemac.) 1\*. 175.
Diplotheca Starb. (Sphaeriac.) 1. 395, 405.
Diplotmema Stur (Filical.) 4. 483; 483, Fig. 276.
Diplotomma (Buelliac.) 1\*. 232.
Diplotomma (Lecideac.) 1\*. 137.
Diplotomma Fw. (Buelliac.) 1\*. 232.
Diplotomma(Fw.) Koerb. Buelliac.) 1\*. 232.
Diplotrichia J. Ag. (Rivulariac.) 1a. 89.
Dipodascus Lagerh. (Ascoideae.) 1. 445, 446.
Dipteridinae (Polypodiac.) 4. 167, 202.
Dipteris Reinw. (Polypodiac.) 4. 167, 202, 513, 514; 202, Fig. 108 I—E.
D. conjugata (Kaulf.) Reinw. 4. 202, Fig. 108 A—D.
D. Lobbiana (Hook.) Moore 4. 202, Fig. 108 F.
Dipterosiphonia Schmitz et Falkbg. (Rhodomelac.) 2. 428, 463.
D. heteroclada (J. Ag.) Fkbg. 2. 463, Fig. 260 A.
Dirimosperma Preuss Sphaerioidac. 1\*\*. 364.

Dirina E. Fr. (*Dirinac.*) 1\*. 106.
D. Ceratoniae (Ach.) De Not. 1\*. 106, Fig. 54 *A, B.*
**Dirinaceae** 1\*. 89, 105—106.
Dirinaria Tuck. (*Physciac.*) 1\*. 235.
Dirinaria (Tuck.) Wainio (*Physciac.*) 1\*. 235.
Dirinastrum Müll. Arg. (*Dirinac.*) 1\*. 106.
Dirinopsis De Not. (*Dirinac.*) 1\*. 106.
Discaria Sacc. (*Pezizac.*) 1. 179.
**Disceliaceae** 3. 284, 508—509.
Discelium Brid. (*Disceliac.*) 3. 509.
D. nudum (Dicks.) Brid. 3. 509, Fig. 364 *A, B.*
Discella Berk. et Br. (*Excipulac.*) 1\*\*. 395, 396.
D. aloetica Sacc. 1\*\*. 396, Fig. 205 *A.*
D. Centaureae Roll. et Fautr. 1\*\*. 396, Fig. 205 *B.*
Disceraea Morr. (*Volvocac.*) 2. 38.
Discina Fries (*Pezizac.*) 1. 182, 185.
Discinella Boud. (*Pezizac.*) 1. 185.
Discinella Karst. (*Pezizac.*) 1. 185.
Disciotis Boud. (*Pezizac.*) 1. 185.
Discisedu Czern. (*Lycoperdac.*?) 1\*\*. 323.
DiscocollaPrill.etDelacr.(*Tuberculariac.*) 1\*\*. 508.
Discocyphella P. Henn. (*Thelephorac.*) 1\*\*. 553, 554.
Discoideae (*Bacillariac.*) 1b. 55, 58.
Discomycopsis J. Müll. (*Sphaerioidac.*) 1\*\*. 363, 365, 366.
D. rhytismoides J. Müll. 1\*\*. 365, Fig. 192 *P, R.*
Discophorites Heer (*Algae*) 2. 554.
Discophyllum Mitt. (*Hookeriac.*) 3. 927.
Discophyllum (Mitt.) Mitt. (*Hookeriac.*) 3. 1234.
Discoplea Ehrenb. (*Bacillariac.*) 1b. 65, 66, 69.
Discopteris Stur (*Marattiac.*) 4. 445, 446, 493.
D. Karwinensis Stur 4. 446, Fig. 250 *A.*
D. Schumannii Stur 4. 446, Fig. 250 *B.*
Discosia Lib. (*Leptostromatac.*) 1\*\*. 390, 391.
D. Artocreas (Tode) Fr. 1\*\*. 391, Fig. 203 *D—G.*
Discosira Rabh. (*Bacillariac.*) 1b. 58, 60.
D. sulcata Rabh. 1b. 60, Fig. 68 *a—c.*
Discosporangium Falkbg. (*Choristocarpac.*) 2. 190, 191.
D. mesarthrocarpum (Menegh.) Hauck 2. 191, Fig. 134 *D—G.*

Discula Sacc. (*Leptostromatac.*) 1\*\*. 393, 394.
D. Platani (Peck) Sacc. 1\*\*. 394, Fig. 204 *A, B.*
Discus Stodder (*Bacillariac.*) 1b. 150.
Diselmis Duj. (*Volvocac.*) 2. 38.
Disiphonia Ehrenb. (*Bacillariac.*) 1b. 106.
Disphenia Presl (*Cyatheac.*) 4. 123.
Dispira Van Tiegh. (*Mucedinac.*) 1\*\*. 518, 431, 432.
D. cornuta Van Tiegh. 1\*\*. 431, Fig. 223 *C, D.*
Dissodon C. Müll. (*Pottiac.*) 3. 420.
Distaxia Presl (*Polypodiac.*) 4. 245.
Distichium Bryol. eur. (*Dicranac.*) 3. 294, 302.
Distichophylleae (*Hookeriac.*) 3. 1232, 1233.
Distichophyllidium Fleisch. (*Hookeriac.*) 3. 1234.
D. Nymanianum Fleisch. 3. 1234, Fig. 861 *A—E.*
Distichophyllum (*Hookeriac.*) 3. 925.
Distichophyllum Doz. et Molk. (*Hookeriac.*) 3. 930.
Distichophyllum Doz. et Molk. (*Hookeriac.*) 3. 919, 926, 1234.
D. rotundifolium (Hook. f. et Wils.) 3. 927, Fig. 678 *A—E.*
D. spathulatum Doz. et Molk. 3. 929, Fig. 679 *A—F.*
Distigma Ehrenb. (*Astasiac.*) 1a. 177, 178.
D. proteus Ehrenb. 1a. 177, Fig. 128 *B.*
**Distomataceae** 1a. 110, 147—151.
Distomatineae 1a. 110, 147—151.
Ditangium Karst. (*Tremellac.*) 1\*\*. 92.
Ditiola Fr. (*Dacryomycetac.*) 1\*\*. 97, 98, 99.
D. radicata (A. et Schw.) Fr. 1\*\*. 98, Fig. 63 *M—Q.*
Ditiola Schulz (*Cenangiac.*?) 1. 240.
Ditopella De Not. (*Gnomoniac.*) 1. 447, 448.
D. ditopa (Fr.) Schröt. 1. 448, Fig. 272 *C—E.*
Ditricheae (*Dicranac.*) 3. 285, 290, 293, 1175.
Ditrichum Hampe (*Dicranac.*) 3. 300.
Ditrichum Lindb. (*Dicranac.*) 3. 298.
Ditrichum Timm (*Dicranac.*) 3. 294, 299, 1175.
D. vaginans (Sull.) Hampe 3. 296, Fig. 173 *F—K.*
Ditylium Bail. (*Bacillariac.*) 1b. 89, 90.

Ditylium Brightwellii (West) Grun. 1b. 90, Fig. 150 A.
D. sol Van Heurck 1b. 90, Fig. 150 B.
Ditylum Bail. (Bacillariae.) 1b. 89.
Doassansia Cornu (Tilletiae.) 1\*\*. 15, 21, 22.
D. Alismatis (Nees) Cornu 1\*\*. 22, Fig. 13 A.
D. Sagittariae (West) Fischer 1\*\*. 22, Fig. 13 B.
Doassansiopsis Setchell (Tilletiae.) 1\*\*. 15, 21, 22.
D. Martianoffiana (Thüm.) Setch. 1\*\*. 22, Fig. 13 C, D.
Dochmolopha Cooke (Sphaerioidac.) 1\*\*. 374.
Docidium (Bréb.) Lund (Desmidiac.) 2. 7, 9, 10.
D. Baculum Bréb. 2. 10, Fig. 6 IIa.
D. dilatatum Cleve 2. 10, Fig. 6 IIa'.
Dolerophyllum Saporta (Pteridophyt.) 4. 798.
Doleropteris Grand'Eury (Filical.) 4. 500, 513, 798.
Dolichomitra Lindb. (Lembophyllac.) 3. 867.
Dolichomitra (Lindb.) Broth. (Lembophyllac.) 3. 863, 867.
D. cymbifolia (Lindb.) 3. 867, Fig. 636 A—F.
Dolichospermum (Ralfs) Born. et Flah. (Nostocac.) 1a. 75.
Dolichotheca (Lindb.) Lindb. (Hypnac.) 3. 1082.
Doliolidium C. Müll. (Bryac.) 3. 586, 1206.
Donkinia Ralfs (Bacillariac.) 1b. 121, 133, 134.
D. carinata (Donk.) Ralfs 1b. 134, Fig. 243 A, B.
Donnia S. F. Gray (Jungerm. akrog.) 3. 100.
Doodia R. Br. (Polypodiac.) 4. 36, 37, 222, 253, 254.
D. caudata R. Br. 4. 36, Fig. 18 E, F.
D. media R. Br. 4. 254, Fig. 134 C, D.
Doodya Sadebeck (Polypodiac.) 4. 36, Fig. 18.
Doratomyces Corda (Mucedinac.) 1\*\*. 418, 428, 429.
D. tenuis Corda 1\*\*. 429, Fig. 221 C.
Dorcadion Adans. (Orthotrichac.) 3. 466.
Dorcapteris Presl (Polypodiac.) 4. 195, 198.
Doryopteridastrum Fée (Polypodiac.) 4. 269.
Doryopteris J. Sm. (Polypodiac.) 4. 255, 269, 270; 270, Fig. 143 A—C.

D. lomariacea (Kze.) Klotzsch 4. 270, Fig. 143 A, B.
Doryphora Kütz. (Bacillariac.) 1b. 114, 134.
Dorythamnion Naeg. (Ceramiac.) 2. 489.
Dothichiza Lib. (Excipulac.) 1\*\*. 393; 1. 233.
Dothidea Fries (Dothideac. 1. 375, 378, 379.
D. puccinioides (DC.) Fr. 1. 379, Fig. 249 A—D.
**Dothideaceae** 1. 325, 375—384; 1\*\*. 541.
Dothideales 1. 325, 373—383; 1\*\*. 541.
Dothidella Speg. (Dothideac.) 1. 375, 382.
D. betulina (Fr.) Sacc. 1. 382, Fig. 251 F—H.
D. thoracella (Rostr.) Sacc. 1. 382, Fig. 251 E.
Dothidites Fries (Pyrenomycet.) 1\*\*. 521.
Dothiopsis Karst. (Sphaerioidac.) 1\*\*. 351, 359.
Dothiora Berk. (Sphaerioidac.) 1\*\*. 361.
Dothiora Fr. (Phacidiac.) 1\*\*. 256, 257. 258.
D. sphaeroides (Pers.) Fr. 1. 258, Fig. 188 C—E.
Dothiorella Sacc. (Sphaerioidac.) 1\*\*. 351, 360, 361.
D. Mori Berl. 1\*\*. 360, Fig. 189 M—O.
Doxodasya Schmitz (Rhodomelac.) 2. 449.
Dozya Karst. (Hypoereac.) 1. 365.
Dozya Lac. (Leucodontac.) 3. 748, 751.
D. japonica Lac. 3. 752, Fig. 563 A—G.
Draparnaldia Bory (Chaetophorac.) 2. 88, 91, 92.
D. glomerata (Vauch.) Ag. 2. 88, Fig. 53.
Drepanella C. Müll. (Hookeriac.) 3. 939.
Drepanidium Lank. (Cytozoac.) 1. 39.
Drepanium Mitt. (Hypnac.) 3. 1057.
Drepanium Roth (Hypnac.) 3. 1026, 1068.
Drepanium Schimp. (Hypnac.) 3. 1068.
Drepanium (Schimp.) Mitt. (Hypnac.) 3. 1062, 1069.
Drepanocladus C. Müll. (Hypnac.) 3. 1032.
Drepanocladus (C. Müll.) Roth (Hypnac.) 3. 1022, 1032, 1239.
D. fluitans (L.) 3. 1032, Fig. 743 A—C.
D. intermedius (Lindb.) 3. 1032, Fig. 743 E.
D. vernicosus Lindb. 3. 1032, Fig. 743 D.
Drepanocladus Lindb. (Hypnac.) 3. 1030, 1032.
Drepanocladus Loeske (Hypnac.) 3. 1034.
Drepanoconis Schröt. et P. Henn. (Albuginac.) 1\*\*. 530.

Drepanolejeunea Spruce (*Jungerm.* akrog.) 3. 119, 126.
D. dactylophora (Nees) Spruce 3. 123, Fig. 69 M.
Drepanophycus Goepp. (*Algae*) 2. 554.
**Drepanophyllaceae** 3. 285, 530—532.
Drepanophyllaria C. Müll. (*Hypnac.*) 3. 1027.
Drepanophylleae [= Drepanophyllaceae] 3. 285.
Drepanophyllum Mitt. (*Drepanophyllac.*) 3. 531.
Drepanophyllum Rich. (*Drepanophyllac.*) 3. 531.
D. fulvum Rich. 3. 530, Fig. 392 *A—E*.
Drepanospora Berk. et Curt. (*Dematiac.*) 1**. 476, 480.
Drummondia Hook. (*Orthotrichac.*) 3. 457, 465, 1199.
D. clavellata Hook. 3. 465, Fig. 315 *A—D*.
Druridgia Donkin (*Bacillariac.*) 1b. 58, 60.
D. geminata Donk. 1b. 60, Fig. 67 *A*, *B*.
Drymoglossum Presl (*Polypodiac.*) 4. 302, 303.
D. carnosum Hook. 4. 303, Fig. 160 *A—C*.
Drynaria Bory (*Polypodiac.*) 4. 302, 328, 329.
Dryodon Quél. (*Hydnac.*) 1**. 144, 146.
Dryomenes Fée (*Polypodiac.*) 4. 183.
Dryophila Quél. (*Agaricac.*) 1**. 251.
Dryopteris Adans. (*Polypodiac.*) 4. 167.
Dryopteris Amman (*Polypodiac.*) 4. 167.
Dryopteris O. Ktze. (*Polypodiac.*) 4. 167.
Dryopteris Schott (*Polypodiac.*) 4. 173.
Dryostachyum J. Sm. (*Polypodiac.*) 4. 302, 327, 328.
D. splendens J. Sm. 4. 327, Fig. 170 *A—C*.
Dryptodon (*Fontinalac.*) 3. 724.
Dryptodon Brid. (*Grimmiac.*) 3. 440, 454.
Dryptodon C. Müll. (*Grimmiac.*) 3. 453.
Dryptodon Lindb. (*Grimmiac.*) 3. 453.
Dubitatio Speg. (*Hypocreac.*) 1. 349.
Dubyella Bryol. eur. (*Fabroniac.*) 3. 908.
Dudresnaya Bonnemais. (*Dumontiac.*) 2. 516, 518, 519.
D. coccinea (Ag.) Crouan 2. 518, Fig. 276 *A*, *B*; 519, Fig. 277 *A*, *B*.
Dufourea (Ach.) Nyl. (*Usneac.*) 1*. 217, 218.
Dumontia Lamx. (*Dumontiac.*) 2. 516, 517.
D. filiformis (Fl. Dan.) Grev. 2. 517, Fig. 275 *A—C*.
**Dumontiaceae** 2. 306, 515—521.
Dumortiera Nees (*Marchantiac.*) 3. 29.

Dumortiera Reinw. (*Marchantiac.*) 3. 25, 35.
Dumortiera West (*Sphaerioidac.*) 1**. 382.
Dumoulinia Stein (*Lecideac.*) 1*. 213.
Duplicaria Fuckel (*Phacidiac.*) 1. 263.
Durella Tul. (*Patellariac.*) 1. 221, 222, 223.
D. compressa (Pers.) Tul. 1. 223, Fig. 171 *F*.
D. connivens (Fr.) Rehm 1. 223, Fig. 171 *G*.
Duriaea Bory et Mont. (*Jungerm. anakrog.*) 3. 51.
Duriella Claus et Bill. (*Jungerm. anakrog.*) 3. 51.
Durvillaea Bory (*Fucae.*) 2. 273, 274, 278, 279.
D. utilis Bory 2. 273, Fig. 182 *D*; 274, Fig. 183 *F*.
Dusenia Broth. (*Leucodontac.*) 3. 757.
Duseniella Broth. (*Neckerac.*) 3. 807, 812.
D. genuflexa (C. Müll.) 3. 813, Fig. 607 *A—E*.
Dussiella Pat. (*Hypocreac.*) 1. 348, 367.
D. tuberiformis (Berk. et Rav.) Pat. 1. 367, Fig. 245 *G—K*.
Duthiella C. Müll. (*Leskeac.*) 3. 1004, 1009.
D. Wallichii (Hook.) 3. 1010, Fig. 733 *A—E*.
Duvalia Gott. (*Marchantiac.*) 3. 33.
Duvalia Haw. (*Marchantiac.*) 3. 32.
Duvalia Nees (*Marchantiac.*) 3. 32.
Duvalia S. O. Lindb. (*Marchantiac.*) 3. 31.
Duvallia Corda (*Marchantiac.*) 3. 32.
Dyas Ehrenb. (*Volvocae.*) 2. 39.
Dyplolabia Mass. (*Graphidac.*) 1*. 98.
Dysphinctium (*Desmidiac.*) 2. 11.
Dysphinctium Naeg. (*Desmidiac.*) 2. 11.

# E.

Eatoniopteris Bommer (*Cyatheac.*) 4. 123, 125.
Ecchyna Fries (*Pilacrac.*) 1**. 86.
Eccilia Fries (*Agaricac.*) 1**. 254.
Eccremidium Hook. f. et Wils. (*Dicranac.*) 3. 293, 296.
E. arcuatum Hook. f. et Wils. 3. 297, Fig. 174 *A*.
E. pulchellum Hook. f. et Wils. 3. 297, Fig. 174 *B*.
E. Whiteleggei Broth. 3. 298, Fig. 175 *A—H*.

Echinastrum Naeg. (*Hydrodictyac.*) 2. 73.
Echinella Brèb. (*Bacillariac.*) 1b. 109, 115, 120.
Echinella Massee (*Mollisiac.*) 1. 215.
Echinobotryeae (*Dematiac.*) 1**. 454, 455.
Echinobotryum Corda (*Dematiac.*) 1**. 455, 459, 460.
E. Citri Gar. et Catt. 1**. 459, Fig. 237 E.
E. parasitans Corda 1**. 459, Fig. 237 F.
Echinocaulon Kütz. (*Gelidiac.*) 2. 357.
Echinoceras Kütz. (*Ceramiac.*) 2. 501.
**Echinodiaceae** 3. 1216.
Echinodium Jur. (*Echinodiac.*) 3. 1216.
E. hispidum (Hook. f. et Wils.) 3. 1217, Fig. 851 A—D.
Echinogyna Dum. (*Jungerm. anakrog.*) 3, 53.
Echinomitrium Corda (*Jungerm. anakrog.*) 3. 53.
Echinophallus P. Henn. (*Phallac.*) 1**. 289, 294, 295.
E. Lauterbachii P. Henn. 1**. 294, Fig.145.
Echinoplaca Fée (*Ectolechiac.*) 1*. 123.
Echinostelium De Bary (*Stemonitac.*) 1. 26, 27.
Echinothecium Zopf (*Mycosphaerellac.*) 1**. 543.
Ecklonia Horn. (*Laminariac.*) 2. 245, 254, 257.
E. bicyclis Kjellm. 2. 245, Fig. 166 B.
**Ectocarpaceae** 2. 180, 182—189, 289.
Ectocarpidium Sperk (*Phaeophyc.*) 2. 289.
Ectocarpus Lyngby (*Ectocarpac.*) 2. 94, 183, 184, 185, 186, 187; 94, Fig. 57 B.
E. ovatus Kjellm. var. arachnoideus Reinke 2. 184, Fig. 130.
E. repens Reinke 2. 183, Fig. 179 C, D.
E. siliculosus (Dillw.) Lyngby 2. 185, Fig. 131 A—F.
Ectoclinium J. Ag. (*Gigartinac.*) 2. 354, 362.
Ectographis Trevis. (*Graphidac.*) 1*. 99, 100.
Ectolechia Mass. (*Thelotremac.*) 1*. 118.
Ectolechia Trevis. (*Ectolechiac.*) 1*. 123.
**Ectolechiaceae** 1*. 113, 122—125, 253.
Ectoneura Fée (*Polypodiac.*) 4. 195.
Ectophora J. Ag. (*Gigartinac.*) 2. 362.
Ectosporeae (*Myxogaster.*) 1. 15.
Ectostroma Fries (*Mycel.*) 1**. 516.
Ectrogella Zopf (*Olpidiac.*) 1. 67, 70.
E. Bacillariacearum Zopf 1. 70, Fig. 52.
Ectrophecioppsis Broth. (*Sematophyllac.*) 3. 1120.
Ectrothecium (*Hypnac.*) 3. 1063, 1093.

Ectropothecium Dus. (*Leucomiac.*) 3. 1098.
Ectropothecium Gepp. (*Hypnac.*) 3. 1083.
Ectropothecium Mitt. (*Hypnac.*) 3. 1093.
Ectropothecium Mitt. (*Hypnac.*) 3. 1062, 1063, 1237.
E. intorquatum (Doz. et Molk.) 3. 1063, Fig. 761 E—G.
E. verrucosum (Hampe) 3. 1063, Fig. 762 A—F.
Egenolfia Schott (*Polypodiac.*) 4. 196.
Egregia Aresch. (*Laminariac.*) 1. 248, 254, 260.
E. Menziesii (Turn.) Aresch. 2. 248, Fig. 168 A.
Eichen-Wirrschwamm (*Daedalea quercina* L.) 1**. 181.
Eichhase (*Polyporus umbellatus* Pers.) 1**. 112, 168.
Eichpilz (*Boletus bulbosus* Schaeff.) 1**. 191.
Eierpilz (*Cantharellus cibarius* Fr.) 1**. 112.
Eisenia Aresch. (*Laminariac.*) 2. 254, 257.
Ekelschwamm (*Hebeloma crustuliformis* Bull.) 1**. 113.
Elachista Duby (*Elachistac.*) 2. 217, 219, 220.
E. scutulata (Sm.) Duby 2. 217, Fig. 150.
**Elachistaceae** 2. 181, 216—221.
Elachisteae (*Elachistac.*) 2. 219.
Elaeomyces O. Kirchn. (*Hemibasid.*) 1**. 546.
Elaphoglossum Schott (*Polypodiac.*) 4. 330, 331, 332, 335; 335, Fig.174 A—H.
E. aureonitens (Hook.) Diels 4. 335, Fig. 174 H.
E. Boryanum (Fée) Moore 4. 335, Fig. 174 D.
E. conforme (Sw.) Schott 4. 332, Fig. 173 A, B.
E. crinitum (L.) Diels 4. 335, Fig. 174 E—G.
E. dimorphum Hook. et Grev. Moore 4. 335, Fig. 174 A.
E. squamosum Sw. J. Sm. 4. 335, Fig. 174 C.
E. villosum (Sw.) J. Sm. 4. 335, Fig. 174 B.
Elaphomyces Nees (*Elaphomycetac.*) 1. 311.
E. cervinus Pers. Schröt. 1. 311, Fig. 221 A—E.
**Elaphomycetaceae** 1. 293, 311—312.
Elasmomyces Cavara (*Secotiac.*) 1**. 300.

Eleutera Palis. (Neckerac.) 3. 839.
Eleuterophyllum Stur (Equisetac.) 4. 549.
Eleutheroloma Müll. Arg. (Graphidac.) 1*. 101.
Eleutheromyces Fuckel (Hypocreac.) 1. 347, 354, 355.
E. subulatus (Tode) Fuckel 1. 354, Fig. 238 D—F.
Ellipsospora Hansg. (Oedogoniac.) 2. 111.
Ellisiella Sacc. (Dematiac.) 1**. 457, 467, 468.
E. caudata (Peck) Sacc. 1**. 468, Fig. 243 F.
Elodium Lindb. (Leskeac.) 3. 1017.
Elodium Sull. (Leskeac.) 3. 1017.
Elvella Scop. (Thelephorac.) 1**. 127.
Elvirea Parona (Trimastigac.) 1a. 141, 142.
E. Cionae Parona 1a. 142, Fig. 97 B.
Emblemia Pers. (Graphidac.) 1*. 98.
Embolus Batsch (Fungi) 1*. 240.
Embryophyta asiphonogama 3. 1—1246.
Embryophyta zoidiogama 3. 1—1246.
Embryosphaeria Trevis. (Chlorophyc.) 2. 27.
Emericella Berk. et Br. (Aspergillac.) 1. 297, 299, 300; 1*. 239.
E. erythrospora Borzi 1. 300, Fig. 213 J—P.
Emprostea Ach. (Peltigerac.) 1*. 195.
Emprostea Wainio (Peltigerac.) 1*. 194.
Empusa Cohn (Entomophthorac.) 1. 135, 137, 138.
E. Grylli (Fresen.) Nowak 1. 135, Fig. 121 A.
E. Muscae Cohn 1. 138, Fig. 123.
Enantiocladia Falkbg. (Rhodomelac.) 2. 429, 466.
Enarthromyces Thaxt. (Laboulbeniac.) 1. 496, 497, 499.
Encalypta Roth (Entodontac.) 3. 891.
Encalypta Roth (Leucodontac.) 3. 756.
Encalypta Schreb. (Pottiac.) 3. 436, 1196.
E. affinis Hedw. f. 3. 437, Fig. 291 A—C; 439, Fig. 292 B.
E. contorta (Wulf.) 3. 437, Fig. 291 D.
E. longicolla Bruch 3. 439, Fig. 292 C.
E. rhabdocarpa Schwaegr. 3. 439, Fig. 292 A.
Encalypta Sw. (Dicranac.) 3. 318.
**Encalyptaceae** 3. 285, 1196.
Encalypteae (Pottiac.) 3. 381, 436—439.
Encephalographa Mass. (Graphidac.) 1*. 92, 95.
E. cerebrina (Ach.) Mass. 1*. 93, Fig. 46 D, E.

Enchelys Nitzsch (Euglenac.) 1a. 175.
Enchnoa Fries (Massariac.) 1. 444, 445.
E. infernalis (Kze.) Fuckel 1. 445, Fig. 271 A, B.
Enchnosphaeria Fuckel (Sphaeriac.) 1. 398.
Enchylium Mass. (Pyrenopsidac.) 1*. 160, 161.
Encliopyrenia Trevis. (Verrucariac.) 1*. 55.
Encoelia Fries (Cenangiac.) 1. 232.
**Encoeliaceae** 2. 181, 197—204, 289—290.
Encoelites Brongn. (Algae) 2. 555.
Encoelium Kütz. (Encoeliac.) 2. 203, 204.
Encoelocladium Zigno (Algae) 2. 554.
Encyonema Kütz. (Bacillariac.) 1b. 138.
Encyothalia Harv. (Sporochnac.) 2. 237, 238.
E. Cliftoni Harv. 2. 237, Fig. 161 B.
Endhormidium Auersw. (Melanconiac.) 1**. 403, 543.
Endhormidium Auersw. et Rabh. (Corynéliac.) 1**. 543.
Endictya Ehrenb. (Bacillariac.) 1b. 62.
Endictya Ehrenb. (Bacillariac.) 1b. 59, 61, 62.
E. Campechiana Grun. 1b. 61, Fig. 74 A, B.
Endobotrya Berk. et Curt. (Sphaerioidac.) 1**. 376, 377.
Endocarpidium Müll. Arg. (Dermatocarpac.) 1*. 60.
Endocarpiscum Nyl. (Heppiac.) 1*. 178.
Endocarpoma Fuckel (Pyrenopsidac.) 1*. 161.
Endocarpon Ach. (Dermatocarpac.) 1*. 60.
Endocarpon (Hedw.) A. Zahlbr. (Dermatocarpac.) 1*. 59, 61.
E. pusillum Fries 1*. 17, Fig. 16 A, B.
E. pusillum Hedw. 1*. 46, Fig. 29 B.
Endocarpon Th. Fr. (Dermatocarpac.) 1*. 59, 61.
Endocena Cromb. (Usneac.) 1*. 217, 226.
Endocladia J. Ag. (Gigartinac.) 2. 354, 355.
E. vernicata J. Ag. 2. 355, Fig. 215 A.
Endocladieae (Gigartinac.) 2. 354, 355.
Endoclonium Szym. (Chaetophorac.) 2. 92, 93.
E. polymorphum Franke 2. 93, Fig. 56.
Endococcus Nyl. (Mycosphaerellac.) 1. 426; 1*. 78, 240.
Endoconidium Prill. et Delacr. (Tuberculariac.) 1**. 500, 504, 505.
E. temulentum Prill. et Delacr. 1**. 505, Fig. 259 M, N.

Endodesmia Berk. et Br. (*Tuberculariac.*) 1\*\*. 506, 507.
Endogenae (*Laboulbeniac.*) 1. 596.
Endogone Link (*Protomycetac.*) 1. 147, 148.
E. macrocarpa Tul. 1. 148, Fig. 131.
Endohormidium Auersw. et Rabh. (*Coryneliac.*) 1\*\*. 403, 543.
Endoleuca Wainio (*Parmeliac.*) 1\*. 212.
Endolpidium De Wild. (*Olpidiac.*) 1\*\*. 525.
Endomyces Reeß (*Endomycetac.*) 1. 155.
E. decipiens (Tul.) Reeß 1. 155, Fig. 135.
E. Scytonematum Zukal 1\*. 158.
**Endomycetaceae** 1. 152, 154—156.
Endonevrum Czern. (*Lycoperdac.*) 1\*\*. 320.
Endophis Norm. (*Pyrenulac.*) 1\*. 65.
Endophyllaceae 1\*\*. 35—37, 549.
Endophyllum Lév. (*Cronartiac.*) 1\*\*. 36, 549.
E. Sempervivi (Alb. et Schwein.) De Bary 1\*\*. 36, Fig. 20.
Endoptychum Czern. (*Secotiac.*) 1\*\*. 300.
Endopyrenium Fw. (*Dermatocarpac.*) 1\*. 60.
Endopyrenium (Koerb.) Stizenb. (*Dermatocarpac.*) 1\*. 60.
Endosigma Bréb. (*Bacillariac.*) 1b. 132.
Endosiphonia Ardiss. (*Corallinac.*) 2. 544.
Endosiphonia Zanard. (*Rhodomelac.*) 2. 426, 436.
Endosphaera Klebs (*Protococcac.*) 2. 62, 65, 66.
E. biennis Klebs 2. 62, Fig. 38 *B*.
**Endosphaeraceae** 2. 27, 60—69.
Endosphaereae (*Protococcac.*) 2. 65.
Endospira Bréb. (*Desmidiac.*) 2. 9.
Endosporeae Rostaf. (*Myxogaster.*) 1. 15.
Endostauron Grun. (*Bacillariac.*) 1b. 128, 129.
Endothia Fries (*Melogrammatac.*) 1. 477, 478, 479.
E. radicalis (Schwein.) Fr. 1. 479, Fig. 283 *E*.
Endotrichella C. Müll. (*Neckerac.*) 3. 781, 1224.
E. elegans (Doz. et Molk.) 3. 781, Fig. 585 *A*—*G*.
Endotrichia Suringar (*Gloiosiphoniac.*) 2. 507.
Endotrichum Corda (*Sphaeropsidal.*) 1\*\*. 398.
Endotrichum Doz. et Molk. (*Neckerac.*) 3. 781, 782.
Endotrichum Jaeg. (*Neckerac.*) 3. 800.

Endotrichum Mitt. *Neckerae.* 3. 781.
Endotrichum Sull. (*Neckerac.*) 3. 785.
Endoxantha Wainio (*Parmeliac.*) 1\*. 212.
Endoxyla Fuckel (*Valsac.*) 1. 458.
Endoxylina Romell (*Valsac.*) 1. 459.
Endoxylon Nitschke (*Xylariac.*) 1. 484.
Enduria Norm. (*Dermatocarpac.?* 1\*. 61.
Endyomena Zopf (*Vampyrellac.*) 1. 38.
Enerthenema Bowman *Stemonitac.*) 1. 26, 27.
E. papillatum (Pers.) 1. 26, Fig. 15 *F*—*H*.
Enteridium Ehrenb. (*Clatroptychiac.*) 1. 18.
Enterodyction Müll. Arg. (*Chiodectonac.*) 1\*. 103, 104.
Enterographa (Fée) Wainio (*Chiodectonac.*) 1\*. 104.
Enteromorpha Link Harv. (*Ulvac.*) 2. 77.
Enteromyxa Cienk. (*Monocystac.*) 1. 38.
Enterosora Bak. (*Polypodiac.*) 4. 302, 320, 321.
E. Campbellii Bak. 4. 320, Fig. 166 *G*.
Enterostigma Müll. Arg. (*Chiodectonac.*) 1\*. 105, 241.
Enterostigma Wainio (*Chiodectonac.*) 1\*. 103, 105.
Entocladia Reinke (*Chaetophorac.*) 2. 94.
Entocolax Reinsch (*Algae?*) 2. 544.
Entoderma Lagerh. (*Chaetophorac.*) 2. 92, 94.
E. Wittrockii (Wille) Lagerh. 2. 94, Fig. 57 *A*.
Entodesmis Borzi (*Phaeocapsac.*) 1a. 94; 2. 570.
Entodesmium Riess (*Pleosporac.*) 1. 439.
Entodon (*Entodontac.*) 3. 881, 887.
Entodon C. Müll. (*Entodontac.*) 3. 875, 878, 881, 889.
Entodon C. Müll. (*Entodontac.*) 3. 871, 878, 1231.
E. Drummondi (Bryol. eur.) 3. 879, Fig. 644 *A*—*C*.
E. Schleicheri (Schimp.) 3. 879, Fig. 644 *E*.
Entodon Hampe (*Entodontac.*) 3. 881.
Entodon Lindb. (*Entodontac.*) 3. 883.
**Eutodontaceae** 3. 705, 870—899, 1231.
Entodontopsis Broth. *Entodontac.* 3. 871, 893.
E. contorto-operculata (C. Müll.) 3. 896, Fig. 657 *A*—*F*.
Entogonia Grev. *Bacillariac.*) 1b. 89, 90.
E. pulcherrima Grev. 1b. 90, Fig. 152.
Entolechia Mass. (*Thelotromac.*) 1\*. 118.

Entoloma Fries (*Agaricac.*) 1\*\*. 254, 256.
Entomoneis Ehrenb. (*Bacillariac.*) 1b. 134.
Entomophthora Fresen. (*Entomophthorae.*) 1. 136, 137, 139.
E. conica Nowak 1. 136, Fig. 122 $C_{1,2}$.
E. sepulchralis Thaxt. 1. 136, Fig. 122 $C_3$.
E. sphaerosperma Fresen. 1. 139, Fig. 124.
**Entomophthoraceae** 1. 137—141; 1\*\*. 331.
Entomophthorineae 1. 64, 134—141; 1\*\*. 330.
Entomosporium Lév. (*Leptostromatac.*) 1\*\*. 390.
Entomycelium Wallr. (*Hyphomycet.*) 1\*\*. 316.
Entonema Reinsch (*Fetocarpac.*) 2. 187.
Entophlyctis A. Fischer (*Rhizidiac.*) 1. 75.
Entophysa Moeb. (*Chlorosphaerac.*) 2. 53.
Entophysalis Kütz. (*Chroococcac.*) 1a. 32, 33, 54; 2. 27.
E. granulosa Kütz. 1a. 53, Fig. 49 G.
Entopyla Ehrenb. (*Bacillariac.*) 1b. 107.
E. australis Ehrenb. 1b. 107, Fig. 189 A—C.
Entopylinae (*Bacillariac.*) 1b. 56, 107.
Entorrhiza C. Weber (*Ustilaginac.?*) 1\*\*. 23.
Entosiphon Stein (*Peranemac.*) 1a. 178, 180, 184.
E. sulcatum (Duj.) Stein 1a. 184, Fig. 135.
Entosolenia Williams (*Prorocentrac.*) 1b. 8.
Entosordaria Sacc. (*Clypeosphaeriac.*) 1. 452.
Entosthelia (Wahlenb.) Stizenb. (*Dermatocarpac.*) 1\*. 60.
Entosthodon Schwaegr. (*Funariac.*) 3. 521.
Entosthodon (Schwaegr.) Lindb. (*Funariac.*) 3. 522, 1204.
E. apophysatus Tayl. 3. 523, Fig. 379 A—E.
Entothrix Kütz. (*Algae*) 1a. 92.
Entyloma De Bary (*Tilletiac.*) 1\*\*. 15, 17.
E. Calendulae Oudem. 1\*\*. 17, Fig. 10a,b.
E. Ranunculi Bonord. 1\*\*. 17, Fig. 10c,d.
E. serotinum Schröt. 1\*\*. 17, Fig. 10 A.
Eolichen Zukal (*Pyrenidiac.*) 1\*. 76.
Eomyces Ludw. (*Chytridin.?*) 1\*\*. 528.
Eophyton Forell (*Algae*) 2. 555.
Eopteris Saporta et Marion (*Filical.*) 4. 474.
**Ephebaceae** 1\*. 113, 154—157.
Ephebe E. Fr. (*Ephebac.*) 1\*. 154, 155.
E. lanata L) Wainio 1\*. 156, Fig. 76 A, C, D.
E. pubescens Fries 1\*. 18, Fig. 17.
E. solida Born. 1\*. 156, Fig. 76 B.

Ephebeia Nyl. (*Ephebac.*) 1\*. 154, 155.
Ephebella (*Lichen.*) 1\*. 158.
E. Hegetschweileri Hazsl. 1\*. 158.
E. Hegetschweileri Itzigs. 1\*. 158.
Ephelina Sacc. (*Cenangiac.*) 1. 232, 240.
Ephelis Fries (*Excipulac.*) 1\*\*. 396, 397.
E. trinitensis Cooke et Mass. 1\*\*. 396, Fig. 205 E—H.
Ephelis Fries (*Tryblidiac.*) 1. 256.
Ephelis Phill. (*Cenangiac.*) 1. 240.
Ephemeraceae 3. 283.
Ephemereae (*Funariac.*) 3. 510, 512, 1203.
Ephemerella Besch. (*Pottiac.*) 3. 383.
Ephemerella C. Müll. (*Funariac.*) 3. 512, 513.
E. recurvifolia (Dicks.) Schimp. 3. 512, Fig. 367 A—C.
Ephemeridium Kindb. (*Funariac.*) 3. 513.
Ephemeropsis Goeb. (*Nematoc.*) 3. 918.
E. tjibodensis Goeb. 3. 917, Fig. 673 A, B.
Ephemerum C. Müll. (*Funariac.*) 3. 515.
Ephemerum Hampe (*Funariac.*) 3. 513, 516.
Ephemerum Hampe (*Funariac.*) 3. 512, 513, 1203.
E. aequinoctiale Spruce 3. 515, Fig. 369 B, C.
E. crassinervium (Schwaegr.) C. Müll. 3. 514, Fig. 368 A—E.
E. papillosum Aust. 3. 514, Fig. 368 F—M.
E. serratum (Schreb.) Hampe 3. 156, Fig. 76 H.
Epichloë Fries (*Hypocreac.*) 1. 348, 366, 367.
E. typhina (Pers.) Tul. 1. 367, Fig. 215 A—E.
Epichloea Giard. (*Entomophthorac.?*) 1. 140; 1\*\*. 331.
Epicladia Reinke (*Chaetophorac.*) 2. 92, 94.
Epiclemidia Potter (*Mycoideae.*) 2. 104.
Epiclinium Fries (*Tuberculariac.*) 1\*\*. 407, 558, 559.
Epicoccum Link (*Tuberculariac.*) 1\*\*. 511, 512.
E. granulatum Penz. 1\*\*. 512, Fig. 262 B.
E. nigrum Link 1\*\*. 512, Fig. 262 A.
Epicymatia Fuckel (*Mycosphaerellac.*) 1. 426.
Epidochiella Sacc. (*Tuberculariac.*) 1\*\*. 512.
Epidochiopsis Karst. (*Tuberculariac.*) 1\*\*. 499, 503.
Epidochium Fries (*Tuberculariac.*) 1\*\*. 511, 512.

Epiglia Boud. (*Mollisiac.*) 1. 218.
Epigloea Zukal (*Epigloeae.*) 1*. 53.
E. bactrospora Zukal 1*. 53, Fig. 10.A—D.
Epigloeaceae 1*. 51, 53.
Epiglossum Kütz. (*Rhodomelac.*) 2. 170.
Epigoniantheae (*Jungerm. akrog.*) 3. 74, 75.
Epilithia Nyl. (*Stilbac.*) 1**. 494.
Epiloma Müll. Arg. (*Graphidac.*) 1*. 101.
Epineuron Harv. (*Rhodomelac.*) 2. 167.
Epinyctis Wallr. (*Lichen.*) 1*. 239.
Epiphloea Trevis. (*Collemac.*) 1*. 175.
Epiphora Nyl. (*Fungi*) 1*. 138.
Epipterygium Lindb. (*Bryac.*) 3. 542, 554.
E. Wrightii (Sull.) Lindb. 3. 554, Fig. 415 A—G.
Epipyxis Ehrenb. (*Dinobryac.*) 2. 370.
Epipyxis Ehrenb. (*Ochromonadac.*) 1a. 164.
Episporieae (*Ceramiac.*) 2. 485, 503.
Episporium Moeb. (*Ceramiac.*) 2. 485, 503.
Epistylis Ehrenb. (*Craspedomonadae.*) 1a. 125.
Epistylis Ehrenb. (*Monadac.*) 1a. 133.
Epistylis Tatem. (*Craspedomonadae.*) 1a. 126.
Epistylis Weisse (*Monadac.*) 1a. 132.
Epithema Bréb. (*Bacillariae.*) 1b. 140.
Epithemia Bréb. (*Bacillariae.*) 1b. 138, 140, 141.
E. Argus (Ehrenb.) Kütz. 1b. 141, Fig. 256 C, D.
E. Hyndmannii W. Sm. 1b. 141, Fig. 256 A, B.
E. turgida (Ehrenb.) Kütz. 1b. 141, Fig. 256 E, F.
Epithyrium Sacc. (*Sphaerioidac.*) 1**. 364.
Epixylon Nitschke (*Xylariac.*) 1. 484.
Epochniella Sacc. (*Dematiac.*) 1**. 484.
Epochnium Link (*Dematiac.*) 1**. 472, 475.
E. monilioides Link 1**. 475, Fig. 247 E.
Epymenia Kütz. (*Rhodymeniac.*) 2. 298, 401, 402.
E. obtusa (Grev.) Kütz. 2. 402, Fig. 235 A.
Equisetaceae 4. 540—551; 555, Fig. 348.
Equisetales 4. 2, 11, 520—562.
Equisetites Sternbg. (*Equisetac.*) 4. 549, 553.
Equisetum L. (*Equisetac.*) 4. 2, 4, 541, 544, 548.
E. arvense L. 4. 2, Fig. 3; 541, Fig. 330, 331; 332, Fig. 332; 536, Fig. 336 A—L;

539, Fig. 338 A—E; 540, Fig. 339; 541, Fig. 340; 542, Fig. 341 I—V; 543, Fig. 342.
E. giganteum L. 4. 547, Fig. 343 A.
E. Heleocharis Ehrh. 4. 526, Fig. 326 A; 529, Fig. 328 A—D; 534, Fig. 335 A—E; 541, Fig. 335.
E. huemale L. 4. 526, Fig. 326 B, C; 528, Fig. 327 A, B; 540, Fig. 329 A, B.
E. maximum Lam. 4. 4, Fig. 4; 522, Fig. 321; 523, Fig. 322 A; 524, Fig. 323; 525, Fig. 324, 325; 533, Fig. 333 A, B.
E. myriochaetum Cham. 4. 547, Fig. 343 B.
E. palustre L. 4. 2, Fig. 2; 523, Fig. 322 B; 534, Fig. 334 A; 536, Fig. 336 M—O; 538, Fig. 337; 542, Fig. 341 VI—VII.
E. silvaticum L. 4. 528, Fig. 327 C.
E. verticillatum var. filiforme Sw. 4. 595, Fig. 373 E.
Erdorseille (*Ochrolechia tartarea* L.) 1*. 204.
Eremascus Eidam (*Endomycetae.*) 1. 154, 155.
E. albus Eidam 1. 154, Fig. 134.
Eremodon Brid. (*Splachnac.*) 3. 504.
Eremopteris Schimp. (*Filical.*) 4. 485, 491, 494.
E. artemisiaefolia (Brongn.) Schimp. 4. 485, Fig. 281.
Eremosphaera De Bary (*Pleurococcac.*) 2. 56, 57, 58.
E. viridis De Bary 2. 57, Fig. 36 A.
Erikssonia Penz. et Sacc. (*Hysteriac.*) 1**. 534.
Erinacella Brond. (*Tuberculariae.*) 1**. 508.
Erinella Sacc. (*Helotiac.*) 1. 194, 202, 203.
E. juncicola (Fuckel) Sacc. 1. 202, Fig. 159 N, O.
Eriochosma J. Sm. (*Polypodiae.*) 4. 272.
Eriocladium C. Müll. (*Neckerae.*) 3. 818.
Eriocladium Hampe (*Neckerae.*) 3. 818.
Erioderma Fée (*Pannariae.*) 1*. 180, 183.
E. polycarpum Fée 1*. 179, Fig. 95 E.
Eriodon Mont. (*Brachythcciac.*) 3. 1128, 1131.
E. conostomum Mont. 3. 1131, Fig. 800 A—G.
Eriomene Sacc. (*Dematiac.*) 1**. 470.
Erionema Penzig (*Physarac.*) 1**. 525.
Eriopeziza Sacc. (*Helotiac.*) 1. 194, 199.
E. caesia (Pers.) Rehm 1. 199, Fig. 157 A.
Eriopsis Sacc. (*Helotiac.*) 1. 204.
Eriopus Brid. (*Hookeriae.*) 3. 930.

Eriopus (Brid.) C. Müll. (Hookeriac.) 3.
919, 930, 1235.
E. cristatus (Hedw.) 3. 931, Fig. 680 A — D.
Eriopus Hampe (Hookeriac.) 3. 930.
Eriosorus Fée (Polypodiac.) 4. 259.
Eriosphaeria Sacc. (Sphaeriac.) 1. 395.
Eriospora Berk. et Br. (Sphaerioidac.) 1**. 377, 382.
Eriosporina Togn. (Sphaerioidac.) 1**. 373, 375.
Eriostilbum Sacc. (Stilbac.) 1**. 489.
Eriothyrium Speg.(Leptostromatac.) 1**. 387, 389.
Erostella Sacc. (Diatrypac.) 1. 473.
**Erpodiaceae** 3. 706—712, 1213.
**Erpodiopsideae** 3. 1239.
Erpodiopsis C. Müll. (Erpodiopsid.) 3. 1239.
Erpodium (Brid.) C. Müll. (Erpodiac.) 3. 701, 707, 1213.
E. domingense (Spreng.) 3. 708, Fig. 531 A—D.
E. Holstii Broth. 3. 708, Fig. 531 E—J.
E. Joannis Meyeri C. Müll. 3. 708, Fig. 531 K, L.
Erpodium C. Müll. (Erpodiac.) 3. 707.
Erpodium Mitt. (Erpodiac.) 3. 711.
Erpodium Vent. (Erpodiac.) 3. 709.
**Erysibaceae** 1. 327, 328— 333.
Erysibe Hedw. (Erysibac.) 1. 328, 330.
E. Astragali DC. 1. 330, Fig. 229 F.
E. communis (Wallr.) Link 1. 330, Fig. 229 A, B.
E. Heraclei DC. 1. 330, Fig. 229 C, D.
Erysibella Peck (Erysibac.) 1. 328, 332.
Erysiphe Link (Erysibac.) 1. 330.
Erysiphella Peck (Erysibac.) 1. 332.
Erysiphites Hedw. (Pyrenomycet.) 1**. 321.
Erythrocarpa Kindb. (Bryac.) 3. 589, 1206.
Erythrocarpum Zukal (Hypocreac.) 1. 347, 352, 353.
E. microstomum Zukal 1. 352, Fig. 237 N, O.
Erythroclathrus Liebm. (Corallinac.?) 2. 544.
Erythroclonium Sonder (Rhodophyllidac.) 2. 269, 378.
E. Mülleri Sonder 2. 378, Fig. 226 B.
Erythrocystis J. Ag. (Rhodomelac.) 2. 480.
Erythrodontia Kindb. (Bryac.) 3. 566.
Erythrodontium Hampe (Entodontac.) 3. 871, 887.
E. subjulaceum C. Müll. 3. 888, Fig. 650 A—E.

Erythropeltis Schmitz (Bangiac.) 2. 311, 313.
Erythrophyllum J. Ag. (Dumontiac.) 2. 521.
Erythrophyllum Lindb. (Pottiac.) 3. 404, 405.
Erythrophyllum (Lindb.) Limpr. (Pottiac.) 3. 1192.
Erythropus Broth. (Entodontac.) 3. 878, 1231.
Erythrotrichia Aresch.(Bangiac.) 2. 311, 313.
E. ceramicola Aresch. 2. 313, Fig. 194 A, B.
E. obscura Berthold 2. 313, Fig. 194 C—F.
Eschatogonia Trevis. (Lichen.) 1*. 239.
Esenbeckia Brid. (Neckerac.) 3. 782.
Esenbeckia Mitt. (Neckerac.) 3. 785, 800.
Espera Decne (Codiac.) 2. 141.
Ethmodiscus Castr. (Bacillariac.) 1b. 64.
E. japonicus Castr. 1b. 65, Fig. 81 A.
E. wyvilleanus Castr. 1b. 65, Fig. 81 B.
Euachlya Schröt. (Saprolegniac.) 1. 99.
Euachnanthes Schütt (Bacillariac.) 1b. 121.
Euacrocladium Broth. (Hypnac.) 3. 1038.
Euacrothecium Sacc. (Dematiac.) 1**. 481.
Euactinoptychus Schütt (Bacillariac.) 1b. 73.
Euactis Kütz. (Rivulariac.) 1a. 89.
Euadiantum Kunth (Polypodiac.) 4. 282.
Eualectoria A. Zahlbr. (Usneac.) 1*. 220.
Euamblystegium Broth. (Hypnac.) 3. 1023.
Euamblystegium Lindb. (Hypnac.) 3. 1022, 1027.
Euamphipleura Schütt (Bacillariac.) 1b. 131.
Euandreaea Lindb. (Andreaeac.) 3. 266, 1173.
Euaneimia Prantl (Schizaeac.) 4. 369.
Euangiopteris Presl (Marattiac.) 4. 438.
Euängstroemia Broth. (Dicranac.) 3. 308.
Euängstroemia C. Müll. (Dicranac.) 3. 307.
Euanomodon Limpr. (Leskeac.) 3. 987.
Euanthostoma Nitschke (Valsac.) 1. 455.
Euanthostomella Sacc. (Clypeosphaeriac.) 1. 452.
Euanthracothecium Müll. Arg. (Pyrenulac.) 1*. 68.
Euanzia Müll. Arg. (Parmeliac.) 1*. 214.
Euaphanochaete (Nordst.) Hansg. (Chaetophorac.) 2. 95.
Euaphanomyces Schröt. (Saprolegniac.) 1. 101.
Euaplozia Schiffn. (Jungerm. akrog.) 3. 82.
Euarchidium C. Müll. (Archidiac.) 3. 288.

Euarthonia Th. Fr. (*Arthoniac.*) 1*. 90.
Euarthonia Wainio (*Arthoniac.*) 1*. 90.
Euarthopyrenia Müll. Arg. (*Pyrenulac.*) 1*. 64.
Euarthothelium A. Zahlbr. (*Arthoniac.*) 1*. 91.
Euasceae 1. 150—505.
Euasci 1. 150—505.
Euascoboleae (*Ascobolac.*) 1. 189.
Euaspidium Hk. Bk. (*Polypodiac.*) 4. 183.
Euaspidium Hook. (*Polypodiac.*) 4. 183.
Euasplenium Diels (*Polypodiac.*) 4. 235.
Euastomum Broth. (*Pottiac.*) 3. 384, 1189.
Euastrum (Ehrenb.) Ralfs (*Desmidiac.*) 2. 7, 11, 12.
E. ansatum Ehrenb. 2. 12, Fig. 7 *II*.
Euaulacopilum Broth. (*Erpodiac.*) 3. 711.
Euauliscus A. Schm. (*Bacillariac.*) 1b. 81.
Euazolla Sadebeck (*Salviniac.*) 4. 401.
Eubacidia A. Zahlbr. (*Lecideac.*) 1*. 135, 243.
Eubarbula C. Müll. (*Pottiac.*) 3. 428.
Eubarbula Lindb. (*Pottiac.*) 3. 404, 407, 408, 1193.
Eubartramia C. Müll. (*Bartramiac.*) 3. 636.
Eubasidii 1**. III, 1.
Eubertia Sacc. (*Sphaeriac.*) 1. 399.
Eubiatorella Th. Fr. (*Acarosporac.*) 1*. 152.
Eubiddulphia Gray (*Bacillariac.*) 1b. 92.
Eublastenia A. Zahlbr. (*Catoplacac.*) 1*. 227.
Eublechnum Diels (*Polypodiac.*) 4. 245.
Eubotrychium Prantl (*Ophioglossac.*) 4. 470.
Eubotrytis Sacc. (*Mucedinac.*) 1**. 436.
Eubottaria Wainio (*Trypetheliac.*) 1*. 71.
Eubrachythecium Loeske (*Brachytheciac.*) 3. 1144.
Eubraunia C. Müll. (*Hedwigiac.*) 3. 718.
Eubreutelia Broth. (*Bartramiac.*) 3. 657, 1210.
Eubruchia C. Müll. (*Dicranac.*) 3. 291.
Eubryum C. Müll. (*Bryac.*) 3. 560.
Eubryum (C. Müll.) Hag. (*Bryac.*) 3. 1205.
Eubryum (C. Müll., Lindb.) Hag. (*Bryac.*) 3. 579.
Eubuellia Koerb. (*Buelliac.*) 2*. 231.
Eubulbochaete Hansg. (*Oedogoniac.*) 2. 111.
Eubuxbaumia Lindb. (*Buxbaumiac.*) 3. 666.
Eucalamites W. (*Calamariac.*) 4. 555.
E. cruciatus 4. 554, Fig. 347 *C*.
E. ramosus 4. 554, Fig. 347 *E*.
Eucalliergon Kindb. (*Hypnac.*) 3. 1036.
Eucaloplaca Th. Fr. (*Catoplacac.*) 1*. 228.
Eucalosphaeria Sacc. (*Diatrypac.*) 1. 473.
Eucalothrix Kirchn. (*Rivulariac.*) 1a. 87.

Eucalymperes C. Müll. (*Calympcrac.*) 3. 378, 1189.
Eucalyx S. O. Lindb. (*Jungerm. akrog.*) 3. 78.
Eucampia Ehrenb. (*Bacillariac.*) 1b. 33, 88, 89.
E. cornuta (Cleve) Grun. 1b. 89. Fig. 147 *A*.
E. zodiacus Ehrenb. 1b. 33, Fig. 46 *A—D*: 89, Fig. 147 *B*.
Eucampiinae (*Bacillariac.*) 1b. 36, 58.
Eucampothecium Broth. (*Brachytheciac.*) 3. 1129, 1139.
Eucamptochaete Broth. (*Lembophyllac.*) 3. 864, 865.
Eucamptodon Broth. (*Dicranac.*) 3. 342.
Eucamptodon C. Müll. (*Dicranac.*) 321.
Eucamptodon Mont. (*Dicranac.*) 3. 337, 344.
E. Muelleri Hamp. et C. Müll. 3. 344, Fig. 201 *A—E*.
Eucantharomyces Thaxt. (*Laboulbeniac.*) 1. 496, 497.
E. Atrani Thaxt. 1. 498, Fig. 290 *G, H*.
Eucatagonium Broth. (*Hypnac.*) 3. 1079, 1088.
Eucatillaria Th. Fr. (*Lecideac.*) 1*. 134.
Eucatocarpus Stein. (*Lecideac.*) 1*. 137.
Eucaulerpa Endl. (*Caulerpac.*) 2. 136.
Eucelidium Sacc. (*Celidiac.*) 1. 221.
Eucenangium Rehm (*Cenangiac.*) 1. 233.
Eucephalozia S. O. Lindb. (*Jungerm. akrog.*) 3. 97, 98.
Eucephalozia Spruce (*Jungerm. akrog.*) 3. 97.
Eucephalozia Spruce (*Jungerm. akrog.*) 3. 95, 97.
E. bicuspidata (L.) Schiffn. 3. 97, Fig. 53 *A, B*.
Euceratoneis Grun. (*Bacillariac.*) 1b. 118.
Eucesia S. O. Lindb. (*Jungerm. akrog.*) 3. 77.
Eucetraria Koerb. (*Parmeliac.*) 1*. 215.
Euchaetomium Zopf (*Chaetomiac.*) 1. 388.
Encheilanthes Hook. (*Polypodiac.*) 4. 275.
Eucheuma J. Ag. (*Rhodophyllidac.*) 2. 369, 379, 380.
E. spinosum (L.) J. Ag. 2. 380, Fig. 227 *A*.
Euchiodecton Müll. Arg. (*Chiodectonac.*) 1*. 105.
Euchloridium Sacc. (*Dematiac.*) 1**. 468.
Euchorostate Sacc. (*Valsac.*) 1. 462, 465.
Euchroococcus Hansg. (*Chroococcac.*) 1a. 52.

Euchrysocladium Fleisch. (*Neckerae.*) 3. 1226.
Eucladium Bryol. eur. (*Pottiac.*) 3. 382, 394.
E. verticillatum (L.) Bryol. eur. 394, Fig. 249 A—E.
Eucladium Lindb. (*Pottiac.*) 3. 391, 393.
Eucladon Hook. f. et Wils. (*Calomniac.*) 3. 667.
Eucladophora (Kütz.) Farl. (*Cladophorae.*) 2. 118.
Eucladotrichum Sacc. (*Dematiac.*) 1**. 474.
Euclasterosporium Sacc. (*Dematiac.*) 1**. 477.
Euclastobryum Broth. (*Entodontac.*) 3. 875.
Euclavaria P. Henn. (*Clavariae.*) 1**. 134.
Euclimacosira Grun. (*Bacillariae.*) 1b. 105.
Euclosterium Wille (*Desmidiae.*) 2. 9.
Eucocconeis Schütt (*Bacillariae.*) 1b. 122.
Eucoccus Mig. (*Coccac.*) 1a. 16.
Euconiothyrium Sacc. (*Sphaerioidae.*) 1**. 364.
Euconostomum Broth. (*Bartramiac.*) 3. 642.
Eucoprinus P. Henn. (*Agaricac.*) 1**. 205.
Eucordyceps Lindau (*Hypocreae.*) 1. 369.
Eucorethron Schütt (*Bacillariae.*) 1b. 83.
Eucoscinodiscus Schütt (*Bacillariae.*) 1b. 66.
Eucosmium Naeg. (*Desmidiae.*) 2. 11.
Eucribraria Rostaf. (*Cribrariae.*) 1. 19.
Eucryphaea Broth. (*Cryphaeae.*) 3. 739, 1214.
Eucryphaea C. Müll. (*Cryphacae.*) 3. 738, 739.
Eucryphaea Mitt. (*Cryphacae.*) 3. 739.
Eucryphidium Broth. (*Cryphaeae.*) 3. 743.
Eucryptogramme Prantl (*Polypodiae.*) 4. 279.
Euctenidium Broth. (*Hypnac.*) 3. 1048.
Euctenodus Kütz. (*Sphaerococcac.*) 2. 385.
Eucyathea Bommer (*Cyatheac.*) 4. 124.
Eucyathophorum Broth. (*Hypopterygiac.*) 3. 966.
Eucyathus Ed. Fischer (*Nidulariae.*) 1**. 348.
Eucyclicae (*Bacillariae.*) 1b. 58.
Eucymbella Schütt (*Bacillariae.*) 1b. 138.
Eucyphelium A. Zahlbr. (*Cypheliae.*) 1*. 84.
Eucytis Morg. (*Physarac.*) 1**. 525.
Eudendrophoma Sacc. (*Sphaerioidae.*) 1**. 355.
Eudendryphium Sacc. (*Dermatiac.*) 1**. 484.

Eudermatea Tul. (*Cenangiac.*) 4. 236.
Eudesmatodon Jur. (*Pottiac.*) 3. 426.
Eudesme J. Ag. (*Chordariac.*) 2. 224, 225, 226.
E. virescens (Curm.) J. Ag. 2. 224, Fig. 155.
Eudesmeae (*Chordariac.*) 2. 225.
Eudicranum Mitt. (*Dicranac.*) 3. 326, 1183.
Eudictyoneis Cleve (*Bacillariac.*) 1b. 130.
Eudictyonema A. Zahlbr. (*Hymenolichen.*) 1*. 239.
Eudidymosphaeria Sacc. (*Pleosporac.*) 1 432.
Eudimerogramma Schütt (*Bacillariac.*) 1b 114.
Eudiplazium Christ (*Polypodiac.*) 4. 225.
Euditrichum Broth. (*Dicranac.*) 3. 299, 1175.
Eudoassanisia Setchell (*Tilletiac.*) 1**. 21
Eudoassansiopsis Dietel (*Tilletiac.*) 1**. 21
Eudocidium Wille (*Desmidiac.*) 2. 10.
Eudorina Ehrenb. (*Volvocac.*) 2. 31, 34, 37, 42.
E. elegans Ehrenb. 2. 31, Fig. 16; 34 Fig. 19.
Eudrynaria Diels *Polypodiac.*) 4. 329.
Eueccremidium Broth. (*Dicranac.*) 3. 297.
Euelaphoglossum Diels (*Polypodiac.*) 4. 332
Euendocarpon A. Zahlbr. (*Dermatocarpac.*) 1*. 61.
Euentosthodon Broth. (*Funariac.*) 3. 522 1204.
Euephemerum Limpr. (*Funariac.*) 3. 513 1203.
Euepidochium Sacc. (*Tuberculariae.*) 1** 512.
Euepithemia Schütt (*Bacillariae.*) 1b. 144
**Euequisetales** 4. 11, 520—551.
Euequisetum Sadeb. (*Equisetac.*) 4. 545.
Euerinella Sacc. (*Helotiac.*) 1. 203.
Eueriodon Broth. (*Brachytheciac.*) 3. 1128, 1132.
Euerpodium Mitt. (*Erpodiac.*) 3. 708, 1213.
Eueunotia Schütt (*Bacillariac.*) 1b. 119.
Eueupodiscus Ehrenb. (*Bacillariac.*) 1b. 79.
Euexoascus Schröt. (*Exoascac.*) 1. 160.
Eufabronia Broth. (*Fabroniac.*) 3. 904.
Eufilicineae 4. 10, 13—380.
Eufissidens Mitt. (*Fissidentac.*) 3. 353, 1187.
Eufloribundaria Broth. (*Neckerac.*) 3. 807, 821, 1226.
Eufragilaria Ralfs (*Bacillariac.*) 1b. 113.
Eufunaria Lindb. (*Funariac.*) 3. 525, 1204.
Eufunaria Mitt. (*Funariac.*) 3. 528.
Eufusarium Sacc. (*Tuberculariae.*) 1**. 508.

Eugeaster Ed. Fischer (*Lycoperdac.*) 1\*\*. 322.
Eugeoglossum Sacc. (*Geoglossac.*) 1. 165.
Eugleichenia Diels (*Gleicheniac.*) 1. 355.
Euglena Ehrenb. (*Euglenac.*) 1a. 97, 99, 101, 103, 104, 175; 99, Fig. 65 B; 103, Fig. 67 B; 2. 570.
E. deses Ehrenb. 1a. 103, Fig. 67 $B_1$.
E. Ehrenbergii Klebs 1a. 101, Fig. 66.
E. velata Klebs 1a. 103, Fig. 67 $B_2$; 104, Fig. 68.
E. viridis Ehrenb. 1a. 97, Fig. 64 D; 175, Fig. 126 A; 180, Fig. 129.
Euglena Klebs (*Astasiac.*) 1a. 177.
Euglenaceae 1a. 174—177; 2. 570.
Euglenineae 1a. 111, 173—185.
Euglenopseae (*Peranemac.*) 1a. 179, 180.
Euglenopsis Davis (*Volvocac.*) 1a. 187.
Euglenopsis Klebs (*Peranemac.*) 1a. 179, 180.
E. vorax Klebs 1a. 180, Fig. 129.
Eugloeocapsa Hansg. (*Chroococcac.*) 1a. 54.
Euglossophyllum C. Müll. (*Entodontac.*) 3. 896.
Euglossophyllum Hampe (*Entodontac.*) 3. 896.
EuglyphomitriumBroth.(*Grimmiac.*) 3. 442. 1196.
Eugnomonia Winter (*Gnomoniac.*) 1. 450.
Eugodronia Rehm (*Cenangiac.*) 1. 235.
Eugongylia A. Zahlbr. (*Verrucariac.*) 1\*. 57.
Eugraphina Müll. Arg. (*Graphidac.*) 1\*. 100.
Eugraphis (Eschw.) Müll. Arg. (*Graphidac.*) 1\*. 98; 97, Fig. 48 H.
Eugraphium Sacc. (*Stilbac.*) 1\*\*. 494.
Euguinardia Schütt (*Bacillariac.*) 1b. 84.
Eugyalecta A. Zahlbr. (*Gyalectac.*) 1\*. 126.
Eugymnogramme Diels (*Polypodiac.*) 4. 259.
Eugyrophora A. Zahlbr. (*Gyrophorac.*) 1\*. 148.
Euhaplodontium Broth. (*Bryac.*) 3. 539.
Euhemiaulus De Toni (*Bacillariac.*) 1b. 96.
Euhendersonia Sacc. (*Sphaerioidac.*) 1\*\*. 374.
Euheterocladium Ren. et Card. (*Leskeac.*) 3. 980.
Euhomalia Broth. (*Neckerac.*) 3. 848.
Euhomalothecium Card. (*Brachytheciac.*) 3. 1134.
Euhookeria C. Müll. (*Hookeriac.*) 3. 934.
Euhookeriopsis Jaeg. (*Hookeriac.*) 3. 920, 939.
Euhumata Diels (*Polypodiac.*) 4. 209.
Euhylocomium Lindb. (*Hypnac.*) 3. 1059.

Euhymenia Kütz. (*Gigartinac.*) 2. 364.
Euhymenophyllum Sadeb.(*Hymenophyllac.*) 4. 108.
Euhymenopsis Sacc. (*Tuberculariac.*) 1\*\*. 512.
Euhypenantron Schiffn. (*Marchantiac.*) 3. 34.
Euhypnella C. Müll. (*Hookeriac.*) 3. 950.
Euhypnella Hampe (*Hookeriac.*) 3. 919, 939.
Euhypnodendron Lindb. (*Hypnodendrac.*) 3. 1166, 1169.
Euhypocrea Sacc. (*Hypocreac.*) 1. 364.
Euhypopterygium Kindb. (*Hypopterygiac.*) 3. 970.
Euhypoxylon Nitschke (*Xylariac.*) 1. 484.
Euhysterographium Schröt. (*Hysteriac.*) 1. 276.
Euinocybe P. Henn. (*Agaricac.*) 1\*\*. 244.
Euionaspis A. Zahlbr. (*Gyalectac.*) 1\*. 125.
Euisopterygium Lindb. (*Hypnac.*) 3. 1080, 1237.
Eujungermannia Spruce (*Jungerm. akrog.*) 3. 82.
Eukalmusia Lindau (*Valsac.*) 1. 466.
Eukneiffia P. Henn. (*Hydnac.*) 1\*\*. 554.
Eulachnea Lindau (*Pezizac.*) 1. 180.
Eulauderia Schütt (*Bacillariac.*) 1b. 83.
Eulecanactis A. Zahlbr. (*Lecanactidac.*) 1\*. 115.
Eulecania Stizenb. (*Lecanorac.*) 1\*. 204.
Eulecanora Wainio (*Lecanorac.*) 1\*. 202.
Eulecidea Th. Fr. (*Lecideac.*) 1\*. 131.
Eulejeunea Spruce (*Jungerm. akrog.*) 3. 122.
Eulejeunea Spruce (*Jungerm. akrog.*) 3. 118, 122.
Eulembophyllum Broth. (*Lembophyllac.*) 3. 864, 867.
Eulentinus Schröt. (*Agaricac.*) 1\*\*. 225.
Eulepidocystis Diels (*Polypodiac.*) 4. 322.
Eulepidopilum Mitt. (*Hookeriac.*) 3. 920, 959, 1235.
Eulepidozia Spruce (*Jungerm. akrog.*) 3. 103.
Euleptogium Crombie (*Collemac.*) 1\*. 175.
Euleptoglossum Sacc. (*Geoglossac.*) 1. 165.
Eulescuraea Broth. (*Leskeac.*) 3. 994, 997.
Euleskea Lindb. (*Leskeac.*) 3. 994, 1236.
Euleucodon C. Müll. (*Leucodontac.*) 3. 748, 753, 755.
Euleucoloma Ren. (*Dicranac.*) 3. 323, 1182.
Eulindigia C. Müll. (*Neckerac.*) 3. 823.
Eulindsaya Diels (*Polypodiac.*) 4. 220.
Euliostephania Schütt (*Bacillariac.*) 1b. 70.
Eulobaria Wainio (*Stictac.*) 1\*. 188.

Eulophiosphaera Sacc. (*Lophiostomataс.*) 1. 517.
Eulophiostoma Sacc. (*Lophiostomataс.*) 1. 519.
Eulophiotrema Sacc. (*Lophiostomataс.*) 1. 518.
Eulophium Lindau (*Hysteriaс.*) 1. 276.
Eulophothalia Schmitz (*Rhodomelac.*) 2. 448.
Eulophozia Spruce (*Jungerm. akrog.*) 3. 84, 85.
Eulycoperdon Ed. Fischer (*Lycoperdaс.*) 1**. 316.
Eulyngbya Gom. (*Oscillatoriaс.*) 1a. 67.
Eumacromitrium C. Müll. (*Orthotrichac.*) 3. 581, 1202.
Eumacrophoma Berl. et Vogl. (*Sphaerioidaс.*) 1**. 354.
Eumacrothamnium Broth. (*Hypnaс.*) 3. 1044, 1053.
Eumarsilia Sadeb. (*Marsiliaс.*) 4. 418.
Eumarsupella O. S. Lindb. (*Jungerm. akrog.*) 3. 78.
Eumeiothecium Broth. (*Sematophyllaс.*) 3. 1102.
Eumelanconis Sacc. (*Melanconidaс.*) 1. 570.
Eumelanomma Sacc. (*Sphaeriaс.*) 1. 403.
Eumelanospora Sacc. (*Hypocreaс.*) 1. 353.
Eumelaspilea Müll. Arg. (*Graphidaс.*) 1*. 96.
Eumelittiospermum Lindau (*Stictidaс.*) 1. 250.
Eumelosira Schütt (*Bacillariaс.*) 1b. 59.
Eumenispora Sacc. (*Dematiaс.*) 1**. 470.
Eumeridion Kütz. (*Bacillariaс.*) 1b. 119.
Eumeteorium Mitt. (*Neckeraс.*) 3. 793, 804, 807, 809, 811, 814, 817.
Eumetzgeria S. O. Lindb. (*Jungerm. anakrog.*) 3. 54.
Eumicroglossum Schröt. (*Geoglossaс.*) 1. 164.
Eumicrothamnium Broth. (*Hypnaс.*) 3. 1050.
Eumielichhoferia Mitt. (*Bryaс.*) 3. 536, 1205.
Euminksia A. Zahlbr. (*Chiodectonaс.*) 1*. 242.
Eumitria Strtn. (*Usneaс.*) 1*. 223.
Eumniodendron Broth. (*Brachythcciaс.*) 3. 1166, 1171.
Eumnium Mitt. (*Mniac.*) 3. 610, 1207.
Eumollisieae (*Mollisiaс.*) 1. 210.
Eumonoblepharis Lagerh. (*Monoblepharidaс.*) 1**. 529.
Eumonogramme Hook. (*Polypodiaс.*) 4. 297.

Eumorchella Schröt. (*Helvcllaс.*) 1. 167.
Eumucor Schröt. (*Mucoraс.*) 1. 124.
Eumutinus Ed. Fischer (*Phallaс.*) 1**. 355.
Eumycetes (Euthallophyta) 2. V.
Eumycetozoa Zopf 1. 38.
Eumystrosporium Sacc. (*Dematiaс.*) 1**. 484.
Eumyurium Broth. (*Myuriaс.*) 3. 1224.
Eunaevia Rehm (*Stictidaс.*) 1. 246.
Eunardia S. O. Lindb. (*Jungerm. akrog.*) 3. 77, 78.
Eunardia Trevis. (*Jungerm. akrog.*) 3. 80.
Eunavicula Van Heurck (*Bacillariaс.*) 1b. 125.
Euneckera C. Müll. (*Neckeraс.*) 3. 839.
Euneckera Limpr. (*Neckeraс.*) 3. 844.
Eunectria Sacc. (*Hypocreaс.*) 1. 355.
Eunectriella Sacc. (*Hypocreaс.*) 1. 354.
Eunematosporangium Schröt. (*Pythiaс.*) 1. 104.
Eunephroma Stizenb. (*Peltigeraс.*) 1*. 193.
Euneuropteris Schimp. (*Filicaс.*) 4. 500.
Euniphobolus Diels (*Polypodiaс.*) 4. 324.
Eunotia Ehrenb. (*Bacillariaс.*) 1b. 119.
Eunotia Ehrenb. (*Bacillariaс.*) 1b. 118, 119.
E. (Pseudoeunotia) hemicyclus Ehrenb. 1b. 119, Fig. 219 F.
E. (Himantidium) major (W. Sm.) Rabh. 1b. 119, Fig. 219 C, D.
E. pectinalis (Kütz.) Rabh. var undulata Ralfs 1b. 119, Fig. 219 E.
E. (Eueunotia) tetraodon Ehrenb. 1b. 119, Fig. 219 A, B.
Eunotiinae (*Bacillariaс.*) 1b. 57, 117.
Eunotiopsis Grun. (*Bacillariaс.*) 1b. 99.
Eunotogramma Weisse (*Bacillariaс.*) 1b. 97, 98.
E. laevis Grun. 1b. 98, Fig. 171 A, B.
E. variabilis Grun. 1b. 98, Fig. 171 C.
Euocellularia Müll. Arg. (*Thelotremaс.*) 1*. 118.
Euodia Bail. (*Bacillariaс.*) 1b. 99.
E. (Hemidiscus) cuneiformis Wall. 1b. 99, Fig. 174 D, E.
E. (Leudugeria) Jonishii Grun. 1b. 99, Fig. 174 A—C.
Euodieae (*Bacillariaс.*) 1b. 56, 99.
Euodontosoria Diels (*Polypodiaс.*) 4. 215.
Euoedogonium (Wood) Hansg. (*Oedogoniaс.*) 2. 111.
Euoligotrichum Broth. (*Polytrichaс.*) 3. 674.
Euolpidiopsis E. Fischer (*Oochytriaс.*) 1. 85.
Euomolia C. Müll. (*Entodontaс.*) 3. 896.

Euopegrapha Müll. Arg. (*Graphidae.*) 1*. 95.
Euophioceras Sacc. (*Ceratostomatae.*) 1. 408.
Euophioglossum Prantl (*Ophioglossae.*) 4. 466.
Euopsis Nyl. (*Pyrenopsidae.*) 1*. 159.
Euorthoneis Schütt (*Bacillariae.*) 1b. 122.
Euosmolejeunea (*Jungerm. akrog.*) 3. 125.
Euosmolejeunca Spruce (*Jungerm. akrog.*) 3. 118, 125.
Euosmunda Presl (*Osmundae.*) 4. 380.
Euotidea Rehm. (*Pezizae.*) 1. 187.
Euotidella Schröt. (*Pezizae.*) 1. 179.
Euotthia Sacc. (*Cucurbitariae.*) 1. 509.
Eupachyphloeus Fischer (*Eutuberae.*) 1. 285.
Eupallavicinia Schiffn. (*Jungerm. anakrog.*) 3. 55.
Eupapillaria Broth. (*Neckerae.*) 3. 807, 815, 1226.
Euparmelia Nyl. (*Parmeliae.*) 1*. 212.
Euparmeliopsis A. Zahlbr. (*Parmeliae.*) 1*. 209.
Eupatinella Rehm (*Patellariae.*) 1. 224.
Eupecopterides (*Filical.*) 4. 494.
Eupellaea Prantl (*Polypodiae.*) 4. 266.
Eupeltigera (De Not.) Hue (*Peltigerae.*) 1*. 195.
Eupenzigia Sacc. (*Hypoxyl.?*) 1. 591.
Eupestalozzia Sacc. (*Melanconiae.*) 1**. 511.
Euphacopezia Sacc. (*Pezizae.*) 1. 180.
Euphascum Limpr. (*Pottiae.*) 3. 516, 1191.
Euphilonotis Limpr. (*Bartramiae.*) 3. 649, 1210.
Euphlyctis Wainio (*Lecanorae.*) 1*. 206.
Euphlyctochytrium Schröt. (*Rhizidiae.*) 1. 78.
Euphyceae 2. V.
Euphyllodium Shadb. (*Bacillariae.*) 1b. 146.
Euphyllophthalmaria A. Zahlbr. (*Thelotremae.*) 1*. 120.
Euphylloporina (Fée) Müll. Arg. (*Strigulae.*) 1*. 75.
Euphyscia Th. Fr. (*Physciae.*) 1*. 235.
Euphyscomitrium Mitt. (*Funariae.*) 3. 518, 1204.
Eupicoa Fischer (*Terfeziae.*) 1. 315.
Eupilopogon Broth. (*Dicranae.*) 3. 334.
Eupilotrichella Besch. (*Neckerae.*) 3. 807, 814.
Eupilotrichum C. Müll. (*Pilotrichae.*) 3. 913.

Eupinnatella Fleisch. (*Neckerae.*) 3. 857, 1229.
Eupirea Broth. (*Neckerae.*) 3. 789, 795.
Euplagiothecium Lindb. (*Hypnae.*) 3. 1084.
Euplanococcus Mig. (*Coccae.*) 1a. 19.
Euplanosarcina Mig. (*Coccae.*) 1a. 20.
Euplatycerium Diels (*Polypodiae.*) 4. 339.
Eupleospora Sacc. (*Pleosporae.*) 1. 444.
Eupleuria Arn. (*Bacillariae.*) 1b. 107.
Eupleuridium Lindb. (*Dicranae.*) 3. 295, 1195.
Eupleurosigma Schütt (*Bacillariae.*) 1b. 132.
Euplicariella Lindau (*Pezizae.*) 1. 180.
Eupodiscideae (*Bacillariae.*) 1b. 56, 76.
Eupodiscinae (*Bacillariae.*) 1b. 56, 77.
Eupodiscus Ehrenb. (*Bacillariae.*) 1b. 45, 77, 79.
E. argus 1b. 45, Fig. 56 Nr. 24, 25.
E. (Isodiscus) mirificus Rattr. 1b. 79, Fig. 123.
E. (Rattrayella) oamaruensis 1b. 79, Fig. 122.
E. radiatus Baill. 1a. 79, Fig. 120 *A*, *B*.
E. (Roperia) tessellatus Roper 1b. 79, Fig. 121.
Eupodium J. Sm. (*Maruttiae.*) 4. 441.
Eupogodon Kütz. (*Rhodomelae.*) 2. 475.
Eupogonium Kütz. (*Rhodomelae.*) 2. 474.
Eupohlia Lindb. (*Bryae.*) 3. 547.
Eupolybotrya Christ (*Polypodiae.*) 4. 198.
Eupolychidium A. Zahlbr. (*Ephebae.*) 1*. 157.
Eupolypodium Diels (*Polypodiae.*) 4. 306, 307; 307, Fig. 162 *A*—*K*.
Eupolystichum Diels (*Polypodiae.*) 4. 189.
Euporina Müll. Arg. (*Pyrenulae.*) 1*. 66.
Euporotrichum Besch. (*Neckerae.*) 3. 854.
Euporthe Nitschke (*Valsae.*) 1. 462.
Eupotamium Broth. (*Sematophyllae.*) 3. 1099, 1107.
Eupottia Broth. (*Pottiae.*) 3. 423.
Eupropolis De Not. (*Stictidae.?*) 1. 246, 252.
Eupsalliota Schröt. (*Agaricae.*) 1**. 238.
Eupseudoleskea Best. (*Leskeae.*) 3. 1000.
Eupseudoleskea Broth. (*Leskeae.*) 3. 1000.
Eupseudomonas Mig. (*Bacteriae.*) 1a. 29.
Eupseudovalsa Lindau (*Melanconidae.*) 1. 472.
Eupteris Diels (*Polypodiae.*) 4. 292.
Eupterobryopsis Fleisch. (*Neckerae.*) 3. 788, 803, 1225.
Eupterula P. Henn. (*Clavariae.*) 1**. 554.

6*

Euptilota Cram. (Ceramiac.) 2. 493.
Euptilota Kütz. (Ceramiac.) 2. 484, 494.
E. formosissima (Mont.) Kütz. 2. 494, Fig. 270 E.
Euptychium Schimp. (Neckerac.) 3. 784, 785, 1224.
E. dumosum (Besch.) 3. 784, Fig. 587 A—J.
E. mucronatum Hampe 3. 785, Fig. 588 A—H.
Euptychomnion Broth. (Ptychomniac.) 3. 1221.
Eupuccinia Dietel (Pucciniac.) 1**. 59.
Eupylaiella Born. (Ectocarpac.) 2. 187.
Eupylaisia Broth. (Entodontac.) 3. 886.
Eupyrenia Müll. Arg. (Pyrenulac.) 1*. 68.
Eupyrenophora Sacc. (Pleosporac.) 1. 440.
Eupyrenopsis Nyl. (Pyrenopsidac.) 1*. 159.
Eupythium Schröt. (Pythiac.) 1. 104.
Euramalina Stizenb. (Usneac.) 1*. 222.
Eurhabdospora Sacc. (Sphaerioidac.) 1**. 378.
Eurhizocarpon Stizenb. (Lecideac.) 1*. 138.
Eurhizogonium Mitt. (Rhizogoniac.) 3. 616.
Eurhizophidium Schröt. (Rhizidiac.) 1. 76.
Eurhynchium (Brachytheciac.) 3. 1152, 1154, 1155.
Eurhynchium Bryol. eur. (Brachytheciac.) 3. 1152, 1155.
Eurhynchostegiella Broth. (Brachytheciac.) 3. 1238.
Eurhyparobius Karst. (Ascobolac.) 1. 190.
Euriccia S. O. Lindb. (Ricciac.) 3. 14.
Eurinodina Malme (Buelliac.) 1*. 232.
Eurivularia Kirchn. (Rivulariac.) 1a. 90.
Eurosellinia Sacc. (Sphaeriac.) 1. 400, 401.
Eurotiella Lindau (Aspergillac.) 1*°. 383.
Eurotiopsis Cost. (Aspergillac.) 1. 297, 304; 1**. 538, 558.
Eurotiopsis Karst. (Nectrioidac.) 1**. 383.
Eurotites Link (Pyrenomycet.) 1**. 520.
Eurotium De Bary (Aspergillac.) 1. 52, 58, 501.
E. Aspergillus 1. 52, Fig. 38 B.
E. repens 1. 58, Fig. 46.
Eurrhynchium Bryol. eur. (Brachytheciac.) 3. 1130, 1155, 1238.
Eurrhynchium Jaeg. (Brachytheciac.) 3. 1157.
Eurrhynchium Jaeg. (Entodontac.) 3. 890.
Eurrhynchium Jaeg. (Hypnac.) 3. 1054.
Eurrhynchium Milde (Brachytheciac.) 3. 1148, 1160, 1162.
Euryachora Fuckel (Dothideac.) 1. 382.
Eurybasis Brid. (Bryac.) 3. 535.

Eurybrochis Ren. et Card. (Leskeac.) 3. 980.
Eurycycla Besch. (Calymperac.) 3. 377, 1189.
Euryomma Schmitz (Rhodophyllidac.) 2. 368, 374.
Euryostichum Presl (Polypodiac.) 4. 198.
Eurystomum Wils. (Funariac.) 3. 511.
Eurytheca De Seyn. (Phymatosphaeriac.) 1. 242.
Eusaprolegnia Schröt. (Saprolegniac.) 1. 97.
Eusarcina Mig. (Coccac.) 1a. 18.
Eusareographa Müll. Arg. (Chirodectonac.) 1*. 103.
Eusargassum J. Ag. (Fucac.) 2. 288.
Eusceptroncis Ehrenb. (Bacillariac.) 1b. 108.
Euschizaea Hook. (Schizaeac.) 4. 363.
Euschizoloma Diels (Polypodiac.) 4. 219.
Euschizonema Ag. (Bacillariac.) 1b. 128.
Euschlotheimia Mitt. (Orthotrichac.) 3. 496, 1203.
Euschwetschkea Broth. (Fabroniac.) 3. 907, 1232.
Eusclerodermа Fischer (Sclerodermatac.) 1**. 337.
Euscleropodium Limpr. (Brachytheciac.) 3. 1129, 1149.
Eusclerotinia Rehm (Helotiac.) 1. 199.
Euscolopendrium Hook. (Polypodiac.) 4. 230.
Euscutularia Sacc. (Patellariac.) 1. 229.
Euscytonema (Borzi) B. et Fl. (Scytonematac.) 1a. 79.
Euselaginella Warb. (Selaginellac.) 4. 669.
Euselago Pritzel (Lycopodiac.) 4. 593.
Euseligeria Lindb. (Dicranac.) 3. 305.
Eusigillariae Weiss (Sigillariac.) 4. 745, 746, 748.
Eusigmatella C. Müll. (Hypnac.) 3. 1090.
Eusphaeroderma Sacc. (Hypocreac.) 1. 353.
Eusphaeropsis Sacc. (Sphaerioidac.) 1**. 363.
Euspheconisca Norm. (Moriolac.) 1*. 52.
Eusphenopteris Weiss (Filical.) 4. 491.
Euspirillum Mig. (Spirillac.) 1a. 33.
Euspirogyra Hansg. (Zygnemac.) 2. 20.
Eusporormia Lindau (Sordariac.) 1. 393.
Eusquamidium Broth. (Neckerac.) 3. 808.
Eustauroncis Schütt (Bacillariac.) 1b. 129.
Eustaurothele A. Zahlbr. (Verrucariac.) 1*. 56.
Eustegia Fries (Stictidac.) 1. 247.
Eustenochlaena Diels (Polypodiac.) 4. 251.

Eustereodon Mitt. (*Hypnac.*) 3. 1062, 1068.
Eustereohypnum Fleisch. *Hypnac.*] 3. 1237.
Eustereophyllum Broth. (*Entodontac.*) 3. 898, 1232.
Eustichia (Brid.) Mitt. (*Eustichiac.*) 3. 457, 1198.
E. Poeppigii C. Müll. 3. 458, Fig. 306.4—G.
Eustichia C. Müll. (*Dicranac.*) 3. 303.
Eustichia C. Müll. (*Eustichiac.*) 3. 457.
**Eustichiaceae** 3. 1198.
Eusticta Hue (*Stictac.*) 1*. 189.
Eusticta Müll. Arg. (*Stictac.*) 1*. 188.
Eustictodiscus De Toni (*Bacillariac.*) 1b. 69.
Eustigmaea Sacc. (*Mycosphaerellac.*) 1. 423.
Eustreptopogon C. Müll. (*Pottiac.*) 3. 518, 1194.
Eusuriraya Schütt (*Bacillariac.*) 1b. 116.
Eusynedra Ehrenb. (*Bacillariac.*) 1b. 115.
Eusynodontia Broth. (*Dicranac.*) 3. 344.
Eusyrrhopodon C. Müll. (*Calymperac.*) 3. 365, 1188.
Eutabellaria Schütt (*Bacillariac.*) 1b. 104.
Eutaphria Schröt. (*Exoascac.*) 1. 160.
Eutayloria Lindb. (*Splachnac.*) 3. 500.
Euterpsinoë Schütt (*Bacillariac.*) 1b. 99.
Entetracyclus Ralfs (*Bacillariac.*) 1b. 102.
Eutetrapiodon Lindb. (*Splachnac.*) 3. 504.
**Euthallophyta** 2. V.
Euthamnidium Schröt. (*Mucorac.*) 1. 127.
Euthamnium (*Neckerac.*) 3. 1230.
Euthamnium Broth. (*Neckerac.*) 3. 861, 1230.
Euthamnium Kindb. (*Neckerac.*) 3. 859.
Euthelephora Schröt. (*Thelephorac.*) 1**. 125.
Eutheloschistes A. Zahlbr. (*Theloschistac.*) 1*. 230.
Euthelotrema A. Zahlbr. (*Thelotremac.*) 1*. 120.
**Euthora** J. Ag. (*Rhodophyllidac.*) 2. 368, 369, 375.
Euthuidium Lindb. (*Leskeac.*) 3. 1004, 1014.
Eutolypothrix Kirchn. (*Scytonematac.*) 1a. 79.
Eutoninia Th. Fr. (*Lecideac.*) 1*. 136.
Eutorula Sacc. (*Dematiac.*) 1**. 458.
Eutrachypodopsis Broth. (*Neckerac.*) 3. 831.
Eutrematodon C. Müll. (*Dicranac.*) 3. 292, 1173.
Eutrematodon Kindb. (*Dicranac.*) 3. 292.
Eutreptia Perty (*Euglenac.*) 1a. 95, 175, 176; 2. 570.
E. viridis Perty 1a. 95, Fig. 63; 176, Fig. 127 A.
Eutriceratium De Toni (*Bacillariac.*) 1b. 91.

Eutrichomanes Sadeb. (*Hymenophyllac.*) 4. 107.
Eutrichostomum C. Müll. (*Pottiac.*) 3. 395.
Eutrichostomum Schimp. (*Pottiac.*) 3. 395.
Eutrichum Schimp. (*Pottiac.*) 3. 395.
Eutrochila Rehm (*Phacidiac.*) 1. 261.
Eutrogia Sacc. (*Agaricac.*) 1*. 199.
Eutrullula Sacc. (*Melanconiac.*) 1**. 403.
Eutryblidium Sacc. (*Tryblidiac.*) 1**. 253.
Eutrypethelium Müll. Arg. (*Trypetheliac.*) 1*. 71.
Eutuber Fischer (*Eutuberac.*) 1. 286.
**Eutuberaceae** 1. 281—288; 1**. 535.
Eutulostoma Fischer (*Tulostomatac.*) 1**. 342.
Eutypa Tul. (*Valsac.*) 1. 157.
Eutypella Nitschke (*Valsac.*) 1. 159.
Eutypopsis Karst. (*Valsac.*) 1. 158.
Euuromyces Dietel (*Pucciniac.*) 1**. 54.
Euustilago Bref. (*Ustilaginac.*) 1**. 8.
Euvalsa Nitschke (*Valsac.*) 1. 461.
Euvalsaria Sacc. (*Melogrammatac.*) 1. 478.
Euverpa Schröt. (*Helvellac.*) 1. 170.
Euverrucaria Koerb. (*Verrucariac.*) 1*. 55.
Euverrucidens Card. (*Dicranac.*) 3. 1177.
Euverticillium Sacc. (*Mucedinac.*) 1**. 444.
Euvittaria Hook. (*Polypodiac.*) 4. 299.
Euvolutella Sacc. (*Tuberculariac.*) 1**. 505.
Euweisia C. Müll. (*Pottiac.*) 3. 386.
Euwillia C. Müll. (*Pottiac.*) 3. 417.
Euwilsoniella Broth. (*Dicranac.*) 3. 1175.
Euwoodsia R. Br. (*Polypodiac.*) 4. 161.
Euwoodwardsia Hook. (*Polypodiac.*) 4. 253.
Euxanthoria Th. Fr. (*Theloschistac.*) 1*. 229.
Euzygoceros (Ehrenb.) Grun. (*Bacillariac.*) 1b. 93.
Euzygodesmus Sacc. (*Dematiac.*) 1**. 462.
Euzygodon C. Müll. (*Orthotrichac.*) 3. 464.
Evaginulati (*Bryol.*) 3. 288.
Everhartia Sacc. et Ellis (*Tuberculariac.*) 1**. 509, 510.
E. lignatilis Thaxt. 1**. 510, Fig. 264.1—C.
Evernia (*Usneac.*) 1*. 217, 218.
Evernia Ach. (*Usneac.*) 1*. 217.
Everniopsis Nyl. (*Usneac.*) 1*. 217, 218.
Examidium Karst. (*Dothideac.*) 1. 380.
Excentron Ralfs (*Bacillariac.*) 1b. 75.
Excipula De Not. (*Excipulac.*) 1**. 395.
Excipula Fries (*Excipulac.*) 1**. 392, 393.
Exipula Peck (*Nectrioidac.*) 1**. 386.
**Excipulaceae** 1**. 349, 392—398.
Excipularia Sacc. (*Excipulac.*) 1**. 397.
Excipulina Sacc. (*Excipulac.*) 1**. 395, 396.

Excipulites Fries (*Sphaeropsidal.*) 1\*\*. 522.
Exechlya Stokes (*Tetramitac.*) 1a. 145.
Exidia Fries (*Tremellac.*) 1\*\*. 54, 90, 91, 92.
E. glandulosa (Bull.) Fr. 1\*\*. 91, Fig. 59 *E—G*.
E. spiculosa 1\*\*. 54, Fig. 40 *E, F.*
E. truncata Fries 1\*\*. 91, Fig. 59 *H.*
Exidiopsideae (*Tremellac.*) 1\*\*. 90.
Exidiopsis Olsens (*Tremellac.*) 1\*\*. 90, 92.
Exilaria Grev. (*Bacillariac.*) 1b. 109, 115.
**Exoascaceae** 1. 158.
Exoascella Schröt. (*Exoascac.*) 1. 160.
Exonascus Fuckel (*Exoascac.*) 1. 158, 159; 159, Fig. 136.
E. alnitorquus (Tul.) Kuhn 1. 159, Fig. 136 *G.*
E. Pruni Fuckel 1. 159, Fig. 136 *A—F.*
**Exobasidiaceae** 1\*\*. 103—105.
Exobasidiineae 1\*\*. 1. 103—105.
Exobasidium Woron. (*Exobasidiac.*) 1\*\*. 103, 104.
E. Lauri (Bory) Geyl. 1\*\*. 104, Fig. 65 *F—J.*
E. Leucothoes P. Henn. 1\*\*. 104, Fig. 65 *K.*
E. Vaccinii Woron. 1\*\*. 104, Fig. 65 *A—D.*
Exococcus Naeg. (*Chlorophyc.*) 2. 27.
Exodictyon Card. (*Leucobryac.*) 3. 349, 350, 1187.
E. Nadeaudii (Besch.) 3. 350, Fig. 209 *B.*
Exodokidium Card. (*Bartramiac.*) 3. 1209.
E. subsymmetricum Card. 3. 1209, Fig. 846 *A—G.*
Exogenae (*Laboulbeniac.*) 1. 497.
Exoospora Lagerh. (*Monoblepharidac.*) 1\*\*. 529.
Exormotheca Mitt. (*Marchantiac.*) 3. 25, 29.
Exosporium Link (*Tuberculariac.*) 1\*\*. 514, 515.
E. Tiliae Link 1\*\*. 515, Fig. 263 *D.*
Exuviaella Cienk. (*Prorocentrac.*) 1b. 7, 8.
E. Lima Ehrenb. 1b. 7, Fig. 9.
E. marina Cienk. 1b. 8, Fig. 11 *A, B.*

## F.

Fabraea Sacc. (*Mollisiac.*) 1. 210, 215, 216.
F. Astrantiae (Ces.) Rehm 1. 216, Fig. 168 *D—F.*
Fabroleskea Grout (*Leskeac.*) 3. 991.
Fabronia (*Entodontac.*) 3. 881.
Fabronia (*Fabroniac.*) 3. 905.
Fabronia C. Müll. (*Fabroniac.*) 3. 902.
Fabronia Raddi (*Fabroniac.*) 3. 900, 902
F. octoblepharis Schleich. 3. 903, Fig. 66 *A—C.*
F. sphaerocarpa Dus. 3. 903, Fig. 66 *A—D.*
**Fabroniaceae** 3. 701, 899—912, 1232
Fabronidium C. Müll. (*Fabroniac.*) 3. 900
F. Bernoullianum C. Müll. 3. 901, Fig. 65 *A—F.*
Fabroniella Lor. (*Entodontac.*) 3. 898.
Fadyenia Hook. (*Polypodiac.*) 4. 149, 166, 180, 181.
F. prolifera Hook. 4. 180, Fig. 93 *C—F.*
Falcatella Rabenh. (*Bacillariac.*) 1b. 124, 124.
Falkenbergia Schmitz (*Rhodomelac.*) 2 479.
Faltenmorchel (*Gyromitra esculenta* Pers.) 1. 170.
Farlowia J. Ag. (*Dumontiac.*) 2. 516 519.
Farlowia Sacc. (*Hypodermatac.*) 1. 268.
Farlowiella Sacc. (*Hypodermatac.*) 1 267, 268.
Farriolla Norm. (*Cypheliac.*) 1\*. 83.
Fasciola Dum. (*Jungerm. anakrog.*) 3. 53
Fastigiaria (Stackh.) Le Jolis (*Nemastomac.*) 2. 525.
Fauchea Mont. et Bory (*Rhodymeniac.*) 2. 398, 399.
F. repens (C. Ag.) Montg. 2. 399, Fig 233 *C.*
Fauriella Besch. (*Leskeac.*) 3. 979, 981.
F. lepidoziacea Besch. 3. 980, Fig. 713 *A—G.*
Favillea Fries (*Plectobasid.*) 1\*\*. 339.
Favolaschia Pat. (*Polyporac.*) 1\*\*. 184.
Favolaschia (Pat.) P. Henn. (*Polyporac.*) 1\*\*. 184.
Favolus Fries (*Polyporac.*) 1\*\*. 136, 185, 186.
F. europaeus Fries 1\*\*. 185, Fig. 98 *F—G.*
F. tessellatus Mont. 1\*\*. 185, Fig. 98 *E.*
Favularia (*Sigillariac.*) 4. 746, 749; 748, Fig. 444.
Fayolia Ren. et Zeill. (*Calamariac.*) 4. 553.
Fecea auct. (*Hymenophyllac.*) 4. 108.
Fegatella Raddi (*Marchantiac.*) 3. 34.
Fegatella Tayl. (*Marchantiac.*) 3. 34.
Feisterling (*Sparassis ramosa* Schaeff.) 1\*\*. 138.

Feld-Champignon (*Psalliota campestris* L.)
1*. 112.
Femsjonia Fries (*Tremellac.*) 1**. 95.
Fenestella Tul. (*Valsac.*) 1. 155, 467.
F. macrocarpa Fuckel 1. 467, Fig. 278 C, D.
F. vestita (Fr.) Sacc. 1. 467, Fig. 278 E, F.
Fenestrella Grev. (*Bacillariae.*) 1b. 81.
Ferax De Bary (*Saprolegniac.*) 1. 97.
Feuerschwamm (*Fomes fomentarius* L.) 1** 112, 113, 161.
Fibrillaria Pers. (*Hymenomycet.*) 1**. 196.
Fibrillaria Sow. (*Hymenomycet.*) 1**. 317.
Fiedleria Rbh. (*Pottiac.*) 3. 125.
Filariella Broth. (*Hypnac.*) 3. 1054.
Filicales 3. 2; 4, 2, 9, 13—315.
**Filicales leptosporangiatae** (*Filicales*) 1. 9, 13—421.
Filices (*Filicales*) 3. 2.
Filicites Schloth. (*Filicales*) 4. 474.
Filiculoides Kindb. (*Hypopterygiac.*) 3. 972.
Filoboletus C. Henn. (*Polyporiac.*) 1**. 554.
Filospora Preuss (*Sphaerioidae.*) 1**. 378.
Fimbriaria Nees (*Marchantiac.*) 3. 33.
Fimbriaria Stackh. (*Rhodomelac.*) 2. 456.
Fingers and Toes (*Plasmodiophora Brassicae* Woron.) 1. 6.
Fiorinia Schimp. (*Fabroniac.*) 3. 908.
Fischera Schwabe (*Stigonematac.*) 1a. 83.
Fischerella B. et Fl. (*Stigonematac.*) 1a. 81, 82, 83.
F. muscicola (Thur.) 1a. 82, Fig. 58 M.
Fissidens Desv. (*Dicranac.*) 3. 303.
Fissidens Hedw. (*Fissidentac.*) 3. 352, 1187; 178, Fig. 96 E—F.
F. adiantoides (L.) Hedw. 3. 174, Fig. 91 E; 188, Fig. 105 A, B; 274 Fig. 168 E.
F. bifrons Schimp. 3. 356, Fig. 214 A, B.
F. bryoides (L.) Hedw. 3. 352, Fig. 210 A.
F. dealbatus Hook. f. et Wils. 3. 352, Fig. 210 B.
F. glauculus C. Müll. 3. 355, Fig. 213 A—D.
F. grandifrons Brid. 3. 361, Fig. 222 A, B.
F. Hollianus Doz. et Molk. 3. 356, Fig. 215 A—C.
F. julianus (Sav.) Schimp. 3. 361, Fig. 223 A—C.
F. nobilis Griff. 3. 360, Fig. 221 A, B.
F. oediloma C. Müll. 3. 355, Fig. 212 A—E.
F. papillosus Lac. (nicht punctulatus Lac.) 3. 338, Fig. 219 A, B, 1188.
F. pellucidus Hornsch. 3. 357, Fig. 217 A—F.

F. prosenchymaticus (C. Müll.) Broth. 3. 353, Fig. 211 A—F.
F. Puiggarii (Geh. et Hampe) Paris 3. 338, Fig. 218 A—F.
F. punctulatus Lac. v. F. papillosus Lac.
F. vittatus Hook. f. et Wils. 3. 357, Fig. 216.
F. Zippelianus Bryol. eur. 3. 359, Fig. 220 A—B.
Fissidens Hedw. (*Leucodontac.*) 3. 718.
Fissidens Leyss. (*Hypnac.*) 3. 1084.
Fissidens Lindb. (*Leucodontac.*) 3. 748.
Fissidens Schwaegr. (*Drepanophyllac.*) 3. 354.
**Fissidentaceae** 3. 284, 351—363, 1187.
Fissurinia (Fée) Müll. Arg. (*Graphidac.*) 1*. 98; 97, Fig. 48 L.
Fistularia Grev. (*Ulvac.*) 2. 77.
Fistularia Wainio (*Usneac.*) 1*. 222.
Fistulina Bull. (*Polyporac.*) 1**. 187, 188.
F. hepatica (Schaeff.) Fr. 1**. 187, Fig. 99 A—D.
Fistulineae (*Polyporac.*) 1**. 152, 187.
Flabellaria C. Müll. (*Lembophyllac.*) 3. 868.
Flagellata 1a. 93—188.
Flagellata arthrothela (*Schizophyta*) 1b. 1.
Flageoletin Sacc. (*Melanconidac.*) 1. 168.
Flahaultia Born. (*Rhodophyllidac.*) 2. 368, 372.
F. appendiculata Born. 2. 372, Fig. 223 A—B.
Flammula Fries (*Agaricac.*) 1**. 250.
Flechten 1*. 1—243.
Flegographa (Mass.) Müll. Arg. (*Chiodectonac.*) 1*. 103.
Fleischhackia Rabh. (*Rhizinac.*) 1. 171.
Flemingites Carruth. (*Lepidodendrac.*) 4. 736.
Fliegenpilz, grauer (*Amanita pustulata* Schaeff.) 1**. 275.
Fliegenschwamm (*Amanita muscaria* L.) 1**. 113.
Fliegenschwamm, grauer (*Inocybe rimosa* Bull. und *Amanita pustulata* Schaeff.) 1**. 110.
Floccaria Grev. (*Stilbac.*) 1**. 490.
Floccomutinus P. Henn. (*Phallac.*) 1**. 289, 290, 355, 356.
F. Zenkeri P. Henn. 1**. 290, Fig. 141.
Floribundaria C. Müll. (*Neckerac.*) 3. 807, 821, 1226.
F. floribunda (Doz. et Molk.) 3. 822, Fig. 612 A—D.
Florideae (*Rhodophyc.*) 2. 304, 324—514.

Fomes Fries (*Polyporac.*) 1\*\*. 155, 158, 159, 160, 162.
F. annosus Fries 1\*\*. 159, Fig. 86 *A—E*.
F. Emini P. Henn. 1\*\*. 162, Fig. 88 *D—E*.
F. fomentarius (L.) Fries 1\*\*. 160, Fig. 87 *C, D*.
F. igniarius (L.) Fr. 1\*\*. 160, Fig. 87 *E*.
F. minutulus P. Henn. 1\*\*. 160, Fig. 87 *B*.
F. nutans Fries 1\*\*. 162, Fig. 88 *C*.
F. obliquus (Pers.) Fr. 1\*\*. 160, Fig. 87 *A*.
F. ochrolaccatus Mont. var. cornucopiae P. Henn. 1\*\*. 162, Fig. 88 *B*.
F. Preussii P. Henn. 1\*\*. 163, Fig. 88 *F*.
F. Ribis (Schum.) Fr. 1\*\*. 162, Fig. 88 *A*.
**Fontinalaceae** 3. 701, 722—732, 1213.
Fontinaleae Broth. (*Fontinalac.*) 3. 723, 1213.
Fontinalis Bryol. eur. (*Fontinalac.*) 3. 725.
Fontinalis C. Müll. (*Fontinalac.*) 3. 724, 725.
Fontinalis (Dill.) L. (*Fontinalac.*) 3. 723, 725, 1213, 1239.
F. antipyretica L. 3. 174, Fig. 91 *A*; 172, Fig. 92 *A—D*; 174, Fig. 93 *E—G*; 176, Fig. 95 *A—F*; 182, Fig. 101 *D*; 207, Fig. 126 *A—D*; 212, Fig. 129 *G, H*; 274, Fig. 168 *H*; 726, Fig. 544 *A—D*.
F biformis Sull. 3. 727, Fig. 545 *A—F*.
F. dichelymoides Lindb. 3. 729, Fig. 546 *A—F*.
F. squamosa L. 3. 729, Fig. 546 *F, G*.
Fontinalis Hedw. (*Fontinalac.*) 3. 731.
Fontinalis L. j. (*Cryphaeac.*) 3. 739.
Fontinalis Palis. (*Fontinalac.*) 3. 731.
Fontinalis Sw. (*Neckerac.*) 3. 795.
Fontinalis Sw. (*Pilotrichac.*) 3. 912.
Fontinalis Weber (*Hedwigiac.*) 3. 714.
Forssellia A. Zahlbr. (*Pyrenopsid.*) 1\*. 159, 161.
Forsstroemia Lindb. (*Leucodontac.*) 3. 748. 757, 1214.
F. australis (C. Müll.) 3. 758, Fig. 568 *A—H*.
Fossombronia Colenso (*Jungerm. anakrog.*) 3. 57.
Fossombronia Raddi (*Jungerm. anakrog.*) 3. 50, 59.
F. cristata Lindb. 3. 59, Fig. 34.
Fossombronia S. O. Lindb. (*Jungerm. anakrog.*) 3. 60.
Fossombronia Trabut (*Jungerm. anakrog.*) 3. 58.
Fouragea Trevis. (*Graphidac.*) 1\*. 102.
Fracchiaea Sacc. (*Cucurbitariae.*) 1. 408, 409.

Fradelia Chauv. (*Codiac.*) 2. 141.
Fraena Rouault (*Algae*) 2. 549.
Fragilaria Lyngby (*Bacillariac.*) 1 b. 35, 112, 113.
F. (Raphoneis) amphiceros Ehrenb. 1 b. 113, Fig. 20 *A*.
F. (Staurosira) Harrisonii (W. Sm.) Grun. 1 b. 113, Fig. 203.
F. (Eufragilaria) virescens Ralf. 1 b. 113, Fig. 202 *A—C*.
F. parasitica W. Sm. 1 b. 35, Fig. 48 *A*.
Fragilarieae (*Bacillariac.*) 1 b. 57, 110.
Fragilariinae (*Bacillariac.*) 1 b. 57, 112.
Fragilarioideae (*Bacillariac.*) 1 b. 56, 101.
Frankia Brunch. (*Phytomyxin.*) 1. 6.
Französischer Purpur (*Roccella spec. div.*) 1\*. 109.
Friesites Karst. (*Clavariac.*) 1\*\*. 144.
Friesula Speg. (*Telephorac.?*) 1\*\*. 118, 130.
Frullania Casp. (*Jungerm. akrog.*) 3. 134.
Frullania Dum. (*Jungerm. akrog.*) 3. 124.
Frullania Hook. et Tayl. (*Jungerm. akrog.*) 3. 109.
Frullania Lehm. (*Jungerm akrog.*) 3. 109.
Frullania Lindb. (*Jungerm. akrog.*) 3. 132.
Frullania Nees (*Jungerm. akrog.*) 3. 129, 130, 132.
Frullania Raddi (*Jungerm. akrog.*) 3. 130.
Frullania Raddi (*Jungerm. akrog.*) 3. 120, 132; 117, Fig. 68 *F*.
F. apiculata Nees 3. 133, Fig. 70 *F, G*.
F. dilatata (L.) Dum. 3. 117, Fig. 68 *E, G, H*.
F. Ecklonii Spreng. 3. 133, Fig. 70 *K—Q*.
F. nodulosa Nees 3. 133, Fig. 70 *B*.
F. repandistipula Sande Lac. 3. 133, Fig. 70 *C—E*.
F. semivillosa L. et G. 3. 133, Fig. 70 *H, J*.
F. serrata Gott. 3. 133, Fig. 70 *A*.
F. Tamarisci (L.) Dum. 3. 117, Fig. 68 *D*.
Frullanieae (*Jungerm. akrog.*) 3. 120, 131.
Frullanites Gott. (*Jungerm. akrog.*) 3. 134.
Frullanoides Raddi (*Jungerm. akrog.*) 3. 128.
Frustulia Ag. (*Bacillariac.*) 1 b. 130.
**Fucaceae** 2. 181, 268—290.
Fucites Brongn. (*Algae*) 2. 555.
Fuckelia Bon. (*Sphaerioidac.*) 1\*\*. 351, 361.
Fuckelia Nitschke (*Valsac.*) 1. 455.
Fuckelina O. Ktze. (*Pezizac.*) 1. 187.
Fuckelina Sacc. (*Dematiac.*) 1\*\*. 457, 471.
Fucoideae (*Euphyceae*) 2. 176—290.
Fucoides Brongn. (*Algae*) 2. 555.

Fucus Tourn. (*Fucac.*) 2. 274, 276, 278, 280, 555.
F. platycarpus Thur. 2. 276, Fig 184b. J.
F. serratus L. 2. 274, Fig. 183 C, D.
F. vesiculosus L. 2. 274, Fig. 183 A, B.
Fulgensia Mass. et De Not. (*Caloplacae.*) 1*. 228.
Fulgensia (Mass. et De Not.) A. Zahlbr. (*Caloplacae.*) 1*. 228.
Fulgia Chev. (*Caliciae.*) 1*. 244.
Fuligo Haller (*Physarac.*) 1. 9, 12, 32, 35.
F. septica 1. 9, Fig. 4 C, D; 12, Fig. 5 B, C.
Fumago Pers. (*Dematiae.*) 1**. 482, 486.
Fumago Tul. (*Perisporiac*) 1. 338.
Funaria Schreb. (*Funariae.*) 3. 516, 521, 1204.
F. Bolanderi (Lesq.) Holz. 3. 524, Fig. 381 A—D.
F. capillipes (C. Müll.) 3. 522, Fig. 377 A—E.
F. clavaeformis (Hampe et C. Müll.) 3. 525, Fig. 384 A—C.
F. curvipes (C. Müll.) 3. 526, Fig. 385 A—C.
F. curviseta (Schwaegr.) 3. 525, Fig. 383 A—D.
F. Drummondii (Sull.) 3. 524, Fig. 382 A—D.
F. hygrometrica (L.) Hedw. 3. 156, Fig. 76 B; 157, Fig. 77 A, B; 189, Fig. 106 F; 192, Fig. 110 A, B; 204, Fig. 123 A, B; 211, Fig. 128 B; 212, Fig. 129 T; 217, Fig. 131 B; 222, Fig. 135 A, B; 232, Fig. 141; 233, Fig. 142 A, D—F; 234, Fig. 143 D; 237, Fig. 144 E, F; 273, Fig. 167 A; 274, Fig. 168 J; 527, Fig. 387 A—D.
F. Kashmirensis Broth. 3. 528, Fig. 390 A—E.
F. laevis Mitt. 3. 528, Fig. 389 A—D.
F. Mittenii (Doz. et Molk.) 3. 522, Fig. 378 A—E.
F. serricola (C. Müll.) 3. 523, Fig. 380 A—E.
F. subcuspidata Broth. 3 527, Fig. 388 A—F.
F. verrucosa C. Müll. 3. 526, Fig. 386 A—D.
**Funariaceae** 3. 509—529, 1203.
Funarieae (*Funariac.*) 3. 510, 515, 1204.
Fungi 1. 42—64, 2 V.
**Fungi imperfecti** (*Eumycetes*) 1**. 347 —523, 558—559.

Funicularia Trevis. (*Marchantiae.*) 3. 25, 26.
F. Weddelii (Mont.) Trevis. 3. 20, Fig. 8 J—L.
Furcellaria Lamx. (*Nemastomac.*) 2. 523, 525.
F. fastigiata (Huds.) Lamx. 2. 525, Fig. 279 C.
Fusamen Sacc. (*Tuberculariae.*) 1**. 509.
Fusariella Sacc. (*Dematiae.*) 1**. 476, 477, 478.
F. viridiatra Sacc. 1**. 477, Fig. 248 D.
Fusarium auct. (*Sphaerioidae.*) 1**. 380.
Fusarium Link (*Tuberculariae.*) 1**. 507, 508.
F. sarcochroum (Desm.) Sacc. 1**. 507, Fig. 260 J.
Fuscaria Stackh. *Rhodomelac.*) 2. 455.
Fuscina Schrank (*Fissidentac.*) 3. 352.
Fuscina Schrank (*Leucodontae.*) 3. 748.
Fuscina Schrank (*Neckerac.*) 3. 847.
Fusella Sacc. (*Dematiae.*) 1**. 455, 458.
F. patellata (Bon.) Sacc. 1**. 458, Fig. 246 B.
Fusicladium Bon. (*Dematiae.*) 1**. 471, 472, 473.
F. dendriticum (Wallr.) Fuckel 1**. 473, Fig. 246 B, C.
Fusicoccum Corda (*Sphaerioidae.*) 1**. 351, 359, 360.
F. abietinum (Hart.) Prill. et Delacr. 1**. 360, Fig. 189 A.
F. Juglandis C. Mass. 1**. 360, Fig. 189 D, E.
F. Pini (Preuss) Sacc. 1**. 360, Fig. 189 B, C.
Fusicolla Bon. (*Stilbac.*) 1**. 499, 502.
Fusiconia Palis. (*Aulacomniae.*) 3. 624.
Fusidites Link (*Hyphomycet.*) 1**. 522.
Fusidium Link (*Mucedinac.*) 1**. 417, 425, 426.
F. carneolum Sacc. 1**. 425, Fig. 219 D.
Fusidospora Müll. Arg. (*Pyrenulac.*) 1*. 68.
Fusispora Sacc. (*Tuberculariae.*) 1**. 509.
Fusisporium Link (*Tuberculariae.*) 1**. 509.
Fusoma Corda (*Mucedinac.*) 1**. 447, 448, 449.
F. Helminthosporii Corda 1**. 449, Fig. 232 A.
F. parasiticum Tub. 1**. 449, Fig. 232 B.
Fusomeae (*Mucedinac.*) 1**. 447.
Fusotheca Reinb. (*Bacillariae.*) 1 b. 84.

## G.

Gabura Adans. (*Collemac.*) 1*. 171.
Gackstroemia Trevis. (*Jungerm. akrog.*) 3. 109.
Gaillardiella Pat. (*Sphaeriac.*) 1. 395, 403.
Gaillionella Bory (*Bacillariae.*) 1b. 59.
Galactinia Cooke (*Pezizac.*) 1. 182, 187.
Galaxaura Lamx. (*Chaetangiac.*) 2. 337, 338.
G. adriatica Zanard. 2. 338, Fig. 207 A, E.
G. fragilis Lamx. 2. 338, Fig. 207 B, C.
Galeoglossa Presl (*Polypodiac.*) 4. 324.
Galera Fries (*Agaricac.*) 1**. 241, 240, 250.
Galera Karst. (*Agaricae.*) 1**. 563.
Galeraicta Preuss (*Sphaerioidac.*) 1**. 361.
Galerula Karst. (*Agaricae.*) 1**. 250.
Galorrheus Fries (*Agaricac.*) 1**. 214.
Gammiella Broth. (*Hypnac.*) 3. 1062, 1067.
G. pterogonioides (Griff.) 3. 1167, Fig. 763 A—G.
Gamochaetium Trevis. (*Jungerm. akrog.*) 3. 78, 91.
Gamoscyphus Trevis. (*Jungerm. akrog.*) 3. 83, 84, 87, 92.
Gamospora Sacc. (*Sphaerioidac.*) 1**. 377, 380.
Gamosporella Speg. (*Sphaerioidac.*) 1**. 351, 362.
Gangamopteris Mac Coy (*Filical.*) 4. 503.
Ganoderma Karst. (*Polyporac.*) 1**. 158, 161.
Garckea C. Müll. (*Dicranac.*) 3. 293, 295, 1175.
G. phascoides C. Müll. 3. 296, Fig. 173 A—E.
Garovaglia (*Neckerac.*) 3. 781.
Garovaglia C. Müll. (*Neckerac.*) 3. 790.
Garovaglia Endl. (*Neckerac.*) 3. 780, 782, 1124.
G. Baeuerlenii (Geh.) 3. 783, Fig. 586 E—L.
G. Micholitzii Broth. 3. 783, Fig. 586 A—D.
Garovaglia Mitt. (*Leucodontac.*) 3. 753.
Garovaglia Mitt. (*Neckerac.*) 3. 785.
Garovaglia Paris (*Neckerac.*) 3. 800.
Garovaglia Trevis. (*Ephebac.*) 1*. 156.
Garovaglieae (*Neckerac.*) 3. 776, 780, 1224.
Garovaglina Trevis. (*Ephebac.*) 1*. 156.
Gasparrinia Tornab. (*Caloplacac.*) 1*. 228.

Gasparrinia (Tornab.) Th. Fr. (*Caloplacac.*) 1*. 228.
Gassicourtia Nyl. (*Fungi*) 1*. 78.
Gasterogrimmia Schimp. (*Grimmiac.*) 3. 448, 1197.
Gasterolichenes 1*. 49, 239.
Gastridium Lyngby (*Rhodymeniac.*) 2. 149, 404.
Gastrochaena Stopp. (*Dasycladac.*) 2. 159, 557.
Gastroclonium Kütz. (*Rhodymeniac.*) 2. 403.
Gatine (*Nosema Bombycis* Naeg.) 1. 41.
Gattya Harv. (*Ceramiac.*) 2. 484, 498, 499.
G. pinnella Harv. 2. 498, Fig. 271 E.
Gausapia E. Fr. (*Fungi*) 1*. 240.
Gautieria Vitt. (*Hysterangiac.*) 1**. 304, 556.
G. graveolens Vitt. var. mexicana 1**. 304, Fig. 153 B—D.
G. morchellaeformis Vitt. 1**. 304, Fig. 153 A.
Geaster Mich. (*Lycoperdac.*) 1**. 315, 320, 321.
G. coliformis (Dicks.) Fr. 1**. 321, Fig. 166 A.
G. marchicus Henn. 1**. 321, Fig. 166 B.
G. rufescens Pers. 1**. 321, Fig. 166 F, G.
G. stipitatus Solms 1**. 321, Fig. 166 H.
G. vulgatus Vitt. 1**. 321, Fig. 166 C—E.
Geisleria Nitschke (*Verrucariae.*) 1*. 54, 57.
Gelatinaria Roussel (*Helminthocladiac.*) 2. 329.
Gelatinosporium Peck (*Sphaerioidac.*) 1**. 377, 380.
Gelbhähnchen (*Cantharellus cibarius* Fr.) 1**. 112.
**Gelidiaceae** 2. 305, 340—349.
Gelidieae (*Gelidiac.*) 2. 342, 347.
Gelidiopsis Schmitz (*Sphaerococcac.*) 2. 384, 389.
Gelidium Lamx. (*Gelidiac.*) 2. 342, 347.
G. capillaceum Kütz. 2. 347, Fig. 211 C, D.
G. cartilagineum Gaill. 2. 347, Fig. 211 A, B.
Gelinaria Sonder (*Rhodophyllidac.*) 2. 381.
Geminella (Turp.) Lagerh. (*Ulotrichac.*) 2. 84.
Geminella Schröt. (*Ustilaginac.*) 1**. 545, 546.
Geminispora Pat. (*Gnomoniac.?*) 1. 447, 451.
Genabea Tul. (*Terfeziac.*) 1. 313, 317, 319; 1**. 538.
G. fragilis Tul. 1. 317, Fig. 225 E—H.

Genea Vitt. (*Entuberac.*) 1. 280, 281, 282; 1**. 535.
G. hispidula Berk. 1. 282, Fig. 204 *F*.
G. sphaerica Tul. 1. 280, Fig. 202; 282, Fig. 204 *C, D*.
G. verrucosa Vitt. 1. 282, Fig. 204 *A, B, E*.
Genicularia De Bary (*Desmidiac.*) 2. 8, 13.
G. spirotaenia De Bary 2. 13, Fig. 8 *D*.
Genthia Bayrb. (*Funariac.*) 3. 516.
Genucaulis C. Müll. (*Neckerac.*) 3. 823.
Genuflexa Link (*Mesocarpac.*) 2. 23.
Geocalyx Nees (*Jungerm. akrog.*) 3. 93.
Geocyclus Kütz. (*Rivulariac.*) 1a. 89.
Geoglossaceae 1. 163—167.
Geoglossum Pers. (*Geoglossac.*) 1. 163, 165.
G. hirsutum Pers. 1. 165, Fig. 139.
Geomitrula Sacc. (*Geoglossac.*) 1. 164.
Geopora Harkn. (*Balsamiac.*) 1. 288; 1**. 535, 536.
Geopyxis Pers. (*Pezizac.*) 1. 182, 185.
Georgia (*Georgiac.*) 3. 669.
Georgia Ehrh. (*Georgiac.*) 3. 668.
G. pellucida (L.) 3. 668, Fig. 508 *A—G*.
Georgiaceae 3. 287, 667—669.
Georgs Ritterling (*Tricholoma Georgii* Fr. 1**. 112.
Geotrichum Link (*Mucedinac.*) 1**. 417, 425, 426.
G. candidum Link 1**. 425, Fig. 219 *H*.
Gephyria Arn. (*Bacillariac.*) 1b. 107.
Gerulajacta Preuss (*Sphaeroideae.*) 1**. 352.
Giardia Künstler (*Flagellat.*) 1a. 185.
Gibbera Fries (*Cucurbitariac.*) 1. 408, 409, 410.
G. Vaccinii (Sow.) Fuckel 1. 410, Fig. 260 *C, D*.
Gibbera Fuckel (*Hypocreac.*) 1. 360.
Gibberella Sacc. (*Hypocreac.*) 1. 357, 359, 360.
G. cyanogena (Desm.) Sacc. 1. 359, Fig. 240 *K*.
G. pulicaris (Fr.) Sacc. 1. 359, Fig. 240 *G—J*.
Gibberidea Fuckel (*Cucurbitariac.*) 1. 408, 409, 410.
G. Visci Fuckel 1. 410, Fig. 260 *F*.
Gibellia Sacc. (*Melogrammatac.*) 1. 477, 478.
Gibellina Pass. (*Pleosporac.?*) 1. 429, 443.

Gibellula Cav. (*Stilbac.*) 1**. 489, 491, 492.
G. pulchra (Sacc.) Cav. 1**. 491, Fig. 254 *K, L*.
Giffordia Batters (*Ectocarpac.*) 2. 289.
Gigantopteris Schenk *Filical.* 4. 513.
Gigartina Stackh. (*Gigartinac.*) 2. 354, 357, 358.
G. mamillosa (Good. et Woodw.) J. Ag. 2. 358, Fig. 217.
**Gigartinaceae** 2. 305, 352—366.
**Gigartinales** 2. 305, 350—382.
Gigartineae (*Gigartinac.*) 2. 354, 356.
Gigartinites Brongn. (*Algae*) 2. 555.
Gigaspermeae (*Funariac.*) 3. 510.
Gigaspermum Lindb. (*Funariac.*) 3. 510, 511.
G. repens (Hook.) Lindb. 3. 511, Fig. 366 *A—F*.
Gilletiella Sacc. et Syd. (*Microthyriac.*) 1**. 540.
Ginnania Mont. (*Chaetangiac.*) 2. 337.
Giraldiella C. Müll. (*Entodontac.*) 3. 871, 884.
G. Levieri C. Müll. 3. 884, Fig. 647 *A—F*.
Girardia S. Gray (*Ephebac.*) 1*. 455.
Giraudia Derb., Sol. (*Elachistac.*) 2. 219, 220, 221.
G. sphacelarioides Derb., Sol. 2. 220, Fig. 152 *D—F*.
Giraudieae (*Elachistac.*) 2. 219.
Girgensohnia Lindb. (*Climaciac.*) 3. 735.
Girgensohnia Lindb. Kindb. (*Climaciac.*) 3. 734, 735, 1213.
G. ruthenica (Weinm.) 3. 735, Fig. 550 *A—E*.
Girodella Gaill. (*Bacillariac.*) 1b. 132.
Girvanella Nichols. et Ether. (*Algae*) 2. 555.
Glaphyropteris Presl (*Polypodiac.*) 4. 167, 171.
Glaphyrymenia J. Ag. (*Gigartinac.*) 2. 355, 365.
Glaucinaria Fée (*Graphidac.*) 1*. 99, 100.
Glaucocystis Itzigs. (*Bangiac.?* 2. 446; 1a. 57, 92.
Glaucodium C. Müll. (*Dicranac.*) 3. 300.
Glaucospira Lagerh. (*Oscillatoriac.*) 1a. 66.
Glaucothrix Kirchn. (*Scytonematac.*) 1a. 78.
Glaziella Berk. (*Hypocreac.*) 1. 348, 372.
Gleichenia (*Gleicheniac.*) 4. 353.
Gleichenia Moore, Hk. Bk. (*Gleicheniac.*) 4. 352.

Gleichenia Neck. (*Polypodiac.*) 4. 167.
Gleichenia Sm. (*Gleicheniac.*) 4. 51, 351, 352, 353, 354, 355; 351, Fig. 186.
G. dicarpa R. Br. 4. 351, Fig. 186 *B—F*; 354, Fig. 189 *B*.
G. flabellata R. Br. 4. 351, Fig. 186 *A*.
G. gigantea Wall. 4. 51, Fig. 35 *A*.
G. microphyllum (R. Br.) F. v. M. 4. 354, Fig. 189 *C*, *D*.
G. pedalis Kaulf. 4. 351, Fig. 186 *G*; 354, Fig. 189 *A*.
G. Pluckeneti 4. 484, Fig. 279.
**Gleicheniaceae** 4. 91, 350—356, 473.
Gleicheniastrum Presl (*Gleicheniac.*) 4. 352.
Gleichenites Goepp. (*Filical.*) 4. 355, 480.
Glenodinieae (*Peridiniac.*) 1b. 16.
Glenodinium Ehrenb. (*Peridiniac.*) 1b. 16, 17.
G. foliaceum Stein 1b. 17, Fig. 22 *B*.
G. pulvisculus Ehrenb. 1b. 17, Fig. 22 *A*.
Glenogonium Diesing (*Volvocac.*) 2. 41.
Glenomorum Ehrenb. (*Volvocac.*) 2. 39.
Glenomorum Schmarda (*Volvocac.*) 2. 38.
Glenophytum Diesing (*Volvocac.*) 1a. 188.
Glenospora Berk. et Curt. (*Dematiac.*) 1**. 456, 463, 464.
G. Curtisii Berk. et Curt. 1**. 463, Fig. 240 *G*.
Glenouvella Diesing (*Hymenomonadac.*) 1a. 162.
Gleothamnion Cienk. (*Phaeophyc.*) 2. 289.
Gleotrichia J. Ag. (*Rivulariac.*) 1a. 89.
Gliocladium Corda (*Mucedinac.*) 1**. 418, 431, 432.
G. penicillioides Corda 1**. 431, Fig. 223 *G*, *H*.
Gliocladium Sacc. (*Mucedinac.*) 1**. 441.
Gliotrichum Eschw. (*Hyphomycet.*) 1**. 516.
Glischroderma Fuckel (*Hymenogastrac.*?) 1**. 313.
Globaria Quél. (*Lycoperdac.*) 1**. 315, 318.
Globulina C. Müll. (*Pottiac.*) 3. 382, 403.
G. boliviana C. Müll. 3. 404, Fig. 261 *A—E*.
G. globifera C. Müll. 3. 404, Fig. 260 *A—H*.
Globulina Link (*Zygnemac.*) 2. 20.
Globulina Speg. (*Hypocreac.*) 1. 347, 351.
Glochiococcus De Toni (*Pleurococcac.*) 2. 59.
Glockeria Goepp. (*Filical.*) 4. 494.

Gloeocapsidium (Wainio) A. Zahlbr. (*Lecideac.*) 1*. 134.
Gloeocapsa Kütz., Naeg. (*Chroococcac.* 1a. 52, 53, 54; 49, Fig. 48 *D*; 1*. 6 Fig. 10 *D*; 2. 355.
G. sanguinea Kütz. 1a. 53, Fig. 49 *F*.
Gloeocephala Massee (*Clavariac.*) 1**. 130, 131.
G. epiphylla Massee 1**. 131, Fig. 71 *D—F*.
Gloeochaete Lagerh. (*Tetrasporac.*?) 2. 159, 316; 1a. 57, 92.
Gloeococcus A. Br. (*Volvocac.*) 2. 38.
Gloeocystis Cienk. (*Volvocac.*) 2. 38.
Gloeocystis Naeg. (*Chlorophyc.*) 2. 27.
Gloeodictyon Ag. (*Bacillariac.*) 1b. 138.
Gloeodon Karst. (*Hydnac.*) 1**. 144.
Gloeomonas Klebs (*Volvocac.*) 2. 43.
Gloeonema Ehrenb. (*Bacillariac.*) 1b. 138
Gloeopeziza Zukal (*Ascobolac.*) 1. 189 191.
G. Rehmii Zukal 1. 191, Fig. 153 *F—H*.
Gloeophyllum Karst. (*Polyporac.*) 1** 182.
Gloeoporus Mont. (*Polyporac.*) 1**. 155 185, 186.
G. Rhipidium (Berk.) Speg. 1**. 185, Fig 98 *H*, *J*.
Gloeoprium Berk. (*Desmidiac.*) 2. 16.
Gloeosphaera Rabh. (*Chlorophyc.*) 2. 27.
Gloeosporiella Cav. (*Melanconiac.*) 1** 405, 407.
Gloeosporium Desm. et Mont. (*Melanconiac.*) 1**. 398, 399, 400, 401.
G. Lindemuthianum Sacc. et Magn. 1** 401, Fig. 207, 208.
G. Platani (Mont.) Oudem. 1**. 400, Fig 206 *F—J*.
G. Ribis (Lib.) Mont. et Desm. 1**. 400, Fig. 206 *D*, *E*.
Glocotaenium Hansg. (*Dasycladac.*) 2 159.
Gloeothece Naeg. (*Chroococcac.*) 1a. 52 53, 55; 2. 355.
G. confluens Naeg. 1a. 53, Fig. 49 *J*.
Gloeotrichia J. Ag. (*Rivulariac.*) 1a. 90.
Gloiocladia J. Ag. (*Rhodymeniac.*) 2. 398, 399.
G. furcata (C. Ag.) J. Ag. 2. 399, Fig. 233 *A*, *B*.
Gloiocladieae (*Rhodymeniac.*) 2. 398.
Gloiococcus Shuttl. (*Volvocac.*) 2. 38.
Gloioderma J. Ag. (*Rhodymeniac.*) 2. 398, 399.

Gloiopeltis J. Ag. (*Gloiosiphoniac.*) 2. 506, 507.
Gloiophlaea J. Ag. (*Chaetangiac.*) 2. 337.
Gloiophyllis J. Ag. (*Rhodophyllidac.*) 2. 570.
Gloiosaccion Harv. (*Rhodymeniac.*) 2. 403.
Gloiosiphonia Carm. (*Gloiosiphoniac.*) 2. 506, 507, 508.
G. capillaris (Huds.) Carm. 2. 507, Fig. 273 B—D.
**Gloiosiphoniaceae** 2. 306, 505—508.
Gloiothamnion Reinbold (*Ceramiac.*) 2. 485, 502.
Glomerilla Norm. (*Fungi*) 1*. 78.
Glomerularia Peck (*Mucedinac.*) 1**. 417, 422.
Gloniella Sacc. (*Hypodermatac.*) 1. 267, 268, 269.
G. Typhae (Fuckel) Sacc. 1. 269, Fig. 194 C, D.
Gloniopsis De Not. (*Hysteriac.*) 1. 276.
Glonium (*Hysteriac.*) 1. 273.
Glonium Mühlenb. (*Hysteriac.*) 1. 272, 273.
G. lineare (Fr.) De Not. 1. 273, Fig. 197 D—F.
Glossidium Nyl. (*Cladoniac.*) 1*. 140, 142.
G. aversum Nyl. 1*. 141, Fig. 65 B.
Glossophora J. Ag. (*Dictyotac.*) 2. 295, 296, 297.
G. Harveyi J. Ag. 2. 296, Fig. 191 D.
Glossophycus Sap. et Mar. (*Algae*) 2. 355.
Glossophyllum (*Entodontac.*) 3. 896.
Glossophyllum (*Neckerac.*) 3. 848.
Glossophyllum Hampe (*Entodontac.*) 3. 896.
Glossopteris Brongn. (*Filical.*) 4. 502, 503.
G. Browniana Brongn. 4. 503, Fig. 304.
Glutinium Fries (*Sphaerioidac.*) 1**. 350, 355, 356.
G. laevatum (Fr.) Starb. 1**. 356, Fig. 186 A—C.
Glycophila Mont. (*Mucedinac.*) 1**. 417, 422.
Glyphidium C. Müll. (*Brachytheciac.*) 3. 1138.
Glyphidium (C. Müll.) Broth. (*Brachytheciac.*) 3. 1138.
Glyphidium Fresen. (*Bodonac.*) 1a. 136.
Glyphidium Mass. (*Chiodectonac.*) 1*. 103.
Glyphis (Ach.) Fée (*Chiodectonac.*) 1*. 103.
Glyphis Wainio (*Chiodectonac.*) 1*. 103.

Glyphium Nitschke (*Hysteriac.*) 1. 276.
Glyphocarpa Hook. f. (*Bartramiac.*) 3. 643.
Glyphocarpa R. Br. (*Bartramiac.*) 3. 633.
Glyphocarpus Brid. (*Batramiac.*) 3. 633.
Glyphocarpus Mont. (*Bartramiac.*) 3. 633.
Glyphodesmis Grev. (*Bacillariac.*) 1b. 114.
Glyphodiscus Grev. (*Bacillariac.*) 1b. 77, 79, 80.
G. bipunctatus A. Schm. 1b. 79, Fig. 124.
Glypholecia Nyl. (*Acarosporac.*) 1*. 150, 153.
G. scabra (Pers.) Th. Fr. 1*. 154, Fig. 74.
Glyphomitrium Brid., Mitt. (*Grimmiac.*) 3. 440, 1196.
G. Daviesi (Sm.) Brid. 3. 442, Fig. 294 A—D.
G. Drummondi (Hook. et Wils.) Schimp. 3. 444, Fig. 296 A—D.
G. polyphyllum (Dicks.) Mitt. 3. 444, Fig. 293 A, B.
Glyphomitrium Mitt. (*Dicranac.*) 3. 304.
Glyphotaenium J. Sm. (*Polypodiac.*) 4. 306, 310.
Glyptothecium Hampe (*Ptychomniac.*) 3. 748, 753, 1214, 1218, 1219.
G. gracile (Hampe) 3. 754, Fig. 565 A—F.
Gnatum Bail. (*Mycoideae.*) 2. 105.
Gnomonia Ces. et De Not. (*Gnomoniac.*) 1. 447, 449, 450.
G. Chamaemori (Fr.) Niessl 1. 450, Fig. 273 N, O.
G. erythrostoma (Pers.) Auersw. 1. 450, Fig. 273 J—M.
**Gnomoniaceae** 1. 387, 447—451.
Gnomoniella Sacc. (*Gnomoniac.*) 1. 447, 448, 449.
G. tubiformis (Tode) Sacc. 1. 448, Fig. 272 J, K.
Gnomoniopsis Stonem. (*Ceratostomatac.*) 1**. 343.
Gnomoniopsis Winter (*Gnomoniac.*) 1. 451.
Gobia Reinke (*Dictyosiphonac.*) 2. 213, 214.
G. baltica (Gobi) Reinke 2. 213, Fig. 148 C—F.
Godlewskia Janczew. (*Chamaesiphonac.*) 1a. 58, 60, 61.
G. aggregata Janczew. 1a. 60, Fig. 51 J.
Godronia Moug. (*Cenangiac.*) 1. 234, 234, 235.
G. Urceolus (Alb. et Schw.) Karst. 1. 234, Fig. 178 G—J.
Godroniella Karst. (*Excipulac.*) 1**. 392, 393.

Goeppertia Presl (*Filical.*) 4. 497.
Gollania Broth. (*Hypnac.*) 3. 1044, 1054.
G. Berthelotiana (Mont.) 3. 1055, Fig. 756 *A—F*.
G. Neckerella (C. Müll.) 3. 1054, Fig. 755 *A—K*.
Gomontia B. et Fl. (*Gomontiac.*) 2. 120, 556.
G. polyrhiza (Lagerh.) B. et Fl. 2. 120, Fig. 80.
**Gomontiaceae** 2. 28, 119—120.
Gomphidius Fries (*Agaricac.*) 1**. 209, 210.
G. viscidus (L.) Fr. 1**. 210, Fig. 109 *A, B*.
Gomphinaria Preuss (*Dematiac.*) 1**. 460.
Gomphogramme A. Br. (*Bacillariac.*) 1 b. 102.
Gompholobus S. O. Lindb. (*Jungerm. akrog.*) 3. 121.
Gomphoneis Cleve (*Bacillariac.*) 1 b. 136.
Gomphonella Rabh. (*Bacillariac.*) 1 b. 136.
Gomphonema Ag. (*Bacillariac.*) 1 b. 35, 45, 52, 136.
G. constrictum Ehrenb. 1 b. 35, Fig. 48 *G—K*.
G. elegans 1 b. 45, Fig. 56 Nr. 7—9.
G. geminatum 1 b. 136, Fig. 251 *A, B*.
G. olivaceum (Lyngby) Kütz. 1 b. 52, Fig. 62 *F*; 136, Fig. 251 *C*.
Gomphoneminae (*Bacillariac.*) 1 b. 57, 135.
Gomphoneuron C. Müll. (*Pottiac.*) 3. 424.
Gomphonitzschia Grun. (*Bacillariac.*) 1 b. 145.
Gomphopleura (Reichelt) Kütz. (*Bacillariac.*) 1 b. 131.
Gomphosphaeria Kütz. (*Chroococcac.*) 1 a. 52, 53, 56.
G. aponina Kütz. 1 a. 53, Fig. 49 *P*.
Gomphospora Mass. (*Lecanactidac.*) 1*. 115.
Gomphostrobus Marion (*Psilotac.*) 4. 620.
G. bifidus (Gein.) Zeiller 4. 620, Fig. 387.
Gomphus O. Ktze. (*Agaricac.*) 1**. 244.
Gomphus Pers. (*Agaricac.*) 1**. 202, 209.
Gomphyllus Nyl. (*Cladoniac.*) 1*. 150, 151.
Gonapodya A. Fischer (*Monoblepharidac.*) 1. 106, 107.
G. prolifera (Reinsch) 1. 107. Fig. 91.
Gonatobotrys Corda (*Mucedinac.*) 1**. 420, 443, 444.
G. simplex Corda 1**. 443, Fig. 230 *A*.

Gonatobotrytideae (*Mucedinac.*) 1**. 416, 420.
Gonatobotryum Sacc. (*Dematiac.*) 1**. 455, 461.
G. fuscum Sacc. 1**. 461, Fig. 239 *A, B*.
Gonatonema Wittr. (*Mesocarpac.*) 2. 22, 23.
G. ventricosum Wittr. 2. 22, Fig. 12 *B, C*.
Gonatorrhodeae (*Dematiac.*) 1**. 455, 456.
Gonatorrhodiella Thaxt. (*Mucedinac.*) 1**. 420, 443, 444.
G. parasitica Thaxt. 1**. 443, Fig. 230 *C*.
Gonatorrhodum Corda (*Dematiac.*) 1**. 456, 466.
G. speciosum Corda 1**. 466, Fig. 242 *A*.
Gonatosurus Racib. (*Filical.*) 4. 495.
Gonatozygon De Bary (*Desmidiac.*) 2. 8, 13.
G. Ralfsii De Bary 2. 13, Fig. 8 *C*.
Gongroceras Kütz. (*Ceramiac.*) 2. 504.
Gongromeriza Preuss (*Dematiac.*) 1**. 455, 458.
Gongrosira Kütz. (*Chaetophorac.*) 2. 97, 99.
G. De Baryana Rabh. 2. 99, Fig. 65.
Gongylanthus Nees (*Jungerm. akrog.*) 3. 80, 81.
Gongylia (Koerb.) A. Zahlbr. (*Verrucariac.*) 1*. 54, 57.
Gongylocladium Wallr. (*Dematiac.*) 1**. 464.
Gonimophyllum Batt. (*Delesseriac.*) 2. 408, 410.
Goniobryum Lindb. (*Rhizogoniac.*) 3. 615, 619.
G. pellucidum (Mitt.) 3. 620, Fig. 469 *D, E*.
G. reticulatum (Hook. f. et Wils.) 3. 620, Fig. 469 *F, G*.
G. subbasilare (Hook.) 3. 620, Fig. 469 *A—C*.
Goniocystis Ehrenb. (*Desmidiac.*) 2. 11.
Goniodoma Stein (*Peridiniac.*) 1 b. 18, 21.
G. acuminatum Ehrenb. 1 b. 21, Fig. 30 *A—C*.
Goniolepicystis Diels (*Polypodiac.*) 4. 323.
Goniolina D'Orbigny (*Algae*) 2. 556.
Goniomitrium Wils. (*Funariac.*) 3. 516, 520.
G. africanum (C. Müll.) 3. 521, Fig. 376 *A—E*.

Goniomonas Stein *(Amphimonadae.)* 1a. 150.
Gonionema Nyl. *(Ephebae.)* 1\*. 154.
Goniophlebium Bl. *(Polypodiac.)* 4. 306, 311; 313, Fig. 163 *A — E.*
Goniophycus Sap. *(Algae)* 2. 556.
Goniopteris Presl *(Polypodiac.)* 4. 167, 177, 495.
Goniopterites Brongn. *(Filical.)* 4. 495.
Goniosporium Link *(Dematiac.)* 1\*\*. 455, 461, 462.
G. puccinioides (Kze. et Schm.) Link 1\*\*. 461, Fig. 239 *D, E.*
Goniostoma Mitt. *(Orthotrichac.)* 3. 181, 1202.
Goniothecium Ehrenb. *(Bacillariac.)* 1b. 150.
G. Odontella Ehrenb. 1b. 150, Fig. 279 *A.*
G. Ropersii Ehrenb. 1b. 150, Fig. 279 *B.*
Goniotrichum Kütz. *(Bangiac.?)* 1a. 57, 92; 2. 314.
Gonium Müll. *(Volvocac.)* 2. 30, 37, 44.
G. pectorale Müll. 2. 30, Fig. 14 *A—C.*
G. sociale (Duj.) Warm. 2. 30, Fig. 14 *D.*
Gonocormus V. D. Bosch *(Hymenophyllac.)* 4. 105.
Gonohymenia Nyl. *(Pyrenopsidae.)* 1\*. 159, 161.
Gonothecium Wainio *(Ectolechiac.)* 1\*. 123.
Gonyaulax Dies. *(Peridiniac.)* 1b. 18, 21.
G. polyedra Stein 1b. 21, Fig. 29 *A, B.*
Gonycladon Link *(Lemaneac.)* 2. 326.
Gonyostomum Dies. *(Chloromonadin.)* 1a. 172.
Gonytrichum Nees *(Dematiac.)* 1\*\*. 457, 469, 470.
G. erectum Preuss 1\*\*. 469, Fig. 244 *F.*
Gorgonia Eichw. *(Algae)* 2. 554.
Gorgoniceps Karst. *(Helotiac.)* 1. 194, 207, 208.
G. aridula Karst. 1. 208, Fig. 163 *A.*
Gossleriella Schütt *(Bacillariac.)* 1b. 76.
G. tropica Schütt 1b. 76, Fig. 114.
Gottschea Nees *(Jungerm. akrog.)* 3. 111.
Gracilaria C. Müll. *(Orthotrichac.)* 3. 196.
Gracilaria Grev. *(Sphaerococcac.)* 2. 385, 391, 392.
G. compressa (C. Ag.) Grev. 2. 392, Fig. 231 *C.*
G. confervoides (L.) Grev. 2. 392, Fig. 231 *D—F.*
Gracilarieae *(Sphaerococcac.)* 2. 385, 391.
Grallatoria Kütz. *(Bacillariac.)* 1b. 115.

Grammatonema Kütz. *(Bacillariac.)* 1b. 113.
Grammatophora Ehrenb. *(Bacillariac.)* 1b. 32, 39, 102, 106.
G. marina (Lyngby) Kütz. 1b. 106, Fig. 187 *A, B.*
G. maxima Grun. 1b. 39, Fig. 51 *C*; 106, Fig. 187 *C.*
G. serpentina Ralfs 1b. 32, Fig. 45 *B*; 39, Fig. 51 *B*; 106, Fig. 187 *D, E.*
Grammatopteris Ren. *(Filical.)* 4. 479, 510.
Grammita Bonnem. *(Rhodomelac.)* 2. 439.
Grammitella Crouan *(Rhodomelac.)* 2. 439.
Grammitis Sw. *(Polypodiac.)* 4. 306, 307.
Grammonema Ag. *(Bacillariac.)* 1b. 113.
Grammothecium Müll. Arg. *(Graphidac.)* 1\*. 99.
Grammothele Berk. et Curt. *(Hydnac.)* 1\*\*. 139, 151.
G. lineata Berk. et Curt. 1\*\*. 151, Fig. 81 *A, B.*
Grand Eurya Stur *(Marattiac.)* 4. 439, 445.
Grand Eurya Zeiller *(Filical.)* 4. 478.
Grandinia Fries *(Hydnac.)* 1\*\*. 139, 140, 141.
G. crustosa (Pers.) Fr. 1\*\*. 140, Fig. 75 *F, G.*
Granularia Pomel *(Algae)* 2. 557.
Granularia Sacc. *(Tuberculariac.)* 1\*\*. 499, 502.
Granulina Fée *(Polypodiac.)* 4. 195.
Granulobacter Beijerinck *(Bacteriac.)* 1a. 25.
**Graphidaceae** 1\*. 81, 92—102.
Graphidineae 1\*. 79, 87—111.
Graphidula Norm. *(Pyrenulac.)* 1\*. 67.
Graphina *(Graphidae.)* 1\*. 99, 100.
Graphina Müll. Arg. *(Graphidac.)* 1\*. 92, 99.
Graphiola Poit. *(Ustilagin.?)* 1\*\*. 23.
Graphiopsis Trail *(Dematiac.)* 1\*\*. 465.
Graphiothecium Fuck *(Stilbac.)* 1\*\*. 493, 495, 496.
G. Fresenii Fuckel 1\*\*. 495, Fig. 256 *M.*
Graphis *(Chiodectonac.)* 1\*. 103.
Graphis *(Graphidae.)* 1\*. 99, 100, 101, 103.
Graphis (Adans.) Müll. Arg. *(Graphidac.)* 1\*. 92, 96; 97, Fig. 48.
G. scripta (L.) Ach. 1\*. 95, Fig. 47 *E—H.*
Graphium Corda *(Stilbac.)* 1\*\*. 492, 493.
G. eumorphum Sacc. 1\*\*. 491, Fig. 255 *D.*

G. stilboideum Corda 1\*\*. 491, Fig. 255 C.
Grassia Fischer (*Flagellata?*) 1a. 186, 187.
G. Ranarum Fischer 1a. 186, Fig. 140 B.
Grateloupella Bory (*Rhodomelac.*) 2. 439.
Grateloupia C. Ag (*Grateloupiac.*) 2. 510, 511, 512.
G. filicina (Wulf.) C. Ag. 2. 512, Fig. 274 B—D.
**Grateloupiaceae** 2. 306, 508—514.
Graukappe (*Boletus scaber* Bull.) 1\*\*. 112, 190.
Grayemma Gray (*Valoniac.*) 2. 151.
Grayia Brun. et Grove (*Bacillariac.*) 1b. 92, 94.
G. Argonauta Brun. et Grove 1b. 94, Fig. 163.
Greeneria Scrib. et Viala (*Melanconiac.*) 1\*\*. 405.
Gregariidae 1. 39.
Griffithsia C. Ag. (*Ceramiac.*) 2. 483, 487, 488.
G. setacea (Ellis) C. Ag. 2. 488, Fig. 268 A.
Griffithsieae (*Ceramiac.*) 2. 483, 487.
Grilletia Ren. et Bertr. (*Phycomycet.*) 1\*\*. 519.
Grimaldia Endl. (*Marchantiac.*) 3. 31.
Grimaldia Griff. (*Marchantiac.*) 3. 36.
Grimaldia Lindenb. (*Marchantiac.*) 3. 30, 31, 32.
Grimaldia Raddi (*Marchantiac.*) 3. 25, 31.
G. angustifolia (Neck.) S. O. Lindenb. 3. 32, Fig. 17 A—C.
G. fragrans (Balbis) Corda 3. 32, Fig. 17 D—F.
Grimaldia Wallr. et Schlechtd. (*Marchantiac.*) 3. 28.
Grimmia (*Fontinalac.*) 3. 724.
Grimmia (*Grimmiac.*) 3. 453.
Grimmia C. Müll. (*Grimmiac.*) 3. 443, 447, 453.
Grimmia Doz. et Molk. (*Dicranac.*) 3. 295.
Grimmia Ehrh. (*Grimmiac.*) 3. 444, 446, 1197.
G. commutata Hüben. 3. 451, Fig. 302 A—C.
G. conferta Funck 3. 447, Fig. 299 A—F.
G. Hartmannii Schimp. 3. 239, Fig. 145 F.
G. pilifera Palis. 3. 450, Fig. 301 A—D.
G. plagiopoda Hedw. 3. 449, Fig. 300 A—D.

G. pulvinata Sm. 3. 222, Fig. 135 C, D.
G. torquata Hornsch. 3. 239, Fig. 145 J.
G. trichophylla Grev. 3. 451, Fig. 303 A—E.
Grimmia Engl. Bot. (*Dicranac.*) 3. 304.
Grimmia Hedw. (*Dicranac.*) 3. 304.
Grimmia Hornsch. (*Cryphaeac.*) 3. 738.
Grimmia Limpr. (*Grimmiac.*) 3. 449, 1197.
Grimmia Lindb. (*Grimmiac.*) 3. 453.
Grimmia Schrad. (*Dicranac.*) 3. 312, 318.
Grimmia Schwaegr. (*Grimmiac.*) 3. 440.
Grimmia Sm. (*Bartramiac.*) 3. 641.
Grimmia Sm. (*Catascopiac.*) 3. 630.
Grimmia Sm. (*Disceliac.*) 3. 509.
Grimmia Turn. (*Georgiac.*) 3. 669.
Grimmia Web. et Mohr (*Dicranac.*) 3. 306.
Grimmia Web. et Mohr (*Entodontac.*) 3. 891.
Grimmia Web. et Mohr (*Leskeac.*) 3. 995, 996.
Grimmia Web. et Mohr (*Leucodontac.*) 3. 756.
**Grimmiaceae** 3. 284, 439—453, 1196.
Grimmieae (*Grimmiac.*) 3. 440, 444, 1196.
Grinnellia Harv. (*Delesseriac.*) 2. 408, 412.
Groutia Broth. (*Cryphaeac.*) 3. 1214.
Groutia Broth. (*Leucodontac.*) 3. 748, 760.
G. abietina (Hook.) 3. 760, Fig. 370 A—H.
Groutia Broth. (*Neckerac.*) 3. 859.
Grovea A. Schm. (*Bacillariac.*) 1b. 92.
Grovea A. Schm. (*Bacillariac.*) 1b. 77, 78.
G. pedalis (Gr. et St.) A. Schm. 1b. 78, Fig. 118.
Grünling (*Agaricus equester* L.) 1\*\*. 112, 268.
Grunowia Rabh. (*Bacillariac.*) 1b. 142, 143.
Grunowiella Schmitz (*Rhodophyllidac.*) 2. 369, 375, 570.
Grunowiella Van Heurck (*Bacillariac.*) 1b. 108.
Grymaea Fresen. (*Distomatin.*) 1a. 149.
Grymia Bail. (*Bacillariac.*) 1b. 89.
Guelichia Speg. (*Tuberculariac.*) 1\*\*. 500, 506.
Guembelia C. Müll. (*Pottiac.*) 3. 411.
Guembelia Hampe (*Grimmiac.*) 3. 452.
Guembelina Mun.-Chalm. (*Dasycladac.?*) 2. 459, 557.
Guentheria Trevis. (*Marchantiac.*) 3. 26.
Guepinella Bagl. (*Heppiac.*) 1\*. 178.
Guepinia Fries (*Dacromycetac.*) 1\*\*. 97, 98, 100.
G. Femsjoniana Olsen 1\*\*. 98, Fig. 63 V—Y.

Guepinia ralunensis P. Henn. 1**. 98, Fig. 63 R.
Guepinia Hepp (Heppiac.) 1. 178.
Guepiniopsis Pat. (Dacryomycetae) 1**. 100.
Guerinia J. Sm. (Polypodiac.) 4. 218.
Guignardia Viala et Ravaz (Mycosphaerellac.) 1. 421, 422, 425.
G. Niesslii (Kze.) Lindau 1. 425, Fig. 265 D.
G. punctoidea (Clke.) Schröt. 1. 425, Fig. 265 C.
Guignons Purpur (Roccella div. spec.) 1*. 109.
Guinardia Perag. (Bacillariac.) 1b. 38, 84.
G. baltica (Hens.) Schütt 1b. 38, Fig. 50 A; 84, Fig. 138.
G. flaccida (Castr.) Perag. 1b. 84, Fig. 137 A, B.
Gulsonia Harv. (Helminthocladiac.) 2. 329, 331.
Gumbelina Mun.-Chalm. (Algae) 2. 557.
Gussonea Tornab. (Acarosporac.) 1*. 152.
Gutbiera Presl (Filical.) 4. 514.
Guttulina Cienk. (Guttulinac.) 1. 2, 4.
**Guttulinaceae** 1. 2—4.
Gutwinskiella De Toni (Bacillariac.) 1b. 64, 68.
G. Clypeolus (Brun.) De Toni 1b. 68, Fig. 92.
Gyalecta (Gyalectac.) 1*. 125, 126.
Gyalecta (Ach.) A. Zahlbr. (Gyalectac.) 1*. 124, 125.
G. cupularis (Ehrh.) E. Fr. 1*. 126, Fig. 61 C, D.
G. Ulmi (Sw.) A. Zahlbr. 1*. 126, Fig. 61 A, B.
**Gyalectaceae** 1*. 113, 124—127.
Gyalectella Lahm (Gyalectac.) 1*. 125.
Gyalectidium Müll. Arg. (Eutolechiac.) 1*. 123.
Gyalectidium (Müll. Arg.) A. Zahlbr. (Eutolechiac.) 1*. 123.
Gyalolechia Mass. (Caloplacac.) 1*. 228.
Gyalolechia Th. Fr. (Lecanorac.) 1*. 207.
Gymnanthe Tayl. (Jungerm. akrog.) 3. 86.
Gymnanthes Aust. (Jungerm. akrog.) 3. 93.
Gymnanthes Mitt. (Jungerm. akrog.) 3. 80, 99, 111.
Gymnanthes Mont. (Jungerm. akrog.) 3. 81.
Gymnanthes Tayl. (Jungerm. akrog.) 3. 86, 99.
Gymnia Hamilt. (Polypodiac.) 4. 274.
**Gymnoascaceae** 1. 293.
Gymnoascus Baran. (Gymnoascae.) 1. 294, 295.

G. Reesii Baran. 1. 295, Fig. 210 A—C.
**Gymnocarpeae** 1*. 49, 79—236.
Gymnocarpium Newm. (Polypodiac.) 4. 306.
Gymnocephalus Schwaegr. (Aulacomniac.) 3. 624.
**Gymnococcaceae** 1. 38.
Gymnococcus Zopf (Gymnococcac.) 1. 38.
Gymnocolea Dum. (Jungerm. akrog.) 3. 84, 98.
Gymnoconia Lagerh. (Pucciniac.) 1**. 48, 70, 552.
G. interstitialis (Schlecht.) Lagerh. 1**. 70, Fig. 46 A—C.
Gymnocybe Fr., Jur. (Aulacomniac.) 3. 624, 625.
Gymnoderma Nyl. (Cladoniac.) 1*. 140, 142.
G. coccocarpum Nyl. 1*. 141, Fig. 65 A.
**Gymnodiniaceae** 1b. 1, 2—6; 1a. 94.
Gymnodinieae (Gymnodiniac.) 1b. 3.
Gymnodinium Stein (Gymnodiniac.) 1b. 3, 4, 5.
G. diploconus Schütt 1b. 5, Fig. 5 B, C.
G. fuscum (Ehrenb.) Stein 1b. 5, Fig. 5 A.
G. fusus Schütt 1b. 5, Fig. 5 D.
Gymnodiscus Zukal (Ascobolac.) 1. 191.
Gymnodium A. Br. (Polypodiac.) 4. 306.
Gymnoglossum Massee (Hysterangiac.) 1**. 304, 305, 556.
Gymnogongrus Mart. (Gigartinac.) 2. 354, 359, 360.
G. norvegica (Gunn) J. Ag. 2. 360, Fig. 219 A, B.
Gymnogramme auct. (Polypodiac.) 4. 167, 172.
Gymnogramme Desv. (Polypodiac.) 4. 25, 255, 258, 259; 258, Fig. 136 C, D.
G. elongata Hook. 4. 258, Fig. 136 C.
G. Lindigii Mitt. 1. 258, Fig. 136 D.
Gymnogramme Hk., Bk. (Polypodiac.) 4. 167, 172, 245, 256, 257, 261, 262, 265, 272, 300, 316.
Gymnogramme Kuhn (Polypodiac.) 4. 257.
Gymnogramminae (Polypodiac.) 4. 255, 256.
Gymnographa Müll. Arg. (Graphidac.) 1*. 92, 94, 116.
Gymnomitrion Corda (Jungerm. akrog.) 3. 77, 108.
Gymnomitrion Corda (Jungerm. anakrog.) 3. 60.
Gymnomitrion Hüben. (Jungerm. anakrog.) 3. 52, 55.
Gymnomitrium (Corda) Nees (Jungerm. akrog.) 3. 76, 77.

Gymnomitrium Endl. (*Jungerm. anakrog.*) 3. 53.
Gymnomitrium Gott. (*Jungerm. akrog.*) 3. 79.
Gymnomitrium Hüben. (*Jungerm. anakrog.*) 3. 56.
Gymnomitrium Nees (*Jungerm. akrog.*) 3. 80.
Gymnomitrium Syn. Hep. (*Jungerm. akrog.*) 3. 80.
Gymnomyces Mass. et Rodw. (*Hymenogastrac.?*) 1**. 557.
Gymnophlaea Kütz. (*Nemastomac.*) 2. 527.
Gymnoporus Lindb. (*Orthotrichac.*) 3. 470, 1199.
Gymnopteris Bernh. (*Polypodiac.*) 4. 167, 198, 200, 201; 200, Fig. 106 *A—F*.
G. contaminans (Wall.) Bedd. 4. 200, Fig. 106 *D—F*.
G. costata (Wall.) Bedd. 4. 201, Fig. 107 *A*, *B*.
G. variabilis (Hook.) Bedd. 4. 200, Fig. 106 *A*, *B*.
Gymnoscyphus Corda (*Jungerm. akrog.*) 3. 94.
Gymnosphaera Bl. (*Cyatheac.*) 4. 132.
Gymnosporangium Hedw. f. (*Pucciniac.*) 1**. 48, 49, 50, 51, 52, 53, 551.
G. clavariaeformis (Jacq.) 1**. 49, Fig. 31 *F*, *G*.
G. Ellisii (Berk.) Farl. 1**. 49, Fig. 31 *H*, *J*.
G. globosum Farl. 1**. 53, Fig. 34 *A*.
G. juniperinum (L.) 1**. 49, Fig. 31 *D*, *E*; 52, Fig. 33 *A*, *B*.
G. macropus Link 1**. 53, Fig. 34 *B*.
G. Sabinae (Dicks.) 1**. 51, Fig. 31 *A—C*.
G. tremelloides A. Br. 1**. 49, Fig. 31 *C*; 52, Fig. 33 *C—E*.
Gymnosporium Pers. (*Dematiac.*) 1**. 457.
Gymnostomiella Fleisch. (*Splachnac.*) 3. 1203.
Gymnostomum (*Calomniac.*) 3. 667.
Gymnostomum (*Pottiac.*) 3. 388.
Gymnostomum Brid. (*Funariac.*) 3. 318, 320.
Gymnostomum Brycl. eur. (*Dicranac.*) 3. 306.
Gymnostomum Hedw. (*Orthotrichac.*) 3. 465.
Gymnostomum Hedw. (*Pottiac.*) 3. 385, 389, 422, 425.
Gymnostomum Hedw. (*Pottiac.*) 3. 382, 387, 1190.
G. calcareum Bryol. germ. 3. 388, Fig. 244 *E—J*.
Gymnostomum Hook. (*Bartramiac.*) 3. 633.

Gymnostomum Hook. (*Leptostomac.*) 3. 602.
Gymnostomum Mont. (*Hypnac.*) 3. 1029.
Gymnostomum R.-Del. (*Funariac.*) 3. 517.
Gymnostomum Schrank (*Dicranac.*) 3. 318.
Gymnostomum Schrank (*Hedwigiac.*) 3. 714.
Gymnostomum Schrank (*Hypnac.*) 3. 1022.
Gymnostomum Sm. (*Hedwigiac.*) 3. 716.
Gymnostomum Web. (*Dicranac.*) 3. 304.
Gymnostomum Web. et Mohr (*Dicranac.*) 3. 306.
Gymnothalamium Zenker (*Polypodiac.*) 4. 167.
Gymnotheca Presl (*Marattiac.*) 4. 441.
Gymnothecium Wainio (*Lecideac.*) 1*. 137.
Gymnotrema Nyl. (*Thelotremac.*) 1*. 120.
Gymnotrematodon C. Müll. (*Dicranac.*) 3. 292.
Gymnoweisia Bryol. eur. (*Pottiac.*) 3. 388.
Gymnozyga Ehrenb. (*Desmidiac.*) 2. 2, 4. 8, 15.
G. Brebissonii (Kütz.) Jacobs. 2. 15, Fig. 9 *J*.
G. Brebissonii Nordst. 2. 2, Fig. 4 *A*; 4. Fig. 3.
Gyratylium Preuss (*Sphaerioidae.*) 1**. 363.
Gyrocalamus Weiss (*Calamariac.*) 4. 553.
Gyrocephalus Pers. (*Tremellac.*) 1**. 90, 95.
Gyroceras Corda (*Dematiac.*) 1**. 455, 459.
G. Celtidis (Biv.) Mont. et Ces. 1**. 459, Fig. 237 *A*.
Gyrochorda Heer (*Algae*) 2. 557.
Gyrocratera P. Henn. (*Eutuberac.*) 1**. 535.
Gyrodiscus Witt. (*Bacillariac.*) 1b. 69, 70.
G. vortex Witt. 1b. 70, Fig. 100 *A*, *B*.
Gyrodon Opat. (*Polyporac.*) 1**. 191, 194, 196.
Gyrogonites Lam. (*Algae*) 2. 172, 551.
Gyrolithes Debey (*Algae*) 2. 557.
Gyrolophium Kunze (*Hymenolich.*) 1*. 237.
Gyromitra Fries (*Helvellac.*) 1. 167, 168, 169.
G. esculenta (Pers.) Fries 1. 44, Fig. 26; 168, Fig. 141 *A*, *B*; 169, Fig. 142 *C*, *D*.
G. gigas (Krombh.) Cooke 1. 169, Fig. 142 *E*, *F*.
Gyromium Wahlenb. (*Gyrophorac.*) 1*. 147, 149.
Gyromonas Seligo (*Distomatin.*) 1a. 148, 149.
G. ambulans Seligo 1a. 149, Fig. 103 *A*.

Gyrophora Ach. (*Gyrophorac.*) 1\*. 147, 148.
G. anthracina (Wulf.) Koerb. 1\*. 148, Fig. 69 D.
G. cylindrica (L.) Ach. 1\*. 38, Fig. 23 A, B; 148, Fig. 69 A—C.
G. proboscidea (L.) Ach. 1\*. 148, Fig. 70 A, B.
Gyrophora Hue (*Gyrophorac.*) 1\*. 147.
Gyrophoraceae 1\*. 114, 147—150.
Gyrophragmium Mont. (*Secotiac.*) 1\*\*. 299, 303.
G. Delilei Mont. 1\*\*. 303, Fig. 132 A, B.
Gyrophyllites Glocker (*Algae*) 2. 557.
Gyroporella Gümbel (*Dasycladac.*) 2. 159, 557.
Gyropteris Corda (*Filical.*) 4. 512.
Gyroptychus A. Schm. (*Bacillariac.*) 1 b. 73.
Gyrosigma (Hass.) Cleve (*Bacillariac.*) 1 b. 132.
Gyrosiphon Hieron. (*Oscillatoriac.*) 1 a. 67.
Gyrosorium Presl (*Polypodiac.*) 4. 324.
Gyrostomum Fr. (*Thelotremac.*) 1\*. 118, 120.
G. scyphuliferum (Ach.) Fr. 1\*. 121, Fig. 59 A—C.
Gyrothecium Nyl. (*Acarosporac.*) 1\*. 152.
Gyrothrix Corda (*Dematiac.*) 1\*\*. 467.
Gyrotrichium Spreng. (*Dematiac.*) 1\*\*. 467.
Gyroweisia Schimp. (*Pottiac.*) 3. 382, 388, 1190.
G. reflexa Schimp. 3. 388, Fig. 245 A—E.
Gyroweisia Schimp. (*Pottiac.*) 3. 388.

## H.

Habichtsschwamm (*Phacodon imbricatum* L.) 1\*\*. 112, 149.
Habrodon Schimp. (*Fabroniac.*) 3. 909, 910.
H. perpusillus (De Not.) 3. 911, Fig. 668 A—D.
Habrostictella Rehm (*Stictidac.*) 1. 245, 249.
Habrostictis Fuckel (*Stictidac.*) 1. 246.
Hadrotrichum Fuckel (*Dematiac.*) 1\*\*. 456, 464, 465.
H. Phragmitidis Fuckel 1\*\*. 465, Fig. 241 B.
Haematocelis J. Ag. (*Squamariac.*) 2. 534, 536.
Haematococcus Ag. (*Volvocac.*) 2. 38.
Haematomma Mass. (*Lecanorac.*) 1\*. 199, 205.
H. elatinum (Ach.) Koerb. 1\*. 203, Fig. 106 G.

H. puniceum (Ach.) Wainio 1\*. 200, Fig. 105 H, J.
Haematomma Müll. Arg. (*Lecanorac.*) 1\*. 205.
Haematomyces Berk. et Br. (*Cenangiac.*) 1. 232, 240.
Haematomyxa Sacc. (*Cenangiac.*) 1. 232, 240.
Haematophloea Crouan (*Squamariac.*) 2. 534, 536.
Haematostagon Strömf. (*Squamariac.*) 2. 535.
Haematostoma Hag. (*Bryac.*) 3. 571, 1205.
Haemescharia Kjellm. (*Squamariac.*) 2. 535.
Hagenia Eschw. (*Physciac.*) 1\*. 236.
Hagenmulleria Mun.-Chalm. (*Algae*) 2. 557.
Hagenmulleridae (*Algae*) 2. 557.
Hainesia Ell. et Sacc. (*Melanconiac.*) 1\*\*. 398, 399, 400.
H. tremellinum Sacc. 1\*\*. 400, Fig. 206 A—C.
Halamphora Cleve (*Bacillariac.*) 1 b. 140.
Halarachnion Kütz. (*Nemastomac.*) 2. 523, 524, 525.
H. ligulatum (C. Ag.) Kütz. 2. 525, Fig. 279 A.
Halarachnioneae (*Nemastomac.*) 2. 523, 524.
Halerica Kütz. (*Fucac.*) 2. 282.
Halibacterium Fischer (*Bacteriac.*) 1 a. 29, 31.
Halichrysis (Schousb.) Schmitz (*Rhodymeniac.*) 2. 398, 401.
Halicoryne Harv. (*Dasycladac.*) 2. 156.
Halicystis Aresch. (*Valoniac.*) 2. 149.
Halidrys Lyngbye (*Fucac.*) 2. 274, 279, 284.
H. siliquosa (L.) Lyngbye 2. 274, Fig. 183 G.
Haligone Kütz. (*Rhodymeniac.*) 2. 399.
Haligraphium Endl. (*Codiac.*) 2. 141.
Halimeda Lamx. (*Codiac.*) 2. 139, 140, 141, 143, 558.
H. Opuntia (L.) Lamx. 2. 139, Fig. 90.
H. Tuna (Ellis et Sol.) Lamx. 2. 140, Fig. 92.
Halionix Ehrenb. (*Bacillariac.*) 1 b. 73.
Halipsygma Endl. (*Codiac.*) 2. 142.
Halisaria Giard (*Entomophthorac.*) 1\*\*. 531; 4. 140.
Haliseris Ag. (*Algae*) 2. 558.
Haliserites Sternb. (*Algae*) 2. 558.
Hallimasch (*Armillaria mellea* Vahl) 1\*\*. 112, 270.

7\*

Halobyssus Zukal (*Lophiostomatac.*) 1**.
417, 425, 426.
H. moniliformis Zukal 1**. 425, Fig. 219 C.
Halochloa Kütz. (*Fucac.*) 2. 287.
Halocystis Hass. (*Desmidiac.*) 2. 13.
Halodictyon Zanard. (*Rhodomelac.*) 2.
479.
H. mirabile Zanard. 2. 479, Fig. 266 A.
Haloglossum Kütz. (*Encoeliac.*) 2. 204.
Halonia Fries (*Gnomoniac.*) 1. 448.
Halonia Lindl. et Hutt. (*Lepidodendrac.*)
4. 735, 737; 735, Fig. 428 A, B.
Halopithys Kütz. (*Rhodomelac.*) 2. 429,
466.
Haloplegma Mont. (*Ceramiac.*) 2. 484,
490, 492.
H. Preissii (Harv.) Sonder 2. 490, Fig. 269
C, D.
Halopteris Kütz. (*Sphacelariac.*) 2. 195,
196.
H. filicina (Grat.) Kütz. 2. 196, Fig. 137
B, C.
Halorhiza Kütz. (*Stilophorac.*) 2. 232.
Halosaccion Kütz. (*Rhodymeniac.*) 2. 405.
Halosphaera Schmitz (*Protococcac.*) 2.
65, 67.
H. viridis Schmitz 2. 67, Fig. 39.
Halosphaereae (*Protococcac.*) 2. 65, 67.
Halothamnion J. Ag. (*Ceramiac.*) 2. 489.
Halothrix Reinke (*Elachistac.*) 2. 218,
219, 221.
H. lumbricalis (Kütz.) Rke. 2. 218, Fig.
151 D—G.
Halotrichieae [1]) (*Elachistac.*) 2. 219.
Halurus Kütz. (*Ceramiac.*) 2. 483, 488.
H. equisetifolius (Lightf.) Kütz. 2. 488, Fig.
268 B.
Halymenia (C. Ag.) J. Ag. (*Grateloupiac.*)
2. 510, 511, 512.
H. dichotoma J. Ag. 2. 512, Fig. 274 A.
Halymenidium Schimp. (*Algae*) 2. 558.
Halymenites Sternb. (*Algae*) 2. 558.
Halysium Corda (*Dematiac.*) 1**. 464.
Halysium Kütz. (*Chaetangiac.*) 2. 338.
Hamaspora Koern. (*Pucciniac.*) 1**. 73.
Hampeella C. Müll. (*Ptychomniac.*) 3.
753, 1248.
H. pallens (Lac.) 3. 1219, Fig. 852 A—G.
Hanovia Sonder (*Rhodomelac.*) 2. 479.
Hansenia Karst. (*Polyporac.*) 1**. 172.
Hansgirgia De Toni (*Mycoideac.*) 2. 104.
Hantzschia Grun. (*Bacillariac.*) 1 b. 144.

[1]) Nicht Halothrichieae, wie l. c. steht.

Hapalidium Kütz. (*Corallinac.*) 2. 544.
Hapalocystis Fuckel (*Melanconidac.*) 1. 472.
Hapalopterus Stur (*Marattial.*) 4. 446.
Hapalosiphon Naeg. (*Stigonematac.*) 1 a.
81, 82, 83.
H. intricatus West 1 a. 82, Fig. 58 B—E.
Haplaria Link (*Mucedinac.*) 1**. 418, 432,
433.
H. grisea Link 1**. 433, Fig. 224 A.
Haplobasidium Erikss. (*Dematiac.*) 1**.
455, 460, 461.
H. Thalictri Erikss. 1**. 460, Fig. 238 H.
Haploblastia Trevis. (*Strigulac.*) 1*. 76.
Haplocalamus Unger (*Filical.*) 4. 511.
Haplocladium C. Müll. (*Leskeac.*) 3. 1005.
Haplocladium (C. Müll.) C. Müll. (*Leskeac.*) 3. 1004, 1005.
H. longicuspis (Broth.) 3. 1006, Fig. 734
A—E.
Haplococcus Zopf (*Vampyrellac.*) 1. 38.
Haplodasya Falkbg. (*Rhodomelac.*) 2. 430,
474.
Haplodictyum Presl (*Polypodiac.*) 4. 183.
Haplodon Lindb. (*Splachnac.*) 3. 505.
Haplodon R. Br. (*Splachnac.*) 3. 503,
505.
H. Wormskjoldii (Hornem.) R. Br. 3. 506,
Fig. 360 A—D.
Haplodontium Hampe (*Bryac.*) 3. 539.
H. clavatum (Bruch et Schimp.) 3. 540,
Fig. 403 A—D.
H. Notarisii (Mitt.) 3. 541, Fig. 404 A—F.
H. ovale (Mitt.) 3. 541, Fig. 404 G—M.
H. sanguinolentum C. Müll. 3. 540, Fig.
402 A—G.
Haplodontium Mitt. (*Bryac.*) 3. 539.
Haplographa Anzi (*Graphidac.*) 1*. 93.
Haplographa (Anzi) Th. Fr. (*Graphidac.*)
1*. 93.
Haplographieae (*Dematiac.*) 1**. 455, 456.
Haplographites Berk. et Br. (*Hyphomycet.*) 1**. 522.
Haplographium Berk. et Br. (*Dematiac.*)
1**. 456, 465.
H. chlorocephalum (Fresen.) Grove 1**.
465, Fig. 241 D.
Haplohymenium Doz. et Molk. (*Leskeac.*)
3. 984, 985, 1236.
H. triste (Ces.) 3. 985, Fig. 716 A—G.
Haploloma Trevis. (*Lichen.*) 1*. 239.
Haplomitrioideae (*Jungerm. akrog.*) 3. 50,
60.
Haplomitrium Nees (*Jungerm. akrog.*) 3.
50, 60.

Haplomyces Thaxt. (*Laboulbeniac.*) 1. 496, 497, 498.
H. californicus Thaxt. 1. 498, Fig. 290 E.
Haplonema Rupr. (*Cladophorac.*) 2. 117.
Haplophlebia Mart. (*Cyathenc.*) 4. 133.
Haploporella Gümbel (*Dasycladae.*) 2. 159, 562.
Haplopteris Presl (*Polypodiac.*) 4. 299.
Haplopyrenula Müll. Arg. (*Strigulac.*) 1*. 74.
Haplospora Kjellm. (*Tilopteridac.*) 2. 267, 268.
H. globosa Kjellm. 2. 267, Fig. 179 C—F.
Haplosporella Speg. (*Sphaerioidac.*) 1**. 363, 365, 366.
H. druparum (Schwein.) Starb. 1**. 365, Fig. 192 N, O.
H. Francisci D. Sacc. 1**. 365, Fig. 192 L, M.
Haplotrichum Berk. et Br. (*Dematiac.*) 1**. 465.
Haplotrichum Link (*Mucedinac.*) 1**. 418, 427, 428.
H. capitatum Link 1**. 427, Fig. 220 J.
Hapu Ji (*Cibotium Menziesii* Hook.) 4. 121.
Hariotia Karst. (*Hysteriac.*) 1. 272, 273.
Hariotiella Besch. et Mass. (*Jungerm. akroy.*) 3. 110.
Hariotina Dang. (*Dasycladac.?*) 2. 160.
Harknessia Cooke (*Sphaerioidac.*) 1**. 362, 364.
Harknessiella Sacc. (*Phymatosphaeriac.*) 1. 242.
Harlania Goepp. (*Algae*) 2. 548.
Harpalejeunea Spruce (*Jungerm. akroy.*) 3. 119, 126.
H. ancistrodes Spruce 3. 123, Fig. 69 D, E.
Harpalejeunea Spruce (*Jungerm. akroy.*) 3. 127.
Harpanthus Nees, Spruce (*Jungerm. akroy.*) 3. 76, 93.
Harpidium De Not. (*Hypnac.*) 3. 1032.
Harpidium Koerb. (*Lecanorac.*) 1*. 199.
Harpocephalum Atkins. (*Stilbac.*) 1**. 493, 496.
Harpochytrium Lagerh. (*Rhizidiac.*) 1. 75, 77.
Harpographium Sacc. (*Stilbac.*) 1**. 492, 494.
H. fasciculatum Sacc. 1**. 495, Fig. 256 A, B.
Harrisonia C. Müll. (*Fontinalac.*) 3. 723.
Harrisonia C. Müll. (*Hedwigiac.*) 3. 716, 717, 718, 720.
Harrisonia Spreng. (*Hedwigiac.*) 3. 717, 720.
Hartigiella Sydow (*Mucedinac.*) 1**. 558.
Hartigielleae (*Mucedinac.*) 1**. 558.
Harveyella Schmitz et Reinke (*Gelidiac.*) 2. 341, 344.
H. mirabilis Schmitz et Reinke 2. 344, Fig. 209 A, B.
Harveyelleae (*Gelidiac.*) 2. 341, 344.
Harziella Cost. et Matr. (*Mucedinac.*) 1**. 420, 442, 444.
H. capitata Cost. et Matr. 1**. 442, Fig. 229 D—F.
Hasenpilz (*Suillus castaneus* Bull.) 1**. 112, 190.
Hassallia Berk. (*Scytonematae.*) 1a. 79.
Hassallia Trevis. (*Volvocac.*) 2. 27.
Hassea A. Zahlbr. (*Pyrenidiac.*) 1*. 76.
Hauckia Borzi (*Tetrasporac.*) 2. 47, 50.
H. insularis Borzi 2. 49, Fig. 31.
Hausmannia Dunker (*Filical.*) 4. 513.
Hausschwamm (*Merulius lacrymans* Wulf.) 1**. 154.
Hawlea Corda (*Marattial.?*) 4. 439.
Hawlea Stur (*Marattiac.*) 4. 439, 443.
H. Miltoni Stur 4. 439, Fig. 241 C.
Hawleae Stur (*Marattial.*) 4. 443.
Haynaldia Pant. (*Bacillariac.*) 1b. 66.
Hazslinszkya Koerb. (*Graphidac.*) 1*. 96; 1. 226.
Hebeloma Fries (*Agaricac.*) 1**. 240, 243.
Hecistopteris J. Sm. (*Polypodiac.*) 4. 297, 300.
H. pumila (Spreng.) J. Sm. 4. 300, Fig. 158 A—C.
Hedraeophysa Kent. (*Bicoccae.*) 1a. 122.
Hedwigia Ehrh. (*Hedwigiac.*) 3. 713, 714.
H. albicans (Web.) 3. 714, Fig. 335 A—E.
H. ciliata Ehrh. 3. 230, Fig. 140 D.
Hedwigia Hook. (*Hedwigiac.*) 3. 717, 720.
Hedwigia Mitt. (*Hedwigiac.*) 3. 715.
Hedwigia Spruce (*Hedwigiac.*) 3. 716.
Hedwigia Wils. (*Funariac.*) 3. 511.
**Hedwigiaceae** 3. 712—722, 1213.
Hedwigidium Bryol. eur. (*Hedwigiac.*) 3. 714, 716.
H. rhabdocarpum (Hampe) 3. 716, Fig. 337 D—H.
Hedwigidium C. Müll. (*Hedwigiac.*) 3. 717.
Hedwigidium Mitt. (*Hedwigiac.*) 3. 716.
Hedwigieae (*Hedwigiac.*) 3. 701, 713.
Heibergia Grev. (*Bacillariac.*) 1b. 90.
Heii (*Cibotium Menziesii* Hook. 4. 121.
Heimatomyces Peyr. (*Laboulbeniac.*) 1. 499.

Heimea Neck. (*Jungerm. akrog.*) 3. 116, 132.
Heliactis Kütz. (*Desmidiac.*) 2. 13.
Helicobasidion Pat. (*Auriculariae.*) 1**. 84.
Helicoblepharum Spruce (*Hookeriac.*) 3. 952.
Helicoblepharum (Spruce) Broth. (*Hookeriac.*) 3. 920, 952.
H. venustum (Mitt.) 3. 953, Fig. 694 *A—G.*
Helicobolus Wallr. (*Sphaerioidac.*) 1**. 378.
Helicocephalum Thaxt. (*Mucedinac.*)1**. 417, 425, 426.
H. sarcophilum Thaxt. 1**. 425, Fig. 219 *J.*
Helicodontium Kindb. (*Brachytheciac.*) 3. 1133.
Helicodontium Mitt. (*Brachytheciac.*) 3. 1130.
Helicodontium Mitt. (*Fabroniac.*) 3. 901, 908.
Helicodontium Schwaegr. (*Entodontac.*) 3. 877.
Helicodontium Schwaegr. (*Fabroniac.*) 3. 1232.
Helicodontium Schwaegr. (*Fabroniac.*) 3. 900, 908, 1232.
H. capillare (Sw.) 3. 908, Fig. 666 *A—F.*
Helicogloea Pat. (*Auriculariae.*) 1**. 84.
Helicoma Corda (*Dematiac.*) 1**. 487.
Helicoma Sacc. (*Dematiac.*) 1**. 487, 488.
H. larvale Morg. 1**. 487, Fig. 253 *F.*
Helicomyces Link (*Mucedinac.*) 1**. 451, 452.
H. elegans Morg. 1**. 452, Fig. 234 *C.*
H. gracilis Morg. 1**. 452, Fig. 234 *B.*
Heliconema Mitt. (*Calymperac.*) 3. 370.
Helicoon Morg. (*Mucedinac.*) 1**. 451, 452.
H. auratum Ell. 1**. 452, Fig. 234 *E.*
H. thysanophorum Ell. et H. 1**. 452, Fig. 234 *D.*
**Helicophyllaceae** 3. 973—975.
Helicophyllum Brid. (*Helicophyllac.*) 3. 973.
H. torquatum (Hook.) 3. 973, Fig. 709 *A—E.*
Helicophyllum Hampe (*Helicophyllac.*) 3. 974.
Helicopogon Lindb. (*Pottiac.*) 3. 407.
Helicopogon (Mitt.) Lindb. (*Pottiac.*) 3. 409, 1193.

Helicopsis Karst. (*Dematiac.*) 1**. 486 487.
Helicoryne Corda (*Dematiac.*) 1**. 487.
Helicosporae (*Dematiac.*) 1**. 486.
Helicosporae (*Mucedinac.*) 1**. 451.
Helicosporae (*Sphaerioideac.*) 1**. 349.
Helicosporae (*Tuberculariae.*) 1**. 509, 515.
Helicosporangium Eidam (*Monascac.?*) 1. 149.
Helicosporangium Karst. (*Monascac.*) 1. 148, 149.
Helicosporium Corda (*Dematiac.*) 1**. 467.
Helicosporium Nees (*Dematiac.*) 1** 487.
H. Mülleri (Corda) Sacc. 1**. 487, Fig. 253 *D.*
H. pulvinatum (Nees) Pers. 1**. 487, Fig. 253 *E.*
Helicostylum Corda (*Mucorac.*) 1. 128.
Helicothamnion Kütz. (*Rhodomelac.*) 2. 450.
Helicotrichum auct. (*Dematiac.*) 1**. 487.
Helicotrichum Nees (*Dematiac.*) 1**. 457, 466, 467.
H. obscurum (Corda) Sacc. 1**. 466, Fig. 242 *C.*
Helierella Turp. (*Hydrodictyac.*) 2. 72.
Heliodiscus Van Heurck (*Bacillariac.*) 1b. 73.
Heliomyces Lév. (*Agaricac.*) 1**. 222, 230.
Heliopelta Ehrenb. (*Bacillariac.*) 1b. 73.
Heliotrichum Wille (*Oscillatoriac.*) 1a. 63, 65, 66.
H. radians Wille 1a. 65, Fig. 52 *D.*
Heliozoa 1, 38; 1a. 112.
Heliscus Sacc. (*Tuberculariac.*) 1**. 507, 508.
H. lugdunensis Sacc. et Therry 1**. 507, Fig. 260 *D.*
Helminthascus Tranzschel (*Hypocreac.*) 1**. 541.
Helminthocarpon Fée (*Graphidac.*) 1*. 92, 102.
Helminthochorton (*Alsidium Helminthochortos* Latour) 2. 438.
Helminthochorton Zanard. (*Rhodomelac.*) 2. 438.
Helminthocladia J. Ag. (*Helminthocladiac.*) 2. 329, 333.
**Helminthocladiaceae** 2. 305, 327—335.
Helminthophana Peyr. (*Laboulbeniac.*) 1. 496, 500, 501.

Helminthophana Nycteribiae Peyr. 1. 500, Fig. 291 D.
Helminthophora Bon. (*Mucedinac.*) 1**. 449.
Helminthopsis Van Heurck (*Bacillariac.*) 1b. 97, 98.
Helminthora Fries (*Helminthocladiac.*) 2. 332.
Helminthora J. Ag. (*Helminthocladiac.*) 2. 329, 333.
H. divaricata J. Ag. 2. 333, Fig. 203 G.
Helminthosphaeria Fuckel (*Sphaeriac.*) 1. 400.
Helminthosporieae (*Dematiac.*) 1**. 476.
Helminthosporiopsis Speg. (*Stilbac.*) 1**. 497.
Helminthosporium Link (*Dematiac.*) 1**. 476, 478, 479.
H. cylindricum Corda 1**. 479, Fig. 249 A.
H. densum Sacc. et Roum. 1**. 479, Fig. 249 D.
H. macrocarpum Grev. 1**. 479, Fig. 249 C.
H. Tiliae Fries 1**. 479, Fig. 249 B.
Helminthostachys Kaulf. (*Ophioglossac.*) 4. 457, 462, 465, 472.
H. zeylanica Hook. 4. 457, Fig. 259 E, 464, Fig. 260 F, G.
Helmsia Bosw. (*Leptostomac.*) 3. 1206.
Helocarpon Th. Fr. (*Lecideac.*) 1*. 131.
Helodium (Sull.) Warnst. (*Leskeac.*) 3. 1004, 1017.
H. paludosum (Sull.) 3. 1018, Fig. 736 A—E.
Helopodium Ach. (*Cladoniac.*) 1*. 143.
Helopodium (Ach.) Wainio (*Cladoniac.*) 1*. 145.
**Helotiaceae** 1. 175, 193—210; 1**. 533.
Helotieae (*Helotiac.*) 1. 194.
Helotiella Sacc. (*Helotiac.*) 1. 205, 212.
Helotium Fries (*Helotiac.*) 1. 194, 206, 207.
H. citrinum (Hedw.) Fr. 1. 207, Fig. 162 A, B.
H. herbarum (Pers.) Fr. 1. 207, Fig. 162 C, D.
H. serotinum (Pers.) Fr. 1. 207, Fig. 162 E.
Helvella L. (*Helvellac.*) 1. 44, 168, 169, 170.
H. crispa (Scop.) Fries 1. 168, Fig. 141 G, H.
H. elastica Bull. 1. 168, Fig. 141 J.
H. esculenta 1. 44, Fig. 26.
**Helvellaceae** 1. 163, 167—171.

Helvellasäure (*Gyromitra esculenta* Pers.) 1. 170.
Helvellineae 1. 142, 162—172; 1**. 534.
Hemestheum Newm. (*Polypodiac.*) 4. 167, 173.
Hemianeimia Prantl (*Schizaeac.*) 4. 368.
Hemiarcyria Rostaf. (*Trichiac.*) 1. 20, 24.
H. clavata Pers. 1. 24, Fig. 13 C, D.
Hemiasceae 1. IV, 142, 143—149.
Hemiasci 1. IV.
Hemiascineae 1. 142, 143—149; 1**. 531.
Hemiaulella De Toni (*Bacillariac.*) 1b. 97.
Hemiaulinae (*Bacillariac.*) 1b. 36, 95.
Hemiaulus Ehrenb. (*Bacillariac.*) 1b. 33, 95, 96, 97.
H. (Solium) exsculptus Heib. 1b. 97, Fig. 168 A—C.
H. (Hemiaulella) hostilis Heib. 1b. 96, Fig. 166 D.
H. (Euhemiaulus) Kittonii Grun. 1b. 96, Fig. 166 A.
H. (Hemiaulella) Proteus Heib. 1b. 96, Fig. 166 B, C.
Hemibasidii 1**. 1, 2—24, 545—546.
Hemicardium Fée (*Polypodiac.*) 4. 183.
Hemicyclicae (*Bacillariac.*) 1b. 85.
Hemidictyon Presl (*Polypodiac.*) 4. 224, 229.
Hemidinium Stein (*Gymnodiniac.*) 1b. 3, 4.
H. nasutum Stein 1b. 4, Fig. 3.
Hemidiscus Wall. (*Bacillariac.*) 1b. 99, 100.
Hemigaster Juel (*Agaricac.?*) 1**. 555.
Hemiglossum Pat. (*Geoglossac.*) 1. 163, 165.
Hemigonium J. Sm. (*Polypodiac.*) 4. 189.
Hemigrapha Müll. Arg. (*Graphidac.*) 1*. 96.
Hemileia Berk. et Br. (*Pucciniac.*) 1**. 48, 53, 54.
H. vastatrix Berk. et Br. 1**. 54, Fig. 35 A—C.
Hemineura Harv. (*Delesseriac.*) 2. 408, 412.
Hemionitidastrum Fée (*Polypodiac.*) 4. 235.
Hemionitis auct. (*Polypodiac.*) 4. 262.
Hemionitis Gr., Hk. Bk. (*Polypodiac.*) 4. 186.
Hemionitis L. (*Polypodiac.*) 4. 255, 261, 262.
H. palmata L. 4. 261, Fig. 138 C, D.
Hemiphlebium auct. (*Hymenophyllac.*) 4. 104.
Hemiptychus Ehrenb. (*Bacillariac.*) 1b. 69.

Hemipuccinia Dietel (*Pucciniac.*) 1**. 67.
Hemiragiella Besch. (*Hookeriac.*) 1*. 920, 959.
Hemiragis (Brid.) Besch. (*Hookeriac.*) 3. 919, 944.
H. striata (Schwaegr.) 3. 944, Fig. 688 *A—F.*
Hemiseuma Bisch. (*Ricciac.*) 3. 15.
Hemistegia Presl (*Cyatheac.*) 4. 129.
Hemitelia Presl (*Cyatheac.*) 4. 132.
Hemitelia R. Br. (*Cyatheac.*) 4. 51, 57, 123, 129, 130.
H. andina Karst. 4. 130, Fig. 82 *B—E.*
H. capensis (L.) R. Br. 4. 51, Fig. 35 *B*; 130, Fig. 82 *F, G.*
H. grandiflora Spreng. 4. 57, Fig. 39 *D*; 130, Fig. 82 *A.*
H. samoensis 1. 259, Fig. 189 *C.*
Hemiteliella Diels (*Cyatheac.*) 4. 132.
Hemitelites Goepp. (*Filical.*) 4, 475, 497.
Hemithecium Müll. Arg. (*Chiodectonac.*) 1*. 103.
Hemithecium Müll. Arg. (*Graphidac.*) 1*. 99.
Hemithecium Müll. Arg. (*Pyrenulac.*) 1*. 66.
Hemithecium Trevis. (*Graphidac.*) 1*. 100, 101.
Hemitrema (R. Br.) Endl. (*Delesseriac.*) 2. 409.
Hemiuromyces Dietel (*Pucciniac.*) 1**. 58, 554.
Hemiustilago Bref. (*Ustilaginac.*) 1**. 8.
Hemna Raf. (*Ricciac.*) 3. 15.
Hendersonia Berk. (*Sphaerioidac.*) 1*. 373, 374, 375.
H. castaneicola Delacr. 1**. 375, Fig. 197 *II, J.*
H. fusarioides Sacc. 1**. 375, Fig. 197 *C—E.*
H. lineolans (Schwein.) Starb. 1**. 375, Fig. 197 *A, B.*
H. quercina Sacc. 1**. 375, Fig. 197 *F, G.*
Hendersoniella Sacc. (*Sphaerioidac.*) 1**. 374.
Hendersonula Speg. (*Sphaerioidac.*) 1**. 374, 376.
Hennedia R. Br. (*Pottiac.*) 3. 419.
Hennediella Paris (*Pottiac.*) 3. 413, 419.
H. microphylla (R. Br.) Paris 3. 420, Fig. 274 *A—F.*
Hennedya Harv. (*Acrotylac.*) 2. 351.
H. crispa Harv. 2. 351, Fig. 214 *C.*

Henningsia A. Möller (*Polyporac.*) 1**. 188, 189.
H. geminella A. Möller 1**. 189, Fig. 100 *A—E.*
Henningsiella Rehm (*Mollisiac.*) 1. 210. 218.
Henriquesia Pass. et Thüm. (*Hypodermatac.*) 1. 267.
Henseniella F. Sm. (*Bacillariac.*) 1 b. 84.
Hepatica S. O. Lindb. (*Marchantiac.*) 3. 34.
Hepaticae 3. 1, 3—144.
Hepaticella Lem. (*Marchantiac.*) 3. 34.
Hepaticina C. Müll. (*Hookeriac.*) 3. 931.
Heppia Naeg. (*Heppiac.*) 1*. 177.
H. tortuosa (Ehrenb.) Wainio 1*. 177, Fig. 93 *B, C.*
H. virescens (Despr.) Nyl. 1*. 177, Fig. 93 *A*; 178, Fig. 94 *A—C.*
**Heppiaceae** 1*. 114, 176—178.
Heptameria Rehm et Thüm. (*Pleosporac.*) 1. 428, 437, 439.
H. obesa (Dur. et Mart.) Sacc. 1. 437, Fig. 269 *K.*
Herberta Carruth. (*Jungerm. akrog.*) 3. 108.
Herberta S. F. Gray (*Jungerm. akrog.*) 3. 104, 108.
H. juniperina (Sw.) Spruce 3. 107, Fig. 59 *A—D.*
Herbertus S. F. Gray (*Jungerm. akrog.*) 3. 108.
Herbstmorchel (*Helvella Infula* Schaeff.) 1. 171.
Hercospora Preuss (*Sphaerioidac.*) 1**. 377.
Hercospora Tul. (*Melanconidac.*) 1. 470.
Hercotheca Ehrenb. (*Bacillariac.*) 1 b. 148.
H. mamillaris Ehrenb. 1 b. 148, Fig. 274.
Heribaudia Perag (*Bacillariac.*) 1 b. 150.
Hericium Pers. (*Hydnac.*) 1**. 139, 149, 150.
H. Hystrix Pers. 1**. 150, Fig. 80 *C.*
Heringia J. Ag. (*Sphaerococcac.*) 2. 384. 387.
Hermitella Mun.-Chalm. (*Algae*) 2. 558.
Herpetineuron C. Müll. (*Leskeac.*) 3. 990.
Herpetineuron (C. Müll.) Card. (*Leskeac.*) 3. 984, 990.
H. Toccoae (Sull.) 3. 989, Fig. 719 *G—M.*
Herpetium Nees (*Jungerm. akrog.*) 5. 100, 102.
Herpetomonas Kent (*Oicomonadac.*) 1 a. 119, 120, 121.
H. Lewisii Kent 1 a. 121, Fig. 78 *A.*

Herpochaeta Mont. (*Caulerpac.*) 2. 136.
Herpochondria Falkbg. (*Rhodomelac.*) 2. 426, 434, 435.
H. corallinae (Mart.) Falkbg. 2. 434, Fig. 244 E.
Herpocladiella Schröt. (*Morticrellac.*) 1. 130.
H. circinans Schröt. 1. 130, Fig. 115 F.
Herpocladium Mitt. (*Jungerm. akrog.*) 3. 105, 106.
Herpocladium Schröt. (*Morticrellac.*) 1. 130.
Herponema J. Ag. (*Chordariac.*) 2. 225, 226.
Herponema J. Ag. (*Ectocarpac.*) 2. 187.
Herpopteros Falkbg. (*Rhodomelac.*) 2. 429, 460, 461.
H. fallax Falkbg. 2. 461, Fig. 259.
**Herposiphonia** Naeg. (*Rhodomelac.*) 2. 429, 459.
H. tenella (C. Ag.) Falkbg. 2. 459, Fig. 258 A.
Herposiphonieae (*Rhodomelac.*) 2. 428, 457.
Herposteiron (Naeg.) Hansg. (*Chaetophorac.*) 2. 92, 94.
Herpothamnion Naeg. (*Ceramiac.*) 2. 486.
Herpotrichia Fuckel (*Sphaeriac.*) 1. 394, 398, 399.
H. pinetorum (Fuckel) Wint. 1. 399, Fig. 257 A—C.
Herrenpilz (*Boletus bulbosus* Schaeff.) 1**. 112, 191.
Herverus S. F. Gray (*Jungerm. anakrog.*) 3. 53, 56.
Hesperomyces Thaxt. (*Laboulbeniac.*) 1. 501.
Heteractis Kütz. (*Rivulariac.*) 1a. 89.
Heterangium Corda (*Lyginopterid.*) 4. 716, 734, 786.
Heterina Nyl. (*Heppiac.*) 1*. 178.
Heterina (Nyl.) Wainio (*Heppiac.*) 1*. 178.
Heterobasidion Bref. (*Polypodiac.*) 1**. 158.
Heterobotrys Sacc. (*Dematiac.*) 1**. 455, 459.
H. paradoxa Sacc. 1**. 459, Fig. 237 B.
Heterocampa Ehrenb. (*Bacillariac.*) 1b. 118, 140.
Heterocapsa Stein (*Peridiniac.*) 1b. 18.
H. triquetra Stein 1b. 18, Fig. 24.
Heterocarpella Bory (*Desmidiac.*) 2. 10.
Heterocarpella Turp. (*Desmidiac.*) 2. 11.
Heterocarpon Müll. Arg. (*Dermatocarpac.*) 1*. 58, 60.
Heterocaulon C. Müll. (*Fissidentac.*) 3. 353, 1187.

Heterochaete Pat. (*Tremellac.*) 1**. 90, 91.
H. Sanctae Catharinae A. Möll. 1**. 91, Fig. 59 B.
Heterochlamys Pat. (*Microthyriac.*) 1. 339, 343.
Heterocladia Decne. (*Rhodomelac.*) 2. 428, 454.
H. australis Decne. 2. 454, Fig. 255.
Heterocladieae (*Leskeac.*) 3. 978.
Heterocladium Bryol. eur. (*Leskeac.*) 3. 979.
H. Macounii Best. 3. 979, Fig. 712 F—H.
H. procurrens (Mitt.) 3. 979, Fig. 712 A—E.
Heterocladium Kindb. (*Leskeac.*) 3. 985, 994.
Heterocladium Lor. (*Brachytheciac.*) 3. 1159.
Heterodanaea Presl (*Marattiac.*) 4. 442.
Heterodea Nyl. (*Parmeliac.*) 1*. 208.
H. Mülleri (Hpe.) Nyl. 1*. 208, Fig. 108 A—C.
Heterodermia Trevis. (*Physciac.*) 1*. 236.
Heterodictyon Grev. (*Bacillariac.*) 1b. 64, 67, 68.
H. Rylandsianum Grev. 1b. 68, Fig. 90.
Heterodictyon Rostaf. (*Cribrariac.*) 1. 18, 19.
H. mirabilis Rostaf. 1. 19, Fig. 10 F.
Heterodictyum Schimp. (*Bryac.*) 3. 561.
Heteroglossum Diels (*Polypodiac.*) 4. 334.
Heterogonium Presl (*Polypodiac.*) 4. 183, 188.
Heteromastigoda Bütschli 1a. 117.
Heteromastix Clark (*Protomastigin.*) 1a. 146, 147.
H. proteiformis Clark 1a. 146, Fig. 102 D.
Heteromita Duj. (*Bodonac.*) 1a. 134.
Heteromita Duj. (*Peranemac.*) 1a. 183.
Heteromita Grassi (*Tetramitac.*) 1a. 145.
Heteromita Meresch. (*Peranemac.*) 1a. 184.
Heteromita Perty (*Distomatin.*) 1a. 150.
Heteromita Stokes (*Bodonac.*) 1a. 136.
Heteromphala Ehrenb. (*Bacillariac.*) 1b. 111.
Heteromyces Müll. Arg. (*Cladoniac.*) 1*. 140, 141.
Heteronectria Penz. et Sacc. (*Hypocreac.*) 1**. 540.
Heteroneis Cleve (*Bacillariac.*) 1b. 121.
Heteronema (Duj.) Stein (*Peranemac.*) 1a. 178, 179, 182; 184, Fig. 132.
H. Klebsii Senn 1a. 182, Fig. 133 A.
Heteronemeae (*Peranemac.*) 1a. 179, 182.
Heteroneuron Fée (*Polypodiac.*) 4. 198.

Heteropatella Fuckel (*Excipulac.*) 1\*\*. 393.
Heteropatella Fuckel (*Tryblidiac.*) 1. 255.
Heterophlebium Fée (*Polypodiac.*) 4. 290, 293.
Heterophyllium (Schimp.) (*Hypnac.*) 3. 1062, 1072, 1237.
Heterophyllon Kindb. (*Hypnac.*) 3. 1072.
Heterophyllum Hieron. (*Selaginellac.*) 4. 673.
Heteropteris Fée (*Polypodiac.*) 4. 302, 305.
H. lanceolata (L.) Fée 4. 304, Fig. 161 E.
Heteropteris Pot. (*Filical.*) 4. 492.
Heteropterygium Diels (*Gleicheniac.*) 4. 355; 353, Fig. 188 D.
Heterosiphonia Mont. (*Rhodomelac.*) 2. 430, 472, 473.
H. Berkeleyi Mont. 2. 473, Fig. 263 F.
H. Wurdemanni (Balley) Falkbg. 2. 473, Fig. 263 A.
Heterosphaeria Grev. (*Tryblidiac.*) 1. 253, 255.
H. Patella (Tode) Grev. 1. 255, Fig. 187 C—F.
Heterosphondylium Naeg. (*Ceramiac.*) 2. 487.
Heterosporeae (*Equisetal.*) 4. 2.
Heterosporeae (*Lycopodial.*) 4. 2.
Heterosporium Klotzsch (*Dematiac.*) 1\*\*. 476, 479, 480.
H. gracile (Wallr.) Sacc. 1\*\*. 479, Fig. 249 G.
Heterostachys Baker (*Selaginellac.*) 4. 673.
Heterostephania Ehrenb. (*Bacillariac.*) 1 b. 66.
Heterothecium (*Lecideac.*) 1\*. 134, 136, 137.
Heterothecium Flw. (*Lecideac.*) 1\*. 137.
Heterothelium Wainio (*Pyrenulac.*) 1\*. 65.
Heterothuidium Best. (*Leskeac.*) 3. 1017.
Heterotrichia Massee (*Trichiac.*) 1\*\*. 525.
Heufleria Trevis. (*Astrotheliac.*) 1\*. 73, 74.
Heufleridium Müll. Arg. (*Astrotheliac.*) 1\*. 74.
Hewardia J. Sm. (*Polypodiac.*) 4. 282.
Hexagonia Fries (*Polyporac.*) 1\*\*. 155, 183, 185.
H. Stuhlmanni P. Henn. 1\*\*. 185, Fig. 98 A, B.
Hexamitus Dej. (*Distomatin.*) 1 a. 148, 150.
H: fissus Klebs 1 a. 150, Fig. 101 A.

H. intestinalis Duj. 1 a. 150, Fig. 104 B.
Hexamitus Stein (*Distomatin.*) 1 a. 150.
Hexenmehl (*Lycopodium clavatum* L.) 4. 589.
Hexenröhrenpilz (*Boletus luridus* Schaeff.) 1\*\*. 113.
Heydenia Fresen. (*Stilbac.*) 1\*\*. 493, 496.
Hiatula Fries (*Agaricac.*) 1\*\*. 260, 263.
Hicriopteris Presl (*Gleicheniac.*) 4. 352.
Hierogramma Unger (*Filical.*) 4. 511, 782.
Hildbrandtia Nardo (*Corallinac.*?) 2. 544.
Hildebrandtiella C. Müll. (*Neckerac.*) 3. 788, 792.
H. endotrichelloides C. Müll. 3. 793, Fig. 594 F—J.
H. Holstii Broth. 3. 793, Fig. 594 A—F.
Hildenbrandia Nardo (*Corallinac.*?) 2. 544.
Hilsea Kirchn. (*Scytonematac.*) 1 a. 80.
Himanthalia Lyngbye (*Fucac.*) 2. 278, 279, 280, 558.
H. lorea (L.) Lyngbye 2. 280, Fig. 185.
Himantia Pers. (*Mycel.*) 1\*\*. 517.
Himantidium Ehrenb. (*Bacillariac.*) 1 b. 118.
Himantina Besch. (*Calymperac.*) 3. 379, 1189.
Himantites Bull. (*Mycel.*) 1\*\*. 523.
Himantocladium Mitt. (*Neckerac.*) 3. 840, 842.
Himantocladium (Mitt.) Fleisch. (*Neckerac.*) 3. 1229.
Hindersonia Moug. et Nestl. (*Gnomoniac.*) 1. 447, 449, 450.
H. cercospora (Duby) Schröt. 1. 450, Fig. 273 F—H.
Hippochaete Milde (*Equisetac.*) 4. 546.
Hippocrepidium Sacc. (*Dematiac.*) 1\*\*. 488.
Hippodium Gaud. (*Polypodiac.*) 4. 181.
Hippoperdon Mont. (*Lycoperdac.*) 1\*\*. 323.
Hippopodium Fabric. (*Buxbaumiac.*) 3. 666.
Hippurites Lindb. et Hutt. (*Calamariac.*) 4. 553.
Hirmidium Perty (*Craspedomonadac.*) 1 a. 126.
Hirneola Fries (*Auriculariac.*) 1\*\*. 85.
Hirsepilz (*Boletus variegatus* Sw.) 1\*\*. 112, 193.
Hirsutella Pat. (*Clavariac.*) 1\*\*. 136.
Hirtiflora Gott. (*Jungerm. akrog.*) 3. 110.
Hirudinaria Ces. (*Dematiac.*) 1\*\*. 487, 488.
H. macrospora Ces. 1\*\*. 487, Fig. 253 J.
H. Mespili Ces. 1\*\*. 487, Fig. 253 H.

Hirundinella Bory (*Peridiniac.*) 1 b. 20.
Histioneis Stein (*Peridiniac.*) 1 b. 26, 29, 30.
H. cymbalaria Stein 1 b. 30, Fig. 42 B.
H. gubernans Schütt 1 b. 30, Fig. 42 A.
Histiopteris Ag. (*Polypodiac.*) 4. 256, 290, 294.
H. incisa (Thunb.) Ag. 4. 290, Fig. 153 F, G.
Hobsonia Berk. (*Tuberculariac.*) 1 \*\*. 509, 510.
H. gigaspora Berk. 1 \*\*. 510, Fig. 261 E.
Holacanthum Lund (*Desmidiac.*) 2. 7, 11, 12.
H. cristatum (Bréb.) Lund 2. 12, Fig. 7 D.
Holcochlaena Berk. (*Polypodiac.*) 4. 266.
Holcosorus Moore (*Polypodiac.*) 4. 306.
Hollia Endl. (*Jungerm. akrog.*) 3. 35.
Holmgrenia Lindb. (*Entodontac.*) 3. 872.
Holoblepharum Doz. et Molk. (*Hookeriac.*) 3. 950.
Holocarpae Schimp. (*Bryal.*) 3. 288.
Holocoryne Fries (*Clavariae.*) 1 \*\*. 134.
Holodontium Mitt. (*Dicranac.*) 3. 326.
Holographa Müll. Arg. (*Graphidac.*) 1 \*. 96.
Hololoma Müll. Arg. (*Graphidac.*) 1 \*. 100.
Hololoma Wainio (*Graphidac.*) 1 \*. 99, 100.
**Holomastigaceae** 1 a. 112, 112—113.
Holomitrieae Fleisch. (*Dicranac.*) 3. 1182.
Holomitrium Brid. (*Dicranae.*) 3. 317, 320, 1181.
H. Olfersianum Hornsch. 3. 320, Fig. 188 A—D.
Holomitrium Doz. et Molk. (*Dicranac.*) 3. 321.
Holomitrium Mitt. (*Dicranac.*) 3. 318.
Holonema Aresch. (*Chaetangiac.*) 2. 338.
Holopedium Lagerh. (*Chroococcac.*) 1 a. 52, 56, 57.
H. irregulare Lagerh. 1 a. 56, Fig. 30 C.
Holopterygium Diels (*Gleicheniac.*) 4. 353; 353, Fig. 188 B.
Holotrichia Schmitz (*Rhodomelac.*) 2. 428, 449, 450.
H. comosa Schmitz 2. 449, Fig. 252 B, C.
Holstiella P. Henn. (*Melanconiac.*) 1. 468, 472.
Holwaya Sacc. (*Cenangiac.*) 1. 231, 239.
Homalia Bryol. jav. (*Neckerac.*) 3. 850.
Homalia (Brid.) Bryol. eur. (*Neckerac.*) 3. 835, 847, 1229.
H. trichomanoides (L.) 3. 847, Fig. 627 C—F.
Homalia Nyl. (*Buelliae.*) 1 \*. 241.

Homalia Paris (*Neckerac.*) 3. 850.
Homalia Sull. (*Entodontac.*) 3. 896.
Homaliodendron Fleisch. (*Neckerac.*) 3. 835, 850.
H. flabellatum (Dicks.) 3. 847, Fig. 627 A, B.
Homalococcus Kütz. (*Chlorophyc.*) 2. 47, 1 a. 92.
Homalocrea Sacc. (*Hypocreac.*) 1. 364.
Homalolejeunea Spruce (*Jungerm. akrog.*) 3. 128.
Homalotheciella Card. (*Brachytheciac.*) 3. 1133.
Homalotheciella (Card.) Broth. (*Brachytheciac.*) 3. 1129, 1133.
H. subcapillata (Hedw.) 3. 1134, Fig. 802 A—G.
Homalothecium (*Brachytheciac.*) 3. 1133, 1134.
Homalothecium Bryol. eur. (*Brachytheciac.*) 3. 1129, 1134, 1238.
H. Sokiodense Mitt. 3. 1135, Fig. 803 A—F.
Homalothecium Jaeg. (*Brachytheciac.*) 3. 1136.
Homalothecium Müll. Arg. (*Pyrenulac.*) 1 \*. 66.
Homalothecium Sull. (*Brachytheciac.*) 3. 1133.
Homocraspis S. O. Lindb. (*Jungerm. akrog.*) 3. 77.
Homodium (Oliv.) Nyl. (*Collemac.*) 1 \*. 175.
Homoeocladia Ag. (*Bacillariac.*) 1 b. 132, 145.
Homoeophyllum Hieron. (*Selaginellac.*) 4. 669.
Homoeothrix Thur. (*Rivulariac.*) 1 a. 85, 87.
Homomallium Schimp. (*Hypnac.*) 3. 1026.
Homomallium (Schimp.) Loesk. (*Hypnac.*) 3. 1022, 1026.
H. incurvatum (Schrad.) 3. 1026, Fig. 739 A—C.
Homopsella Nyl. (*Lichinac.*) 1 \*. 165, 167.
Homopteris Rupr. (*Polypodiac.*) 4. 279.
Homostachys Bak. (*Selaginellac.*) 4. 673.
Homostegia Fuckel (*Dothideac.*) 1. 375, 378, 379.
H. Figgotii (Berk. et Br.) Karst. 1. 379, Fig. 249 E—H.
Homothecium Mont. (*Collemac.*) 1 \*. 169, 171.
Homotropanthe Spruce (*Jungerm. akrog.*) 3. 134.

Honigritterpilz (*Tricholoma russula* Schaeff.)
1\*\*. 112.
Hookeria (*Hookeriac.*) 3. 924, 934, 936, 939, 941, 942, 945, 948, 949, 950, 953, 955, 956.
Hookeria C. Müll. (*Hookeriac.*) 3. 954.
Hookeria C. Müll. (*Pilotrichac.*) 3. 915.
Hookeria Doz. et Molk. (*Hookeriac.*) 3. 950.
Hookeria Hampe (*Hookeriac.*) 3. 956.
Hookeria Hook. (*Brachytheciac.*) 3. 1136.
Hookeria Hook. (*Entodontac.*) 3. 896.
Hookeria Hook. (*Hookeriac.*) 3. 923, 934, 938, 949.
Hookeria Hook. et Tayl. (*Hookeriac.*) 3. 934.
Hookeria Hornsch. (*Hookeriac.*) 3. 926, 942.
Hookeria Hornsch. (*Leucomiac.*) 3. 1096.
Hookeria Mitt. (*Hookeriac.*) 3. 945.
Hookeria Mont. (*Hookeriac.*) 3. 963.
Hookeria Mont. (*Neckerac.*) 3. 812.
Hookeria Sm. (*Hookeriac.*) 3. 919, 933.
H. lucens L. 3. 933. Fig. 682 *A—C*.
Hookeria Sm. (*Hypopterygiac.*) 3. 965, 968.
Hookeria Sm. (*Lembophyllac.*) 3. 864.
Hookeria Sm. (*Neckerac.*) 3. 809, 850.
Hookeria Spreng. (*Hookeriac.*) 3. 957.
Hookeria Spreng. (*Neckerac.*) 3. 835.
Hookeria Spreng. (*Pilotrichac.*) 3. 913.
Hookeria Spreng. (*Rhacopilac.*) 3. 975.
Hookeria Tayl. (*Hookeriac.*) 3. 920.
Hookeria W.-Arn. (*Hookeriac.*) 3. 930.
Hookeria W.-Arn. (*Hypnac.*) 3. 1093.
**Hookeriaceae** 3. 702, 918—964, 1232.
Hookerieae (*Hookeriac.*) 3. 1232 1235.
Hookeriopsis (Besch.) Jaeg. (*Hookeriac.*) 3. 920 938, 1235.
H. incurva (Hook. et Grev.) 3. 913, Fig. 670 *B*: 940, Fig. 685 *A—C*.
H. Parkeriana (Hook.) 3. 940, Fig. 685 *D—H*.
H. pendula (Hook.) 3. 942, Fig. 686 *A—D*.
Hookeriopsis Jaeg. (*Hookeriac.*) 3. 942.
Horea Harv. (*Rhodymeniac.*) 2. 399.
Hormactella Sacc. (*Dematiac.*) 1\*\*. 456, 466.
Hormactis Preuss (*Mucedinac.*) 1\*\*. 445, 446, 447.
H. alba Preuss 1\*\*. 446, Fig. 231 *M*.
Hormactis Thur. (*Rivulariac.*) 1a. 90.
Hormidium Kütz. (*Ulotrichac.*) 2. 83, 84.
Hormiscia Fries (*Ulotrichac.*) 2. 84.
Hormiscium Kunze (*Dematiac.*) 1\*\*. 455, 458, 459.

H. antiquum (Corda) Sacc. 1\*\*. 458, Fig. 236 *F*.
H. pithyophilum (Nees) Sacc. 1\*\*. 458, Fig. 236 *G, H*.
Hormoceras Kütz. (*Ceramiac.*) 2. 501.
Hormococcus Preuss (*Melanconiac.*) 1\*\*. 403.
Hormocytium Naeg. (*Chlorophyc.*) 2. 27.
Hormodendrum Bon. (*Dematiac.*) 1\*\*. 456, 465, 466.
H. Hordei Bruhne 1\*\*. 465, Fig. 241 *G*.
Hormodochium Sacc. (*Tuberculariac.*) 1\*\*. 512.
Hormogoneae 1a. 50, 61.
Hormomyces Bon. (*Dacryomycetac.*) 1\*\*. 97, 102.
Hormophora J. Ag. (*Gigartinac.*) 2. 355, 365.
Hormophysa Kütz. (*Fucac.*) 2. 282.
Hormosira Endl. (*Fucac.*) 2. 271, 278, 280.
H. Banksii Decne. 2. 271, Fig. 181 *C*.
Hormosira Harv. (*Algae*) 2. 558.
Hormosperma Penz. et Sacc. (*Hypocreac.*) 1\*\*. 541.
Hormospora Bréb. (*Ulotrichac.*) 2. 84.
Hormospora Desm. (*Sordariac.*) 1. 392.
Hormospora Thwait. (*Chlorophyc.*) 2. 27.
Hormothamnion Grun. (*Nostocac.*) 1a. 72, 75, 76.
H. enteromorphoides Grun. 1a. 75, Fig. 56 *J*.
Hormotheca Bon. (*Mycosphaerellac.*) 1. 423.
Hormotheca Borzi (*Ulotrichac.*) 2. 85.
Hormotila Borzi (*Tetrasporac.*) 2. 46, 47, 50.
H. mucigena Borzi 2. 46, Fig. 27.
Hormotrichum Kütz. (*Cladophorac.*) 2. 117.
Hormotrichum Kütz. (*Ulotrichac.*) 2. 84.
Horridium C. Müll. (*Sematophyllac.*) 3. 1120.
Hostienpilz (*Bacillus prodigiosus* Ehrenb.) 1a. 28.
Hostinella Barr. (*Filical.*) 4. 543.
Humaria Fries (*Pezizac.*) 1. 182, 185.
Humaria Fuckel (*Pezizac.*) 1. 180.
Humariella Schröt. (*Pezizac.*) 1. 180.
Humata Cav. (*Polypodiac.*) 4. 149, 205, 208; 208, Fig. 112 *A—H*.
H. botrychioides (Brack.) J. Sm. 4. 208, Fig. 112 *C, D*.
H. Gaimardiana (Gaudich.) J. Sm. 4. 208, Fig. 112 *A, B*.
H. heterophylla (Desv.) Sm. 4. 149, Fig. 86 *H*.

Humata Hookeri (Moore) Diels 4. 208, Fig. 112 F, G.
H. immersa (Wall.) Diels 4. 208, Fig. 112 F.
Husseia Berk. (Calostomatac.) 1**. 339.
Hutchinsia C. Ag. (Rhodomelac.) 2. 439.
Huttonia Grove et Sturt (Bacillariac.) 1 b. 92, 94.
H. alternans Grove et Sturt 1 b. 94, Fig. 162.
Huttonia Sternbg. (Calamariac.) 4. 337.
Hyalacme S. O. Lindb. (Jungerm. akrog.) 3. 78.
Hyalinia Boud. (Helotiac.) 1. 203.
Hyalobryon Lauterb. (Ochromonadac.) 1 a. 163, 165, 166.
H. ramosum Lauterb. 1 a. 165, Fig. 119 C.
Hyalocapsa Kirchn. (Chroococcac.) 1 a. 54.
Hyaloceras Dur. et Mont (Melanconiac.) 1**. 409, 413.
Hyalococcus Schröt. (Coccac.) 1 a. 16.
Hyaloderma Speg. (Perisporiac.) 1. 333, 336.
Hyalodictya Ehrenb. (Bacillariac.) 1 b. 61.
Hyalodictya Ehrenb. (Bacillariac.) 1 b. 58, 61.
Hyalodictyae (Melanconiac.) 1**. 413.
Hyalodictyae (Mucedinac.) 1**. 454.
Hyalodictyae (Sphaerioidac.) 1**. 349. 376.
Hyalodidymae (Excipulac.) 1**. 395.
Hyalodidymae (Leptostromatac.) 1**. 390.
Hyalodidymae (Melanconiac.) 1**. 405.
Hyalodidymae (Mucedinac.) 1**. 444.
Hyalodidymae (Sphaerioidac.) 1**. 349, 366.
Hyalodiscus Ehrenb. (Bacillariac.) 1 b. 58, 61.
H. scoticus (Kütz.) Grun. 1 b. 61, Fig. 72 A, B.
H. stelliger Baill. 1 b. 61, Fig. 72 C, D.
Hyalodothis Pat. et Har. (Dothideac.) 1. 375, 383.
Hyalolepis Kze. (Polypodiac.) 4. 305.
Hyalopeziza Fuckel (Helotiac.) 1. 202.
Hyalophragmiae (Leptostromatac.) 1**. 390.
Hyalophragmiae (Melanconiac.) 1**. 407.
Hyalophragmiae (Nectrioidac.) 1**. 385.
Hyalophragmiae (Sphaerioidac.) 1**. 349, 372.
Hyalopus Corda (Mucedinac.) 1**. 418, 430.
H. mycophilus Corda 1**. 430, Fig. 222 C, D.
Hyaloria A. Möll. (Hyaloriac.) 1**. 95, 96.
H. Pilacre A. Möll. 1**. 95, Fig. 62 A—D.
**Hyaloriaceae** 1**. 89, 95—96.

Hyalosira Kütz. (Bacillariac.) 1 b. 104.
Hyalosporae (Excipulac.) 1**. 392.
Hyalosporae (Leptostromatac.) 1**. 387.
Hyalosporae (Melanconiac.) 1**. 398.
Hyalosporae (Mucedinac.) 1**. 416, 538.
Hyalosporae (Nectrioidac.) 1**. 382.
Hyalosporae (Sphaerioidac.) 1**. 349, 350.
Hyalostilbeae (Stilbac.) 1**. 488, 492.
Hyalotheca Kütz. (Desmidiac.) 2. 2, 8, 15, 16.
H. dissiliens (Sm.) Bréb. 2. 15, Fig. 9 K.
H. mucosa Ehrenb. 2. 2, Fig. 1 C.
Hyalothece Kirchn. (Chroococcac.) 1 a. 55.
**Hydnaceae** 1**. 114, 139—151.
Hydnangium Wallr. (Hymenogastrac.) 1**. 308, 310.
H. carneum Wallr. 1**. 310, Fig. 138 C, D.
H. carotaecolor Berk. 1**. 310, Fig. 138 E.
Hydnellum Karst. (Hydnac.) 1**. 144.
Hydnites L. (Hymenomycetin.) 1**. 521.
Hydnobolites Tul. (Terfeziac.) 1. 313; 1**. 538.
H. cerebriformis Tul. 1. 313, Fig. 222 A, B.
H. Tulasnei Hesse 1. 313, Fig. 222 C.
Hydnochaete Bres. (Hydnac.) 1**. 139, 143.
H. badia Bres. 1**. 143, Fig. 76 P, Q.
Hydnocystis Tul. (Balsamiac.) 1. 288, 289; 1**. 535, 536.
H. arenaria Tul. 1. 289, Fig. 209 A, B.
H. piligera Tul. 1. 289, Fig. 209 C.
Hydnogloeum Curr. (Tremellac.) 1**. 95.
Hydnopsis Schröt. (Hydnac.) 1**. 118.
Hydnopsis Tul. (Sphaerioidac.) 1**. 361.
Hydnotrya Berk. et Br. (Eutuberac.) 1. 281, 283; 1**. 535.
H. Tulasnei Berk. et Br. (Eutuberac.) 1. 283, Fig. 205 C—G.
Hydnum Berk. (Thelephorac.) 1**. 123.
Hydnum L. (Hydnac.) 1**. 139, 144, 145, 146, 147.
H. argutum Fries 1**. 145, Fig. 77 A, B.
H. auriscalpum L. 1**. 145, Fig. 77 K.
H. basiasperatum P. Henn. 1**. 145, Fig. 77 C—E.
H. coralloides Scop. 1**. 146, Fig. 78 A—C.
H. cyathiforme Schaeff. 1**. 147, Fig. 79.
H. Erinaceus Bull. 1**. 145, Fig. 77 F—H.
H. Henningsii Bres. 1**. 145, Fig. 77 J.
Hydraeomyces Thaxt. (Laboulbeniac.) 1. 496, 500.
H. Halipli Thaxt. 1. 500, Fig. 291 B.
Hydrancylus Fisch.-Oost. (Algae) 2. 358.

Hydrianum Rabh. (*Protococcac.*) 2. 68.
Hydroclathrus Bory (*Encoeliac.*) 2. 201, 203.
Hydrococcus Kütz. (*Chroococcac.*) 1a. 57. 2. 27.
Hydrocoleum Kütz. (*Oscillatoriac.*) 1a. 64, 65, 68.
H. homoeotrichum Kütz. 1a. 65, Fig. 52 *L*.
Hydrocoryne Schwabe (*Scytonematac.*) 1a. 78, 80.
H. spongiosa Schwabe 1a. 78, Fig. 57 *E*.
Hydrocybe Fries (*Agaricac.*) 1**. 244.
Hydrocytium R. Br. (*Protococcac.*) 2. 68.
**Hydrodictyaceae** 2. 27, 70—74.
Hydrodictyon Roth (*Hydrodictyac.*) 2. 71, 72, 73.
H. reticulatum (L.) Lagerh. 2. 71, Fig. 42.
Hydrofissidens C. Müll. (*Fissidentac.*) 3. 361.
Hydrogastrum Desv. (*Botrydiac.*) 2. 125.
Hydroglossum Willd. (*Schizaeac.*) 4. 363.
Hydrogonium C. Müll. (*Pottiac.*) 3. 407.
Hydrogonium (C. Müll.) Broth. (*Pottiac.*) 3. 1193.
Hydrogonium (C. Müll.) Fleisch. (*Pottiac.*) 3. 1193.
Hydrolapatha Stackh. (*Delesseriac.*) 2. 412.
Hydrolapathum Rupr. (*Delesseriac.*) 2. 412.
Hydrolinum Link (*Bacillariac.*) 1b. 132.
Hydropogon Brid. (*Fontinalac.*) 3. 723, 724.
H. fontinaloides (Hook.) 3. 724, Fig. 542 *A—G*.
Hydropogon Mitt. (*Fontinalac.*) 3. 725.
Hydropogonella Card. (*Fontinalac.*) 3. 701, 723, 725.
H. gymnostoma (Bryol. eur.) 3. 725, Fig. 543 *A—E*.
Hydropterides (*Filical.*) 4. 2.
Hydropteridineae 4. 10, 381—421.
Hydropuntia Mont. (*Sphaerococcac.*) 3. 393.
Hydrosera Wall. (*Bacillariac.*) 1b. 91, 98.
Hydrosilicon Brun. (*Bacillariac.*) 1b. 110, 112.
H. mitra Brun. 1b. 112, Fig. 201.
Hydrothyria Russ. (*Pannariac.*) 1*. 180, 184.
H. venosa Russ. 1*. 184, Fig. 98 *A—C*.
Hydrurites Reinsch (*Chromulinac.*?) 1a. 155; 2. 570.
Hydrurus Ag. (*Chromulinac.*) 2. 27, 153, 155, 570.
H. foetidus (Vauch.) Kirchn. 1a. 155, Fig. 108.

Hyella B. et Fl. (*Chamaesiphonac.*) 1a. 58 59, 60; 2. 556.
H. caespitosa B. et Fl. 1a. 60, Fig. 51 *D*.
Hygroamblystegium Loeske (*Hypnac.*) 3. 1024, 1027, 1239.
H. filicinum (L.) 3. 1027, Fig. 740 *A—C*.
Hygrobiella Spruce (*Jungerm. akrog.*) 3 95, 98.
Hygrocybe Fries (*Agaricac.*) 1**. 244.
Hygrohypnum Lindb. (*Hypnac.*) 3. 1038.
Hygrohypnum Lindb. (*Hypnac.*) 3. 1022 1038, 1236.
H. molle (Dicks.) 3. 1040, Fig. 746 *A—D*
Hygrolejeunea Spruce (*Jungerm. akrog.*) 3. 118, 124.
Hygrolejeunea Steph. (*Jungerm. akrog.*) 3 131.
Hygromitra Nees (*Geoglossac.*) 1. 166.
Hygrophila Mackay (*Marchantiac.*) 3. 35.
Hygrophoreae (*Agaricac.*) 1**. 209.
Hygrophorus Fries (*Agaricac.*) 1**. 209 210, 211.
H. conicus (Scop.) Fr. 1**. 210, Fig. 109 *F*
H. ficoides (Bull.) Schröt. 1**. 210, Fig 109 *G*.
Hygrophyla Tayl. (*Marchantiac.*) 3. 35.
Hylocomia acrophyta Bryol. eur. (*Hypnac.*) 3. 1055.
H. contabularia Schimp. (*Hypnac.*) 3. 1056 1059.
H. pleurophyta Bryol. eur. (*Hypnac.*) 3 1059.
Hylocomieae (*Hypnac.*) 3. 1024, 1044 1236.
Hylocomium (*Hypnac.*) 3. 1055, 1056, 1057 1059, 1060, 1064.
Hylocomium Bryol. eur. (*Hypnac.*) 3 1045, 1059, 1237.
H. proliferum (L.) 3. 1060, Fig. 759 *A—E*
Hylocomium De Not. (*Brachythcciac.*) 3. 1148.
Hylocomium Geh. (*Hypnac.*) 3. 1054.
Hylocomium Kindb. (*Hypnac.*) 3. 1045 1057.
Hylocomium Mitt. (*Hypnac.*) 3. 1049, 1054, 1052, 1075.
Hylocomium Sull. (*Hypnac.*) 3. 1056.
Hylotapis Mitt. (*Hookeriac.*) 3. 949.
Hymantocladium Mitt. (*Neckerac.*) 3. 1229.
Hymenelia Mass. (*Lecanorac.*) 1*. 201.
Hymenella Fries (*Tuberculariac.*) 1**. 511, 513, 515.
H. Arundinis Fries 1**. 515, Fig. 263 *C*.
Hymenena Grev. (*Delesseriac.*) 2. 110.

Hymenobactron Sacc. (*Tuberculariac.*) 1**. 513.
Hymenobolina Zukal (*Trichiac.*) 1**. 524.
Hymenobolus Mont. (*Cenangiac.?*) 1. 232, 240.
Hymenochaete Lév. (*Thelephorac.*) 1**. 122.
Hymenochaete Lév. (*Thelephorac.*) 1**. 118, 121.
H. Cacao Berk. 1**. 122, Fig. 68 *D*, *E*.
H. leonina Berk. et Br. 1**. 122, Fig. 68 *C*.
H. Schomburgkii P. Henn. 1**. 122, Fig. 68 *F*.
Hymenocladia J. Ag. (*Rhodymeniac.*) 2. 398, 400.
H. Usnea J. Ag. 2. 400, Fig. 234 *A*.
Hymenocleiston Duby (*Splachnac.*) 3. 501.
Hymenocystis C. A. Mey. (*Polypodiac.*) 4. 160.
Hymenodecton Leight. (*Graphidac.*) 1*. 99.
Hymenodium Fée (*Polypodiac.*) 4. 331, 334.
Hymenodon Hook. f. et Wils. (*Rhizogoniac.*) 3. 615.
H. piliferus Hook. f. et Wils. 3. 615, Fig. 465 *E*.
H. sericeus (Doz. et Molk.) 3. 615, Fig. 465 *A—D*.
Hymenogaster Vitt. (*Hymenogastrac.*) 1**. 308, 309. 557.
H. decorus Tul. 1**. 309, Fig. 157 *E—H*.
H. tener Berk. 1**. 309, Fig. 157 *A—D*.
H. vulgaris Tul. 1**. 309, Fig. 157 *J*.
**Hymenogastraceae** 1**. 299, 308—313.
Hymenogastrineae 1**. 1, 296—313, 556, 557.
Hymenoglossum Presl (*Hymenophyllac.*) 4. 108.
Hymenogramme Berk. et Mont. (*Polyporac.?*) 1**. 196, 197.
Hymenolaena C. A. Mey. (*Polypodiac.*) 4. 160.
Hymenolepis Kaulf. (*Polypodiac.*) 4. 302, 304, 305.
H. spicata (L.) Presl 4. 304, Fig. 161 *F—J*.
Hymenolichenes 1*. (II.) 49; 237—240.
Hymenoloma Dus. (*Dicranac.*) 3. 1181.
H. Nordenskjöldii Dus. 3. 1182, Fig. 832 *A—G*.
**Hymenomonadaceae** 1a. 153, 159—163.
Hymenomonas Stein (*Hymenomonadac.*) 1a. 159, 160.
H. roseola Stein 1a. 159, Fig. 112 *B*.
Hymenomonas Stein (*Chrysomonadac.*) 2. 570.

Hymenomycetineae 1**. 1, 105—276, 553—555.
Hymenonema Stokes (*Chromulinac.*) 1a. 153.
Hymenophallus Nees (*Phallac.*) 1**. 295, 564.
**Hymenophyllaceae** 4. 91, 94—113, 473.
Hymenophyllea Weiss (*Filical.*) 4. 513.
Hymenophyllites Goepp. (*Hymenophyllac.*) 4. 112, 473, 475, 489, 490, 493.
H. quadridactylites (Gutb.) Zeiller 4. 112, Fig. 76 *A—E*.
Hymenophyllum L. (*Hymenophyllac.*) 4. 93, 96, 97, 100, 103, 104, 108, 109, 111.
H. australe Willd. 4. 109, Fig. 74 *C*.
H. cruentum Cav. 4. 109, Fig. 74 *A*.
H. dilatatum Sw. 4. 97, Fig. 69; 109, Fig. 74 *B*.
H. fusugasugense Karst. 4. 111, Fig. 75 *A—D*.
H. Malingii Mitt. 4. 100, Fig. 70 *F*.
H. rarum R. Br. 4. 93, Fig. 66 *A—C*.
H. tunbridgense Sm. 4. 103, Fig. 72 *D—F*.
Hymenophyllus Fischer (*Phallac.*) 1**. 564.
Hymenophyton Dum. (*Jungerm. akrog.*) 3. 49, 54.
Hymenophyton Dum. (*Jungerm. akrog.*) 3. 55.
Hymenopodium Corda (*Dematiac.*) 1**. 477.
Hymenopogon Palis. (*Weberac.*) 3. 663.
Hymenopsis Sacc. (*Tuberculariac.*) 1**. 511, 512.
H. trochiloides Sacc. 1**. 512, Fig. 261 *D*.
Hymenopteris Mantell (*Filical.*) 4. 512.
Hymenoria Ach. (*Thelotremac.*) 1*. 119.
Hymenoscypha Fries (*Helotiac.*) 1. 207.
Hymenoscypha Fries (*Helotiac.*) 1. 194, 204, 205.
H. acuum (Alb. et Schw.) Schröt. 1. 205, Fig. 160 *L*, *M*.
H. chrysostigma (Fr.) Schröt. 1. 205, Fig. 160 *H*.
H. hyalina (Pers.) Schröt. 1. 205, Fig. 160 *E—G*.
H. sordida (Fuckel) Phill. 1. 205, Fig. 160 *J*, *K*.
Hymenostegia J. Sm. (*Cyatheac.*) 4. 129.
Hymenostomia Gaudich. (*Polypodiac.*) 4. 219.
Hymenostomum C. Müll. (*Pottiac.*) 3. 385.
Hymenostomum Limpr. (*Pottiac.*) 3. 386, 1189.

Hymenostomum Lindb. (*Pottiac.*) 3. 384, 385, 387.
Hymenostomum R. Br. (*Pottiac.*) 3. 1189.
Hymenostomum R. Br. (*Pottiac.*) 3. 382, 385, 1189.
H. squarrosum Bryol. germ. 3. 386, Fig. 243 A—E.
Hymenostylium Brid. (*Pottiac.*) 3. 382, 389, 1190.
H. curvirostre (Ehrh.) Lindb. 3. 389, Fig. 246 A—D.
Hymenostylium Mitt. (*Pottiac.*) 3. 391.
Hymenotheca Pot. (*Hymenophyllac.*) 4. 112.
Hymenotheca Pot. (*Filical.*) 4. 479.
Hymenula Fries (*Tuberculariac.*) 1**. 499, 500, 501.
H. citrina Boud. 1**. 501, Fig. 258 E—G.
Hyocomium Bryol. eur. (*Hypnac.*) 3. 1044, 1045.
H. flagellare (Dicks.) 3. 1045, Fig. 749 A—D.
Hyocomium Mitt. (*Hypnac.*) 3. 1047, 1054.
Hyophila Brid. (*Pottiac.*) 3. 382, 402, 1192.
H. commutata Broth. 3. 402, Fig. 259 A—E.
Hyophila C. Müll. (*Pottiac.*) 3. 402.
Hyophila Mitt. (*Pottiac.*) 3. 402.
Hyophiladelphus C. Müll. (*Pottiac.*) 3. 428, 429, 1195.
Hyophilidium C. Müll. (*Calymperac.*) 3. 368, 372.
Hyophilina C. Müll. (*Calymperac.*) 3. 374, 1189.
Hypenantron Corda (*Marchantiac.*) 3. 25, 33.
H. fragrans (Balb.) Trevis. 3. 33, Fig. 18 F—H.
H. tenellum (Corda) Trevis. var. porphyrocephalum Bisch. 3. 33, Fig. 18 A—E.
Hyperomyxa Corda (*Melanconiac.*) 1**. 405.
Hyperphyscia Müll. Arg. (*Physciac.*) 1*. 236.
Hyperphyscia (Müll. Arg.) A. Zahlbr. 1*. 236.
Hypha Pers. (*Mycel.*) 1**. 517.
Hyphasma Rebent. (*Mycel.*) 1**. 517.
Hyphelia Fries (*Hyphomycet.*) 1**. 516.
Hypheothrix Kütz. (*Oscillatoriac.*) 1a. 64, 65, 67.
H. lateritia Kütz. 1a. 65, Fig. 52 M.
**Hyphochytrinceae** 1. 66, 83—84, 527.
Hyphochytrium Zopf (*Hyphochytriac.*) 1. 83.
H. infestans Zopf 1. 83, Fig. 65.

Hyphoderma Fries (*Mucedinac.*) 1**. 419, 433.
H. roseum (Pers.) Fr. 1**. 433, Fig. 224 D.
Hypholoma Fries (*Agaricac.*) 1**. 231, 232, 236, 237.
H. fasciculare (Huds.) Fr. 1**. 236, Fig. 115 C.
**Hyphomycetes** 1**. 349, 415—517, 558.
Hyphonectria Sacc. (*Hypocreac.*) 1. 356.
Hyphostereum Pat. (*Tuberculariac.*) 1**. 499, 502.
**Hypnaceae** 3. 706, 1020—1095, 1236.
Hypnea Lamx. (*Sphaerococcac.*) 2. 385, 394.
H. musciformis (Wulf.) Lamx. 2. 394, Fig. 232 C, D.
Hypneae (*Sphaerococcac.*) 2. 385, 394.
Hypnella (*Hookeriac*) 3. 939, 941, 950.
Hypnella C. Müll. (*Hookeriac.*) 3. 949.
Hypnella (C. Müll.) Jaeg. (*Hookeriac.*) 3. 920, 949, 1235.
H. pilifera (Hook. et Wils.) 3. 949, Fig. 692 A—E.
Hypnelleae 3. 1232, 1235.
**Hypnodendraceae** 3. 706, 1166—1172.
Hypnodendron (*Hypnodendrac.*) 3. 1167, 1168.
Hypnodendron Besch. (*Hypnodendrac*) 3. 1167.
Hypnodendron C. Müll. (*Lembophyllac.*) 3. 868.
Hypnodendron (C. Müll.) Lindb. (*Hypnodendrac.*) 3. 1166, 1168.
H. brevipes Broth. 3. 1168, Fig. 823 F—H.
H. spininervium (Hook.) 3. 1168, Fig. 823 A—E.
H. tricostatum (Sull.) 3. 1170, Fig. 824 A—E.
Hypnodendron C. Müll. (*Neckerac.*) 3. 778.
Hypnodon C. Müll. (*Orthotrichac.*) 3. 1198.
Hypnophycus Kütz. (*Sphaerococcac.*) 2. 394.
Hypnopsis C. Müll. (*Dicranac.*) 3. 341.
Hypnopsis Kindb. (*Hypnac.*) 3. 1056, 1061.
Hypnopsis Limpr. (*Hypnac.*) 3. 1061.
Hypnum (*Brachytheciac.*) 3. 1130, 1136, 1138, 1140, 1148, 1156, 1158, 1162.
Hypnum (*Entodontac.*) 3. 890, 896.
Hypnum (*Fabroniac.*) 3. 901, 908.
Hypnum (*Hypnac.*) 3. 981, 1026, 1027, 1029, 1030, 1032, 1035, 1036, 1041, 1042, 1047, 1049, 1051, 1056, 1057, 1059, 1062, 1063, 1067, 1068, 1077, 1079, 1083, 1087, 1089, 1092, 1093, 1236.

Hypnum (*Hypnodendrac.*) 3. 1167, 1168.
Hypnum (*Lembophyllac.*) 3. 868.
Hypnum (*Leskeac.*) 3. 986, 994, 996, 999, 1005, 1008, 1014, 1017.
Hypnum (*Leucomiac.*) 3. 1096.
Hypnum (*Neckerac.*) 3. 778, 848, 850, 856.
Hypnum (*Sematophyllac.*) 3. 1108, 1109, 1111, 1117, 1120, 1123.
Hypnum Brid. (*Brachytheciac.*) 3. 1150, 1157.
Hypnum Brid. (*Entodontac.*) 3. 896.
Hypnum Brid. (*Fabroniac.*) 3. 902.
Hypnum Brid. (*Hookeriac.*) 3. 956.
Hypnum Brid. (*Hypnac.*) 3. 1063, 1075, 1089.
Hypnum Brid. (*Leskeac.*) 3. 997.
Hypnum Brid. (*Neckerac.*) 3. 789.
Hypnum Brid. (*Ptychomniac.*) 3. 1221.
Hypnum C. Müll. (*Brachytheciac.*) 3. 1133.
Hypnum C. Müll. (*Entodontac.*) 3. 892, 895.
Hypnum C. Müll. (*Fabroniac.*) 3. 909, 911.
Hypnum C. Müll. (*Leskeac.*) 3. 985.
Hypnum C. Müll. (*Neckerac.*) 3. 824, 823.
Hypnum C. Müll. (*Ptychomniac.*) 3. 1220.
Hypnum Dicks. (*Bartramiac.*) 3. 653.
Hypnum Dicks. (*Brachytheciac.*) 3. 1160.
Hypnum Dicks. (*Entodontac.*) 3. 872.
Hypnum Dicks. (*Hypnac.*) 3. 1036, 1045, 1079.
Hypnum Dicks. (*Leskeac.*) 3. 993. 999.
Hypnum Dicks. (*Neckerac.*) 3. 835.
Hypnum Dill. (*Bartramiac.*) 3. 644.
Hypnum Dill. (*Hypnac.*) 3. 1045, 1060, 1239.
H. Schreberi Willd. 3. 1064, Fig. 760 *A—D.*
H. silvaticum L. 3. 273, Fig. 167 *B.*
Hypnum Doz. et Molk. (*Leskeac.*) 3. 1002.
Hypnum Ehrh. (*Hypnac.*) 3. 1057.
Hypnum Harv. (*Entodontac.*) 3. 889.
Hypnum Harv. (*Neckerac.*) 3. 855.
Hypnum Hedw. (*Hookeriac.*) 3. 926.
Hypnum Hedw. (*Hypnac.*) 3. 1030, 1047.
Hypnum Hoffm. (*Hypnac.*) 3. 1025.
Hypnum Hook. (*Hypnac.*) 3. 1029, 1057.
Hypnum Hook. (*Hypnodendrac.*) 3. 1167, 1168.
Hypnum Hook. (*Lembophyllac.*) 3. 864, 865.
Hypnum Hook. (*Leskeac.*) 3. 1008, 1009.
Hypnum Hook. (*Neckerac.*) 3. 807, 830, 856.
Hypnum Hook. (*Rhizogoniac.*) 3. 619.
Hypnum Hook. f. et Wils. (*Echinodiac.*) 3. 1216.
Hypnum Hornsch. (*Hypnac.*) 3. 1077.
Hypnum Hornsch. (*Sematophyllac.*) 3. 1116.

Hypnum Huds. (*Brachytheciac.*) 3. 1138.
Hypnum Huds. (*Hypnac.*) 3. 1038.
Hypnum Huds. (*Leucodontac.*) 3. 756.
Hypnum Jaeg. (*Hypnac.*) 3. 1067.
Hypnum L. (*Brachytheciac.*) 3. 1134, 1140, 1148, 1154.
Hypnum L. (*Climaciac.*) 3. 734.
Hypnum L. (*Hookeriac.*) 3. 933, 954.
Hypnum L. (*Hypnac.*) 3. 1022, 1032, 1037, 1055, 1059, 1062, 1067, 1084.
Hypnum L. (*Lembophyllac.*) 3. 868.
Hypnum L. (*Leskeac.*) 3. 986, 1011.
Hypnum L. (*Leucodontac.*) 3. 748, 755.
Hypnum L. (*Neckerac.*) 3. 839, 859.
Hypnum L. (*Rhizogoniac.*) 3. 616.
Hypnum Mitt. (*Brachytheciac.*) 3. 1131, 1132.
Hypnum Mont. (*Brachytheciac.*) 3. 1162.
Hypnum Mont. (*Hypnac.*) 3. 1054.
Hypnum Mont. (*Sematophyllac.*) 3. 1106.
Hypnum Neck. (*Brachytheciac.*) 3. 1162.
Hypnum Neck. (*Cryphaeac.*) 3. 739.
Hypnum Neck. (*Entodontac.*) 3. 883.
Hypnum Neck. (*Fontinalac.*) 3. 725.
Hypnum Neck. (*Leucodontac.*) 3. 757.
Hypnum Palis. (*Entodontac.*) 3. 878.
Hypnum Palis. (*Hookeriac.*) 3. 938.
Hypnum Palis. (*Leskeac.*) 3. 1004.
Hypnum Palis. (*Neckerac.*) 3. 811.
Hypnum Raddi (*Neckerac.*) 3. 805.
Hypnum Reinw. (*Hypnac.*) 3. 1054.
Hypnum Schrad. (*Hypnac.*) 3. 1026.
Hypnum Schreb. (*Brachytheciac.*) 3. 1152, 1155.
Hypnum Schreb. (*Entodontac.*) 3. 885.
Hypnum Schreb. (*Hypnac.*) 3. 1041.
Hypnum Schreb. (*Neckerac.*) 3. 847.
Hypnum Schwaegr. (*Brachytheciac.*) 3. 1158.
Hypnum Schwaegr. (*Hookeriac.*) 3. 950.
Hypnum Schwaegr. (*Hypnac.*) 3. 1087, 1093.
Hypnum Schwaegr. (*Lembophyllac.*) 3. 865.
Hypnum Schwaegr. (*Leskeac.*) 3. 996.
Hypnum Schwaegr. (*Mniac.*) 3. 605.
Hypnum Sull. (*Hookeriac.*) 3. 947.
Hypnum Sull. (*Neckerac.*) 3. 777.
Hypnum Sw. (*Brachytheciac.*) 3. 1136.
Hypnum Sw. (*Fabroniac.*) 3. 908.
Hypnum Sw. (*Hookeriac.*) 3. 934, 936, 957.
Hypnum Sw. (*Hypnac.*) 3. 1049.
Hypnum Sw. (*Hypopterygiac.*) 3. 968.
Hypnum Sw. (*Lepyrodontac.*) 3. 772.
Hypnum Sw. (*Leskeac.*) 3. 1005.
Hypnum Sw. (*Neckerac.*) 3. 804, 809, 814, 825, 830.
Hypnum Sw. (*Pilotrichac.*) 3. 912.

Hypnum Sw. (*Prionodontac.*) 3. 765.
Hypnum Sw. (*Rhacopilac.*) 3. 975.
Hypnum Sw. (*Sematophyllac.*) 3. 1108.
Hypnum Timm (*Entodontac.*) 3. 891.
Hypnum Vill. (*Leskeac.*) 3. 983.
Hypnum Voit (*Leskeac.*) 3. 979.
Hypnum Weber (*Meeseac.*) 3. 628.
Hypnum Weber et Mohr (*Bryac.*) 3. 545, 546, 552, 563.
Hypnum Weber et Mohr (*Leskeac.*) 3. 1017.
Hypnum Weber et Mohr (*Meeseac.*) 3. 627.
Hypnum Weinm. (*Climaciac.*) 3. 735.
Hypnum Welw. (*Hypnac.*) 3. 1083.
Hypnum Wils. (*Brachytheciac.*) 3. 1149.
Hypoblyttia Gott. (*Jungerm. anakrog.*) 3. 54.
Hypocenia Berk. et Curt. (*Sphaerioidac.*) 1\*\*. 362, 364.
Hypochlamys Fée (*Polypodiac.*) 4. 222.
**Hypochnaceae** 1\*\*. 114, 114—115.
Hypochnella Schröt. (*Hypochnac.*) 1\*\*. 114.
Hypochniella Sacc. (*Dematiac.*) 1\*\*. 462.
Hypochniopsis Schröt. (*Thelephorac.*) 1\*\*. 125.
Hypochnites Fries (*Hymenomycet.*) 1\*\*. 521.
Hypochnopsis Karst. (*Hypochnac.*) 1\*\*. 117.
Hypochnus Ehrenb. (*Chiodectonac.*) 1\*. 105.
Hypochnus Ehrenb. (*Hypochnac.*) 1\*\*. 115, 116: 1. 45, 55.
H. centrifugus 1. 45, Fig. 30; 55, Fig. 42.
H. solani Prill. et Delacr. 1\*\*. 115, Fig. 66 *A*, *B*.
Hypochnus Fries (*Hypochnac.*) 1\*\*. 117.
Hypocopra Fries (*Sordariac.*) 1. 390, 391, 392.
H. merdaria Fries 1. 391, Fig. 253 *G—J*.
Hypocopra Fuckel (*Sordariac.*) 1. 390.
Hypocrea Fries (*Hypocreac.*) 1. 348, 364, 365.
H. fungicola Karst. 1. 365, Fig. 243 *E*.
H. rufa (Pers.) Fries 1. 365, Fig. 243 *A—D*.
**Hypocreaceae** 1. 345—372; 1\*\*. 540—541.
Hypocreales 1. 325, 343—372; 1\*\*. 540—541.
Hypocreeae (*Hypocreac.*) 1. 346, 348.
Hypocrella Sacc. (*Hypocreac.*) 1. 348, 366, 367.
H. abnormis P. Henn. 1. 367, Fig. 245 *F*.
Hypocreodendron P. Henn. (*Nectrioidac.*) 1\*\*. 383, 385.
Hypocreopsis Karst. (*Hypocreac.*) 1. 348, 365, 366.

H. riccioidea (Bolt.) Karst. 1. 366, Fig. 244 *A*.
Hypodematium Kze. (*Polypodiac.*) 4. 167.
Hypoderma DC. (*Hypodermatac.*) 1. 267, 268, 269.
H. Rubi (Pers.) Schröt. 1. 269, Fig. 194 *A*, *B*.
**Hypodermataceae** 1. 267, 267—270.
Hypodermella Tubeuf (*Hypodermatac.*) 1. 267, 268.
Hypodermium Link (*Melanconiac.*) 1\*\*. 399, 403.
Hypoderris R. Br. (*Polypodiac.*) 4. 149, 159, 162.
H. Brownii J. Sm. 4. 149, Fig. 86 *B*; 162, Fig. 88 *F—H*.
Hypodon Schröt. (*Hydnac.*) 1\*\*. 145.
Hypodontium C. Müll. (*Calymperac.*) 3. 364, 372.
Hypodrys Pers. (*Polyporac.*) 1\*\*. 188.
Hypoglossum Kütz. (*Delesseriac.*) 2. 412.
Hypogymnia Nyl. (*Parmeliac.*) 1\*. 212.
Hypogymnia (Nyl.) Bitt. (*Parmeliac.*) 1\*. 212.
Hypolepis Bernh. (*Polypodiac.*) 4. 146, 255, 277, 278; 278, Fig. 147 *A—D*.
H. repens Presl 4. 146, Fig. 85 *C*; 278, Fig. 147 *B*.
H. Schimperi (Kze.) Hook. 4. 278, Fig. 147 *C*, *D*.
H. tenuifolia Bernh. 4. 278, Fig. 147 *A*.
Hypolyssus Pers. (*Thelephorac.*) 1\*\*. 118, 127, 129.
H. Montagnei Berk. 1\*\*. 129, Fig. 70 *E*.
Hypomyces Fries (*Hypocreac.*) 1. 346, 349, 350.
H. chrysospermus (Bull.) Tul. 1. 350, Fig. 236 *G—J*.
H. ochraceus (Pers.) Tul. 1. 350, Fig. 236 *A—F*.
H. rosellus (Alb. et Schwein.) Tul. 1. 350, Fig. 236 *L*.
H. viridis (Alb. et Schwein.) Berk. et Br. 1. 350, Fig. 236 *K*.
Hypomycetene (*Hypocreac.*) 1. 346.
Hyponectria Sacc. (*Hypocreac.*) 1. 346, 348.
Hyponectrieae (*Hypocreac.*) 1. 346, 348.
Hypopeltis Rich. (*Polypodiac.*) 4. 189.
Hypophyllum Paul. (*Agaricac.*) 1\*\*. 205, 254.
**Hypopterygiaceae** 3. 706, 964—972, 1234.
Hypopterygium (*Rhacopilac.*) 3. 975.

Hypopterygium Brid. (*Hypopterygiac.*) 3. 965, 968.
H. filiculaeforme (Hedw.) 3. 972, Fig. 708 A—E.
H. plumarium Mitt. 3. 969, Fig. 706 A—F.
H. setigerum (Palis.) 3. 967, Fig. 704 A.
H. Thouinii Mont. 3. 971, Fig. 707 A—F.
Hyporhiza Crombie (*Parmeliac.*) 1*. 212.
Hyporhodius Fries (*Agaricae.*) 1**. 231, 232, 254, 255, 258.
H. (Eccilia) atropunctus (Pers.) P. Henn. 1**. 255, Fig. 120 B.
H. (Leptonia) euchrous (Pers.) Schröt. 1**. 255, Fig. 120 C.
H. (Entoloma) nidorosus (Fr.) P. Henn. 1**. 255, Fig. 120 E.
H. (Nolanea) pascuus (Pers.) Schröt. 1**. 255, Fig. 120 D.
H. (Clitopilus) Prunulus (Scop.) P. Henn. 1**. 255, Fig. 120 F.
H. (Pluteus) pyrrhospermus (Bull.) P. Henn. 1**. 258, Fig. 121 A.
H. (Claudopus) variabilis (Pers.) P. Henn. 1**. 255, Fig. 120 A.
Hypospila Fries (*Clypeosphaeriae.*) 1. 451, 453.
H. pustulata (Pers.) Karst. 1. 453, Fig. 274 E, F.
Hypospilina Sacc. (*Clypeosphaeriae.*) 1. 453.
**Hypostomaceae** 1**. 24.
Hypostomum Vuill. (*Hypostomac.*) 1**. 24.
Hypotrachyna Wainio (*Parmeliac.*) 1*. 212.
Hypoxylon Bull. (*Xylariae.*) 1. 481, 482, 485, 486.
H. coccineum Bull. 1. 484, Fig. 285 A: 486, Fig. 286 A.
H. fuscum (Pers.) Fr. 1. 484, Fig. 285 B—D; 486, Fig. 286 B.
H. udum (Pers.) Fr. 1. 486, Fig. 286 C.
Hypsolophora Berk. et Cook (*Dacryomycetac.*) 1**. 102.
**Hysterangiaceae** 1**. 299. 304—308.
Hysterangium Vitt. (*Hysterangiac.*) 1**. 304, 305, 306, 356, 357.
H. clathroides Vitt. 1**. 305, Fig. 134 A—C.
**Hysteriaceae** 1. 267, 272—277; 1**. 534.
Hysteriineae 1. 142, 265—278; 1**. 534.
Hysteriographium Corda (*Fungi*) 1*. 111.
Hysterites Tode (*Hysteriin.*) 1**. 520.
Hysterium Tode (*Hysteriac.*) 1. 272, 274, 275.
H. pulicare Pers. 1. 275, Fig. 199 A, B.

Hysterium Wahlenb. (*Graphidac.*) 1*. 93.
Hysterocarpus Langsd. (*Polypodiac.*) 4. 181.
Hysteroglonium Rehm (*Hysteriac.*) 1. 272, 274.
Hysterographium Corda (*Hysteriac.*) 1. 272, 275.
H. Fraxini (Pers.) De Not. 1. 275, Fig. 199 C—E.
Hysterographium De Not.(*Hysteriac.*) 1. 276.
Hysteromella Speg. (*Hysteriac.*) 1. 272, 274.
Hysteromyxa Sacc. et Ell. (*Nectrioidac.*) 1**. 386.
Hysteropatella Rehm (*Patellariac.*) 1. 222. 226.
H. Prostii (Duby) Rehm 1. 226, Fig. 173 D—F.
Hysteropeziza Rabh. (*Phacidiac.*) 1. 261.
Hysteropsis Rehm (*Hypodermatae.*) 1. 267, 269.
H. culmigena Rehm 1. 269, Fig. 194 E—G.
Hytrix Bory (*Bacillariae.*) 1 b. 115.

## I. J.

Jaegerina C. Müll. (*Neckerae.*) 3. 788, 789.
J. stolonifera C. Müll. 3. 789, Fig. 590 A—G.
Jaegerinopsis Broth. (*Neckerae.*) 3. 789, 790.
J. Ulei (C. Müll.) 3. 790, Fig. 591 A—D.
Jamesonia Hook. et Grev. (*Polypodiac.*) 4. 255, 260; 260, Fig. 137 A—E.
J. canescens (Klotzsch) Kze. 4. 260, Fig. 137 B—E.
J. nivea Karst. 4. 260, Fig. 137 A.
Jamesoniella Spruce (*Jungerm. akrogyn.*) 3. 76, 82.
Janczewskia Solms-Laub. (*Rhodomelac.*) 4. 425, 431, 432.
J. tasmanica Falkbg. 2. 431, Fig. 243 C.
Jania Lamx. (*Corallinae.*) 2. 543.
Janischia Grun. (*Bacillariae.*) 1b. 66.
Janospora Starb. (*Sphaerioidac.*) 1**. 374.
Jansia Penzig (*Phallac.*) 1**. 555, 556.
Icmadophila Crb. (*Lecanorae.*) 1*. 204.
Icmadophila Trevis. (*Lecanorae.*) 1*. 199, 204.
I. ericetorum (L.) A. Zahlbr. 1* 200, Fig. 105 M, N.
Idiomyces Thaxt. (*Laboulbeniac.*) 1. 496, 500, 501.
I. Peyritschii Thaxt. 1. 500, Fig. 291 E.

8*

Idiophyllum Lesq. (*Filical.*) 4. 513.
Jeannerettia Hook. et Harv. (*Rhodomelac.*) 4. 454.
Jeanpaulia Unger (*Filical.*) 4. 513.
Jenkinsia Hook. et Bauer (*Polypodiac.*) 4. 198.
JenmaniaWächt. (*Pyrenopsidac.*) 1*. 159, 162.
J. Goebelii Wächt. 1*. 163, Fig. 81A, B.
Igel-Stachelschwamm (*Hydnum erinaceum* Bull.) 1**. 112.
Ijuhya Starb. (*Sphaerioidac.*) 1**. 541.
Ilea J. G. Ag. (*Ulvac.*) 2. 77, 78.
Ileodictyon Tul. (*Clathrac.*) 1**. 281, 283.
I. cibarium var. gracile Tul. 1**. 283, Fig. 131A, B.
Illecebraria Hampe (*Dicranac.*) 3. 307, 308.
Illecebrella C. Müll. (*Neckerac.*) 3. 817.
Illosporium Mart. (*Tuberculariac.*) 1**. 499, 503, 505.
Imbricaria E. Fr. (*Theloschistac.*) 1*. 229.
Imbricaria Koerb. (*Parmeliac.*) 1*. 211.
Inactis Kütz., Thur. (*Oscillatoriac.*) 1a. 64, 68, 69.
I. fasciculata Grun. 1a. 69, Fig. 53B.
Incillaria E. Fr. (*Lichenes*) 1*. 239.
Incolaria Herzer (*Hymenomycet.*) 1**. 523.
Indigo, roter (*Roccella* spec. div.) 1*. 109.
Indusiella Broth. et C. Müll. (*Grimmiac.*) 3. 445, 446.
I. thianschanica Broth. et C. Müll. (*Grimmiac.*) 3. 446, Fig. 298 A—F.
Ingaderia Darbish. (*Roccellac.*) 1*. 106, 107.
Inochorion Kütz. (*Rhodophyllidac.*) 2. 376.
Inocybe Fries (*Agaricac.*) 1**. 231, 232, 242, 243.
I. fastigiata (Schaeff.) Sacc. 1**. 242, Fig. 117 E.
Inoderma Ach. (*Lichenes*) 1*. 240.
Inoderma Karst. (*Polyporac.*) 1**. 175.
Inoderma Quél. (*Polyporac.*) 1**. 164.
Inoloma Fries (*Agaricac.*) 1**. 247.
Inomeria Kütz. (*Oscillatoriac.*) 1a. 68.
Inonotus Karst. (*Polyporac.*) 1**. 164.
Inonotus Pat. (*Polyporac.*) 1**. 165.
Inophloea Russ. (*Sphagnac.*) 3. 251.
Insilella Ehrenb. (*Bacillariac.*) 1b. 92.
Inzengaea Borzi (*Aspergillac.*) 1. 299.
Johansonia Sacc. (*Patellariac.*) 1. 222, 227.
Jola A. Möll. (*Auriculariac.*) 1**. 84, 85.

J. Hookeriana A. Möll. 1**. 85, Fig. 56 E, F.
Jonaspis Th. Fr. (*Gyalectac.*) 1*. 124, 125.
Iridaea Bory (*Gigartinac.*) 2. 354, 357.
I. micans Bory 2. 357, Fig. 216.
Irpex Fries (*Clavariac.*) 1**. 139, 149, 150.
I. flavus Klotzsch 1**. 150, Fig. 80 II, J.
I. lacteus Fries 1**. 150, Fig. 80 F, G.
I. obliquus (Schrad.) Fr. 1**. 150, Fig. 80 K, L.
I. paradoxus (Schrad.) Fr. 1**. 150, Fig. 80 D, E.
Isactis Thur. (*Rivulariac.*) 1a. 85, 88, 89.
I. plana Thur. 1a. 88, Fig. 60 B.
Isaria Pers. (*Stilbac.*) 1**. 489, 490, 491.
I. brachiata (Batsch) Schum. 1** 491. Fig. 254 H, J.
Isariopsis Fries (*Stilbac.*) 1**. 496, 497, 559.
I. alborosella (Desm.) Sacc. 1**. 497, Fig. 257 C.
Ischadites Murch (*Algae*) 2. 565.
Ischnoderma Karst. (*Polyporac.*) 1**. 163.
Ischyrodon C. Müll. (*Fabroniac.*) 3. 900, 902.
I. seriolus (C. Müll.) 3. 902, Fig. 661 A—F.
Isidium Ach. (*Lichenes*) 1*. 239.
Isländisches Moos (*Cetraria islandica* L.) 1*. 216.
Isocarpus Mitt. (*Dicranac.*) 3. 318.
Isocystideae (*Nostocac.*) 1a. 71, 72.
Isocystis Borzi (*Nostocac.*) 1a. 71, 72, 75.
I. messanensis Borzi 1a. 75, Fig. 56 A.
Isodiscus Rattr. (*Bacillariac.*) 1b. 80.
**Isoetaceae** 4. 752, 756—779.
Isoetes L. (*Isoetac.*) 4. 5, 7, 19, 721, 722 759 ff., 776, 779.
I. Duriei Bary 4. 759, Fig. 455 B, C; 770 Fig. 463 A; 771, Fig. 464 A.
I. hystrix Dur. 4. 765, Fig. 459 C.
I. lacustris L. 4. 5, Fig. 7; 759, Fig. 455 A 760, Fig. 456; 761, Fig. 457; 763, Fig. 458 A, B; 765, Fig. 459 A, B; 766, Fig. 460; 767, Fig. 461 A, B; 768, Fig. 462 A—D; 770, Fig. 463 B—D; 771, Fig. 464 B; 773, Fig. 466 A, B.
I. Malinvernianum Ces. et De Not. 4. 772, Fig. 465 G.
I. setaceum Bosc 4. 772, Fig. 465 A—F.
Isoetineae (*Pteridophyta*) 4. 13.
Isoetites Münst. (*Isoetac.*) 4. 779.
Isoetopsis Saporta (*Isoetac.*) 4. 779.
Isoloma J. Sm. (*Polypodiac.*) 4. 205, 206, 218.

Isomastigoda Bütschli (*Protomastigin.*) 1a. 117.
Isomita Diesing (*Bodonac.*) 1a. 134.
Isopterigium Limpr. (*Hypnac.*) 3. 1079.
Isopterygium Mitt. (*Hypnac.*) 3. 1078, 1079, 1237.
I. deplanatum (Schimp.) 3. 1079, Fig. 769 *A—D.*
Isosporeae (*Equisetal.*) 3. 2.
Isosporeae (*Lycopodial.*) 3. 2.
Isotachis Mitt. (*Jungerm. akrog.*) 3. 104, 107.
I. intortifolia (Hook. et Tayl.) Mitt. 3. 106, Fig. 58 *F.*
I. multiceps (Lindb. et Gott.) Gott. var. laxior Gott. 3. 106, Fig. 58 *A—E.*
Isotachis Spruce (*Jungerm. akrog.*) 3. 107.
Isothea Fries (*Clypeosphacriac.?*) 1. 452, 454.
Isothecium (*Neckerac.*) 3. 858.
Isothecium Boul. (*Leucodontac.*) 3. 756.
Isothecium Brid. (*Hypnac.*) 3. 1079.
Isothecium Brid. (*Hypnodendrac.*) 3. 1167.
Isothecium Brid. (*Lembophyllac.*) 3. 863, 864, 865, 868, 1230.
I. viviparum (Neck.) 3. 869, Fig. 637 *A—D.*
Isothecium Brid. (*Leskeac.*) 3. 983.
Isothecium Brid. (*Neckerac.*) 3. 804, 807, 809, 814, 817, 825.
Isothecium Brid. (*Sematophyllac.*) 3. 1108.
Isothecium Hook. f. (*Neckerac.*) 3. 776.
Isothecium Hook. f. et Wils. (*Hypnodendrac.*) 3. 1168.
Isothecium Hüben. (*Entodontac.*) 3. 872.
Isothecium Hüben. (*Leskeac.*) 3. 996.
Isothecium Kindb. (*Neckerac.*) 3. 858.
Isothecium Lindb. (*Lembophyllac.*) 3. 867.
Isothecium Mitt. (*Lembophyllac.*) 3. 864, 868.
Isothecium Mont. (*Brachytheciac.*) 3. 1136.
Isothecium Mont. (*Entodontac.*) 3. 878, 892.
Isothecium Mont. (*Neckerac.*) 3. 823.
Isothecium Spruce (*Brachytheciac.*) 3. 1134, 1138.
Isothecium Spruce (*Entodontac.*) 3. 883, 885.
Isothecium Spruce (*Leskeac.*) 3. 997.
Isothecium Spruce (*Neckerac.*) 3. 859.
Isothecium Sull. (*Leskeac.*) 3. 986.
Isthmia Ag. (*Bacillariac.*) 1b. 42, 45, 95.
I. enervis Ehrenb. 1b. 42, Fig. 54 *D, E*; 45, Fig. 56 Nr. 21—23; 95, Fig. 164.
Isthmiella Cleve (*Bacillariac.*) 1b. 95.
Isthmiinae (*Bacillariac.*) 1b. 56, 94.

Isthmoploea Kjellm. (*Ectocarpac.*) 2.185, 186, 189..
I. sphaerophora (Carm.) Kjellm. 2. 185, Fig. 131 *H, J.*
Isthmosira Kütz. (*Desmidiac.*) 2. 14.
Itajahya A. Möll. (*Phallac.*) 1**. 289, 291, 292.
I. galericulata A. Möll. 1**. 292, Fig. 143 *A—C.*
Itieria Saporta (*Algae*) 2. 559.
Ithyphallus Fries (*Phallac.*) 1**. 277, 289, 292, 293, 556.
I. impudicus (L.) Fries 1**. 277, Fig. 127; 293, Fig. 144 *A—E.*
I. tenuis W. Fisch. 1**. 293, Fig. 144 *F—J.*
Jubula Dum. (*Jungerm. akrog.*) 3. 120, 132.
J. Hutchinsiae (Hook.) Dum. 3. 133, Fig. 70 *R—U.*
Jubula Nees (*Jungerm. akrog.*) 3. 132.
Jubuloideae (*Jungerm. akrog.*) 3. 75, 116.
Jubulotypus Dum. (*Jungerm. akrog.*) 3. 132.
Jubulotypus S. O. Lindb. (*Jungerm. akrog.*) 3. 132.
Judenbart (*Clavaria* spec. div., *Sparassis ramosa* Schaeff.) 1**. 112, 138.
Julella H. Fabre (*Amphisphaeriac.*) 1. 413, 415, 417.
J. Buxi H. Fabre 1. 415, Fig. 262 *Q.*
Julidium C. Müll. (*Dicranac.*) 3. 1178.
Julidium C. Müll. (*Pottiac.*) 3. 425.
Jungermanites Gott. (*Jungermanniac.*) 3. 134.
Jungermannia Brid. (*Jungerm. akrog.*) 3. 108.
Jungermannia Casp. (*Jungerm. akrog.*) 3. 134.
Jungermannia Dicks. (*Jungerm. akrog.*) 3. 97, 99.
Jungermannia Dur. et Mont. (*Jungerm. akrog.*) 3. 86.
Jungermannia Ehrh. (*Jungerm. akrog.*) 3. 77, 105.
Jungermannia Göpp. (*Jungerm. akrog.*) 3. 134.
Jungermannia Gott. (*Jungerm. akrog.*) 3. 80, 98.
Jungermannia Hook. (*Jungerm. anakrog.*) 3. 57.
Jungermannia Hook. (*Jungerm. akrog.*) 3. 83, 85, 86, 89, 90, 98, 99, 102, 106, 108, 110, 113, 121, 126, 132.

Jungermannia Hook. et Tayl. (*Jungerm. akrog.*) 3. 109, 111.
Jungermannia Huds. (*Jungerm. akrog.*) 3. 84, 110.
Jungermannia Hüben. (*Jungerm. akrog.*) 3. 100.
Jungermannia L. (*Jungerm. anakrog.*) 3. 52, 53, 56, 59.
Jungermannia L. (*Jungerm. akrog.*) 3. 82, 87, 91, 92, 97, 100, 102, 105, 106, 109, 112, 113, 116, 128, 132.
Jungermannia Labill. (*Jungerm. anakrog.*) 3. 54.
Jungermannia Lehm. (*Jungerm. akrog.*) 3. 80, 99.
Jungermannia Lehm. et Lindenb. (*Jungerm. akrog.*) 3. 80, 86.
Jungermannia Lightf. (*Jungerm. akrog.*) 3. 77, 114.
Jungermannia Lindenb. (*Jungerm. akrog.*) 3. 124, 125.
Jungermannia Lindenb. et Gottsch. (*Jungerm. akrog.*) 3. 85.
Jungermannia Lyell (*Jungerm. anakrog.*) 3. 60.
Jungermannia Meissn. (*Jungerm. akrog.*) 3. 121.
Jungermannia (Mich.) Schrad. (*Jungerm. akrog.*) 3. 93.
Jungermannia Morch (*Jungerm. anakrog.*) 3. 55.
Jungermannia Nees (*Jungerm. anakrog.*) 3. 57.
Jungermannia Nees (*Jungerm. akrog.*) 3. 89, 97, 101, 124, 126, 127, 128, 130.
Jungermannia Raddi (*Jungerm. akrog.*) 3. 80, 98.
Jungermannia Reinw. (*Jungerm. akrog.*) 3. 82, 100, 124, 128, 129.
Jungermannia Roth (*Jungerm. akrog.*) 3. 98.
Jungermannia Schmid (*Jungerm. akrog.*) 3. 100.
Jungermannia Schrad. (*Jungerm. akrog.*) 3. 78.
Jungermannia Schwaegr. (*Jungerm. akrog.*) 3. 109.
Jungermannia Schwein. (*Jungerm. akrog.*) 3. 130, 131.
Jungermannia Sm. (*Jungerm. akrog.*) 3. 121.
Jungermannia Sw. (*Jungerm. anakrog.*) 3. 55.
Jungermannia Sw. (*Jungerm. akrog.*) 3. 87, 107, 108, 122, 125, 128, 130, 131.
Jungermannia Syn. Hep. (*Jungerm. akrog.*) 3. 77, 90, 91.
Jungermannia Tayl. (*Jungerm. akrog.*) 3. 96, 99.
Jungermannia Weber (*Jungerm. akrog.*) 3. 105, 127.
Jungermannia Weber et Mohr (*Jungerm. akrog.*) 3. 93.
Jungermannia Willd. (*Jungerm. akrog.*) 3. 131.
Jungermannia Wils. (*Jungerm. akrog.*) 3. 129.
Jungermannia Wils. (*Jungerm. anakrog.*) 3. 59.
Jungermanniaceae 3. 6, 38—134.
**Jungermanniaceae akrogynae** 3. 6, 61—134.
**Jungermanniaceae anakrogynae** 3. 38—61.
Jungermanniales 3. 1, 6.
Jungermanniella Trevis. (*Jungerm. akrog.*) 3. 83, 84, 87.
Jungermannites Göpp. et A. Br. (*Jungermanniac.*) 3. 134.
Juratzkaea Lor. (*Entodontac.*) 3. 896, 898.
Juratzkaea (Lor.) Broth. (*Entodontac.*) 3. 898, 1232.
Ixodopsis Karst. (*Sordariac.*) 1. 390.

# K.

Kaiserling (*Amanita caesarea* Scop.) 1**. 112, 276.
Kalchbrennera Berk. (*Clathrac.*) 1**. 283, 288, 289.
K. corallocephala (Welw. et Curr.) Kalchbr. 1**. 288, Fig. 139 *A*, *B*.
Kallonema Dickie (*Ulvac.*) 2. 77.
Kalmusia Niessl (*Valsac.*) 1. 455, 466, 467.
K. pulveracea Karst. 1. 467, Fig. 278 *A*, *B*.
Kalodictyon Wolle (*Chlorophyc.*) 2. 27.
Kalopteris Corda (*Filical.*) 4. 511.
Kaloxylon Will. (*Lyginopterid.*) 4. 785, 786.
Kalymma Unger (*Filical.*) 4. 511, 788.
Kannenkraut (*Equisetum arvense* L. u. *E. silvaticum* L.) 4. 543.
Kantia S. F. Gray (*Jungerm. akrog.*) 3. 96, 100.
K. trichomanis (L.) S. F. Gray 3. 70, Fig. 40 *A—C*.
Kapustaja Bila (*Plasmodiophora brassicae* Woron.) 1. 6.

Kapuzinerpilz (*Boletus scaber* Bull.) 1\*\*. 112, 190.
Karlia Bon. (*Mycosphaerellac.*) 1. 422.
Karlia Rabh. (*Mycosphaerellac.*) 1. 423.
Karreria Munier-Chalmas (*Algae*) 2. 559.
Karschia Koerb.(*Patellariac.*) 1. 222, 225, 226; 1\*. 138.
K. lignyota (Fr.) Sacc. 1. 226, Fig. 173 *A, B*.
Karstenia Britzelm. (*Thelephorac.*) 1\*\*. 554.
Karstenia Fries (*Stictidac.*) 1. 246, 251.
Karstenia Goepp. (*Lepidodendrac.*?) 4. 513, 727.
Karstenula Sacc. (*Massariac.*) 1. 446.
Kaulfussia Bl. (*Marattiac.*) 4. 430, 433, 434, 436, 442, 445.
K. aesculifolia Bl. 4. 430, Fig. 237 *B*; 433. Fig. 238 *D*; 434, Fig. 239 *G, H*.
Kaulfussieae (*Marattiac.*) 4. 436, 442, 445.
Kaurinia Lindb. (*Bryac.*) 3. 552.
Keckia Glocker (*Algae*) 2. 559.
Keithia Sacc. (*Phacidiac.*) 1. 257, 263.
Kelch des Kohles (*Plasmodiophora Brassicae* Woron.) 1. 6.
Kellermania Ell. et Ev. (*Sphaerioidac.*) 1\*\*. 372, 373.
Kemmleria Koerb. (*Fungi*) 1\*. 240.
Kentrocephalum Wallr. (*Hypocreac.*) 1. 370.
Kentrodiscus Pant. (*Bacillariac.*) 1b. 147.
K. fossilis Pant. 1b. 147, Fig. 269.
Kentrosphaeria Borzi (*Chlorophyc.*) 2. 27.
Kickxella Coem. (*Perisporiac.*) 1. 333, 338.
Kidstonia Zeiller (*Filical.*) 4. 478, 491.
Kieferwurzelschwamm (*Fomes annosus* Fr.) 1\*\*. 113, 158.
Kjellmania Rke. (*Striariac.*) 2, 206, 207.
K. sorifera Rke. 2. 206, Fig. 145.
Kjellmanieae (*Striariac.*) 2. 207.
Kirchneria F. Braun (*Filicales*) 4. 496.
Kittonia Grove et Sturt (*Bacillariac.*) 1b. 92, 94.
K. elaborata Grove et Sturt 1b. 94, Fig. 164.
Klapperschwamm (*Polyporus frondosus* Fl. Dan.) 1\*\*. 112, 168.
Kleioweisia Bayrh. (*Pottiac.*) 3. 386.
Klukia Raciborski (*Schizaeac.*) 4. 371, 372, 473.
K. exilis (Philipps) Racib. 4. 372, Fig. 200.
Kneiffia Fries (*Hydnac.*) 1\*\*. 139.
Kneiffiella Karst. (*Hydnac.*) 1\*\*. 554.

Kneiffiella P. Henn. (*Hydnac.*) 1\*\*. 139, 150, 554.
K. setigera (Fr.) P. Henn. 1\*\*. 150, Fig. 73 *C — E*.
Knightiella (Müll. Arg.) A. Zahlbr. (*Stictac.*) 1\*. 188.
Knollenblätterschwamm (*Amanita phalloides* Fr. u. *A. Mappa* Fr.) 1\*\*. 113, 275.
Knorria Sternbg. (*Lepidodendrac.*) 4. 507, 508, 511, 727, 735, 740, 747; 727, Fig. 423.
K. acicularis 4. 739, Fig. 432.
Knorripteris Pat. (*Caulopterid.*) 4. 504, 507, 511.
Koelreutera Hedw. (*Funariac.*) 3. 521.
Koenigspilz (*Boletus regius* Krombh.) 1\*\*. 112, 192.
Koerberia Mass. (*Collemac.*) 1\*. 169, 173.
Kohlhernie (*Plasmodiophora Brassicae* Woron.) 1. 6.
Kohlmannopteris P. Richter (*Filical.*) 4. 513.
Kommabacillus (*Microspira Comma* R. Koch) 1a. 32.
Korallenmoos (*Cladonia bellidiflora* Ach.) 1\*. 145.
Korallenstachelschwamm (*Hydnum coralloides* Scop.) 1\*\*. 112.
Kosmogyra Stache (*Algae*) 2. 559.
Kosmogyrella Stache (*Algae*) 2. 559.
Krämpling (*Paxillus involutus* Fr.) 1\*\*. 112.
Krauseella C. Müll. (*Splachnac.*) 3. 504.
Krempelhuberia Mass. (*Phacidiac.*?) 1\*. 111.
Kretschmaria Fries (*Xylariac.*) 1. 481, 486, 487.
K. Pechuelii P. Henn. 1. 486, Fig. 286 *II*.
Kriegeria Bres. (*Melanconiac.*) 1\*\*. 407.
Krösling (*Marasmius Oreades* Bolt.) 1\*\*. 112.
Krösling, unechter (*Collybia esculenta* Wulf.) 1\*\*. 112.
Krombholzia Karst. (*Polyporac.*) 1\*\*. 191.
Kropf des Kohls (*Plasmodiophora Brassicae* Woron.) 1. 6.
Ktenodiscus Pant. (*Bacillariac.*) 1b. 148.
K. hungaricus Pant. 1b. 148, Fig. 272.
Kubingia Schulzer (*Gnomoniac.*) 1. 448.
Küttlingeria Trevis. (*Caloplacac.*) 1\*. 226.
Kützingia Sonder (*Rhodomelac.*) 2. 429, 469.
Kugelbakterien (*Coccac.*) 1a. 14—20.
Kuhpilz (*Boletus bovinus* L.) 1\*\*. 112, 194.

Kullhemia Karst. (*Dothideac.*) 1. 375, 383.
Kuntzeomyces P. Henn. (*Hemibasidii*) 1**. 546.
Kurzia Mart. (*Cladophorac.*) 2. 119.

## L.

Laboulbenia Mont. et Rob. (*Laboulbeniac.*) 1. 496, 501, 502, 503.
L. cristata Thaxt. 1. 503, Fig. 292 *A*.
L. elongata Thaxt. 1. 503, Fig. 292 *C*.
L. europaea Thaxt. 1. 503, Fig. 292 *B*.
**Laboulbeniaceae** 1. 495—505.
Laboulbenieae 1. 496.
Laboulbeniinae 1. 491—505; 1**· 544.
Labrella Fries (*Leptostromatac.*) 1**. 387, 388, 389.
L. punctum Corda 1**. 388, Fig. 202 *Q—R*.
L. tecta (Schwein.) Starb. 1**. 388, Fig. 202 *S, T*.
Labridium Vestergr. (*Leptostromatac.*) 1**. 390.
Labyrinthula 1. 37.
Laccocephalum M. Alp. et Tapp. (*Polyporac.*) 1**. 163.
Laccopteris Presl (*Matoniac.*) 4. 348, 514.
L. Muensteri Schenk 4. 348, Fig. 184.
Lachnea Fries (*Pezizac.*) 1. 178, 180, 181.
L. hemisphaerica (Wigg.) Gill 1. 181, Fig. 147 *C, D*.
L. scutellata (L.) Sacc. 1. 181, Fig. 147 *A, B*.
Lachnea Quél. (*Pezizac.*) 1. 180.
Lachnella Fries (*Helotiac.*) 1. 194, 201, 202; 1**. 333.
L. corticalis (Pers.) Fr. 1. 202, Fig. 159*H*.
L. flammea (Alb. et Schw.) Fr. 1. 202, Fig. 159 *F, G*.
Lachnellula Karst. (*Helotiac.*) 1. 194, 200.
L. chrysophthalma (Pers.) Karst. 1. 200, Fig. 158 *A*.
Lachnobolus Fries (*Trichiac.*) 1. 20, 23.
Lachnocladium Lév. (*Clavariac.*) 1**. 130, 137.
L. Englerianum P. Henn. 1**. 137, Fig. 73 *F—H*.
L. Moelleri P. Henn. 1**. 137, Fig. 73 *J*.
L. pteruloides P. Henn. 1**. 137, Fig. 73 *K, L*.

Lachnodochium E. March. (*Tuberculariac.*) 1**. 499, 503, 505.
L. candidum E. March. 1**. 505, Fig. 259*H*.
Lachnum Retz. (*Helotiac.*) 1. 194, 202.
L. bicolor (Bull.) Karst. 1. 202, Fig. 159 *J, K*.
L. ciliare (Schrad.) Rehm 1. 202, Fig. 159 *L, M*.
Lacrimatoria Bory (*Euglenac.*) 1a. 175.
Lactaria Pers. (*Agaricac.*) 1**. 214, 215.
L. deliciosa (L.) Schröt. 1**. 215, Fig. 110*D*.
L. piperita (Scop.) Schröt. 1**. 215, Fig. 110 *B*.
L. rufa (Scop.) Schröt. 1** 215, Fig. 110 *A*.
L. torminosa (Schaeff.) Schröt. 1**. 215, Fig. 110 *C*.
Lactarieae (*Agaricac.*) 1**. 213.
Lactariella Schröt. (*Agaricac.*) 1**. 214.
Lactarius Fries (*Agaricac.*) 1**. 214.
Lactifluus Pers. (*Agaricac.*) 1**. 214.
Lärchenkrebs (*Dasyscypha Willkommii* Hlg.) 1. 201.
Lärchenschwamm (*Polyporus officinalis* Vill.) 1**. 113, 163.
Laestadia Auersw. (*Mycosphaerellac.*) 1.422.
Laestadites Auersw. (*Pyrenomycet.*) 1**. 521.
Lagenella Ehrenb. (*Euglenac.*) 1a. 176.
Lagenella Schmarda (*Euglenac.*) 1a. 176.
**Lagenidiaceae** 1. 89—92; 1**. 528.
Lagenidiopsis De Wild. (*Lagenidiac.*) 1**. 528.
Lagenidium Schenk (*Lagenidiac.*) 1**. 89, 90.
L. Rabenhorstii Zopf 1. 90, Fig. 73.
Lageniopteris Ren. (*Filical.*) 4. 480.
Lagenoeca Kent (*Craspedomonadac.*) 1a. 125, 128.
L. globulosa Francé 1a. 128, Fig. 85 *C*.
Lagerheima Sacc. (*Patellariac.*) 1. 225.
Lagerheimina O. Ktze. (*Diploschistac.*) 1**. 122.
Lagynophora Stache (*Algae*) 2. 559.
Lahmia Koerb. (*Patellariac.*) 1. 222, 229; 1*. 87.
L. Kunzei (Flw.) Koerb. 1. 229, Fig. 175 *E, F*.
Lakmus (*Roccella* spec. div.) 1*. 109.
Lamarckia Olivi (*Codiac.*) 2. 144.
Lambla Blanch. (*Distomatin.*) 1a. 150.
Lambottiella Sacc. (*Lophiostomatac.*) 1. 417.
Lamella Brun. (*Bacillariac.*) 1b. 106.

Lamia Nowak (*Entomophthorac.*) 1. 137, 139.
Laminaria Lamx. (*Laminariac.*) 2. 244, 249, 254, 256.
L. Clustoni (Edm.) Le Joly 2. 249, Fig. 169 A—C.
L. digitata (L.) Lamx. 2. 249, Fig. 169 D.
L. Rodriguezii Born. 2. 244, Fig. 165 C.
L. saccharina (L.) Lamx. 2. 249, Fig. 169 E, F.
Laminariaceae 2. 181, 242—260.
Laminarieae (*Laminariac.*) 2. 254.
Laminarites Brongn. (*Algae*) 2. 555.
Laminarites Sternbg. (*Algae*) 2. 559.
Lamourouxia C. Ag. (*Delesseriac.*) 2. 415.
Lampriscus Grun. (*Bacillariac.*) 1b. 91.
Lamprocarpon A. Zahlbr. (*Arthoniac.*) 1\*. 91.
Lamprocystis Winogr. (*Coccac.*) 1a. 20.
Lamproderma Rostaf. (*Stemonitac.*) 1. 26, 27.
Lampropedia Schröt. (*Coccac.*) 1a. 16.
Lamprophyllum Hampe (*Hookeriac.*) 3. 942.
Lamprophyllum Lindb. (*Bryac.*) 3. 546, 548, 552, 1204.
Lamprophyllum Schimp. (*Hookeriac.*) 3. 919, 963.
L. splendidissimum (Mont.) 3. 964, Fig. 702 A—E.
Lamprospora Boud. (*Pezizac.*) 1. 179.
Lamprotediscus Pant. (*Bacillariac.*) 1b. 91.
Lamprothamnus A. Br. (*Charac.*) 2. 169, 172, 174.
L. alopecuroides R. Br. var. Wallrothii A. Br. 2. 169, Fig. 121.
Lamyella Fries (*Sphaerioidac.*) 1\*\*. 351, 361, 362.
L. sphaerocephala (Schwein.) Fries 1\*\*. 361, Fig. 190 C—E.
Landsburgia Harv. (*Fucac.*) 2. 279, 285, 286.
L. quercifolia Hook. et Harv. 2. 286, Fig. 188 A, B.
Langloisula Ell. et Everh. (*Mucedinac.*) 1\*\*. 419, 437, 438.
L. spinosa Ell. et Everh. 1\*\*. 438, Fig. 227 B, C.
Lanopila Fries (*Lycoperdac.*) 1\*\*. 323.
Lanzia Sacc. (*Helotiac.*) 1. 207.
Laquearia Fries (*Stictidac.*) 1. 245, 247, 248.
L. sphaeralis Fries 1. 248, Fig. 183 A, B.
Larvaria Defrance (*Dasycladac.*) 2. 159, 560.

Laschia Fries (*Auriculariac.*) 1\*\*. 85.
Laschia Mont. (*Polyporac.*) 1\*\*. 155, 184, 185.
L. lateritia P. Henn. 1\*\*. 185, Fig. 98 K.
L. Staudtii P. Henn. 1\*\*. 185, Fig. 98 L.
Laschiella P. Henn. (*Polyporac.*) 1\*\*. 186.
Lasia Brid. (*Brachytheciac.*) 3. 1133.
Lasia Brid. (*Neckerac.*) 3. 835.
Lasia C. Müll. (*Leucodontac.*) 3. 757.
Lasia Mitt. (*Leskeac.*) 3. 984.
Lasia Palis. (*Leucodontac.*) 3. 757.
Lasiobolus Sacc. (*Ascobolac.*) 1. 188, 189.
L. equinus (Müll.) Karst. 1. 189, Fig. 152 A—C.
Lasiobotrys Kunze (*Perisporiac.*) 1. 333, 335, 336.
L. Lonicerae Kunze 1. 335, Fig. 232 G, H.
Lasioderma Mont. (*Stilbac.*) 1\*\*. 489, 490, 491.
L. flavovirens Dur. et Mont. 1\*\*. 491, Fig. 254 F, G.
Lasiodiplodia Ell. et Ev. (*Sphaerioidac.*) 1\*\*. 370, 372.
Lasionectria Sacc. (*Hypocreac.*) 1. 358.
Lasiosphaera Reich. (*Lycoperdac.*) 1\*\*. 323.
Lasiosphaeria Ces. et De Not. (*Sphaeriac.*) 1. 394, 397.
L. hirsuta (Fr.) Ces. et DeNot. 1. 397, Fig. 256 C—E.
Lasiostictis Sacc. (*Stictidac.*) 1. 246, 252.
Lasiothalia Harv. (*Ceramiac.*) 2. 484, 498.
Lasmenia Speg. (*Leptostromatac.*) 1\*\*. 389, 390.
Lassallia Mérat (*Gyrophorac.*) 1\*. 149.
Lastrea Bory (*Polypodiac.*) 4. 167.
Lastreastrum Presl (*Polypodiac.*) 4. 167.
Lastreatum [sphalm.] Diels (*Polypodiac.*) 4. 803.
Latrostium Zopf (*Rhizidiac.*) 1\*\*. 527.
Laubmoose 3. 142—1172.
Lauchpilz (*Marasmius scorodonius* Fr.) 1\*\*. 112.
Laudatea Johow (*Hymenolich.*) 1\*. 237.
Lauderia Cleve (*Bacillariac.*) 1b. 82, 83.
L. (Eulauderia) annulata Cleve 1b. 83, Fig. 134.
L. (Detonula) pumila Castr. 1b. 83, Fig. 135.
Lauderiinae (*Bacillariac.*) 1b. 56, 82.
Laurencia Lamx. (*Rhodomelac.*) 2. 425, 431.
L. obtusa (Huds.) Lamx. 2. 431, Fig. 243 B.
Laurencieae (*Rhodomelac.*) 2. 425, 430.
Laurera Reichb. (*Trypetheliac.*) 1\*. 69, 71.

Laureriella Hepp (*Acarosporac.*) 1\*. 153.
Lauterbachiella P. Henn. (*Phacidiac.*) 1\*\*. 534.
Leangium Link (*Didymiac.*) 1. 32.
Leathesia Gray (*Chordariac.*) 2. 225, 228.
L. difformis (L.) Aresch. 2. 228, Fig. 137.
Lebermoose 3. 1—141.
Leberpilz (*Fistulina hepatica* Schaeff.) 1\*\*. 112, 188.
Leberschwamm (*Fistulina hepatica* Schaeff.) 1\*\*. 112, 188.
**Lecanactidaceae** 1\*. 113, 114—116.
Lecanactis (Eschw.) Wainio (*Lecanactidac.*) 1\*. 114.
L. abietina (Ach.) Koerb. 1\*. 115, Fig. 55 C—F.
Lecanactis Müll. Arg. (*Lecanactidac.*) 1\*. 114.
Lecania (*Acarosporac.*) 1\*. 152.
Lecania (*Lecanorac.*) 1\*. 204, 205.
Lecania (Mass.) A. Zahlbr. (*Lecanorac.*) 1\*. 199, 204.
L. Nylanderiana Mass. 1\*. 203, Fig. 106 D.
Lecania Wainio (*Lecanorac.*) 1\*. 204.
Lecanidion Rabh. (*Patellariac.*) 1. 228.
Lecanidium Mass. (*Lecanorac.*) 1\*. 202.
Lecaniella Jatta (*Lecanorac.*) 1\*. 204.
Lecaniella Wainio (*Entolechiac.*) 1\*. 123, 124.
Lecaniopsis Wainio (*Gyalectac.*) 1\*. 125.
Lecanocaulon (Nyl.) Wainio (*Cladoniac.*) 1\*. 146.
Lecanolobarina Wainio (*Stictac.*) 1\*. 188.
**Lecanopteris** Bl. (*Polypodiac.*) 4. 302, 326.
L. carnosa Bl. 4. 326, Fig. 169 A—C.
Lecanora (*Caloplacac.*) 1\*. 228.
Lecanora (*Lecanorac.*) 1\*. 202, 203, 204, 207.
Lecanora (*Pannariac.*) 1\*. 183.
Lecanora (*Pertusariac.*) 1\*. 197.
Lecanora Ach. (*Lecanorac.*) 1\*. 199, 201.
L. (Aspicilia) esculenta Eversm. 1\*. 200, Fig. 105 C, F.
L. (Aspicilia) fruticulosa Eversm. 1\*. 200, Fig. 105 D, E, G.
L. (Placodium) gypsacea (Sm.) Th. Fr. 1\*. 206, Fig. 107 E.
L. (Placodium) lentigera (Weber) Ach. 1\*. 200, Fig. 105 B.
L. subfusca (L.) Ach. 1\*. 200, Fig. 105 A; 203, Fig. 106 A, B.
L. symmicta Ach. 1\*. 203, Fig. 106 C.
**Lecanoraceae** 1\*. 113, 199—207.

Lecanorastrum Müll. Arg. (*Pertusariac.*) 1\*. 197.
Lecidea (*Acarosporac.*) 1\*. 152.
Lecidea (*Ectolechiac.*) 1\*. 123.
Lecidea (*Lecideac.*) 1\*. 133, 134, 136, 137.
Lecidea (Ach.) Th. Fr. (*Lecideac.*) 1\*. 129, 130.
L. confluens (Weber) Koerb. 1\*. 130, Fig. 63 A, C.
L. globifera Ach. 1\*. 133, Fig. 64 A.
L. parasema Ach. 1\*. 130, Fig. 63 D.
L. rivulosa Ach. 1\*. 130, Fig. 63 B.
**Lecideaceae** 1\*. 113, 129—138.
Lecidella Koerb. (*Lecideac.*) 1\*. 131.
Lecideola Mass. (*Lecideac.*) 1\*. 130.
Lecideopsis Almq. (*Celidiac.*) 1. 219 1\*. 90, 91.
Lecidocaulon Wainio (*Cladoniac.*) 1\*. 146.
Lecidocollema Wainio (*Collemac.*) 1\*. 171.
Leciographa Mass. (*Patellariac.*) 1. 222, 227, 228.
L. Zwackhii (Mass.) Rehm 1. 227, Fig. 174 E.
Leciographa Nees (*Lichen.*) 1\*. 138.
Leciophysma Th. Fr. (*Collemac.*) 1\*. 169, 170.
Lecithites J. Ag. (*Gigartinac.*) 2. 361.
Leckenbya Seward (*Filical.*) 4. 495.
Lecothecium Trevis. (*Pannariac.*) 1\*. 181.
Lecozania Trevis. (*Fungi*) 1\*. 138.
Lectularia Strtn. (*Diploschistac.*) 1\*. 243.
Lecythium Zukal (*Hypocreac.*) 1. 347, 359, 360.
L. aeruginosum Zukal 1. 359, Fig. 210.

*L—N.*

Leda Bory (*Zygnemac.*) 2. 20.
Leersia Hedw. (*Pottiac.*) 3. 436.
Leibleinia (Endl.) Gom. (*Oscillatoriac.*) 1a. 67.
Lejeunea Casp. (*Jungerm. akrog.*) 3. 134.
Lejeunea Corda (*Jungerm. akrog.*) 3. 116.
Lejeunea Goebel (*Jungerm. akrog.*) 3. 120.
Lejeunea Mitt. (*Jungerm. akrog.*) 3. 129.
Lejeunea S. O. Lindb. (*Jungerm. akrog.*) 3. 128.
Lejeunea Spruce (*Jungerm. akrog.*) 3. 122, 124, 125, 126, 127, 129, 130, 131.
Lejeunea Trevis. (*Jungerm. akrog.*) 3. 121.
Lejeuneeae (*Jungerm. akrog.*) 3. 117, 120.
Lejeuneotypus S. O. Lindb. (*Jungerm. akrog.*) 3. 121, 122, 126.
Lejeunia Corda (*Jungerm. akrog.*) 3. 132.
Lejeunia Dum. (*Jungerm. akrog.*) 3. 121, 124, 125, 126, 128, 129.

Lejeunia Lehm. (*Jungerm. akrog.*) 3. 127, 130.
Lejeunia Lib. (*Jungerm. akrog.*) 3. 121, 122.
Lejeunia Mont. (*Jungerm. akrog.*) 3. 124, 125, 126, 128, 131.
Lejeunia Mont. et Nees (*Jungerm. akrog.*) 3. 121.
Lejeunia Nees (*Jungerm. akrog.*) 3. 125, 126.
Lejeunia Spreng. (*Jungerm. akrog.*) 3. 60, 128.
Lejeunia Syn. Hep. (*Jungerm. akrog.*) 3. 100, 124, 125, 126, 127, 128, 129, 130, 131.
Lejeunia Tayl. (*Jungerm. akrog.*) 3. 127.
Lejeuniotypus Dum. (*Jungerm. akrog.*) 3. 121, 122, 126.
Lejeunites Gott. (*Jungerm. akrog.*) 3. 134.
Leightonia Trevis. (*Dermatocarpac.*) 1*. 61.
Leiocarpus Broth. (*Bartramiac.*) 3. 645.
Leiocraterium Rostaf. (*Physarac.*) 1. 34.
Leiocystis Lindb. (*Dicranac.*) 3. 319.
Leioderma Nyl. (*Pannariac.*) 1*. 184.
Leiodermaria (*Sigillariae.*) 4. 746, 750.
Leiodicranum Limpr. (*Dicranac.*) 3. 328, 1183.
Leiodon Lindb. (*Polytrichac.*) 3. 685.
Leiogonium C. Müll. (*Neckerac.*) 3. 833.
Leiogramma Eschw. (*Graphidac.*) 1*. 99, 100, 102.
Lejolisia Born. (*Ceramiac.*) 2. 483, 485, 486.
L. mediterranea Born. 2. 486, Fig. 267 A.
Leiomela Mitt. (*Bartramiac.*) 3. 632, 634.
L. javanica (Ren. et Card.) 3. 637, Fig. 480 A—F.
Leiomitra S. O. Lindb. (*Jungerm. akrog.*) 3. 110.
Leiomitrium Mitt. (*Orthotrichac.*) 3. 474.
Leiopholea S. Gray (*Pyrenulac.*) 1*. 64, 65.
Leiophylla Kindb. (*Neckerac.*) 3. 850, 858.
Leiorreuma auct. (*Graphidac.*) 1*. 100.
Leiorreuma Mass. (*Graphidac.*) 1*. 101.
Leioscyphus Mitt. (*Jungerm. akrog.*) 3. 89.
Leioscyphus Mitt. (*Jungerm. akrog.*) 3. 76, 90.
L. fragilifolia (Tayl.) Spruce 3. 90, Fig. 48.
Leiosperma De Bary (*Zygnemac.*) 2. 20.
Leiostilbum Sacc. (*Stilbac.*) 1**. 489.
Leiostoma Mitt. (*Orthotrichac.*) 3. 182, 1202.
Leiotheca Brid. (*Orthotrichac.*) 3. 476.
Lemalis Fries (*Excipulac.*) 1**. 393.
Lemanea Bory (*Lemaneac.*) 2. 326; 1*. 240.

L. torulosa (C. Ag.) Schröt. 2. 326, Fig. 199 A—D.
**Lemaneaceae** 2. 305, 325—327.
Lembidium Koerb. (*Pyrenulac.*) 1*. 65.
Lembidium Mitt. (*Jungerm. akrog.*) 3. 95, 99.
**Lembophyllaceae** 3. 863—870, 1230.
Lembophyllum Kindb. (*Lembophyllac.*) 3. 864.
Lembophyllum Lindb. (*Lembophyllac.*) 3. 864, 865, 1230.
L. cochlearifolium (Schimp.) 3. 866, Fig. 635 A—E.
Lembosia Lév. (*Hysteriac.*) 1. 272, 273.
Lemmaphyllum Presl (*Polypodiac.*) 4. 302, 303.
Lemmopsis (Wainio) A. Zahlbr. (*Collemac.*) 1*. 169, 171.
Lemniscium Wallr. (*Pannariac.*) 1*. 181.
Lemonniera De Wild. (*Mucedinac.*) 1**. 452, 453, 454.
L. aquatica De Wild. 1*. 453, Fig. 235 E, F.
Lempholemma A. Zahlbr. (*Collemac.*) 1*. 171.
Lempholemma Koerb. (*Collemac.*) 1*. 171.
Lenormandia Del. (*Dermatocarpac.*) 1*. 59.
Lenormandia Mont. (*Rhodophyllidac.*) 2. 379.
Lenormandia Sond. (*Rhodomelac.*) 2. 429, 470.
L. marginata Hook. et Harv. 2. 470, Fig. 262.
Lentinus Fries (*Agaricac.*) 1**. 222, 223.
L. squamosus (Schaeff.) Schröt. 1**. 223, Fig. 112 F.
L. (Panus) stipticus (Bull.) Schröt. 1**. 223, Fig. 112 E.
L. tuber regium Fries 1**. 223, Fig. 112 G.
Lentinus Fries (*Agaricac.*) 1**. 224.
Lentodium Morg. (*Polyporac.*) 1**. 196, 198.
Lentomita Niessl (*Ceratostomatac.*) 1. 405, 406, 407.
L. caespitosa Niessl 1. 407, Fig. 259 E, F.
Lenzites Fr. (*Polyporac.*) 1**. 155, 182.
L. betulina (L.) Fr. 1**. 182, Fig. 97 A.
L. sepiaria (Wulf.) Fries 1**. 182, Fig. 97 B.
Lenzitites Fries (*Hymenomycet.*) 1**. 522.
Leocarpus Link (*Physarac.*) 1. 32, 33.
L. fragilis 1. 32, Fig. 18 A, B.
Leotia Hill (*Geoglossac.*) 1. 163, 166.
L. gelatinosa Hill 1. 166, Fig. 110.

Lepacyclotes Emmons *(Equisetac.)* 4. 548.
Lepadolemma Trevis. *(Lecanorac.)* 1\*. 205.
Leperoma Mitt. *(Jungerm. akrog.)* 3. 108.
Lepichosma J. Sm. *(Polypodiac.)* 4. 272.
Lepicolea Dum. *(Jungerm. akrog.)* 3. 104, 108.
L. Scolopendra (Hook.) 3. 107, Fig. 60 A—C.
Lepicystis J. Sm. *(Polypodiac.)* 4. 302, 322; 322, Fig. 167 A—D.
L. chrysolepis (Hook.) Diels 4. 322, Fig. 167 A, B.
L. macrocarpa (Presl) Diels 4. 322, Fig. 167 C, D.
Lepidocarpon Scott *(Lepidodendrac.)* 4. 737, 753.
Lepidocolemma [sphalm.] A. Zahlbr. *(Pannariac.)* 1\*. 246.
Lepidocollema Wainio *(Pannariac.)* 1\*. 180.
L. carassense Wainio 1\*. 180, Fig. 96 A—D.
**Lepidodendraceae** 4. 717—739.
Lepidodendron Sternb. *(Lepidodendrac.)* 4. 715, 721ff., 724; 718, Fig. 409; 723, Fig. 415; 725, Fig. 418.
L. aculeatum 4. 724, Fig. 417.
L. imbricatum 4. 726, Fig. 422.
L. obovatum 4. 724, Fig. 416.
L. selaginoides 4. 722, Fig. 414.
L. Veltheimii Sternb. 4. 725, Fig. 421.
L. Volkmannianum Sternb. 4. 725, Fig. 419, 420.
Lepidoderma DeBary *(Didymiac.)* 1. 30, 31.
Lepidodiscus Witt. *(Bacillariac.)* 1b. 72, 74.
L. elegans Witt. 1b. 74, Fig. 108.
Lepidolaena Dum. *(Jungerm. akrog.)* 3. 105, 109.
L. magellanica (Hook.) S. O. Lindb. 3. 109, Fig. 62 A—D.
L. palpebrifolia (Hook.) Dum. 3. 109, Fig. 62 E.
Lepidolemma Trevis. *(Gyalectac.)* 1\*. 126.
Lepidoma Link *(Lecideac.)* 1\*. 137.
Lepidonectria Sacc. *(Hypocreac.)* 1. 358.
Lepidoneuron Fée *(Polypodiac.)* 4. 205.
Lepidophloios Sternb. *(Lepidodendrac.)* 4. 721, 724, 731, 738; 732, Fig. 426 A, B; Fig. 427 A, B.
L. laricinus 4. 731, Fig. 425; 735, Fig. 428 A, B.

Lepidophyllum Brongn. *(Lepidodendrac.)* 4. 736; 737, Fig. 430 B—D.
Lepidophytineae 4. 13, 716—756; 719, Fig. 410; 720, Fig. 411, 412.
Lepidopilidium C. Müll. *(Hookeriac.)* 3. 942.
Lepidopilidium (C. Müll.) Broth. *(Hookeriac.)* 3. 920, 942.
L. lamprophylloides (Paris) 3. 943, Fig. 687 A—F.
Lepidopilum *(Hookeriac.)* 3. 930, 952, 956.
Lepidopilum Brid. *(Hookeriac.)* 3. 920, 957, 1235.
L. adscendens (Schwaegr.) 3. 959, Fig. 699 A—F.
L. erectiusculum (Tayl.) 3. 958, Fig. 698 A—F.
L. fontanum Mitt. 3. 956, Fig. 697 F—J.
L. polytrichoides (Sw.) 3. 913, Fig. 670 C; 961, Fig. 701 A—F.
L. subulatum Geh. et Hampe 3. 960, Fig. 700 A—G.
Lepidopilum Broth. *(Ptychomniac.)* 3. 1218.
Lepidopilum C. Müll. *(Hookeriac.)* 3. 956, 963.
Lepidopteris Schimp. *(Filical.)* 4. 495.
Lepidora (Wainio) A. Zahlbr. *(Collemac.)* 1\*. 171.
Lepidostrobus Brongn. *(Lepidodendrac.)* 4. 736, 740; 737, Fig. 430 A.
Lepidoton Seligo *(Chromulinac.)* 1a. 157.
Lepidozia Aust. *(Jungerm. akrog.)* 3. 109.
Lepidozia Dum. *(Jungerm. akrog.)* 3. 95, 102.
L. filamentosa Lindb. 3. 103, Fig. 56 A—C.
L. Lindenbergii Gott. 3. 103, Fig. 56 D.
L. reptans Nees 3. 103, Fig. 56 E.
Lepidozia Mitt. *(Jungerm. akrog.)* 3. 102.
Lepidozia Spruce *(Jungerm. akrog.)* 3. 103, 105.
Lepiota Fries *(Agaricac.)* 1\*\*. 231, 232, 270, 271, 555.
L. clypeolaria (Bull.) Quél. 1\*\*. 271, Fig. 124 A.
L. mastoidea Fries 1\*\*. 271, Fig. 124 B.
L. umbonata (Schwein.) Schröt. 1\*\*. 271. Fig. 124 B.
Lepisorus J. Sm. *(Polypodiac.)* 4. 306, 315.
Lepista Fries *(Agaricac.)* 1\*\*. 202, 204.
Lepocinclis Perty *(Euglenac.)* 1a. 176.
Lepodium *(Buelliac.)* 1\*. 232.
Lepolichen Trevis. *(Phyllopyreniac.)* 1\*. 69.
Lepra Hall. *(Lichen.)* 1\*. 239.
Leprantha Koerb. *(Arthoniac.)* 1\*. 90.

Lepraria Ach. (*Lichen.*) 1*. 239.
Leprocaulon Nyl. (*Cladoniac.*) 1*. 146.
Leprocollema Wainio (*Collemac.*) 1*. 168, 170.
L. americanum Wainio 1*. 170, Fig. 88 *A, B.*
Leproncus Vent. (*Lichen.*) 1*. 239.
Lepropinacia Vent. (*Lichen.*) 1*. 239.
Leproplaca Nyl. (*Lichen.*) 1*. 239.
Leptangium Mitt. (*Funariac.*) 3. 311.
Lepthoraphis A. Zahlbr. [sphalm.] (*Pyrenulac.*) 1*. 63.
Leptinia Juel (*Uredinal.*) 1**. 81.
Leptobarbula Schimp. (*Pottiac.*) 3. 382, 392.
L. berica (De Not.) Schimp. 3. 392, Fig. 251 *A — C.*
Leptobryum Bryol. eur. (*Bryac.*) 3. 545.
Leptobryum (Bryol. eur.) Wils. (*Bryac.*) 3. 542, 545, 1204.
L. pyriforme (L.) Wils. 3. 545, Fig. 408 *A—E.*
Leptocalpe Mitt. (*Erpodiac.*) 3. 708, 1213.
Leptochaete Borzi (*Rivulariac.*) 1a. 85, 86.
L. crustacea Borzi 1a. 86, Fig. 59 *A.*
Leptochilus Kaulf. (*Polypodiac.*) 4. 198, 199.
Leptochlaena Mitt. (*Bryac.*) 3. 538.
Leptochlaena Mont. (*Bryac.*) 3. 535, 538.
Leptocionium Presl (*Hymenophyllac.*) 4. 110.
Leptocolea Spruce (*Jungerm. akrog.*) 3. 122.
Leptocylindrus Cleve (*Bacillariac.*) 1b. 82, 84.
Leptocystinema Arch. (*Desmidiac.*) 2. 13.
Leptodendriscum Wainio (*Ephebac.*) 1*. 154, 155.
Leptodictyum Schimp. (*Hypnac.*) 3. 1024.
Leptodictyum Warnst. (*Hypnac.*) 3. 1024.
Leptodon C. Müll. (*Neckerac.*) 3. 835.
Leptodon Jaeg. (*Neckerac.*) 3. 836.
Leptodon Mitt. (*Pottiac.*) 3. 398.
Leptodon Mohr (*Leucodontac.*) 3. 757.
Leptodon Mohr (*Neckerac.*) 3. 835.
L. Smithii (Dicks.) 3. 217, Fig. 131 *H*; 836, Fig. 621 *A—F.*
Leptodon Quél. (*Hydnac.*) 1**. 144.
Leptodon Sull. (*Leucodontac.*) 3. 760.
Leptodontium C. Müll. (*Pottiac.*) 3. 399.
Leptodontium Hampe (*Pottiac.*) 3. 382, 399, 1190.
L. aggregatum (C. Müll.) 3. 400, Fig. 256 *A—D.*

Leptogidium Nyl. (*Ephebac.*) 1*. 154, 156.
Leptogiopsis (Müll. Arg.) A. Zahlbr. (*Collemac.*) 1*. 175.
Leptogiopsis Nyl. (*Mastodiac.*) 1*. 164, 244.
Leptogiopsis Trevis. (*Collemac.*) 1*. 175.
Leptogium (*Collemac.?*) 1*. 176.
Leptogium (Ach.) S. Gray (*Collemac.*) 1*. 169, 174.
L. diffractum Kremph. 1*. 174, Fig. 92 *D.*
L. Hildebrandtii (Garov.) Nyl. 1*. 172, Fig. 90 *C*; 173, Fig. 91 *F.*
L. microphyllum (Ach.) A. Zahlbr. 1*. 174, Fig. 92 *C.*
L. saturninum (Dicks.) Nyl. 1*. 173, Fig. 91 *E*; 174, Fig. 92 *A.*
L. scotinum (Ach.) Fr. 1*. 9, Fig. 12.
L. tenuissimum (Sm.) Koerb. 1*. 174, Fig. 92 *E.*
L. tremelloides (L. f.) Wainio 1*. 174, Fig. 92 *B.*
Leptoglossum Cooke (*Geoglossac.*) 1. 163, 164.
Leptoglossum Karst. (*Agaricac.*) 1**. 199, 200, 201.
L. mucigenum (Bull.) Karst. 1**. 200, Fig. 106 *H.*
Leptogramma J. Sm. (*Polypodiac.*) 4. 167.
Leptographa Th. Fr. (*Graphidac.*) 1*. 93.
Leptohymenium Besch. (*Entodontac.*) 3. 889.
Leptohymenium C. Müll. (*Entodontac.*) 3. 891.
Leptohymenium Hampe (*Entodontac.*) 3. 883, 887.
Leptohymenium Hüben. (*Entodontac.*) 3. 891.
Leptohymenium Hüben. (*Leucodontac.*) 3. 756.
Leptohymenium Mitt. (*Entodontac.*) 3. 887.
Leptohymenium Rabh. (*Leskeac.*) 3. 997.
Leptohymenium Schwaegr. (*Hypnac.*) 3. 1044, 1051.
L. tenue Schwaegr. 3. 1052, Fig. 753 *A — G.*
Leptohymenium Schwaegr. (*Leskeac.*) 3. 981.
Leptolegnia De Bary (*Saprolegniac.*) 1. 96, 100.
L. caudata De Bary 1. 100, Fig. 80.
Leptolejeunea Spruce (*Jungerm. akrog.*) 3. 119, 126.
L. corynephora Steph. 3. 123, Fig. 69 *N.*
L. elliptica (L.) Spruce 3. 123, Fig. 69 *B.*

Leptolejeunea stenophylla (L. et G.) Spruce 3. 123, Fig. 69 A, B.
Leptolepia Mett. et Kuhn (Polypodiac.) 4. 205, 212, 213.
L. Novae Zelandiae (Col.) Mett. 4. 213, Fig. 115 A, B.
**Leptomitaceae** 1. 96, 101—104; 1\*\*. 529.
Leptomitus Ag. (Leptomitac.) 1. 101, 102.
L. lacteus Ag. 1. 102, Fig. 83.
Leptomonas Kent (Oicomonadac.) 1 a. 118, 119.
L. Muscae domesticae (Stein) Karst. 1 a. 119, Fig. 75 B.
Leptomyces Mont. (Agaricac.) 1\*\*. 263.
Leptonema Rke. (Elachiac.) 2. 218, 219, 220.
L. fasciculatum var. majus Rke. 2. 218, Fig. 151 A—C.
Leptonemeae Rostaf. (Myxogaster.) 1. 15.
Leptoneura Limpr. (Funariac.) 3. 514, 1204.
Leptonia Fries (Agaricac.) 1\*\*. 254, 256.
Leptopeza Otth. (Pezizac.) 1\*\*. 532.
Leptophascum C. Müll. (Pottiac.) 3. 416.
Leptophilina Fleisch. (Calymperac.) 3. 1189.
Leptophloeum Daws. (Lepidodendrac.) 4. 726.
Leptophrys Hertw. et Less. 1. 38.
L. vorax Cienk. 1. 38, Fig. 20 A.
Leptophyllis J. Ag. (Bonnemaisoniac.) 2. 418.
Leptophyllum Naeg. (Rhodophyllidac.) 2. 376.
Leptophyma Sacc. (Phymatosphaeriac.) 1. 242.
Leptopleura Presl (Polypodiac.) 4. 205.
Leptopogon Lindb. (Pottiac.) 3. 407.
Leptopogon Mitt. (Pottiac.) 3. 410.
Leptoporus Quél. (Polyporac.) 1\*\*. 165, 166.
Leptopterigynandrum C. Müll. (Leskeac.) 3. 979.
Leptopteris Presl (Osmundac.) 4. 377, 378.
L. hymenophylloides (Rich. et Less.) Presl 4. 377, Fig. 204 B, C.
Leptopuccinia Dietel (Pucciniac.) 1\*\*. 68.
Leptopyrenium Wainio (Pyrenulac.) 1\*. 66.
Leptorhaphis Koerb. (Pyrenulac.) 1\*. 62, 63.
L. epidermidis (Ach.) 1\*. 63, Fig. 35 L.
Leptorhapis (Trypetheliac.) 1\*. 69.
Leptorhynchostegium (C. Müll.) Broth. (Brachytheciac.) 3. 1162, 1238.

Leptorrhynchium C. Müll. (Sematophyllac.) 3. 1108, 1109.
Leptorrhynchohypnum Hampe (Sematophyllac.) 3. 1108.
Leptoscyphus Mitt. (Jungerm. akrog.) 3. 89, 90, 91.
Leptoscyphus S. O. Lindb. (Jungerm. akrog.) 3. 89.
Leptosira Borzi (Chaetophorac.) 2. 97, 98, 99.
L. Mediciana Borzi 2. 99, Fig. 64.
Leptosomia Ag. (Rhodymeniac.) 2. 403.
Leptosphaeria Ces. et De Not. (Pleosporac.) 1. 428, 435, 437.
L. caespitosa Niessl 1. 437, Fig. 269 E—G.
L. dolioloides Auersw. 1. 437, Fig. 269 H, J.
Leptosphaeriopsis Berl. (Pleosporac.) 1. 439.
Leptosphaeritis Ces. et De Not. (Pyrenomycet.) 1\*. 521.
Leptospora Fuckel (Sphaeriac.) 1. 394, 397.
L. spermoides (Hoffm.) Fuckel 1. 397, Fig. 256 A, B.
Leptosporella Penz. et Sacc. (Sphaeriac.) 1\*\* 542.
Leptosporium Sacc. (Tuberculariac.) 1\*\*. 509.
Leptostegia Don (Polypodiac.) 4. 279.
Leptostegia Zippel (Polypodiac.) 4. 306.
**Leptostomaceae** 3. 601—603, 1206.
Leptostomopsis C. Müll. (Bryac.) 3. 558, 1205.
Leptostomum R. Br. (Leptostomac.) 3. 602.
L. exodontium Fleisch. 3. 601, Fig. 453 A—E.
L. gracile R. Br. 3. 602, Fig. 454 D—F.
L. macrocarpum R. Br. 3. 602, Fig. 454 G—J.
L. splachnoides Hook. 3. 602, Fig. 454 A—C.
Leptostroma Fries (Leptostromatac.) 1\*\*. 387.
**Leptostromataceae** 1\*\*. 349, 386—392.
Leptostromella Sacc. (Leptostromatac.) 1\*\*. 391, 392.
L. hysterioides (Fr.) Sacc. 1\*\*. 391, Fig. 203 H—L.
Leptothamnion Kütz. (Ceramiac.) 2. 489.
Leptotheca Schwaegr. (Aulacomniac.) 3. 623, 1208.

Leptotheca Gaudichaudi Schwaegr. 3. 623,
Fig. 572 A—F.
Leptotheceae (Jungerm. akrog.) 3. 49, 54.
Leptothyrella Sacc. (Leptostromatac.)
1**. 390, 391.
L. Mougeotiana Sacc. et Roum. 1**. 391,
Fig. 203 A—C.
Leptothyrium Kze. et Schm. (Leptostromatac.) 1**. 387, 388.
L. acerinum (Kze.) Corda 1**. 388, Fig. 202 D—G.
L. ilicinum 1**. 388, Fig. 202 H.
L. Periclymeni (Desm.) Sacc. 1**. 388, Fig. 202 A—C.
Leptotrema Mont. et V. D. Bosch (Thelotremac.) 1*. 118, 120.
L. Wightii Müll. Arg. 1*. 119, Fig. 58 F—J.
Leptotrema Wainio (Thelotremac.) 1*. 120.
Leptotrichella C. Müll. (Dicranac.) 3. 294, 297.
Leptotrichum Corda (Tuberculariae.) 1**. 506, 507.
L. glaucum Corda 1**. 507, Fig. 260 B, C.
Leptotrichum Hampe (Dicranac.) 3. 299, 300.
Leptotrichum Mitt. (Dicranac.) 3. 318.
Leptotrichum Schimp. (Pottiac.) 3. 392.
Leptotus Karst. (Agaricac.) 1**. 199, 200.
L. lobatus (Pers.) Karst. 1**. 200, Fig. 106 G.
Lepyrodon Hampe (Lepyrodontac.) 3. 701, 772.
L. Lagurus (Hook.) 3. 772, Fig. 379 A—G.
L. parvulus Mitt. 3. 772, Fig. 379 H—M.
L. tomentosus (Hook.) 3. 773, Fig. 380 A—G.
L. trichophyllus (Sw.) 3. 773, Fig. 380 H—L.
Lepyrodon Ren. et Card. (Leucodontac.) 3. 761.
**Lepyrodontaceae** 3. 771—773.
Leratia Broth. et Paris (Orthotrichac.) 3. 1201.
L. neocaledonica Broth. 1201, Fig. 843 A—J.
Lescuraea Best. (Leskeac.) 3. 997.
Lescuraea Bryol. eur. (Leskeac.) 3. 991, 997, 1236.
L. ovicarpa (Besch.) 3. 999, Fig. 726 A—F.
L. saxicola Mol. 3. 998, Fig. 725 A—F.
Lescuropteris Schimp. (Filical.) 4. 497.
Leskea (Hypnac.) 3. 1025.
Leskea (Leskeac.) 3. 994, 1005, 1008, 1011.
Leskea Boul. (Leskeac.) 3. 997.

Leskea Brid. (Entodontac.) 3. 896.
Leskea Brid. (Hypnac.) 3. 1049, 1087, 1093.
Leskea Brid. (Rhacopilac.) 3. 975.
Leskea Bryol. eur. (Leskeac.) 3. 982.
Leskea Ces. (Leskeac.) 3. 985.
Leskea De Not. (Brachytheciac.) 3. 1150.
Leskea Doz. et Molk. (Fabroniac.) 3. 906.
Leskea Doz. et Molk. (Hookeriac.) 3. 950.
Leskea Doz. et Molk. (Neckerac.) 3. 821.
Leskea Doz. et Molk. (Sematophyllac.) 3. 1100.
Leskea Hampe (Fabroniac.) 3. 909.
Leskea Harv. (Entodontac.) 3. 892.
Leskea Hedw. (Brachytheciac.) 3. 1134.
Leskea Hedw. (Entodontac.) 3. 878.
Leskea Hedw. (Fabroniac.) 3. 908.
Leskea Hedw. (Hookeriac.) 3. 930, 936, 938.
Leskea Hedw. (Hypnac.) 3. 1022, 1025, 1079.
Leskea Hedw. (Hypopterygiac.) 3. 968.
Leskea Hedw. (Lembophyllac.) 3. 868.
Leskea Hedw. (Leskeac.) 3. 986, 999.
Leskea Hedw. (Leskeac.) 3. 991, 993, 1236.
L. polycarpa Ehrh. 3. 993, Fig. 722 A—D.
Leskea Hedw. (Neckerac.) 3. 809, 811, 839.
Leskea Hedw. (Sematophyllac.) 3. 1108.
Leskea Hook. (Brachytheciac.) 3. 1136.
Leskea Hook. (Entodontac.) 3. 877.
Leskea Hook. (Leucodontac.) 3. 753.
Leskea Hook. (Neckerac.) 3. 776, 817.
Leskea Hook. (Ptychomniac.) 3. 1220.
Leskea La Bill. (Hypopterygiac.) 3. 965.
Leskea Mitt. (Echinodiae.) 3. 1216.
Leskea Mitt. (Leskeac.) 3. 996, 1002, 1009, 1019.
Leskea Moench (Hookeriac.) 3. 933.
Leskea Schleich. (Entodontac.) 3. 883.
Leskea Schwaegr. (Entodontac.) 3. 872.
Leskea Schwaegr. (Hookeriac.) 3. 945.
Leskea Schwaegr. (Leskeac.) 3. 983.
Leskea Spreng. (Leskeac.) 3. 994.
Leskea Sull. (Leskeac.) 3. 991.
Leskea Sw. (Hookeriac.) 3. 934.
Leskea Sw. (Sematophyllac.) 3. 1116, 1120.
Leskea Tayl. (Neckerac.) 3. 823.
Leskea Tayl. (Pottiac.) 3. 398.
Leskea Tmm (Hypnac.) 3. 1084.
**Leskeaceae** 3. 977—1020, 1236.
Leskeeae (Leskeae.) 3. 978, 991, 1236.
Leskeella (Limpr.) Loeske (Leskeae.) 3. 991, 994.
L. nervosa (Brid.) 3. 995, Fig. 723 A—H.
Leskeodon Broth. (Hookeriac.) 3. 919, 925, 1233.

Leskeodon Mariei(Besch.) 3. 926, Fig. 677 A—E.
Leskia (Neckerac.) 3. 848, 850.
Leskia Brid. (Entodontac.) 3. 891.
Leskia Hedw. (Climaciac.) 3. 734.
Leskia Leyss. (Neckerac.) 3. 847.
Leskia Timm. (Entodontac.) 3. 883.
Lesleya Grand'Eury (Filical.) 4. 501.
Lesleya Lesq. (Filical.) 4. 504.
Lesquereuxia Lindb. (Leskeac.) 3. 999.
Lessonia Bory (Laminariac.) 2. 246, 254, 257.
L. nigrescens Bory 2. 246, Fig. 167 A.
Letendraea Sacc. (Hypocreac.) 1. 347, 353.
L. eurotioides Wint. 1. 352, Fig. 237 P—R.
Lethagrium Mass. (Collemac.) 1*. 172.
Letharia Th. Fr. (Usneac.) 1*. 218.
Letharia (Th. Fr.) A. Zahlbr. (Usneac.) 1*. 217, 218.
Lethocolea Mitt. (Jungerm. akrog.) 3. 80, 81.
Letterstedtia Aresch. (Ulvac.) 2. 75, 77.
L. insignis Aresch. 2. 75, Fig. 44.
Leucangium Quél. (Terfeziac.) 1. 315.
**Leucobryaceae** 3. 284, 342—354, 1186.
Leucobryeae (Leucobryac.) 3. 343, 345, 1186.
Leucobryella C. Müll. (Calymperac.) 3. 368.
Leucobryum Besch. (Leucobryac.) 3. 348.
Leucobryum C. Müll. (Leucobryac.) 3. 454.
Leucobryum Hampe (Leucobryac.) 3. 343, 345, 1187.
L. candidum (Hornsch.) Lindb. 3. 347, Fig. 206 A—E.
L. glaucum Schimp. 3. 200, Fig. 120 A—J; 201, Fig. 121 A, B.
L. sanctum (Brid.) Hampe 3. 346, Fig. 205 A—H.
Leucobryum Kindb. (Dicranac.) 3. 329.
Leucocampylopus Corr. (Dicranac.) 3. 329.
Leucochytrium Schröt. (Synchytriac.) 1. 74.
Leucocoprinus Pat. (Agaricac.) 1**. 263, 553.
Leucocrea Sacc. et Syd. (Hypocreac.) 1**. 540.
Leucocystis Schröt. (Coccac.) 1a. 16.
Leucodecton Mass. (Chiodectonac.) 1*. 105.
Leucodon (Entodontac.) 3. 887.
Leucodon (Fontinalac.) 3. 723.
Leucodon (Hedwigiac.) 3. 716, 717, 718, 720.
Leucodon (Leucodontac.) 3. 748, 753, 756, 757.

Leucodon (Neckerac.) 3. 835.
Leucodon (Spiridentac.) 3. 769.
Leucodon Brid. (Hedwigiac.) 3. 717.
Leucodon Brid. (Sematophyllac.) 3. 1100.
Leucodon Brok. (Leucodontac.) 3. 753.
Leucodon Bryol. jav. (Prionodontac.) 3. 1215.
Leuoodon Hampe (Leucodontac.) 3. 753.
Leucodon Hook. (Bartramiac.) 3. 634.
Leucodon Hook. (Dicranac.) 3. 339.
Leucodon Hook. (Lepyrodontac.) 3. 772.
Leucodon Hook. f. et Wils. (Entodontac.) 3. 875.
Leucodon Hornsch. et Reinw. (Leucodontac.) 3. 761.
Leucodon Mitt. (Leucodontac.) 3. 757.
Leucodon Schwaegr. (Leucodontac.) 3. 748, 1214.
L. canariense (Schwaegr.) 3. 752, Fig. 563 H—O.
L. domingensis Spreng. 3. 750, Fig. 562 A—E.
L. julaceus (L.) Sull. 3. 749, Fig. 560 A—II.
L. sciuroides (L.) 3. 748, Fig. 559 A—D.
L. secundus Harv. 3. 750, Fig. 561 A—F.
Leucodon Wils. (Leucodontac.) 3. 762.
Leucodoniopsis Ren. et Card. (Leucodontac.) 3. 748, 753, 1214.
L. Cameruniae (Broth.) 3. 753, Fig. 564 A—E.
**Leucodontaceae** 3. 747—762, 1214.
Leucodontella C. Müll. (Dicranac.) 3. 339.
Leucodontium Amann (Bryac.) 3. 579, 1205.
Leucogaster Hesse (Hymenogastrac.) 1**. 308, 314.
Leucogramma Mass. (Graphidac.) 1*. 101.
Leucogramma Wainio (Graphidac.) 1*. 101.
Leucographa Nyl. (Graphidac.?) 1*. 111.
Leucographis Müll. Arg. (Graphidac.) 1*. 98; 97, Fig. 48 N.
Leucolepis Lindb. (Mniac.) 3. 603, 605.
L. acanthoneura (Schwaegr.) 3. 605, Fig. 456 A—H.
Leucoloma (Dicranac.) 3. 1182.
Leucoloma Brid. (Dicranac.) 3. 317, 322, 1182.
L. molle (C. Müll.) Mitt. 3. 323, Fig. 190 A—E.
Leucoloma C. Müll. (Dicranac.) 3. 322.
Leucoloma Fuckel (Pezizac.) 1. 185.
**Leucomiaceae** 3. 1095—1098.
Leucomium Mitt. (Hookeriac.) 3. 947.

Leucomium Mitt. (*Leucomiac.*) 3. 1095, 1096.
L. aneurodictyon (C. Müll.) 3. 1096, Fig. 775 *A—E.*
L. strumosum (Hornsch.) 3. 1096, Fig. 773 *F.*
Leuconostoc Van Tiegh. (*Coccac.*) 1a. 15.
Leucophaneae (*Leucobryac.*) 3. 343, 346, 1187.
Leucophanella Besch. (*Calymperac.*) 3. 365.
Leucophanella Fleisch. (*Calymperac.*) 3. 365.
Leucophanes (*Leucobryac.*) 3. 350.
Leucophanes Brid. (*Leucobryac.*) 3. 347, 1187.
Leucophanes C. Müll. (*Leucobryac.*) 3. 343.
Leucophanes Sull. (*Leucobryac.*) 3. 329.
Leucophleps Harkn. (*Hymenogastrin.*) 1\*\*. 557.
Leucoporus Quél. (*Polyporac.*) 1\*\*. 169.
Leucoscypha Boud. (*Pezizac.*) 1. 180.
Leucosporium Corda (*Tuberculariac.*) 1\*\*. 502.
Leucostegia Presl (*Polypodiac.*) 4. 208, 209.
Leucostoma Nitschke (*Valsac.*) 1. 459.
Leudugeria Temp. (*Bacillariac.*) 1b. 100.
Leuronema Wall. (*Desmidiac.*) 2. 14.
Leveillea Decne. (*Rhodomelac.*) 2. 428, 463, 464.
L. jungermannioides Harv. 2. 463, Fig. 260 *E.*
Levierella C. Müll. (*Entodontac.*) 3. 874, 893, 1232.
L. fabroniacea C. Müll. 3. 894, Fig. 655 *A—E.*
Levieuxia Fries (*Sphaerioidac.*) 1\*\*. 363, 364.
Liagora Lamx. (*Helminthocladiac.*) 2. 329, 333, 334.
L. distenta C. Ag. 2. 333, Fig. 203 *E, F,* 334, Fig. 204 *A, B.*
L. viscida (Forsk.) C. Ag. 2. 334, Fig. 204 *C.*
Libellus Cleve (*Bacillariac.*) 1b. 129.
Libertella Desm. (*Melanconiac.*) 1\*\*. 413. 414, 415.
L. faginea Desm. 1\*\*. 414, Fig. 216 *T.*
L. Rosae Desm. 1\*\*. 414, Fig. 216 *Q—S.*
Libertiella Speg. et Roum. (*Nectrioidac.*) 1\*\*. 383.
Licea Schrad. (*Liceac.*) 1. 16, 17.
L. flexuosa Pers. 1. 17, Fig. 8 *A, B.*
**Liceaceae** 1. 15, 16—17.
Lichenes 1\*. 1—243; 41, Fig. 25.
Lichenomyces Trevis. (*Fungi*) 1\*. 138.

Lichenopeziza Zukal (*Fungi*) 1\*. 138.
Lichenopsis Schwein. (*Stictidac.*) 1. 252.
Lichenosphaeria Born. (*Ephebac.?*) 1\*. 157.
Lichenosticta Zopf (*Sphaerioidac.*) 1\*\*. 351.
Lichina Ag. (*Lichinac.*) 1\*. 165, 167; 1a. 49; 49, Fig. 48 *E.*
L. confinis (Ach.) J. Müll. 1\*. 6, Fig. 9 *A, B*; 167, Fig. 86 I—II. *A—D.*
L. confinis Ag. 1\*. 167, Fig. 86 I—II. *A—D.*
**Lichinaceae** 1\*. 112, 164—168.
Lichinella Nyl. (*Lichinac.*) 1\*. 165, 166.
Lichiniza Nyl. (*Lichinac.?*) 1\*. 168.
Lichinodium Nyl. (*Lichinac.*) 1\*. 165, 166.
Licmophora Ag. (*Bacillariac.*) 1b. 35, 108, 109.
L. flabellata (Carm.) Ag. 1b. 35, Fig. 48 *F.*
L. gracilis (Ehrenb.) Grun. 1b. 109, Fig. 195 *A, B.*
L. Lyngbergei (Kütz.) Grun. 1b. 109, Fig. 195 *C, D.*
Lictoria J. Ag. (*Bonnemaisoniac.*) 2. 420.
Liebmannia J. Ag. (*Chordariac.*) 2. 225, 229.
Ligularia C. Müll. (*Orthotrichac.*) 3. 196, 1203.
Ligulina C. Müll. (*Sematophyllac.*) 3. 1106.
Limacinia Neger (*Perisporiac.*) 1. 337.
Limacium Fries (*Agaricac.*) 1\*\*. 209, 210, 212, 554.
L. vitellum (Alb. et Schw.) Schröt. 1\*\*. 210, Fig. 109 *H.*
Limbella C. Müll. (*Hypnac.*) 3. 1029.
Limbella (C. Müll.) Broth. (*Hypnodendrac.*) 3. 1166, 1170.
Limbidium Dus. (*Hypnac.*) 3. 1030.
Limboria Koerb. (*Diploschistac.*) 1\*. 122.
Limboria Nyl. (*Verrucariac.*) 1\*. 54.
Limnactis Kütz. (*Rivulariac.*) 1a. 89.
Limnobiella C. Müll. (*Hypnac.*) 3. 1090, 1092.
Limnobiella (C. Müll.) Ren. et Card. (*Hypnac.*) 3. 1092.
Limnobion Kindb. (*Hypnac.*) 3. 1038.
Limnobium Bryol. eur. (*Hypnac.*) 3. 1038.
Limnobium Mitt. (*Hypnac.*) 3. 1038.
Limnobryum Rabh. (*Aulacomniac.*) 3. 624.
Limnochlide Kütz. (*Nostocac.*) 1a. 74.
Limnodictyon Kütz. (*Chlorophyc.*) 1a. 27. 65.
Limprichtia Loeske (*Hypnac.*) 3. 1033.
Lindbergia Kindb. (*Leskeac.*) 3. 991.

Lindbergia Austini (Sull.) 3. 992, Fig. 720 A—F.
L. Duthiei (Broth.) 3. 989, Fig. 721 A—G.
Lindbladia Fries (Liceac.) 1. 16, 17.
Lindigella Trevis. (Jungerm. akrog.) 3. 80, 81.
Lindigia Gott. (Jungerm. akrog.) 3. 80, 81.
Lindigia Hampe (Neckerae.) 3. 807, 823.
Lindigina Gott. (Jungerm. akrog.) 3. 80, 81.
Lindsaya Dry. (Polypodiac.) 4. 205, 219, 220; 220, Fig. 119 D—H.
L. davallioides Bl. 4. 220, Fig. 119 G.
L. dubia Spreng. 4. 220, Fig. 119 D—E.
L. pendula Klotzsch 4. 220, Fig. 119 F.
L. triquetra (Bak.) Christ 4. 220, Fig. 119 H.
Lindsaya Hk. Bk. (Polypodiac.) 4. 212, 218.
Lindsaynium Fée (Polypodiac.) 4. 219.
Lindsayopsis Kuhn (Polypodiac.) 4. 215.
Linopteris Presl (Filical.) 4. 502.
L. Brongniarti (Gutb.) Presl 4. 502, Fig. 303.
Linospora Fuck. (Clypeosphaeriac.) 1. 452, 453, 454.
L. Capreae (DC.) Fuckel 1. 453, Fig. 274 J—S.
Liochlaena Nees, S. O. Lindb. (Jungerm. akrog.) 3. 82.
Lioneis Ehrenb. (Bacillariac.) 1b. 124.
Liostephania Ehrenb. (Bacillariac.) 1b. 68, 70.
L. (Truania) archangelskiana (Pant.) 1b. 70, Fig. 99.
L. magnifica Ehrenb. 1b. 70, Fig. 98.
Liotheca Brid. (Orthotrichac.) 3. 465.
Liparogyra Ehrenb. (Bacillariac.) 1b. 59.
Lippius S. F. Gray (Jungerm. akrog.) 3. 93.
Lippiusa O. Ktze. (Jungerm. akrog.) 3. 93.
Liradiscus Grev. (Bacillariac.) 1b. 64, 67, 68.
L. barbadensis Grev. 1b. 68, Fig. 91 A.
L. ovalis Grev. 1b. 68, Fig. 91 B, C.
Lisea Sacc. (Hypocreac.) 1. 347, 358.
Lisiella Cooke (Hypocreac.) 1. 347, 355.
Lithiotis Gümbel (Algae) 2. 560.
Lithobryon Rupr. (Chaetophorac.) 2. 100.
Lithocystis Harv. (Corallinac.) 2. 541.
Lithoderma Aresch. (Lithodermatac.) 2. 261, 262.
L. fatiscens Aresch. 2. 261, Fig. 177 E.
L. fontanum Flah. 2. 261, Fig. 177 A—D.
**Lithodermataceae** 2. 181, 260—262.
Lithodesmium Ehrenb. (Bacillariac.) 1b. 89, 90.

L. undulatum Ehrenb. 1b. 90, Fig. 151 A, B.
Lithographa Nyl. (Graphidac.) 1*. 92, 93.
Lithoicea Mass. (Verrucariac.) 1*. 54.
Lithoicea (Mass.) Koerb. (Verrucariac.) 1*. 55.
Lithonema Hass. (Tetrasporac.) 2. 51.
Lithophyllum Phil. (Corallinac.) 2. 540, 541, 542, 560.
L. expansum Phil. 2. 540, Fig. 286 D.
L. lichenoides (Ell. et Sol.) Phil. 2. 544, Fig. 287 B.
Lithopydium Schröt. (Pythiac.) 1**. 565.
Lithopythium Born. et Flah. (Pythiac.) 1**. 529.
Lithosiphon Harv. (Encoeliac.) 2. 200, 201.
Lithosmunda Schwyd. (Filical.) 4. 499.
Lithosphaeria Beckh. (Verrucariac.) 1*. 54.
Lithothamnion Phil. (Corallinac.) 2. 540, 542, 560.
L. fasciculatum (Lam.) Aresch. 2. 540, Fig. 286 E.
Lithothelium Müll. Arg. (Astrotheliac.) 1*. 73.
Lithymenia Zanard. (Squamariac.) 2. 536.
Litobrochia Presl (Polypodiac.) 4. 290, 293, 294.
Litophloea Russ. (Sphagnac.) 3. 253.
Lituaria Riess (Tuberculariac.) 1**. 510.
Lizonia De Not. (Sphaeriac.) 1. 394, 402, 404.
L. emperigonia (Auersw.) De Not. 1. 404, Fig. 258 E.
Llavea Lag. (Polypodiac.) 4. 87, 255, 279, 280.
L. cordifolia Lag. 4. 87, Fig. 63 A; 280, Fig. 148 A—C.
Lobaria (Stictac.) 1*. 188.
Lobaria (Schreb.) Hue (Stictac.) 1*. 185.
L. amplissima (Scop.) Arn. 1*. 3, Fig. 2: 186, Fig. 99 C.
L. linita Ach. 1*. 187, Fig. 100 G, H.
L. pulmonaria (L.) Hoffm. 1*. 186, Fig. 99 A; 187, Fig. 100 A—D.
Lobaria Wainio (Stictac.) 1*. 188.
Lobarina Hue (Stictac.) 1*. 188.
Lobarina (Nyl.) Hue (Stictac.) 1*. 188.
Lobarzewskya Trevis. (Bacillariac.) 1b. 110.
Lobochlaena Fée (Polypodiac.) 4. 183.
Lobospira Aresch. (Dictyotac.) 2. 295, 296, 297.
L. bicuspidata Aresch. 2. 296, Fig. 191 B, C.
Locellina Gill. (Agaricac.) 1**. 231, 232, 252, 253.

Locellina acetabulosa (Sow.) Sacc. 1\*\*. 252, Fig. 119 B.
Loefgrenia Gom. (Rivulariac.) 1a. 85, 90.
Lomaria Hk. Bk. (Polypodiac.) 4. 245, 247, 284.
Lomaria Willd. (Polypodiac.) 4. 245, 247.
Lomaridium Presl (Polypodiac.) 4. 245.
Lomariobotrys Fée (Polypodiac.) 4. 251, 252.
Lomariocycas J. Sm. (Polypodiac.) 4. 245.
Lomariopsis Fée (Polypodiac.) 4. 251.
Lomaphlebia J. Sm. (Polypodiac.) 4. 306, 308.
Lomatogramme Brack. (Polypodiac.) 4. 195.
Lomatophloios Corda (Lepidodendrac.) 4. 731.
Lomatopteris Schimp. (Filical.) 4. 498.
Lomentaria Lyngbye (Rhodymeniac.) 2. 398, 402, 403.
L. articulata (Huds.) Lyngbye 2. 402, Fig. 235 C—E.
L. clavellosa Grev. 2. 402, Fig. 402 F.
Lonchitis L. (Polypodiac.) 4. 256, 295; 295, Fig. 155 A—D.
L. hirsuta L. 4. 295, Fig. 155 A.
L. occidentalis Bak. 4. 295, Fig. 155 B.
L. pubescens Willd. 4. 295, Fig. 155 C, D.
Lonchopoda Broth. (Neckerac.) 3. 798.
Lonchopoda (Broth.) Fleisch. (Neckerac.) 3. 1225.
Lonchopterides (Filical.) 4. 499.
Lonchopteris Brongn. (Filical.) 4. 499.
Lonchopteris Brongn. (Filical.) 4. 499.
L. rugosa Brongn. 4. 499, Fig. 300.
Lopadiopsis Wainio (Ectolechiac.) 1\*. 123.
Lopadium Koerb. (Lecideae.) 1\*. 129, 137.
L. leucoxanthum (Spreng.) A. Zahlbr. 1\*. 130, Fig. 63 K.
Lopadium (Tuckerm.) Wainio (Lecideae.) 1\*. 137.
Lopadostoma Nitzschke (Valsac.) 1. 456.
Lopharia Kalchbr. et M. Owen (Hydnac.) 1\*\*. 139, 142, 143.
L. lirellosa Kalchbr. 1\*\*. 143, Fig. 76 A—C.
Lophidiopsis Berl. (Lophiostomatac.) 1. 421.
Lophidium Karst. (Hysteriac.) 4. 276.
Lophidium Rich. (Schizaeac.) 4. 362, 363.
Lophidium Sacc. (Lophiostomatac.) 1. 421.
Lophiella Sacc. (Lophiostomatac.) 1. 417.
Lophiodon Hook. f. et Wils. (Dicranac.) 3. 299.
Lophionema Sacc. (Lophiostomatac.) 3. 417, 420.

L. vermisporum (Ell.) Sacc. 1. 420, Fig. 264 J, K.
Lophiosphaera Trevis. (Lophiostomatac.) 3. 417, 418.
L. quercetti (Sacc. et Speg.) Sacc. 1. 418, Fig. 263 A, B.
Lophiostoma Fries (Lophiostomatac.) 1. 417, 419. 420.
L. Arundinis (Fr.) Ces. et De Not. 1. 420, Fig. 264 B, C.
L. caulinum (Fr.) De Not. 1. 420, Fig. 264 A.
L. dacryosporum H. Fabre 1. 420, Fig. 264 H.
L. insidiosum Desm. 1. 420, Fig. 264 E—G.
L. macrostomum (Tode) Ces. et De Not. 1. 420, Fig. 264 D.
**Lophiostomataceae** 1. 386, 417—421.
Lophiotrema Sacc. (Lophiostomatac.) 1. 417, 418.
L. nucula (Fr.) Sacc. 1. 418, Fig. 263 G, H.
Lophiotricha Richon (Lophiostomatac.) 1. 417, 418.
L. Viburni Richon. 1. 418, Fig. 263 E, F.
Lophium Fries (Hysteriac.) 1. 272, 276, 277.
L. mytilinum (Pers.) Fr. 1. 277, Fig. 200 C—E.
Lophocladia Schmitz (Rhodomelac.) 2. 428, 446, 447.
L. Lallemandi (Mont.) Schmitz 2. 447, Fig. 250.
Lophocolea Casp. (Jungerm. akrog.) 3. 134.
Lophocolea Dum. (Jungerm. akrog.) 3. 76, 91, 134.
L. Liebmanniana Gott. 3. 91, Fig. 49.
Lophocolea Mitt. (Jungerm. akrog.) 3. 92.
Lophocolea Mont. (Jungerm. akrog.) 3. 93.
Lophocolea Nees (Jungerm. akrog.) 3. 93.
Lophocolea Syn. Hep. (Jungerm. akrog.) 3. 90.
Lophocoleopsis Schiffn. (Jungerm. akrog.) 3. 86.
Lophoctenium Richter (Algae) 2. 561.
Lophodermium Chevall. (Hypodermatac.) 1. 267, 269.
L. arundinaceum (Schrad.) Chevall. 1. 269, Fig. 194 K, L.
L. pinastri (Schrad.) Chevall. 1. 269, Fig. 194 H, J.
Lophodium Newm. (Polypodiac.) 4. 167.
Lopholejeunea Spruce (Jungerm. akrog.) 3. 129.

Lopholejeunea Spruce (*Jungerm. akrog.*) 3. 119, 129.
L. multilacera Steph. 3. 123, Fig. 69 K.
Lopholepis J. Sm. (*Polypodiac.*) 4. 322.
Lophomonas Stein (*Trichonymphid.*) 1a. 187.
Lophopodium Kütz. (*Rivulariac.*) 1a. 87.
Lophosiphonia Falkbg (*Rhodomelac.*) 2. 429, 459.
Lophosoria Presl (*Cyatheac.*) 4. 132.
Lophothalia Kütz. (*Rhodomelac.*) 2. 428. 448.
L. hormoclados J. Ag. 2. 448, Fig. 251 B.
Lophothalieae (*Rhodomelac.*) 2. 427, 445.
Lophothelium Strt. (*Pyrenidiac.?*) 1*. 77.
Lophozia Dum. (*Jungerm. akrog.*) 3. 93.
Lophozia Dum. (*Jungerm. akrog.*) 3. 76, 84.
L. conformis (Gottsch.) Schiffn. 3. 84, Fig. 46 D—H.
L. quinquedentata (Huds.) Schiffn. 3. 84, Fig. 46 A—C.
Lophoziopsis Schiffn. (*Jungerm. akrog.*) 3. 86.
Lophura Kütz. (*Rhodomelac.*) 2. 455.
Lophurella Schmitz (*Rhodomelac.*) 2. 426, 440.
Lopidium Hook. f. et Wils. (*Hypopterygiac.*) 3. 968, 969.
Lorchel (*Gyromitra esculenta* Pers.) 1. 170.
Lorentzia Hampe (*Leskeac.*) 3. 1011.
Lorentziella C. Müll. (*Funariac.*) 3. 510.
L. paraguensis Besch, 3. 511, Fig. 365 A—D.
Loriella Borzi (*Stigonematac.*) 1a. 81, 83.
Lorinsera Presl (*Polypodiac.*) 4. 253.
Lotzea Kl. et Karst. (*Polypodiac.*) 4. 224.
Loxochlaena J. Sm. (*Polypodiac.*) 4. 245.
Loxogramme Presl (*Polypodiac.*) 4. 306, 316.
Loxopteris Pomel (*Filical.*) 4. 494.
Loxoscaphe Moore (*Polypodiac.*) 4. 233, 244.
Loxospora Mass. (*Lecanorac.*) 1*. 205.
Loxsoma R. Br. (*Hymenophyllac.*) 4. 112, 113.
L. Cunninghamia R. Br. 4. 113, Fig. 77 A—E.
Lucernaria Ross. (*Zygnemac.*) 2. 20.
Ludovicia Trevis. (*Cladoniac.*) 1*. 140.
Luerssenia Kuhn (*Polypodiac.*) 4. 166, 180, 181.
L. Kehdingiana Kuhn 4. 180, Fig. 93 A, B.

Lungenflechte (*Lobaria pulmonaria* L.) 1*. 188.
Lungenmoos (*Lobaria pulmonaria* L.) 1*. 188.
Lunularia Adans. (*Marchantiac.*) 3. 26, 35.
L. cruciata (L.) Dum. 3. 17, Fig. 6 A; 18 Fig. 7; 34, Fig. 19 D—H.
Lunularia Bory (*Bacillariac.*) 1b. 138.
Lunularia Nees et Bisch. (*Marchantiac.*) 3. 28, 29
Lunulina Bory (*Desmidiac.*) 2. 9.
Luteolaria Kindb. (*Brachytheciac.*) 3. 1134.
Luykenia Trevis. (*Verrucariac.*) 1*. 57.
Lychaete J. Ag. (*Cladophorac.*) 2. 117.
Lychnothamnus (Rupr.) A. Br. 2. 169, 172, 174.
L. barbatus Leonh. 2. 169, Fig. 122.
Lycogala Mich. (*Trichinac.*) 1. 20, 21, 23.
L. epidendron (Buxb.) 1. 21, Fig. 12 G, H.
L. flavofusca (Ehrenb.) 1. 21, Fig. 12 J.
Lycogalopsis Ed. Fisch. (*Hymenogastruc.*) 1**. 308, 312.
L. Solmsii Ed. Fisch. 1**. 312, Fig. 161 A—C.
Lycogalopsis Fisch. (*Polyporac.*) 1**. 196.
**Lycoperdaceae** 1**. 313—324.
Lycoperdineae 1**. 1, 313—324, 557.
Lycoperdon Tourn. (*Lycoperdac.*) 1**. 313, 316, 317.
L. caelatum Bull. 1**. 317, Fig. 162 A.
L. gemmatum Balsch. 1**. 317, Fig. 162 C—F.
L. lilacinum (Mont. et Bert.) Speg. 1**. 317, Fig. 162 G.
L. pulcherrimum Berk. et Curt. 1**. 317, Fig. 162 B.
Lycoperdopsis P. Henn. (*Lycoperdac.*) 1**. 557.
**Lycopodiaceae** 4. 563—606, 713—717, 752.
Lycopodiales 4. 2, 12, 563—780.
**Lycopodiales eligulatae** 4. 12, 563—624.
**Lycopodiales ligulatae** 4. 12, 624—780.
Lycopodiineae 4. 12, 563—606.
Lycopodiobryum C. Müll. (*Bartramiac.*) 3. 660.
Lycopodioideae J. G. Ag. (*Caulerpac.*) 2. 137.
Lycopodiopsis Ren. (*Lepidodendrac.*) 4. 723.
Lycopodites Goldenb. (*Lycopodiac.*) 4. 715, 716.
Lycopodium L. (*Lycopodiac.*) 4. 4, 8, 566, 592, 593; 384, Fig. 369; 387, Fig. 371; 579, Fig. 365.
L. alpinum L. 4. 577, Fig. 363 B.

Lycopodium annotinum L. 4. 570, Fig. 357 A;
579, Fig. 365 D; 584, Fig. 369 A, C.
L. casuarinoides Spring 4. 583, Fig. 368 D.
L. cernuum L. 4. 567, Fig. 354 A—F; 572,
Fig. 359 A, B; 573, Fig. 360 D, E; 579,
Fig. 365 E; 583, Fig. 368 E.
L. c. var. Eichleri Glaz. 4. 603, Fig. 379
A—E.
L. Chamaecyparissus A. Br. 4. 579, Fig.
365 B.
L. clavatum L. 4. 8, Fig. 9; 570, Fig. 357
B—D; 572, Fig. 359 C—E; 573, Fig.
360 A, B; 574, Fig. 361 E, F; 577, Fig.
363 C; 586, Fig. 370; 587, Fig. 371 A, B.
L. complanatum L. 4. 571, Fig. 358 A—D;
581, Fig. 366 A.
L. densum Labill. 4. 587, Fig. 371 E, F.
L. inundatum L. 4. 581, Fig. 366 B; 584,
Fig. 369 D; 587, Fig. 371 G—J.
L. linifolium L. 4. 595, Fig. 374 A—D.
L. mandioccanum Raddi 4. 583, Fig. 368 B.
L. phlegmaria L. 4. 568, Fig. 355 D—F;
569, Fig. 356; 572, Fig. 359 F, G; 573,
Fig. 360 C; 574, Fig. 361 B—D; 579
Fig. 365 A; 600, Fig. 377 A—E.
L. phyllanthum Hook. et Arn. 4. 587, Fig.
371 C, D.
L. reflexum Lam. 4. 583, Fig. 368 C.
L. rufescens Hook. 4. 583, Fig. 368 A; 584,
Fig. 369 B.
L. Sanguisorba Spring 4. 592.
L. saururus Lam. 4. 593, Fig. 372 A—D.
L. Selago L. 4. 4, Fig. 5; 568, Fig. 355
A—C; 574, Fig. 361 A; 577, Fig. 363 A;
578, Fig. 364 A, B.
L. serratum Thunbg. 4. 579, Fig. 365 C.
L. squarrosum Forst. 4. 598, Fig. 376 A—D.
L. strictum Bak. 4. 597, Fig. 375 A—E.
L. verticillatum L. 4. 595, Fig. 373 A—D.
L. volubile Forst. 4. 579, Fig. 365 F; 583,
Fig. 368 F; 605, Fig. 380 A—F.
Lyellia (Polytrichac.) 3. 1211.
Lyellia R. Br. (Polytrichac.) 3. 671, 679.
L. crispa R. Br. 3. 678, Fig. 513 A—K.
Lyellia Salm. (Polytrichac.) 3. 677.
Lyginodendreae Scott 4. 783.
Lyginodendron Gourlie (Lepidodendrae.)
4. 731, 747.
Lyginodendron Will. (Lyginopterid.) 4. 783.
Lyginopterideae 4. 783.
Lyginopteris Pot. (Lyginopterid.) 4. 513,
783.
L. Oldhamia Will. 4. 784, Fig. 468, 469;
785, Fig. 470.

Lygistes J. Ag. (Nemastomac.) 2. 523.
Lygodictyon J. Sm. (Schizaeac.) 4. 363.
Lygodieae (Schizaeac.) 4. 361, 363.
Lygodium Sw. (Schizaeac.) 4. 83, 359,
360, 363, 364, 365, 366; 83, Fig. 60
I—IV.
L. articulatum Richon 4. 365, Fig. 195
A—C, G.
L. japonicum Sw. 4. 359, Fig. 191 B, C;
360, Fig. 192 C, J; 365, Fig. 195 F.
L. palmatum Sw. 4. 364, Fig. 194 A, B.
L. volubile Sw. 4. 365, Fig. 195 D, E.
Lyncodontium Greb. (Dicranae.) 3. 315.
Lyngbya C. A. Ag. (Oscillatoriac.) 1 a. 64,
65, 67; 60, Fig. 51 A.
L. aestuarii Liebm. 1 a. 65, Fig. 52 J.
Lyomyces Karst. (Hypochnac.) 1**. 116.
Lysicyclia Ehrenb. (Bacillariac.) 1 b. 61.
Lysigonium Link (Bacillariac.) 1 b. 59.
Lysurus Fries (Clathrac.) 1**. 284, 285,
286.
L. Mokusin (Cibot) Fr. 1**. 285, Fig. 135
A, B.

## M.

Machrimanta Besch. (Calymperac.) 3. (379),
1189.
Macouniella Kindb. (Leucodontac.) 3. 755,
756.
Mac Owanites Kalchbr. (Secotiac.) 1**.
299, 300.
M. agaricinus Kalchbr. 1**. 300, Fig. 148
A—C.
Macrhimanta Besch. (Calymperac.) 3. 379,
1189.
Macrobasis Starb. (Sphaerioidac.) 1**.
373, 374, 375.
M. platypus (Schwein.) Starb. 1**. 375,
Fig. 197 K—M.
Macrocoma Hornsch. (Orthotrichac.) 3. 477,
1202.
Macrocystis Ag. (Laminariac.) 2. 254,
259, 260.
M. pyrifera (Turn.) Ag. 2. 259, Fig. 176.
Macrodictyon Gray (Valoniac.) 2. 151.
Macrodiplodia Sacc. (Sphaerioidac.) 1**.
370, 371.
Macrodon W. Arn. (Dicranac.) 3. 322.
Macrodyctia Mass. (Gyrophorac.) 1*. 149.
Macrohymenium C. Müll. (Rheymato-
dontac.) 3. 1125, 1126.
M. Muelleri Doz. et Molk. 3. 1127, Fig.
798 A—G.

Macrolejeunea Spruce (*Jungerm. akrog.*) 3. 124.
Macrolejeunea Spruce (*Jungerm. akrog.*) 3. 118, 125.
Macromidium C. Müll. (*Hedwigiac.*) 3. 717.
Macromitrium Brid. (*Orthotrichac.*) 3. 457, 476, 1202.
M. Braunii C. Müll. 3. 477, Fig. 326 *F*, *G*.
M. caducipilum Lindb. 3. 483, Fig. 335 *A—D*.
M. capillicaule C. Müll. 3. 478, Fig. 327 *A—D*.
M. catharinense Paris 3. 493, Fig. 347 *A—D*.
M. comatum Mitt. 3. 477, Fig. 326 *C—E*.
M. Daemelii C. Müll. 3. 489, Fig. 341 *A—F*.
M. diaphanum C. Müll. 3. 485, Fig. 337 *A—J*.
M. eurymitrium Besch. 3. 490, Fig. 343 *A—F*.
M. goniorrhynchum (Doz. et Molk.) Mitt. 3. 480, Fig. 330 *A—E*.
M. gracillimum (Besch.) 3. 478, Fig. 328 *A—E*.
M. javanicum Bryol. jav. 3. 477, Fig. 326 *H*.
M. incurvum (Lindb.) Paris 3. 487, Fig. 339 *A—J*.
M. microcarpum C. Müll. 3. 480, Fig. 331 *A—F*.
M. Moorcroftii (Hook. et Grev.) Schwaegr. 3. 488, Fig. 340 *A—H*.
M. orthophyllum Mitt. 3. 481, Fig. 332 *A—F*.
M. orthostichum Nees 3. 477, Fig. 326 *A*, *B*; 479, Fig. 329 *A—F*.
M. pentastichum C. Müll. 3. 492, Fig. 346 *A—F*.
M. peraristatum Broth. 3. 482, Fig. 334 *A—F*.
M. perichaetiale (Hook. et Grev.) C. Müll. 3. 489, Fig. 342 *A—H*.
M. pertorquercens C. Müll. var. torquatulum C. Müll. 3. 484, Fig. 336 *A—G*.
M. ramentosum Thw. et Mitt. 3. 494, Fig. 348 *A—G*.
M. Regnellii Hampe 3. 491, Fig. 344 *A—F*.
M. Reinwardtii Schwaegr. 3. 482, Fig. 333 *A—E*.
M. stellulatum Brid. 3. 386, Fig. 338 *A—E*.
M. trachypodium Mitt. 3. 492, Fig. 345 *A—E*.
Macromitrium Hook. f. et Wils. (*Orthotrichac.*) 3. 475.
Macromitrium Mitt. (*Orthotrichac.*) 3. 475.

Macromitrium Schwaegr. (*Orthotrichac.*) 3. 465.
Macronemeae (*Mucedinac.*) 1\*\*. 416.
Macronemeae (*Dematiac.*) 1\*\*. 454, 474. 476, 482.
Macroon Corda (*Dematiac.*) 1\*\*. 478.
Macrophoma Berl. (*Sphaerioidac.*) 1\*\* 350, 353, 354.
M. cylindrospora (Desm.) Berl. et Vogl. 1\*\* 354, Fig. 185 *A*, *B*.
M. Fraxini Delacr. 1\*\*. 354, Fig. 185 *C*.
Macrophyllum Broth. (*Dicranac.*) 3. 342.
Macroplethus Presl (*Polypodiac.*) 4. 305.
Macroplodia Sacc. (*Sphaerioidac.*) 1\*\*. 363
Macroplodia West (*Sphaerioidac.*) 1\*\*. 363
Macropodia Fuckel (*Pezizac.*) 1. 182, 187
Macropus Wainio (*Cladoniac.*) 1\*. 145.
Macropyrenium Hpe. (*Thelotremac.*) 1\*. 119
Macropyxidium Broth. (*Calymperac.*) 3. 372
Macrospora Fuckel (*Pleosporac.*) 1. 440.
Macrosporium Fries (*Dematiac.*) 1\*\* 482, 484, 485.
M. commune Rabh. 1\*\*. 485, Fig. 252 *B*
M. trichellum Arc. et Sacc. 1\*\*. 485, Fig 252 *C*.
Macrosporium Preuss s. Mucrosporium.
Macrosquamidium Broth. (*Neckerac.*) 3. 809
Macrostachya Schimp. (*Calamariac.*) 4. 557
Macrostilbum Pat. (*Stilbac.*) 1\*\*. 493. 494.
Macrotaeniopteris Schimp. (*Filical.*) 4. 504
Macrothamnium Fleisch. (*Hypnac.*) 3. 1044, 1052.
M. macrocarpum (Reinw. et Hornsch.) 3. 1053, Fig. 754 *A—E*.
Macrothecium Brid. (*Bryac.*) 3. 560.
Macroxylon Cooke (*Xylariac.*) 1. 484.
Madotheca Casp. (*Jungerm. akrog.*) 3. 134
Madotheca Dum. (*Jungerm. akrog.*) 3. 116.
Magnusia Sacc. (*Aspergillac.*) 1. 297, 298 299; 1\*\*. 537.
M. nitida Sacc. 1. 298, Fig. 212 *L*, *M*.
Magnusiella Sadeb. (*Exoascac.*) 1. 158.
Maipilz (*Agaricus graveolens* Pers.) 1\*\*. 112, 267.
Maischwamm (*Agaricus graveolens* Pers.) 1\*\*. 112, 267.
Maisonneuva Trevis. (*Jungerm. akrog.*) 3. 54.
Maladie digitoire (*Plasmodiophora Brassicae* Woron.) 1. 6.
Malariabacillen (*Plasmodium Malariae* Stach. et Cell.) 1. 39.
Malbranchea Sacc. (*Mucedinac.*) 1\*\*. 417, 422.

Malinvernia Rabh. (Sordariae.) 1. 390.
Mallacodium (Fabroniae.) 3. 908.
Mallacodium (Hypnac.) 3. 1032.
Mallacodium (Sematophyllac.) 3. 1108, 1120.
Mallomonas Perty (Chromulinae.) 1a. 153, 156, 157.
M. acaroides Perty 1a. 156, Fig. 109 C.
M. litomesa Stokes 1a. 156, Fig. 109 D.
M. (Chloromonas) pulcherrima (Stokes) Lemmerm. 1a. 156, Fig. 109 E.
Mallotium (Fw.) Ach. (Collemac.) 1*. 176, 246.
Malmeomyces Starb. (Hypocreac.) 1**. 540.
Malmgrenia Trevis. (Pyrenopsidac.) 1*. 159.
Malotium A. Zahlbr. (Collemac.) 1*. 246.
Mamaku (Cyathea medullaris Sw.) 4. 129.
Mamiania Ces. et De Not. (Gnomoniac.) 1. 447, 448.
M. fimbriata (Pers.) Ces. et De Not. 1. 448, Fig. 272 F—H.
Mammaria Ces. (Dematiac.) 1**. 462.
Mammea J. Ag. (Rhodophyllidac.) 2. 379.
Mammillaria Stackh. (Gigartinac.) 2. 357.
Mannaflechte (Lecanora esculenta Eversm. etc.) 1*. 201.
Mannia Opiz (Marchantiac.) 3. 34.
Mannia Trevis. (Buelliac.) 3. 231.
Manzonia Garov. (Lecanorac.) 1*. 201.
Marantoidea (Filical.) Fr. Jaeger 4. 501.
Marasmieae (Agaricac.) 1**. 222.
Marasmiopsis P. Henn. (Agaricac.) 1**. 222, 230.
Marasmius Fries (Agaricac.) 1**. 222, 226, 227, 555.
M. alliaceus (Jacq.) Fr. 1**. 227, Fig. 113 D.
M. alliatus (Schaeff.) Schröt. 1**. 227, Fig. 113 E.
M. caryophylleus (Schaeff.) Schröt. 1**. 227, Fig. 113 G.
M. epiphyllus Fries 1**. 227, Fig. 113 B.
M. erythropus (Pers.) Fr. 1**. 227, Fig. 113 F.
M. paradoxus P. Henn. 1**. 227, Fig. 113 A.
M. peronatus (Bolt.) Fr. 1**. 227, Fig. 113 H.
M. Rotula (Scop.) Fr. 1**. 227, Fig. 113 C.
Marasmius Fries (Agaricac.) 1**. 230.
Marattia Presl (Marattial.) 4. 441.
Marattia Sm. (Marattiac.) 4. 425, 430, 433, 434, 436, 441, 442, 443.
M. cicutifolia Presl 4. 430, Fig. 237 A.
M. Douglasii Bak. 4. 425, Fig. 236 B—D.

M. fraxinea Sm. 4. 433, Fig. 238 C; 434, Fig. 239 E, F.
M. Verschaffeltii 4. 430, Fig. 237 C, D.
**Marattiaceae** 4. 422—449, 473, 514.
**Marattiales** 4. 10, 422—449, 473, 553, 556, 557.
Marattieae (Marattiac.) 4. 436, 441, 443.
Marattiopsis Schimp. (Filical.) 4. 500.
Marattiopsis Sternb. (Filical.) 4. 501.
Marchalia Sacc. (Phacidiac.) 1. 257, 265.
Marchaliella Winter (Perisporiac.) 1. 333, 336.
Marchanchites Schiffn. (Marchantiac.) 3. 1243.
Marchantia Hartm. (Marchantiac.) 3. 28.
Marchantia Hook. (Marchantiac.) 3. 33.
Marchantia L. (Marchantiac.) 3. 31, 33, 34, 35, 36.
Marchantia (L.) Raddi (Marchantiac.) 3. 26, 36.
M. geminata N. R. B. 3. 37, Fig. 21 D—H.
M. polymorpha L. 3. 21, Fig. 9; 22, Fig. 10; 37, Fig. 21 A—C.
Marchantia Lindenb. (Marchantiac.) 3. 29.
Marchantia Somm. (Marchantiac.) 3. 29.
Marchantia Sw. (Marchantiac.) 3. 35.
**Marchantiaceae** 3. 6. 16—38.
Marchantiales 3. 1, 3.
Marchantioideae (Marchantiac.) 3. 25, 28.
Marchantioides Steph. (Marchantiac.) 3. 34.
Marchantites Sap. (Marchantiac.) 3. 38, 1243.
Marchesettia Hauck (Sphaerococcac.) 2. 388.
Marchesinia S. F. Gray (Jungerm. akrog.) 3. 119, 128.
Marchesinia S. O. Lindb. (Jungerm. akrog.) 3. 128.
Marchesinia Trevis. (Jungerm. akrog.) 3. 129, 130.
Margaritoxon Janisch (Bacillariac.) 1b. 107.
Marginaria Arch., Rich. (Fucac.) 2. 259, 284, 285.
M. Urvilliana Arch., Rich. 2. 285, Fig. 187 A.
Marginaria Presl (Polypodiac.) 4. 306, 311.
Marginoporella Park. (Dasycladac.) 2. 159, 360.
Mariopteris Zeill. (Filical.) 4. 476, 477, 481, 491, 493, 494, 483, Fig. 277; 718 Fig. 409.
M. muricata (Schloth.) Zeill. 4. 477, Fig. 265; 493, Fig. 293.
Maronea Mass. (Acarosporac.) 1*. 150, 152.
M. constans (Nyl.) Th. Fr. 1*. 153, Fig. 73 E—G.

Maronea Müll. Arg. (*Acarosporac.*) 1*. 152.
Maronea Stizenb. (*Acarosporac.*) 1*. 152.
Maronenpilz (*Boletus badius* Fr.) 1**. 112, 194.
Marsilia Adans. (*Jungerm. akrog.*) 3. 53.
Marsilia L. (*Marsiliac.*) 4. 405, 407, 408, 410, 412, 414, 416, 417, 421.
M. diffusa Lepr. 4. 407, Fig. 225 *C*.
M. elata A. Br. 4. 412, Fig. 230.
M. quadrifolia L. 4. 407, Fig. 225 *B*; 410, Fig. 228 *A—G*.
M. salvatrix Hanst. 4. 405, Fig. 224; 407, Fig. 225 *A*; 408, Fig. 226 *A—D*; 409, Fig. 232, 233; 416, Fig. 235.
M. subangulata A. Br. 4. 407, Fig. 225 *D*.
Marsilia O. Ktze. (*Marchantiac.*) 3. 35.
Marsilia S. O. Lindb. (*Jungerm. akrog.*) 3. 56.
**Marsiliaceae** 4. 383, 403—421, 513.
Marsilidium Schenk (*Sphenophyllac.*) 4. 518.
Marssonia Fisch. (*Melanconiac.*) 1**. 405, 406.
M. Delastrei (De Lacr.) Sacc. 1**. 406, Fig. 211 *H*.
M. Populi (Lib.) Sacc. 1**. 406, Fig. 211 *F, G*.
M. Potentillae (Desm.) Fisch. 1**. 406, Fig. 211 *J*.
Marsupella Carringt. (*Jungerm. akrog.*) 3. 77.
Marsupella Dum. (*Jungerm. akrog.*) 3. 92.
Marsupella Dum. (*Jungerm. akrog.*) 3. 75, 77.
M. ustulata Spruce 3. 77, Fig. 41.
Marsupella S. O. Lindb. (*Jungerm. akrog.*) 3. 77.
Marsupellopsis Schiffn. (*Jungerm. akrog.*) 3. 86.
Marsupia Dum. (*Jungerm. akrog.*) 3. 77.
Marsupianthes Féc (*Polypodiac.*) 4. 272.
Marsupidium Mitt. (*Jungerm. akrog.*) 3. 86.
Marsupidium Mitt. (*Jungerm. akrog.*) 3. 96, 99.
Martensella Coemans (*Mucedinac.*) 1*. 419, 437, 438.
M. pectinata Coem. 1**. 438, Fig. 227 *G, H*.
Martensia Hering (*Delesseriac.*) 2. 408, 409.
M. elegans Hering 2. 409, Fig. 237 *A*.
Martindalia Sacc. et Ell. (*Stilbac.*) 1**. 489, 490.

Martinella Cooke et Mass. (*Nectrioidac.*) 1**. 385.
Martinellia Carringt. (*Jungerm. akrog.*) 3. 113.
Martinellius S. F. Gray (*Jungerm. akrog.*) 3. 87, 99, 113.
Marzaria Zigno (*Filical.*) 4. 514.
Maschalanthus Spreng. (*Entodontac.*) 3. 891.
Maschalanthus Spreng. (*Leucodontac.*) 3. 756.
Maschalocarpus L. (*Entodontac.*) 3. 883.
Maschalocarpus L. (*Leskeac.*) 3. 994.
Maschalocarpus Spreng. (*Entodontac.*) 3. 885, 891.
Maschalocarpus Spreng. (*Leskeac.*) 3. 981, 997.
Maschalocarpus Spreng. (*Sematophyllac.*) 3. 1099.
Maschalostroma Schmitz (*Rhodomelac.*) 2. 426, 435, 570.
Massalongia Koerb. (*Pannariac.*) 1*. 180, 183.
Massalongiella Speg. (*Mycosphaerellac.*) 1. 421, 422.
Massaria De Not. (*Massariac.*) 1. 444, 445, 446.
M. inquinans (Tode) Fr. 1. 445, Fig. 271 *F—G*.
**Massariaceae** 1. 387, 444—447; 1**. 544.
Massariella Speg. (*Massariac.*) 1. 444.
Massarina Sacc. (*Massariac.*) 1. 444, 445, 446.
M. eburnea (Tul.) Sacc. 1. 445, Fig. 271 *D, E*.
Massarinula Gen. et Lam. (*Massariac.*) 1**. 544.
Massariopsis Niessl (*Pleosporac.*) 1. 432.
Massariovalsa Sacc. (*Massariac.*) 1. 444, 445.
Massartia De Wild. (*Mucorac.*) 1**. 530.
Masseea Sacc. (*Mollisiac.*) 1. 214.
Masseella Dietel (*Schizosporac.*) 1**. 37, 38, 548.
M. Capparidis (Hobs.) 1**. 37, Fig. 22 *B*.
Massospora Peck (*Mucedinac.*) 1**. 417, 422; 1. 140.
Mastichonema Schwabe (*Rivulariac.*) 2. 87.
Mastichothrix Kütz. (*Rivulariac.*) 2. 87.
Mastigamoeba E. F. Schulze (*Rhizomastigac.*) 1a. 113, 114.
M. invertens Klebs 1a. 114, Fig. 72.
Mastigobryum Mitt. (*Jungerm. akrog.*) 3. 106.

Mastigobryum Nees (*Jungerm. akrog.*) 3. 101.
Mastigobryum Syn. Hep. (*Jungerm. akrog.*) 3. 99, 100.
Mastigochytrium Lagerh. (*Rhizidiac.*) 1\*\*. 527.
Mastigocladus Cohn (*Stigonematac.*) 1a. 81, 82.
M. laminosus Cohn 1a. 82, Fig. 58 F.
Mastigocoleus Lagerh. (*Stigonematac.*) 1a. 81, 82, 556.
M. testarum Lagerh. 1a. 82, Fig. 58 A.
Mastigolejeunea Spruce (*Jungerm. akrog.*) 3. 129.
Mastigolejeunea Spruce (*Jungerm. akrog.*) 3. 120, 129.
Mastigopelma Mitt. (*Jungerm. akrog.*) 3. 95, 102.
Mastigophora Aust. (*Jungerm. akrog.*) 3. 109.
Mastigophora Hook. (*Jungerm. akrog.*) 3. 108.
Mastigophora Nees (*Jungerm. akrog.*) 3. 102, 108.
Mastigophora Nees (*Jungerm. akrog.*) 3. 104, 108.
Mastigophora Syn. Hep. (*Jungerm. akrog.*) 3. 108.
Mastigophrys Frenzel (*Flagellata*) 1a. 94.
Mastigosporium Riess (*Mucedinac.*) 1\*\*. 447, 448, 449.
M. album Riess 1\*\*. 446, Fig. 232 D.
Mastocarpites Trevis. (*Algae*) 2. 561.
Mastocarpus Kütz. (*Gigartinac.*) 2. 357.
Mastocephalus (Bat.) O. Ktze. (*Agaricac.*) 1\*\*. 270.
Mastodia Hook. f. et Harv. (*Mastodiac.*) 1\*. 241; 2. 79.
**Mastodiaceae** 1\*. 240.
Mastodiscus Bail. (*Bacillariac.*) 1b. 80.
Mastogloia Thwait. (*Bacillariac.*) 1b. 36, 124, 135.
M. Meleagris (Kütz.) Grun. 1b. 36, Fig. 49 A.
M. Smithii Thwait. 1b. 36, Fig. 49 D; 135, Fig. 249 A—D.
Mastogloiidae (*Bacillariac.*) 1b. 124.
Mastogonia Ehrenb. (*Bacillariac.*) 1b. 148.
M. simbirskiana Pant. 1b. 148, Fig. 270 A, B.
Mastoleucomyces O. Ktze. (*Agaricac.*) 1\*\*. 269.
Mastomyces Mont. (*Sphaerioidac.*) 1\*\*. 372, 373.
M. Friesii Mont. 1\*\*. 373, Fig. 196 H—K.
Mastoneis Cleve (*Bacillariac.*) 1b. 130.

Mastophora (Decne.) Harv. (*Corallinac.*) 2. 540, 542.
M. plana (Sond.) Harv. 2. 540, Fig. 286 C.
Mastopoma Card. (*Hypnac.*) 3. 1062, 1074.
M. Armitii (Broth. et Geh.) 3. 1074, Fig. 765 A—F.
Matonia R. Br. (*Matoniac.*) 1. 313, 347, 473, 513, 514; 343, Fig. 180.
M. pectinata R. Br. 1. 343, Fig. 180 A, C, D; 344, Fig. 181 A—D; 345, Fig. 182 A—D.
M. sarmentosa Bak. 1. 343, Fig. 180 B; 346, Fig. 183 A—C.
**Matoniaceae** 1. 91, 343—350, 514.
Matonidium Schenk (*Filical.*) 1. 514.
Matruchotia Boul. (*Hypochnac.*) 1\*\*. 116.
Mattirolia Berl. et Bres. (*Hypocreac.*) 1. 348. 363.
Matula Mass. (*Telephorac.*) 1\*\*. 120, 313.
Maupasina Mun.-Chalm. (*Algae*) 2. 561.
Maurocenius S. F. Gray (*Jungerm. akrog.*) 3. 59.
Maurya Pat. (*Xylariac.*) 1\*\*. 544.
Mazaea Born. et Grun. (*Stigonematac.*) 1a. 84.
Mazosia Mass. (*Chiodectonac.*) 1\*. 103, 105.
Mazzantia Mont. (*Dothideac.*) 1. 375, 376, 377.
M. Galii (Fr.) Mont. 1. 377, Fig. 248 A—D.
Mecosorus Kl. (*Polypodiac.*) 1. 306.
Medullosa Cotta (*Medullos.*) 4. 788.
M. anglica Scott 4. 788, Fig. 572.
M. Leuckartii Göpp. et Stenz. 4. 790, Fig. 475.
M. Solmsii Schenk 4. 789, Fig. 473; 791, Fig. 477.
M. stellata Corda 4. 789, Fig. 474 A, B; 790, Fig. 476; 791, Fig. 478.
**Medulloseae** 4. 788—792.
Medusula Eschw. (*Chiodectonac.*) 1\*. 103.
Medusulina Eschw. (*Chiodectonac.*) 1\*. 103.
Meesea Brid. (*Mniac.*) 3. 613.
Meesea Hedw. (*Meescac.*) 3. 627, 628, 1209.
M. longiseta Hedw. 3. 180, Fig. 99 C; 233, Fig. 142 G; 234, Fig. 143 G.
M. trichodes (L.) 3. 628, Fig. 474 E, F.
M. triquetra (L.) 3. 628, Fig. 474 G, J.
Meesea Hoppe et Hornsch. (*Bryac.*) 3. 563.
Meesea Sw. (*Meescac.*) 3. 627.
**Meeseaceae** 3. 286, 626—629, 1209.
Meesia Hedw. (*Meescac.*) 3. 1209.

Megalangium Brid. (*Bryac.*) 3. 560.
Megalastrum J. Sm. (*Polypodiac.*) 4. 167.
Megalographa Mass. (*Graphidac.*) 1*. 100.
Megalonectria Sacc. (*Hypocreac.*) 1. 347, 362.
Megalopteris Daws. (*Filical.*) 4. 501.
Megalopteris Schenk (*Filical.*) 4. 513.
Megalorhachis Unger (*Filical.*) 4. 511.
Megalospora Mass. (*Lecideac.*) 1*. 133.
Megalospora Mey. et Flw. (*Lecideac.*) 1*. 129, 134.
M. sulphurata Mey. et Flw. 1*. 130, Fig. 63 J.
Megaloxylon Seward (*Lyginopterid.*) 4. 786.
Megaphyta 4. 507.
Megaphyton Artis (*Megaphyta*) 4. 507, 718, Fig. 409.
Megastoma Grassi (*Distomatin.*) 1a. 148, 150, 151.
M. entericum Grassi 1a. 151, Fig. 105.
Mehltau (*Uncinula spiralis* Berk. et Curt.) 1. 332; (*Oidium* spec. plur.) 1**. 424.
Meiotheciopsis Broth. (*Sematophyllac.*) 3. 1099, 1105.
M lageniformis (C. Müll.) 3. 1105, Fig. 782 A—G.
Meiothecium Mitt. (*Sematophyllac.*) 3. 1099, 1100.
M. commutatum (C. Müll.) 3. 1101, Fig. 778 A—F.
M. Wattsii Broth. 3. 1102, Fig. 779 A—G.
Meissneria Fée (*Trypethcliac.*) 1*. 71.
Melaenoparmelia Hue (*Parmeliac.*) 1*. 212.
Melampsora Castagne (*Melampsorac.*) 1**. 38, 43, 44, 548, 550.
M. farinosa (Pers.) Schröt. 1**. 44, Fig. 28 C—E.
M. Tremulae Tul. 1**. 44, Fig. 28 A, B.
Melampsora Dietel (*Melampsorac.*) 1**. 43.
**Melampsoraceae** 1**. 35, 38—48, 547, 548.
Melampsoreae (*Melampsorac.*) 1**. 38.
Melampsorella Schröt. (*Melampsorac.*) 1**. 45.
Melampsoridium Kleb. (*Melampsorac.*) 1**. 548, 550.
Melampydium (Strt.) Müll. Arg. (*Lecanactidac.*) 1*. 114, 116.
**Melanconiaceae** 1**. 349, 398—415.
**Melanconiales** 1**. 398—415, 558.
**Melanconidaceae** 1. 387, 468—472.
Melanconidium Sacc. (*Melanconidac.*) 1. 470.

Melanconiella Sacc. (*Melanconidac.*) 1. 468, 470.
Melanconis Tul. (*Melanconidac.*) 1. 468, 470, 471.
M. stilbostoma (Fr.) Tul. 1. 471, Fig. 28 A—E.
Melanconium Link (*Melanconiac.*) 1**. 405, 406.
M. Desmazierii (Berk. et Br.) 1**. 406, Fig. 211 A.
Melania Nees (*Catascopiac.*) 3. 630.
Melanobasis Müll. Arg. (*Graphidac.*) 1*. 99.
Melanodecton Mass. (*Chiodectonac.*) 1*. 105.
Melanogaster Corda (*Sclerodermatac.*) 1**. 334, 335, 557.
M. ambiguus (Vitt.) Tul. 1**. 335, Fig. 173 D.
M. variegatus (Vitt.) Tul. 1**. 335, Fig. 173 A—C.
Melanographa Müll. Arg. (*Graphidac.*) 1*. 96.
Melanomma Fuckel (*Sphaeriac.*) 1. 393, 403, 404.
M. pulvis pyrius (Pers.) Fuckel 1. 404, Fig. 258 J—L.
Melanophaea Sacc. (*Excipulac.*) 1**. 393.
Melanophthalma Fée (*Strigulac.*) 1*. 76.
Melanops Fuckel (*Melogrammatac.?*) 1. 478, 480.
Melanops Nitschke (*Melogrammatac.*) 1. 478.
Melanopsamma Niessl (*Sphaeriac.*) 1. 394, 402, 404.
M. pomiformis (Pers.) Sacc. 1. 404, Fig. 258 F, G.
Melanopsichium G. Beck (*Ustilaginac.*) 1**. 545.
Melanopus Pat. (*Polyporac.*) 1**. 168.
Melanormia Koerb. (*Graphidac.*) 1*. 93, 164.
Melanoseris Zanard. (*Rhodomelac.*) 2. 454.
Melanospora Corda (*Hypocreac.*) 1. 346, 347, 351, 352.
M. chionea (Fr.) Corda 1. 352, Fig. 237 A, G.
M. marchica Lindau 1. 352, Fig. 237 K—M.
M. parasitica Tul. 1. 252, Fig. 237 H, J.
Melanospora Mudd (*Graphidac.*) 1*. 94.
Melanosporeae (*Hypocreac.*) 1. 346, 347.
Melanostroma Corda (*Melanconiac.*) 1**. 398, 402.
Melanotaenium De Bary (*Tilletiac.*) 1**. 15, 19.
Melanotheca (Fée) Müll. Arg. (*Trypetheliac.*) 1*. 69, 70.

Melanotheca Nyl. (*Pyrenulac.*) 1*. 65.
Melanotheca Nyl. (*Trypetheliac.*) 1*. 69, 70.
Melanotheca Wainio (*Trypetheliac.*) 1*. 70.
Melanothelium Wainio (*Trypetheliac.*) 1*. 70.
Melanotrichum Corda (*Dematiae.*) 1**. 462.
Melanthalia Mont. (*Sphaerococcac.*) 2. 385, 390, 392.
M. obtusata (Lab.) J. Ag. 2. 392, Fig. 231 *A*, *B*.
Melanthalieae (*Sphaerococcac.*) 2. 384, 389.
Melaseypha Boud. (*Pezizac.*) 1. 179.
Melasmia Lév. (*Leptostromatac.*) 1**. 387, 389; 1. 263.
Melaspilea Nyl. (*Graphidac.*) 1*. 92, 96.
Melaspilea Nyl. (*Patellariac.*) 1. 222, 226.
M. proximella Nyl. 1. 226, Fig. 173 *C*.
Melaspileella Karst. (*Patellariac.*) 1. 226.
Melaspileopsis Müll. Arg. (*Graphidac.*) 1*. 96.
Melastiza Boud. (*Pezizac.*) 1. 180.
Melchioria Penz. et Sacc. (*Cucurbitariac.*) 1**. 543.
Meliola Fries (*Perisporiac.*) 1. 297, 307, 308; 1**. 539.
M. amphitricha Fries 1. 307, Fig. 218 *A*, *B*, *II*.
M. clavispora Pat. 1. 307, Fig. 218 *E*.
M. corallina Mont. 1. 307, Fig. 218 *C*, *D*.
M. echinata Gaill. 1. 307, Fig. 218 *M*.
M. furcata Lév. 1. 307, Fig. 218 *F*.
M. glabra Berk. et Curt. 1. 307, Fig. 218 *L*.
M. hyalospora Lév. 1. 307, Fig. 218 *J*.
M. Musae Mont. 1. 307, Fig. 218 *G*.
M. Wrightii Berk. et Curt. 1. 307, Fig. 218 *K*.
Melittiosporium Corda (*Stictidac.*) 1. 246, 250.
M. propolidoides Rehm 1. 250, Fig. 184 *J*.
Melittiosporium Sacc. (*Stictidac.*) 1. 250.
Melobesia Lamx. (*Corallinac.*) 2. 540, 541, 560.
M. callithamnoides Falkbg. 2. 541, Fig. 287 *A*.
M. farinosa Lamx. 2. 540, Fig. 286 *A*, *B*.
Melobesites Mass. (*Algae*) 2. 564.
Melochaeta Sacc. (*Sphaerioidac.*) 1**. 364.
Melogramma Fries (*Melogrammatac.*) 1. 478, 479, 480.
M. vagans De Not. 1. 479, Fig. 283 *K*—*M*.
**Melogrammataceae** 1. 387, 477—480.
Melogrammella Sacc. (*Melogrammatac.*) 1. 478.

Melomastia Nitschke (*Amphisphaeriac.*) 1. 414.
Melomastia Nitschke (*Amphisphaeriac.*) 1. 413, 414, 415.
M. mastoidea (Fr.) Schröt. 1. 415, Fig. 262 *F*, *G*.
Melonavicula auct. (*Bacillariac.*) 1b. 124.
Melophila Sacc. (*Leptostromatac.*) 1**. 391, 392.
Melosira Ag. (*Bacillariac.*) 1b. 59.
Melosira Ag. (*Bacillariac.*) 1b. 54, 58, 59, 60.
M. Borreri Grev. 1b. 59, Fig. 64 *A*— *C*.
M. (Gaillionella) hyperborea Grun. 1b. 60, Fig. 66.
M. (Podosira) Montagnei Kütz. 1b. 59, Fig. 65 *A*, *B*.
M. (Gaillionella) nummuloides (Dillw.) Bory 1b. 51, Fig. 61 *O*.
M. varians Ag. 1b. 51, Fig. 61 *M*—*N*.
Melosirinae (*Bacillariac.*) 1b. 55, 58.
Membranifolia Stackh. (*Gigartinac.*) 2. 358.
Membranoptera Stackh. (*Delesseriac.*) 2. 412.
Memnonium Corda (*Dematiac.*) 1**. 462.
Menegazzia A. Zahlbr. (*Parmeliac.*) 1*. 212.
Menegazzia Mass. (*Parmeliac.*) 1*. 212.
Meniscium Hk. Bk. (*Polypodiac.*) 4. 57, 467.
Meniscium Schreb. (*Polypodiac.*) 4. 177.
M. reticulatum Sw. 4. 57, Fig. 39 *A*, *B*.
Menispora Corda et Cl. (*Mucedinac.*) 1**. 428.
Menispora Pers. (*Dematiac.*) 1**. 457, 469.
M. caesia Pers. 1**. 469, Fig. 245 *E*.
Menispora Preuss (*Mucedinac.*) 1**. 448.
Menoidium Perty (*Astasiac.*) 1a. 177, 178; 2. 570.
M. pellucidum Perty 1a. 177, Fig. 128 *C*.
Monopteris Stenzel (*Filical.*) 4. 540, 541.
Merceya Schimp. (*Pottiac.*) 3. 435, 1196.
Meredithia J. Ag. (*Gigartinac.*) 2. 355, 363.
Merenia Reinsch (*Rhodomelac.*) 2. 472.
Merettia Gray (*Chlorophyc.*) 2. 27.
Meria Vuill. (*Hemibasid.*) 1**. 24.
Merianopteris Heer (*Filical.*) 5. 495.
Meridion Ag. (*Bacillariac.*) 1b. 108, 110.
M. circulare (Grev.) Ag. 1b. 110, Fig. 197 *A*—*C*.
Meridioneae (*Bacillariac.*) 1b. 56, 107.
Meripilus Karst. (*Polyporac.*) 1**. 167.
Merisma Fries (*Agaricac.*) 1**. 202.
Merisma Gill. (*Polyporac.*) 1**. 167.
Merisma Pers. (*Thelephorac.*) 1**. 125, 126.

Merismatium Zopf (*Mycosphaerellac.*) 1**. 544.
Merismopedia (Meyen) Lagerh. (*Chroococcac.*) 1a. 52, 56, 57.
M. punctata Meyen 1a. 56, Fig. 50 B.
Meristosporum Mass. (*Trypetheliac.*) 1*. 71.
Meristosporum Wainio (*Trypetheliac.*) 1*. 71.
Meristotheca G. Ag. (*Rhodophyllidac.*) 2. 368, 373.
M. papulosa (Mont.) J. Ag. 2. 373, Fig. 224.
Merizothrix Reinke (*Ulotrichac.*) 2. 84.
Merkia Borkh. (*Jungerm. anakrog.*) 3. 53.
Merkia Reichb. (*Jungerm. anakrog.*) 3. 56.
Merosporium Corda (*Tuberculariac.*) 1**. 544.
Merotricha Meresch. (*Chloromonadin.*) 1a. 170, 171, 172.
M. bacillata Meresch. 1a. 171, Fig. 124 E.
Merrifieldia J. Ag. (*Sphaerococcac.*) 2. 385, 393.
Merrilliobryum Broth. (*Fabroniac.*) 3. 1232.
M. fabronioides Broth. 3. 1233, Fig. 860 A—H.
Mertensia Roth (*Rhodymeniac.*) 2. 404.
Mertensia Willd. (*Gleicheniac.*) 4. 352, 353; 353, Fig. 188.
Mertensides Fontaine (*Filical.*) 4. 495.
Merulicae (*Polyporac.*) 1**. 152.
Merulius Hall. (*Polyporac.*) 1**. 152, 153.
M. lacrymans (Wulf.) Schum. 1**. 153, Fig. 83 A—E.
M. tremellosus Schrad. 1**. 152, Fig. 82.
Merulius Pers. (*Thelephorac.*) 1**. 127.
Mesasterias Ehrenb. (*Bacillariac.*) 1b. 75.
Mesobotrys Sacc. (*Dematiac.*) 1**. 457, 468, 469.
M. macroclada Sacc. 1**. 469, Fig. 244 B.
**Mesocarpaceae** 2. 1, 21—23.
Mesocarpus Hass. (*Mesocarpac.*) 2. 23.
Mesochaete Lindb. (*Rhizogoniac.*) 3. 615, 621.
M. undulata Lindb. 3. 621, Fig. 470 A—D.
Mesochlaena R. Br. (*Polypodiac.*) 4. 166, 181, 182.
M. polycarpa (Bl.) Bedd. 4. 182, Fig. 94 A—D.
Mesochromatium Müll. Arg. (*Graphidac.*) 1*. 101.
Mesochytrium Schröt. (*Synchytriac.*) 1. 73.
Mesogloia Ag. (*Chordariac.*) 2. 223, 225, 229.

M. vermiculata (Engl. Bot.) Le Jolis 2. 223, Fig. 154 B.
Mesogloieae (*Chordariac.*) 2. 225.
Mesographina Müll. Arg. (*Graphidac.*) 1*. 100.
Mesographis Müll. Arg. (*Graphidac.*) 1. 98, 97, Fig. 48 G.
Mesoneuraster Sandb. (*Filical.*) 4. 514.
Mesoneuron Unger (*Filical.*) 4. 474, 504, 510, 511.
Mesonodon Hampe (*Entodontac.*) 3. 881.
Mesophellia Berk. (*Calostomatac.*?) 1**. 342.
Mesophylla Dum. (*Jungerm. akrog.*) 3. 78, 82, 85.
Mesophylla S. O. Lindb. (*Jungerm. akrog.*) 3. 78.
Mesophylla Trevis. (*Jungerm. akrog.*) 3. 82, 84, 90.
Mesopleuria Moore (*Polypodiac.*) 4. 282.
Mesoptychia S. O. Lindb. (*Jungerm. akrog.*) 3. 85.
Mesopus Fries (*Agaricac.*) 1**. 201.
Mesopus Fries (*Thelephorac.*) 1**. 125.
Mesopyrenia Müll. Arg. (*Pyrenulac.*) 1*. 64.
Mesosorus Hassk. (*Gleicheniac.*) 4. 352.
Mesotaenium Naeg. (*Desmidiac.*) 2. 7, 8, 10.
M. Braunii De Bary 2. 10, Fig. 6 A.
Mesothema Presl (*Polypodiac.*) 4. 245.
Mesotrema J. Ag. (*Delesseriac.*) 2. 409.
Mesotus Mitt. (*Dicranac.*) 3. 337, 1186.
M. celatus Mitt. 3. 338, Fig. 198 A—J.
Metadothis Sacc. (*Phacidiac.*) 1. 257.
Metamorphe Falkbg. (*Rhodomelac.*) 2. 427, 445.
Metanectria Sacc. (*Hypocreac.*) 1. 347, 358.
Metanema Klebs (*Peranemac.*) 1a. 179, 183, 184.
M. variabilis Klebs 1a. 183, Fig. 134 B.
Metanormia Koerb. (*Graphidac.*) 1*. 93.
Metarrhizium Giard (*Entomophthorac.*) 1. 140.
Metasphaeria Sacc. (*Pleosporac.*) 1. 428, 434, 437; 1*. 240.
M. coniformis (Fries) Sacc. 1. 437, Fig. 269 C, D.
M. Thalictri (Wint.) Sacc. 1. 437, Fig. 269 A, B.
Metaxya Presl (*Cyatheac.*) 4. 132.
Meteoridium (*Neckerac.*) 3. 807.
Meteoridium C. Müll. (*Neckerac.*) 3. 825, 1227.

Meteorieae (*Neckerac.*) 3. 776, 806, 1226.
Meteoriopsis Fleisch. (*Neckerac.*) 3. 807,
825, 1227.
M. onusta (Spruce) 3. 826, Fig. 614 *A—F.*
Meteoriopsis Spruce (*Jungerm. akrog.*) 3.
134.
Meteorium (*Brachytheciac.*) 3. 1138.
Meteorium (*Neckerac.*) 3. 793, 800, 804,
807, 809, 811, 814, 817.
Meteorium Broth. (*Neckerac.*) 3. 1226.
Meteorium C. Müll. (*Neckerac.*) 3. 825.
Meteorium Doz. et Molk. (*Neckerac.*) 3. 807,
818, 820, 821.
Meteorium Doz. et Molk. (*Neckerac.*) 3.
807, 817, 1226.
M. medium (Aongstr.) 3. 818, Fig. 610
*A—G.*
Meteorium Mitt. (*Neckerac.*) 3. 782, 785,
805, 812, 823, 825, 830, 838, 855.
Metraria Cooke et Mass. (*Agaricac.*) 1**.
231, 232, 259.
Metzgeria Corda (*Jungerm. anakrog.*) 3. 52.
Metzgeria Raddi (*Jungerm. anakrog.*) 3.
49, 53.
M. conjugata S. O. Lindb. 3. 53, Fig. 30.
M. furcata (L.) S. O. Lindb. 3. 40, Fig. 22;
46, Fig. 25 *C.*
Metzgeria Tayl. (*Jungerm. anakrog.*) 3. 96.
Metzgerioideae (*Jungerm. anakrog.*) 3. 49,
52.
Metzgeriopsis Gaebel (*Jungerm. akrog.*)
3. 117, 120.
Metzleria Kindb. (*Dicranac.*) 3. 336.
Metzleria Schimp. *Dicranac.*) 3. 317, 336.
Metzleriella Limpr. (*Dicranac.*) 3. 336.
Miadesmia Bertrand (*Selaginellac.*) 4. 716.
Miainomyces Corda (*Mucedinac.*) 1**. 435.
Micarea E. Fr. (*Lecideac.*) 1*. 134.
M. denigrata (Fr.) Hedl. 1*. 6, Fig. 10 *A.*
Michenera Berk. et Curt. (*Thelephorac.*)
1**. 117, 119, 120.
M. artocreas Berk. et Curt. 1**. 119, Fig.
67 *II, J.*
Micractinium Fresen. (*Chlorophyc.*) 2. 27.
Micraloa Bias. (*Chlorophyc.*) 2. 27.
Micramansia Kütz. (*Rhodomelac.*) 2. 462.
Micrasterias Ag. (*Desmidiac.*) 2. 7, 13.
M. didymacanthum Naeg. 2. 13, Fig. 8 *B.*
Microascus Zukal (*Aspergillac.*) 1. 297,
298; 1**. 537.
M. sordidus Zukal 1. 298, Fig. 212 *A—D.*
Microbotryum Rud. (*Ustilaginac.*) 1**. 545.
Microbrochis Presl (*Polypodiac.*) 4. 183.
Microbryum Schimp. (*Pottiac.*) 3. 116.

Microcalpe Mitt. (*Sematophyllac.*) 3. 1108,
1109.
Microcalpe (Mitt.) Broth. (*Sematophyllac.*)
3. 1109.
Microcampylopus Broth. (*Dicranac.*) 3. 1185.
Microcampylopus C. Müll. (*Dicranac.*) 3.
331, 334.
Microcampylopus C. Müll. (*Dicranac.*)
3. 1184.
Microcarpus Kindb. (*Dicranac.*) 3. 326.
Microcera Desm. (*Tuberculariac.*) 1**. 508.
Microchaete Thur. (*Nostocac.*) 1a. 72,
75, 76.
M. Goeppertiana Kirchn. 1a. 75, Fig. 56 *H.*
Microcladia Grev. (*Ceramiac.*) 2. 485,
501, 502,
M. glandulosa (Sol.) Grev. 2. 501, Fig. 272
*E, F.*
Micrococcac J. G. Ag. (*Ulvac.*) 2. 78.
Micrococcus (Hallier) Cohn (*Coccac.*) 1a.
14, 15, 16, 17, 18; 1a, Fig. 3 *B.*
M. Gonorrhoeae (Neisser) Flügge 1a. 17,
Fig. 9.
M. pyogenes aureus Pass. et Ros. 1a. 17,
Fig. 7, 8.
M. ruber Winogr. 1a. 18, Fig. 11.
M. tetragonus Gaffky 1a. 17, Fig. 10.
Micrococcus Renault (*Algac*) 2. 549.
Microcoelia J. Ag. (*Gigartinac.*) 2. 362.
Microcolax Schmitz (*Rhodomelac.*) 2.
429, 458.
M. botryocarpa Schmitz 2. 458, Fig. 257
*E—G.*
Microcoleus Desm. (*Oscillatoriac.*) 1a.
64, 65, 70.
M. vaginatus (Vauch.) Gom. 1a. 65, Fig.
52 *O.*
Microcoryne Strömf. (*Chordariac.*) 2. 225,
228.
Microcrocis Richt. (*Chroococcac.*) 1a. 57.
Microcystis Kütz. (*Chroococcac.*) 1a. 52,
53, 55, 56.
M. flos aquae Kirchn. 1a. 53, Fig. 49 *N.*
Microdictyon Decne. (*Valoniac.*) 2. 148,
151.
M. Montagneanum Gray 2. 151, Fig. 102.
Microdictyon Saporta (*Matoniac.*) 4. 349.
Microdus Schimp. (*Dicranac.*) 3. 309, 1179.
Microglaena Lönnr. (*Verrucariac.*) 1*.
54, 57.
Microglaena Wainio (*Pyrenulac.*) 1*. 65.
Microglaena Wainio (*Verrucariac.*) 1*. 57.
Microglena Ehrenb. (*Chromulinac.*) 1a.
153, 156.

Microglena punctifera Ehrenb. 1a. 156, Fig. 109 B.
Microglena Ehrenb. (Volvocac.) 2. 38.
Microglena Schmarda (Euglenac.) 1a. 175.
Microglossum Gillet (Geoglossae.) 1. 163, 164.
Microgonium Fée (Polypodiac.) 4. 306.
Microgramme Presl (Polypodiac.) 4. 306, 316.
Micrographa Müll. Arg. (Graphidae.) 1*. 92, 102.
Microhaloa Kütz. (Coccac.) 1a. 16.
Microlejeunea Schiffn. (Jungerm. akrog.) 3. 124.
Microlejeunea Spruce (Jungerm. akrog.) 3. 122.
Microlepia Presl (Polypodiac.) 4. 205, 215, 216.
M. Speluncae (L.) Moore 4. 216, Fig. 146 A—C.
Microlepidozia Spruce (Jungerm. akrog.) 3. 103.
Microlophocolea Spruce (Jungerm. akrog.) 3. 92.
Micromaga Ag. (Bacillariac.) 1b. 132.
Micromega Ag. (Bacillariac.) 1b. 128, 132.
Micromega (Ag.) Grun. (Bacillaria.) 1b. 128.
Micromitrium Aust. (Funariac.) 3. 515.
Micromitrium Mitt. (Orthotrichac.) 3. 479, 1202.
Micromma Mass. (Trypetheliae.) 1*. 70.
Micromyces Dang. (Synchytriac.) 1**. 527.
Micronectria Speg. (Hypocreac.) 1. 346, 349.
Micronegeria Dietel (Coleosporiac.) 1**. 548, 550.
Micronemeae (Dematiac.) 1**. 454, 471, 476, 482.
Micronemeae (Mucedinae.) 1**. 446.
Micropeltis Mont. (Microthyriac.) 1. 339, 341, 342.
M. Marattiae Cooke 1. 341, Fig. 234 H.
Micropera Lév. (Sphaerioidac.) 1**. 377, 382.
Micropeziza Fuckel (Mollisiac.) 1. 212.
Microphiale (Stizenb.) A. Zahlbr. G(yalectae.) 1*. 124, 125.
Microphiale Wainio (Gyalectae.) 1*. 125.
Microphyma Speg. (Phymatosphaeriac.) 1. 242.
Micropodia Bond. (Mollisiac.) 1. 212.
Micropodiscus Grun. (Bacillariac.) 1b. 67.
Micropodium Mett. (Polypodiac.) 4. 230, 233, 234.
MicropomaLindb.(Funariac.)3.516,517.
M. niloticum (R. Del.) Lindb. 3. 517, Fig. 372 A—E.
Micropteris Desv. (Polypodiac.) 4. 322.
Micropteris J. Sm. (Polypodiac.) 4. 322.
Micropterygium Mitt. (Jungerm. akrog.) 3. 99.
Micropterygium Syn. Hep. (Jungerm. akrog.) 3. 95, 101.
M. Pterygophyllum (Nees) Spruce 3. 100, Fig. 54 F.
Micropyxidium Broth. (Funariac.) 3. 522.
Microsorium Fée (Polypodiac.) 4. 183.
Microsorium Link (Polypodiac.) 4. 306.
Microspatha Karst. (Stilbac.) 1**. 489, 491.
Microsphaera Lév. (Erysibac.) 1. 328, 330, 331.
M. Alni (DC.) Schröt. 1. 330, Fig. 229 H.
M. Berberidis (DC.) Lév. 1. 330, Fig. 229 F, G.
Microspira Schröt. (Coccac.) 1a. 31, 32.
M. Comma (Koch) Schröt. 1a. 6, Fig. 1: 4. 31, Fig. 33, 34.
M. Finkleri Schröt. 1a. 32, Fig. 35, 36, 37.
Microspongium Rke. (Chordariac.) 2. 222, 225, 226.
M. gelatinosum Rke. 2. 222, Fig. 153.
Microspora (Thur.) Lagerh. (Ulotrichac.) 2. 80, 81, 84.
M. amoena (Kütz.) Rab. var. norvegica Wille 2. 80, Fig. 45.
M. Wittrockii (Wille) Lagerh. 2. 81, Fig. 47.
Microsporon Gruby (Mucedinac.) 1**. 535, 536.
Microsporum Sabour (Mucedinac.) 1**. 424.
Microstaphyla Presl (Polypodiac.) 4. 255, 263, 265.
M. furcata (L.) Presl 4. 265, Fig. 141 A, B.
Microstegia Presl (Polypodiac.) 4. 224.
Microstegium Lindb. (Funariac.) 3. 517.
Microstegnus Presl (Cyatheac.) 4. 149.
Microstelium Pat. (Acrospermae.) 1**. 535.
Microstoma Auersw. (Diatrypac.) 1. 475.
Microstoma Milde (Helotiac.) 1. 194.
Microstroma Niessl (Exobasidiac.) 1**. 103, 105.
Microterus Presl (Polypodiac.) 4. 306.
Microthamnion J. Ag. (Ceramiae.) 2. 190.
Microthamnion Naeg. (Chaetophorac.) 2. 97.
Microthamnium Jaeg. (Entodontac.) 3. 877.

Microthamnium Jaeg. (*Hypnac.*) 3. 1052, 1083.
Microthamnium Mitt. (*Hypnac.*) 3. 1044, 1049, 1236.
M. versipoma (Hampe) 3. 1050, Fig. 752 *A—F.*
Microtheca Ehrenb. (*Bacillariac.*) 1 b. 150.
Microthecium Preuss. (*Sphaerioidac.*) 1**. 363.
Microthelia Koerb. (*Pleosporac.*) 1. 432.
Microthelia (Koerb.) Mass. (*Pyrenulac.*) 1*. 62, 241.
Microtheliopsis Müll. Arg. (*Strigulac.*) 1*. 74, 75.
Microthuidium Limpr. (*Leskeac.*) 3. 1006, 1012.
Microthuidium Warnst. (*Leskeac.*) 3. 1012.
**Microthyriaceae** 1. 328, 338—343; 1**. 339.
Microthyrium Desm. (*Microthyriac.*) 1. 339, 340. 341.
M. microscopicum Desm. 1. 341, Fig. 234 *B—D.*
Microuromyces Dietel (*Pucciniac.*) 1**. 58.
Microweisia Bryol. eur. (*Pottiac.*) 3. 386.
Microxyphium Harw. (*Perisporiac.*) 1. 338.
Micula Duby (*Sphaerioidac.*) 1**. 377, 381, 382.
M. Mougeotii Duby 1**. 381, Fig. 200 *N, O.*
Midotis Fries (*Pezizac.*) 1. 178, 188.
Mielichhoferia (*Bryac.*) 3. 539. 540.
Mielichhoferia Doz. et Molk. (*Leucobryac.*) 3. 349.
Mielichhoferia Doz. et Molk. (*Rhizogoniac.*) 3. 615.
Mielichhoferia Hornsch. (*Bryac.*) 3. 535, 1204.
M. Eckloni Hornsch. 3. 535, Fig. 395 *A—E.*
M. graciliseta (Hampe) 3. 539, Fig. 401 *F—H.*
M. himalayana Mitt. 3. 538, Fig. 400 *A—G.*
M. longipes C. Müll. 3. 537, Fig. 399 *A—E.*
M. microstomum Hampe 3. 356, Fig. 396 *A—G.*
M. minutissima C. Müll. 3. 536, Fig. 397 *A—E.*
M. Sullivani C. Müll. 3. 539, Fig. 401 *A—E.*
M. Ulei C. Müll. 3. 537, Fig. 398 *A—E.*
Mielichhoferieae (*Bryac.*) 3. 285, 534, 1204.
Mielichhoferiopsis Broth. (*Bryac.*) 3. 538.
MiroglenaEhrenb. (*Chromulinac.*) 2. 570.
Mikronegeria Dietel (*Coleosporiac.*) 3. 548, 550.
Mikropuccinia Dietel (*Pucciniac.*) 1**. 67.

Mikrospongium s. Microspongium.
Milch, blaue (*Pseudomonas syncyanea* Ehrenb.) 1a. 29.
Milchling, beißender (*Boletus pyrogala* Bull.) 1**. 113.
Milchreizker (*Lactaria volema* L.) 1**. 112.
Milchschwamm, wolliger (*Lactaria vellerea* Fr.) 1**. 113.
Mildeella Limpr. (*Pottiac.*) 3. 423.
Milesia White (*Uredinal.?*) 1**. 554.
Miliola Ehrenb. (*Pororcentrac.*) 1b. 8.
Millepora Lam. (*Algae*) 2. 560.
Milleria Peck (*Ustilaginac.*) 1**. 339, 545.
Milowia Massee (*Mucedinac.*) 1**. 447, 448, 449.
M. nivea Massee 1**. 449, Fig. 232 *E, F.*
Milowieae (*Mucedinac.*) 1**. 447.
Miltidea Str. (*Lecideac.*) 1*. 132.
Milzbrandbacillus (*Bacterium Anthracis* Koch et Cohn) 1a. 21.
Minksia Müll. Arg. (*Chiodectonac.*) 1*. 241.
Minoecia Boud. (*Pezizac.*) 1. 181.
Mirosticta Desm. (*Sphaeropsidal.*) 1**. 398.
Mischoblastia Malme (*Buelliac.*) 1**. 233.
Mischoblastia Mass. (*Buelliac.*) 1*. 233.
Mischoblastia (Mass.) Malme (*Buelliac.*) 1*. 233; 233, Fig. 122 *D.*
Mischococcus Naeg. (*Tetrasporac.*) 2. 47, 50.
M. confervicola Naeg. 2. 50, Fig. 32.
Mitophora Perty (*Flagellata*) 1a. 146, 147.
M. dubia Perty 1a. 146, Fig. 102 *E.*
Mitrapoma Duby (*Hookeriac.*) 3. 930.
Mitremyces Nees (*Calostomatac.*) 1**. 339.
Mitrophora Lév. (*Helvellac.*) 1. 169.
Mitrula Pers. (*Geoglossac.*) 1. 163, 164.
M. cucullata (Batsch) Fr. 1. 164, Fig. 138 *B, F, G.*
Mittenia Gott. (*Jungerm. akrog.*) 3. 55.
Mittenia Lindb. (*Mitteniac.*) 3. 285, 532.
M. plumula (Mitt.) Lindb. 3. 533, Fig. 394 *A—H.*
M. rotundifolia C. Müll. 3. 533, Fig. 394 *J—P.*
**Mitteniaceae** 3. 532.
Mixoneura Weiss (*Filical.*) 4. 598.
Miyabea Broth. (*Leskeac.*) 3. 984.
M. fruticella (Mitt.) 3. 758, Fig. 568 *J—P.*
**Mniaceae** 3. 286. 603—614; 1206.
Mniadelphus C. Müll. (*Hookeriac.*) 3. 925. 926, 931.
Mniadelphus Hampe (*Hookeriac.*) 3. 924.
Mniadelphus Mitt. (*Hookeriac.*) 3. 919. 925. 928, 1234.

Mniobryum Schimp. (*Bryac.*) 3. 552.
Mniobryum (Schimp.) Limpr. (*Bryac.*) 3. 542, 552. 1204.
M. atropurpureum (Wahlenb.) 3. 553. Fig. 414 G—O.
Mniodendron Lindb. (*Hypnodendrac.*) 3. 1166. 1170.
M. comosum (La Bill.) 3. 1171, Fig. 825 A—E.
Mniomalia C. Müll. (*Drepanophyllac.*) 3. 531.
M. semilimbata (Mitt.) C. Müll. 3. 531, Fig. 393 A—D.
M. viridis (Spruce) C. Müll. 3. 531, Fig. 393 E, F.
Mnion Dill. (*Aulacomniac.*) 3. 624.
Mniopsis Dum. (*Jungerm. anakrog.*) 3. 60.
Mniopsis Mitt. (*Mitteniac.*) 3. 532.
Mnium (*Mniac.*) 3. 607, 610.
Mnium (*Rhizogoniac.*) 3. 616, 621.
Mnium Broth. (*Mniac.*) 3. 604.
Mnium Bryol. eur. (*Mniac.*) 3. 613.
Mnium C. Müll. (*Mniac.*) 3. 605.
Mnium C. Müll. (*Rhizogoniac.*) 3. 619.
Mnium Dicks. (*Burtramiac.*) 3. 653.
Mnium Dill. (*Mniac.*) 3. 606.
Mnium (Dill.) L. (*Mniac.*) 3. 603, 606, 1207; 192, Fig. 112 A—E.
M. affine Bland. 3. 215, Fig. 130 J, K.
M. arcuatum Broth. 3. 608, Fig. 459 A—D.
M. cinclidioides Blytt. 3. 612, Fig. 462 E.
M. cuspidatum Hedw. 3. 171, Fig. 91 C; 192, Fig. 112 B, D; 234, Fig. 143 A; 237, Fig. 144 A—D.
M. Drummondii Bruch et Schimp. 3. 611, Fig. 461 A—D.
M. heterophyllum (Hook.) 3. 608, Fig. 459 E—K.
M. hornum (Dill.) Hedw. 3. 180, Fig. 99 B. 189, Fig. 106 B; 192, Fig. 112 C, E; 272, Fig. 166 C; 606, Fig. 457 B, C.
M. medium Bryol. eur. 3. 274, Fig. 168 L; 606, Fig. 457 A.
M. microphyllum Doz. et Molk. 3. 607, Fig. 458 A—F.
M. minutulum Besch. 3. 612, Fig. 463 A—D.
M. punctatum Hedw. 3. 189, Fig. 106 C; 192, Fig. 112 A; 606, Fig. 457 D.
M. speciosum Mitt. 3. 609, Fig. 460 A—E.
M. trichomitrium Mitt. 3. 612, Fig. 462 A—D.
M. undulatum Hedw. 3. 215, Fig. 130 M—P.
Mnium Gmel. (*Timmiac.*) 3. 660.
Mnium Hoffm. (*Bryac.*) 3. 552.
Mnium L. (*Bartramiac.*) 3. 644.
Mnium L. (*Bryac.*) 3. 545.
Mnium L. (*Georgiac.*) 3. 668.
Mnium L. (*Jungerm. akrog.*) 3. 100, 113. 414 G—O.
Mnium L. (*Meeseac.*) 3. 628.
Mnium L. (*Polytrichac.*) 3. 685.
Mnium L. f. (*Meeseac.*) 3. 627.
Mnium Mitt. (*Mniac.*) 3. 1207.
Mnium Pal.-Beauv. (*Bryac.*) 3. 563.
Mnium Pal.-Beauv. (*Hookeriac.*) 3. 944.
Mnium Pal.-Beauv. (*Hypnodendrac.*) 3. 1170.
Mnium Sw. (*Polytrichac.*) 3. 671.
Moelleria Bres. (*Hypocreac.*) 1. 348, 372, 1**. 541.
Moelleria Cleve (*Bacillariac.*) 1 b. 88.
M. cornuta Cleve 1 b. 88, Fig. 146 A, B.
Moelleriella Bres. (*Hypocreac.*) 1**. 541.
Moenckemeyera C. Müll. (*Fissidentac.*) 3. 352, 362, 1188.
M. mirabilis C. Müll. 3. 362, Fig. 224 A—E.
Moerckia Gott. (*Jungerm. anakrog.*) 3. 55.
Mohria Sw. (*Schizaeac.*) 4. 359, 360, 367.
M. caffrorum (L.) Desv. 4. 359, Fig. 191 D; 360, Fig. 192 D, E, K; 367, Fig. 196 A, B.
Molendoa Lindb. (*Pottiac.*) 3. 383, 390.
M. Hornschuchiana (Funck) Lindb. 3. 390, Fig. 248 A—C.
Molle (*Mycogone rosea* Link) 1. 351.
Molleriella Wint. (*Phymatosphaeriac.*) 1. 252.
Mollia (*Pottiac.*) 3. 385, 387, 391, 393, 396.
Mollia Lindb. (*Pottiac.*) 3. 387, 388.
Mollisia Fries (*Mollisiac.*) 1. 210, 212, 213.
M. benesuada (Tul.) Phill. 1. 213, Fig. 166 C, D.
M. betulicola (Fuckel) Rehm 1. 213, Fig. 166 E.
M. cinerea (Bartsch) Karst. 1. 213, Fig. 166 A, B.
**Mollisiaceae** 1. 176, 210—218.
Mollisieae (*Mollisiac.*) 1. 210.
Mollisiella Boud. (*Mollisiac.*) 1. 212.
Mollisiella Phill. (*Mollisiac.*) 1. 210, 211, 212.
Molluscoidea Kindb. (*Hypnac.*) 3. 1047, 1062.
Monachosorum Kunze (*Polypodiac.*) 4. 205, 217, 218.
M. subdigitatum (Bl.) Kuhn 4. 217, Fig. 117 B, F.
Monacrosporium Oudem. (*Mucedinac.*) 1**. 447, 448.
Monactinium A. Br. (*Hydrodictyac.*) 2. 73.

**Monadaceae** 1a. 118, 130—133.
Monadineae Zopf 1. 38.
Monas Cienk. (*Flagellat.*) 1a. 94, 187.
Monas Ehrenb. (*Chloromonadin.*) 1a. 172.
Monas Ehrenb. (*Chromulinae.*) 1a. 153.
Monas Ehrenb. (*Coccac.*) 1a. 16.
Monas Fresen. (*Amphimonadac.*) 1a. 140.
Monas Fresen. (*Monadac.*) 1a. 130.
Monas J. Clark (*Oicomonadac.*) 1a. 119.
Monas Joly (*Volvocac.*) 2. 38.
Monas Kent (*Rhizomastigac.*) 1a. 114.
Monas O. F. Müll. (*Volvocac.*) 1. 188; 2. 38.
Monas Perty (*Amphimonadac.*) 1a. 138.
Monas Stein (*Monadac.*) 1a. 99, 131, 132.
M. guttula 1a. 99, Fig. 65 C.
M. vivipara Ehrenb. 1a. 132, Fig. 88 A.
**Monascaceae** 1. 145, 148—149.
Monascus Van Tiegh. (*Monascac.*) 1. 148, 149.
M. (Physomyces) heterosporus (Harz) Schröt. 1. 149, Fig. 132.
Monasella Gaill. (*Pleurococcac.*) 2. 59.
Monectinus Corda (*Hydrodictyac.*) 2. 72.
Monema Grev. (*Bacillariae.*) 1b. 128, 132.
Monema (Grev.) Grun. (*Bacillariae*) 1b. 128, 132.
Monemites Mass. (*Algae*) 2. 564.
Monerolechia Trevis. (*Fungi*) 1\*. 138.
Monertinus Wille (*Hydrodictyac.*) 2. 577.
Monheimia Deb. et Ett. (*Filical.*) 4. 514.
Monilia Pers. (*Mucedinac.*) 1\*\*. 417, 423, 424.
M. candida Bon. 1\*\*. 423, Fig. 218 A, B.
M. fructigena Pers. 1\*\*. 423, Fig. 218 C, D.
Monilifera De Bary (*Saprolegniac.*) 1. 98.
Monnema Menegh. (*Bacillariae.*) 1b. 128.
**Monoblepharidaceae** 1. 106—107; 1\*\*. 529.
Monoblepharidineae 1. 63, 106—107; 1\*\*. 529.
Monoblepharis Cornu (*Monoblepharidac.*) 1. 106, 107; 1\*\*. 529.
M. sphaerica Cornu 1. 107, Fig. 90.
Monocercomonas Grassi (*Tetramitac.*) 1a. 144.
Monocercomonas Grassi et Sandias (*Flagellat.*) 1a. 185.
Monochaetia Sacc. (*Melanconiac.*) 1\*\*. 511.
Monochlaena Gaud. (*Polypodiac.*) 4. 181.
Monoclea Hook. (*Anthocerotac.*) 3. 140.
Monoclea Hook. (*Jungerm. anakrog.*) 3. 49, 55.
M. Forsteri Hook. 3. 56, Fig. 31.
Monoclea Nees (*Jungerm. anakrog.*) 3. 60.

Monocranum C. Müll. (*Dicranac.*) 3. 342.
**Monocystaceae** Zopf 1. 38.
Monoderma Rostaf. (*Didymiac.*) 1. 31.
Monodermella Schröt. (*Physaruc.*) 1. 34.
Monodineae Cienk. 1. 38.
Monogramma Ehrenb. (*Bacillariac.*) 1b. 120.
Monogramme Schk. (*Polypodiac.*) 4. 68, 297, 298; 298, Fig. 157 A—G.
M. dareicarpa Hook. 4. 298, Fig. 157 E, F.
M. paradoxa (Fée) Bedd. 4. 68, Fig. 47 A; 298, Fig. 157 A—D.
M. seminuda (Willd.) Bak. 4. 298, Fig. 157 G.
Monographus Fuckel (*Dothideac.*) 1. 375, 380; 1\*\*. 541.
M. aspidiorum (Lib.) Fuckel 1. 380, Fig. 250 D—G.
Monomita Grassi (*Oicomonadac.*) 1a. 119.
**Monomonadina** Bütschli 1a. 131.
Monopodium Delacr. (*Mucedinac.*) 1\*\*. 419, 434, 435.
M. uredopsis Delacr. 1\*\*. 434, Fig. 225 G.
Monopsis Grove et Sturt (*Bacillariac.*) 1b. 77, 80.
M. mammosa Grove et Sturt 1b. 80, Fig. 125.
Monoschisma Duby (*Nockerac.*) 3. 817.
Monosiga Kent (*Craspedomonadac.*) 1a. 125.
M. ovata Kent 1a. 125, Fig. 82 A.
Monosigeae (*Craspedomonadac.*) 1a. 125.
Monosolenium Griff. (*Marchantiac.*) 3. 27.
Monospora Metschnik. (*Saccharomycetac.*) 1. 153; 1\*\*. 531.
Monospora Solier (*Ceramiac.*) 2. 483, 488, 489.
M. pedicellata (Sm.) Sol. 2. 488, Fig. 268 D, E.
Monosporeae (*Ceramiac.*) 2. 483, 488.
Monosporidium Barclay (*Pucciniac.*) 1\*\*. 77.
Monosporium Bon. (*Mucedinac.*) 1\*\*. 419, 434, 435.
M. spinosum Bon. 1\*\*. 434, Fig. 225 F.
Monostigma Ren. et Card. (*Hypnac.*) 3. 1078, 1092, 1237.
Monostroma (Thur.) Wittr. (*Ulvac.*) 2. 77.
Monotospora Corda (*Dematiac.*) 1\*\*. 456, 464.
Monotosporeae (*Dematiac.*) 1\*\*. 454, 456.
Monotropella Spruce (*Jungerm. akrog.*) 3. 130.
Montagnella Speg. (*Dothideac.*) 1. 375.
Montagnites Fries (*Agaricac.*) 1\*\*. 204, 206, 209, 232.
M. Elliotii Mass. 1\*\*. 206, Fig. 108 K.

Montagnula Berl. (*Pleosporac.*) 1**, 544.
Montinia Mass. (*Pyrenopsid.*) 1*. 161.
Morchella Dill. (*Helvellac.*) 1. 167, 168, 169.
M. conica Pers. 1. 168, Fig. 141 C, D; 169, Fig. 142 A, B.
Morchellaria Schröt. (*Helvellac.*) 1. 170.
Mordschwamm (*Lactaria necator* Pers.) 1**. 113.
Morenoella Speg. (*Hysteriac.*) 1. 274.
Morinia Berl. et Bres. (*Melanconiac.*) 1**. 413.
Moriola Norm. (*Moriolac.*) 1*. 52.
**Moriolaceae** 1*. 51, 52.
Morioliopsis Norm. (*Moriolac.*) 1*. 52.
Moritzia Hampe (*Cryphacac.*) 3. 738.
Moronopsis Delacr. (*Melanconiac.*) 1**. 405.
Morthiera Fuckel (*Leptostromatac.*) 1**. 390.
Mortierella Coem. (*Mortierellac.*) 1. 130.
M. Candelabrum Van Tiegh. et Monn. 1. 130, Fig. 115 A.
M. nigrescens Van Tiegh. 1. 130, Fig. 115 C—E.
M. polycephalus 1. 130, Fig. 115 B.
**Mortierellaceae** 1. 123, 130—131.
Moschomyces Thaxt. (*Laboulbeniac.*) 1. 497, 504.
Mosigia Fw. (*Lecanorac.*) 1*. 201.
Mougeotia (Ag.) Wittr. (*Mesocarpac.*) 2. 22, 23.
M. calcarea Wittr. 2. 22, Fig. 12 A.
Mougeotia De Bary (*Zygnemac.*) 2. 20.
Mousse de chênes (*Evernia prunastri* L.) 1*. 218.
**Mucedinaceae** 1**. 416—454, 558.
Mucedineae (*Tuberculariac.*) 1**. 498, 506, 508, 509, 510.
Mucedites Ren. (*Hyphomycet.*) 1**. 522.
Mucidula Pat. (*Agaricac.*) 1**. 555.
Mucor (Mich.) Link (*Mucorac.*) 1. 121, 123, 124, 125, 126, 133.
M. fusiger Link 1. 124, Fig. 109.
M. Mucedo L. 1. 124, Fig. 106 A, C, D.
M. racemosa Fresen. 1. 121, Fig. 103.
M. stolonifer Ehrenb. 1. 121, Fig. 104; 125, Fig. 108.
M. umbellatus Van Tiegh. 1. 125, Fig. 107.
**Mucoraceae** 1. 123—130; 1**. 530.
Mucorineae 1. 64, 119—134; 1**, 530.
Mucorites Mich. (*Phycomycet.*) 1**. 520.
Mucronella Fries (*Hydnac.*) 1**. 139, 140.

M. togoensis P. Henn. 1**. 140, Fig. 75 A, B.
Mucronoporus Ell. et Ev. (*Polyporac.*) 1**. 156, 158, 172.
Mucrosporium Preuss (*Mucedinac.*) 1**. 447, 449.
Muehlenbeckia Lév. (*Cenangiac.*) 1. 235.
Muellerella Hepp (*Mycosphaerellac.*) 1. 424, 426, 427; 1*. 78.
M. polyspora Hepp 1. 427, Fig. 266 A, B.
Muellerena Schmitz (*Ceramiac.*) 2. 484, 496.
Muelleria Le Clerk (*Desmidiac.*) 2. 9.
Muelleriella Dus. (*Orthotrichac.*) 3. 1499.
Muelleriella Van Heurck (*Bacillariac.*) 1 b. 58, 60, 61.
M. lumbata (Ehrenb.) Van Heurck 1 b. 60, Fig. 71.
Muelleriobryum Fleisch. (*Neckerac.*) 3. 789, 799.
M. Whiteleggei (Broth.) 3. 800, Fig. 599 A—E.
Muensteria Sternb. (*Algae*) 2. 559, 561.
Multicilia Cienk. (*Holomastigac.*) 1a. 112.
M. lacustris Lauterb. 1a. 112, Fig. 70.
Munieria v. Hanken (*Dasycladac.*) 2. 159, 561.
Munkia Speg. (*Nectrioidac.*) 1**. 383, 385.
Munkiella Speg. (*Dothideac.*) 1. 375, 383.
Muralia Hampe (*Brachytheciac.*) 3. 1162.
Muricularia Sacc. (*Sphaerioidac.*) 1**. 354, 358.
M. eurotioides Sacc. 1**. 358; Fig. 188 A—C.
Murrayella Schmitz (*Rhodomelac.*) 2. 428, 449.
M. periclados (C. Ag.) Schmitz 2. 449, Fig. 252 A.
Musci 3. 1, 142—1172.
Musci frondosi 3. 1.
Musci frondosi spurii (*Bryales*) 3. 288.
Muscinei 3. 1.
Muscites (*Bryal.*) 3. 1239.
Musseron (*Marasmius scorodonius* Fries) 1**. 112.
Musseron, echter (*Hyporhodius prunulus* Scop.) 1**. 112, 257.
Mutinus Fries (*Phallac.*) 1**. 277, 289, 290, 291, 555.
M. bambusinus Zoll. 1**. 291, Fig. 142 G—J.
M. caninus (Huds.) Fr. 1**. 277, Fig. 126; 291, Fig. 142 A—E.
Mutterkorn (*Claviceps purpurea* Fr.) 1. 370.

Myagropsis Kütz. (*Fucac.*) 2. 283.
Mycarthoenia A. Zahlbr. (*Arthoniac.*) 1*. 246.
Mycarthonia Reinke (*Arthoniac.*) 1*. 90.
Myceliophthora Costant. (*Mucedinac.*) 1**. 417, 421.
Mycena Fries (*Agaricac.*) 1**. 260, 263.
Mycenarii Fries (*Agaricac.*) 1**. 262.
Mycenastrum Desv. (*Lycopodiac.*) 1**. 315, 320.
M. Corium Desv. 1**. 320, Fig. 165 B.
M. spinulosum Peck 1**. 230, Fig. 165 A.
Mycenopsis Fries (*Agaricac.*) 1**. 226.
Mycetodium Mass. (*Cladoniac.*) 1*. 151.
Mychodea Harv. (*Gigartinac.*) 2. 354, 360, 361.
M. carnosa Harv. 2. 360, Fig. 219 C.
Mychodeae (*Gigartinac.*) 2. 354, 361.
Mycobacidia Rehm (*Lecideae.*) 1*. 135.
Mycoblastus Norm. (*Lecideac.*) 1*. 129, 133.
Mycobonia Pat. (*Thelephorac.*) 1**. 123.
Mycocalycium Reinke (*Fungi*) 1*. 82.
Mycodendron Massee (*Polyporac.*) 1**. 152, 155.
M. paradoxum Massee 1**. 155, Fig. 84 A—C.
Mycogala Rostaf. (*Perisporiac.*) 1. 333.
Mycogala Rostaf. (*Sphaeriac.*) 1**. 350, 355.
Mycogone Link (*Mucedinac.*) 1**. 445, 446, 447.
M. puccinioides (Preuss) Sacc. 1**. 446, Fig. 231 L.
M. rosea Link 1**. 446, Fig. 231 K; 1. 351.
Mycoidea Cunn. (*Mycoideac.*) 2. 102, 103, 104.
M. parasitica Cunn. 2. 102, Fig. 67.
**Mycoideaceae** 2. 27, 101—105, 160.
Mycolecidea Karst. (*Patellariac.*) 1. 228.
Mycomelaspilea Reinke (*Patellariac.*) 1. 226.
**Mycoporaceae** 1*. 52, 77—78.
Mycoporellum (Müll. Arg.) A. Zahlbr. (*Mycoporac.*) 1*. 78.
Mycoporopsis Müll. Arg. (*Mycoporac.*) 1*. 78.
Mycoporum Fw. (*Mycoporac.*) 1*. 78.
M. elabeus Fw. 1*. 78, Fig. 41 A, B.
Mycosphaerella Johans. (*Mycosphaerellac.*) 1. 421, 423, 425; 1**. 351.
M. maculiformis (Pers.) Schroet. 1. 425, Fig. 265 G—J.
Mycosphaerella Schroet. (*Mycosphaerellac.*) 1. 426.

**Mycosphaerellaceae** 1. 387, 421—428; 1**. 543.
Mycothamnion Kütz. (*Tetrasporac.*) 2. 50.
Mydonotrichum Corda (*Dematiac.*) 1**, 478.
Myelomium Kütz. (*Chaetangiac.*) 2. 337.
Myelophycus Kjellm. (*Encoeliac.*) 2. 201, 202.
M. caespitosus Kjellm. 2. 202, Fig. 141.
Myelopoea Wainio (*Usneac.*) 1*. 222.
Myelopytis Corda (*Medullosae*) 1. 788.
Myelopteris Ren. (*Medullosae*) 1. 790.
Myeloxylon Brongn. (*Medullosae*) 1. 790.
M. Landriotii (Ren.) 1. 791, Fig. 179.
Myiocopron Speg. (*Microthyriac.*) 1. 339, 341.
M. Smilacis (De Not.) Sacc. 1. 341, Fig. 214 A.
Mykosyrinx G. Beck (*Ustilaginac.*) 1**. 545.
Mylia Lem. (*Jungerm. akrog.*) 3. 132.
Mylia (S. F. Gray) Carringt. (*Jungerm. akrog.*) 3. 76, 89.
Mylia Trevis. (*Jungerm. akrog.*) 3. 90.
Mylittopsis Pat. (*Auriculariac.*) 1**. 86.
Mylius Dum. (*Jungerm. akrog.*) 3. 132.
Mylius S. F. Gray (*Jungerm. akrog.*) 3. 90, 92.
Myochrotes B. et Fl. (*Scytonematac.*) 1 a. 79.
Myriactis Kütz. (*Chordariac.*) 2. 225, 227, 228.
M. pulvinata Kütz. 2. 227, Fig. 156.
Myriadoporus Peck (*Polyporac.*) 1**. 196, 197.
**Myriaugiaceae** 1. 319—320, 1**. 533, 538.
Myriangium Mont. et Berk. (*Myriangiac.*) 1. 320. 1**. 539.
M. Duriaei Mont. 1. 320, Fig. 227 A—E.
Myrinia Kindb. (*Brachythecinc*) 3. 1133.
Myrinia Schimp. (*Fabroniac.*) 3. 908.
Myrioblastus Trevis. (*Acarosporac.*) 1*. 152.
Myrioblepharis Thaxt. (*Monoblephari-dac.*) 1**. 530.
Myriocarpum Bon. (*Pleosporac.*) 1. 435.
Myriocephalum De Not. (*Melancomiac.*) 1**. 503.
Myrioclada J. Ag. (*Chordariac.*) 2. 225, 226.
Myriococcum Fries (*Aspergillac.*) 1. 308. 1**. 538.
Myriocolea Spruce (*Jungerm. akrog.*) 3. 118, 121.

10*

Myriodesma Decne. (*Fucac.*) 2. 274, 278, 280.
M. serrulatum (Lamx.) J. Ag. 2. 274, Fig. 181 *A*.
Myriogenospora Atkins. (*Dothideac.*) 1. 375. 376.
Myrionema Grev. (*Chordariac.*) 2. 225. 226.
Myrionemeae (*Chordariac.*) 2. 225.
Myriophyllites Sternb. (*Calamariac.*) 4. 553.
Myriophylloides Hick et Cash (*Calamariac.*) 4. 556.
Myriophysa Fries (*Tuberculariae.*?) 1**. 511, 514.
Myriopteris Fée (*Polypodiac.*) 4. 274. 277.
Myriorrhynchus S. O. Lindb. (*Marchantiac.*) 3. 29.
Myriosperma Naeg. (*Acarosporac.*) 1*. 152.
Myriospora Hepp (*Acarosporac.*) 1*. 152.
Myriostigma Kremph. (*Arthoniac.*) 1*. 94.
Myriostoma Corda (*Lycoperdac.*) 1*. 322.
Myriotheca Bory (*Marattiac.*) 4. 444.
Myriotheca Zeiller (*Marattial.*) 4. 448.
Myriotrema (A. Zahlbr.) Fée (*Thelotremac.*) 1*. 118.
Myriotrichia Harv. (*Myriotrichiac.*) 2. 215.
M. clavaeformis Harv. 2. 215, Fig. 149 *A*.
M. c. f. filiformis (Harv.) 2. 215, Fig. 149 *B, C*.
**Myriotrichiaceae** 2. 180, 214—215.
Myrmaeciella Lindau (*Melogrammatac.*) 1. 477, 478.
Myrmaecium Nitschke (*Melogrammatac.*) 1. 477, 478, 479.
M. rubricosum (Fr.) Fuckel 1. 479, Fig. 283 *F—J*.
Myrmaecium Sacc. (*Melogrammatac.*) 1. 478.
Myrmecocystis Harkn. (*Balsamiac.*) 1**. 535, 536.
Myrmecophila Christ (*Polypodiac.*) 4. 324.
Myropyxis Ces. (*Tuberculariac.*) 1**. 500, 506.
Myrothecium Bon. (*Tuberculariac.*) 1**. 505.
Myrothecium Tode (*Tuberculariac.*) 1**. 544, 513.
M. roridum Tode 1**. 512, Fig. 262 *H*.
Myrsidrum Bory (*Dasycladac.*) 2. 457.
Mystrosporella Sacc. (*Dematiac.*) 1**. 484.
Mystrosporium Corda (*Dematiac.*) 1**. 482, 484, 485.
M. piriforme Desm. 1**. 485, Fig. 252 *D*.

Mytilidion Duby (*Hysteriac.*) 1. 276.
Mytilidium Duby (*Hysteriac.*) 1. 272, 275, 276.
M. Karstenii Sacc. 1. 275, Fig. 199 *F, G*.
Mytilinidion Duby (*Hysteriac.*) 1. 276.
Mytilopsis Spruce (*Jungerm. akrog.*) 3. 95, 102.
M. albifrons Spruce 3. 104, Fig. 55 *B—D*.
Mytilostoma Karst. (*Lophiostomatac.*) 1. 424.
Myurella (*Brachytheciac.*) 3. 1149.
Myurella Bryol. eur. (*Leskeac.*) 3. 981, 983.
M. julacea (Vill.) 3. 983, Fig. 745 *A—D*.
**Myuriaceae** 3. 1224.
Myurium Schimp. (*Myuriac.*) 3. 748, 762, 1214, 1224.
Myuroclada Berch. (*Brachytheciac.*) 3. 1129. 1149.
M. concinna (Wils.) 3. 1150, Fig. 811 *A—F*.
Myxacium Fries (*Agaricac.*) 1**. 248.
Myxastrum Haeckel (*Monocystac.*) 1. 38.
Myxidium Bütschli (*Myxosporid.*) 1. 40.
M. Lieberkühnii Bütschli 1. 40, Fig. 22.
Myxochaete Bohlin (*Dasycladac.*?) 2. 160.
Myxoderma Hansg. (*Algae*?) 1a. 92.
Myxodictyon Mass. (*Lecanorac.*) 1*. 199. 206.
Myxogasteres 1. 1, 8—35; 1**. 524.
Myxomycetes 1. 1; 1a. 117.
Myxomycetes Ren. (*Myxomycet.*) 1**. 519.
Myxonema Corda (*Tuberculariac.*) 1**. 499, 503.
Myxonema Fries (*Ulotrichac.*) 2. 84.
Myxophyceae Stizenb. 1a, 45—50.
Myxopuntia Dur. et Mont. (*Collemac.*) 1**. 175.
Myxormia Berk. et Br. (*Melanconiac.*) 1**. 399, 403.
Myxosporella Sacc. (*Melanconiac.*) 1**. 399, 402, 403.
M. miniata Sacc. 1**. 402, Fig. 209 *K—M*.
Myxosporidia Bütschli 1. 40.
Myxosporium Link (*Melanconiac.*) 1**. 398, 400, 401.
M. carneum (Lib.) Thüm. 1**. 400, Fig. 206 *K—M*.
Myxothallophyta 1. I.
Myxotrichella Sacc. (*Dematiac.*) 1**. 457, 467.
Myxotrichelleae (*Dematiac.*) 1**. 455, 457.
Myxotrichum Kunze (*Gymnoascac.*) 1. 294, 295, 296.
M. chartarum Kunze 1. 296, Fig. 211 *G*.
M. uncinatum (Eidam) 1. 296, Fig. 211 *H—K*.

Myzocytium Schenk (*Lagenidiac.*) 1. 89, 90.
M. proliferum Schenk 1. 90, Fig. 72.

## N.

Naccaria Endl. (*Gelidiac.*) 2. 342, 346.
Nadeaudia Besch. (*Calomniac.*) 3. 667.
Naegelia Reinsch (*Leptomitac.*) 1. 103; 1\*\*. 529.
Naegeliella Corr. (*Hymenomonadac.*) 1a. 159, 160; 2. 570.
N. flagellifera Corr. 1a. 160, Fig. 114.
Naegeliella Schröt. (*Leptomitac.*) 1. 101, 102, 103; 1\*\*. 529.
N. Reinschii Schröt. 1. 102, Fig. 85.
Naemacyclus Fuckel (*Stictidac.*) 1. 246, 250, 251.
N. niveus (Pers.) Sacc. 1. 251, Fig. 285 *A—C.*
Naematelia Fries (*Tremellac.*) 1\*\*. 92.
Naemosphaera Sacc. (*Sphacrioidac.*) 1\*\*. 362, 364.
Naemospora Pers. (*Melanconiac.*) 1\*\*. 398, 402.
N. crocceola Sacc. 1\*\*. 402, Fig. 209 *A*.
N. Tiliae Delacr. 1\*\*. 402, Fig. 209 *B*.
Naetrocymbe Koerb. (*Fungi*) 1\*. 164.
Naevia Alenq. (*Arthoniac.*) 1\*. 90.
Naevia Fries (*Stictidac.*) 1. 245, 246, 247.
N. tithymalina (Kze.) Rehm 1. 247, Fig. 182 *D, E.*
Naevia Mass. (*Arthoniac.*) 1\*. 90.
Naeviella Rehm (*Stictidac.*) 1. 249.
Naeviella Wainio (*Arthoniac.*) 1\*. 90.
Nanocarpidium C. Müll. (*Neckerac.*) 3. 842.
Nanomitriopsis Card. (*Funariac.*) 3. 1204.
Nanomitrium Lindb. (*Funariac.*) 3. 512, 515.
N. synoicum (James) Lindb. 3. 515, Fig. 369 *A.*
N. tenerum Gb. 3. 227, Fig. 139 *C.*
Napicladium Thüm. (*Dematiac.*) 1\*\*. 476, 479, 480.
N. Brunaudii Sacc. 1\*\*. 479, Fig. 249 *F.*
Nardia (*Jungerm. akrog.*) 3. 91.
Nardia Carringt. (*Jungerm. akrog.*) 3. 77, 82.
Nardia S. F. Gray (*Jungerm. akrog.*) 3. 75, 78.
N. crenulata (Sm.) S. O. Lindb. 3. 79, Fig. 42 *A, B.*

N. haematosticta (Nees) S. O. Lindb. 3. 79, Fig. 42 *D—F.*
N. hyalinia (Hook) S. O. Lindb. 3. 79, Fig. 42 *C.*
Nardia S. O. Lindb. (*Jungerm. akrog.*) 3. 77.
Nardia Trevis. (*Jungerm. akrog.*) 3. 84.
Nardiocalyx S. O. Lindb. (*Jungerm. akrog.*) 3. 78.
Nardius S. F. Gray (*Jungerm. akrog.*) 3. 77, 78.
Nardoa Zanard. (*Squamariac.*) 2. 536.
Nardu-Pflanze (*Marsilia Nardu* R. Br. und *M. Drummondii* A. Br.) 4. 416.
Nathorstia Heer (*Filical.*) 4. 514.
Native Bread (*Polyporus Mylittac* Mass.) 1\*\*. 172.
Naucoria Fries (*Agaricac.*) 1\*\*. 231, 232, 242, 250.
N. (Tubaria) furfuracea (Pers.) Quél. 1\*\*. 242, Fig. 117 *D.*
N. (Flammula) sapinea (Fries) 1\*\*. 242, Fig. 117 *G.*
N. sobria (Fr.) Sacc. 1\*\*. 242, Fig. 117 *F.*
Naucoria Fries (*Agaricac.*) 1\*\*. 241.
Naucoriopsis P. Henn. (*Agaricac.*) 1\*\*. 250.
Naunema Ehrenb. (*Bacillariac.*) 1b. 128, 132.
Navicella H. Fabre (*Mucedinac.*) 1. 419.
Navicula (*Bacillariac.*) 1b. 125.
Navicula Bory (*Bacillariac.*) 1b. 36, 43, 45, 48, 52, 122, 124, 127, 128, 129.
N. (Pleurostauron) acuta (W. Sm.) Rabh. 1b. 129, Fig. 231.
N. amphirrhynchus Ehrenb. 1b. 48, Fig. 58 *K, L.*
N. (Libellus) constricta (Ehrenb.) 1b. 129, Fig. 232 *A, B.*
N. (Dickieia) crucigera W. Sm. 1b. 129, Fig. 233 *A, B.*
N. firma Kütz. 1b. 52, Fig. 62 *C, D;* 124, Fig. 227 *A, B.*
N. (Schizonema) Grevillei Ag. 1b. 36, Fig. 49 *E—G;* 127, Fig. 228 *A, B.*
N. (Colletonema) lacustris (Ag.) Kütz. 1b. 128, Fig. 229 *A—C.*
N. (Eustauroneis) Phoenicenteron (Nitzsch) 1b. 129, Fig. 230.
N. (Schizonema) ramosissima Ag. 1b. 127, Fig. 228 *C.*
N. (Dickieia) ulvacea Berk. 1b. 36, Fig. 49 *B, C;* 129, Fig. 233 *C—E.*
N. (Pinnularia) viridis (Nitzsch) Kütz. 1b. 43, Fig. 55 *C, D;* 45, Fig. 56 No. 1—3; 124, Fig. 226 *A, B.*

Naviculae (*Bacillariac.*) 1b. 122.
Navicularia C. Müll. (*Bryac.*) 3. 574.
Naviculeae (*Bacillariac.*) 1b. 57, 122.
Naviculidae (*Bacillariac.*) 1b. 122.
Naviculinae (*Bacillariac.*) 1b. 57, 122.
Naviculoideae (*Bacillariac.*) 1b. 57, 122.
Nebbia nera (*Glocosporium ampelophagum* Pass.) 1**. 399.
Nebroglossa Presl (*Polypodiac.*) 4. 195.
Necator Massee (*Tuberculariac.*) 1**. 500, 504.
Neckera (*Cryphaeac.*) 3. 472.
Neckera (*Entodontac.*) 3. 875, 878, 881, 883, 887, 894.
Neckera (*Fontinalac.*) 3. 723, 731.
Neckera (*Hedwigiac.*) 3. 716, 717, 718, 720.
Neckera (*Leucodontac.*) 3. 748, 753, 755, 756, 757.
Neckera (*Neckerac.*) 3. 804, 807, 809, 810, 811, 814, 817, 818, 821, 825, 829, 830, 835, 839, 840, 850, 852, 856, 1229.
Neckera (*Sematophyllac.*) 3. 1099, 1100.
Neckera (*Spiridentac.*) 3. 767, 769.
Neckera Brid. (*Lepyrodontac.*) 3. 772.
Neckera C. Müll. (*Brachytheciac.*) 3. 1131.
Neckera C. Müll. (*Entodontac.*) 3. 873.
Neckera C. Müll. (*Fabroniac.*) 3. 908, 909.
Neckera C. Müll. (*Fontinalac.*) 3. 731.
Neckera C. Müll. (*Leskeac.*) 3. 985.
Neckera C. Müll. (*Leucodontac.*) 3. 761.
Neckera C. Müll. (*Neckerac.*) 3. 776, 821, 823, 850.
Neckera Dicks. (*Neckerac.*) 3. 838.
Neckera Doz. et Molk. (*Fabroniac.*) 3. 906.
Neckera Doz. et Molk. (*Neckerac.*) 3. 818.
Neckera Griff. (*Sematophyllac.*) 3. 1107.
Neckera Hampe (*Leskeac.*) 3. 990.
Neckera Hampe (*Neckerac.*) 3. 823.
Neckera Hartm. (*Neckerac.*) 3. 848.
Neckera Harv. (*Hypnac.*) 3. 1077.
Neckera Harv. (*Neckerac.*) 3. 828, 836.
Neckera Hedw. (*Brachytheciac.*) 3. 1134.
Neckera Hedw. (*Cryphaeac.*) 3. 739.
Neckera Hedw. (*Entodontac.*) 3. 878.
Neckera Hedw. (*Leskeac.*) 3. 986.
Neckera Hedw. (*Neckerac.*) 3. 780, 795.
Neckera Hedw. (*Neckerac.*) 3. 835, 839, 1229.
N. obtusifolia Tayl. 3. 843, Fig. 625 *A—E*.
N. undulata Hedw. 3. 841, Fig. 624 *A—F*.
Neckera Hedw. (*Pilotrichac.*) 3. 912.
Neckera Hook. (*Entodontac.*) 3. 887.
Neckera Hook. (*Hypnac.*) 3. 1051.
Neckera Hook. (*Leucodontac.*) 3. 760.

Neckera Hook. (*Neckerac.*) 3. 800, 820, 830, 850, 852, 855, 859.
Neckera Hook. (*Spiridentac.*) 3. 767.
Neckera Hook. et Arn. (*Leucodontac.*) 3. 759.
Neckera Hornsch. (*Prionodontac.*) 3. 765.
Neckera Hornsch. et Reinw. (*Neckerac.*) 3. 798.
Neckera Mitt. (*Cryphaeac.*) 3. 742.
Neckera Mitt. (*Neckerac.*) 3. 846.
Neckera Nees (*Neckerac.*) 3. 807.
Neckera Schleich. (*Neckerac.*) 3. 835.
Neckera Schwaegr. (*Fabroniac.*) 3. 905.
Neckera Schwaegr. (*Hookeriac.*) 3. 957.
Neckera Schwaegr. (*Leskeac.*) 3. 997.
Neckera Schwaegr. (*Neckerac.*) 3. 782, 825.
Neckera Sm. (*Hookeriac.*) 3. 920.
Neckera Timm (*Climaciac.*) 3. 734.
Neckera Vill. (*Leucodontac.*) 3. 755.
Neckera Willd. (*Brachytheciac.*) 3. 1138.
Neckera Willd. (*Hypnac.*) 3. 1022.
**Neckeraceae** 3. 775—863, 1224.
Neckereae 3. 776, 835, 1229.
Neckeropsis Reichdt. (*Neckerac.*) 3. 839, 1229.
Nectria Fries (*Hypocreac.*) 1. 347, 353, 357.
N. cinnabarina (Tode) Fr. 1. 357, Fig. 239 *A—D*.
N. ditissima Tul. 1. 357, Fig. 239 *E, F*.
N. inaurata Berk. et Br. 1. 357, Fig. 239 *J*.
N. oropensoides Rehm 1. 357, Fig. 239 *K*.
N. sinopica Fries 1. 357, Fig. 239 *G, H*.
Nectrieae (*Hypocreac.*) 1. 346, 347.
Nectriella Nitsche (*Hypocreac.*) 1. 354.
Nectriella Sacc. (*Hypocreac.*) 1. 347, 354.
N. Rousseliana (Mont.) Sacc. 1. 354, Fig. 238 *A, B*.
**Nectrioidaceae** 1**. 349, 382—386.
Nectrium Naeg. (*Desmidiac.*) 2. 8.
Neesiella Schiffn. (*Marchantiac.*) 3. 25, 32.
N. rupestris (Nees) Schiffn. 3. 23, Fig. 11; 32, Fig. 17 *G—K*.
Negeriella P. Henn. (*Stilbac.*) 1**. 496, 498.
Neidium Pfitz. (*Bacillariac.*) 1b. 124.
Nelkenschwamm (*Marasmius Oreades* Bolt.) 1**. 112.
Nemacola Mass. (*Lichen.*) 1*. 176.
Nemacystus Derb., Sol. (*Chordariac.*) 2. 227.
Nemalieae (*Helminthocladiac.*) 2. 329; 332.

Nemalion Targ. Tozz. (*Helminthocladiac.*) 2. 329, 332, 333.
N. multifidum J. Ag. 2. 333, Fig. 203 *D*.
**Nemalionales** 2. 305, 324—349.
Nemalionites Mass. (*Algae*) 2. 561.
Nemastoma J. Ag. (*Nemastomac.*) 2. 523, 526, 527.
N. dichotoma J. Ag. 2. 526, Fig. 280 *A, B*.
**Nemastomaceae** 2. 306, 521—527.
Nemastomeae (*Nemastomac.*) 2. 523, 526.
Nemathora Fée (*Strigulac.*) 1*. 76.
**Nematoceae** 700, 701, 916—918.
Nematococcus Kütz. (*Fungi*) 2. 27.
Nematodontei (*Bryal.*) 3. 287.
Nematogonium Desm. (*Mucedinac.*) 1**. 420, 443, 444.
N. aurantiacum Desm. 1**. 443, Fig. 230 *B*.
Nematoloma Karst. (*Agaricac.*) 1**. 237.
Nematonostoc Nyl. (*Algae*) 1*. 176.
Nematopera Kze. (*Polypodiac.*) 4. 159.
Nematophycus Carruth. (*Algae*) 2. 561.
Nematoplata Bory (*Bacillariac.*) 1b. 113.
Nematosporangium A. Fischer (*Pythiac.*) 1. 104.
Nematoxylon Daws. (*Algae*) 2. 561.
Nemertites MacLeay (*Algae*) 2. 564.
Nemoderma Schousb. (*Phaeophyc.*) 2. 290.
Nemoursia Mérat (*Marchantiac.*) 3. 34.
Neobarbula magellanica Dus. 3. 1195, Fig. 839 *A—G*.
Neobarcleya Sacc. (*Melanconiac.*) 1**. 407.
Neocosmospora E. F. Sm. (*Hypocreac.*) 1**. 540.
Neodelia Bompard (*Cladophorac.*) 2. 119.
Neodiatoma O. Ktze. (*Bacillariac.*) 1b. 110.
Neokneiffia Sacc. (*Hydnac.*) 1**. 554.
Neolecta Speg. (*Geoglossac.*) 1. 163, 165.
Neolindbergia Fleisch. (*Prionodontac.*) 3. 1215.
N. rugosa (Mont.) 3. 1215, Fig. 850 *A—F*.
Neomeris Harv. (*Algae*) 2. 562.
Neomeris Lamx. (*Dasycladac.*) 2. 153, 156, 157, 158.
N. Kelleri Cramer 2. 153, Fig. 104; 158, Fig. 108.
Neopeckia Sacc. (*Sphaeriac.*) 1. 394, 396.
N. diffusa (Schwein.) Starb. 1. 396, Fig. 255 *II, J*.
Neophyllis Wils. (*Cladoniac.*) 1* 142.
Neoskofitzia Schulzer (*Hypocreac.*) 1. 347, 353.
Neotiella Cooke (*Pezizac.*) 1. 180.

Neottiospora Desm. (*Sphaerioidac.*) 1**. 350, 357.
Neottopteris J. Sm. (*Polypodiac.*) 4. 233.
Neovossia Koern. (*Tilletiac.*) 1**. 15, 16, 546.
N. Moliniae (Thüm.) Koern. 1**. 16, Fig. 9 *A—C*.
Nephrocytium Naeg. (*Pleurococcac.*) 2. 56, 57, 58.
N. Agardhianum Naeg. 2. 57, Fig. 36 *C*.
Nephrodium Rich. (*Polypodiac.*) 4. 81, 86, 149, 166, 167, 169, 176; 169, Fig. 91; 176, Fig. 92.
N. decompositum R. Br. 4. 176, Fig. 92 *J*.
N. dissectum (Forst.) Desv. 4. 176, Fig. 92 *E, F*.
N. filix mas Rich. 4. 81, Fig. 58 I—VIII; 149, Fig. 86 *G*.
N. glandulosum J. Sm. 4. 176, Fig. 92 *G*.
N. hexagonopterum (Michx.) Diels 4. 169, Fig. 91 *D*.
N. patens Desv. 4. 169, Fig. 91 *E, F*.
N. podophyllum Hook. 4. 169, Fig. 91 *A, C*.
N. reptans (Sw.) Diels 4. 169, Fig. 91 *B*.
N. reticulatum (Sw.) Diels 4. 176, Fig. 92 *II*.
N. sanctum (L.) Baker 4. 176, Fig. 92 *A, B*.
N. spinulosum Desv. 4. 176, Fig. 92 *C, D*.
N. Totta (Willd.) Diels 4. 169, Fig. 91 *G*.
Nephrolepis Schott (*Polypodiac.*) 4. 204, 205, 207; 207, Fig. 111 *A—D*.
N. cordifolia (L.) Presl 4. 207, Fig. 111 *A—C*.
N. davallioides (Sw.) Kze. 4. 207, Fig. 111 *D*.
Nephroma Ach. (*Peltigerac.*) 1*. 191, 192, 193.
N. resupinatum (L.) Fw. 1*. 191, Fig. 101 *D*; 193, Fig. 102 *F*.
Nephroma Nyl. (*Peltigerac.*) 1*. 193.
Nephromium Nyl. (*Peltigerac.*) 1*. 194.
Nephromium Stizenb. (*Peltigerac.*) 1*. 194.
Nephromopsis Müll. Arg. (*Parmeliac.*) 1*. 208, 216.
Nephromyces Giard (*Hyphochytriac.*) 1**. 527.
Nephroselmis Stein (*Volvocac.*) 1a. 187.
Nephroselmis Stein (*Chrysomonadac.*) 2. 570.
Nereia Zanard. (*Sporochnac.*) 2. 248.
Nereidea Stackh. (*Rhodymeniac.*) 2. 404.
Nereites MacLeay (*Algae*) 2. 564.
**Nereocystis** Post. et Rupr. (*Laminariac.*) 2. 254, 258, 259.
N. Lütkeana (Mert.) Post. et Rupr. 2. 258, Fig. 175 *A*.

Neriopteris Newberry (*Filical.*) 4. 501.
Nesolechia Mass. (*Patellariac.*) 1. 222, 224, 225; 1*. 138.
N. oxyspora (Tul.) Mass. 1. 224, Fig. 172 *B*.
Netrococcus Naeg. (*Pleurococcac.*) 2. 58.
Neuralethopteris Cremer (*Filical.*) 4. 500.
Neurocallipteris Sterzell (*Filical.*) 4. 500.
Neurocallis Fée (*Polypodiac.*) 4. 334.
Neurocaulon (Zanard.) Kütz. (*Nemastomac.*) 2. 523, 525.
N. reniforme (Post. et Rupr.) Zanard. 2. 525, Fig. 279 *B*.
Neurodium Fée (*Polypodiac.*) 4. 305.
Neurodontopteris Pot. (*Filical.*) 4. 500.
Neuroecium Kunze (*Sphaeropsidal.*) 1**. 398.
Neuroglossum Kütz. (*Delesseriac.*) 2. 408, 411.
Neurogramme Link (*Polypodiac.*) 4. 255, 262, 263; 263, Fig. 139 *A—E*.
N. calomelanos (Kaulf.) Diels 4. 263, Fig. 139 *C*.
N. Muelleri (Hook.) Diels 4. 263, Fig. 139 *A*.
N. pedata (Kaulf.) Diels 4. 263, Fig. 139 *D*.
N. rufa (Desv.) Link 4. 263, Fig. 139 *B*.
N. triangularis (Kaulf.) Diels 4. 263, Fig. 139 *E*.
Neurolejeunea Spruce (*Jungerm. akrog.*) 3. 125.
Neurolejeunea Spruce (*Jungerm. akrog.*) 3. 119, 131.
Neuroplatyceros Pluck. (*Polypodiac.*) 4. 336.
Neuropogon Fw. et Nees (*Usneac.*) 1*. 223.
Neuropterides (*Filical.*) 4. 499.
Neuropteridium Schimp. (*Filical.*) 4. 502, 780.
Neuropteris Brongn. (*Filical.*) 4. 499, 500, 792.
N. flexuosa 4. 500, Fig. 301.
Neuropteris Desv. (*Polypodiac.*) 4. 215.
Neuropteris Dunker (*Filical.*) 4. 494.
Neurosoria Kuhn (*Polypodiac.*) 4. 198.
Neurothalia Sond. (*Fucac.*) 2. 284.
Neurymenia J. Ag. (*Rhodomelac.*) 2. 429, 471.
Newronia Don (*Polypodiac.*) 4. 203.
Nidularia Bull. (*Nidulariac.*) 1**. 326.
N. australis Tul. 1**. 326, Fig. 168 *A, B*.
**Nidulariaceae** 1**. 326—328.
Nidulariineae 1**. 1, 324—328.
Nidulites Salter (*Algae*) 2. 552.
Niesslia Auersw. (*Sphaeriac.*) 1. 394, 395, 396.

N. pusilla (Fr.) Schroet. 1. 396, Fig. 255 *A, B*.
Nietzschiella (Rabh.) Grun. (*Bacillariac.*) 1 b. 144.
Nilssonia Brongn. (*Filical.*) 4. 501.
Niorma (Mass.) A. Zahlbr. (*Theloschistac.*) 1*. 230.
Niospora Mass. (*Caloplacac.*) 1*. 228.
Niphidium J. Sm. (*Polypodiac.*) 4. 324.
Niphobolus Kaulf. (*Polypodiac.*) 4. 307, 324, 806; 324, Fig. 168 *A—D*.
N. linearifolius (Hook.) Giesenh. 4. 324, Fig. 168 *D*.
N. serpens (Forst.) J. Sm. 4. 324, Fig. 168 *A*.
N. tricuspis (Sw.) J. Sm. 4. 324, Fig. 168 *B, C*.
Nipholobus Diels (*Polypodiac.*) 4. 806.
Niphopsis J. Sm. (*Polypodiac.*) 4. 324, 325.
Niptera Fries (*Mollisiac.*) 4. 210, 212, 213.
N. phaea Rehm 1. 213, Fig. 166 *J*.
N. ramealis Karst. 1. 213, Fig. 166 *F—H*.
Niptera Fuckel (*Mollisiac.*) 1. 212.
Nitella Ag. (*Charac.*) 2. 168, 170, 171, 172, 173, 562.
N. flexilis Ag. 2. 168, Fig. 120; 170, Fig. 123, 124, 125; 171, Fig. 126.
N. translucida (Pers.) Ag. 2. 173, Fig. 127 *A*.
Nitelleae (*Charac.*) 2. 172.
Nitophylleae (*Delesseriac.*) 2. 408, 409.
Nitophyllum Grev. (*Delesseriac.*) 2. 408, 409, 410.
N. punctatum var. ocellatum J. Ag. 2. 409, Fig. 237 *B, C*.
Nitschkia Otth (*Cucurbitariac.*) 1. 408, 409, 410.
N. cupularis (Pers.) Karst. 1. 410, Fig. 260 *A, B*.
Nitzschia Hassal (*Bacillariac.*) 1 b. 143.
Nitzschia Hassal (*Bacillariac.*) 1 b. 142, 144.
N. (Hantzschia) amphioxys (Ehrenb.) W. Sm. 1 b. 144, Fig. 260 *A, B*.
N. (Homoeocladia) filiformis W. Sm. 1 b. 144, Fig. 261 *A—C*.
N. (Homoeocladia) Martiana Ag. 1 b. 144, Fig. 261 *D, E*.
N. Palea (Kütz.) W. Sm. 1 b. 142, Fig. 259 *D—H*.
N. sigmoidea (Nitzsch) W. Sm. 1 b. 142, Fig. 259 *A—C*.
N. (Gomphonitzschia) Ungeri Grun. 1 b. 144, Fig. 262 *A—D*.

Nitzschieae (*Bacillariae.*) 1b. 57, 142.
Nizymenia Sond. (*Sphaerococcae.*) 2. 384, 387.
Nizzophlaea J. Ag. (*Dumontiae.*) 2. 518.
Nodularia Link (*Lemancae.*) 2. 326.
Nodularia Mart. (*Nostocae.*) 1a. 72, 74, 75.
N. Harveyana Thur. 1a. 75, Fig. 56 *C*.
Nodulisporium Preuss (*Mucedinae.*) 1\*\*. 433.
Nodulosphaeria Rabh. (*Pleosporae.*) 1. 435.
Noeggerathia Sternb. (*Pteridophyt.*) 4. 472, 780, 795.
N. foliosa Sternb. 4. 796, Fig. 181 *A—D*.
Nolanea Fries (*Agaricae.*) 1\*\*. 254, 255.
Normandina Nyl. (*Pyrenidiae.*) 1\*. 77.
Normandina (Nyl.) Wainio (*Dermatocarpae.*) 1\*. 58, 59.
Nosema Naeg. (*Fungi*) 1. 41.
Nostoc Vauch. (*Nostocae.*) 1a. 72, 73; 49, Fig. 48 *F*; 1\*. 6, Fig. 10 *C*; 2. 562.
N. paludosum Kütz. 1a. 73, Fig. 55 *A—F*.
N. sphaericum Vauch. 1a. 73, Fig. 55 *G—J*.
Nostocaceae 1a. 50, 70—76.
Nostochopsis Wood (*Stigonematac.*) 1a. 81, 82, 84.
N. lobata Wood 1a. 82, Fig. 58 *Q—S*.
Nostocotheca Starb. (*Plectascin.*) 1\*\*. 536.
Notarisia Colla (*Jungerm. akroy.*) 3. 110.
Notarisia Hampe (*Grimmiae.*) 3. 440.
Notarisia (Hampe) Schimp. (*Grimmiae.*) 3. 442, 1196.
Notarisiella Sacc. (*Hypocreae.*) 1. 354.
Noteroclada Tayl. (*Jungerm. anakrog.*) 3. 50, 57.
N. porphyrorhiza (Nees) Mitt. 3. 58, Fig. 33.
Notheia Bail. et Harv. (*Fucae.*) 2. 278, 280.
Nothoceratium De Toni (*Bacillariae.*) 1b. 92.
Notochlaena Hk. Bk. (*Polypodiae.*) 4. 266.
Nothochlaena R. Br. (*Polypodiae.*) 4. 255, 272, 273; 273, Fig. 145 *B—E*.
N. inaequalis Kze. 4. 273, Fig. 145 *E*.
N. Marantae (L.) R. Br. 4. 273, Fig. 145 *C, D*.
N. sinuata (Sw.) Kaulf. 4. 273, Fig. 145 *B*.
Nothogenia Mont. (*Chaetangiae.*) 2. 339.
Nothopatella Sacc. (*Sphaerioidae.*) 1\*\*. 363, 366.
Notolepeum Newm. (*Polypodiae.*) 4. 244.
Notopterygium Mont. (*Jungerm. akrog.*) 3. 111.

Notoscyphus Mitt. (*Jungerm. akrog.*) 3. 76, 80.
Notosolenus Stokes (*Peranemae.*) 1a. 179, 182, 183.
N. apocamptus Stokes 1a. 182, Fig. 133 *C*.
Notothylas Sull. (*Anthocerotae.*) 3. 139.
Novilla Heib. (*Bacillariae.*) 1b. 146.
Nowakowskia Borzi (*Rhizidiae.*) 1. 75, 77, 80, 82.
Nowakowskiella Schröt. (*Cladochytriae.*) 1. 80, 82.
N. elegans (Now.) Schröt. 1. 82, Fig. 64.
Nowellia Mitt. (*Jungerm. akrog.*) 3. 95, 97.
N. curvifolia (Dicks.) Mitt. 3. 97, Fig. 54 *C, D*.
Nucleophaga Dang. (*Olpidiae.*) 1\*\*. 525.
Nuile (*Scolecotrichum melophthorum* Prill. et Delacr.) 1\*\*. 473.
Nullipora Lam. (*Algae*) 2. 560.
Nullipora Schimp. (*Algae*) 2. 557.
Nulliporites Nees (*Algae*) 2. 551.
Nummularia Tul. (*Xylariae.*) 1. 481, 483.
N. Bulliardi Tul. 1. 483, Fig. 284 *A—D*.
N. lataniicola Rehm 483, Fig. 284 *E*.
Nyctalis Fries (*Agaricae.*) 1\*\*. 209.
N. lycoperdoides (Bull.) Schröt. 1\*\*. 210, Fig. 109 *C—E*.
Nyctomyces Hart. (*Mycel.*) 1\*\*. 523.
Nylandera Hariot (*Chaetophorae.*) 2. 160.
Nylanderaria O. Ktze. (*Usneae.*) 1\*. 218.
Nymanomyces P. Henn. (*Hysterinae.*) 1\*\*. 534.

**O.**

Obelidium Nowak. (*Rhizidiae.*) 1. 75, 77, 78.
O. mucronatum Nowak. 1. 78, Fig. 58.
Obryzum Wallr. (*Collemae.*) 1\*. 175.
Ocellaria Tul. (*Stictidae.*) 1. 245, 246, 247.
O. aurea Tul. 1. 247, Fig. 182 *A—C*.
Ocellularia (*Thelotremae.*) 1\*. 118, 120.
Ocellularia Spreng. (*Thelotremae.*) 1\*. 118.
Ocellularia Wainio (*Thelotremae.*) 1\*. 118.
Ochlochaete Thur. (*Chaetophorae.*) 2. 100.
Ochlogramma Presl (*Polypodiae.*) 4. 224.
Ochrobryum Mitt. (*Leucobryae.*) 3. 313, 1186.
O. Kurzianum Hampe 3. 343, Fig. 202 *A—C*.
Ochrocarpon (Wainio) A. Zahlbr. (*Arthoniae.*) 1\*. 91.

Ochrolechia Mass. (*Lecanorac.*) 1\*. 199. 203.
O. tartarea (L.) Mass. 1\*. 200, Fig. 105 K, L; 203, Fig. 106 E, F.
Ochrolechia Müll. Arg. (*Lecanorac.*) 1\*. 203.
**Ochromonadaceae** 1a. 153, 163.
Ochromonas Wysotzki (*Hymenomonadac.*) 1a. 159.
Ochromonas Wysotzki (*Ochromonadac.*) 1a. 163, 164.
O. crenata Klebs 1a. 164, Fig. 117 B.
O. mutabilis Klebs 1a. 164, Fig. 117 A.
Ochroporus Schröt. p. (*Polyporac.*) 1\*\*. 156, 158, 179.
Ochropsora Dietel (*Melampsorac.*) 1\*\*. 38, 43, 548, 550.
O. Sorbi (Oudem.) Dietel 1\*\*. 43, Fig. 27 B.
Ochropteris J. Sm. (*Polypodiac.*) 4. 256, 289, 290.
O pallens (Sw.) J. Sm. 4. 290, Fig. 153 C—E.
Ochtodes J. Ag. (*Rhizophyllidac.*) 2. 529, 530.
Octaviania Vitt. (*Hymenogastrac.*) 1. 56; 1\*\*. 308, 310, 557.
O. asterosperma Vitt. 1. 56, Fig. 44; 1\*\*. 310, Fig. 158 A, B.
Octoblephareae (*Leucobryac.*) 3. 343, 348, 1187.
Octoblepharum (*Leucobryac.*) 3. 350.
Octoblepharum Hedw. (*Leucobryac.*) 3. 348, 1187.
O. albidum (L.) Hedw. 3. 348, Fig. 207 A—E; 350, Fig. 209 A.
Octodiceras Brid. (*Fissidentac.*) 3. 361.
Octodiceras C. Müll. (*Fissidentac.*) 3. 361.
Octoskepos Griff. (*Marchantiac.*) 3. 33.
Octospora Hedw. (*Pezizac.*) 1. 182.
Odontella Ag. (*Bacillariac.*) 1b. 93.
Odonthalia Lyngbye (*Rhodomelac.*) 2. 428, 456.
Odontia P. Henn. (*Hydnac.*) 1\*\*. 139, 141.
O. fimbriata (Pers.) Fr. 1\*\*. 140, Fig. 75 H—J.
Odontidium Kütz. (*Bacillariac.*) 1b. 110. 113.
Odontodiscus Ehrenb. (*Bacillariac.*) 1b. 66.
Odontolejeunea Mitt. (*Jungerm. akrog.*) 3. 129.
OdontolejeuneaSpruce(*Jungerm.akrog.*) 3. 119, 127.
Odontoloma J. Sm. (*Polypodiac.*) 4. 219. 221.
Odontopterides (*Filical.*) 4. 498.

Odontopteris Bernh. (*Schizaeac.*) 4. 363.
Odontopteris Brongn. (*Filical.*) 3. 498, 500, 514, 792.
O. osmundaeformis (Schlotth.) Zeiller 4. 498, Fig. 299
Odontoschisma Aust. (*Jungerm. akrog.*) 3. 93.
Odontoschisma Dum. (*Jungerm. akrog.*) 3. 95, 99.
Odontoschisma S. O. Lindb. (*Jungerm. akrog.*) 3. 99.
Odontoschisma Trevis. (*Jungerm. akrog.*) 3. 82.
Odontosoria Presl (*Polypodiac.*) 4. 205, 215, 216; 216, Fig. 116 D—G.
O. aculeata (L.) J. Sm. 4. 216, Fig. 116 G.
O. bifida (Kaulf.) J. Sm. 4. 216, Fig. 116 D—F.
Odontosoria Presl (*Polypodiac.*) 4. 212.
Odontotrema Nyl. (*Tryblidiac.*) 1. 253, 254, 255; 1\*. 240.
O. hemisphaericum (Fr.) Rehm 1. 255, Fig. 187 B.
O. minus Nyl. 1. 255, Fig. 187 A.
Odontotropis Grun. (*Bacillariac.*) 1b. 94.
Oedemium Link (*Dematiac.*) 1\*\*. 456, 464.
Oedemocarpus Norm. (*Lecideac.*) 1\*. 131, 132.
Oedemocarpus Trevis. (*Lecideac.*) 1\*. 133.
Oedicladium Mitt. (*Leucodontac.*) 3. 748, 761, 1224.
O. Warburgii C. Müll. 3. 762, Fig. 571 A—F.
**Oedipodiaceae** 3. 286, 508.
Oedipodium Schwaegr. (*Oedipodiac.*) 3. 508.
O. Griffithianum (Dicks.) Schwaegr. 3. 508, Fig. 363 A, B.
Oedocephalum Preuss(*Mucedinac.*) 1\*\*. 417, 426, 427.
O. echinulatum Thaxt. 1\*\*. 427, Fig. 220 A, B.
O. verticillatumThaxt. 1\*\*. 427, Fig. 220 C.
**Oedogoniaceae** 1. 27, 108—111.
Oedogonium Link (*Oedogoniac.*) 2. 109, 110, 111; 109, Fig. 71, 72.
O. ciliatum (Hass.) Pringsh. 2. 110, Fig. 73 A—C.
O. Landsboroughi (Hass.) Wittr. var. gemelliparum Pringsh. 2. 110, Fig. 73 D.
Oedomyces Sacc. (*Synchytriac.*) 1\*\*. 526, 546.
Oeosporangium Vis. (*Polypodiac.*) 4. 274.

Oetosis Neck., O. Ktze. (*Polypodiac.*) 4. 302.
Ohleria Fuckel (*Amphisphaeriac.*) 1. 413, 414, 415.
O. obducens Wint. 1. 415, Fig. 262 D, E.
Ohrmorchel (*Peziza* spec. plur.) 1. 175.
**Oicomonadaceae** 1a. 117, 118.
Oicomonas Kent (*Oicomonadac.*) 1a. 107, 118, 119, 129.
O. termo Ehrenb. 1a. 119, Fig. 75 A.
O. vulgaris (Cienk.) Kent 1a. 107, Fig. 69 B.
Oidites Link (*Hyphomycetes*) 1**. 522.
Oidium Link (*Mucedinac.*) 1**. 417, 424.
O. Tuckeri Berk. 1. 332, Fig. 230 B.
Okamuraea Broth. (*Brachytheciac.*) 3. 1128, 1132.
O. cristata Broth. 3. 1132, Fig. 801 A—H.
Okedenia Eulenstein (*Bacillariac.*) 1b, 131, 139.
Oldhamia Forbes (*Algae*) 2. 562.
Oleandra Cav. (*Polypodiac.*) 4. 203, 204.
O. neriiformis Cav. 4. 204, Fig. 109 A, B.
O. Whitmeei Baker 4. 204, Fig. 109 C.
Oleandreae (*Polypodiac.*) 4. 158, 203.
Oleandridium Schimper (*Filical.*) 4. 501.
Oleina Tiegh. (*Endomycetae.*) 1. 155, 156.
Olfersia Raddi (*Polypodiac.*) 4. 195, 198.
Olfersites Gümbel (*Sphenopterid.*) 4. 494.
Oligocarpia Göpp. (*Gleicheniac.*) 4. 355, 356, 445, 473, 495.
O. (Ovopteris) Brongniartii Stur. 4. 356, Fig. 190 A—C.
Oligonema Rostaf. (*Trichiac.*) 1. 20, 21.
Oligoporus Bref. (*Polyporac.*) 1**. 196.
Oligostigma Ren. et Card. (*Hypnac.*) 3. 1078, 1092, 1237.
Oligotrichum (*Polytrichac.*) 3. 676, 679, 682.
Oligotrichum C. Müll. (*Polytrichac.*) 3. 673.
Oligotrichum Hook. f. et Wils. (*Polytrichac.*) 3. 673.
Oligotrichum Lam. et DC. p. (*Polytrichac.*) 3. 674.
Oligotrichum Lam. et DC. (*Polytrichac.*) 3. 674, 673.
O. aligerum Mitt. 3. 674, Fig. 510 A—G.
O. rigidum (Lor.) 3. 675, Fig. 511 A—F.
Oligotrichum Mitt. (*Polytrichac.*) 3. 677.
Olivia Bert. (*Dasycladac.*) 2. 156.
Olivia Mont. (*Gelidiac.*) 2. 346.
Olla Ed. Fischer (*Nidulariac.*) 1**. 328.
Ollula Lév. (*Nectrioidac.*) 1**. 386.
Olluleae (*Nectrioidac.*) 1**. 382, 386.
**Olpidiaceae** 1. 66, 67—70; 1**. 525.
Olpidiella Lagerh. (*Olpidiac.*) 1**. 526.

Olpidiopsis Cornu (*Olpidiac.*) 1. 67, 69; 1**. 526.
O. Saprolegniae A. Br. 1. 69, Fig. 50.
Olpidium A. Br. (*Olpidiac.*) 1. 67, 68; 1**. 526.
O. endogenum A. Br. 1. 68, Fig. 49 C.
O. pendulum Zopf 1. 68, Fig. 49 A, B.
Olpitrichum Atkins. (*Mucedinac.*) 1**. 419, 433, 434.
O. carpophilum Atkins. 1. 433, Fig. 224 H, J.
Omalia (*Entodontac.*) 3. 896.
Omalia (*Hypnac.*) 3. 1049, 1063, 1079, 1089, 1093.
Omalia (*Leucomiac.*) 3. 1096.
Omalia (*Sematophyllac.*) 3. 1108, 1117.
Omalia Brid. (*Neckerac.*) 3. 848, 850.
Omaliadelphus C. Müll. (*Hookeriac.*) 3. 941.
Omaliadelphus (C. Müll.) Jaeg. (*Hookeriac.*) 3. 920, 941, 1235.
Ombrophila Fries (*Helotiac.*) 1. 194, 208, 209.
O. Clavus (Alb. et Schw.) Cke. 1. 209, Fig. 164 C, D.
Ombrophila Quél. (*Tremellac.*) 1**. 92.
Ombrophileae (*Helotiac.*) 1. 194.
Omphalanthus Linden et Nees (*Jungerm. akrog.*) 3. 131.
Omphalanthus Syn. Hep. (*Jungerm. akrog.*) 3. 120, 124, 125, 131.
Omphalaria (*Pyrenopsidac.*) 1*. 161.
Omphalaria Gir. (*Pyrenopsidac.*) 1*. 162.
Omphalia Fries (*Agaricae.*) 1**. 260, 262.
Omphalodium (May. et Fw.) Nyl. (*Parmeliac.*) 1*. 213.
Omphalolejeunea Spruce (*Jungerm. akrog.*) 3. 131.
Omphalopelta Ehrenb. (*Bacillariac.*) 1b. 73.
Omphalophloios D. White (*Lepidophyt.*) 4. 779.
Omphalophyllum Rosenv. (*Encoeliac.*) 2. 290.
Omphalopsis Grev. (*Bacillariac.*) 1b. 110, 111.
O. australis Grev. 1b. 111, Fig. 199 A, B.
Omphalotheca Ehrenb. (*Bacillariac.*) 1b. 148.
Oncobyrsa C. A. Ag. (*Chroococcac.*) 1a. 52, 56, 57.
O. lacustris Kirchn. 1a. 56, Fig. 30 E.
Oncocladium Wallr. (*Mucedinac.*) 1**. 441.
Oncodiscus Bail. (*Bacillariac.*) 1b. 66.
Oncomyces Klotzsch (*Auriculariac.*) 1**. 85.

Oncophorioidea Ren. (*Dicranac.*) 3. 323, 1183.
Oncophorus (*Dicranac.*) 3. 312.
Oncophorus Brid. (*Dicranac.*) 3. 308.
Oncophorus Brid. (*Dicranac.*) 3. 317, 318, 1181.
O. virens (Sw.) Brid. 3. 318, Fig. 186 *A—D*.
Oncophorus Lindb. (*Dicranac.*) 3. 312, 313, 314.
Oncopteris Dormitzer (*Cauloptcrid.*) 4. 507.
Oncosphenia Ehrenb. (*Bacillariac.*) 1b. 110.
Oncospora Kalchbr. (*Excipulac.*) 1**. 397.
Oncosporella Karst. (*Sphaerioidac.*) 1**. 380.
Oncotylus Kütz. (*Gigartinac.*) 2. 359.
Oncylogonatum Koenig (*Equisctac.*) 4. 548.
Oneillia C. Ag. (*Delesseriac.*) 2. 415.
Onoclea Bernh. (*Polypodiac.*) 4. 164.
Onoclea L. (*Polypodiac.*) 4. 44, 57, 159, 165, 166.
O. sensibilis L. 4. 57, Fig. 39 *II*; 165, Fig. 90 *G—L*.
O. Struthiopteris Hoffm. 4. 44, Fig. 24.
Onocleinae (*Polypodiac.*) 4. 159, 164.
Onocleites Fr. Jaeger (*Alethopterid.*) 4. 496.
Onopteris Neck. (*Polypodiac.*) 4. 233.
Onychiopsis Yokoyama (*Filical.*) 4. 512.
Onychium (*Filical.*) 4. 512.
Onychium Kaulf. (*Polypodiac.*) 4. 279, 326.
Onychium Reinw. (*Polypodiac.*) 4. 326.
Onychonema Wallich (*Desmidiac.*) 2. 8, 14, 15.
O. uncinatum Wallich 2. 15, Fig. 9 *B*.
Onygena Pers. (*Onygenac.*) 1. 309.
O. arietina Ed. Fisch. 1. 309, Fig. 219 *E*.
O. caprina Fuckel 1. 309, Fig. 219 *G*.
O. corvina Alb. et Schw. 1. 309, Fig. 219 *A*.
O. equina (Willd.) Pers. 1. 309, Fig. 219 *B, C, D, F*.
**Onygenaceae** 1. 293, 309; 1**. 538.
Oocardium Naeg. (*Tetrasporac.*) 2. 47, 51.
O. stratum Naeg. 2. 51, Fig. 33.
Oochlamys Fée (*Polypodiac.*) 4. 167, 172.
**Oochytriaceae** 1. 67, 84.
Oochytrium Ren. (*Phycomycet.*) 1**. 519.
Oocystis Naeg. (*Pleurococcac.*) 2. 56, 57.
O. solitaria Wittr. 2. 57, Fig. 36 *G*.
Oomyces Berk. et Br. (*Hypocreac.*) 1. 348, 367.
O. carneo-albus (Lib.) Berk. et Br. 1. 367, Fig. 215 *L—B*.
**Oomycetes** 1. 63—119.

Oospora Wallr. (*Mucedinac.*) 1**. 417, 422, 425.
O. candidula Sacc. 1**. 425, Fig. 219 *A*.
O. lactis (Fresen.) Sacc. 1**. 425, Fig. 219 *B*.
Oosporieae (*Mucedinac.*) 1**. 416, 417.
Opegrapha (*Lecanactidac.*) 1*. 114.
Opegrapha Humb. (*Graphidac.*) 1*. 92, 94, 95, 115.
O. varia Pers. 1*. 95, Fig. 47 *A—D*.
Opegraphella Müll. Arg. (*Graphidac.*) 1*. 92, 102.
Opephora Petit (*Bacillariac.*) 1b. 108.
Opephyllum Schmitz (*Delesseriac.*) 2. 408, 410.
Operculatae (*Marchantiac.*) 3. 25, 30.
Ophidocampa Ehrenb. (*Bacillariac.*) 1b. 118, 140.
Ophidocladus Falkbg. (*Rhodomelac.*) 2. 429, 461.
Ophidomonas Ehrenb. (*Spirillac.*) 1a. 33, 187.
Ophiobolus Riess (*Plcosporac.*) 1. 428, 439, 441.
O. porphyrogonus (Tode) Sacc. 1. 441, Fig. 270 *A—C*.
Ophioceras Sacc. (*Ceratostomatac.*) 1. 405, 408.
Ophiochaeta Sacc. (*Plcosporac.*) 1. 428, 439.
Ophiocladium Cavara (*Mucedinac.*) 1**. 417, 421.
O. Hordei Cav. 1**. 421, Fig. 217 *G*.
Ophiocytium Naeg. (*Protococcac.*) 2. 65, 68.
O. majus Naeg. 2. 68, Fig. 40 *E*.
Ophioderma Presl (*Ophioglossac.*) 4. 469.
Ophiodothis Sacc. (*Dothideac.*) 1. 375, 376.
**Ophioglossaceae** 4. 449—472, 473.
**Ophioglossales** (*Pteridophyta*) 4. 11, 449—472.
Ophioglossites Mass. (*Ophioglossac.*) 4. 472.
Ophioglossum L. (*Ophioglossac.*) 4. 452, 457, 462, 464, 465, 468, 472.
O. palmatum L. 4. 462, Fig. 260 *A, B*; 468, Fig. 263 *B, C*.
O. pedunculosum Desv. 4. 452, Fig. 258 *A*.
O. pendulum L. 4. 468, Fig. 263 *A*.
O. vulgatum L. 4. 464, Fig. 252, Fig. 258 *G—J*; 457, Fig. 259 *A, C*; 464, Fig. 262 *A—C*.
Ophioglossum Lam. (*Ophioglossac.*) 4. 469.

Ophioglossum Rumph. (*Ophioglossac.*) 1. 472.
Ophiognomia Sacc. (*Gnomoniac.*) 4. 549.
Ophiomassaria Jaczewski (*Massariac.*) 1. 444, 446.
Ophiomeliola Starb. (*Perisporiac.*) 1**. 539.
Ophiomorpha Goepp. (*Algae*) 2. 563.
Ophionectria Sacc. (*Hypocreac.*) 1. 347, 360, 361.
O. scolecospora Bref. et Tav. 1. 361, Fig. 241 D.
Ophiopteris Reinw. (*Polypodiac.*) 4. 203.
Ophiosperma Norm. (*Lecanorac.*) 1*. 205.
Ophiothrix Kütz. (*Protococcac.*) 2. 68.
Ophiotrichum Fries (*Dematiac.*) 1**. 476, 480.
Ophthalmidium Eschw. (*Pyrenulac.*) 1*. 66.
Opisteria Ach. (*Peltigerac.*) 1*. 192.
Oplarium Losana (*Hydrodictyac.*) 2. 72.
Orbicula Cooke (*Perisporiac.*) 1. 333, 334.
Orbilia Fries (*Mollisiac.*) 1. 210, 217.
O. Coccinella (Sommerf.) Karst. 1. 217, Fig. 169 A, B.
O. curvatispora Boud. 1. 217. Fig. 169 C.
O. vinosa (Alb. et Schw.) Karst. 1. 217, Fig. 169 D.
Orcadella Wingate (*Orcadellac.*) 1**. 324.
**Orcadellaceae** 1**. 324.
Orcella O. Ktze. (*Agaricac.*) 1**. 257.
Orcularia Malme (*Buelliac.*) 1*. 232; 233, Fig. 122 E.
Oreadella C. Müll. (*Bartramiac.*) 3. 632.
Oreas Brid. (*Bryac.*) 3. 535.
Oreas Brid. (*Dicranac.*) 3. 312, 313.
O. Martiana (Hoppe et Hornsch.) Brid. 3. 313, Fig. 183 A, B.
Oreas Lindb. (*Bryac.*) 3. 535.
Oreoweisia Bryol. eur. (*Dicranac.*) 3. 315.
Oreoweisia De Not. (*Dicranac.*) 3. 312, 315.
O. serrulata (Funck) De Not. 3. 195, Fig. 115 A; 315, Fig. 185 A—E.
Oreoweisia Kindb. (*Dicranac.*) 3. 315.
Orioporella Mun.-Chalm. (*Algae*) 2. 563.
Ormopteris J. Sm. (*Polypodiac.*) 4. 288.
Ornithocercus Stein (*Peridiniac.*) 1b. 10, 26, 28, 29, 150.
O. magnificus Stein 1b. 29, Fig. 41 A.
O. splendens Schütt 1b. 10, Fig. 13 B; 29, Fig. 41 B.
Ornithopteris Ag. (*Polypodiac.*) 4. 296, 297.
Ornithopteris Bernh. (*Schizaeac.*) 4. 367.
Oropogon Th. Fr. (*Usneac.*) 1*. 217, 220.

Orphniospora Koerb. (*Lecidac.*) 1*. 129, 133.
Orseille (*Roccella* spec. div.) 1*. 109.
Orthocarpus C. Müll. (*Bryac.*) 3. 559, 1205.
Orthodicranum C. Müll. (*Dicranac.*) 3. 328, 1183.
Orthodon Bory (*Splachnac.*) 3. 503.
Orthodontium Schwaegr. (*Bryac.*) 3. 544, 543, 1204.
O. longisetum Hampe 3. 544, Fig. 407 A—F.
O. ovale C. Müll. 3. 543, Fig. 406 E—H.
O. robustissimum C. Müll. 3. 543, Fig. 406 A—D.
Orthogoniopteris Andrews (*Filical.*) 4. 501.
Orthogramma Presl (*Polypodiac.*) 4. 245.
Orthomniopsis Broth. (*Mniac.*) 3. 1208.
O. japonica Broth. 3. 1208, Fig. 845 A—H.
Orthomnium Wils. (*Mniac.*) 3. 606, 1207.
O. Loheri Broth. 3. 1267, Fig. 844 A—E.
Orthoneis Grun. (*Bacillariac.*) 1b. 122.
Orthophyllina C. Müll. (*Orthotrichac.*) 3. 480.
Orthophyllum C. Müll. (*Calymperac.*) 3. 365.
Orthopus Wulfsb. (*Dicranac.*) 3. 340.
Orthopyxis Palis., Jur. (*Aulacomniac.*) 3. 624.
Orthopyxis Palis. (*Leptostomac.*) 3. 602.
Orthopyxis Palis. (*Meesac.*) 3. 627.
Orthopyxis Palis. (*Timmiac.*) 3. 660.
Orthorrhynchium Reichdt. (*Neckerac.*) 3. 832, 834.
O. elegans Hook. f. et Wils. 3. 834, Fig. 620 A—G.
Orthosira Thwait. (*Bacillariac.*) 1b. 59.
Orthostichella C. Müll. (*Neckerac.*) 3. 804, 807, 809, 810.
Orthostichella Mitt. (*Neckerac.*) 3. 795.
Orthostichidium C. Müll. (*Neckerac.*) 3. 788, 793.
O. Orthostichella C. Müll. 3. 808, Fig. 604 A—F.
O. perpinnatum (Broth.) 3. 794, Fig. 595 A—G.
O. perseriatum (Broth. et Paris) 3. 794, Fig. 595 J—L.
Orthostichopsis Broth. (*Neckerac.*) 3. 789, 804.
O. crinita (Sull.) 3. 804, Fig. 602 A—E.
Orthothallia C. Müll. (*Fissidentac.*) 3. 359.
Orthotheca Brid. (*Calymperac.*) 3. 364, 370, 1188.
Orthotheciella C. Müll. (*Leskeac.*) 3, 1002, 1236.
Orthothecium Bryol. eur. (*Entodontac.*) 3. 870, 872, 1231.

Orthothecium intricatum (Hartm.) 3. 872, Fig. 638 *A—D*.
Orthothecium Jaeg.(*Brachytheciac.*) 3.1136.
Orthothecium Mitt. (*Entodontac.*) 3. 872
**Orthotrichaceae** 3. 285, 456—498, 1198.
Orthotrichum Brid. (*Hookeriac.*) 3. 957.
Orthotrichum Brid. (*Neckerac.*) 3. 835.
Orthotrichum Brid. (*Pilotrichac.*) 3. 912.
Orthotrichum C. Müll. (*Orthotrichac.*) 3. 472.
Orthotrichum Froel. (*Fabroniac.*) 3. 905.
Orthotrichum Griff. (*Cryphaeac.*) 3. 738.
Orthotrichum Hedw. (*Orthotrichac.*) 3. 457, 466, 1199.
O. anomalum Hedw. 3. 230, Fig. 140 *F*; 468, Fig. 318 *A—D*.
O. Braunii Bryol. eur. 3. 466, Fig. 316 *A—D*.
O. crassifolium Hook. f. et Wils. 3. 467, Fig. 317 *A—J*.
O. diaphanum (Gmel.) Schrad. 3. 473, Fig. 323 *H*.
O. exiguum Sull. 3. 472, Fig. 322.
O. leiocarpum Bryol. eur. 3. 471, Fig. 324.
O. pallens Bruch 3. 469, Fig. 319.
O. rivulare Turn. 3. 469, Fig. 320 *B*.
O. Sardagnanum Vent. 3. 468, Fig. 318 *E*.
O. speciosum Nees 3. 473, Fig. 323 *G*.
O. stramineum Hornsch. 3. 230, Fig. 140 *A*; 274, Fig. 168 *F*.
O. urnigerum Myr. 3. 469, Fig. 320 *A*.
Orthotrichum Hoffm. (*Polytrichac.*) 3. 673.
Orthotrichum Hook. et Grev. (*Orthotrichac.*) 3. 465, 476.
Orthotrichum Hook. f. et Wils. (*Orthotrichac.*) 3. 1199.
Orthotrichum Palis. (*Orthotrichac.*) 3. 474.
Orthotrichum Sm. (*Georgiac.*) 3. 669.
Orthotropis Cleve (*Bacillariac.*) 1b. 133.
Oscarbrefeldia Holterm. (*Ascoideae.*) 1**. 531.
Oscillaria auct. (*Oscillatoriac.*) 1a. 64.
Oscillaria Schrank (*Bacillariac.*) 1b. 142.
Oscillatoria Vauch. (*Oscillatoriac.*) 1a. 63, 64, 65.
O. limosa Ag. 1a. 65, Fig. 52 $A_1$.
O. princeps Vauch. 1a. 65, Fig. 52 $A_2$.
O. splendida Grev. 1a. 65, Fig. 52 $A_3$.
**Oscillatoriaceae** 1a. 50, 61—70.
Osculatia De Not (*Bryac.*) 3. 555.
Osmunda L. (*Ophioglossac.*) 4. 469, 472.
Osmunda L. (*Osmundac.*) 4. 15, 27, 53, 71, 374 ff., 378, 380.
O. Presliana J. Sm. 4. 379, Fig. 205 *A*.

O. regalis L. 4. 15, Fig. 10 *D*; 27, Fig. 15 I—IV; 53, Fig. 37 *A, B*; 71. Fig. 54 *A—C*; 374, Fig. 201 *A—C*; 375, Fig. 202 *A—J*; 376, Fig. 203 *A—E*; 379, Fig. 205 *B, C*.
Osmunda L. (*Polypodiac.*) 4. 164.
**Osmundaceae** 4. 91. 372—380.
Osmundaria Lamx. (*Rhodomelac.*) 2. 429, 468, 469.
O. prolifera Lamx. 2. 468, Fig. 261 *C*.
Osmundastrum Presl (*Osmundac.*) 4. 378, 379.
Osmundea Stackh. (*Rhodomelac.*) 2. 431.
Osmundites Unger (*Filical.*) 4. 380, 504, 509, 511.
Osmundophyllum Velen. (*Neuropterid.*) 4. 500.
Ospriosporium Corda(*Hyphomycet.*) 1**. 516.
Ostracoblabe B. et Fl. (*Pythiac.*) 1**. 529.
Ostreichnion Duby (*Hysteriac.*) 1. 276.
Ostreion Duby (*Hysteriac.*) 1. 272, 276, 277.
O. americanum Duby 1. 277, Fig. 200 *A, B*.
Ostreobium B. et Fl. (*Algae*) 2. 556.
Ostropa Fries (*Ostropac.*) 1. 271.
O. cinerea (Pers.) Fr. 1. 271, Fig. 196 *A, B*.
**Ostropaceae** 1. 267, 271.
Othonoloma Link (*Polypodiac.*) 4. 274.
Oticodium C. Müll. (*Brachytheciac.*) 3. 1138.
Otidea Pers. (*Pezizac.*) 1. 178, 187, 188.
O. onotica (Pers.) Fuckel 1. 188, Fig. 131 *A, B*.
Otidella Sacc. (*Pezizac.*) 1. 179.
Otigoniolejeunea Spruce (*Jungerm. akrog.*) 3. 118, 125.
Otiona Corda (*Marchantiac.*) 3. 30.
Otionia Mitt. (*Marchantiac.*) 3. 31.
Otopteris Lindb. et Hutt. (*Filical.*) 4. 514.
Otthia Nitschke (*Cucurbitariac.*) 1. 408, 409, 410.
O. Aceris Wint. 1. 410, Fig. 260 *E*.
Otthiella Sacc. (*Cucurbitariac.*) 1. 409.
Oudemansiella Speg. (*Agaricac.*) 1**. 221.
Ovopteris Pat. (*Filical.*) 4. 112, 476, 478, 491, 492.
O. Karwinensis (Stur) Pot. 4. 493, Fig. 292.
O. Lescuriana 4. 487, Fig. 283.
Ovularia Sacc. (*Mucedinac.*) 1**. 419, 434, 435.
O. circumscissa Sorok. 1**. 434, Fig. 222 *A, B*.
O. pusilla (Ung.) Sacc. 1**. 434, Fig. 225 *C*.

Ovulites Lamk. (*Codiac.*) 2. 144, 563.
Oxyamphora Cleve (*Bacillariac.*) 1b. 140.
Oxydothis Penz. et Sacc. (*Dothideac.*) 1\*\*. 541.
Oxygonum Presl (*Polypodiac.*) 4. 224.
Oxymitra Bischof (*Ricciac.*) 3. 15.
Oxyrrhis Duj. (*Bodonac.*) 1a. 134, 136, 137, 185, 186.
O. marina Duj. 1a. 137, Fig. 93; 185, Fig. 138.
Oxyrrhynchium Bryol. eur. (*Brachytheciac.*) 3. 1154.
Oxyrrhynchium (Bryol. eur.) Warnst. (*Brachytheciac.*) 3. 1129, 1154, 1238.
O. clinocarpum (Tayl.) 3. 1155, Fig. 815 *A—F.*
Oxystegus Lindb. (*Pottiac.*) 3. 394, 1190.
Oxystoma Eschw. (*Graphidac.*) 1\*. 98.
Oxytoxinae (*Peridiniac.*) 1b. 16, 24.
Oxytoxum Stein (*Peridiniac.*) 1b. 24, 25.
O. scolopax Stein 1b. 25, Fig. 36 *A.*
O. tesselatum Stein 1b. 25, Fig. 36 *B.*
Ozocladium Mont. (*Thelotremac.*) 1\*. 121.
Ozonium Link (*Fungi*) 1\*\*. 517.

## P.

Pachnocybe auct. (*Stilbac.*) 1\*\*. 494.
Pachnolepia Mass. (*Arthoniac.*) 1\*. 90.
Pachnolepia (Mass.) Almq. (*Arthoniac.*) 1\*. 90.
Pachyactinium Naeg. (*Desmidiac.*) 2. 11.
Pachybasium Sacc. (*Mucedinac.*) 1\*\*. 420, 439, 440.
P. hamatum (Bon.) Sacc. 1\*\*. 440, Fig. 228 *A.*
Pachycarpus Kütz. (*Gigartinac.*) 2. 359.
Pachychaeta Kütz. (*Rhodomelac.*) 2. 426, 438.
Pachyderis J. Sm. (*Polypodiac.*) 4. 167, 170.
Pachyderma Schulz (*Lycoperdac.*) 1\*\*. 320.
Pachydisca Boud. (*Helotiac.*) 1. 207.
Pachyfissidens C. Müll. (*Fissidentac.*) 3. 364, 1188.
Pachyfissidens Limpr. (*Fissidentac.*) 3. 364.
Pachyloma Müll. Arg. (*Graphidac.*) 1\*. 101.
Pachyloma V. D. Bosch (*Hymenophyllac.*) 4. 108.
Pachylomidium Broth. (*Pottiac.*) 3. 411.
Pachylomidium C. Müll. (*Fissidentac.*) 3. 354, 1187.
Pachyma Fries (*Mycel.*) 1\*\*. 516.
Pachymenia J. Ag. (*Grateloupiac.*) 2. 510, 512.

P. carnosa J. Ag. 2. 512, Fig. 274 *E.*
Pachyphiale Lönnr. (*Gyalectac.*) 1\*. 124, 126.
Pachyphloeus Goepp. (*Lepidodendrac.*) 4. 724.
Pachyphloeus Tul. (*Eutuberac.*) 1. 281, 284, 285; 1\*\*. 545.
P. luteus (Hesse) E. Fischer 1. 285, Fig. 207 *E.*
P. melanoxanthus (Berk.) Tul. 1. 285, Fig. 207 *A—D.*
Pachypleuria Presl (*Polypodiac.*) 4. 208.
Pachypteris Brongn. (*Filical.*) 4. 493.
Pachyspora Mass. (*Lecanorac.*) 1\*. 201.
Pachysporaria Malme (*Buelliac.*) 1\*. 232, 233, Fig. 122 *B.*
Pachysterigma Olsen (*Hyprochnac.*) 1\*\*. 115, 116, 117.
P. fugax Olsen 1\*\*. 115, Fig. 66 *K, L.*
P. rutilans Olsen 1\*\*. 115, Fig. 66 *M.*
P. violaceum Olsen 1\*\*. 115, Fig. 66 *N.*
Pachytheca Hook. (*Algae*) 2. 563.
Pactilia Fries (*Tuberculariac.*) 1\*\*. 499, 502.
Padina Adans. (*Dictyotac.*) 2. 294, 295, 296.
P. pavonia (L.) Gaill. 2. 294, Fig. 190 *A—E.*
Paepalopsis Kühn (*Mucedinac.*) 1\*\*. 417, 424.
Paesia St. Hil. (*Polypodiac.*) 4. 256, 296, 297.
P. viscosa St. Hil. 4. 296, Fig. 156 *B—E.*
Pagerogala Wood (*Chlorophyc.*) 2. 27.
Palaeachlya Duncan (*Phycomycet.*) 1\*\*. 519, 566.
Palaeachlyla Lindau [sphalm.] (*Phycomycet.*) 1\*\*. 566.
Palaeobromites Ettingsh. (*Algae*) 2. 566.
Palaeochorda Mac Coy (*Algae*) 2. 563.
Palaeomycetes Ren. (*Phycomycet.*) 1\*\*. 520.
Palaeoperone Etheridge (*Phycomycet.*) 1\*\*. 519.
Palaeophycus Hall. (*Algae*) 2. 563.
Palaeoporella Stolley (*Algae*) 2. 563.
Palaeopteris Geinitz (*Filical.*) 4. 506.
Palaeopteris Schimp. (*Filical.*) 4. 489.
Palaeostachya Weiss (*Calamariac.*) 4. 557.
Palaeothyrsopteris Stur. (*Filical.*) 4. 515.
Palaeovittaria O. Feistm. (*Filical.*) 4. 501.
Palaeoxyris Brongn. (*Algae*) 2. 566.

Palamocladium C. Müll. (*Brachytheciac.*) 3. 1136, 1138.
Palamocladium (C. Müll.) Broth. (*Brachytheciae.*) 3. 1138.
Palinocraspis (*Dicranac.*) 3. 333, 1184.
Palinocraspis Lindb. (*Dicranac.*) 3. 1186.
Pallavicinia S. F. Gray (*Jungerm. anakrog.*) 3. 49, 55.
Pallavicinia S. O. Lindb. (*Jungerm. anakrog.*) 3. 55.
Palmacites Corda (*Medulloseae*) 4. 790.
Palmaria Stackh. (*Rhodymeniac.*) 2. 401.
Palmatopteris Pot. (*Filical.*) 4. 475, 481, 484, 487, 490, 491.
P. furcata (Brongn.) Pot. 4. 484, Fig. 278 A, B.
Palmella Lyngbye (*Chlorophyc.*) 2. 27.
Palmeria Grev. (*Bacillariac.*) 1b. 100.
Palmodactylon Naeg. (*Tetrasporac.*) 2. 47, 49.
P. varium Naeg. 2. 49, Fig. 30.
Palmodictyon Kütz. (*Pleurococcac.*) 2. 56.
Palmophyllum Wille (*Pleurococcac.*) 2. 56, 57.
P. crassum (Sacc.) Rabh. 2. 57, Fig. 36 *H*.
Palomocladium C. Müll. [sphalm.] (*Brachytheciac.*) 3. 1136.
Paltonium Presl (*Polypodiac.*) 4. 305.
Paludella Ehrh. (*Meescac.*) 3. 627.
P. squarrosa (L.) 3. 630, Fig. 475 *A*—*F*.
Panacolus Fries (*Agaricac.*) 1\*\*. 234.
Pandorea J. Ag. (*Ceramiac.*) 2. 483, 487.
Pandorina Bory (*Volvocac.*) 2. 32, 37, 42.
P. Morum (Müll.) Bory 2. 32, Fig. 47.
Pandorina Duj. (*Volvocac.*) 2. 42.
Pandulphinius S. F. Gray (*Jungerm. akrog.*) 3. 121, 122, 126.
Pandurella (C. Müll.) Fleisch. (*Neckerac.*) 3. 1230.
Panescorsea Sap. (*Algae*) 2. 559.
Panicularia Colla (*Cyatheae.*) 4. 122.
Pankowia (Neck.) Lindb. (*Brachytheciae.*) 3. 1156.
Pannaria Del. (*Pannariac.*) 1\*. 180, 181.
P. leucosticta Tuck. 1\*. 179, Fig. 95 *A*, *B*.
**Pannariaceae** 1\*. 115, 178—185.
Pannariella Wainio (*Heppiac.*) 1\*. 177.
Pannoparmelia Müll. Arg. (*Parmeliac.*) 1\*. 214.
Pannularia Nyl. (*Pannariac.*) 1\*. 181.
Pantherschwamm (*Amanita solitaria* Bull. u. A. *umbrina* Pers.) 1\*\*. 113, 275.

Pantocsekia Grun. (*Bacillariac.*) 1b. 58, 61, 62.
P. clivosa Grun. 1b. 61, Fig. 73 *A*, *B*.
Pantostomatineae 1a. 110, 111—115.
Panus Fries (*Agaricac.*) 1\*\*. 222.
Paolettia Sacc. (*Sphaerioidac.*) 1\*\*. 372.
Papa S. F. Gray (*Jungerm. anakrog.*) 3. 53, 56.
Papaea Trevis. (*Jungerm. anakrog.*) 3. 56.
Papierlehm (*Vaucheria* spec. foss.) 2. 134.
Papillaria (*Neckerac.*) 3. 817, 818.
Papillaria Aongstr. (*Neckerac.*) 3. 817.
Papillaria Besch. (*Neckerac.*) 3. 814, 817.
Papillaria Broth. et Geh. (*Neckerac.*) 3. 820.
Papillaria C. Müll. (*Neckerac.*) 3. 814, 817, 821, 829, 830.
Papillaria (C. Müll.) C. Müll. (*Neckerac.*) 3. 807, 814, 1226.
P. amblyacis (C. Müll.) 3. 816, Fig. 609 *A*—*G*.
P. helictophylla (Mont.) 3. 814, Fig. 608 *A*—*F*.
Papillaria Jaeg. (*Neckerac.*) 3. 828, 829, 830.
Papillidiopsis Broth. (*Sematophyllac.*) 3. 1119, 1238.
Papillidium C. Müll. (*Sematophyllac.*) 3. 1117.
Papillidium (C. Müll.) Broth. (*Sematophyllac.*) 3. 1117, 1238.
Papularia Fries (*Dematiac.*) 1\*\*. 457.
Papulaspora Preuss (*Monascac.*) 1. 148, 149.
Papulospora Preuss (*Mucedinac.*) 1\*\*.
418, 428, 429.
P. sepedonioides Preuss 1\*\*. 429, Fig. 221 *D*.
Parablechnum Presl (*Polypodiac.*) 4. 245.
Paracalamostachys Weiss (*Calamariac.*) 4. 557.
Paracarpidium Müll. Arg. (*Dermatocarpac.*) 1\*. 61.
Paracarpidium (Müll. Arg.) A. Zahlbr. (*Dermatocarpac.*) 1\*. 61.
Paracloster Fischer (*Bacteriac.*) 1a. 21.
Paragonorrhachis Grand'Eury (*Filical.*) 4. 482.
Paragramma Moore (*Polypodiac.*) 4. 306.
Paragramme Moore (*Polypodiac.*) 4. 315.
Paraleucobryum Lindb. (*Dicranac.*) 3. 328.
Paralia Heiberg (*Bacillariac.*) 1b. 58, 60.
P. sulcata (Ehrenb.) Cleve 1b. 60, Fig. 69.
Paralomaria Fée (*Polypodiac.*) 4. 245.
Paramonas Kent (*Oicomonadac.*) 1a. 119.

Paramonas Stokes (*Paranemac.*) 1a. 181.
Paramyurium Limpr. (*Brachytheciac.*) 3. 1152.
Paramyurium Warnst. (*Brachytheciae.*) 3. 1152.
Paranectria Sacc. (*Hypocreac.*) 1. 347, 360.
Paraneura Prantl (*Ophioglossac.*) 4. 466.
Parapecopteris Grand'Eury (*Filical.*) 4. 495, 513.
Paraphysanthus Spruce (*Neckerac.*) 4. 840.
Paraphysanthus (Spruce) Broth. (*Neckerac.*) 4. 840, 1229.
Paraphysorma Mass. (*Verrucariae.*) 1*. 56.
Paraplectrum Fischer (*Bacteriac.*) 1a. 21.
Parasolpilz (*Lepiota procera* Scop.) 1**. 112.
Paraspora Grove (*Mucedinac.*) 1**. 447, 448.
Parasymblepharis Lindb. (*Dicranac.*) 3. 319.
Parathamnium Fleisch. (*Neckerac.*) 3. 1230.
**Paratheliaceae** 1*. 51, 71 — 72.
Parathelium Nyl. (*Paratheliae.*) 1*. 72.
Parathelium (Nyl.) Müll. Arg. (*Paratheliac.*) 1*. 71, 72.
Parelion A. Schmidt (*Bacillariac.*) 1b. 150.
Parelion A. Schmidt (*Peridiniac.*) 1b. 28.
Parelle d'Auvergne (*Ochrolechia tartarea* L.) 1*. 204.
Parenchymaria Müll. (*Polypodiac.*) 4. 299.
Parestia Presl (*Polypodiac.*) 4. 212.
Parisia Broth. (*Dicranac.*) 3. 1186.
P. neocaledonica Broth. 3. 1185, Fig. 834 *A—L.*
Parka Fleming (*Filical.*) 4. 513.
Parkerella Mun.-Chalm. (*Algae*) 2. 563.
Parkeria Hook. et Grev. (*Parkeriac.*) 4. 342.
**Parkeriaceae** 4. 91, 339—342.
Parmelia (*Parmeliac.*) 1*. 212, 213.
Parmelia (*Theloschistac.*) 1*. 229.
Parmelia (Ach.) De Not. (*Parmeliac.*) 1*. 208, 211; 211, Fig. 110 *C.*
P. acetabulum (Neck.) Duby 1*. 210, Fig. 109 *C.*
P. arizonica (Tuck.) Nyl. 1*. 210, Fig. 109 *D*; 211, Fig. 110 *D.*
P. centrifuga (L.) Ach. 1*. 211, Fig. 110 *A, B.*
P. conspersa (Ehrh.) Ach. 1*. 210, Fig. 109 *B.*
P. pubescens (L.) Wainio 1*. 210, Fig. 109 *A.*
Parmelia Koerb. (*Physciae.*) 1*. 234.
**Parmeliaceae** 1*. 114, 207—216.

Parmeliella Müll. Arg. (*Pannariae.*) 1*. 180, 181.
Parmeliopsis Nyl. (*Parmeliae.*) 1*. 208, 209.
Parmentaria Fée (*Astrotheliac.*) 1*. 73, 74.
Parmocarpus Trevis. (*Theloschistac.*) 1*. 230.
Parmotrema A. Zahlbr. (*Parmeliac.*) 1*. 247.
Parmularia Lév. (*Hysteriac.*) 1. 272, 274, 278.
P. Styracis Lév. 1. 274, Fig. 198 *A—C.*
Parnotrema Mass. (*Parmeliae.*) 1*. 213.
Parodiella Speg. (*Perisporiac.*) 1. 333, 336.
Parrocelia Gourret (*Peridiniac.*) 1b. 23.
Partschia Presl (*Filical.*) 4. 480.
Paryphedria Zukal (*Cenangiac.*) 1. 232, 238, 239.
P. Heimerlei Zukal 1. 238, Fig. 180 *F—J.*
Pasinia Mass. (*Algae*) 2. 563.
Paspaloideae J. Ag. (*Caulerpac.*) 2. 137.
Passalora Fries et Mont. (*Dematiac.*) 1**. 471, 472, 473.
P. bacilligera Mont. et Fr. 1**. 473, Fig. 246 *A.*
Passeriniella Berl. (*Pleosporac.*) 1. 439.
Passerinula Sacc. (*Hypocreac.*) 1. 346, 349.
Patania Presl (*Polypodiac.*) 4. 217.
Patarola Leman (*Jungerm. akrog.*) 3. 113.
Patarola Trevis. (*Jungerm. akrog.*) 3. 113.
Patellaria (*Lecideac.*) 1*. 134, 135, 136.
Patellaria Ehrh. (*Lecanorac.*) 1*. 203.
Patellaria Fries (*Patellariac.*) 1. 222, 228, 229.
P. atrata (Hedw.) Fr. 1. 229, Fig. 175 *A, B.*
Patellaria Sacc. (*Patellariac.*) 1, 225.
**Patellariaceae** 1. 176, 221—231; 1**. 333.
Patellarieae (*Patellariac.*) 1. 221.
Patellea Fries (*Patellariac.*) 1. 221, 222, 223.
P. commutata (Fuckel) Sacc. 1. 223, Fig. 171 *A—D.*
P. pseudosanguinea Rehm 1. 223, Fig. 171 *E.*
Patellina Speg. (*Tubercular.*) 1**. 499, 502, 503.
P. cinnabarina (Sacc.) Speg. 1**. 503, Fig. 259 *C, D.*

Patinella Sacc. (*Patellariae.*) 1. 222, 224.
P. punctiformis Rehm 1. 224, Fig. 172 *A*.
Patinellaria Karst. (*Patellariae.*) 1. 224.
Patouillardia Roum. (*Tuberculariae.*) 1\*\*. 500, 504.
Patouillardiella Speg. (*Tuberculariae.*) 1\*\*. 506, 507.
Paulia Fée (*Pyrenopsidae.*) 1\*. 159, 163.
P. pullata Fée 1\*. 163, Fig. 82 *A*, *B*.
Paurocotylis Berk. (*Hymenogastrae.?*) 1\*\*. 313.
Paxilleae (*Agaricae.*) 1\*\*. 202.
Paxillus Fries (*Agaricae.*) 1\*\*. 202, 203.
P. acheruntius (Humb.) Schröt. 1\*\*. 203, Fig. 107 *A*, *B*.
P. a. var. acheruntius Humb. 1\*\*. 203, Fig. 107 *B*.
P. a. var. panuoides Fries 1\*\*. 203, Fig. 107 *A*.
P. involutus (Batsch) Fr. 1\*\*. 203, Fig. 107 *C*.
P. Pelletieri Lév. 1\*\*. 203, Fig. 107 *D*.
Paxina O. Ktze. (*Pezizae.*) 1. 187.
Pazschkea Rehm (*Helotiae.*) 1\*\*. 533.
Pazschkeella Sydow (*Sphaerioidae.*) 1\*\*. 366, 370.
Pebrine (*Nosema Bombycis* Naeg.) 1. 41.
Peccania (Mass.) Forss. (*Pyrenopsidae.*) 1\*. 159, 163.
P. corallinoides Mass. 1\*. 164, Fig. 83.
Peckia Clint. (*Sphaerioidae.*) 1\*\*. 350, 358.
Peckiella Sacc. (*Hypocreae.*) 1. 349.
Pecopterides (*Filical.*) 4. 481, 494.
Pecopteris Brongn. (*Filical.*) 4. 475, 480, 481, 494, 506, 509; 718, Fig. 409.
P. abbreviata Brongn. 4. 439, Fig. 241 *C*.
P. arborescens (Schloth.) Brongn. 4. 494, Fig. 294.
P. hemitelioides Brongn. 4. 480, Fig. 271 *b*.
P. oreopteridia (Schloth.) Brongn. 4. 480, Fig. 271 *a*.
P. plumosa 4. 481, Fig. 272.
Pecopteris (*Marattiae.*) 4. 441.
Pectoralina Bory (*Volvocae.*) 2. 41.
Pediastrum Meyen (*Hydrodictyae.*) 2. 71, 72.
P. Boryanum (Turp.) Menegh. 2. 71, Fig. 41.
Pedinella Wysotzky (*Chromulinae.*) 1 a. 153, 154.
P. hexacostata Wysotzky 1 a. 154, Fig. 107 *E*.
Pedinophyllum S. O. Lindb. (*Jungerm. akrog.*) 3. 76, 89.

Pelagophycus Aresch. (*Laminariae.*) 2. 254, 259.
Pelekium Mitt. (*Leskeae.*) 3. 1004, 1011.
P. velatum Mitt. 3. 1006, Fig. 734 *F—N*.
Pelioloma Müll. Arg. (*Graphidae.*) 1\*. 99.
Pellaea Link (*Polypodiae.*) 4. 255, 266, 268; 268, Fig. 142 *A—H*.
P. atropurpurea (L.) Link 4. 268, Fig. 142 *C*.
P. falcata (R. Br.) Fée 4. 268, Fig. 142 *A*, *B*.
P. Holstii Hieron. 4. 268, Fig. 142 *F*.
P. nivea (Lam.) Prantl 4. 268, Fig. 142 *E*.
P. ornithopus Hook. 4. 268, Fig. 142 *D*.
P. pteroides (Thunb.) Prantl 4. 268, Fig. 142 *G*, *H*.
Pellaea Link (*Polypodiae.*) 4. 266, 267.
Pellacopsis J. Sm. (*Polypodiae.*) 4. 266.
Pellia Raddi (*Jungerm. anakrog.*) 3. 49, 56.
P. epiphylla (L.) Dum. 3. 46, Fig. 25 *D*; 47, Fig. 27; 56, Fig. 32.
Pellicularia Cooke (*Mucedinae.*) 1\*\*. 419, 439
Pellionella Sacc. (*Sphaerioidae.*) 1\*\*. 372.
Pelloporus Quél. (*Polyporae.*) 1\*\*. 177.
Peltapteris Link (*Polypodiae.*) 4. 331.
Peltidea (*Peltigerae.*) 1\*. 192, 194.
Peltidea (Ach.) Wainio (*Peltigerae.*) 1\*. 194.
P. aphthosa (L.) 1\*. 15, Fig. 15.
Peltidea Nyl. (*Peltigerae.*) 1\*. 194.
Peltigera (*Peltigerae.*) 1\*. 194.
Peltigera Willd. (*Peltigerae.*) 1\*. 191, 194.
P. canina (L.) Hoffm. 1\*. 43, Fig. 27 IV, V, VI; 191, Fig. 101 *B*, *C*.
P. malacea (Ach.) Fries 1\*. 43, Fig. 27 I—II, III; 193, Fig. 102 *D*.
P. rufescens (Sm.) Hoffm. 1\*. 193, Fig. 102 *G*.
P. venosa (L.) Hoffm. 1\*. 194, Fig. 101 *A*.
**Peltigeraceae** 1\*. 113, 190—195.
Peltochlaena Fée (*Polypodiae.*) 4. 189.
Peltolejeunea Spruce (*Jungerm. akrog.*) 3. 120, 131.
Peltolepis S. O. Lindb. (*Marchantiae.*) 3. 25, 28.
Peltosphaeria Berl. (*Clypeosphaeriae.*) 1. 452, 454.
Peltula Nyl. (*Heppiae.*) 1\*. 178.
Peltula (Nyl.) Wainio (*Heppiae.*) 1\*. 178.
Pelvetia Decne. (*Fucae.*) 2. 277, 279, 281.
P. canaliculata (L.) Decne. et Thur. 2. 277, Fig. 184 *c*.

Pemphidium Mont. (*Microthyriae.*) 1. 339, 343.
Penicilliopsis Solms - Laub. (*Aspergillac.*) 1. 297, 306; 1**. 537.
P. clavariaeformis Solms-Laub. 1. 306, Fig. 217 *A—F*.
Penicillites Link (*Hyphomycet.*) 1**. 522.
Penicillium Link (*Mucedinac.*) 1. 297, 304, 305; 1**. 418, 432, 537.
P. crustaceum L. 1. 305, Fig. 216 *A—L*.
Penicillus Lamx. (*Codiae.*) 2. 139, 141, 142.
P. capitatus Lamx. 2. 139, Fig. 91; 142, Fig. 93.
Peniophora Cooke (*Thelephorae.*) 1**. 118, 119, 122.
P. quercina (Pers.) Cooke 1**. 122, Fig. 68 *A, B*.
Penium (Bréb.) De Bary (*Desmidiac.*) 2. 7, 8, 10.
P. digitus Bréb. 2. 10, Fig. 6 *C*.
Pennatae (*Bacillariac.*) 1b. 56, 101.
Pentagenella Darbish. (*Roccellac.*) 1*. 106, 110.
Pentapodiscus Ehrenb. (*Bacillariac.*) 1b. 77.
Pentasterias Ehrenb. (*Desmidiac.*) 2. 11.
Pentastichella C. Müll. (*Orthotrichac.*) 3. 464.
Penzigia Sacc. (*Xylariac.?*) 1. 481, 491.
Penzigiella Fleisch. (*Neckerac.*) 3. 852, 855.
P. cordata (Harv.) Hook. 3. 856, Fig. 630 *A—F*.
Peponia Grev. (*Bacillariac.*) 1b. 150.
P. barbadensis Grev. 1b. 150, Fig. 281.
Peragallia Schütt (*Bacillariac.*) 1b. 85, 86.
P. tropica Schütt 1b. 86, Fig. 142.
Peranema Duj. (*Peranemac.*) 1a. 182.
Peranema Don (*Polypodiac.*) 4. 149, 159, 160.
P. cyatheoides Don 4. 149, Fig. 186 *A*; 160, Fig. 187 *E—H*.
Peranema (Ehrenb.) Stein (*Peranemac.*) 1a. 178, 179, 180.
P. trichophorum (Ehrenb.) Stein 1a. 180, Fig. 130 *A*.
**Peranemaceae** 1a. 174, 178—185.
Peranemeae (*Peranemac.*) 1a. 179, 180.
Percusaria Menegh. (*Ulvac.*) 2. 77.
Perforaria Müll. Arg. (*Pertusariac.*) 1*. 195.

P. cucurbitula Mont. 1*. 196, Fig. 103 *B*.
Periastron Unger (*Filical.*) 4. 511.
Peribotryum Fries (*Stilbac.*) 1**. 489, 491.
Perichaena Fries (*Trichiac.*) 1. 13, 20, 21.
P. corticalis 1. 21, Fig. 11.
P. liceoides 1. 13, Fig. 6 *A—C*.
Pericladium Pass. (*Uredinal.?*) 1**. 553.
Periconia Bon. (*Dematiac.*) 1**. 455, 460, 461.
P. pycnospora Fresen. 1**. 460, Fig. 238 *F, G*.
Periconieae (*Dematiac.*) 1**. 454, 455.
Periconiella Sacc. (*Dematiac.*) 1**. 455, 461.
Peridineae 1b. 1.
**Peridiniaceae** 1b. 9—30.
Peridiniales 1a. 94; 1b. 1, 2, V.
Peridinium Ehrenb. (*Peridiniac.*) 1b. 12, 13, 15, 18, 22; 2. 363.
P. divergens Ehrenb. 1b. 12, Fig. 14; 14, Fig. 16; 22, Fig. 32 *A—D*.
P. ovatum (Pouchet) Schütt 1b. 15, Fig. 19.
Periola Fries (*Tuberculariac.*) 1**. 500, 505.
Periplegmatium Kütz. (*Chaetophorac.*) 2. 101.
Periptera Ehrenb. (*Bacillariac.*) 1b. 149.
P. tetracladia Ehrenb. 1b. 149, Fig. 275.
**Perisporiaceae** 1. 328, 333—338; 1**. 539.
Perisporiacites Fries (*Pyrenomycet.*) 1**. 521.
Perisporiales 1. 325—343; 1**. 539.
Perisporium Fries (*Perisporiac.*) 1. 333, 335, 336.
P. Kunzei (Fuckel) Sacc. 1. 335, Fig. 232 *J—L*.
Peristephania Ehrenb. (*Bacillariac.*) 1b. 62.
Perithalia J. Ag. (*Sporochnac.*) 2. 238.
P. inermis (R. Br.) J. Ag. 2. 238, Fig. 162 *C*.
Perithyra Ehrenb. (*Bacillariac.*) 1b. 66, 79.
Perizonium Cohn et Janisch (*Bacillariac.*) 1b. 124.
Perlschwamm (*Inocybe rimosa* Bull., *Amanita pustulata* Schaeff.) 1**. 113, 275.
Peromilla Mitt. (*Hookeriac.*) 3. 920, 959.
Peromnien Schwaegr. (*Aulacomniac.*) 3. 624.
Peromnion (Schwaegr.) Mitt. (*Bryac.*) 3. 558.
Peromnium Schwaegr. (*Bryac.*) 3. 555.
Peronia Bréb. et Arn. (*Bacillariac.*) 1b. 108.
Peroniella Gobi (*Protococcac.*) 2. 65, 68.

Peronilla Hyalotheeae Gobi 2. 68, Fig. 40 C, D.
Peronospora Corda (Peronosporae.) 1. 46, 50, 108, 109, 113, 117.
P. Alsinearum Casp. 1. 50, Fig. 34; 109, Fig. 93; 117, Fig. 102 C.
P. calotheca 1. 56, Fig. 31 B; 108, Fig. 92 B.
P. effusa 1. 117, Fig. 102 D.
P. leptosperma 1. 117, Fig. 102 A, B.
**Peronosporaceae** 1. 110, 112; 1*. 530.
Peronosporineae 1. 63, 108—119; 1**. 530.
Peronosporites Corda (Phycomycet.) 1**. 520.
Perophora Ach. (Peltigerae.) 1*. 192.
Perrinia Hook. (Polypodiae.) 4. 160.
Perrya Kitton (Bacillariae.) 1b. 143.
Persio (Roccella spec. div.) 1*. 109.
Pertusaria DC. (Pertusariae.) 1*. 195.
P. bryontha (Ach.) Nyl. 1*. 196, Fig. 103 G, H.
P. communis (DC.) Koerb. 1*. 45, Fig. 28 A; 196, Fig. 103 E, F.
P. c. var. rupestris DC. 1*. 5, Fig. 3 C.
P. lejoplaca (Ach.) Schaer. 1*. 45, Fig. 28 B; 198, Fig. 104 A, B.
P. subobducens Nyl. 1*. 5, Fig. 3 A, B.
P. verrucosa Mont. 1*. 196, Fig. 103 A.
**Pertusariaceae** 1*. 113, 195—199.
Pestalozzia De Not. (Melanconiae.) 1**. 409, 411, 412.
P. funerea Desm. 1**. 412, Fig. 215 E.
P. Hartigii Tub. 1**. 412, Fig. 215 A—D.
P. longiseta Speg. 1**. 412, Fig. 215 F, G.
P. monochaeta Desm. 1**. 412, Fig. 215 H.
P. Soraueriana Sacc. 1**. 408, Fig. 212 G.
Pestalozziella Sacc. et Ell. (Melanconiae.) 1**. 399, 403.
Pestalozzina Pass. (Melanconiae.) 1**. 413.
Pestalozzina Sacc. (Melanconiae.) 1**. 407, 408, 409.
Petalomonadeae (Peranemae.) 1a. 179, 181.
Petalomonas Stein (Peranemae.) 1a. 179, 181.
P. mediocanellata f. lata Klebs 1a. 181, Fig. 131 A.
Petalonema Berk. (Scytonemataс.) 1a. 78, 79.
P. alatum Berk. 1a. 78, Fig. 57 C.
Petalophyllum Gott. (Jungerm. akrog.) 3. 49, 58.
Petractis E. Fr. (Gyalectae.) 1*. 124.
Petrocelis J. Ag. (Squamariae.) 2. 533, 534, 535.

P. cruenta J. Ag. 2. 534, Fig. 284 A, B.
Petrolopus Ehrh. (Lecanorae.) 1*. 203.
Petrospongium Naeg. (Chordariae.) 2. 225, 228.
Pexisperma Raf. (Tetrasporae.) 2. 49.
Peyritschiella Thaxt. (Laboulbeniae.) 1. 496, 498, 499.
P. geminata Thaxt. 1. 498, Fig. 290 K.
Peyritschielleae (Laboulbeniae.) 1. 496.
Peyssonnelia Decne. (Squamariae.) 2. 534, 536.
P. Squamaria (Gmel.) Decne. 2. 536, Fig. 285 A, B.
Pezicula Tul. (Cenangiae.) 1. 235, 236.
Peziotrichum Sacc. (Dematiae.) 1**. 457, 467, 468.
P. Lachnella Sacc. 1**. 468, Fig. 243 D, E.
Peziza Dill. (Pezizae.) 1. 51, 178, 182, 183, 184, 186.
P. aurantia Müll. 1. 186, Fig. 150 J—L.
P. coccinea (Crouan) Lindau 1. 184, Fig. 149 E.
P. confluens 1. 51, Fig. 36.
P. cupularis L. 1. 186, Fig. 150 A, B.
P. fusispora Berk. var. aggregata Berk. et Br. 1. 184, Fig. 149 F—H.
P. macropus Pers. 1. 186, Fig. 150 G, H.
P. Pedrottii (Bres.) Rehm 1. 183, Fig. 149 C, D.
P. pustulata (Hedw.) Pers. 1. 183, Fig. 148 G, H.
P. Rapulum Bull. 1. 183, Fig. 148 J.
P. repanda Wahlenb. 1. 183, Fig. 148 A—C.
P. rutilans Fries 1. 184, Fig. 149 A, B.
P. sulcata Pers. 1. 186, Fig. 150 E, F.
P. venosa Pers. 1. 186, Fig. 150 C, D.
P. vesiculosa Bull. 1. 183, Fig. 148 D—F.
Peziza Scop. (Thelephorae.) 1**. 127.
**Pezizaceae** 1. 175, 178—188; 1**. 532.
Pezizella Fuckel (Helotiae.) 1. 204.
Pezizineae 1. 142, 173—243; 1**. 532.
Pezizites Dill. (Discomycet.) 1**. 526.
Pezizula Karst. (Ascobolae.) 1. 190.
Pfeffermilchschwamm (Lactaria rufa Scop., L. piperita Scop.) 1**. 113.
Pfefferröhrenpilz (Boletus piperatus Bull.) 1**. 113.
Pfifferling (Cantharellus cibarius Fries) 1**. 112.
Pfifferling, falscher (Cantharellus aurantiacus Wulf.) 1**. 113.
Phacelocarpeae (Sphaerococcae.) 2. 384, 385.

Phacelocarpus Endl. et Dies. (Sphaerococcac.) 2. 384, 385, 386.
P. Labillardieri J. Ag. 2. 386, Fig. 228 B.
P. tortuosus Endl. et Dies. 2. 386, Fig. 228 A.
Phacelomonas Stein (Volvocac.) 2. 40.
**Phacidiaceae** 1.¹, 245, 256—265; 1**. 334.
Phacidieae (Phacidiac.) 1. 257.
Phacidiineae 1. 142, 243—265; 1**. 333.
Phacidites Fries (Discomycet.) 1**. 520.
Phacidium Fries (Phacidiac.) 1. 257, 260, 264.
P. abietinum Kze. et Schm. 1. 264, Fig. 191 A—C.
P. multivalve (DC.) Kze. et Schm. 1. 261, Fig. 191 D—F.
Phacopsis Tul. (Celidiac.) 1. 219, 220; 1*. 90.
P. vulpina Tul. 1. 220, Fig. 170 C, D.
Phacoteae (Volvocac.) 2. 37, 40.
Phacothecium Trevis. (Fungi) 1*. 138.
Phacotium Stizenb. (Caliciae.) 1*. 81.
Phacotus Perty (Volvocac.) 2. 31, 37, 40.
P. lenticularis Stein 2. 31, Fig. 15.
Phacus Duj. (Euglenac.) 1a. 175.
Phacus Nitzsch (Euglenac.) 1a. 175, 176; 2. 570.
P. pleuronectes Nitzsch 1a. 175, Fig. 126 B.
Phaeangella Sacc. (Cenangiac.) 1. 234.
Phaeangium Pat. (Terfeziac.) 1. 313, 314; 1**. 538.
Phaenographis Müll. Arg. (Graphidac.) 1*. 92, 99.
**Phaeocapsaceae** 2. 570.
Phaeocarpus Pat. (Thelephorac.) 1**. 128.
Phaeocladia Gran (Ectocarpac.) 2. 289.
Phaeococcus Borzi (Phaeocapsac.) 2. 570; 1a. 94.
Phaeocreopsis Sacc. et Syd. (Hypocreac.) 1**. 541.
Phaeocystis (Harv.) Lagerh. (Hymenomonadac.) 1a. 159, 160; 2. 289.
P. Poucheti Lagerh. 1a. 160, Fig. 113.
Phaeodermatium Hansg. (Chroniulinac.) 1a. 155; 2. 289.
Phaeodictyae (Sphaerioidac.) 1**. 349, 376.
Phaeodictyae (Melanconiac.) 1**. 413.
Phaeodidymae (Leptostromatac.) 1**. 390.
Phaeodidymae (Melanconiac.) 1**. 407.
Phaeodidymae (Nectrioidac.) 1**. 385.
Phaeodidymae (Sphaerioidac.) 1**. 349, 370.

Phaeodiscula Cuboni (Excipulac.) 1**. 395.
Phaeodiscus Müll. Arg. (Graphidac.) 1*. 99.
Phaeodon Schröt. (Hydnac.) 1**. 149, 148, 150.
P. imbricatus (L.) Schröt. 1**. 150, Fig. 80 A, B.
Phaeoglyphis Müll. Arg. (Chiodectonac.) 1*. 103.
Phaeographina (Graphidac.) 1*. 101.
Phaeographina Müll. Arg. (Graphidac.) 1*. 92, 100.
Phaeolimacium P. Henn. (Agaricac.) 1**. 554.
Phaeomarasmius Scherf. (Agaricac.) 1**. 240, 241.
Phaeonectria Sacc. (Hypocreac.) 1. 358.
Phaeopeltosphaeria Berl. (Clypeosphaeriac.) 1. 431, 434.
Phaeopeziza Sacc. (Pezizac.) 1. 179, 180.
Phaeophacidium P. Henn. (Phacidiac.) 1**. 534.
Phaeophila Hauck (Chaetophorac.) 2. 90, 92, 95.
P. Floridearum Hauck 2. 90, Fig. 55.
Phaeophragmiae (Excipulac.) 1**. 397.
Phaeophragmiae (Leptostromatac.) 1**. 390.
Phaeophragmiae (Melanconiac.) 1**. 409.
Phaeophragmiae (Sphaerioidac.) 1**. 349, 373.
Phaeophyceae 2. 176—290, 570.
Phaeophyceen, amoeboide 2. 570.
Phaeoporus Schröt. (Polyporac.) 1**. 158.
Phaeopterula P. Henn. (Clavariac.) 1**. 554.
Phaeosaccion Farlow (Encoeliac.) 2. 290.
Phaeoschista Schröt. (Pleosporac.) 1. 439.
Phaeosperma Nitschke (Valsac.) 1. 455.
Phaeosperma Sacc. (Valsac.) 1. 466.
Phaeosphaerella Karst. (Mycosphaerellac.) 1. 421, 426.
Phaeosphaerium Kjellm. (Chordariac.) 2. 225, 226.
Phaeospora Hepp (Mycosphaerellac.) 1. 426; 1*. 239; 1**. 543.
Phaeospora Koerb. (Fungi) 1*. 78.
Phaeospora Zopf (Mycosphaerellac.) 1**. 543.
Phaeosporae (Excipulac.) 1**. 395.
Phaeosporae (Leptostromatac.) 1**. 389.
Phaeosporae (Melanconiac.) 1**. 404.
Phaeosporae (Nectrioidac.) 1**. 385.
Phaeosporae (Sphaerioidac.) 1**. 349, 364.

Phaeosporae Trevis. (*Buelliac.*) 1*. 232, 233.
Phaeosporeae 2. 180.
Phaeosticta Trevis. (*Stictae.*) 1*. 188.
Phaeostilbeae (*Stilbac.*) 1**. 488, 492, 496, 498, 559.
Phaeothamnieae (*Chaetophorac.*) 2. 91, 96.
Phaeothamnion Lagerh. (*Chaetophorac.*) 2. 96.
P. confervicolum Lagerh. 2. 96, Fig. 61.
Phaeothecium Trevis. (*Fungi*) 1*. 138.
Phaeotrema Müll. Arg. (*Thelotremae.*) 1*. 118. 119.
Phaeotrema Wainio (*Thelotremae.*) 1*. 119.
Phakopsora Dietel (*Cronartiac.*) 1**. 38, 46, 548, 551.
P. punctiformis Dietel 1**. 46, Fig. 29 E.
Phalacroma Hook. f. (*Polytrichae.*) 3. 679.
Phalacroma Stein (*Peridinine.*) 1b. 14, 26, 27.
P. cuneus Schütt 1b. 27. Fig. 38 B.
P. mitra Schütt 1b. 27, Fig. 38 A, C.
P. vastum Schütt 1b. 14, Fig. 18 D.
**Phalansteriaceae** 1a. 118, 129—130.
Phalansterium Cienk. (*Phalansteriac.*) 1a. 129, 130.
P. consociatum Cienk. 1a. 129, Fig. 87 B.
P. digitatum Stein 1a. 129, Fig. 87 A.
Phalansterium Cienk. (*Amphimonadac.*) 1a. 140.
**Phallaceae** 1**. 280, 289—296.
Phallineae 1**. 276—296, 555—556.
Phallogaster Morgan (*Hysterangiac.*) 1**. 304, 307, 308, 556.
P. saccatus Morgan 1**. 308, Fig. 156 A—D.
Phallus auct. (*Phallac.*) 1**. 290, 292, 555.
Phanerographa Müll. Arg. (*Graphidac.*) 1*. 98; 97, Fig. 48 C.
Phaneromyces Speg. et Hariot (*Stictidac.*) 1. 246, 249.
Phanerophlebia Presl (*Polypodiac.*) 4. 189.
Pharcidia Koerb. (*Mycosphaerellac.*) 1. 421, 426, 427; 1*. 78, 240.
P. epicymatia (Wallr.) Wint. 1. 427, Fig. 266 D—F.
Pharomitrium Schimp. (*Pottiac.*) 3. 425.
Phascomitrella Bryol. eur. (*Funariac.*) 3. 516.
P. patens Bruch et Schimp. 3. 230, Fig. 140 B.
Phasconica C. Müll. (*Pottiac.*) 3. 382, 383.
Phascum Bruch (*Funariac.*) 3. 515.
Phascum Dicks. (*Funariac.*) 3. 513.
Phascum Hedw. (*Funariae.*) 3. 516.

Phascum Hedw. (*Pottiac.*) 3. 384.
Phascum Huds. (*Dicranac.*) 3. 294.
Phascum Huds. (*Weberac.*) 3. 663.
Phascum (L.) Schreb. (*Pottiac.*) 3. 413, 415, 1194, 1239.
P. cuspidatum Schreb. 3. 156, Fig. 76 D; 204, Fig. 123 D; 207, Fig. 126 E—H; 416, Fig. 268 A, B; 219, Fig. 132 A—J; 220, Fig. 133 A, B.
Phascum Schreb. (*Funariae.*) 3. 513.
Phascum Schreb. (*Pottiac.*) 3. 414.
Phascum Web. et Mohr (*Pottiac.*) 3. 383.
Phegopteris (*Polypodiac.*) 4. 167.
Phegopteris Fée (*Polypodiac.*) 4. 74.
P. sparsiflora Hook. 4. 74, Fig. 54 A—C.
Phellinus Quél. (*Polyporac.*) 1**. 158.
Phellodon Karst. (*Hydnac.*) 1**. 154, 147.
Phellomyces Frank (*Mycel.*) 1**. 516.
Phellomycites Ren. (*Mycel.*) 1**. 523.
Phellorina Berk. (*Podaxaceae*) 1**. 332, 333, 334, 557.
P. Delestrei (Dur. et Mont.) Ed. Fischer 1**. 533, Fig. 172 A—D.
Phellorinia Berk. [sphalm.] (*Podaxac.*) 1**. 357.
Phelonites Fresen. (*Uredinac.*) 1**. 521.
Phialea Fries (*Helotiac.*) 1. 204.
Phialonema Stein (*Peranemac.*) 1a. 181.
Phialopsis Koerb. (*Gyalectac.*) 1*. 126.
Phialopteris Presl (*Filical.*) 4. 514.
Philippsiella Cooke (*Phymatosphaeriac.*) 1. 242.
Philippsiella Lemmerm. (*Hymenomonadac.*) 1a. 162.
Phillipsia Berk. (*Pezizac.*) 1. 178, 188.
Philliscum (*Pyrenopsidac.*) 1*. 160.
Philocopra Speg. (*Sordariac.*) 1. 390.
Philocrya Hagen et Jens. (*Polytrichac.*) 3. 679.
Philonotis Brid. (*Bartramiac.*) 3. 632, 644, 1210.
P. falcata (Hook.) 3. 651, Fig. 492 A—E.
P. fontana (L.) 3. 650, Fig. 491 A, B.
P. Griffithiana Mitt. 3. 645, Fig. 487 A—E.
P. longicollis Hampe 3, 653, Fig. 494 A—E.
P. luteoviridis Besch. 3. 648, Fig. 490 J—M.
P. Moritziana Hampe 3. 647, Fig. 489 E—J.
P. radicalis Palis. 3. 646, Fig. 488 A—G.
P. scabrifolia (Hook. et Wils.) 3. 648, Fig. 490 A—H.
P. speciosa Griff. 3. 653, Fig. 494 F—H.
P. Thwaitesii Mitt. 3. 647, Fig. 489 A—D.
P. vagans (Hook. f. et Wils.) 3. 652, Fig. 493 A—D.

Philonotis C. Müll. (Bartramiac.) 3. 644.
Philonotula Bryol. eur. (Bartramiac.) 3. 645, 1240.
Philonotula Hampe (Bartramiac.) 3. 644.
Philophyllum C. Müll. (Hookeriac.) 3. 949, 945.
P. tenuifolium (Mitt.) 3. 946, Fig. 689 A—G.
Philudora Mitt. (Cryphaeac.) 3. 742, 743.
Phlebia Fries (Hydnac.) 1**. 139, 140, 142.
P. aurantiaca (Sow.) Schröt. 1**. 140, Fig. 75 M—G.
P. blumenaviensis P. Henn. 1**. 140, Fig. 75 K, L.
Phlebia Wallr. (Peltigerac.) 1*. 194.
Phlebiogonium Fée (Polypodiac.) 4. 183.
Phlebodium R. Br. (Polypodiac.) 4. 306, 314; 313, Fig. 163 F, G.
Phlebolepicystis Diels (Polypodiac.) 4. 323.
Phlebomeris Sap. (Filical.) 4. 491.
Phlebophora (Lév.) P. Henn. (Thelephorac.) 1**. 118, 128, 129, 354.
P. Solmsiana P Henn. 1**. 129, Fig. 70 F, G.
Phlebopteris Brongn. (Filical.) 4. 514.
Phlebothamnion Kütz. (Ceramiac.) 2. 489.
Phlegmacium Fries (Agaricac.) 1**. 259.
Phlegmaria Baker (Lycopodiac.) 4. 599, 604.
Phleospora Wallr. (Sphaerioidac.) 1**. 377, 380.
P. dolichospora Sacc. 1**. 381, Fig. 200 C—F.
Phlococonis Fries (Mycel.?) 1**. 517.
Phloeopeccania Stur. (Pyrenopsidac.) 1*. 159, 164.
Phlocorhiza Kütz. (Phaeophyc.) 2. 289.
Phloeospora Aresch. (Striariac.) 2. 205, 207.
P. tortilis (Rupr.) Aresch. 2. 205, Fig. 144 A—G.
Phloiocaulon Geyler (Sphacelariac.) 2. 195, 197.
Phlyctaena Mont. et Derm. (Sphaerioidac.) 1**. 377, 380, 381.
P. Pseudophoma Sacc. 1**. 381, Fig. 200 G—J.
Phlyctaenia Kütz. (Bacillariac.) 1b. 124.
Phlyctella (Krempelh.) Müll. Arg. (Lecanorac.) 1*. 199, 206.
Phlyctidia (Nyl.) Müll. Arg. (Lecanorac.) 1*. 199, 206.
Phlyctis (Lecanorac.) 1*. 206.
Phlyctis Wallr. (Lecanorac.) 1*. 199, 206.

P. agelaea (Ach.) Koerb. 1. 206, Fig. 107 A, B.
P. argena (Ach.) Koerb. 1*. 206, Fig. 107 C.
Phlyctochytrium Schröt. (Rhizidiac.) 1. 75, 78.
P. Hydrodictyi (A. Br.) 1. 78, Fig. 59 C, D.
P. quadricorne De Bary 1. 78, Fig. 59 C, D.
Phlyctomia Mass. (Lecanorac.) 1*. 206.
Phlyctospora Corda (Sclerodermatac.) 1**. 336.
Phoenicobryum Lindb. (Hypnodendrac.) 3. 1166, 1169.
Pholiota Fries (Agaricac.) 1**. 231, 232, 251, 252.
P. squarrosa (Müll.) Karst. 1**. 252, Fig. 119 A.
Pholiota Gill. (Agaricac.) 1**. 253.
Pholiotella Speg. (Agaricac.) 1**. 251.
Phoma Fries (Sphaerioidac.) 1**. 350, 352, 353.
P. acicola (Lév.) Sacc. 1**. 353, Fig. 184 B, C.
P. Arabidis-alpinae Allesch. 1**. 353, Fig. 184 D, E.
P. herbarum Westend. 1**. 353, Fig. 184 A.
Phomatospora Sacc. (Gnomoniac.) 1. 447, 448.
P. Berkeleyi Sacc. 1. 448, Fig. 272 A, B.
Phomopsis Sacc. (Nectrioidac.) 1**. 3—3.
Phorcys Niesl (Massariac.) 1. 445, 445.
P. vibratilis (Fuckel) Schröt. 1. 445, Fig. 271 C.
Phormidium Kütz. (Oscillatoriac.) 1a. 63, 65, 66, 556.
P. subfuscum Kütz. 1a. 65, Fig. 52 H.
Phorobolus Desv. (Polypodiac.) 4. 279.
Photinophyllum Mitt. (Rhizogoniac.) 3. 619.
Photinopteris J. Sm. (Polypodiac.) 4. 302, 327, 328.
P. speciosa (Bl.) J. Sm. (Polypodiac.) 4. 327, Fig. 170 D—F.
Photobacterium Beijerinck (Spirillac.) 1a. 31.
Photophobe Endl. (Caulerpac.) 2. 136.
Phragmicoma Casp. (Jungerm. akrog.) 3. 134.
Phragmicoma Dum. (Jungerm. akrog.) 3. 128.
Phragmicoma Mont (Jungerm. akrog.) 3. 127, 129. 131.
Phragmicoma Nees (Jungerm. akrog.) 3. 130.
Phragmicoma Schiffn. (Jungerm. akrog.) 3. 129.

Phragmicoma Syn. Hep. (*Jungerm. akrog.*) 3. 128, 129, 130.
Phragmicoma Tayl. (*Jungerm. akrog.*) 3. 124.
Phragmicomoideae Syn. Hep. (*Jungerm. akrog.*) 3. 121, 125, 128, 129, 130, 131.
Phragmidiothrix Engler (*Chlamydobacteriae.*) 1 a. 35, 36, 38.
Phragmidium Link (*Pucciniae.*) 1\*\*. 49, 70, 71, 72, 553; 74, Fig. 47 B—F.
P. carbonarium (Schlecht.) 1\*\*. 71, Fig. 47 F.
P. longissimum (Thüm.) 1\*\*. 71, Fig. 47 E.
P. Rosae alpinae (DC.) Wint. 1\*\*. 71, Fig. 47; 72, Fig. 48 A.
P. Rubi Idaei (Pers.) 1\*\*. 71, Fig. 47 D.
P. speciosum Fries 1\*\*. 72, Fig. 48 F.
P. subcorticium (Schrank) Wint. 1\*\*. 71, Fig. 47 B, C; 72, Fig. 48 D, E.
P. violaceum (Schultz) Wint. 1\*\*. 72, Fig. 48 B, C.
Phragmolejeunea Schiffn. (*Jungerm. akrog.*) 3. 129.
Phragmonaevia Rehm (*Stictidac.*) 1. 245, 249, 250.
P. macrospora (Karst.) Rehm 1. 250, Fig. 184 A, B.
P. Peltigerae (Nyl.) Rehm 1. 250, Fig. 184 C, D.
Phragmonema Zopf (*Bangiac.*) 2. 315; 1 a. 92.
Phragmopsora Magn. (*Melampsorac.*) 1\*\*. 551.
Phragmopyxis Dietel (*Pucciniae.*) 1\*\*. 49, 70, 71.
P. deglubens (Berk. et Curt.) 1\*\*. 71, Fig. 47 A.
Phragmosporae (*Dematiac.*) 1\*\*. 476.
Phragmosporae (*Mucedinae.*) 1\*\*. 447.
Phragmosporae (*Sphaerioidac.*) 1\*\*. 349.
Phragmosporae (*Stilbac.*) 1\*\*. 492, 496.
Phragmosporae (*Tuberculariae.*) 1\*\*. 508, 544, 559.
Phragmosporeae (*Dematiac.*) 1\*\*. 476.
Phragmotrichum Corda (*Melanconiac.*) 1\*\*. 407.
Phragmotrichum Kze. et Schm. (*Melanconiae.*) 1\*\*. 413.
P. Chailletii Kunze 1\*\*. 414, Fig. 216 D.
Phycastrum Kütz. (*Desmidiae.*) 2. 11.
Phycocelis Strömf. (*Ectocarpac.*) 2. 183, 186, 188.
P. foecundus Strömf. var. seriatus Rke. 2. 183, Fig. 129 F—J.

Phycochromophyceae 1 a. 45—50.
Phycoconidieae (*Phycomycet.*) 1. 63.
Phycodrys Kütz. (*Delesseriac.*) 2. 412.
Phycolapathum Kütz. (*Encoeliac.*) 2. 201, 203.
Phycomyces Kze. et Schm. (*Mucorac.*) 1. 123, 124, 126.
P. nitens Kze. et Schm. 1. 124, Fig. 106 B; 126, Fig. 110 A.
Phycomycetes 1. 63—141.
Phycopeltis Mill. (*Mycoideae.*) 2. 103, 104.
P. epiphyton Mill. 2. 104, Fig. 69 A—G.
Phycophila Kütz. (*Elachistac.*) 2. 220.
Phycoseris Kütz. (*Ulvac.*) 2. 77.
Phycosporangieae 1. 63.
Phycotapathum Kjellm. [sphalm.] (*Encoeliac.*) 2. 578.
Phylacia Lév. (*Xylariac.*) 1. 484.
Phylacteria Pat. (*Thelephorac.*) 1\*\*. 125.
Phyllacantha Kütz. (*Fucac.*) 2. 282.
Phyllachora Nitschke (*Dothideac.*) 1. 375, 381, 382.
P. graminis (Pers.) Fuckel 1. 382, Fig. 251 A—C.
P. Stellariae Lib. 1. 382, Fig. 251 D.
Phyllactidium Kütz. (*Corallinac.*) 2. 105, 541.
Phyllactinia Lév. (*Erysibac.*) 1. 328, 332.
P. suffulta (Rebent.) Sacc. 1. 332, Fig. 230 C, D.
Phyllaria Le Joly (*Laminariac.*) 2. 250, 253, 254.
P. dermatodes (De la Pyl.) Le Joly 2. 250, Fig. 170 A.
Phyllaricae (*Laminariac.*) 2. 253.
Phyllerpa Kütz. (*Caulerpac.*) 2. 136.
Phylliscidium Forss. (*Pyrenopsidac.*) 1\*. 159, 160.
Phylliscum Nyl. (*Pyrenopsidac.*) 1\*. 159, 160.
P. Demangeonii (Mont. et Moug.) Nyl. 1\*. 158, Fig. 78 C; 162, Fig. 79 C.
Phyllitidis J. Sm. (*Polypodiac.*) 4. 306.
Phyllitis Kütz. (*Encoeliac.*) 2. 201, 203.
P. fascia (Müll.) Kütz. 2. 203, Fig. 142.
Phyllitis Moench (*Polypodiac.*) 4. 233.
Phyllitis Newm. (*Polypodiac.*) 4. 230.
Phyllitis Siegesb. (*Polypodiac.*) 4. 230.
Phyllobathelium Müll. Arg. (*Strigulac.*) 1\*. 74, 75.
Phyllobathelium Wainio (*Strigulac.*) 1\*. 75.
Phyllobium Klebs (*Protococcac.*) 2. 62, 65, 67.

Phyllobium dimorphum Klebs 2. 62, Fig. 38 C.
Phyllocharis Fée (Strigulac.) 1*. 76.
Phyllochorda Schimp. (Algae) 2. 564.
Phyllodictyon Gray (Valoniac.) 2. 150.
Phyllodocites Geinitz (Algae) 2. 564.
Phyllodontia Karst. (Polyporac.) 1**. 180.
Phylloedia Fries (Tubercularac.) 1**. 499, 503.
Phylloglossum Kunze (Lycopodiac.) 1. 576, 582, 592.
P. Drummondii Kunze 3. 576, Fig. 362 A —C; 382, Fig. 367.
Phyllogonieae (Neckerac.) 3. 775, 832.
Phyllogonium Brid. (Neckerac.) 3. 832.
P. immersum Mitt. 3. 833, Fig. 619 G.
P. serra C. Müll. 3. 833, Fig. 619 A—F.
Phyllogonium Hook. f. et Wils. (Neckerac.) 3. 834.
Phyllogonium Mitt. (Orthotrichac.) 3. 457.
Phyllogonium Mont. (Hypnac.) 3. 1087.
Phyllogonium Sull. (Dicranac.) 3. 303.
Phyllomitus Stein (Bodonac.) 1a. 134, 136.
P. ampelophagus Klebs 1a. 136, Fig. 92 A.
Phyllomonas Klebs (Oicomonadac.) 1a. 118, 119, 120.
P. contorta Klebs 1a. 119, Fig. 76 B.
Phyllomorphae J. Ag. (Fucac.) 2. 287.
Phyllophora Grev. (Gigartinac.) 2. 354, 358.
P. Brodiaei (Turn.) J. Ag. 2. 358, Fig. 218.
Phyllophthalmaria Müll. Arg. (Thelotremac.) 1*. 120.
Phyllophthalmaria (Müll. Arg.) A. Zahlbr. (Thelotremac.) 1*. 118, 120.
Phylloporina Müll. Arg. (Strigulac.) 1*. 74, 75.
Phylloporus Quél. (Agaricac.) 1**. 202.
Phyllopsora Müll. Arg. (Phyllopsorac.) 1*. 138.
**Phyllopsoraceae** 1*. 114, 138—139.
Phyllopteris Brongn. (Filical.) 4. 514.
**Phyllopyreniaceae** 1*. 52, 68—69.
Phyllosiphon Kühn (Phyllosiphonac.) 2. 126, 127.
P. Arisari Kühn 2. 126, Fig. 83.
**Phyllosiphonaceae** 2. 28, 125—127, 160.
Phyllospora Ag. (Fucac.) 2. 270, 279, 282.
P. comosa (Lab.) Ag. 2. 270, Fig. 180 C, D.
Phyllosticta Pers. (Sphaerioidac.) 1**. 350, 351, 352.

P. Magnoliae Sacc. 1**. 352, Fig. 183 A —C.
P. Rosarum Pass. 1**. 352, Fig. 183 D.
P. tabifica Prill. 1**. 352, Fig. 183 E—G.
Phyllothallae Norm. (Physciac.) 1*. 234.
Phyllotheca Brongn. (Equisetac.) 4. 549; 550, Fig. 344.
Phyllothelium Trevis. (Trypethelac.) 1*. 241.
Phyllotricha (Aresch.) J. Ag. (Fucac.) 2. 287.
Phyllotrichium Prantl (Ophioglossac.) 4. 170.
Phyllotus Karst. (Agaricac.) 1**. 260.
Phyllotylus Kütz. (Gigartinac.) 2. 358.
Phyllymenia J. Ag. (Grateloupiac.) 2. 314.
Phymatia Dum. (Jungerm. anakrog.) 3. 52.
Phymatoderma Brongn. (Algae) 2. 564.
Phymatodes Presl (Polypodiac.) 4. 306, 318.
Phymatodocis Nordst. (Desmidiac.) 2. 8, 14, 15.
P. alternans Nordst. 2. 15, Fig. 9 G.
Phymatopsis J. Sm. (Polypodiac.) 4. 306, 315, 318.
Phymatopsis Tul. (Fungi) 1*. 138.
Phymatosphaeria Pass. (Phymatosphaeriac.) 1. 242, 243; 1**. 539.
**Phymatosphaeriaceae** 1. 242; 1**. 533, 538.
Phymatostroma Corda (Tubercularac.) 1**. 502.
Phymatotrichum Bon. (Mucedinac.) 1**. 435, 437.
Physactis Kütz. (Rivulariac.) 1a. 89.
Physalacria Peck (Clavariac.) 1**. 130, 131, 132.
P. inflata Peck 1**. 131, Fig. 71 O.
P. orinocensis Pat. 1**. 131, Fig. 71 P, Q.
Physalospora Niessl (Pleosporac.) 1. 428, 529, 530.
P. Festucae (Lib.) Sacc. 1. 430, Fig. 267, B—D.
Physananthus Lindl. (Jungerm. akrog.) 3. 129.
Physapteris Presl (Polypodiac.) 4. 274, 277.
**Physaraceae** 1. 15, 32—35; 1*. 525.
Physarella Peck (Physarac.) 1. 32, 33.
Physarum Pers. (Physarac.) 1. 32, 34.
P. sinuosum 1. 32, Fig. 18 D.
Physcia (Physciac.) 1*. 236.
Physcia (Theloschistac.) 1*. 229.
Physcia (Schreb.) Wainio (Physciac.) 1*. 234.
P. aurantia Pers. 1*. 28, Fig. 21 A.
P. caesia (Hoffm.) Nyl. 1*. 235, Fig. 123 A.

Physcia pusilla Mass. var. turgida 1\*. 28, Fig. 21 B.
**Physciaceae** 1\*. 112, 234—236.
PhyscidiaTuck.(*Parmeliac.*) 1\*. 208, 209.
Physcomitrella Bryol. eur. (*Funariac.*) 515, 516.
P. patens (Hedw.) Bruch et Schimp. 3. 516, Fig. 370.
Physcomitrium Brid. (*Funariac.*) 3. 518.
Physcomitrium (Brid.) Fürnr. (*Funariac.*) 3. 516, 518, 1204.
P. Hookeri Hampe 3. 520, Fig. 375 C—F.
P. megalocarpum Kindb. 3. 519, Fig. 374 A—D.
P. piriforme Brid. 3. 234, Fig. 143 B, C.
P. platyphyllum C. Müll. 3. 519, Fig. 373 A—F.
Physcomitrium (Bruch) Fürnr. (*Funariac.*) 3. 520.
Physcomitrium C. Müll. (*Funariac.*) 3. 511, 517, 520.
Physcophora Kütz. (*Rhodomelac.*) 2. 442.
Physedium Brid. (*Funariac.*) 3. 513.
Physematium Kaulf. (*Polypodiac.*) 4. 160, 161.
Physematoplea Kjellm. (*Encoeliac.*) 2. 199, 201, 202.
P. attenuata Kjellm. 2. 199, Fig. 140 B.
Physidium Broth. [sphalm.] (*Funariac.*) 3. 1244.
Physiotium Nees (*Jungerm. akrog.*) 3. 114.
Physiphorus Chev. et Gill. (*Polyporac.*) 1\*\*. 156.
Physma (Mass.) A. Zahlbr. (*Collemac.*) 1\*. 169, 170.
P. chalazanum Mass. 1\*. 6, Fig. 10 C.
P. omphalarioides (Anzi) Arn. 173, Fig. 91 A.
Physocolea Spruce(*Jungerm. akrog.*)3. 122.
Physocytium Borzi (*Tetrasporac.*) 2. 47, 48.
P. confervicola Borzi 2. 48, Fig. 29.
Physoderma Wallr. (*Cladochytriac.*) 1. 80, 81.
P. Menyanthidis De Bary 1. 81, Fig. 62.
Physodictyon Kütz. (*Ulvac.?*) 2. 79.
Physomonas Kent (*Monadac.*) 1a. 131. 132.
Physomonas Kent (*Monadac.*) 1a. 131, 132.
P. vestita Stokes 1a. 132, Fig. 88 C.
Physomyces Harz (*Monadac.*) 1. 148, 149.
Physophycus Schimp. (*Algae*) 2. 564.
Physospora Fries (*Mucedinac.*) 1\*\*. 419, 439.

P. rubiginosa Fries 1\*\*. 438, Fig. 227 J.
Phytomyxa Schröt. (*Phytomyxin.*) 1. 6, 7.
**Phytomyxinae** 1. 1, 5—8; 1\*\*. 524.
Phytomyxineae 1\*\*. 524.
Phytophthora De Bary (*Peronosporac.*) 1. 43, 112, 113.
P. infestans (Mont.) De Bary 1. 43, Fig. 24; 113, Fig. 97.
Phytophysa Weber (*Phyllosiphonac.*) 2. 127, 160.
Phytopsis Hall. (*Algae*) 2. 564.
Piccolia Mass. (*Acarosporac.*) 1\*. 152.
Picoa Vitt. (*Terfeziac.*) 1. 313, 314.
P. carthusiana Tul. 1. 313, Fig. 222 H.
P. Juniperi Vitt. 1. 313, Fig. 222 D—G.
Picomyces Batt. (*Agaricac.*) 1\*\*. 243.
Piersonia Harkn. (*Phallac.*) 1\*\*. 536.
Pietra fungeia (*Polyporus tuberaster* Jacq.) 1\*\*. 172.
Pigafettoa Mass. (*Jungerm. akrog.*) 3. 94, 98.
PiggotiaBerk. et Br.(*Leptostromatac.*)1\*\*. 387, 388.
P. astroidea Berk. et Br. 1\*\*. 388, Fig. 202 J—M.
Pikea Harv. (*Dumontiac.*) 2. 516, 519.
Pila Bertr. et Ren. (*Algae*) 2. 564.
**Pilacraceae** 1\*\*. 83, 86—88, 553.
Pilacre Fries (*Pilacrac.*) 1\*\*. 86, 87.
P. Petersii Berk. et Curt. 1\*\*. 87, Fig. 57 F—J.
Pilacrella Schröt. (*Pilacrac.*) 1\*\*. 86, 87.
P. delectans A. Moell. 1\*\*. 87, Fig. 57 A —E.
Pilaira Tiegh. (*Mucorac.*) 1. 123, 129.
P. anomala (Ces.) Schröt. 1. 129, Fig. 114 A.
Pileolaria Cast. (*Pucciniac.*) 1\*\*. 551.
Pilidium Kunze (*Excipulac.*) 1\*\*. 395, 397.
Pilinia Kütz. (*Chaetophorac.*) 2. 101.
Pilobolus Tode (*Mucorac.*) 1. 123, 129.
P. crystallinus (Wigg.)Tode 1. 129, Fig. 114 B₂.
P. Kleinii Tiegh. 1. 129, Fig. 114 B₁.
**Pilocarpaceae** 1\*. 113, 116.
Pilocarpon Wainio (*Pilocarpac.*) 1\*. 116.
P. leucoblepharum (Nyl.) Wainio 1\*. 116, Fig. 56 A—D.
Pilocratera P. Henn. (*Helotiac.*) 1. 193, 195.
P. Hindsii (Berk.) P. Henn. 1. 195, Fig. 155 F, G.
P. tricholoma (Mont.) P. Henn. 1. 195, Fig. 155 C—E.

Piloecium C. Müll. (Sematophyllac.) 3. 1099, 1124.
P. pseudorufescens (Hampe) 3. 1124, Fig. 796 A—E.
Pilonema Nyl. (Fungi) 1*. 168.
Pilophoron Tuckerm. (Cladoniac.) 1*. 140, 142.
Pilophoron (Tuckerm.) Th. Fr. (Cladoniac.) 1*. 140, 142.
Pilophorus Nyl. (Cladoniac.) 1*. 142.
Pilopogon Brid. (Dicranac.) 3. 317, 334, 1186.
P. Blumii (Doz. et Molk.) 3. 335, Fig. 197 B—E.
P. gracilis Brid. 3. 335, Fig. 196 A—D.
P. Richardii (Schwaegr.) 3. 335, Fig. 197 A.
Pilorhiza C. Müll. (Hookeriac.) 3. 945.
Pilosace Fries (Agaricac.) 1**. 235.
Pilosium C. Müll. (Entodontac.) 3. 896, 899.
Pilosium (C. Müll.) Broth. (Entodontac.) 3. 899.
**Pilotrichaceae** 3. 912—916, 1232.
Pilotrichella (Neckerac.) 3. 811, 814, 817, 823.
Pilotrichella Besch. (Neckerac.) 3. 807.
Pilotrichella C. Müll. (Neckerac.) 3. 807, 809, 811.
Pilotrichella (C. Müll.) Besch. (Neckerac.) 3. 807, 809.
P. araucarieti var. crassicaulis C. Müll. 3. 810, Fig. 605 A—G.
Pilotrichella Jaeg. (Neckerac.) 3. 795, 804, 811.
Pilotrichidium Besch. (Pilotrichac.) 3. 912, 915.
P. Antillarum Besch. 3. 913, Fig. 670 A; 916, Fig. 672 A—E.
Pilotrichopsis Besch. (Cryphaeac.) 3. 737, 746.
P. dentata (Mitt.) 3. 746, Fig. 558 A—G.
Pilotrichum (Cryphaeac.) 3. 738, 739, 743, 745.
Pilotrichum (Erpodiac.) 3. 707.
Pilotrichum (Fontinalac.) 3. 724, 725.
Pilotrichum (Hedwigiac.) 3. 714.
Pilotrichum (Neckerac.) 3. 789, 797, 798, 825, 829.
Pilotrichum (Priodontac.) 3. 765.
Pilotrichum (Spiridentac.) 3. 767.
Pilotrichum Brid. (Leucodontac.) 3. 760.
Pilotrichum Brid. (Neckerac.) 3. 820, 825, 856.
Pilotrichum C. Müll. (Neckerac.) 3. 776, 781, 782, 800, 812, 814.

Pilotrichum Geh. et Hampe (Hypnac.) 3. 1046.
Pilotrichum Hornsch. (Neckerac.) 3. 805, 823.
Pilotrichum Palis. (Hookeriac.) 3. 957.
Pilotrichum Palis. (Neckerac.) 3. 795, 809, 830, 835.
Pilotrichum Palis. (Pilotrichac.) 3. 912, 1232.
P. cryphaeoides Schimp. 3. 914, Fig. 671 A—E.
Pilotrichum Sull. (Neckerac.) 3. 785.
Pilularia Vaill. (Marsiliac.) 4. 408, 411, 413, 415, 417, 420, 421, 513.
P. globulifera L. 4. 408, Fig. 227; 411, Fig. 229 A, D; 413, Fig. 231 A—F; 415, Fig. 234 A—C.
Pilze (Fungi) 1. 42—513; 1**. 1—570.
Pimina Grove (Agaricac.) 1**. 457, 471.
Pinacisca Mass. (Lecanorae.) 1*. 201.
Pinnatella C. Müll. (Neckerac.) 3. 856.
Pinnatella (C. Müll.) Fleisch. (Neckerac.) 3. 852, 856, 1229.
P. elegantissima (Mitt.) 3. 853, Fig. 629 E—G.
Pinnatifida Stackh. (Rhodomelac.) 2. 431.
Pinnularia Ehrenb. (Bacillariac.) 1b. 49, 124.
P. viridis (Ehrenb.) Kütz. 1b. 49, Fig. 59 D—G.
Pinonia Gaudich. (Cyatheac.) 4. 121.
Pionnotes Fries (Tuberculariae.) 1**. 508, 509.
Pionospora Darb. (Pertusariae.) 1*. 197.
Pionospora Th. Fr. (Pertusariae.) 1*. 197.
Piperites Fries (Agaricac.) 1**. 216.
**Piptocephalidaceae** 1. 123, 132—134.
Piptocephalis De Bary (Piptocephalidac.) 1. 122, 132, 133.
P. Freseniana De Bary et Woron. 1. 122, Fig. 105; 133, Fig. 118.
Piptostoma Berk. et Br. (Microthyriac.) 1. 339, 340.
Piptostomum Lév. (Sphaerioidac.) 1**. 350, 355.
Pirea Card. (Neckerac.) 3. 789, 795.
P. Mariae Card. 3. 796, Fig. 596 A—O.
Pirella Bainier (Mucorac.) 1. 125.
Piricularia Sacc. (Mucedinac.) 1**. 447, 451.
Pirostoma Fries (Leptostromatac.) 1**. 388, 389.
P. coniothyrioides Sacc. 1**. 388, Fig. 202 X—Z.

Pirottaea Sacc. et Speg. (*Mollisiac.*) 1. 210, 215, 216.
P. gallica Sacc. 1. 216, Fig. 168 G, H.
Pisolithus Alb. et Schm. (*Sclerodermatac.*) 1\*\*. 334, 337, 338.
P. arenarius Alb. et Schw. 1\*\*. 337, Fig. 176 A, B.
P. crassipes (DC.) Schröt. 1\*\*. 337, Fig. 176 C—E.
Pisomyxa Corda (*Aspergillac.*?) 1. 308.
Pistillaria Fries (*Clavariac.*) 1\*\*. 130, 131.
P. micans (Pers.) Fries 1\*\*, 131, Fig. 71 G—J.
Pithiscus Dang. (*Volvocac.*) 2. 37, 38.
Pithiscus Kütz. (*Desmidiac.*) 2. 10.
Pithomyces Berk. et Br. (*Tuberculariac.*) 1\*\*. 308.
Pithophora Wittr. (*Cladophorac.*) 2. 116, 117, 119.
P. Cleveana Wittr. 2. 116, Fig. 78 B.
P. Kewensis Wittr. 2. 116, Fig. 78 A.
Pithyopsis Falkbg. (*Rhodomelac.*) 2. 427, 441.
Pitya Fuckel (*Helotiac.*) 1. 194, 204, 205.
P. Cupressi (Batsch) Rehm 1. 205, Fig. 160 C, D.
P. vulgaris Fuckel 1. 205, Fig. 160 A, B.
Pityella Boud. (*Pezizac.*) 1. 179.
Pityria Ach. (*Lichen.*) 1\*. 239.
Placidiopsis Beltr. (*Dermatocarpac.*) 1\*. 58, 60.
Placidium Mass. (*Dermatocarpac.*) 1\*. 60.
Placocarpus Trevis. (*Dermatocarpac.*) 1\*. 60.
Placochromaticae (*Bacillariac.*) 1 b. 54.
Placodes Quél. (*Polyporac.*) 1\*\*. 158, 161, 163.
Placodium (*Caloplacac.*) 1\*. 226, 228.
Placodium (*Lecanorac.*) 1\*. 202, 203.
Placodium (Hill) Th. Fr. (*Lecanorac.*) 1\*. 202.
Placodium Koerb. (*Lecanorac.*) 1\*. 202?.
Placodium Nyl. (*Caloplacac.*) 1\*. 228.
Placodium Wainio (*Caloplacac.*) 1\*. 227.
Placographa Rehm (*Patellariac.*) 1. 224.
Placographa Th. Fr. (*Graphidac.*) 1\*. 93.
Placolecania Stnr. (*Lecanorac.*) 1\*. 205.
Placolecania (Stnr.) A. Zahlbr. (*Lecanorac.*) 1\*. 199, 205.
Placolecis Trevis. (*Lecideac.*) 1\*. 132.
Placoma Schousb. (*Chroococcac.*) 1a. 52, 53, 55.
P. vesiculosum Schousb. 1a. 53, Fig. 49 H.

Placophora J. Ag. (*Rhodomelac.*) 2. 428, 462.
Placopsis Müll. Arg. (*Lecanorae.*) 1\*. 202.
Placopsis Nyl. (*Lecanorac.*) 1\*. 202.
Placopsis Wainio (*Lecanorac.*) 1\*. 202.
Placosphaera Dang. (*Pleurococcac.*) 2. 160.
Placosphaerella Pat. (*Sphaerioidac.*) 1\*\*. 366, 370.
Placosphaeria Sacc. (*Sphaerioidac.*) 1\*\*. 354, 361, 362.
P. Campanulae (DC.) Bäuml. 1\*\*. 361, Fig. 190 A, B.
Placothallae (*Buelliac.*) 1\*. 233.
Placothallae Norm. (*Buelliac.*) 1\*\*. 232.
Placothallia Trevis. (*Lecanorac.*) 1\*. 205.
Placothelium Müll. Arg. (*Pyrenidiac.*) 1\*. 76, 77.
Placoxylon Sacc. (*Xylariac.*) 1. 485.
Placuntium Ehrenb. (*Phacidiac.*) 1. 263.
Placynthium (Ach.) Harm. (*Pannariac.*) 1\*. 180, 181.
P. nigrum (Huds.) Gray 1\*. 182, Fig. 97 A—E.
Plagiobryum Boul. (*Bryac.*) 3. 563.
Plagiobryum Lindb. (*Bryac.*) 3. 542, 563.
P. demissum (Hornsch.) 3. 564, Fig. 422 A—E.
Plagiochasma Griff. (*Marchantiac.*) 3. 29.
Plagiochasma L. et L. (*Marchantiac.*) 3. 30.
Plagiochila Dum. (*Jungerm. akrog.*) 3. 89, 99.
Plagiochila (Dum.) Spruce (*Jungerm. akrog.*) 3. 76, 87.
P. bursata (Desv.) Lindb. 3. 88, Fig. 47 F.
P. concava Nees 3. 88, Fig. 47 H.
P. dichotoma Nees 3. 88, Fig. 47 D, E.
P. gigantea (Hook.) Lindb. 3. 88, Fig. 47 A, B.
P. hypnoides Lindb. 3. 88, Fig. 47 G.
P opposita Nees 3. 88, Fig. 47 J, K.
Plagiochila Lindenb. (*Jungerm. akrog.*) 3. 86, 87.
Plagiochila Mont. (*Jungerm. akrog.*) 3. 99, 100.
Plagiochila Nees (*Jungerm. akrog.*) 3. 113.
Plagiochila Syn. Hep. (*Jungerm. akrog.*) 3. 90, 99.
Plagiochiloides Schiffn. (*Jungerm. akrog.*) 3. 93.
Plagiochiloides Spruce (*Jungerm. akrog.*) 3. 92.
Plagiodiscus Grun. et Eulenst. (*Bacillariac.*) 1b. 146.
Plagiodus Mitt. (*Funariac.*) 3. 526.

Plagiogramma Grev. (*Bacillariae.*) 1b. 110, 111, 112.
P. californicum Grev. 1b. 112, Fig. 200 C, D.
P. elongatum Grev. 1b. 112, Fig. 200 A, B.
Plagiographus Kn. et Mitt. (*Graphidae.*) 1*. 95.
Plagiogyria Kze. (*Polypodiae.*) 4. 255, 281; 284, Fig. 149, A—G.
P. scandens (Griff.) Mett. 4. 281, Fig. 149 G.
P. semicordata (Presl) Christ 4. 281, Fig. 149 A—F.
Plagiomastix Diesing (*Cryptomonadin.*) 1a. 168.
Plagiopus Brid. (*Bartramiae.*) 3. 631, 632.
P. javanicus (Doz. et Molk.) 3. 633, Fig. 476 A—E.
Plagiospermum Cleve (*Mesocarpae.*) 3. 23.
Plagiostoma Fuckel (*Gnomoniae.*) 1. 449.
Plagiothecieae (*Hypnae.*) 3. 1024, 1078, 1237.
Plagiothecium (*Hypnae.*) 3. 1079, 1084.
Plagiothecium Bryol. eur. (*Hypnae.*) 3. 1079.
Plagiothecium Bryol. eur. (*Hypnae.*) 3. 1078, 1084, 1237.
P. silvaticum (Huds.) 3. 1084, Fig. 771 A—D.
Plagiothecium De Not. (*Hypnae.*) 3. 1026.
Plagiothecium Mitt. (*Hypnae.*) 3. 1084.
Plagiothelium Strt. (*Astrotheliae.*) 1*. 74.
Plagiotrema Müll. Arg. (*Paratheliae.*) 1*. 71, 72.
Plagiotropis Pfitz. (*Bacillariae.*) 1b. 133.
Plagiozamites Zeill. (*Peridophyt.?*) 4. 797.
Planktoniella Schütt (*Bacillariae.*) 1b. 38, 71, 72.
P. Sol (Wallich) Schütt 1b. 38, Fig. 50 B, C; 72, Fig. 103 A, B.
Planktoniellinae (*Bacillariae.*) 1b. 55, 71.
Planococcus Mig. (*Coccac.*) 1a. 6, 15, 19.
P. citreus (Menge) Mig. 1a. 6, Fig. 1 B.
P. roseus (Winogr.) Mig. 1a. 19, Fig. 13.
Planosarcina Mig. (*Coccac.*) 1a. 19.
P. mobilis (Maurea) Mig. 1a. 19, Fig. 14.
Plasmodiophora Woron. (*Phytomyxin.*) 1. 6, 38.
P. Brassicae Woron. 1. 6, Fig. 3, A—F.
Plasmodiophoreae 1. 38.
Plasmodium 1. 39.
P. Malariae March. et Coll. 1. 39, Fig. 21 A—H.
Plasmopara Schröt. (*Peronosporae.*) 1. 112, 115.

P. viticola (Berk. et Curt.) Berl. et De Toni 115, Fig. 110.
Plasmoparopsis De Wild. (*Saprolegniae.*) 1**. 329.
Plasmophagus De Wild. (*Olpidiae.*) 1**. 326.
Platisma Hoffm. (*Parmeliae.*) 1*. 213.
Platoma (Schousb.) Schmitz (*Nemastomae.*) 2. 523, 524.
P. cyclocolpa (Mont.) Schmitz 2. 523, Fig. 278 B.
Plâtre (*Verticilliopsis infestans* Cost.) 1**. 441.
Platycera Fée (*Polypodiae.*) 4. 339.
Platyceriinae (*Polypodiae.*) 4. 330, 336.
Platyceriphyllum Velen. (*Filical.*) 4. 514.
Platycerium Desv. (*Polypodiae.*) 4. 64, 330, 336, 337, 338; 338, Fig. 177.
P. alcicorne Desv. 4. 64, Fig. 12 V; 337, Fig. 176 A—C; 338, Fig. 177 A.
P. biforme (Sw.) Bl. 4. 338, Fig. 177 B, C.
Platycerium Velen. (*Filical.*) 4. 514.
Platycoaspis S. O. Lindb. (*Marchantiae.*) 3. 33.
Platygloea Schröt. (*Auriculariae.*) 1**. 84, 85.
P. nigricans (Fr.) Schröt. 1**. 85, Fig. 56 G, H.
Platygloeae (*Auriculariae.*) 1**. 84.
Platygramma (Eschw.) Müll. Arg. (*Graphidae.*) 1*. 99.
Platygrammina Müll. Arg. (*Graphidae.*) 1*. 100.
Platygrammopsis Müll. Arg. (*Graphidae.*) 1*. 100.
Platygrapha Nyl. (*Lecanactidae.*) 1**. 115.
Platygraphina Müll. Arg. (*Graphidae.*) 1*. 100.
Platygraphopsis Müll. Arg. (*Graphidae.*) 1*. 100, 116.
Platygyrium Bryol. eur. (*Entodontae.*) 3. 871, 883.
P. repens (Brid.) 3. 883, Fig. 646 A—D.
Platygyrium Bryol. eur. (*Entodontae.*) 3. 887.
Platygyrium Jaeg. (*Entodontae.*) 3. 889.
Platygyrium Kindb. (*Entodontae.*) 3. 890.
Platyhypnum (*Entodontae.*) 3. 896.
Platylecania Müll. Arg. (*Lecanorae.*) 1*. 205.
Platylejeunea Spruce (*Jungerm. akrog.*) 3. 119, 130.
Platylobium Kütz. (*Fucae.*) 2. 284.
Platyloma J. Sm. (*Polypodiae.*) 4. 266.

174

Platyloma — Pleurenterium.

Platyloma Kindb. (*Hypnac.*) 3. 1030.
Platymenia J. Ag. (*Nemastomac.*) 2. 524.
Platynemeae 1. 15.
Platyneuron Card. (*Dicranac.*) 3. 1183.
Platyphyllum C. Müll. (*Bryac.*) 3. 598.
Platyphyllum Vent. (*Parmeliac.*) 1\*. 215.
Platyrapha Nyl. (*Chiodectonac.*) 1\*. 105, 115.
Platysma Nyl. (*Parmeliac.*) 1\*. 215.
Platysma (Stizenb.) Nyl. (*Parmeliac.*) 1\*. 215.
Platysphaera Dum. (*Lophiostomatac.*) 1. 419.
Platysticta (Cooke) Massee (*Stictidac.*) 1. 246, 250.
Platystoma C. Müll. (*Grimmiac.*) 3. 447.
Platystomum Trevis. (*Lophiostomatac.*) 1. 417, 420, 421.
P. nuculoides (Sacc.) Lindau 1. 420, Fig. 264 *L—N*.
Platytaenia Kuhn (*Polypodiac.*) 4. 302, 305.
Platythalia Sond. (*Fucac.*) 2. 281.
Platytheca Stein (*Oicomonadac.*) 1a. 119, 120.
P. microspora Stein 1a. 120, Fig. 77 *B*.
Platyzoma R. Br. (*Gleicheniac.*) 4. 352, 355.
Plaxonema Tangl (*Oscillatoriac.*) 1a. 64.
Plecosorus Fée (*Polypodiac.*) 4. 166, 194.
P. speciosissimus (A. Br.) Fée 4. 194, Fig. 101 *A, B*.
Plecotrichum Corda (*Dematiac.*) 1\*\*. 462.
Plectania Fries (*Pezizac.*) 1. 180.
Plectascineae 1. 142, 290—320; 1\*\*. 536.
Plectobasidiineae 1\*\*. 1, 329—346, 557.
Plectocarpon Fée (*Stictac.*) 1\*. 188.
Plectochlaena Fée (*Polypodiac.*) 4. 167.
Plectocolea Mitt. (*Jungerm. akrog.*) 3. 78.
Plectoderma Reinsch (*Corallinac.*) 2. 541.
Plectonema Thuret (*Scytonematac.*) 1a. 77, 78; 2. 556.
P. Wollei Farl. 1a. 78, Fig. 57 *A*.
Plectopsora A. Zahlbr. (*Collemac.*) 1\*. 171.
Plectopsora Mass. (*Collemac.*) 1\*. 171.
Plectridium Fischer (*Bacteriac.*) 1a. 25.
Plectrillum Fischer (*Bacteriac.*) 1a. 29.
Plectrinium Fischer (*Bacteriac.*) 1a. 29.
Plejobolus (Bomm.) Rouss. et Sacc. (*Pleosporac.*) 1. 439.
Pleiophysa Sond. (*Dasycladac.*) 2. 156.
Pleiostictis Rehm (*Stictidac.*) 1. 250.
Plenasium Presl (*Osmundac.*) 4. 378.
Plenodomus Preuss (*Sphaerioidac.*) 1\*\*. 350, 356.

P. herbarum Allesch. 1\*\*. 356, Fig. 186 *D, E*.
Pleochaeta Sacc. et Speg. (*Erysibac.*) 1. 328, 334.
Pleocnemia Presl (*Polypodiac.*) 4. 167, 183, 187.
Pleococcum Desm. et Mont. (*Excipulac.*) 1\*\*. 393, 394.
Pleococcus Kütz. (*Pleurococcac.*) 2. 59.
Pleocystidium E. Fischer (*Oochytriac.*) 1. 85; 1\*\* 526.
Pleogibberella Sacc. (*Hypocreac.*) 1. 347, 360.
Pleolpidium A. Fischer (*Olpidiac.*) 1. 67, 70.
Pleomassaria Speg. (*Massariac.*) 1. 444, 445, 446.
P. rhodostoma (Alb. et Schw.) Tul. 1. 445, Fig. 271 *H—L*.
Pleonectria Sacc. (*Hypocreac.*) 1. 347, 360, 361.
P. Lamyi (Desm.) Sacc. 1. 361, Fig. 244 *A—C*.
Pleonosporium Naeg. (*Ceramiac.*) 2. 483, 488, 489.
P. Borreri (Sm.) Naeg. 2. 488, Fig. 268 *F*.
Pleopeltis Hk., Bk. (*Polypodiac.*) 4. 306, 315, 317, Fig. 164 *A—E*.
Pleophragmia Fuckel (*Sordariac.*) 1. 390, 393.
P. leporum Fuckel 1. 393, Fig. 254 *E—G*.
Pleopsidium Koerb. (*Acarosporac.*) 1\*. 152.
Pleosphaeria Speg. (*Amphisphaeriac.*) 1. 413, 416.
Pleosphaerulina Pass. (*Mycosphaerellac.*) 1. 421, 428.
Pleospora Rabh. (*Pleosporac.*) 1. 429, 440, 441.
P. herbarum (Pers.) Rabh. 1. 441, Fig. 270 *D—F*.
P. multiseptata Starb. 1. 441, Fig. 270 *J, K*.
P. vulgaris Niessl 1. 441, Fig. 270 *G, H*.
**Pleosporaceae** 1. 387, 428—443; 1\*\*. 544.
Pleosporopsis Oerst. (*Nectrioidac.*) 1\*\*. 383, 384, 542.
P. strobilina (Alb. et Schw.) Oerst. 1\*\*. 384, Fig. 201 *D, E*.
Pleotrachelus Zopf (*Olpidiac.*) 1. 67, 69.
P. fulgens Zopf 1. 69, Fig. 51.
Pleuranthe Tayl. (*Jungerm. akrog.*) 3. 93.
Pleurenterium Lund (*Desmidiac.*) 2. 7, 11, 12.
P. grande (Bulnh.) Lund 2. 12, Fig. 7 *G*.

Pleuridiopsis Paris (*Dicranac.*) 3. 297.
Pleuridium Brid. (*Dicranac.*) 3. 293, 294, 1175.
P. alternifolium (Dicks.) Brid. 3. 156, Fig. 76 E.
P. alternifolium Rabh. 3. 230, Fig. 140 G.
P. Sullivanti Aust. 3. 294, Fig. 17 A—D.
Pleuridium Presl (*Polypodiac.*) 4. 306, 315.
Pleurocapsa Hauck (*Protococcac.*) 2. 69.
Pleurocapsa Thuret (*Chamaesiphonac.*) 1a. 58, 59, 60.
P. fluviatilis Lagerh. 1a. 60, Fig. 51 B.
Pleurocarpi 3. 283, 701—1172.
Pleurocarpus A. Br. (*Mesocarpac.*) 2. 23.
Pleurochaete Limpr. (*Pottiac.*) 3. 397.
Pleurochaete Lindb. (*Pottiac.*) 3. 383, 397.
P. squarrosa (Brid.) Lindb. 3. 398, Fig. 231 A—D.
Pleurochiton (Corda) Nees (*Marchantiac.*) 3. 31.
Pleuroclada S. O. Lindb. (*Jungerm. akrog.*) 3. 102.
Pleuroclada Spruce (*Jungerm. akrog.*) 3. 95, 102.
Pleurocladia A. Br. (*Choristocarpac.*) 2. 190, 191.
**Pleurococcaceae** 2. 27, 54—60, 160.
Pleurococcus Cienk. (*Volvocac.*) 2. 38.
Pleurococcus Menegh. (*Pleurococcac.*) 2. 54, 56.; 1\*. 46, Fig. 29 B, C.
P. vulgaris Menegh. 2. 54, Fig. 35.
Pleurocolea Schiffn. (*Jungerm. akrog.*) 3. [78?], 1244.
Pleurocybe Müll. Arg. (*Sphaerophorac.*) 1\*. 85.
P. madagascarea (Nyl.) A. Zahlbr. 1\*. 86, Fig. 44 E.
Pleurodesmium Kütz. (*Bacillariac.*) 1b. 98.
Pleurodon P. Henn. (*Hydnac.*) 1\*\*. 147.
Pleurogonium Presl (*Polypodiac.*) 4. 306.
Pleurogramme Presl (*Polypodiac.*) 4. 297, 299.
Pleuromega Geinitz (*Pleuromoiac.*) 4. 755.
Pleuromeja Geinitz (*Pleuromoiac.*) 4. 755.
Pleuromeia Stichler (*Pleuromoiac.*) 4. 753, 755.
Pleuromoia Corda et Spieker (*Pleuromoiac.*) 4. 755.
P. Sternbergii 4. 754, Fig. 453 A—D.
**Pleuromoiaceae** 4. 717, 755—756.
Pleuromonas Perty (*Bodonac.*) 1a. 134, 135.
P. jaculans Perty 1a. 135, Fig. 94.

Pleuropelma C. Müll. (*Rhizogoniac.*) 3. 617.
**Pleurophascaceae** 3. 701, 774—775.
Pleurophascum Lindb. (*Pleurophascac.*) 3. 775.
P. grandiglobum Lindb. 3. 774, Fig. 384 A—F.
Pleuropus (*Brachythcciac.*) 3. 1130.
Pleuropus Fries (*Thelephorac.*) 1\*\*. 125.
Pleuropus Griff. (*Brachythcciac.*) 3. 1129, 1136.
P. euchloron (Bruch) 3. 1137, Fig. 805 A—F.
P. fenestratus Griff. 3. 1136, Fig. 804 A—G.
Pleuropus Griff. (*Entodontac.*) 3. 892.
Pleuropus Griff. (*Hypnac.*) 3. 1067.
Pleuropus Lindb. (*Brachythcciac.*) 4. 1134, 1138.
Pleuropus Mitt. (*Brachythcciac.*) 3. 1136.
Pleurorthotrichum Broth. (*Orthotrichac.*) 3. 1200.
P. chilense Broth. 3. 1200, Fig. 842 A—J.
Pleuroschisma Dum. (*Jungerm. akrog.*) 3. 83, 99, 100, 102.
Pleuroschismotypus Dum.(*Jungerm. akrog.*) 3. 100.
Pleurosicyos Corda (*Desmidiac.*) 2. 8.
Pleurosigma W. Sm. (*Bacillariac.*) 1b. 48, 123, 132.
P. attenuatum (Kütz.) W. Sm. 1b. 132, Fig. 250 A.
P. balticum (Ehrenb.) W. Sm. 1b. 48, Fig. 58 G—J; 132, Fig. 250 B.
Pleurosigmae (*Bacillariac.*) 1b. 123.
Pleurosiphonia Ehrenb. (*Bacillariac.*) 1b. 124.
Pleurosira Menegh. (*Bacillariac.*) 1b. 93.
Pleurosorus Fée (*Polypodiac.*) 4. 222, 244, 245.
P. Pozoi (Lag.) Fée 4. 244, Fig. 129 A, B.
Pleurostauron Rabh. (*Bacillariac.*) 1b. 129.
Pleurostichidium Heydrich (*Rhodomelac.*) 2. 477.
P. Falkenbergii Heydrich 2. 477, Fig. 265 A—C.
Pleurostoma Tul. (*Diatrypac.*) 1. 473, 476, 477.
P. Candollei Tul. 1. 476, Fig. 282 O, P.
Pleurotaeniopsis Lund (*Desmidiac.*) 2. 7, 11, 12.
P. turgidus (Bréb.) Lund 2. 12, Fig. 7 B.
Pleurotaenium (Naeg.) Lund (*Desmidiac.*) 2. 7, 9, 10.
P. trabecula Ehrenb. 2. 10, Fig. 6 G.
Pleurothea (*Peltigerac.*) 1\*. 192.

Pleurothecium Müll. Arg. (Graphidac.) 4*. 93.
Pleurothelium Müll. Arg. (Paratheliac.) 1*. 71, 72.
Pleurotopsis P. Henn. (Agaricac.) 1**. 226.
Pleurotrema Müll. Arg. (Paratheliac.) 1*. 71.
Pleurotus Fries (Agaricac.) 1**. 260.
Pleuroweisia Limpr. (Pottiac.) 3. 383, 389.
P. Schliephackei Limpr. 3. 390, Fig. 247.
Pleurozia Dum. (Jungerm. akrog.) 3. 114.
P. gigantea (Weber) S. O. Lindb. 3. 115, Fig. 66 A—J.
Pleurozioideae (Jungerm. akrog.) 3. 74, 114.
Pleuroziopsis Kindb. (Climaciac.) 3. 735.
Pleuroziopsis Kindb. (Climaciac.) 3. 1213.
Pleuroziopsis Kindb. (Hypnac.) 3. 1036, 1059.
Pleurozium Lindb. (Hypnac.) 3. 1059, 1061.
Pleurozium Mitt. (Hypnac.) 3. 1060.
Pleurozium Sull. (Hypnac.) 3. 1059.
Pleurozygodon Lindb. (Orthotrichac.) 3. 458.
Pliariona Mass. (Graphidac.) 1*. 101.
Plicaria C. Müll. (Leskeac.) 3. 1017.
Plicaria Fuckel (Pezizac.) 1. 182.
Plicariella Sacc. (Pezizac.) 1. 178, 179; 1**. 532.
P. fuliginosa (Schum.) Rehm 1. 179, Fig. 146 C, D.
Plicatella C. Müll. (Bartramiac.) 3. 653.
Plicatura Peck (Agaricac.) 1**. 199.
Plicodium C. Müll. (Dicranac.) 3. 329.
Plinthiotheca Zeiller (Filicat.) 4. 480.
Plocamicae (Rhodomelac.) 2. 398, 404.
Plocamium (Lamx.) Lyngy (Rhodymeniac.) 2. 398, 404, 405.
P. coccineum (Huds.) Lyngbye 2. 405, Fig. 236 A—D.
Plocaria Nees (Lichen.) 1*. 239.
Plocaria (Nees) Endl. (Sphaerococcac.) 2. 391.
Plocotia (Duj.) From. (Peranemac.) 1a. 184.
Plocotia Duj. (Peranemac.) 1a. 180, 183, 184.
P. vitrea Duj. 1a. 183, Fig. 134 C.
Ploettnera P. Henn. (Stictidac.) 1**. 534.
Ploiaria Pant. (Bacillariac.) 1b. 93, 96.
Plowrightia Sacc. (Dothideac.) 1. 375, 376, 377.
P. ribesia (Pers.) Sacc. 1. 377, Fig. 248 J—O.

Plumalina Hall. (Psilotac.) 4. 621.
Plumaria Link (Ceramiac.) 2. 487.
Plumaria (Stackh.) Schmitz (Ceramiac.) 2. 484, 493, 494.
P. elegans (Bonnem.) Schmitz 2. 491, Fig. 270 A, B.
Pluteolus Fries (Agaricac.) 1**. 240, 243.
Pluteus Fries (Agaricac.) 1**. 254, 257.
Pneophyllum Kütz. (Squamariac.) 2. 537.
Pocillum De Not. (Helotiac.) 1. 194, 208.
P. Cesatii (Mont.) De Not. 1. 208, Fig. 163 B—D.
Pocosphaeria Sacc. (Pleosporac.) 1. 428, 433, 434.
P. eriophora (Cooke) Sacc. 1. 433, Fig. 268 M, N.
Podanthe Gott. (Jungerm. akrog.) 3. 86.
Podanthe Tayl. (Jungerm. akrog.) 3. 80, 81.
**Podaxaceae** 1**. 331, 332—334.
Podaxon Fries (Podaxac.) 1**. 332, 357.
P. carcinomalis Fries 1**. 332, Fig. 171 A—D.
P. Schweinfurthii Pat. 1**. 332, Fig. 271 E.
Podeilema R. Br. (Polypodiac.) 4. 159.
Podiscus Baill. (Bacillariac.) 1b. 77.
Podisoma Link (Pucciniac.) 1**. 554.
Podocapsa Tiegh. (Endomycetac.) 1. 154, 155.
Podochytrium Pfitz. (Rhizidiac.) 1. 75, 77; 1**. 527.
Podocrea Sacc. (Hypocreac.) 1. 348, 364, 365.
P. alutacea (Pers.) Sacc. 1. 365, Fig. 243 F—H.
P. cornu-damae (Pat.) Lindau 1. 365, Fig. 243 J.
Podocystis Kütz. (Bacillariac.) 1b. 146.
Pododiscus Kütz. (Bacillariac.) 1b. 59.
Podolampas Stein (Peridiniac.) 1b. 23.
P. bipes Stein 1b. 23, Fig. 33 A, B.
Podolampinae (Peridiniac.) 1b. 16, 23.
Podomitrium Mitt. (Jungerm. anakrog.) 3. 54.
Podopeltis Fée (Polypodiac.) 4. 183.
Podophacidium Niessl (Tryblidiac.) 1**. 253.
Podosira Ehrenb. (Bacillariac.) 1b. 59.
Podosordaria Ell. et Holw. (Sordariac.) 1**. 542.
Podosphaera Kunze (Erysibac.) 1. 328, 329.
P. tridactyla (Wallr.) De Bary 1. 329, Fig. 228 D, E.

Podosphenia Ehrenb. (*Bacillariac.*) 1b. 109.
Podospora Ces. (*Sordariac.*) 1. 390.
Podosporiella Ell. et Ev. (*Stilbac.*) 1\*\*. 496, 497.
Podosporium Bon. (*Sphaerioidac.*) 1\*\*. 363.
Podosporium Sacc. et Schulz (*Sphaerioidac.*) 1\*\*. 366.
Podosporium Schwein. (*Stilbac.*) 1\*\*. 496, 497.
Podostoma Clap. et Lachm. (*Rhizomastigac.*) 1a. 114.
Podostroma Karst. (*Hypocreac.*) 1. 364.
Poecilophyllum Mitt. (*Dicranac.*) 3. 322.
Poecilopteris Presl (*Polypodiac.*) 4. 198.
Poecilothamnion Naeg. (*Ceramiac.*) 2. 489.
Poetschia Koerb. (*Patellariac.*) 1. 225; 1\*. 87, 138.
Pogonatum Brid. (*Polytrichac.*) 3. 673, 679.
Pogonatum C. Müll. (*Polytrichac.*) 3. 685.
Pogonatum Palis. (*Polytrichac.*) 3. 681.
Pogonatum Palis. (*Polytrichac.*) 3. 671, 685, 1213.
P. aloides Hedw. 3. 179, Fig. 98 *A*; 192, Fig. 111.
P. brevicaule Brid. 3. 686, Fig. 520 *A—G*.
P. capillare (Rich.) 3. 693, Fig. 526 *A—E*.
P. contortum Menz. 3. 689, Fig. 522 *A—II*.
P. grandifolium Lindb. 3. 685, Fig. 519 *C—E*.
P. gymnophyllum Mitt. 3. 685, Fig. 519 *B*.
P. macrophyllum Doz. et Molk. 3. 690, Fig. 523 *A—G*.
P. marginatum Mitt. 3. 688, Fig. 521 *A—E*.
P. microstomum R. Br. 3. 694, Fig. 527 *C—E*.
P. plurisetum C. Müll. 3. 691, Fig. 524 *D—II*.
P. semipellucidum (Hampe) 3. 688, Fig. 521 *F—J*.
P. spinulosum Mitt. 3. 686, Fig. 520 *H—M*.
P. Thomsoni Mitt. 3. 692, Fig. 525 *A—G*.
P. tortipes Mitt. 3. 695, Fig. 519 *A*.
Pogotrichum Rke. (*Encoeliac.*) 2. 289.
Pohlia Hedw. (*Bryac.*) 3. 542, 546, 1204.
P. alba Arn. 3. 551, Fig. 443 *M—R*.
P. crassidens Lindb. 3. 550, Fig. 442 *A—D*.
P. erecta Lindb. 3. 546, Fig. 409 *A—E*.
P. fusifera (Mitt.) 3. 551, Fig. 443 *G—L*.
P. Ludwigii Lindb. 3. 549, Fig. 441 *A—D*.
P. proligera Lindb. 3. 550, Fig. 442 *E—K*.
P. pulchella (Hedw.) 3. 553, Fig. 444 *A—F*.
P. saprophila Broth. 3. 548, Fig. 440 *A—D*.
P. scabridens (Mitt.) 3. 551, Fig. 443 *A—F*.
Pohlia Lindb. (*Bryac.*) 3. 552.

Pohlia Schwaegr. (*Bryac.*) 3. 563.
Poikilosporium Dietel (*Ustilaginac.*) 1\*\*. 7, 12, 13.
P. Davidsohnii Dietel 1\*\*. 13, Fig. 8 *C, D*.
Polla Brid. (*Hookeriac.*) 3. 957.
Polla Brid. (*Mniac.*) 3. 606.
Polla (Brid.) Mitt. (*Mniac.*) 3. 607, 1207.
Polleriana (*Sigillariac.*) 4. 746, 748; 748, Fig. 443.
Pollexfenia Harv. (*Rhodomelac.*) 2. 428, 454, 455.
P. crispata (Zanard.) Falkbg. 2. 455, Fig. 256 *A, B*.
Polyactis Link (*Mucedinac.*) 1\*\*. 435, 436.
Polyblastia (Mass.) Loenar. (*Verrucariac.*) 1\*. 53, 56.
P. sepulta Mass. 1\*. 54, Fig. 31 *II*.
Polyblastia Müll. Arg. (*Pyrenulac.*) 1\*. 65.
Polyblastiopsis A. Zahlbr. (*Pyrenulac.*) 1\*. 62, 65.
Polyblepharides Dang. (*Volvocac.*) 2. 37, 38.
Polybotrya H., B. et K. (*Polypodiac.*) 4. 167, 195, 196, 197, 199; 196, Fig. 103 *A—G*.
P. apiifolia Hook. 4. 196, Fig. 103 *B*.
P. appendiculata (Willd.) Bl. 4. 195, Fig. 102 *A, B*.
P. articulata J. Sm. 4. 196, Fig. 103 *C, D*.
P. Caenopteris (Kze.) Klotzsch 4. 199, Fig. 103 *C*.
P. cervina (Sw.) Kaulf. 4. 196, Fig. 103 *E—G*.
P. osmundacea H., B. et K. 4. 196, Fig. 103 *A*; 197, Fig. 104 *A—C*.
Polycampium Presl (*Polypodiac.*) 4. 324.
Polycephalum Kalchbr. et Cooke (*Stilbac.*) 1\*\*. 489.
Polyceratium Cast. (*Bacillariac.*) 1b. 91.
Polycerea J. Ag. (*Chordariac.*) 2. 225, 227.
Polychaete Nordst. (*Chaetophorac.*) 2. 95.
Polychidium (Ach.) A. Zahlbr. (*Ephebac.*) 1\*. 154, 156.
P. muscicolum (Sw.) G. Gray 1\*. 157, Fig. 77.
Polychidium Wainio (*Ephebac.*) 1\*. 156.
Polychlamydum W. et G. West (*Oscillatoriac.*) 2. 64, 69, 70.
P. insigne West 1a. 70, Fig. 34 *B*.
Polychroma Bonnem. (*Ceramiac.*) 2. 487.
Polyclada Russ. (*Sphagnac.*) 3. 254.
Polycoccum Koerb. (*Fungi*) 1\*. 240.
Polycoccum Saut. (*Fungi*) 1\*. 78, 240.

Polycoccus Kütz. (*Chlorophyc.*) 2. 27; 1a. 92.
Polycoelia K. Ag. (*Gigartinae.*) 2. 355, 364.
Polycoma Palis. (*Thoreae.*) 2. 323.
Polycystis Kütz. (*Chroococcac.*) 1a. 56.
Polycystis Lév. (*Tilletiae.*) 1**. 546.
Polydesmus Mont. (*Dematiae.*) 1**. 476, 478.
Polydictyum Presl (*Polypodiac.*) 4. 183.
Polyedrium Naeg. (*Pleurococcac.*) 2. 57, 60.
P. lobulatum Naeg. 2. 57, Fig. 36 E.
Polygaster Fries (*Sclerodermatae.*) 1**. 339.
Polygramma Presl (*Polypodiac.*) 4. 245.
Polyides C. Ag. (*Rhizophyllidae.*) 2. 529.
P. rotundus (Gmel.) Grev. 2. 529, Fig. 281 A—D; 529, Fig. 282 A—C.
Polylepidia Diels (*Polypodiac.*) 4. 334.
Polymastix Bütschli (*Tetramitac.*) 1a. 143, 145.
P. Melolonthae (Grassi) Bütschli 1a. 145, Fig. 101.
Polymeria Ach. (*Lichen.*) 1*. 240.
Polymeridium Müll. Arg. (*Pyrenulac.*) 1*. 65.
Polymeris Müll. Arg. (*Pyrenulac.*) 1*. 66.
Polymyces Batt. (*Agaricac.*) 1**. 251.
Polymyxus Bail. (*Bacillariae.*) 1b. 74.
Polynema Fr. et Fuckel (*Excipulae.*) 1**. 395.
Polynema Lindau (*Excipulae.*) 1**. 393, 395.
Polyodon Schimp. (*Buxbaumiac.*) 3. 666.
Polyoeca Kent (*Craspedomonadac.*) 1a. 125, 127, 128.
P. dichotoma Kent 1a. 128, Fig. 85 B.
Polyopes J. Ag. (*Grateloupiac.*) 2. 510, 513.
Polyostea Rupr. (*Rhodomelac.*) 2. 439.
Polyotus Gott. (*Jungerm. akrog.*) 3. 109.
Polyozosia Mass. (*Lecanorac.*) 1*. 202.
Polyphacum C. Ag. (*Rhodomelac.*) 2. 469.
Polyphagus Nowakowski (*Oochytriac.*) 1. 52, 84, 85.
P. Euglenae (Bail.) Now. 1. 52, Fig. 37; 85, Fig. 69.
Polyphragma Müll. Arg. (*Gyalectac.*) 1*. 126.
Polyphysa (Lam.) Lamx. (*Dasycladac.*) 2. 156.
P. peniculus (R. Br.) Ag. 2. 156, Fig. 106.
Polypilus Karst. (*Polyporac.*) 1**. 167.

Polyplocium Berk. (*Scotiac.*) 1**. 299, 302.
P. inquinans Berk. 1**. 302, Fig. 151 A, B.
**Polypodiaceae** 4. 91, 139—339, 473; 149, Fig. 86.
Polypodicae (*Polypodiac.*) 4. 159, 302.
Polypodinae (*Polypodiac.*) 4. 302, 305.
Polypodiopsis Jaeg. (*Fissidentac.*) 3. 352.
Polypodiopsis C. Müll. (*Fissidentac.*) 3. 352.
Polypodites Goepp. (*Filical.*) 4. 475.
Polypodium (*Polypodiac.*) 4. 167, 168, 183, 202, 307, 313, 317, 326.
Polypodium Bl. (*Polypodiac.*) 4. 218.
Polypodium Hk. Bk. (*Polypodiac.*) 4. 218, 322, 324, 328.
Polypodium L. (*Polypodiac.*) 4. 6, 15, 18, 27, 43, 46, 50, 56, 57, 67, 69, 302, 306, 307, 313, 317, 319, 320, 321.
P. albidosquamatum Bl. 4. 317, Fig. 164 E.
P. aureum L. 4. 313, Fig. 163 F.
P. caespitosum Link 4. 57, Fig. 39 E.
P. crassifolium L. 4. 57, Fig. 39 K.
P. decumanum Willd. 4. 313, Fig. 163 G.
P. fraxinifolium Jacq. 4. 46, Fig. 29 A, B.
P. glaucophyllum Kze. 4. 6, Fig. 8; 69. Fig. 48; 343, Fig. 163 A, B.
P. incurvatum Bl. 4. 319, Fig. 165 A—D.
P. Meyenianum Schott 4. 320, Fig. 166 A—C.
P. nereifolium Schk. 4. 57, Fig. 39 C.
P. pectinatum L. 4. 307, Fig. 162 E—G.
P. Phymatodes L. 4. 317, Fig. 164 C, D.
P. quercifolium L. 4. 50, Fig 34 A; 57, Fig. 39 L.
P. rigidulum Sw. 4. 50, Fig. 34 B
P. serpens Sw. 4. 57, Fig. 39 F.
P. serrulatum Mett. 4. 307, Fig. 162 A, B.
P. sinuosum Wall. 4. 320, Fig. 166 D—F.
P. spectrum Kaulf. 4. 317, Fig. 164 A, B.
P. sphenodon Kze. 4. 313, Fig. 163 H.
P. sporodocarpum Willd. 4. 57, Fig. 39 J.
P. tamariscinum Kaulf. 4. 307, Fig. 162 H—K.
P. trichomanoides Sw. 4. 307, Fig. 162 C, D.
P. verrucosum Wall. 4. 313, Fig. 163 C—E.
P. vulgare L. 4. 15, Fig. 10 A—C; 18, Fig. 12 A—F; 27, Fig. 15 VII; 43, Fig. 23 B, C; 56, Fig. 38 D; 67, Fig. 46 A, B.
**Polyporaceae** 1**. 114, 152—198.
Polyporeae (*Polyporac.*) 1**. 152, 155.
Polyporellus Karst. (*Polyporac.*) 1**. 168, 169.
Polyporites Fries (*Hymenomycet.*) 1**. 522.

Polyporus Karst. (*Polyporac.*) 1\*\*. 171.
Polyporus Mich. (*Polyporac.*) 1\*\*. 155, 163, 164, 166, 170, 171.
P. amorphus Fries 1\*\*. 164, Fig. 89 C.
P. betulinus (Bull.) Fr. 1\*\*. 164, Fig. 89 B.
P. brumalis (Pers.) Fr. 1\*\*. 170, Fig. 91 C.
P. caudicinus (Schaeff.) Schröt. 1\*\*. 166, Fig. 90 A.
P. flabelliformis Klotzsch 1\*\*. 174, Fig. 93 L.
P. frondosus (Fl. Dan.) Fr. 1\*\*. 166, Fig. 90 B.
P. funalis Fries 1\*\*. 174, Fig. 93 G, H.
P. officinalis (Vill.) Fr. 1\*\*. 164, Fig. 89 A.
P. ovinus (Schaeff.) Fr. 1\*\*. 170, Fig. 91 D.
P. sanguineus (L.) Fr. 1\*\*. 174, Fig. 93 J, K.
P. Sapurema A. Möll. 1\*\*. 171, Fig. 92.
P. squamosus (Huds.) Fr. 1\*\*. 170, Fig. 91 A, B.
Polyptychium Broth. (*Bartramiac.*) 3. 655.
Polyptychium C. Müll. (*Bartramiac.*) 3. 655.
Polyrhina Sorokin (*Hyphochytriac.*) 1. 83, 84.
P. multiformis Sorokin 1. 84 Fig. 66 A, B.
Polyrrhizium Giard (*Entomophthorac.*) 1\*\*. 531; 1. 140.
Polysaccopsis P. Henn. (*Tilletiac.*) 1\*\*. 546.
Polysaccum DC. (*Sclerodermatac.*) 1\*\*. 338.
Polyschistes Stnr. (*Diploschistac.*) 1\*. 122.
Polyscytalum Riess (*Mucedinac.*) 1\*\*. 417, 425, 426.
P. fecundissimum Riess 1\*\*. 425, Fig. 219 F.
P. griseum Sacc. 1\*\*. 425, Fig. 219 G.
Polyselmis Duj. (*Volvocac.*) 2. 38.
Polysiphonia Grev. (*Rhodomelac.*) 2. 422, 423, 424, 426, 439; 422, Fig. 240 A; 423, Fig. 241 B; 424, Fig. 242 H.
P. complanata (Clem.) Falkbg. 2. 443, Fig. 247.
P. fastigiata 2. 422, Fig. 240 B.
P. rhunensis Thuret 2. 439, Fig. 246 B.
P. sertularioides (Gratel.) J. Ag. 2. 424, Fig. 242 A—C.
P. urceolata (Lightf.) Grev. 2. 439, Fig. 246 A.
P. variegata (Ag.) J. Ag. 2. 439, Fig. 246 E.
P. violacea (Roth) Grev. 2. 424, Fig. 242 G; 439, Fig. 246 C, D.
Polysiphonides Schimp. (*Algae*) 2. 564.

Polysiphonieae (*Rhodomelac.*) 2. 426, 437.
Polysphondylium Bref. (*Dictyosteliac.*) 1. 3, 4.
P. violaceum Bref. 1. 3, Fig. 2 A—J.
Polystichites Presl (*Filical.*) 4. 515.
Polystichopsis J. Sm. (*Polypodiac.*) 4. 175.
Polystichum Hk., Bk. (*Polypodiac.*) 4. 189.
Polystichum Roth (*Polypodiac.*) 4. 89, 166, 189, 190, 192; 190, Fig. 99 A—U; 192, Fig. 100 A—E.
P. aculeatum (Sw.) Roth 4. 192, Fig. 100 A.
P. angulare var. pulcherrimum Padley 4. 89, Fig. 64 B—E.
P. craspedosorum (Maxim.) Diels 4. 190, Fig. 99 A—C.
P. juglandifolium (H. B. et K.) Diels 4. 192, Fig. 100 C—E.
P. Lonchitis (L.) Roth 4. 190, Fig. 99 F.
P. Maximowiczii (Bak.) Diels 4. 190, Fig. 99 D, E.
P. multifidum (Mett.) Moore 4. 192, Fig. 100 B.
P. tripteron (Kze.) J. Sm. 4. 190, Fig. 99 G, H.
Polystictus Fries (*Polyporac.*) 1\*\*. 155, 172, 174, 177.
P. abietinus Fries 1\*\*. 174, Fig. 93 D, E.
P. Holstii P. Henn. 1\*\*. 177, Fig. 94 B.
P. Moelleri Bres. 1\*\*. 174, Fig. 93 C.
P. perennis (L.) Fr. 1\*\*. 177, Fig. 94 C.
P. radiatus (Sow.) Fr. 1\*\*. 174, Fig. 93 F.
P. sacer Fries 1\*\*. 177, Fig. 94 A.
P. sector (Ehrenb.) Sacc. 1\*\*. 174, Fig. 93 A, B.
Polystigma DC. (*Hypocreac.*) 1. 348, 362, 364.
P. rubrum (Pers.) DC. 1. 363, Fig. 242 A—E.
Polystigma Ren. et Card. (*Hypnac.*) 3. 1078, 1090, 1237.
Polystigmina Sacc. (*Nectrioidac.*) 1\*\*. 386.
Polystigmites Pers. (*Pyrenomycet.*) 1\*\*. 521.
Polystomella Speg. (*Microthyriac.*) 1. 339, 343.
Polystroma Clem. (*Thelotremac.*) 1\*. 118, 121.
P. Ferdinandezii Clem. 1\*. 121, Fig. 59 H.
Polytaenium Desv. (*Polypodiac.*) 4. 300.
Polytheca Pot. (*Marattiac.*) 4. 447, 448, 494.
P. Desaillyi (Zeill.) Pot. 4. 447, Fig. 251 A, B.
Polythrincium Kze. et Schm. (*Dematiac.*) 1\*\*. 471, 473.

12\*

Polythrincium Trifolii Kze. 1\*\*. 473, Fig. 246 F.
Polythrix Zanard. (Rivulariac.) 1a. 85, 89.
Polytoma Ehrenb. (Volvocac.) 1a. 188.
Polytrichaceae 3. 287, 669—698, 1211.
Polytrichadelphus C. Müll. (Polytrichac.) 3. 681.
Polytrichadelphus (C. Müll.) Mitt. (Polytrichac.) 3. 671, 684, 1211.
P. ciliatus Hook. et Wils. 3. 682, Fig. 516 G, H.
P. Lyellii Mitt. 3. 682, Fig. 516 A—F.
P. magellanicus Hedw. 3. 694, Fig. 527 A, B.
P. robustus (Lindb.) 3. 683, Fig. 517 A—E.
Polytrichadelphus Lindb. (Polytrichac) 3. 682.
Polytrichadelphus Mitt. (Polytrichac.) 3. 679.
Polytrichia Sacc. (Pleosporac.) 1. 440.
Polytrichum (Polytrichac.) 3. 673, 676, 679, 691.
Polytrichum Dill. (Polytrichac.) 3. 671, 693, 1213, 1239; 178, Fig. 96 A; 193, Fig. 113; 202, Fig. 122 B; 211, Fig. 128 C.
P. alpinum L. 3. 205, Fig. 124 A, B; 696, Fig. 528 A, B.
P. attenuatum Menz. 3. 697, Fig. 529 A, B.
P. commune L. 3. 171, Fig. 91 B; 202, Fig. 122 C; 276, Fig. 169 D, E; 696, Fig. 528 F, G.
P. formosum 3. 217, Fig. 131 A.
P. gracile Dicks. 3. 696, Fig. 528 C.
P. juniperinum (Hedw.) Willd. 3. 179, Fig. 98 B, C; 184, Fig. 103 A—C; 193, Fig. 113 A; 237, Fig. 144 J; 694, Fig. 527 F, G.
P. piliferum Schreb. 3. 237, Fig. 144 K; 696, Fig. 528 D, E.
P. sphaerothecium Besch. 3. 691, Fig. 524 A—C.
P. squammosum Hook. f. et Wils. 3. 681, Fig. 515 A—G.
P. strictum Menz. 3. 190, Fig. 107; 193, Fig. 113 B.
P. urnigerum L. 3. 276, Fig. 169 F.
Polytrichum Hedw. (Polytrichac.) 3. 671, 673, 679.
Polytrichum L. (Polytrichac.) 3. 681, 685.
Polytrichum Wahlenb. (Polytrichac.) 3. 673.
Polytrypa Defr. (Dasycladac.) 2. 158. 353.
Polyzonia Suhr (Rhodomelac.) 2. 428, 463, 464.
P. incisa G. Ag. 2. 463, Fig. 260 B—D.

Polyzonieae (Rhodomelac.) 2. 428, 464.
Pompholyx Corda (Sclerodermatac.) 1\*\*. 334, 337.
Ponticella Ehrenb. (Bacillariac.) 1b. 118.
Porella L. (Jungerm. akrog.) 3. 115.
Poria Pers. (Polyporac.) 1\*\*. 155, 156, 157.
P. Radula Pers. 1\*\*. 157, Fig. 85 B.
P. vaporaria Pers. 1\*\*. 157, Fig. 85 A.
Porina (Pyrenulac.) 1\*. 66.
Porina (Ach.) Müll. Arg. (Pyrenulac.) 1\*. 62, 66.
P. faginea (Schaer.) 1\*. 63, Fig. 35 K.
Porinastrum Müll. Arg. (Pyrenulac.) 1\*. 68.
Porinula Nyl. (Pyrenulac.) 1\*. 66.
Poroceratium Vanhoeff. (Peridiniac.) 1b. 20.
Porocyclia Ehrenb. (Bacillariac.) 1b. 59.
Porocyphus Koerb. (Ephebac.) 1\*. 154, 157.
Porodictyon Broth. (Calymperac.) 3. 367.
Porodiscus Grev. (Bacillariac.) 1b. 64, 65.
P. conicus Grev. 1b. 65, Fig. 83 C.
P. elegans Grev. 1b. 65, Fig. 83 B.
P. splendidus Grev. 1b. 65, Fig. 83 A.
Porodothion E. Fr. (Trypetheliac.) 1\*. 70.
Poroidea Gött. (Tremellac.) 1\*\*. 92.
Porolaschia Pat. (Polyporac.) 1\*\*. 184.
Poronema J. Sm. (Polypodiac.) 4. 328, 330.
Poronia Willd. (Xylariac.) 1. 481, 489, 490.
P. punctata (L.) Fr. 1. 489, Fig. 288 D—G.
Porophora Meyen (Pertusariac.) 1\*. 197.
Porophora Müll. Arg. (Pertusariac.) 1\*. 197.
Porophora Zenker (Pyrenulac.) 1\*. 66.
Porophora Zenker (Trypetheliac.) 1\*. 70.
Poropsis Kütz. (Codiac.) 2. 141.
Poroptyche Beck (Polyporac.) 1\*\*. 196, 197.
Porostaurus Ehrenb. (Bacillariac.) 1b. 124.
Porothamnium Fleisch. (Neckerac.) 3. 1229.
Porotheca Limpr. (Polytrichac.) 3. 695. 1213.
Porothelium Eschw. (Trypetheliac.) 1\*. 70.
Porothelium Fries (Polyporac.) 1\*\*. 187.
Porotrichodendron Fleisch. (Lembophyllac.) 3. 1230.
P. mahahaicum (C. Müll.) 3. 1231, Fig. 859 A—E.
Porotrichum (Lembophyllac.) 3. 864.
Porotrichum (Neckerac.) 3. 850, 859.
Porotrichum Brid. (Neckerac.) 3. 852.
Porotrichum (Brid.) Bryol. jav. (Neckerac.) 3. 852. 1229.

Porotrichum plagiorhynchium Ren. et Card. 3. 853, Fig. 629 *A—D*.
Porotrichum Bryol. jav. (*Neckerac.*) 3. 856.
Porotrichum Kindb. (*Neckerac.*) 3. 852.
Porotrichum Mitt. (*Lembophyllac.*) 3. 867.
Porotrichum Mitt. (*Neckerac.*) 3. 850.
Poroxylon Ren. (*Pteridophyt.*) 4. 797.
Porpeia Baill. (*Bacillariac.*) 1b. 97, 98, 99.
P. quadrata Grev. 1b. 98, Fig. 173 *B*.
P. quadriceps Grev. 1b. 98, Fig. 173 *A*.
Porphyra C. Ag. (*Bangiac.*) 2. 311, 312.
P. laciniata (Lightf.) Ag. 2. 312, Fig. 193 *D—G*.
P. leucosticta Thur. 2. 312, Fig. 193 *A—C*.
Porphyridium Naeg. (*Bangiac.*) 2. 315; 1a. 57, 92.
Porphyridium Naeg. (*Chlorophyc.*) 2. 27.
Porphyriospora Mass. (*Verrucariac.*) 1*. 56.
Porphyroglossum Kütz. (*Gelidiac.*) 2. 342, 348.
Porphyrosiphon Kütz. (*Oscillatoriac.*) 1a. 64, 65, 68.
P. Notarisii Kütz. 1a. 65, Fig. 52 *K*.
Porpidia Koerb. (*Lecideac.*) 1*. 131.
Portieria Zanard. (*Rhizophyllidac.*) 2. 530.
Postelsia Rupr. (*Laminariac.*) 2. 246, 254, 258.
P. palmaeformis Rupr. 2. 246, Fig. 167 *B*.
Postprorocentrum Gourr. (*Prorocentrac.*) 1b. 8.
Potamiopsis Broth. (*Sematophyllac.*) 3. 1099. 1107.
Potamium Mitt. (*Sematophyllac.*) 3. 1099.
Potamium Mitt. (*Sematophyllac.*) 3. 1099, 1106, 1238.
P. pacimonense Spruce 3. 1106, Fig. 783 *A—G*.
Potamolejeunea Spruce (*Jungerm. akrog.*) 3. 124, 125, 126.
Potato Blight (*Macrosporium Solani* Ell. et Mart.) 1**. 484.
Poteriodendron Stein (*Bicoccac.*) 1a. 122, 123.
P. petiolatum Stein 1a. 123, Fig. 80.
Pothocites Paters. (*Protocalamariac.*) 4. 560; 560, Fig. 352.
Potoniea Zeiller (*Filical.*) 4. 479.
Pottia (*Dicranac.*) 3. 425. 1178.
Pottia (*Pottiac.*) 3. 402, 425.
Pottia Broth. (*Pottiac.*) 3. 423.
Pottia Doz. et Molk. (*Dicranac.*) 3. 1178.
Pottia Ehrh. (*Pottiac.*) 3. 114, 422, 1195.

P. bryoides (Dicks.) Mitt. 3. 422, Fig. 277 *A—E*.
P. subsessilis Bryol. eur. 3. 202, Fig. 122 *D, E*.
P. truncatula (L.) Lindb. 3. 415, Fig. 267 *A—E*.
P. vernicosa (Hook.) Hampe 3. 424, Fig. 278 *A—C*.
Pottia Ehrh. (*Pottiac.*) 3. 425.
Pottia Limpr. (*Pottiac.*) 3. 1195.
Pottia Lindl. (*Pottiac.*) 3. 422.
**Pottiaceae** 3. 285, 380—439, 1189.
Pottieae (*Pottiac.*) 3. 381, 413, 1194.
Pottiella Limpr. (*Pottiac.*) 3. 423.
Pouchetia Schütt (*Gymnodiniac.*) 1b. 3,6.
P. fusus Schütt 1b. 6, Fig. 8.
Powellia Mitt. (*Helicophyllac.*) 3. 973, 974.
P. acutifolia Broth. 3. 974, Fig. 710 *F*.
P. involutifolia Mitt. 3. 974, Fig. 710 *A—E*.
Pragmopora Mass. (*Patellariac.*) 1. 222, 228, 229; 1*. 111.
P. amphibola Mass. 1. 229, Fig. 175 *C, D*.
Prasanthus S. O. Lindb. (*Jungerm. akrog.*) 3. 76, 79.
Prasiola (Ag.) Menegh. (*Ulvac.*) 2. 79.
Pratella Fries (*Agaricac.*) 1**. 231, 232, 235, 236.
P. obtusata (Fr.) Schröt. 1**. 236, Fig. 115 *A*.
Pratella Gill. (*Agaricac.*) 1**. 237.
Prattia D'Arch. (*Dasycladac.*) 2. 159, 560.
Preissia Corda (*Marchantiac.*) 3. 36.
Preslia Opiz (*Polypodiac.*) 4. 160.
Preussia Fuckel (*Perisporiac.*) 1. 336.
Prillieuxia Sacc. et Syd. (*Thelephorac.*) 1**. 554.
Pringsheimia Reinke (*Mycoideae.*) 2. 103, 104.
Pringsheimia Schulzer (*Mycosphaerellac.*) 1. 427.
Pringsheimia (Wood) Hansg. (*Oedogoniac.*) 2. 111.
Prionitis J. Ag. (*Grateloupiac.*) 2. 510, 513.
Prionodon C. Müll. (*Prionodontac.*) 3. 762, 765, 1214.
P. ciliatus Besch. 3. 763, Fig. 572 *F—J*.
P. laeviusculus Mitt. 3.764, Fig. 573 *A—G*; 766, Fig. 574 *C, D*.
P. lycopodioides Hampe 3. 763, Fig. 572 *A—E*.
**Prinodontaceae** 3. 763—765, 1214.
Prionolejeunea Spruce (*Jungerm. akrog.*) 3. 118, 127.

Prionolobus Spruce (*Jungerm. akrog.*) 3. 95, 98.
Prismaria Preuss (*Mucedinac.*) 1\*\*. 452, 453.
P. alba Preuss 1\*\*. 453, Fig. 235 *A*.
Prismatoma (J. Ag.) Harv. (*Grateloupiac.*) 2. 513.
Pritchardia Rabh. (*Bacillariac.*) 1b. 142.
Proferea Presl (*Polypodiac.*) 4. 183.
Proinodon Broth. [sphalm.] (*Prionodontac.*) 3. 702.
Prolifera Stackhouse (*Gigartinac.*) 2. 358.
Pronephrium Presl (*Polypodiac.*) 4. 167.
Prophytroma Sorokin (*Dematiac.*) 1\*\*. 456, 465, 466.
P. tubularis Sorokin 1\*\*. 465, Fig. 241 *F*.
Propolidium Sacc. (*Stictidac.*) 1. 246, 249.
Propolina Sacc. (*Stictidac.*) 1. 245, 248.
Propolis Fries (*Stictidac.*) 1. 245, 248.
P. faginea (Schrad.) Karst. 1. 248, Fig. 183 *E—G*.
**Prorocentraceae** 1b. 1, 6—9.
Prorocentrum Ehrenb. (*Prorocentrac.*) 1b. 8.
P. micans Ehrenb. 1b. 8, Fig. 12 *A*, *B*.
Prosaptia Presl (*Polypodiac.*) 4. 212.
Prosthemiella Sacc. (*Melanconiac.*) 1\*\*. 407, 408.
P. formosa Sacc. 1\*\*. 408, Fig. 212 *D—F*.
Prosthemium Kunze (*Sphaerioidac.*) 1\*\*. 373, 375.
P. stellare Riess 1\*\*. 375, Fig. 197 *O*, *P*.
Proterendothrix W. et G. S. West (*Oscillatoriac.*) 1a. 63, 67, 70.
P. scolecorda West 1a. 70, Fig. 54 *A*.
Proteromonas Künstler (*Flagellata*) 1a. 117, 186.
Protoascineae 1. 142, 150—156; 1\*\*. 531.
**Protobasidiomycetes** 1\*\*. III.: 1. 24—346.
Protoblastenia A. Zahlbr. (*Caloplacac.*) 1\*. 226.
Protoblechnum Lesq. (*Filical.*) 4. 496.
**Protocalamariaceae** 4. 558—562.
Protocephalozia (Spruce) Goebel (*Jungerm. akrog.*) 3. 94, 96.
P. ephemeroides (Spruce) Schiffn. 3. 96, Fig. 52 *A—C*.
Protoceratium Bergh (*Peridiniac.*) 1b. 18, 19.
P. reticulatum (Clap. et Lachm.) 1b. 19, Fig. 27.
**Protococcaceae** 2. 27, 60—69.

**Protococcales** 2. 29—74.
Protococcoideae 2a. 27; 1a. 94.
Protococcophila (Wainio) A. Zahlbr. (*Lecideac.*) 1\*. 134.
Protococcus Ag. (*Chlorophyc.*) 2. 27; 1\*. 6, Fig. 10 *A*, *E*; 46, Fig. 29 *A*, *B*.
P. viridis Ag. 1\*. 46, Fig. 29 *A*.
Protoderma Kütz. (*Ulvac.*) 2. 78.
Protoderma Rostaf. (*Liceac.*) 1. 17.
Protodermium Berl. (*Liceac.*) 1. 16, 17.
Protodiscineae 1. 142, 156—161.
Protoglossum Massee (*Hysterangiac.*) 1\*\*. 304, 306, 556.
Protohydneae (*Tremellac.*) 1\*\*. 90.
Protohydnum A. Möll. (*Tremellac.*) 1\*\*. 90, 94, 95.
P. cartilagineum A. Möll. 1\*\*. 94, Fig. 61 *B*, *C*.
Protokützingia Falkbg. (*Rhodomelac.*) 2. 429, 469.
Protomastigineae 1a. 110, 115—147.
Protomerulius A. Moell. (*Tremellac.*) 1\*\*. 90, 94, 95.
P. brasiliensis A. Moell. 1\*\*. 94, Fig. 61 *A*.
Protomonas Borzi (*Amoebac.*) 1. 38.
Protomonas Cienk. (*Pseudosporeae*) 1. 38.
Protomonas Haeckel (*Bodonac.*) 1a. 94, 134, 187.
Protomyces Unger (*Protomycetac.*) 1. 147.
P. macrosporus Unger 1. 147, Fig. 130.
**Protomycetaceae** 1. 145, 147—148.
Protomycites Meschin. (*Hemiascin.*) 1\*\*. 520.
Protomyxa Haeckel (*Gymnococcac.*) 1. 37, 38.
P. aurantiaca Haeckel 1. 37, Fig. 19 *C—F*.
Protomyxomyces Cunningh. (*Tetramitac.*) 1a. 144.
Protonema Ag. (*Algae*) 1\*. 240.
Protoperidinium Bergh (*Peridiniac.*) 1b. 22.
**Protopityeae** 4. 794.
Protopitys Goepp. (*Protopit.*) 4. 794.
Protopolyporeae (*Tremellac.*) 1\*\*. 90.
Protopteridium Kreji (*Filical.*) 4. 513.
Protopteris Corda (*Cyatheac.*) 4. 121.
Protopteris Sternb. (*Cyatheac.*) 4. 138, 504, 506, 509.
P. punctata (Sternb.) Presl 4. 506, Fig. 308.
Protopyrenopsis A. Zahlbr. (*Pyrenopsidac.*) 1\*. 160.
Protorhipis K. J Andrae (*Filical.*) 4. 513.
Protosalvinia W. Dawson (*Filical.*) 4. 514.
Protosphaeria Trevis. (*Volvocac.*) 2. 38.

Protospongia Kent (*Craspedomonadae.*) 1a. 124, 126, 127.
P. Haeckelii Kent 1a. 127, Fig. 84 *A*.
Protostegia Cooke (*Excipulac.*) 1\*\*. 397.
Protostigma Lesq. (*Lepidophyt.*) 4. 780.
Prototaxites Daws. (*Algae*) 2. 561.
Prototheca Krüger (*Chytridin.*) 1\*\*. 528.
Prototremella Pat. (*Hypochnac.*) 1\*\*. 117.
Prototrichia Rostaf. (*Trichiac.*) 1. 20, 24.
Protoventuria Berl. et Sacc. (*Pleosporac.*) 1. 531.
Protubera A. Moell. (*Hysterangiae.*) 1\*\*. 304, 306, 307, 356.
P. Maracuja A. Moell. 1\*\*. 307, Fig. 155 *A—D*.
Proustilago Bref. (*Ustilaginae.*) 1\*\*. 8.
Psalliota Fries (*Agaricac.*) 1\*\*. 231, 232, 236, 237, 239.
P. campestris (L.) Fr. 1\*\*. 239, Fig. 116 *A*.
P. (Stropharia) viridula (Schaeff.) Schröt. 1\*\* 236, Fig. 115 *D*.
Psalliota Fries (*Agaricac.*) 1\*\*. 238.
Psammamphora Cleve (*Bacillariae.*) 1b. 139, 140.
Psammina Rouss. et Sacc. (*Melanconiae.*) 1\*\*. 407, 408.
Psammopteris Eichw. (*Filical.*) 4. 514.
Psaroniocaulon Grand 'Eury (*Filical.*) 4. 505.
Psaronius Cotta (*Filical.*) 4. 139, 444, 504, 508.
P. Gutbieri Corda 4. 508, Fig. 311, 312.
Psathyra Fries (*Agaricac.*) 1\*\*. 235.
Psathyrella Fries (*Agaricac.*) 1\*\*. 232.
Psecadia Fries (*Sphaerioidac.*) 1\*\*. 359.
Pseudacolium Stizenb. (*Cypheliac.*) 1\*. 84.
Pseudacrocladium Kindb. (*Hypnac.*) 3. 1037, 1038.
Pseudacrocordia Müll. Arg. (*Pyrenulac.*) 1\*. 68.
Pseudangiopteris Presl (*Marattiac.*) 4. 438.
Pseudanomodon Limpr. (*Leskeac.*) 3. 988.
Pseudascoboleae (*Ascobolac.*) 1. 188.
Pseudathyrium Newm. (*Polypodiac.*) 4. 306.
Pseudephemerum C. Müll. (*Funariac.*) 3. 545.
Pseudephemerum Lindb. (*Dicranac.*) 3. 294.
Pseudhydnotrya Ed. Fischer (*Eutuberac.*) 1. 281, 282, 283; 1\*\*. 535.
P. Harknessi Ed. Fischer 1. 283, Fig. 205 *A, B*.
Pseudoacrocladium Kindb. (*Hypnac.*) 3. 1037, 1038.

Pseudoamphiprora Cl. (*Bacillariae.*) 1b. 124.
Pseudoamphiprora Grun. (*Bacillariae.*) 1b. 143.
Pseudoascidium Müll. Arg. (*Thelotremac.*) 1\*. 120.
Pseudoauliscus Lend.-Fortm. (*Bacillariae.*) 1b. 79, 81.
Pseudobartramidula Broth. (*Bartramiac.*) 3. 642.
Pseudoblaste Reinsch (*Algae?*) 2. 544.
Pseudobornia Nathorst (*Protocalamariac.*) 4. 559.
Pseudobraunia Lesq. et James (*Hedwigiac.*) 3. 715.
Pseudobraunia Lesq. et James (*Hedwigiae.*) 3. 714, 715.
P. californica Lesq. 3. 715, Fig. 336 *A—G*.
Pseudobruchia Kindb. (*Dicranac.*) 3. 293.
Pseudocalliergon Limpr. (*Hypnac.*) 3. 1035.
Pseudocalliergon (Limpr.) Broth. (*Hypnac.*) 3. 1022, 1035.
Pseudocalymperes Broth. (*Calymperae.*) 3. 369, 1488.
Pseudocalyptothecium Broth. (*Neckerac.*) 3. 788, 802.
Pseudocampylopus Limpr. (*Dicranac.*) 3. 334, 1185.
Pseudocatharinea Broth. (*Polytrichac.*) 3. 675.
Pseudocenangium Karst. (*Excipulac.*) 1\*\*. 397.
Pseudocerataulax Pant. (*Bacillariae.*) 1b. 81.
Pseudocoscinodiscus Grun. (*Bacillariae.*) 1b. 91.
Pseudocryphaea Eliz. Britt. (*Leucodontac.*) 3. 1214.
Pseudocyphelium A. Zahlbr. (*Cypheliac.*) 1\*. 84.
Pseudocyphellaria Wainio (*Stictac.*) 1\*. 188.
Pseudodanaeopsis Fontaine (*Filical.*) 4. 499.
Pseudodicranoweisia Broth. (*Dicranac.*) 3. 307, 1176.
Pseudodicranum Broth. (*Myuriac.*) 3. 1224.
Pseudodictyoneis Pant. (*Bacillariae.*) 1b. 129.
Pseudodiderma Rostaf. (*Didymiac.*) 1. 31.
Pseudodimerodontium Broth. (*Fabroniac.*) 3. 908.
Pseudodiplodia Karst. (*Nectrioidac.*) 1\*\*. 384, 385.

Pseudodiplodia atrofusca (Schwein.) Starb. 1**. 384, Fig. 201 Q.
Pseudodistichium Card. (Dicranac.) 3. 1175.
P. austrogeorgicum Card. 3. 1176, Fig. 827 A—F.
Pseudodoassansia Setchelt (Tilletiac.) 1**. 21.
Pseudodrepanocladus Broth. (Hypnac.) 3. 1034.
Pseudoepithemia Cleve et Grun. (Bacillariac.) 1b. 144.
Pseudoeriodon Broth. (Brachytheciac.) 3. 1129, 1132.
Pseudoerpodium Broth. (Erpodiac.) 3. 711.
Pseudoeunotia Grun. (Bacillariac.) 1b. 119.
Pseudofarinaceus (Batt.) O. Ktze. (Agaricac.) 1**. 273.
Pseudographis Nyl. (Phacidiac.) 1. 257, 259, 260; 1*. 111.
P. pinicola (Nyl.) Rehm 1. 259, Fig. 190 E, F.
Pseudographium Jaeg. (Sphaerioidac.) 1**. 374, 375, 558, 559.
P. Persicae (Ell.) Jaeg. 1**. 375, Fig. 197 Q, R.
Pseudohydnum Karst. (Tremellac.) 1**. 95.
Pseudohylocomium Kindb. (Hypnac.) 3. 1056, 1057.
Pseudohypnella Broth. (Hypnac.) 3. 1078, 1093.
Pseudoischyrodon Broth. (Fabroniac.) 3. 905.
Pseudoleptogium Jatta (Ephebac.) 3. 157.
Pseudoleptogium (Jatta) A. Zahlbr. (Ephebac.) 3. 157.
Pseudoleptogium Müll. Arg. (Collemac.) 1. 175.
Pseudoleptogium (Müll. Arg.) A. Zahlbr. (Collemac.) 1. 175.
Pseudoleskea (Leskeac.) 3. 997.
Pseudoleskea Bryol. eur. (Leskeac.) 3. 996, 1002, 1008.
Pseudoleskea Bryol. eur. (Leskeac.) 3. 991, 999, 1236.
P. imbricata (Hook. f. et Wils.) 3. 1001, Fig. 728 A—F.
P. Pfundtneri (Limpr.) 3. 1000, Fig. 727 E.
Pseudoleskea Lindb. (Leskeac.) 3. 994.
Pseudoleskea Sauerb. (Leskeac.) 3. 1005, 1009.
Pseudoleskeella Kindb. (Entodontac.) 3. 875.
Pseudoleskeella Kindb. (Leskeac.) 3. 991, 996.
P. catenulata (Brid.) 3. 996, Fig. 724 A—E.

Pseudoleskeopsis Broth. (Leskeac.) 3. 991, 1002.
P. decurvata (Mitt.) 3. 1003, Fig. 129 A—F.
Pseudolimnobion Kindb. (Hypnac.) 3. 1038.
Pseudolizonia Pirotta (Sphaeriac.) 1 402.
Pseudolpidium A. Fisch. (Olpidiac.) 1**. 526.
Pseudomaliadelphus Broth. (Hookeriac.) 3. 920, 942.
Pseudomassaria Jaczewski (Massariac.) 1. 444.
Pseudombrophila Boud. (Pezizac.) 1. 185.
Pseudomeiothecium Broth. (Sematophyllac.) 3. 1101.
Pseudomeliola Speg. (Perisporiac.) 1. 333, 334, 408, 411.
Pseudomicrothamnium Broth. (Hypnac.) 3. 1049, 1236.
Pseudomniobryum Broth. (Bartramiac.) 3. 652.
Pseudomonas Mig. (Bacteriac.) 1a. 6, 21, 22, 29, 30.
P. europaea (Winogr.) Mig. 1a. 30, Fig. 31.
P. macroselmis Mig. 1a. 6, Fig. 1 D.
P. Okenii (Cohn) Mig. 1a. 30, Fig. 32a.
P. pyocyanea (Gessard) Mig. 1a. 6, Fig. 1 C.
P. rosea Mig. 1a. 30, Fig. 32b.
P. syncyanea (Ehrenb.) Mig. 1a. 6, Fig. 1 E.
Pseudoneckera (Neckerac.) 3. 839, 1229.
Pseudoneura Gottsch. (Jungerm. akrog.) 3. 52, 53.
Pseudoorthostichella Broth. (Neckerac.) 3. 789, 796.
Pseudoparaphysanthus Broth. (Neckerac.) 3. 842, 1229.
Pseudoparaphysanthus (Broth.) Fleisch. (Neckerac.) 3. 1229.
Pseudopatella Sacc. (Excipulac.) 1**. 395, 396.
P. Tulasnei Sacc. 1**. 396, Fig. 205 C, D.
Pseudopatella Speg. (Sphaerioidac.) 1**. 366.
Pseudopatellarieae (Patellariac.) 1. 221.
Pseudopecopteris Lesq. (Filical.) 4. 494.
Pseudopeziza Fuckel (Mollisiac.) 1. 210, 214, 216.
P. Trifolii (Bernh.) Fuckel 1. 216, Fig. 168 A—C.
Pseudophacidieae (Phacidiac.) 1. 256.
Pseudophacidium Karst. (Phacidiac.) 1. 256, 257, 258.
P. Callunae Karst. 1. 258, Fig. 188 A, B.

Pseudophilonotis Fleisch. (*Bartramiae.*) 3. 653.
Pseudophyscia Müll. Arg. (*Physciae.*) 1\*. 236.
Pseudopilotrichella Broth. (*Neckerae.*) 3. 789, 805.
Pseudopilotrichum (*Neckerae.*) 3. 804, 807, 809, 810, 811, 814, 817, 825, 829, 830.
Pseudoplectania Fuckel (*Pezizae.*) 1. 178, 179.
P. nigrella (Pers.) Fuckel 1. 179, Fig. 146 *A, B.*
Pseudoplectania (Sacc.) Schröt. (*Pezizae.*) 1. 179.
Pseudopleuridium Broth. (*Dicranae.*) 3. 297.
Pseudopleurosigma Grun. (*Bacillariae.*) 1 b. 125.
Pseudoporotrichum Broth. (*Neckerae.*) 3. 860, 1229.
Pseudoporotrichum (Broth.) Fleisch. (*Neckerae.*) 3. 1229.
Pseudopterobryum Fleisch. (*Neckerae.*) 3. 803, 1225.
Pseudopterogonium Broth. (*Leskeae.*) 3. 1000.
Pseudopyrenula (*Trypetheliae.*) 1\*. 70.
Pseudopyrenula Müll. Arg. (*Pyrenulae.*) 1\* 62, 65.
P. flavescens Müll. Arg. 1\*. 63, Fig. 35 *P.*
Pseudopyrenula Wainio (*Pyrenulae.*) 1\*. 65.
Pseudoraphideae (*Bacillariae.*) 1 b. 55.
Pseudorhaphidostegium Broth. (*Hypnae.*) 3. 1062, 1073, 1237.
Pseudorhytisma Juel (*Phacidiae.*) 1. 257, 263, 264.
P. Bistortae (DC.) Juel 1. 264, Fig. 193 *A—C.*
Pseudorutilaria Grove et Sturt (*Bacillariae.*) 1 b. 100.
P. monile Grove et Sturt 1. 100, Fig. 175 *A, B.*
Pseudosagenopteris Pot. (*Filical.*) 4. 503.
Pseudoscleropodium Limpr. *Brachytheciae.*) 3. 1129, 1149.
Pseudospiridentopsis Broth. (*Neckerae.*) 3. 832, 1228.
Pseudospiridentopsis (Broth.) Fleisch. (*Neckerae.*) 3. 832, 1228.
P. horrida (Mitt.) 3. 1228, Fig. 858 *A—G.*
Pseudospora Cienk. (*Flagellata*) 1. 38. 1 a. 94, 187.
Pseudosporae 1. 38.

Pseudosporidium Zopf (*Gymnococcac.*) 1. 38.
Pseudosquarridium Broth. (*Neckerae.*) 3. 839.
Pseudostephanodiscus Grun. (*Bacillariae.*) 1 b. 66.
Pseudostereodon Broth. (*Hypnae.*) 3. 1058.
Pseudosticta Bab. (*Stictae.*) 1\*. 188.
Pseudostictis Fautr. (*Nectrioidae.*) 1\*\*. 385.
Pseudostictodiscus Grun. (*Bacillariae.*) 1 b. 91.
Pseudosymphyodon Broth. (*Entodontae.*) 3. 874.
Pseudosynedra Lend.-Fortm. (*Bacillariae.*) 1 b. 115.
Pseudotamariscina Kindb. (*Hypopterygiae.*) 3. 970.
Pseudotrematodon Kindb. (*Dicranae.*) 3. 292.
Pseudotriceratium Grun. (*Bacillariae.*) 1 b. 66.
Pseudotriquetra Amann (*Bryac.*) 3. 580, 1205.
Pseudotryblidium Rehm (*Cenangiae.*) 1. 231, 234, 235.
P. Neesii (Flw.) Rehm 1. 234, Fig. 178 *F.*
Pseudotryblionella Grun. (*Bacillariae.*) 1 b. 143.
Pseudotrype P. Henn. (*Hypocreac.*) 1\*\*. 541.
Pseudotthia P. Henn. (*Cucurbitariae.*) 1\*\*. 543.
Pseudovalsa Ces. et De Not. (*Melanconidac.*) 1. 468, 470, 471.
P. Betulae (Schum.) Schröt. 1. 471, Fig. 280 *F—J.*
P. irregularis (DC.) Schröt. 1. 471, Fig. 280 *K.*
Pseudoweymouthia (*Lembophyllac.*) 3. 864.
Pseudoweymouthia Broth. (*Lembophyllac.*) 3. 867.
Psidopodium Neck. (*Polypodiac.*) 4. 306.
Psilobotrys Sacc. (*Demaliac.*) 1\*\*. 468.
Psiloclada Mitt. (*Jungerm. akrog.*) 1\*\*. 95, 102.
Psilocybe Fries (*Agaricac.*) 1\*\*. 235.
Psilocybe Fries (*Agaricac.*) 1\*\*. 231, 232, 235, 236.
P. pennata (Fr.) Schröt. 1\*\*. 236, Fig. 115 *B.*
Psilodochea Presl (*Marattiac.*) 4. 437.
Psilogramme Kuhn (*Polypodiac.*) 4. 259, 260.
Psilolechia Mass. (*Lecideac.*) 1\*. 132.

Psilonemateae 1a. 50.
Psilonia Fries (*Dematiac.*) 1\*\*. 469, 506.
Psilopezia Berk. (*Rhizinac.*) 1. 171.
Psilophyton Solms (*Psilotac.*) 4. 620.
P. princeps Daws. 4. 620, Fig. 386.
Psilopilum Brid. (*Polytrichac.*) 3. 671, 675, 1244.
P. glabratum (Wahlenb.) 3. 676, Fig. 512 *A—J.*
P. Ulei Broth. 3. 676, Fig. 512 *K—P.*
Psilopilum C. Müll. (*Polytrichac.*) 3. 676.
Psilopilum Hook. f. et Wils. (*Polytrichac.*) 3. 676.
Psilopilum Lindb. (*Polytrichac.*) 3. 676.
Psilospora Rabh. (*Excipulac.*) 1\*\*. 393, 394.
**Psilotaceae** 4. 606—621.
Psilothallia Schmitz (*Ceramiac.*) 2. 484, 496.
Psilotineae 4. 12, 606—621.
Psilotites (*Psilotac.*) 4. 621.
Psilotopsis Heer (*Psilotac.*) 4. 621.
Psilotum Sw. (*Psilotac.*) 4. 488, 609, 610, 613, 615, 618, 619; 609, Fig. 382.
P. flaccidum Wall. 4. 609, Fig. 382 *G.*
P. triquetrum Sw. 4. 609, Fig. 382 *A—F*; 610, Fig. 383 *A*; 613, Fig. 384 *A—E*; 615, Fig. 385 *A—C.*
Psomiocarpa Presl (*Polypodiac.*) 4. 195, 196.
Psora (Hall.) Th Fr. (*Lecideac.*) 1\*. 132.
Psorella Müll. Arg. (*Phyllopsorac.*) 1\*. 138, 139.
Psoroglaena Müll. Arg. (*Dermatocarpac.*) 1\*. 59.
Psoroma (Ach.) Nyl. (*Pannariac.*) 1\*. 180, 183, 243.
P. hypnorum (Dicks.) Hoffm. 1\*. 179, Fig. 95 *F.*
P. sphinctrinum (Mont.) Nyl. 1\*. 179, Fig. 95 *C.*
Psoroma Nyl. (*Pannariac.*) 1\*. 183.
Psoromaria Nyl. (*Pannariac.*) 1\*. 180, 183.
Psoromidium Strt. (*Phyllopsorac.*) 1\*. 138.
Psoromopsis Nyl. (*Parmeliac.*) 1\*. 209.
Psorothecium Mass. (*Lecideac.*) 1\*. 134.
Psorothecium Müll. Arg. (*Lecideac.*) 1\*. 134.
Psorothecium Tuck. (*Lecideac.*) 1\*. 134.
Psorothecium Wainio (*Lecideac.*) 1\*. 134.
Psorothele Ach. (*Lichen.*) 1\*. 239.
Psorotichia (Mass.) Forss. (*Pyrenopsidac.*) 1\*. 159, 161.
Psygmatella Kütz. (*Bacillariac.*) 1b. 115.

Psygmium Presl (*Polypodiac.*) 4. 319.
Pterideae (*Polypodiac.*) 4. 158, 254.
Pteridella Kuhn (*Polypodiac.*) 4. 266, 267
Pteridellastrum Prantl (*Polypodiac.*) 4. 267
Pteridinae Diels (*Polypodiac.*) 4. 255, 287.
Pteridiospora Penz. et Sacc. (*Sphaeriac.*) 1\*\*. 542.
Pteridium Gled. (*Polypodiac.*) 4. 25, 27, 41, 43, 48, 52, 56, 67, 69, 70, 76, 87, 149, 256, 296, 297.
P. aquilinum (L.) Kuhn 4. 27, Fig. 15 *V—VI*; 41, Fig. 20, Fig. 21; 43, Fig. 23 *A*; 48, Fig. 32, Fig. 33; 52, Fig. 36 *A—D*; 56, Fig. 38 *E*; 67, Fig. 45; 69, Fig. 49; 70, Fig. 50 *A—D*; 76, Fig. 55 *A, B*; 87, Fig. 63 *B*; 149, Fig. 86 *K*; 296, Fig. 156 *A.*
Pteridoleimma Deb. et Ett. (*Filical.*) 4. 496.
Pteridomonas Penard (*Rhizomastigac.*) 1a. 113.
P. pulex Penard 1a. 113, Fig. 71 *B.*
Pteridophyta 4. 1—808; 62, Fig. 41 *A, B*; 3. 2.
Pteriglyphis Fée (*Polypodiac.*) 4. 224.
Pterigophycos Mass. (*Algae*) 2. 565.
Pterigynandrum Brid. (*Entodontac.*) 3. 883.
Pterigynandrum Brid. (*Hypnac.*) 3. 1051.
Pterigynandrum Brid. (*Leskeac.*) 3. 983, 986, 994, 996, 997.
Pterigynandrum Brid. (*Leucodontac.*) 3. 748.
Pterigynandrum Brid. (*Neckerac.*) 3. 835.
Pterigynandrum Brid. (*Orthotrichac.*) 3. 457.
Pterigynandrum Brid. (*Sematophyllac.*) 3. 1099, 1100.
Pterigynandrum Bryol. (*Entodontac.*) 3. 881.
Pterigynandrum C. Müll. (*Entodontac.*) 3. 887, 889.
Pterigynandrum C. Müll. (*Leucodontac.*) 3. 756, 757.
Pterigynandrum Hampe (*Entodontac.*) 3. 887.
Pterigynandrum Hedw. (*Brachytheciac.*) 3. 1133.
Pterigynandrum Hedw. (*Entodontac.*) 3. 885.
Pterigynandrum Hedw. (*Leskeac.*) 3. 984.
Pterigynandrum Hedw. (*Leucodontac.*) 3. 757.
Pterigynandrum Sw. (*Neckerac.*) 3. 814.
Pterigyopsis A. Zahlbr. [sphalm.] (*Ephebac.*) 1\*. 247.
Pterinodes (Siegesb.) O. Ktze. (*Polypodiac.*) 4. 164.

Pteris Hk. Bk. (*Polypodiac.*) 4. 269.
Pteris L. (*Polypodiac.*) 4. 34, 35, 65, 146, 256, 290, 291; 291, Fig. 154 *A—H*.
P. aculeata Sw. 4. 291, Fig. 154 *G, H*.
P. cretica L. 4. 35, Fig. 18 *A—D*; 291, Fig. 154 *C, D*.
P. flabellata Thunb. 4. 65, Fig. 43 *A, B*.
P. longifolia L. 291, Fig. 154 *B*.
P. quadriaurita Retz. 4. 146, Fig. 85 *A*; 291, Fig. 154 *F*.
P. semipinnata L. 4. 291, Fig. 154 *E*.
Pterobryeae (*Neckerac.*) 3. 776, 788, 1224.
Pterobryella C. Müll. (*Cyrtopodac.*) 3. 1215.
Pterobryella C. Müll. (*Neckerac.*) 3. 778.
Pterobryella (C. Müll.) C Müll. (*Neckerac.*) 3. 776, 777, 1224.
P. praenitens Hampe 3. 778, Fig. 583 *A—E*.
P. vagapensis C. Müll. 3. 1223, Fig. 855 *A—G*.
Pterobryelleae (*Neckerac.*) 3. 776, 1224.
Pterobryodendron Fleisch. (*Neckerac.*) 3. 788, 803, 1225.
Pterobryopsis Fleisch. (*Neckerac.*) 3. 790.
Pterobryopsis Fleisch. (*Neckerac.*) 3. 788, 800, 1225.
P. breviflagellosa (C. Müll.) 3. 801, Fig. 600 *A—D*.
P. julacea (Broth.) 3. 800, Fig. 599 *F—K*.
P. Wightii (Mitt.) 3. 802, Fig. 601 *A—F*.
Pterobryum (*Neckerac.*) 3. 776, 780, 790, 795, 838.
Pterobryum Broth. (*Neckerac.*) 3. 799.
Pterobryum C. Müll. (*Neckerac.*) 3. 777, 797, 798.
Pterobryum Hornsch. (*Neckerac.*) 3. 789, 797, 1224.
P. densum Hornsch. 3. 797, Fig. 577 *A—J*.
Pterobryum Mitt. (*Neckerac.*) 3. 800.
Pterocaulon Kütz. (*Fucac.*) 2. 287.
Pteroceras Kütz. (*Ceramiac.*) 2. 501.
Pterocladia J. Ag. (*Gelidiac.*) 2. 342, 348.
Pterodictyon Gray (*Valoniac.*) 2. 150.
Pterodictyon Unger (*Filical.*) 4. 511.
Pterogonidiopsis Broth. (*Sematophyllac.*) 3. 1101.
Pterogonidium C. Müll. (*Sematophyllac.*) 3. 1099, 1238.
P. pulchellum (Hook.) 3. 1100, Fig. 777 *A—G*.
Pterogoniella Jaeg. (*Sematophyllac.*) 3. 1099, 1106.
Pterogoniella Schimp. (*Sematophyllac.*) 3. 1100.

Pterogoniopsis C. Müll. (*Sematophyllac.*) 3. 1099, 1104.
P. cylindrica C. Müll. 3. 1104, Fig. 781 *A—G*.
Pterogonium (*Leskeac.*) 3. 986.
Pterogonium Bruch. (*Leskeac.*) 3. 979.
Pterogonium C. Müll. (*Sematophyllac.*) 3. 1099, 1100.
Pterogonium De Not. (*Fabroniac.*) 3. 910.
Pterogonium Engl. Not. (*Entodontac.*) 3. 891.
Pterogonium Griff. (*Entodontac.*) 3. 887.
Pterogonium Hook. (*Entodontac.*) 3. 881.
Pterogonium Hook. (*Hedwigiac.*) 3. 718.
Pterogonium Hook. (*Rhegmatodontac.*) 3. 1125.
Pterogonium Hook. (*Sematophyllac.*) 3. 1099.
Pterogonium Mitt. (*Leskeac.*) 3. 991.
Pterogonium Schleich. (*Fabroniac.*) 3. 902.
Pterogonium Schleich. (*Leskeac.*) 3. 996.
Pterogonium Schwaegr. (*Brachytheciac.*) 3. 1133.
Pterogonium Schwaegr. (*Entodontac.*) 3. 878, 883, 885.
Pterogonium Schwaegr. (*Hypnac.*) 3. 1051.
Pterogonium Schwaegr. (*Hypopterygiac.*) 3. 966.
Pterogonium Schwaegr. (*Leskeac.*) 3. 981, 994, 997.
Pterogonium Schwaegr. (*Leucodontac.*) 3. 757.
Pterogonium Schwaegr. (*Neckerac.*) 3. 797.
Pterogonium Schwaegr. (*Sematophyllac.*) 3. 1100.
Pterogonium Sw. (*Neckerac.*) 3. 830, 835.
Pterogonium Sw. (*Leucodontac.*) 3. 748, 756.
P. ornithopodioides Huds. 3. 757, Fig. 567 *A—C*.
Pterogonium Turn. (*Leucodontac.*) 3. 748.
Pterogonium Wils. (*Fabroniac.*) 3. 906.
Pteromonas Seligo (*Volvocac.*) 2. 37, 39, 40.
P. alata (Cohn) Seligo 2. 39, Fig. 22 *J—L*.
Pteromorphae J. Ag. (*Fucac.*) 2. 287.
Pteroneuron Fée (*Polypodiac.*) 4. 208.
Pteronia Schmitz (*Rhodomelac.*) 2. 427, 452.
Pterophyllum (*Medullos.*) 4. 792.
Pterophyllus Lév. (*Agaricac.*) 1**. 221.
Pteropoda Fries (*Agaricac.*) 1**. 214.
Pteropsiella Spruce (*Jungerm. akroy.*) 3. 94, 96.
P. frondiformis Spruce 3. 63, Fig. 36.
Pteropsis Desv. (*Polypodiac.*) 4. 299, 305.

Pterosiphonia Falkbr. (*Rhodomelac.*) 2. 427, 443.
Pterota Cramer (*Ceramiac.*) 2. 493.
Pterothamnion Naeg. (*Ceramiac.*) 2. 497.
Pterotheca Grun. (*Bacillariac.*) 1 b. 147.
Pterozonium Fée (*Polypodiac.*) 4. 255, 256.
P. reniforme (Mart.) Fée 4. 256, Fig. 135 A, B.
Pterula Fries (*Clavariac.*) 1**. 130, 136, 137, 554.
P. Bresadoleana P. Henn. 1**. 137, Fig. 73 C—E.
P. subsimplex P. Henn. 1**. 137, Fig. 73 A, B.
Pterygiopsis Wainio (*Ephebac.*) 1*. 154, 157, 247.
Pterygium Nyl. (*Lichinac.*) 1*. 165.
Pterygoneurum Jur. (*Pottiac.*) 3. 414, 425.
P. subsessile (Brid.) Jur. 3. 425, Fig. 279 C.
Pterygoneurum Lindb. (*Pottic.a*) 3. 425.
Pterygophora Rupr. (*Laminariac.*) 2. 254, 257.
Pterygophyllum Brid. (*Entodontac.*) 3. 896.
Pterygophyllum Brid. (*Hookeriac.*) 3. 926, 930, 933, 934, 936, 938, 949, 957.
Pterygophyllum Brid. (*Hookeriac.*) 3. 919, 931.
P. quadrifarium (Sm.) 3. 913, Fig. 670 D, E; 932, Fig. 681 A—D.
Pterygophyllum Brid. (*Hypopterygiac.*) 3. 968.
Pterygophyllum Hampe (*Hookeriac.*) 3. 924.
Pterygynandrum Brid. (*Brachytheciac.*) 3. 1160.
Pterygynandrum Brid. (*Entodontac.*) 3. 878.
Pterygynandrum Hedw. (*Entodontac.*) 3. 871, 891.
P. filiforme (Timm) 3. 891, Fig. 653 A—D.
Pterygynandrum Hedw. (*Hypopterygiac.*) 3. 966.
Pterygynandrum Hedw. (*Leucodontac.*) 3. 756.
Pterygynandrum Hedw. (*Neckerac.*) 3. 832.
Ptilidioideae (*Jungerm. akrog.*) 3. 74, 104.
Ptilidium Mitt. (*Jungerm. akrog.*) 3. 105.
Ptilidium Nees (*Jungerm. akrog.*) 3. 111.
Ptilidium Nees (*Jungerm. akrog.*) 3. 109.
Ptilium Sull. (*Hypnac.*) 3. 1062.
Ptilium (Sull.) De Not. (*Hypnac.*) 3. 1062.
P. crista castrensis (L.) 3. 1047, Fig. 751 F—H.

Ptilocladia Sonder (*Ceramiac.*) 2. 484, 499.
Ptilocladiopsideae (*Ceramiac.*) 2. 485, 503.
Ptilocladiopsis Berth. (*Ceramiac.*) 2. 485, 503.
Ptilocladus Lindb. (*Lembophyllac.*) 3. 864.
Ptilolepidozia Spruce (*Jungerm. akrog.*) 3. 103.
Ptiloneura Prantl (*Ophioglossac.*) 4. 467.
Ptilonia J. Ag. (*Bonnemaissoniac.*) 2. 518.
Ptilophora Kütz. (*Gelidiac.*) 2. 342, 348.
Ptilophyllum V. D. Bosch (*Hymenophyllac.*) 4. 105.
Ptilophyton Daws. (*Filical.*) 4. 514, 621.
Ptilopogon Rke. (*Sphacelariac.*) 2. 195, 197.
Ptilopteris Hance (*Polypodiac.*) 4. 189.
Ptilorhachis Corda (*Filical.*) 4. 512.
Ptilota C. Ag. (*Ceramiac.*) 2. 484, 493, 494.
P. plumosa (L.) C. Ag. 2. 494, Fig. 270 C, D.
Ptiloteae (*Ceramiac.*) 2. 484, 493.
Ptilothamnion Thuret (*Ceramiac.*) 2. 483, 486, 487.
P. Pluma (Dillw.) 2. 486, Fig. 267 E.
Ptilotus Kalchbr. (*Polyporac.*) 1**. 182.
Ptycanthus Broth. [sphalm.] (*Jungerm. akrog.*) 3. 1245.
Ptychanthoides Syn. Hep. (*Jungerm. akrog.*) 3. 128.
Ptychanthus Nees (*Jungerm. akrog.*) 3. 124, 128, 129.
Ptychanthus Nees (*Jungerm. akrog.*) 3. 120, 130, 1245.
Ptychobryum C. Müll. (*Neckerac.*) 3. 839.
Ptychocarpus Weiss (*Marattiac.*) 4. 442, 448, 495.
P. (Pecopteris) unitus (Brongn.) Zeiller 4. 442, Fig. 244 A, B.
Ptychocoleus Trevis. (*Jungerm. akrog.*) 3. 128.
Ptychodisceae (*Peridiniac.*) 1 b. 16, 17.
Ptychodiscus Stein (*Peridiniac.*) 1 b. 17.
P. Noctiluca Stein 1 b. 17, Fig. 23.
Ptychodium Schimp. (*Brachytheciac.*) 3. 1129, 1140.
P. plicatum (Schleich.) 3. 1000, Fig. 727 A, D.
Ptychogaster Corda (*Polyporac.?*) 1**. 196.
Ptychographa Nyl. (*Graphidac.*) 1*. 92, 94.
Ptycholejeunea Spruce (*Jungerm. akrog.*) 3. 130.
Ptycholoma Kindb. (*Hypnac.*) 3. 1026.

Ptychomitrieae (*Grimmiae.*) 3. 440, 1196.
Ptychomitrium (Bruch) Fürnr. (*Grimmiae.*) 3. 440.
Ptychomitrium Hampe (*Grimmiae.*) 3. 440.
Ptychomitrium Schimp. (*Grimmiae.*) 3. 441, 1196.
**Ptychomniaceae** 3. 1217—1223.
Ptychomnieae (*Ptychomniae.*) 3. 1218, 1221.
Ptychomniella Broth. (*Ptychomniae.*) 3. 1222.
Ptychomnion Hook. f. et Wils. (*Ptychomniae.*) 3. 1221.
P. aciculare (Brid.) 3. 1222, Fig. 854 A—F.
Ptychopteris Corda (*Filical.*) 4. 506.
P. macrodiscus (Brongn.) Corda 4. 506, Fig. 307.
Ptychostomum (Hornsch.) Limpr. (*Bryac.*) 3. 566, 1205.
Ptychothecium Mitt. (*Dicranac.*) 3. 329.
Ptychoxylon Ren. (*Cycadoxyl.*) 4. 793, 794.
P. Levyi 793, Fig. 480.
Puccinia Mich. (*Pucciniae.*) 1\*\*. 551.
Puccinia Pers. (*Pucciniae.*) 1\*\*. 28, 29, 30, 48, 49, 59, 61, 62, 64, 65, 66, 68, 69, 551; 62, Fig. 40 A—O.
P. Allii DC. 1\*\*. 64, Fig. 41 G—J.
P. Asparagi DC. 1\*\*. 64, Fig. 41 D—F.
P. Buxi DC. 1\*\*. 69, Fig. 45 C, D.
P. Caricis (Schum.) Rebent. 1\*\*. 28, Fig. 15 C, D.
P. coronifera Kleb. 1\*\*. 62, Fig. 40 E—H.
P. fusca (Relh.) 1\*\*. 68, Fig. 44 A—D.
P. Geranii silvatici Karst. 1\*\*. 68, Fig. 44 E, F.
P Gladioli Cast. 1\*\*. 28, Fig. 15 A, B; 30, Fig. 18.
P. graminella (Speg.) Dietel et Holw. 1\*\*. 66, Fig. 43.
P. graminis Pers. 1. 59, Fig. 48; 1\*\*. 29, Fig. 17 A—D; 61, Fig. 39 A—F; 62, Fig. 40 J, K.
P. Helianthi Schw. 1\*\*. 64, Fig. 41 A—C.
P. Malvacearum Mont. 1\*\*. 69, Fig. 45 A, B.
P. Pruni Pers. 1\*\*. 65, Fig. 42 C—E.
P. rubigo vera (DC.) Wint. 1. 45, Fig. 29; 1\*\*. 62, Fig. 40 A—D.
P. Sorghi Schwein. 1\*\*. 62, Fig. 40 L—O.
P. Violae (Schum.) DC. 1\*\*. 65, Fig. 42 A, B.
**Pucciniaceae** 1\*\*. 35, 48—75, 548, 549.
Pucciniastrum Dietel (*Melampsorac.*) 1\*\*. 57.
Pucciniastrum Otth (*Melampsorac.*) 1. 39, 46, 548, 551.
P. punctatum (Pers.) 1\*\*. 46, Fig. 29 D.
Pucciniopsis Dietel (*Pucciniac.*) 1\*\*. 65.
Pucciniopsis Speg. (*Tuberculariac.*) 1\*\*.
514, 559.
Pucciniosira Lagerh. (*Melampsorac.*) 1\*\*. 36, 549.
P. pallidula Speg. 1\*\*. 36, Fig. 21 A.
Pucciniospora Speg. (*Sphaerioidae.*) 1\*\*. 366, 369.
Pucciniostele Tranzschel et Komarow (*Cronartiac.*) 1\*\*. 549.
Puccinites Pers. (*Uredinac.*) 1\*\*. 521.
Puiggaria Duby (*Hookeriac.*) 3. 957.
Puiggariella Broth. (*Hypnac.*) 3. 1044, 1046.
P. aurifolia (Mitt.) 3. 1046, Fig. 750 A—E.
Puiggariella Speg. (*Microthyriac.*) 1. 339, 343.
Pulai nock (*Alsophila Andersoni* J. Scott) 4. 136.
Pulmonaria Hoffm. (*Stictac.*) 1\*. 188.
Pulparia Karst. (*Cenangiac.*) 1. 232, 238.
Pulveraria Ach. (*Lichen.*) 1\*. 239.
Pulvinaria Reinh. (*Phaeophyc.*) 2. 289.
Pulvinula Boud. (*Pezizac.*) 1. 179.
Punctaria Grev. (*Encoeliac.*) 2. 199, 200, 201.
P. latifolia Grev. 2. 199, Fig. 140 A.
Punctaricae (*Encoeliac.*) 2. 200.
Punctularia Pat. (*Thelephorac.*) 1\*\*. 554.
Pungentella C. Müll. (*Sematophyllac.*) 3. 1120.
Purpur, Französischer (*Roccella* spec. div.) 1\*. 109.
Pustularia Fuckel (*Pezizac.*) 1. 182, 185.
Pycneura C. Müll. (*Dicranac.*) 3. 292.
Pycnocaulon C. Müll. (*Pottiac.*) 3. 384.
Pycnochytrium De Bary (*Synchytriac.*) 1. 71, 73.
P. globosum Schröt. 1. 73, Fig. 55 A—D.
P. Succisae De Bary et Woron. 1. 73, Fig. 55 E—K.
Pycnodon Underw. (*Hydnac.*) 1\*\*. 554.
Pycnodoria Presl (*Polypodiac.*) 4. 290.
Pycnographa Müll. Arg. (*Chiodectonae.*) 1\*. 103, 105.
Pycnolejeunea Spruce (*Jungerm. akroy.*) 3. 118, 124.
Pycnopteris Moore (*Polypodiac.*) 4. 167, 168.

Pycnoscenus S. O. Lindb. (*Ricciac.*) 3. 15.
Pycnothallia C. Müll. (*Fissidentac.*) 3. 355, 1187.
Pycnothallidium C. Müll. (*Fissidentac.*) 3. 355.
Pycnothallus Wainio (*Chiodectonac.*) 1*. 105.
Pycnothelia (Ach.) Duf. (*Cladoniac.*) 1*. 143.
Pygmaea Stackh. (*Lichinac.*) 1*. 167.
Pylaiea Mitt. (*Hypnac.*) 3. 1026.
Pylaiella Bory (*Ectocarpac.*) 2. 185, 186, 187.
P. litoralis (L.) Kjellm. 2. 185, Fig. 131 *G*.
Pylaisia (*Entodontac.*) 3. 1232.
Pylaisia Bruch et Schimp. (*Entodontac.*) 3. 871, 885, 1231.
P. polyantha (Schreb.) 3. 885, Fig. 618 *E*.
P. Schimperi (Card.) 3. 885, Fig. 618 *A—D*.
P. speciosa (Wils.) 3. 886, Fig. 649 *A—E*.
Pylaisia De Not. (*Entodontac.*) 3. 872.
Pylaisia Lindb. (*Entodontac.*) 3. 872.
Pylaisia Mitt. (*Entodontac.*) 3. 885.
Pylaisiella Kindb. (*Entodontac.*) 3. 885.
Pylaisiopsis (Broth.) Broth. (*Entodontac.*) 3. 887, 1231, 1232.
Pyramidium Brid. (*Funariac.*) 3. 520.
Pyramidocolea Spruce (*Jungerm. akrog.*) 3. 125.
Pyramidomonas Stein (*Volvocac.*) 2. 39.
Pyramidula Brid. (*Funariac.*) 3. 516, 520.
P. tetragona Brid. 3. 520, Fig. 375 *A, B*.
Pyramimonas Schmarda (*Volvocac.*) 2. 37, 39; 1a. 144.
P. tetrarhynchus Schmarda 2. 39, Fig. 22 *B*.
Pyrenastrum Eschw. (*Astrotheliac.*) 1*. 73.
Pyrenastrum Fuckel (*Astrotheliac.*) 1*. 74.
**Pyrenidiaceae** 1*. 52, 76—77.
Pyrenidium Nyl. (*Pyrenidiac.*) 1*. 76, 77.
P. actinellum Nyl. 1*. 77, Fig. 40 *A—H*.
Pyrenium Tode (*Mucedinac.*) 1**. 428.
Pyrenocantha Thunbg. (*Jungerm. akrog.*) 3. 99.
**Pyrenocarpeae** 1. 49—79.
Pyrenocarpus Trevis. (*Pyrenopsidac.*) 1*. 161.
Pyrenochaeta De Not. (*Sphaerioidac.*) 1**. 351, 358, 359.
P. Berberidis (Sacc.) Brun. 1**. 358, Fig. 188 *O, R*.
Pyrenocollema Reinke (*Collemac.*) 1*. 168, 169.
P. tremelloides Reinke 1*. 169, Fig. 87 *A—C*.

Pyrenodesmia Mass. (*Caloplacac.*) 1*. 228.
Pyrenodium Fée (*Astrotheliac.*) 1*. 73.
Pyrenomycetineae 1. 142, 321—325; 1**. 539.
Pyrenomyxa Morgan (*Xylariac.*?) 1. 484, 491.
Pyrenopeziza Fuckel (*Mollisiac.*) 1. 210, 215, 216.
P. Caricis Rehm 1. 216, Fig. 168 *L*.
P. Rubi (Fr.) Rehm 1. 216, Fig. 168 *J, K*.
Pyrenopezizeae (*Mollisiac.*) 1. 210.
Pyrenophora Fries (*Pleosporac.*) 1. 429, 440.
**Pyrenopsidaceae** 1*. 113. 158—164.
Pyrenopsidium Nyl. (*Pyrenopsidac.*) 1* 160.
Pyrenopsidium (Nyl.) Forss. (*Pyrenopsidac.*) 1*. 159, 160.
Pyrenopsis (Nyl.) Forss. (*Pyrenopsidac.*) 1*. 159.
P. conferta (Born. et Nyl.) Forss. 1*. 158, Fig. 78 *A*.
Pyrenothamnia Tuck. (*Pyrenothamniac.*) 1*. 61.
P. Spraguei Tuck. 1*. 61, Fig. 34 *A, B*.
**Pyrenothamniaceae** 1*. 51, 61.
Pyrenothea Ach. (*Arthoniac.*) 1*. 90.
Pyrenotheca Pat. (*Phymatosphaeriac.*) 1. 243; 1**. 539.
Pyrenotrichum Mont. (*Sphaerioidac.*) 1**. 350, 355.
Pyrenula (*Trypetheliac.*) 1*. 70.
Pyrenula (Ach.) Mass. (*Pyrenulac.*) 1*. 62, 67.
P. nitida Ach. 1*. 63, Fig. 35 *A, B, G—J*.
**Pyrenulaceae** 1* 51, 62—68.
Pyrgidium Nyl. (*Caliciac.*) 1*. 80, 83.
Pyrgidium Stein (*Peridiniac.*) 1b. 25.
Pyrgillus Nyl. (*Cypheliac.*) 1*. 81.
P. javanicus Nyl. 1*. 84, Fig. 43 *B*.
Pyrgodiscinae (*Bacillariac.*) 1b. 56, 76.
Pyrgodiscus Kitton (*Bacillariac.*) 1b. 76.
P. armatus Kitton 1b. 76, Fig. 115 *A, B*.
Pyroctonum Prunet (*Cladochytriac.*) 1**. 527.
Pyrocysteae (*Gymnodiniac.*) 1b. 3.
Pyrocystis Murray (*Gymnodiniac.*) 1b. 3, 4.
P. lunula Schütt 1b. 3, Fig. 2 *B—F*.
P. noctiluca Murray 1b. 3, Fig. 2 *A*.
Pyromitrium (Wall.) Kindb. (*Pottiac.*) 3. 437.
Pyronema Carus (*Pyronemac.*) 1. 176, 177.
P. omphalodes (Bull.) Fuckel 1. 177, Fig. 145 *A—F*.

**Pyronemaceae** 1. 175, 176—178.
Pyronemella Sacc. (*Pyronemac.*) 1. 176, 178.
Pyrophacus Stein (*Peridiniac.*) 1b. 13, 15, 18, 19.
P. horologium Stein 1b. 13, Fig. 17; 15, Fig. 20 *A*, *B*; 19, Fig. 25 *A—C*.
Pyrrhobryum Mitt. (*Rhizogoniac.*) 3. 616, 618.
Pyrrhospora Koerb. (*Lecideae.*) 1*. 132.
Pyrrochroa Eschw. (*Arthoniac.*) 1*. 91.
Pyrrographa Müll. Arg. (*Graphidae.*) 1*. 99.
Pyrrosia Mirb. (*Polypodiac.*) 4. 324.
**Pythiaceae** 1. 96, 104—105; 1**. 529.
Pythiopsis De Bary (*Saprolegniac.*) 1. 96, 97.
P. cymosa De Bary 1. 97, Fig. 76.
Pythium Pringsh. (*Pythiac.*) 1. 104, 105.
P. De Baryanum Hesse 1. 104, Fig. 88.
P. hydnosporum (Mont.) Schröt. 1. 105, Fig. 89.
Pyxidaria Michx. (*Cladoniac.*) 1*. 143.
Pyxidicula Ehrenb. (*Bacillariac.*) 1b. 8, 61, 62, 148.
Pyxidiophora Bref. et Tav. (*Hypocreac.*) 1. 346, 351, 352.
P. asterophora (Tul.) Lind. 1. 352, Fig. 237 *A—C.*
Pyxidium Hill (*Cladoniac.*) 1*. 143.
Pyxidula Ehrenb. (*Prorocentrac.*) 1b. 8.
Pyxilla Grev. (*Bacillariac.*) 1b. 147.
P. Johnsonia Grev. 1b. 147, Fig. 268.
Pyxilleae (*Bacillariac.*) 1b. 147.
Pyxine (*Physciac.*) 1*. 235.
Pyxine (E. Fr.) 1*. 234.

## Q.

Quaternaria Tul. (*Diatrypac.*) 1. 473, 476, 477.
Q. quaternata (Pers.) Schröt. 1. 476, Fig. 282 *K—N*.
Queletia Fries (*Tulostomatac.*) 1**. 342, 343.
Q. mirabilis Fries 1**. 343, Fig. 180 *A*, *B*.

## R.

Rabdium Wallr. (*Bacillariac.*) 1b. 115.
Rabenhorstia Fries (*Sphaerioidac.*) 1**. 354, 364.
Racelopodopsis Thér. (*Polytrichac.*) 3. 1211.
R. Camusi Thér. 3. 1212, Fig. 849 *A—F*.

Racelopus Doz. et Molk. (*Polytrichac.*) 3. 671, 684.
R. pilifer Doz. et Molk. 3. 684, Fig. 518 *A—G*.
Raciborskia Berl. (*Stemonitac.*) 1. 26, 27.
Racoblenna Mass. (*Pannariac.*) 1*. 181.
Racodium E. Fr. (*Coenogonac.*) 1*. 127, 128.
R. rupestre Pers. 1*. 128, Fig. 62 *A*, *B*.
Racomitrium Brid. (*Pottiac.*) 3. 411.
Radaisia Sauv. (*Chamaesiphonac.*) 1a. 58, 59, 60.
R. Gomontiana Sauv. 1a. 60, Fig. 51 *C*.
Raddetes Karst. (*Agaricac.*) 1**. 202.
Radicosella Best. (*Leskeac.*) 3. 1000.
Radiopalma Brun. (*Bacillariac.*) 1b. 66, 69.
Radula Casp. (*Jungerm. akrog.*) 3. 134.
Radula Dum. (*Jungerm. akrog.*) 3. 87, 99, 113, 114.
Radulites Gott. (*Jungerm. akrog.*) 3. 134.
Radulotypus Dum. (*Jungerm. akrog.*) 3. 113, 114.
Radulum Fries (*Hydnac.*) 1**. 139, 142, 143.
R. fagineum Fries 1**. 143, Fig. 76 *G*.
R. hydnoideum (Pers.) Schröt. 1**. 143, Fig. 76 *D—F*.
R. quercinum (Pers.) Fr. 1**. 143, Fig. 76 *H*, *J*.
Radulum Fries (*Jungerm. akrog.*) 3. 113.
Ragiopteris Presl (*Polypodiac.*) 4. 166.
Raineria De Not. (*Splachnac.*) 3. 500.
Ralfsia Berkl. (*Ralfsiac.*) 2. 241, 242.
R. verrucosa (Aresch.) J. Ag. 2. 241, Fig. 164 *D—F*.
Ralfsia O'Meara (*Bacillariac.*) 1b. 113.
**Ralfsiaceae** 2. 181, 240—242.
Ramalea Nyl. (*Cladoniac.*) 1*. 243.
Ramalina (*Usneac.*) 1*. 222.
Ramalina Ach. (*Usneac.*) 1*. 217, 220.
R. calicaria (L.) E. Fr. 1*. 223, Fig. 116 *C*.
R. farinacea Ach. 1*. 224, Fig. 115 *G*; 223, Fig. 116 *B*.
R. fraxinea Ach. 1*. 224, Fig. 115 *A—E*.
R. yemensis (Ach.) Nyl. 1*. 224, Fig. 115 *F*.
Ramaria Holmsk. (*Clavariac.*) 1**. 135.
Ramaria Pers. (*Clavariac.*) 1**. 133.
Ramondia Mirb. (*Schizaeac.*) 4. 363.
Ramonia Stizenb. (*Gyalectac.*) 1*. 124, 125.
Ramularia Unger (*Mucedinac.*) 1**. 447, 450.
R. Armoraciae Fuckel 1°*. 450, Fig. 233 *B*, *C*.

R. Hellebori Sacc. 1**. 450, Fig. 233 E.
R. rosea (Fuckel) Sacc. 1**. 450, Fig. 233 D.
Ramulariene (*Mucedinac.*) 1**. 447.
Raphaelia Deb. et Ett. (*Filical.*) 4. 514.
Raphideae (*Bacillariac.*) 1b. 55.
Raphidium Kütz. (*Pleurococcac.*) 2. 56, 57, 58.
R. polymorphum Fresen. 2. 57, Fig. 36 K.
Raphidodiscus Christ (*Bacillariac.*) 1b. 124.
Raphoneis Ehrenb. (*Bacillariac.*) 1b. 114.
Rattrayella De Toni (*Bacillariac.*) 1b. 80.
Rauia Aust. (*Leskeac.*) 3. 1004, 1236.
R. scita (Palis.) 3. 1005, Fig. 730 A—F.
Rauschbrandbazillus (*Bacillus Carbonis Mig.*) 1a. 26.
Ravenelia Berk. (*Pucciniac.*) 1**. 49, 73, 74.
R. appendiculata Lagerh. et Dietel 1**. 74, Fig. 49 D.
R. cassiicola Atkins. 1**. 74, Fig. 49 A— C.
Ravenelula Speg. (*Patellariac.*) 1. 222, 227, 231.
Ravenelula Wint. (*Patellariac.*) 1. 227.
Rebentischia Karst. (*Pleosporac.*) 1. 428, 433.
R. unicaudata (Berk. et Br.) Sacc. 1. 433, Fig. 268 F, G.
Rebouilia Griff. (*Marchantiac.*) 3. 31.
Rebouilia Raddi (*Marchantiac.*) 3. 31.
Rebouilla Bertol. (*Marchantiac.*) 3. 36.
Reboulia Raddi (*Marchantiac.*) 3. 30.
Reboulia Raddi (*Marchantiac.*) 3. 25, 31.
R. hemisphaerica (L.) Raddi 3. 31, Fig. 16.
Receptaculites Defrance (*Algae*) 2. 565.
Reesia Fischer (*Olpidiac.*) 1. 67.
Rehmanniella C. Müll. (*Funariac.*) 3. 520.
Rehmia Kremph. (*Buelliac.*) 1*. 231.
Rehmiella Wint. (*Gnomoniac.*) 1. 447, 451.
Rehpilz (*Phacodon imbricatum* L.) 1**. 112, 149.
Reicheltia Schütt (*Bacillariac.*) 1b. 131.
Reinboldia Schmitz (*Acrotylac.*) 2. 351.
Reinboldiella De Toni (*Ceramiac.*) 2. 502.
Reinkella Darb. (*Roccellac.*) 1*. 106, 108.
Reinkia Borzi (*Chaetophorac.*) 2. 94.
Reinschia Bertr. et Ren. (*Algae*) 2. 565.
Reinschiella De Toni (*Protococcac.*) 2. 68.
Reiswein (*Aspergillus Oryzae* Ahlbg.) 1. 60.
Remyella C. Müll. (*Brachythcciac.*) 3. 1160.
Renauldia C. Müll. (*Neckerac.*) 3. 788, 791.
R. africana (Rehm) 3. 792, Fig. 593 A—E.

R. hildebrandtielloides C. Müll. 3. 791, Fig. 592 A—F.
Renaultia Stur (*Marattial.*) 4. 445, 448.
Renaultia Zeiller (*Marattial.*) 4. 445, 446, 491, 493.
R. chaerophylloides (Brongn.) Zeill. 4. 446, Fig. 247 C.
R. microcarpa (Lesq.) Zeill. 4. 446, Fig. 247 A, B.
Rentierflechte (*Cladonia* spec. div.) 1*. 143.
Reptomonas Kent (*Rhizomastigac.*) 1a. 114.
Requienella H. Fabre (*Amphisphaeriac.*) 1. 414.
Resticularia Dang. (*Ancylistac.*) 1. 92.
Reticularia Babgt. (*Stictac.*) 1*. 188.
Reticularia Broth. (*Fissidentac.*) 3. 353, 1187.
Reticularia Bull. (*Reticulariac.*) 1. 25.
R. Lycoperdon Bull. 1. 25, Fig. 14 A—C.
**Reticulariaceae** 1. 15, 25—26.
Reussia Presl (*Filical.*) 4. 502.
Rexiella Morg. (*Physarac.*) 1. 525.
Rhabdina Sacc. (*Sphaerioidac.*) 1**. 378.
Rhabdodontium Broth. (*Neckerac.*) 3. 788, 803.
R. Buftoni (Broth.) 3. 801, Fig. 600 E—H.
Rhabdographina Müll. Arg. (*Graphidac.*) 1*. 99.
Rhabdogrimmia Limpr. (*Grimmiac.*) 3. 454, 1197.
Rhabdomonas Fresen. (*Astasiac.*) 1a. 178.
Rhabdonema Kütz. (*Bacillariac.*) 1b. 39, 102, 103.
R. adriaticum Kütz. 1b. 103, Fig. 181 A—D.
R. arcuatum (Lyngbye) Kütz. 1b. 39, Fig. 51 A; 103, Fig. 181 E.
Rhabdonia Harv. (*Rhodophyllidac.*) 2. 369, 377, 378.
R. coccinea Harv. 378, Fig. 226 A.
Rhabdosira Ehrenb. (*Bacillariac.*) 1b. 115.
Rhabdospora Dur. et Mont. (*Sphaerioidac.*) 1**. 378.
Rhabdospora Mont. (*Sphaerioidac.*) 1**. 377, 378, 379.
R. falx (Berk. et Cooke) Sacc. 1**. 379, Fig. 199 K, L.
R. flexuosa (Penz.) Sacc. 1**. 379, Fig. 199 M, N.
R. hibiscicola (Schwein.) Starb. 1**. 379, Fig. 199 J.
Rhabdospora Müll. Arg. (*Gyalectac.?*) 1*. 127.
Rhabdosporella Stolley (*Algae*) 2. 565.

Rhabdosporium Corda (*Melanconiac.*) 1**. 405.
Rhabdotheca Kindb. (*Eucalyptac.*) 3. 348, 1196.
Rhabdoweisia Bryol. eur. (*Dicranac.*) 3. 312.
R. denticulata (Brid.) Bryol. eur. 3. 313, Fig. 182 *A—D*
Rhabdoweisia Lindb. (*Dicranac.*) 3. 312.
Rhabdoweisieae (*Dicranac.*) 3. 284, 290, 312, 1180.
Rhabtomonas Pres. (*Eugleniac.*) 2. 570.
Rhachiopterides Corda (*Filical.*) 4. 511.
Rhachiopteris Solms (*Filical.*) 4. 475, 511.
Rhachithecium Broth. (*Orthotrichac.*) 3. 1198.
R. brasiliense (C. Müll.) 3. 1199, Fig. 841 *A—G.*
Rhachomyces Thaxt. (*Laboulbeniac.*) 1. 496, 503, 504.
R. lasiophorus Thaxt. 1. 503, Fig. 292 *F.*
Rhacocarpeae (*Hedwigiac.*) 3, 713, 720, 1213.
Rhacocarpus Lindb. (*Hedwigiac.*) 3. 701, 720, 1213.
R. australis (Hampe) 3. 721, Fig. 540 *A—H.*
R. excisus (C. Müll.) 3. 716, Fig. 537 *A—C.*
R. inermis (C. Müll.) 3. 721, Fig. 540 *J—M.*
Rhacodium Pers. (*Mycel.*) 1**. 517.
Rhacomitrium Brid. (*Grimmiac.*) 3. 445, 453, 1197.
R. canescens Hedw. 3. 274, Fig. 168 *D.*
R. canescens (Timm) Brid. 3. 447, Fig. 299 *K—O.*
R. hypnoides (L.) Lindb. 3. 455, Fig. 305 *A, B.*
R. patens (Dicks.) Hüben. 3. 453, Fig. 304 *A—D.*
Rhacomitrium Brid. (*Pottiac.*) 3. 411.
Rhacomitrium Broth. (*Grimmiac.*) 3. 454, 1197.
Rhacomitrium C. Müll. (*Grimmiac.*) 3. 453.
Rhacophyllum Schimp. (*Filical.*) 4. 503.
Rhacophyllus Berk. (*Agaricac.*) 1**. 221.
**Rhacopilaceae** 3. 975—977, 1235.
Rhacopilopsis Ren. et Card. (*Hypnac.*) 3. 1083.
Rhacopilum C. Müll. (*Rhacopilac.*) 3. 975.
Rhacopilum Palis. (*Rhacopilac.*) 3. 975, 1235.
R. tomentosum (Sw.) 3. 976, Fig. 711 *A—F.*
Rhacoplaca Fée (*Strigulac.*) 1*. 76.
Rhacopteris Schimp. (*Filical.*) 4. 472, 489, 490.

R. panniculifera Stur 4. 489, Fig. 288.
Rhacotheca Bisch. (*Marchantiac.*) 3. 33.
Rhadinomyces Thaxt. (*Laboulbeniac.*) 1. 496, 500, 501.
R. pallidus Thaxt. 1. 500, Fig. 291 *G.*
Rhagadolobium P. Henn. et Lindau (*Phacidiac.*) 1. 257, 258, 259.
R. Hemiteliae P. Henn. 1. 259, Fig. 189 *A—E.*
Rhagadostoma Koerb. (*Sphaeriac.*) 1. 399; 1*. 78, 240.
Rhakiocarpon Corda (*Marchantiac.*) 3. 31.
Rhamphidium Mitt. (*Pottiac.*) 3. 382, 393.
R. macrostegium (Sull.) Mitt. 3. 394, Fig. 252 *A—F.*
Rhamphoria Niessl (*Ceratostomatac.*) 1. 405, 407, 408.
R. delicatula Niessl 1. 407, Fig. 259 *K, L.*
Rhamphospora Cunngh. (*Tilletiac.*) 1**. 15, 19.
Rhaphidodiscus Christ. (*Bacillariac.*) 1b, 124.
Rhaphidogloia Kütz. (*Bacillariac.*) 1b. 132.
Rhaphidomonas Stein (*Chloromonadin.*) 1a. 170, 171, 172.
R. semen (Ehrenb.) Stein 1a. 171, Fig. 124 *D.*
Rhaphidophora Ces. et De Not. (*Pleosporac.*) 1. 439.
Rhaphidopyxis Müll. Arg. (*Pyrenulac.*) 1*. 67.
Rhaphidorrhynchum Besch. (*Sematophyllac.*) 3. 1108.
Rhaphidorrhynchum Mitt. (*Sematophyllac.*) 3. 1108.
Rhaphidospora Fries (*Gleosporac.*) 1. 439.
Rhaphidostegiopsis Fleisch. (*Sematophyllac.*) 3. 1117, 1238.
Rhaphidostegium (*Sematophyllac.*) 3. 1116.
Rhaphidostegium Bryol. eur. (*Sematophyllac.*) 3. 1108.
Rhaphidostegium (Bryol. eur.) De Not. (*Sematophyllac.*) 3. 1099, 1108, 1238.
R. cerviculatum (Hook. f. et Wils.) 3. 1110, Fig. 786 *A—E.*
R. cochleatum Broth. 3. 1112, Fig. 788 *A—F.*
R. cyparissoides (Hornsch.) 3. 1111, Fig. 787 *A—E.*
R. fulvum (Hornsch.) 3. 1102, Fig. 776 *H—K.*
R. homomallum (Hampe) 3. 1114, Fig. 789 *A—F.*
R. proligerum Broth. 3. 1105, Fig. 782 *H, J.*

Natürl. Pflanzenfam. Register zu I.

Rhaphidostegium subsimplex (Hedw.) 3. 1109, Fig. 785 *A—E*.
Rhaphiospora Mass. (*Lecideac.*) 1*. 135.
Rhegmatodon (*Rhegmatodontac.*) 3. 1125.
Rhegmatodon Brid. (*Rhegmatodontac.*) 3. 1125.
R. serrulatus (Doz. et Molk.) 3. 1126, Fig. 797 *A—G*.
Rhegmatodon Hampe (*Fabroniac.*) 3. 909.
**Rhegmatodontaceae** 3. 1125.
Rhexophiale Th. Fr. (*Gyalectac.*) 1*. 126.
Rhinocladium Sacc. et March. (*Dematiac.*) 1**. 456, 462, 463.
R. torulosum (Bon.) Sacc. 1**. 463, Fig. 240 *C*.
Rhinotrichum Corda (*Mucedinac.*) 1**. 419, 433, 434.
R. repens Preuss 1**. 433, Fig. 224 *F, G*.
Rhiphidonema Matt. (*Hymenolich.*) 1*. 237.
Rhiphidonema (Matt.) A. Zahlbr. (*Hymenolich.*) 1*. 239.
Rhipidium Cornu (*Leptomitac.*) 1. 101, 103.
R. interruptum Cornu 1. 103, Fig. 86.
Rhipidocephalum Trail (*Dematiac.*) 1**. 465.
Rhipidodendron Stein (*Amphimonadac.*) 1a. 138, 139, 140.
R. splendidum Stein 1a. 139, Fig. 95 *B*.
Rhipidophora Kütz. (*Bacillariac.*) 1b. 109.
Rhipidopteris Schott (*Polypodiac.*) 4. 330, 331, 512.
R. pellata (Sw.) Schott 4. 331, Fig. 172.
Rhipidosiphon Mont. (*Codiac.*) 2. 144.
Rhipilia Kütz. (*Codiac.*) 2. 141.
Rhipocephalus Kütz. (*Codiac.*) 2. 141, 142.
Rhipozonium Kütz. (*Codiac.*) 2. 142.
**Rhizidiaceae** 1. 66, 75—80; 1**. 527.
Rhizidiomyces Zopf (*Rhizidiac.*) 1. 75, 79.
Rhizidium A. Br. (*Rhizidiac.*) 1. 75, 79.
R. mycophilum A. Br. 1. 79, Fig. 60.
Rhizidium A. Fischer (*Rhizidiac.*) 1. 78.
Rhizina Pers. (*Rhizinac.*) 1. 171, 172.
R. inflata (Schaeff.) Sacc. 1. 172, Fig. 143.
**Rhizinaceae** 1. 163, 171—172; 1**. 532.
Rhizocalamopitys Solms (*Lyginopterid.*) 4. 788.
Rhizocarpon (Ram.) Th. Fr. (*Lecideac.*) 1*. 129, 137.
Rhizocarpon (Tuckerm.) Jatta (*Lecideac.*) 1*. 137.

Rhizocladia De Bary (*Erysibac.*) 1. 331.
Rhizocladia Reinsch (*Choristocarpac.*) 2. 191.
Rhizoclonium Kütz. (*Cladophorac.*) 2. 117, 118.
Rhizoctonia DC. (*Mycel.*) 1**. 516.
Rhizodendron Goepp. (*Cyatheac.*) 4. 138, 504, 509.
Rhizofabronia Broth. (*Fabroniac.*) 3. 905.
**Rhizogoniaceae** 3. 614—622.
Rhizogonium (*Rhizogoniac.*) 3. 621.
Rhizogonium Brid. (*Rhizogoniac.*) 3. 615, 616.
R. aristatum Hampe 3. 617, Fig. 466 *H, J*.
R. bifarium Schimp. 3. 617, Fig. 466 *A—C*.
R. brevifolium Broth. 3. 619, Fig. 468 *A—E*.
R. Dozyanum Lac. 3. 618, Fig. 467 *A—C*.
R. Geheebii C. Müll. 3. 617, Fig. 466 *F, G*.
R. latifolium Bryol. eur. 3. 619, Fig. 468 *H*.
R. setosum Mitt. 3. 619, Fig. 468 *F, G*.
R. spiniforme (L.) 3. 618, Fig. 467 *D, E*.
Rhizogonium C. Müll. (*Mniac.*) 3. 605.
Rhizogonium C. Müll. (*Rhizogoniac.*) 3. 616.
Rhizogonium Schimp. (*Rhizogoniac.*) 3. 619.
Rhizohypnum Hampe (*Hypnac.*) 3. 1049.
**Rhizomastigaceae** 1a. 112, 113—115.
Rhizomnion Mitt. (*Mniac.*) 3. 612.
Rhizomonas Kent (*Rhizomastigac.*) 1a. 114.
Rhizomopterides (*Filical.*) 4. 504.
Rhizomopteris Schimp. (*Filical.*) 4. 348, 504.
Rhizomorpha Ach. (*Fungi*) 1*. 240.
Rhizomorpha Roth (*Mycel.*) 1**. 516.
Rhizomorphites Roth (*Mycel.*) 1**. 523.
Rhizomyces Thaxt. (*Laboulbeniac.*) 1. 496, 500, 502.
R. ctenophorus Thaxt. 1. 500, Fig. 291 *II*.
Rhizomyxa Borzi (*Lagenidiac.*) 1. 89, 91.
R. hypogaea Borzi 1. 91, Fig. 74.
Rhizopelma C. Müll. (*Rhizogoniac.*) 3. 616.
Rhizophidium Schenk (*Rhizidiac.*) 1. 75, 76.
R. ampullaceum A. Br. 1. 76, Fig. 57.
R. pollinis A. Br. 1. 76, Fig. 56.
Rhizophlyctis A. Fisch. (*Rhizidiac.*) 1. 75, 77.
**Rhizophyllidaceae** 2. 306, 527—532.
Rhizophyllis Kütz. (*Rhizophyllidac.*) 529, 531.
Rhizophyllum O. S. Lindb. (*Jungerm. akrog.*) 3. 52.
Rhizophyllum Palis. (*Jungerm. akrog.*) 3. 52, 53.
Rhizophyllum Reinsch (*Delesseriac.*) 2. 410.

Rhizoplaca Zopf (*Lecanorac.*) 1\*. 202.
Rhizopoda 1. 37; 1a. 112.
Rhizopodella Cooke (*Pezizac.*) 1. 180.
Rhizopogon Fries (*Hymenogastrac.*) 1\*\*. 308, 314, 557.
R. luteolus Fries 1\*\*. 311, Fig. 159 *A—C.*
R. rubescens Tul. 1\*\*. 311, Fig. 159 *D.*
Rhizopterodendron Goepp. (*Filical.*) 4. 509.
Rhizopus Ehrenb. (*Mucorac.*) 1. 50, 125.
R. nigricans 1. 50, Fig. 35.
Rhizosolenia Ehrenb. (*Bacillariac.*) 1b. 39, 51, 84, 85.
R. alata Brightw. 1b. 51, Fig. 61 *A—F.*
R. Bergonii Perag. 1b. 51, Fig. 61 *G, H.*
R. setigera Brightw. 1b. 85, Fig. 140.
R. styliformis Brightw. 1b. 39, Fig. 51 *E*; 84, Fig. 139 *A, B.*
Rhizosoleniinae (*Bacillariac.*) 1b. 56, 84.
Rhodea Presl (*Filical.*) 4. 481, 482, 483, 490, 491.
R. dissecta (Brongn.) Presl 4. 482, Fig. 275.
Rhodea Presl (*Hymenophyllac.*) 4. 112.
Rhodobryum (Hampe) Schimp. (*Bryac.*) 3. 543, 598, 1206.
R. Beyrichianum (Hornsch.) Paris 3. 599, Fig. 450 *A—C*; 599, Fig. 451 *D, E.*
R. giganteum (Hook.) 3. 598, Fig. 449 *C.*
R. olivaceum Hampe 3. 597, Fig. 448 *G, H*; 599, Fig. 451 *A—C.*
R. roseum (Weis) 3. 598, Fig. 449 *B*; 600, Fig. 452 *A, B.*
Rhodobryum Schimp. (*Bryac.*) 3. 598.
Rhodocallis Kütz. (*Ceramiac.*) 2. 484, 495.
Rhodocapsa Hansg. (*Chroococcac.*) 1a. 54.
Rhodocarpon Lönnr. (*Dermatocarpac.*) 1\*. 60.
**Rhodochaetaceae** 2. 304, 317—318.
Rhodochaete Thuret (*Rhodochaetac.*) 2. 317, 318.
R. pulchella Thuret 2. 317, Fig. 196 *A—D.*
Rhodochorton Naeg. (*Ceramiac.*) 2. 485, 501, 504.
R. Rothii (Turton) Naeg. 2. 501, Fig. 272 *G.*
Rhodochytrium Lagerh. (*Chytridin.?*) 1\*\*. 528.
Rhodocladia Sonder (*Gigartinac.*) 2. 362.
Rhodococcus Hansg. (*Chroococcac.*) 1a. 52.
Rhododactylis J. Ag. (*Sphaerococcac.*) 2. 394.
Rhododermis Crouan (*Squamariac.*) 2. 537.
Rhododiscus Crouan (*Squamariac.*) 2. 533, 534.

Rhodoessa Perty (*Hymenomonadac.*) 1a. 162.
Rhodoglossum J. Ag. (*Gigartinac.*) 2. 357.
Rhodomela C. Ag. (*Rhodomelac.*) 2. 424, 428, 455.
R. subfusca (Woodw.) C. Ag. 2. 424, Fig. 242 *D—F.*
**Rhodomelaceae** 2. 306, 421—480.
Rhodomelcae (*Rhodomelac.*) 2. 428, 453.
Rhodomonas Karst. (*Cryptomonadin.*) 1a. 168, 169.
R. baltica Karst. 1a. 169, Fig. 123 *B.*
Rhodonema Mart. (*Rhodomelac.*) 2. 474.
Rhodopeltis (Harv.) Schmitz (*Rhizophyllidac.*) 2. 529, 530.
Rhodophyceae 2. 298—569.
**Rhodophyllidaceae** 2. 305, 366—382.
Rhodophyllideae (*Rhodophyllidac.*) 2. 369, 376.
Rhodophyllis Kütz. (*Rhodophyllidac.*) 2. 369, 376.
R. bifida (Good. et Wood) Kütz. 2. 376, Fig. 225 *A—C.*
R. capensis Kütz. 2. 376, Fig. 225 *D, E.*
Rhodoplexia Harv. (*Ceramiac.*) 2. 492.
Rhodosaccion Mont. (*Chaetangiac.*) 2. 349.
Rhodoseris Harv. (*Delesseriac.*) 2. 408, 411.
Rhodosporae (*Agaricac.*) 1\*\*. 231, 254.
Rhodosporus Schröt. (*Agaricac.*) 1\*\*. 254, 257.
Rhodoweisia C. Müll. (*Pottiac.*) 3. 388.
Rhodymenia (Grev.) J. Ag. (*Rhodymeniac.*) 2. 398, 400, 401.
R. palmetta (Esper) Grev. 2. 400, Fig. 234 *B—D.*
**Rhodymeniaceae** 2. 305, 396—405.
**Rhodymeniales** 2. 305, 382—505.
Rhodymenieae (*Rhodymeniac.*) 2. 398, 400.
Rhodytapium Zanard. (*Corallinac.?*) 2. 544.
Rhoiconeis Grun. (*Bacillariac.*) 1b. 123, 133.
R. Garckeana Grun. 1b. 133, Fig. 243 *A, B.*
Rhoicosigma Grun. (*Bacillariac.*) 1b. 124, 134, 135.
R. Antillarum Cleve 1b. 134, Fig. 248 *A, B.*
Rhoicosphenia Grun. (*Bacillariac.*) 1b. 136, 137.
R. curvata (Kütz.) Grun. 1b. 137, Fig. 252 *A—J.*
Rhopalanthus S. O. Lindb. (*Jungerm. akrog.*) 3. 60.
Rhopalidium Mont. et Fries (*Melanconiac.*) 1\*\*. 407.

Rhopalodia O. Müll. (Bacillariac.) 1b. 45, 138, 141.
R. hirudiniformis O. Müll. 1b. 141, Fig. 257 A—C.
R. vermiculata 1b. 45, Fig. 56 No. 10—12.
Rhopalomyces Corda (Mucedinac.) 1**. 417, 426, 427.
R. elegans Corda 1**. 427, Fig. 220 D, E.
Rhopalopsis Cooke (Xylariac.) 1. 487.
Rhopalostachya Pritzel (Lycopodiac.) 4. 601.
Rhopographus Nitschke (Dothideac.) 1. 375, 380.
R. Pteridis (Sow.) Wint. 1. 380, Fig. 250 II—M.
Rhymbocarpus Zopf (Patellariac.) 1**. 533.
Rhymovis Pers. (Agaricac.) 1**. 202.
Rhynchococcus Kütz. (Sphaerococcac.) 2. 386.
Rhynchohypnum (Brachythcciac.) 3. 1162.
Rhynchohypnum (Entodontac.) 3. 896.
Rhynchohypnum (Sematophyllac.) 3. 1108.
Rhynchomeliola Speg. (Ceratostomatac.) 1. 405, 406.
Rhynchomonas Klebs (Bodonac.) 1a. 134, 136.
R. nasuta (Stokes) Klebs 1a. 136, Fig. 92 C.
Rhynchomyces Sacc. et March. (Nectrioidac.) 1**. 386.
Rhynchonema Kütz. (Zygnemac.) 2. 20.
Rhynchophoma Karst. (Sphaerioidac.) 1**. 366, 369.
Rhynchosphaeria Sacc. (Sphaeriac.) 1. 404.
RhynchostegiellaBryol. eur. (Brachythcciac.) 3. 1160.
Rhynchostegiella (Bryol. eur.) Limpr. (Brachythcciac.) 3. 1130, 1160, 1238.
R. hawaica (C. Müll.) 3. 1164, Fig. 819 A—F.
R. ramicola Broth. 3. 1151, Fig. 812 G—K.
Rhynchostegiopsis C. Müll. (Hookeriac.) 3. 919, 947, 1235.
R. complanata C. Müll. 3. 947, Fig. 690 A—E.
Rhynchostegium (Brachythcciac.) 3. 1160.
Rhynchostegium (Sematophyllac.) 3. 1108.
Rhynchostegium Bryol. eur. (Brachythcciac.) 3. 1129, 1162, 1238; 272, Fig. 166 D.
R. Berteroanum (Mont.) 3. 1163, Fig. 820 A—H.
R. murale Bryol. eur. 3. 237, Fig. 144 G, H.

R. serrulatum (Hedw.) 3. 1164, Fig. 821 A—E.
Rhynchostegium De Not. (Brachythcciac.) 3. 1150, 1152, 1154, 1155.
Rhynchostegium Jaeg. (Brachythcciac.) 3. 1162.
Rhynchostegium Mitt. (Brachythcciac.) 3. 1162.
Rhynchostoma Karst. (Ceratostomatac.) 1. 405, 407.
Rhynchostoma Karst. (Valsac.) 1. 453, 464, 466.
R. apiculatum (Curr.) Wint. 1. 464, Fig. 277 J—L.
Rhyparobius Boud. (Ascobolac.) 1. 188, 189, 190.
R. Pelletieri (Crouan) Sacc. 1. 189, Fig. 152 G—J.
R. sexdecimspora (Crouan) Sacc. 1. 189, Fig. 152 E, F.
Rhyparothelium Wainio (Trypetheliac.) 1*. 70.
Rhysophycus Hall. (Algae) 2. 565.
Rhystogonium C. Müll. (Neckerac.) 3. 833.
Rhystophyllum Ehrh. (Neckerac.) 3. 839.
Rhytidhysterium Speg. (Hypodermatac.) 1. 267, 269.
Rhytidiadelphus Lindb. (Hypnac.) 3. 1056.
Rhytidiadelphus (Lindb.) Warnst. (Hypnac.) 3. 1044, 1055.
R. squamosus (L.) 3. 1056, Fig. 757 A—D.
Rhytidiopsis Broth. (Hypnac.) 3. 1145, 1157.
R. robusta (Hook.) 3. 1058, Fig. 758 A—D.
Rhytidium De Not. (Hypnac.) 3. 1057.
Rhytidium Kindb. (Hypnac.) 3. 1057.
Rhytidium Lesq. et James (Hypnac.) 3. 1057.
Rhytidium Sull. (Hypnac.) 3. 1057.
Rhytidium (Sull.) Kindb. (Hypnac.) 3. 1045, 1057.
R. rugosum (Sull.) 3. 1058, Fig. 758 E, F.
Rhytidocaulon Nyl. (Usneac.) 1*. 218.
Rhytidolepis (Sigillariac.) 4. 724, 726, 746, 748; 748, Fig. 442.
Rhytidopeziza Speg. (Cenangiac.) 1. 234, 235.
Rhytisma Fries (Phacidiac.) 1. 257, 263, 264.
R. acerinum (Pers.) Fr. 1. 264, Fig. 193 D—F.
Rhytismites Fries (Discomycct.) 1**. 520.
Ricardia Derb. et Sol. (Bonnemaisoniac.) 2. 418, 419, 420.

Ricardia Montagnei Derb. et Sol. 2. 419, Fig. 239 C—E.
Ricasolia De Not. (Stictae.) 1*. 188.
Ricasolia (De Not.) Hue (Stictae.) 1*. 188.
Ricasolia Mass. (Lecanorac.) 1*. 205.
Ricasolia Wainio (Stictae.) 1*. 188.
Ricasolina Jatta (Lecanorac.) 1*. 205.
Riccardia S. F. Gray (Jungerm. anakrog.) 3. 49, 52.
R. multifida (L.) S. F. Gray. 3. 46, Fig. 25 A, B.
Riccia Aust. (Jungerm. anakrog.) 3. 50.
Riccia Bisch. (Ricciac.) 3. 15.
Riccia Dicks. (Jungerm. anakrog.) 3. 53.
Riccia Dicks. (Marchantiae.) 3. 27.
Riccia Gmel. (Marchantiae.) 3. 26.
Riccia L. (Ricciac.) 3. 13.
R. Bischoffi Hübn. 3. 14, Fig. 4 A—C.
R. canaliculata Hoffm. 3. 14, Fig. 14 P—S.
R. ciliata Hoffm. 3. 9, Fig. 1 E; 14, Fig. 14 N, O.
R. glauca L. 3. 9, Fig. 1 A—C; 12, Fig. 3 A—C; 14, Fig. 14 J—M.
R. minima L. 3. 9, Fig. 1 D; 14, Fig. 4 D—H.
Riccia Nees (Marchantiae.) 3. 29.
Riccia Raddi (Ricciac.) 3. 15.
Riccia Wils. et Hook. (Ricciac.) 3. 15.
**Ricciaceae** 3. 5, 8—15.
Ricciella (A. Br.) Bisch. (Ricciac.) 3. 13, 14, 15.
Ricciocarpus Corda (Ricciac.) 3. 13, 15.
R. natans Corda 3. 10, Fig. 2.
Richardsonia Neck. (Jungerm. anakrog.) 3. 113.
Richonia Boud. (Perisporiac.) 3. 333, 335, 336.
R. variospora Boud. 1. 335, Fig. 232 D—F.
Rickia Cav. (Laboulbeniac.) 1**. 544.
Riedlea Mirb. (Polypodiac.) 4. 166.
Riella Mont. (Jungerm. anakrog.) 3. 49, 51.
R. Cossoniana Trab. 3. 52, Fig. 23 A, B.
R. Gallica (Balansa) Trab. 3. 51, Fig. 29 A—E.
R. helicophylla B. et Mont. 3. 52, Fig. 23 C.
R. Notarisii Mont. 3. 51, Fig. 29 F.
R. Reuteri Mont. 3. 52, Fig. 23 D—E.
Rielloideae (Jungerm. anakrog.) 3. 49, 51.
Riessia Fresen. (Stilbac.) 1**. 498.
Rigodium (Brachytheciac.) 3. 1158.
Rigodium (Hypnac.) 3. 1051.
Rigodium (Leskeac.) 3. 1017.
Rigodium C. Müll. (Brachytheciac.) 3. 1158.
Rigodium C. Müll. (Hypnac.) 3. 1051.

Rigodium Kunz (Brachytheciac.) 3. 1130, 1158, 1238.
R. Araucarieti (C. Müll.) 3. 1159, Fig. 818 A—F.
Rimaria Kütz. (Bacillariac.) 1b. 115.
Rimbachia Pat. (Agaricac.) 1**. 198, 199, 200.
R. paradoxa Pat. 1**. 200, Fig. 106 A, B.
Rimularia Müll. Arg. (Acarosporac.) 1*. 152.
Rimularia Nyl. (Lichen.) 1*. 79, 239.
Rimularia Phil. (Lichen.) 1*. 258.
Rinodina (Mass.) Stizenb. (Buelliac.) 1*. 231, 232, 233, Fig. 122.
R. caesiella Koerb. 1*. 234, Fig. 124 C, D.
R. oreina (Ach.) Wainio 1*. 234, Fig. 124 A, B.
Ripartites Karst. (Agaricac.) 1**. 243.
Ripidium Bernh. (Rhizacac.) 4. 362.
Rissoella J. Ag. (Rhodophyllidac.) 2. 368, 372, 373.
R. verruculosa J. Ag. 2. 372, Fig. 223 D.
Ritterling (Agaricus equestris L.) 1**. 268.
Ritterling, echter (Tricholoma equestre Fr.) 1**. 112.
Ritterling, grauer (Tricholoma portentosum Fr.) 1**. 112.
Rivularia (Roth) C. A. Ag. (Rivulariac.) 1a. 85, 86, 89; 49, Fig. 48 E.
R. bullata Berk. 1a. 89, Fig. 61 A—H.
R. haematites Ag. 1a. 86, Fig. 59 E.
**Rivulariaceae** 1a. 50, 84—90.
Rivulariopsis Kirchn. (Rivulariac.) 1a. 87.
Robergea Desm. (Ostropac.) 1. 271.
R. unica Desm. 1. 271, Fig. 196 C—F.
Robillarda Sacc. (Sphaerioidac.) 1**. 366, 368.
R. depazeoides (Welw. et Curr.) 1**. 369, Fig. 194 A.
Roccella DC. (Roccellac.) 1*. 106, 109.
R. fusiformis DC. 1*. 107, Fig. 52 A, B.
R. tinctoria DC. 1*. 107, Fig. 52 C.
**Roccellaceae** 1*. 89, 106—110.
Roccellaria Darb. (Roccellac.) 1*. 106, 107.
Roccellina Darb. (Roccellac.) 1*. 106, 108.
Roccellographa Stnr. (Roccellac.) 1*. 106, 108.
R. cretacea Stnr. 1*. 108, Fig. 53 A—D.
Rodriguezella Schmitz (Rhodomelac.) 2. 425, 431.
R. Bornetii (Rodr.) Schmitz 2. 431, Fig. 243 A.
Roellia Kindb. (Mniac.) 3. 603, 604.
R. lucida (Eliz. Britt.) 3. 604, Fig. 455 A—D.
Roemeria Raddi (Jungerm. anakrog.) 3. 52.

Roesleria Thüm. et Pass. (*Geoglossac.*) 1. 163, 167.
Roestelia Rebent. (*Pucciniac.*) 1\*\*. 50.
Ronzocarpon hians Marion (*Marsiliac.*) 4. 425.
Ropalospora (Mass.) A. Zahlbr. (*Lecideac.*) 1\*. 135.
Roperia Grun. (*Bacillariac.*) 1b. 80.
Rosaria Carmich. (*Bacillariac.*) 1b. 150.
Rosellinia Ces. et De Not. (*Sphaeriac.*) 1\*. 394, 400, 404; 1\*\*. 542.
R. aquila (Fr.) De Not. 1. 404, Fig. 258 *A, B.*
R. velutina Fuckel 1. 404, Fig. 258 *C, D.*
Roselliniopsis Schröt. (*Sphaeriac.*) 1. 400, 401.
Rosellinites De Not. (*Pyrenomycet.*) 1\*\*. 524.
Rosenscheldia Speg. (*Dothideac.*) 1. 375, 378.
Rossling (*Tricholoma gambosum* Fr.) 1\*\*. 112.
Rostafinskia Racib. (*Stemonitac.*) 1. 27.
Rostafinskia Speg. (*Brefeldiac.*) 1. 28, 29.
Rostania Trevis. (*Collemac.*) 1\*. 172.
Rostrella H. Fabre (*Lophiostomatac.*) 1. 419.
Rostrupia Lagerh. (*Pucciniac.*) 1\*. 551.
Rotaea Ces. (*Mucedinac.*) 1\*\*. 447, 448, 449.
R. flava Ces. 1\*\*. 449, Fig. 232 *C.*
Roter Indigo (*Roccella* spec. div.) 1\*. 109.
Rotkappe (*Boletus versipellis* L.) 1\*\*. 112.
Rotkuppe (*Boletopsis rufus* Schaeff.) 1\*\*. 194.
Rotreizker (*Lactaria deliciosa* L.) 1\*\*. 218.
Rottleria Brid. (*Pottiac.*) 3. 402.
Rotula Müll. Arg. (*Chiodectonac.*) 1\*. 105.
Rotularia Sternb. (*Sphenophyllac.*) 4. 519.
Roumegueria Sacc. (*Dothideac.*) 1. 378.
Roumegueriella Speg. (*Nectrioidac.*) 1\*\*. 383.
Roumeguerites Karst. (*Agaricac.*) 1\*\*. 243.
Roussoella Sacc. (*Dothideac.*) 1. 375, 378.
Rouxia Brun. et Hérib. (*Bacillariac.*) 1b. 132.
Rozea Besch. (*Entodontac.*) 3. 871, 892.
R. pterogonioides (Hook.) 3. 893, Fig. 654 *F—H.*
R. viridis Besch. 3. 893, Fig. 654 *A—E.*
Rozella Cornu (*Synchytriac.*) 1. 71.
R. septigena Cornu 1. 71, Fig. 53.
Rozites Karst. (*Agaricac.*) 1\*\*. 231, 232, 252, 253.
R. caperata (Pers.) Karst. 1\*\*. 252, Fig. 119 *C.*

Ruffordia Seward (*Filical.*) 4. 512.
Rumohra Raddi (*Polypodiac.*) 4. 189.
Runcinaria Müll. (*Polypodiac.*) 4. 299.
Rupinia Corda (*Ricciac.*) 3. 15.
Rupinia L. (*Marchantiac.*) 3. 30.
Rupinia Roum. et Speg. (*Stilbac.*) 1\*\*. 496.
Rupinia Trevis. (*Marchantiac.*) 3. 29.
Rusichnites Schimp. (*Algae*) 2. 565.
Rusophycus Hall. (*Algae*) 2. 565.
Russtau (*Apiosporium* spec. plur.) 1. 338.
Russula Pers. (*Agaricac.*) 1\*\*. 214, 217, 218.
R. emetica (Schaeff.) Fr. 1\*\*. 217, Fig. 111 *A.*
R. foetens Pers. 1\*\*. 217, Fig. 111 *C.*
R. nigricans (Bull.) Fr. 1\*\*. 217, Fig. 111 *D.*
R. virescens (Schaeff.) Fr. 1\*\* 217, Fig. 111 *B.*
Russularia Fries (*Agaricac.*) 1\*\*. 214.
Russulina Schröt. (*Agaricac.*) 1\*\*. 214, 220.
Russuliopsis Schröt. (*Agaricac.*) 1\*\*. 265.
Rutabula Limpr. (*Brachytheciac.*) 3. 1114.
Rutenbergia Geh. et Hampe (*Neckerac.*) 8. 702, 786.
R. madagassa Geh. et Hampe 3. 787, Fig. 589 *A—L.*
Rutenbergieae Broth (*Neckerac.*) 3. 776, 786.
Ruthea Klotzsch (*Agaricac.*) 1\*\*. 202.
Rutilaria Grev. (*Bacillariac.*) 1b. 100.
R. edentula Castr. 1b. 100, Fig. 176 *A.*
R. elliptica Grev. 1b. 100, Fig. 176 *C.*
R. superba Grev. 1b. 100, Fig. 176 *B.*
Rutilarieae (*Bacillariac.*) 1b. 56, 100.
Rutilarioideae (*Bacillariac.*) 1b. 56, 100.
Rutilariopsis Van Heurck (*Bacillariac.*) 1b. 100.
Rutstroemia Karst. (*Helotiac.*) 1. 197.
Rutstroemia Karst. (*Helotiac.*) 1. 193, 195, 196.
R. firma (Pers.) Karst. 1. 195, Fig. 155 *O, P.*
Rylandsia Grev. (*Bacillariac.*) 1b. 74, 75, 76.
R. biradiata Grev. 1b. 75, Fig. 113.
Rytophloea C. Ag. (*Rhodomelac.*) 2. 429, 467.

## S.

Saccardaea Cav. (*Stilbac.*) 1\*\*. 492, 494.
Saccardia Cooke (*Erysibac.*) 1. 328, 333.
Saccardinula Speg. (*Microthyriac.*) 1. 339, 342.
Saccardoa Trevis. (*Stictac.*) 1. 188.

Saccardoella Speg. (*Pleosporac.*) 1. 428, 437, 439.
S. montellica Speg. 1. 437, Fig. 269 *L, M.*
Saccharomyces Meyen (*Saccharomycetac.*) 1. 44, 153; 153, Fig. 133.
S. apiculatus Reess 1. 153, Fig. 133 *D.*
S. cerevisiae Mayen 1. 153, Fig. 133 *A.*
S. conglomeratus Reess 1. 153, Fig. 133 *C.*
S. ellipsoideus Reess 1. 44, Fig. 27.
S. Pastorianus Reess 153, Fig. 133 *B.*
Saccharomycetaceae 1. 152, 153—154; 1\*\*. 531.
Saccoblastia A. Möll. (*Auriculariae.*) 1\*\*. 84, 85.
S. ovispora A. Möll. 1\*\*. 85, Fig. 56 *B—D.*
Saccobolus Boud. (*Ascobolac.*) 1. 189. 192.
S. violascens Boud. 1. 192, Fig. 154 *B, C.*
Saccogyna Dum. (*Jungerm. akrog.*) 3. 86.
Saccogyna (Dum.) O. S. Lindb. (*Jungerm. akrog.*) 3. 77, 93.
S. graveolens (Schrad.) S. O. Lindb. 3. 93, Fig. 51.
Saccoloma Kaulf. (*Polypodiac.*) 4. 47, 205, 210; 210 Fig. 113 *A—E.*
S. adianthoides Mett. 4. 47, Fig. 30.
S. elegans Kaulf. 4. 210, Fig. 113 *A—C.*
S. sorbifolium (Sm.) Christ 4. 210, Fig. 113 *D, E.*
Sacconema Borzi (*Rivulariac.*) 1a. 85, 88, 89.
S. rupestre Borzi 1a. 88, Fig. 60 *A.*
Saccophorum Palis. (*Buxbaumiac.*) 1\*\*. 666.
Saccopodium Sorokin (*Hyphochytriac.*) 1\*\*. 327.
Saccopteris Stur. (*Filical.*) 4. 445. 478.
Saccorhiza De la Pyl. (*Laminariac.*) 2. 253, 255.
S. bulbosa (Huds.) De la Pyl. 2. 255, Fig. 172.
Saccothecium Fries (*Mycosphaerellac.*) 1. 427.
Sacheria Sirodot (*Gelidiac*) 2. 326.
Sachsia Ch. Bay (*Mucedinac.*) 1\*\*. 416, 420, 421.
S. albicans Ch. Bay 1\*\*. 421, Fig. 217 *A.*
S. suaveolens P. Lindner 1\*\*. 421, Fig. 217 *B, C.*
Sacidium Nees (*Leptostromatac.*) 1\*\*. 387, 388, 389.
S. Spegazzinianum Sacc. 1\*\*. 388, Fig. 202 *U—W.*
Sadleria Kaulf. (*Polypodiac.*) 4. 222, 250.

S. cyatheoides Kaulf. 4. 250, Fig. 132 *A —C.*
Saelania Lindb. (*Dicranac.*) 3. 294, 300.
Sagedia Mass. (*Pyrenulac.*) 1\*. 66.
Sagedia (Mass.) Wainio (*Pyrenulac.*) 1\*. 66.
Sagediastrum Müll. Arg. (*Strigulac.*) 1\*. 75.
Sagenaria Brongn. (*Lepidodendrac.*) 4, 724.
Sagenia Hk. Bk. (*Polypodiac.*) 4. 183.
Sagenia Presl (*Polypodiac.*) 4. 183.
Sagenidium Strt. (*Roccellac.*) 1\*. 110.
Sagenopteris Presl (*Filical.*) 4. 421, 503, 504.
Sagiolechia Mass. (*Gyalectac.*) 1\*. 124. 126.
Sajon-Manis (*Helminthostachys* Kaulf.) 4. 465.
Sake (*Aspergillus Oryzae* Ahlburg) 1. 60, 303.
Salacia Pant. (*Bacillariac.*) 1b. 103.
Salebrosa Limpr. (*Brachytheciac.*) 3. 1142.
Salebrosium Loesk. (*Brachytheciac.*) 3. 1144.
Salmacis Bory (*Zygnemac.*) 2. 20.
Salpichlaena J. Sm. (*Polypodiac.*) 4. 245. 247.
Salpingoeca Clark (*Craspedomonadac.*) 1a. 125, 127, 128.
S. amphoridium Clark 1a. 128, Fig. 85 *A.*
Salpingoecina (Kent) Bütschli (*Craspedomonadac.*) 1a. 125.
Salviatus J. F. Gray (*Jungerm. akrog.*) 3. 132.
Salvinia L. (*Salviniac.*) 4. 384, 389, 390. 391, 393, 395, 398, 399, 400, 401, 502. 516; 384 Fig. 207 *F—H;* 391 Fig. 212 *B.*
S. natans Hoffm. 4. 389, Fig. 210 *A—F;* 390 Fig. 211 *A—C;* 393 Fig. 214 *A—F;* 395 Fig. 216 *A—D;* 398 Fig. 220, 221, 222 *A—C;* 399 Fig. 223 *A, B.*
**Salviniaceae** 4. 383—402; 514; 384 Fig. 207 *A—H;* 391 Fig. 212 *A, B.*
Salviniella Hüben. (*Riccinc.*) 3. 15.
Samarospora Rostr. (*Aspergillac.?*) 1. 308.
Sandea S. O. Lindb. (*Marchantiac.*) 3. 38.
Sandpilz (*Boletus caricyatus* Sw.) 1\*\*. 112, 193.
Sanionia Loeske (*Hypnac.*) 3. 1033.
Saphenaria Ach. (*Lichen.*) 1\*. 240.
Saprolegnia Nees (*Saprolegniae.*) 1. 96, 97.
S. asterophora De Bary 1. 97, Fig. 77 *F.*
S. monilifera De Bary 1. 97, Fig. 77 *D.*
S. Thureti De Bary 1. 97, Fig. 77 *A—C, E.*

Saprolegniaceae 1. 96—104; 1\*\*. 528.
Saprolegniineae 1. 63, 93—105; 1\*\*. 528.
Saproma Brid. (*Dicranac.*) 3. 290.
Sapromyces Fritsch (*Leptomitac.*) 1\*\*. 529.
Sarcina Goodsir (*Bacteriac.*) 1a. 15, 18.
S. ventriculi Goodsir 1a. 18, Fig. 12.
Sarcinella Sacc. (*Dematiac.*) 1\*\*. 482, 485, 486.
S. heterospora Sacc. 1\*\*. 485, Fig. 252 J.
Sarcinomyces P. Lindner (*Mucedinac.*) 1\*\*. 416, 420, 421.
S. albus P. Lindner 1\*\*. 421, Fig. 217 E.
S. crustaceus P. Lindner 1\*\*. 421, Fig. 217 D.
Sarcocladia Harv. (*Sphaerococcac.*) 2. 385, 391.
Sarcocyphos Corda (*Jungerm. akrog.*) 3. 77.
Sarcocystis Lank. (*Sarcosporid.*) 1. 40; 40 Fig. 23.
Sarcodia J. Ag. (*Sphaerococcac.*) 1. 385, 389, 390.
S. ceylanica Harv. 2. 390, Fig. 230 B.
Sarcodinen 1a. 94, 112, 187.
Sarcodon Quél. (*Hydnac.*) 1\*\*. 149.
Sarcographa Fée (*Chiodectonac.*) 1\*. 103.
Sarcographina Müll. Arg. (*Chiodectonac.*) 1\*. 103.
Sarcogyne (Mass.) Th. Fr. (*Acarosporac.*) 1\*. 152.
S. simplex Dav. 1\*. 5, Fig. 5.
Sarcomenia Sond. (*Delesseriac.*) 2. 409, 415.
Sarcomenieae (*Delesseriac.*) 2. 408, 414, 570.
Sarcomitrium Corda (*Jungerm. akrog.*) 3. 52.
Sarcomyces Massee (*Cenangiac.*) 1. 232, 239.
Sarconema Zanard. (*Rhodophyllidac.*) 2. 369, 379.
Sarconeuron Bryhn (*Pottiac.*) 3. 1193.
S. glaciale (Hook. fil. et Wils.) 3. 1192, Fig. 837 A—H.
Sarconeurum Broth. (*Pottiac.*) 3. 1192.
Sarcophycus Kütz. (*Fucac.*) 2. 279.
Sarcophyllis Kütz. (*Dumontiac.*) 2. 520.
Sarcopodieae (*Dematiac.*) 1\*\*. 455, 456, 458.
Sarcopodium Ehrenb. (*Dematiac.*) 1\*\*. 457, 466, 467.
S. fuscum (Corda) Sacc. 1\*\*. 466, Fig. 242 B.

Sarcopteris Ren. (*Marattiac.*) 4. 448.
S. Bertrandi Ren. 4. 448, Fig. 256.
Sarcopyrenia Nyl. (*Verrucariac.*) 1\*. 53, 54.
S. gibba Nyl. 1\*. 54, Fig. 31 J.
Sarcorhopalum Rabh. (*Uredinal.*?) 1\*\*. 553.
Sarcosagium Mass. (*Acarosporac.*) 1\*. 152.
Sarcosagium Mass. (*Patellariac.*) 1. 230.
Sarcoscypha Fries (*Helotiac.*) 1. 193, 194, 195.
S. coccinea (Jacq.) Cooke 1. 195, Fig. 155 A, B.
Sarcoscypheae (*Helotiac.*) 1. 193.
Sarcoscyphus Nees (*Jungerm. akrog.*) 3. 77.
Sarcoscyphus Syn. Hep. (*Jungerm. akrog.*) 3. 83.
Sarcosoma Casp. (*Cenangiac.*) 1. 232, 238, 239.
S. javanicum Rehm 1. 238, Fig. 180 E.
Sarcosphaera Auersw. (*Pezizac.*) 1. 178, 181.
S. arenicola (Lév.) Lind. 1. 181, Fig. 147 H.
S. arenosa (Fuckel) Lind. 1. 181, Fig. 147 E.
S. coronaria (Jacq.) Boud. 1. 181, Fig. 147 F, G.
Sarcosporidia Balb. 1. 40.
Sarcothalia Kütz. (*Gigartinac.*) 2. 357.
Sarcoxylon Cooke (*Xylariac.*?) 1. 491.
Sargassites Brongn. (*Algae*) 2. 555.
Sargassites Sternb. (*Algae*) 2. 265.
Sargassum Ag. (*Fucac.*) 2. 28, 273, 279, 565.
S. heteromorphum (J. Ag.) 2. 272, Fig. 182 A—C.
Satanpilz (*Boletus satanas* Lenz) 1\*\*. 113, 194.
Sauloma Bryol. jav. (*Sematophyllac.*) 3. 1100.
Sauloma Hook. f. et Wils. (*Hookeriac.*) 3. 945.
Sauloma (Hook. f. et Wils.) Mitt. (*Hookeriac.*) 3. 919, 945.
S. tenella (Hook. f. et Wils.) 3. 924, Fig. 676 F—K.
Sauteria Anst. (*Marchantiac.*) 3. 28.
Sauteria Nees (*Marchantiac.*) 3. 25, 28.
S. alpina (Nees et Bisch.) Nees 3. 28, Fig. 14.
Sauteria S. O. Lindb. (*Marchantiac.*) 3. 29.
Scaberia Grev. (*Fucac.*) 2, 271, 279, 282.
S. Agardhii Grev. 2. 271, Fig. 181 D—F.
Scalia Sims (*Jungerm. akrog.*) 3. 60.
Scalia Spruce (*Jungerm. akrog.*) 3. 60.

Scalidium Hellb. (*Lecideac.*) 1*. 243.
Scalius S. F. Gray (*Jungerm. akrog.*) 3. 60.
Scaliusa O. Ktze. (*Jungerm. akrog.*) 3. 60.
Scalopodora Ehrb. (*Gyrophorac.*) 1*. 447.
Scalprum Corda (*Bacillariac.*) 1b. 132.
Scapanella Carringt. (*Jungerm. akrog.*) 3. 112.
Scapania Dum. (*Jungerm. akrog.*) 3. 110, 113.
S. nemorum (L.) Nees 3. 112, Fig. 64 A —C.
Scapania Hook. et Tayl. (*Jungerm. akrog.*) 3. 113.
Scapania Mitt. (*Jungerm. akrog.*) 3. 112.
Scapania Mont. (*Jungerm. akrog.*) 3. 99.
Scapanioideae (*Jungerm. akrog.*) 3. 74, 110.
Scapanites Gott. (*Jungerm. akrog.*) 3. 134.
Scapha E. Mart. (*Bacillariac.*) 1b. 150.
Scaphis Eschw. (*Graphidac.*) 1*. 94.
Scaphophorum Ehrenb. (*Agaricac.*) 1**. 554.
Scaphospora Kjellm. (*Tilopteridac.*) 2. 267, 268.
S. arctica Kjellm. 2. 267, Fig. 179 G—J.
S. speciosa Kjellm. 2. 267, Fig. 179 K, L.
Scaphularia Pritch. (*Bacillariac.*) 1b. 115.
Scelerospora Schröt. [sphalm.] (*Peronosporac.*) 1. 112.
Sceletonema Grev. (*Bacillariac.*) 1b. 62, 63.
S. costatum (Grev.) Grun. 1b. 63, Fig. 77 A—C.
Sceletonemineae (*Bacillariac.*) 1b. 55, 62.
Scenedesmus Meyen (*Pleurococcac.*) 2. 56, 57, 59.
S. quadricauda (Turp.) Bréb. 2. 57, Fig. 36 B.
Scenidium Klotzsch (*Polyporac.*) 1**. 183.
Sceptromyces Corda (*Mucedinac.*) 1**. 420, 421.
Sceptroneis Ehrenb. (*Bacillariac.*) 1b. 108, 109.
S. (Trachysphenia) australis Petit var. aucklandica Grun. 1b. 108, Fig. 193.
S. (Eusceptroneis) caduca Ehrenb. 1b. 108, Fig. 192.
S. (Peronia) erinacea (Bréb. et Arn.) 1b. 109, Fig. 194 A, B.
S. (Grunowiella) gemmata Grun. 1b. 108, Fig. 191.
S. (Opephora) Schwartzii Grun. 1b. 108, Fig. 190.

Schachtia Schulzer (*Valsac.*) 1. 466.
Schadonia Körb. (*Lecanorac.*) 1*. 207.
Schaereria Körb. (*Lecideac.*) 1*. 132.
Schaffneria Fée (*Polypodiac.*) 4. 230, 243.
Schafpilz (*Polyporus ovinus* Schaeff.)
Schafreuter (*Polyporus ovinus* Schaeff., *P. tuberaster* Fr.) 1**. 112, 171.
Schasmaria S. Gray (*Cladoniac.*) 1*. 143.
Schedoacercomonas Grassi (*Tetramitae.*) 1a. 154.
Schellopsis J. Sm. (*Polyporac.*) 4. 306, 312.
Schenckiella P. Henn. (*Perisporiac.*) 1. 333, 336.
Schimmelmannia (Schousboe) Kütz. (*Gloiosiphonac.*) 2. 506.
Schinzia Naeg. (*Hemibasid.*) 1**. 23.
Schinzinia Fay (*Agaricac.*) 1**. 257.
Schisma Dum. (*Jungerm. akrog.*) 3. 77, 108.
Schisma Nees (*Jungerm. akrog.*) 3. 108.
Schisma Syn. Hep. (*Jungerm. akrog.*) 3. 108.
Schismatomma Flw. et Koerb. (*Lecanactidac.*) 1*. 114, 115.
S. abietinum (Ehrh.) Koerb. 1*. 115, Fig. 55 A, B.
Schismatomma Wainio (*Lecanactidac.*) 1*. 115.
Schistidiella (Broth.) Card. (*Dicranac.*) 3. 1178.
Schistidiella C. Müll. (*Pottiac.*) 3. 447.
Schistidium Brid. (*Dicranac.*) 3. 306.
Schistidium Brid. (*Funariac.*) 3. 511.
Schistidium (Brid.) Schimp. (*Grimmiac.*) 3. 447, 1197.
Schistidium Brid. (*Hedwigiac.*) 3. 714.
Schistidium Brid. (*Helicophyllac.*) 3. 973.
Schistidium Bryol. eur. (*Grimmiac.*) 3. 447.
Schistidium Bryol. germ. (*Hedwigiac.*) 3. 716.
Schistidium Mont. (*Erpodiac.*) 3. 707.
Schistocalyx S. O. Lindb. (*Jungerm. akrog.*) 3. 113.
Schistochila Dum. (*Jungerm. akrog.*) 3. 110.
S. appendiculata (Hook.) Dum. 3. 111, Fig. 63 A—D.
S. pachyla (Hook. et Tayl.) Schiffn. 3. 111, Fig. 63 E, F.
Schistomitrium Doz. et Molk. (*Leucobryac.*) 3. 343, 1187.
S. robustum Doz. et Molk. 3. 344, Fig. 203 A—E.
Schistomitrium Mitt. (*Leucobryac.*) 3. 343.
Schistophyllum Brid. (*Fissidentac.*) 3. 352.
Schistostachys Grand'Eury (*Filical.*) 4. 179.

Schistostega Mohr (*Schistostegac.*) 3.
329; 178, Fig. 96 *C*, *D*.
S. osmundacea (Dicks.) Mohr 3. 194,
Fig. 114; 529, Fig. 391 *A—C*.
**Schistostegaceae** 3. 286, 529—530.
Schistostegiopsis C. Müll. (*Fissidentac.*) 3.
352.
Schistostoma Strt. (*Thelotremac.*) 1*. 119.
Schizacanthum Lund (*Desmidiac.*) 2. 7,
11, 12.
S. armatum (Brèb.) Lund 2. 12, Fig. 7 *E*.
Schizaea Sm. (*Schizaeac.*) 4. 359, 360,
362; 362, Fig. 193 *A—D*.
S. bifida Sw. 4. 362, Fig. 193 *B*.
S. dichotoma J. Sm. 4. 359, Fig. 191 *A*.
S. elegans J. Sm. 4. 362, Fig. 193 *C*, *D*.
S. pennula Sw. 4. 360, Fig. 192 *A*, *B*, *II*;
362, Fig. 193 *A*.
**Schizaeaceae** 4. 91, 356—372, 473;
359, Fig. 191; 360, Fig. 192.
Schizaeeae (*Schizaeac.*) 4. 361, 362.
Schizeites Gümbel (*Filical.*) 4. 494.
Schizhymenium Harv. (*Bryac.*) 3. 535.
Schizocaenia J. Sm. (*Cyatheac.*) 4. 123.
Schizocephalum Preuss (*Dematiac.*) 1**.
465.
Schizochlamys A. Br. (*Pleurococcac.*) 2.
56, 57.
S. gelatinosa A. Br. 2. 57, Fig. 36 *D*.
Schizoderma Fries (*Melanconiac.*) 1**. 403,
545.
Schizodictyon Kütz. (*Oscillatoriac.*) 1 a. 69.
87.
Schizoglossum Kütz. (*Delesseriac.*) 2. 410.
Schizogonium Kütz. (*Ulotrichac.*) 2. 84.
Schizographa Nyl. (*Fungi*) 1*. 111.
Schizographina Müll. Arg. (*Graphidac.*) 1*.
100.
Schizographis Müll. Arg. (*Graphidac.*) 1*.
99.
Schizolepton Fée (*Polypodiac.*) 4. 218.
Schizoloma Gaudich. (*Polypodiac.*) 4.
205, 218, 219; 219, Fig. 118 *A—D*.
S. ensifolium (Sw.) J. Sm. 4. 219, Fig. 118
*C*, *D*.
S. reniforme (Dry.) Diels 4. 219, Fig. 118
*A*, *B*.
Schizoma Nyl. (*Collemac.*?) 1*. 176.
Schizomeris Kütz. (*Ulotrichac.*) 2. 84.
Schizomycetes 1 a. 1—44.
Schizonella Schröt. (*Ustilaginae.*) 1**.
7, 12, 13.
S. melanogramma (D.C.) Schröt. 1**. 13,
Fig. 8 *B*.

Schizonema Ag. (*Bacillariac.*) 1 b. 128.
Schizoneura Schimp. (*Equisetac.*) 4. 550.
S. goodwanensis O. Feistm. 4. 550, Fig.
345.
Schizonia Pers. (*Agaricac.*) 1**. 554.
Schizopelte Th. Fr. (*Roccellac.*) 1*. 107,
110.
Schizophascum C. Müll. (*Pottiac.*) 3. 423.
Schizophyceae 1 a. 45—92; 49, Fig. 48.
Schizophycus J. Ag. (*Fucac.*) 2. 228.
Schizophylleae (*Agaricac.*) 1**. 221.
Schizophyllum Fries (*Agaricac.*) 1**.
221, 223, 554.
S. alneum (L.) Schröt. 1**. 223, Fig. 112
*A*, *B*.
Schizophyta 1 a. 1—44; 2 *V*.
Schizopteris Brongn. (*Filical.*) 4. 514.
Schizopteris Hill (*Polypodiac.*) 4. 290.
Schizosaccharomyces P. Lindner (*Saccharomycetae.*) 1**. 532.
Schizosiphon Kütz. (*Rivulariac.*) 1 a. 87.
Schizospora Dietel (*Schizosporac.*) 1**.
37. 38. 549.
S. Mitragynes Dietel 1**. 37, Fig. 22 *A*.
Schizospora Reinsch (*Desmidiac.*) 2. 8.
**Schizosporaceae** 1**. 35. 37—38, 549.
Schizostachys Grand'Eury (*Filical.*) 4. 479.
Schizostauron Grun. (*Bacillariac.*) 1 b. 129.
Schizostauros Grun. (*Bacillariac.*) 1 b. 124.
Schizostoma Ces. et de Not. (*Lophiostomatae.*) 1. 417, 418.
S. monteilicum Sacc. 1. 418, Fig. 263 *C*,
*D*.
Schizostoma Ehrenb. (*Tulostomatae.*) 1**.
343.
Schizothrix (Kütz.) Gom. (*Oscillatoriac.*)
1 a. 64, 65, 69.
S. purpurascens (Kütz.) Gom. 1 a. 65, Fig.
52 *N*.
Schizothyrella Thüm. (*Excipulae.*) 1**.
397.
Schizothyrium Desm. (*Phaeidiac.*) 1.
257, 262, 263.
S. Ptarmicae Desm. 1. 262, Fig. 192 *E*, *F*.
Schizothyrium Lib. (*Excipulac.*) 1**. 397.
Schizoxylon Pers. (*Stictidac.*) 1. 246,
251, 252; 1*. 240.
S. Berkeleyanum (Dur. et Lév.) Fuckel 1.
251, Fig. 185 *G—J*.
Schizoxylon Unger (*Cladoxyl.*) 4. 783.
Schizymenia J. Ag. (*Nemastomac.*) 2. 523,
524.
S. Dubyi (Chauv.) J. Ag. 2. 523 Fig. 278 *C*.
Schizymenieae (*Nemastomac.*) 2. 522.

Schlauchflechten 1*. 19—236.
Schliephackea C. Müll. (Dicranae.) 3. 317, 321.
Schlotheimia Brid. (Orthotrichac.) 3. 457, 494, 1203.
S. Macgregorii Broth. et Geh. 3, 497, Fig. 352 A—F.
S. serricalyx C. Müll. 3. 495, Fig. 349 A —G.
S. squarrosa Brid. 3. 496, Fig. 350 A—D.
S. Sullivantii C. Müll. 3. 460, Fig. 315 E —H.
S. trichomitria Schwaegr. 3. 496, Fig. 351 A—C.
Schlotheimia Sternb. (Calamariae.) 4. 353.
Schmerling (Boletus granulatus L.) 1**. 112.
Schmitziella Born. et Batt. (Corallinac.) 2. 539, 540.
Schmitzomia Fries (Stictidac.) 1. 251.
Schneckling (Limacium penarium Fr.) 1**. 113.
Schnee, roter (Sphaerella nivalis Sommerf.) 2. 39.
Schneepia Speg. (Hysteriae.) 1. 274.
Schönfuss (Boletus calopus Fr.) 1**. 113.
Schoenobryum Doz. et Molk. (Cryphaeae.) 3. 738.
Schottmuellera Grun. (Gelidiac.) 2. 349.
Schraderella C. Müll. (Sematophyllac.) 3. 1099, 1103.
S. pungens C. Müll. 3. 1103, Fig. 780 A —F.
Schraderella Rostaf. (Cribrariac.) 1. 19.
Schrammia Dang. (Bangiac.) 2. 316: 1a. 57, 92.
Schrammia Dang. (Tetrasporae.) 2. 159: 1a. 57, 92.
Schraubenbakterien 1a. 30—35.
Schroeteria Winter (Hemibasid.) 1**. 546.
Schroeteria Winter (Ustilaginac.) 1**. 545.
Schroeteriaster Magnus (Melampsorac.) 1**. 39, 46, 548.
Schuettia De Toni (Bacillariac.) 1b. 72, 73.
S. annulata (Wall). De Toni 1b. 73, Fig. 105.
Schultesia Raddi (Jungerm. akrog.). 3. 116.
Schulzeria Bres. (Agaricac.) 1**. 260, 268.
Schuppenbäume (Lepidodendrac.) 4. 724.
Schwamm der Tabaksetzlinge (Alternaria tenuis Nees.) 1**. 486.

Schwarzer Brenner (Pleosporium ampleophagum Pass.) 1**. 399.
Schwefelkopf (Hypholoma fasciculare Huds.) 1**. 113.
Schwefelmilchling (Lactaria thejogale Bull.) 1**. 113.
Schweinitzia Mass. (Cenangiac.) 1. 231, 233.
Schweinitziella Speg. (Dothideac.) 1. 375, 383.
Schwetschkea Besch. (Entodontac.) 3. 877.
Schwetschkea C. Müll. (Fabroniac.) 3. 900, 906, 1232.
S. Schweinfurthii C. Müll. 3, 907. Fig. 665 A—F.
Schwetschkea C. Müll. (Leskeac.) 3. 991.
Schwetschkeopsis Broth. (Entodontac.) 3. 871, 877.
S. denticulata (Sull.) 3. 877, Fig. 643 A —E.

**Sciadiaceae** 2. 27, 60—69.
Sciadipteris Sternb. (Filical.) 4. 494.
Sciadium A. Br. (Protococcac.) 2. 65, 68, 69.
S. arbuscula A. Br. 2. 68, Fig. 40 A, B.
Sciadocladus Lindb. (Hypnodendrac.) 3. 1166, 1167.
S. Kerrii (Mitt.) 3. 1167, Fig. 822 A—G.
Sciaromium Mitt. (Hypnac.) 3. 702, 1021, 1029, 1236.
S. crassinervatum Mitt. 3. 1029, Fig. 741 E—H.
S. Lescurii (Sull.) 3. 1029, Fig. 741 A—D.
Scinaia Bivona (Chaetangiac.) 2. 337.
S. furcellata (Turner) Bivona 2. 337, Fig. 206 A, B.
Scinaieae (Chartangiac.) 2. 337.
Scinocybe Karst. (Agaricac.) 1**. 240.
Scirrhia Nitschke (Dothideac.) 1. 375, 379, 380.
S. rimosa (Alb. et Schw.) Zukal 1. 380, Fig. 250 A—C.
Scirrhiella Speg. (Dothideac.) 1. 375, 379.
Sclerangium Lév. (Sclerodermatac.) 1**. 334, 338.
Sclerarchidium C. Müll. (Archidiac.) 3. 289.
Sclerastomum C. Müll. (Dicranac.) 3. 295, 1175.
Sclerocaulon S. O. Lindb. (Jungerm. anakrog.) 3. 54.
Sclerococcum E. Fr. (Tuberculariac.) 1**. 544, 559; 1*. 239.
Sclerodepsis Cooke (Polyporac.) 1**. 179.

Scleroderma Pers. (*Sclerodermatae.*) 1**.
 334, 336.
S. (Phlyctospora) fuscum (Corda) E. Fischer
 1**. 336, Fig. 175 D.
S. strobilinum Kalchbr. 1**. 336, Fig.175E.
S. verrucosum Bull. 1**. 336, Fig. 175 A.
S. vulgare Hornem. 1**. 336, Fig. 175
 B, C.
**Sclerodermatacei** 1**. 331, 334—339.
Sclerodermineae 1. 1, 329—346, 557.
Scleroderris Fries (*Phacidiac.*) 1. 253,
 255, 256.
S. fuliginosa (Fr.) Karst. 1. 255, Fig. 187
 H, J.
S. ribesia (Pers.) Karst. 1. 255, Fig. 187 G.
Sclerodictyon C. Müll. (*Bryac.*) 3. 561.
Sclerodiscus Pat. (*Tuberculariae.*) 1**.
 511, 512, 513.
S. nitens Pat. 1**. 512, Fig. 262 F.
Sclerodontium Schwaegr. (*Dicranac.*) 3.
 322.
Sclerodontium Schwaegr. (*Fabroniac.*) 3.
 911.
Sclerogaster Hesse (*Hymenogastrac.*)
 1**. 308, 312.
S. lanatus Hesse 1**. 312, Fig. 160 A
 —D.
Sclerographium Berk. (*Stilbac.*) 1**.
 498.
Scleromitra Bon. (*Stilbac.*) 1**. 490.
Scleromnium Jur. (*Echinodiae.*) 3. 1216.
Sclerophyllina Neer (*Filical.*) 4. 514.
Sclerophyton Eschw. (*Chiodectonac.*) 1*.
 103, 105.
Sclerophyton Wainio (*Chiodectonac.*) 1*.
 105.
Scleroplea Sacc. (*Pleosporac.*) 1*. 440.
Scleropodium Besch. (*Brachytheciae.*) 3.
 1157.
Scleropodium Bryol. eur. (*Brachytheciae.*) 3. 1129, 1148.
S. illecebrum (Schwaegr.) 3. 1148, Fig.
 810 A—D.
Scleropodium Lindb. (*Brachytheciae.*) 3.
 1148.
Scleropteris Sap. (*Filical.*) 4. 494.
Sclerospora Schröt. (*Peronosporac.*) 1.
 112, 114.
S. graminicola (Sacc.) Schröt. 1. 114,
 Fig. 99.
Sclerostomum Hook. f. et Wils. (*Hedwigiac.*)
 3. 720.
Sclerotinia Fuckel (*Helotiac.*) 1. 48, 194,
 197, 198.
S. baccarum (Schröt.) Rehm 1. 98, Fig.
 156 G, H.
S. Curreyana (Berk.) Karst. 1. 198, Fig.
 156 L.
S. Sclerotiorum 1. 48. Fig. 32 C, D.
S. Trifoliorum Eriks. 1. 198, Fig. 156 J.
S. tuberosa (Hedw.) Fuckel 1. 198, Fig. 156
 K, M.
S. Urnula (Weinm.) Rehm 1. 198, Fig.
 156 A—F.
Sclerotiopsis Speg. (*Sphaerioidac.*) 1**.
 350, 355.
Sclerotites Tode (*Mycel.*) 1**. 523.
Sclerotium Tode (*Mycel.*) 1**. 516.
S. Clavus DC. 1. 370.
Scolaecospora (*Chiodectonac.*) 1*. 103.
Scoleciasis Fautr. et Roum. (*Melanconiac.*)
 1**. 415.
Scoleciocarpus Berk. (*Sclerodermatae.*?)
 1**. 338.
Scolecopeltis Speg. (*Microthyriac.*) 1.
 339, 342.
Scolecopteris Zenker (*Marattiac.*) 4.
 439, 440, 445, 446, 495.
S. elegans Zenker 4. 439 Fig. 242 A.
S. polymorpha (Brongn.) Stur 4. 439, Fig.
 242 B; 440, Fig. 243 A—C.
Scolecosporae (*Dematiac.*) 1**. 486.
Scolecosporae (*Excipulae.*) 1**. 397.
Scolecosporae (*Leptostromatac.*) 1**, 391.
Scolecosporae (*Melanconiac.*) 1**. 413.
Scolecosporae (*Mucedinac.*) 1**. 451.
Scolecosporae (*Sphaerioidac.*) 1**. 349,
 377, 386.
Scolecosporium Lib. (*Melanconiac.*)1**.
 409, 411.
S. Fagi Lib. 1**. 411, Fig. 214 A, B.
Scolecotrichum Kunze et Schmidt
 (*Dematiac.*) 1**. 471, 472, 473.
S. graminis Fuckel 1**. 473, Fig. 246 D.
S. melanophthorum Prill. et Delacr. 1**.
 473, Fig. 246 E.
Scoliciosporum Mass. (*Lecideac.*) 1*. 136.
Scoliciosporum (Mass.) A. Zahlbr. (*Lecideac.*) 1*. 136, 248.
Scoliopleura Grun.(*Bacillariac.*) 1b. 123,
 132.
S. latestriata (Bréb.) Grun. 1b. 132, Fig.
 241 A, B.
Scoliosorus Moore (*Polypodiac.*) 4. 300.
Scoliosporum A. Zahlbr.[sphalm.](*Lecideac.*)
 1*. 248.
Scoliotropis Cleve (*Bacillariac.*) 1b. 132.
Scolithus Hall. (*Algae*) 2. 566.

Scolopendrinae Luerss. (*Polypodiac.*) 4. 299.
Scolopendrites Goepp. (*Filical.*) 4. 502.
Scolopendrium Sm. (*Polypodiac.*) 4. 56, 86, 149, 222, 230, 231, 232.
S. brasiliense Kunze 4. 149. Fig. 86 *L*; 232, Fig. 124 *E*.
S. Delavayi Franch. 4. 232, Fig. 124 *F*.
S. nigripes Hook. 4. 232, Fig. 124 *G*, *H*.
S. rhizophyllum (L.) Hook. 231, Fig. 123 *C*, *D*.
S. vulgare Sm. 4. 56, Fig. 38 *B*; 86, Fig. 62 *A*, *B*; 234, Fig. 123 *A*, *B*.
Scoparius Schütt (*Bacillariac.*) 1b. 83.
Scopelophila Mitt. (*Pottiac.*) 3, 414, 435.
S. agoyanensis (Mitt.) Spruce 3. 436, Fig. 290 *A—H*.
S. simlaensis Broth. 3. 436, Fig. 280 *A—D*.
Scopelophila Mitt. (*Pottiac.*) 3. 414, 435.
Scopelophila (Mitt.) Spruce (*Pottiac.*) 3. 1196.
Scopinella Lév. (*Hypocreac.*) 1. 347, 353.
Scoptria Nitschke (*Diatrypac.*) 1. 473, 477.
Scopularia Chauv. (*Valoniac.*) 2. 150.
Scopularia Preuss (*Dematiac.*) 1**. 457, 471.
Scopularia (*Jungerm. anakrog.*) 4. 56.
Scopulina Dum. (*Jungerm. anakrog.*) 3. 56.
Scorias Fries (*Perisporiac.*) 1. 333, 337.
Scoriomyces Ell. et Sacc.(*Tuberculariac.*?) 1**. 500, 506.
Scorpidinin Limpr. (*Hypnac.*) 3. 1035.
Scorpidium Schimp. (*Hypnac.*) 3. 1035.
Scorpidium (Schimp.) Broth. (*Hypnac.*) 3. 1022, 1035.
Scorpiura Stackh. (*Rhodomelac.*) 2. 450.
Scorpiurium Schimp. (*Brachytheciac.*) 3. 1129, 1150.
S. circinnatum (Brid.) 3. 1151, Fig. 812 *A—F*.
Scortechinia Sacc. (*Sphaeriac.*?) 1.395, 405.
Scotinosphaera Klebs (*Protococcac.*) 2. 62, 65, 66.
S. paradoxa Klebs 2. 62, Fig. 38 *E*.
Scouleria C. Müll. (*Grimmiac.*) 3. 443.
Scouleria Hook. (*Grimmiac.*) 3. 443.
S. aquatica Hook. 3. 444, Fig. 296 *E* —*L*.
Scoulerieae (*Grimmiac.*) 3. 440, 443.
Scutellaria Baumg. (*Lichen.*) 1*. 240.
Scutellaria Hoffm. (*Lecanorac.*) 1*. 204.
Scutellinia Cooke (*Pezizac.*) 1. 180.

Scutellum Speg. (*Microthyriac.*) 1. 339, 342.
Scutigera Fée (*Polypodiac.*) 4. 339.
Scutisporium Preuss (*Dematiac.*) 1**. 484.
Scutula Ed. Fischer (*Nidulariac.*) 1**. 326.
Scutula Tul. (*Patellariac.*) 1. 222, 224, 225.
S. epiblastematica (Wallr.) Rehm 1. 224, Fig. 172 *C—G*.
Scutularia Karst. (*Patellariac.*) 1. 222, 228.
Scypharia Quél. (*Helotiac.*) 1. 194.
Scyphofilix Thou. (*Polypodiac.*) 4. 215.
Scypholepia J. Sm. (*Polypodiac.*) 4. 215.
Scyphophilus Karst. (*Thelephorac.*) 1**. 126.
Scyphophora S. Gray (*Cladoniac.*) 1*. 143.
Scyphophorus Ach. (*Cladoniac.*) 1*. 143.
Scyphostroma Starb. (*Perisporiac.*?) 1**. 539.
Scyphularia Fée (*Polypodiac.*) 4. 212, 214.
Scytenium S. Gray (*Collemac.*) 1*. 171.
Scytomonas Stein (*Peranemac.*) 1a. 179, 181, 182.
S. pusilla Stein 1a. 181, Fig. 131 *B*.
Scytonema C. A. Ag. (*Scytonematac.*) 1a. 78, 79; 49, Fig. 48 *A—C*; 1*. 158; 6, Fig. 10 *B*.
S. Hofmanni Ag. 1a. 78, Fig. 57 *B*.
**Scytonemataceae** 1a. 50, 76—80.
Scytonoma Ag. (*Bacillariac.*) 1b. 128.
Scytopteris Presl (*Polypodiac.*) 4. 324.
Scytosiphon Ag. (*Encoeliac.*) 2. 198, 199, 201, 203, 215.
S. lomentarius (Lyngbye) J. Ag. 2. 199, Fig. 140 *C—E*; 215, Fig. 149 *A*.
S. pygmaeus Rke. 2. 198, Fig. 139 *D*.
Scytosiphoneae (*Encoeliac.*) 2. 201.
Scytothalia Grev. (*Fucac.*) 2. 279, 285.
S. dorycarpa (Turn.) Grev. 2. 285, Fig.187 *B*, *C*.
Scytothamnus (Hook. f.) Harv. (*Dictyosiphonac.*) 2. 213, 214.
Sebacina Tul. (*Tremellac.*) 1**. 90, 91, 92.
S. incrustans (Pers.) Tul. 1**. 91, Fig. 59 *C*, *D*.
Sebdenia Berth. (*Rhodymeniac.*) 2. 398, 403.
Secale cornutum (*Claviceps purpurea* Fries) 1. 370.
Secoliga Norm. (*Gyalectac.*) 1*. 125, 126.
Secoliga (Norm.) A. Zahlbr. (*Gyalectac.*) 1*. 126.
Secoliga Wainio (*Gyalectac.*) 1*. 126.

Secoligella Müll. Arg. (*Lecanorac.*) 1*. 205.
**Secotiaceae** 1**. 299—303.
Secotium Kunze (*Secotiac.*) 1**. 299, 300, 301.
S. erythrocephalum Tul. 1**. 300, Fig. 149 B—E.
S. Gueinzii Kunze 1**. 300, Fig. 149 A.
S. (Elasmomyces) Mattirolianus (Cav.) Ed. Fischer 1**. 301, Fig. 150 A—F.
S. olbium Tul. 1**. 300, Fig. 149 F—H.
Sedgwickia Bischoff (*Marchantiac.*) 3. 31.
Sedgwickia Bowd. (*Marchantiac.*) 3. 35.
Sedoides J. G. Ag. (*Caulerpac.*) 2. 137.
Sedoides Stackh. (*Rhodymeniac.*) 2. 404.
Segedia Mass. (*Pyrenulac.*) 1*. 66.
Segedia (Mass.) Wainio (*Pyrenulac.*) 1*. 66.
Segestrella (Fr.) Koerb. (*Pyrenulac.*) 1*. 66.
Segestrella Müll. Arg. (*Pyrenulac.*) 1*. 66.
Segestria Fries (*Pyrenulac.*) 1*. 66.
Segestria (Fr.) Wainio (*Pyrenulac.*) 1*. 66.
Segestrinula Müll. Arg. (*Strigulac.*) 1*. 75.
Seifenpilz (*Agaricus saponaceus* Fr.) 1**. 268.
Seimatosporium Corda (*Melanconiac.*) 1**. 409.
Seiridiella Karst. (*Melanconiac.*) 1**. 409, 410.
Seiridium Nees (*Melanconiac.*) 1**. 409, 410, 411.
S. lignicola (Corda) Sacc. 1**. 411, Fig. 214 F—H.
Seirococcus Grev. (*Fucac.*). 2. 279, 285.
S. axillaris (R. Br.) Grev. 2. 285, Fig. 187 D, E.
Seirospora Harv. (*Ceramiac.*) 2. 483, 490.
Seismosarca Cooke (*Dacryomycetac.*) 1**. 97, 102.
Sekra (Adans.) Lindb. (*Pottiac.*) 3. 412.
Selaginella Spring (*Selaginellac.*) 4. 625, 669, 716—721; 626, Fig. 388, 641; Fig. 396; 649, Fig. 397; 652, Fig. 398.
S. Braunii Baker 4. 635, Fig. 394 B.
S. canaliculata 4. 641, Fig. 396 C.
S. chrysocaulos 4. 656, Fig. 399 C; 658, Fig. 400 B, C.
S. cuspidata Link 4. 626, Fig. 388 F—H.
S. elegantissima Warb. 4. 698, Fig. 406 A—J.
S. erythropus Spring 4. 658, Fig. 400 A; 652, Fig. 398 D.
S. Galeotei Spring 4. 635, Fig. 394 A.

S. grandis Moore 4. 641, Fig. 396 A; 652, Fig. 398 B.
S. Helvetica (L.) Link 4. 649, Fig. 397 C; 652, Fig. 398 E; 687, Fig. 405 A—H.
S. inaequalifolia (Hook. et Grev.) Spring 4. 635, Fig. 394 E.
S. Kraussiana A. Br. 4. 626, Fig. 388 A—E; 641, Fig. 396 D.
S. lepidophylla (Hook. et Grev.) Spring 4. 675, Fig. 403 A—M.
S. Lyallii Spring 4. 637, Fig. 395; 649, Fig. 397 A; 708, Fig. 408 A—K.
S. Martensii Spring 4. 628, Fig. 389; 630, Fig. 391; 631, Fig. 392; 635, Fig. 394 C; 652, Fig. 398 A.
S. oregana (D. C.) Eaton 4. 652, Fig. 898 F.
S. Preissiana 4. 658, Fig. 400 E.
S. producta Baker 4. 649, Fig. 397 D.
S. proper Baker 4. 669.
S. scandens (Palis.) Spring 4. 706, Fig. 407 A—J.
S. selaginoides (L.) Link 4. 629, Fig. 390; 632, Fig. 393; 658, Fig. 400 D; 670, Fig. 401 A—N.
S. serpens (Desv.) Spring 4. 649, Fig. 397 E.
S. suberosa Spring 4. 649, Fig. 397 B.
S. sulcata (Desv.) Spring 4. 649, Fig. 397 F.
S. umbrosa Lem. 4. 656, Fig. 399 A, B; 682, Fig. 404 A—J.
S. uncinata (Desv.) Spring 4. 635, Fig. 394 D.
S. viticulosa Klotzsch 4. 641, Fig. 396 B.
S. Vogelii 4. 652, Fig. 398 C.
S. Watsonii Underwood 4. 672, Fig. 402 A—J.
**Selaginellaceae** 4. 621—716, 715, 752.
Selaginellineae 4. 12, 621—716.
Selago Dillen. (*Lycopodiac.*) 4. 592.
Selenaea Nitschke (*Hydrodictyac.*) 2. 72.
Selenastrum Reinsch (*Pleurococcac.*) 2. 56, 58.
S. Bibraianum Reinsch 2. 58, Fig. 37 A.
Selenidium Kunze (*Polypodiac.*) 4. 215.
Selenocarpus Schenk (*Matoniac.*) 4. 349.
Selenochlaena Corda (*Filical.*) 4. 504, 510, 511.
Selenopteris Corda (*Filical.*) 4. 512.
Selenosphaerium Cohn (*Pleurococcac.*) 2. 56, 58.
S. Hathoris Cohn 2. 58, Fig. 37 B.
Selenospora Sacc. (*Tuberculariac.*) 1**. 509.
Selenosporium Corda (*Tuberculariac.*) 1**. 508.

Selenotila Lagerh. (*Mucedinac.*) 1**.
417, 421.
S. nivalis Lagerh. 1**. 421, Fig. 217 II, J.
Seligeria Bryol. eur. (*Dicranac.*) 3. 304,
1176.
Seligeria De Not. (*Dicranac.*) 3. 306.
Seligerieae (*Dicranac.*) 3. 284, 290, 304,
1176.
Selinia Karst. (*Hypocreac.*) 1. 348, 363.
S. pulchra (Wint.) Sacc. 1. 363, Fig. 242
*F—H.*
Selliguea Bory (*Polypodiac.*) 4. 306, 316.
Semapteris Unger (*Sigillariac.*) 3. 751.
**Sematophyllaceae** 3. 706, 1098—1124,
1238.
Sematophyllum (*Sematophyllac.*) 3. 1108,
1109, 1116.
Sematophyllum Mitt. (*Hypnac.*) 3. 1077.
Sematophyllum (Mitt.) Jaeger (*Sematophyllac.*) 3. 1099, 1120, 1238.
S. bunodiocarpum (C. Müll.) 4. 1123, Fig. 795 *A—G.*
S. convolutum (Bryol. jav.) 4. 1122, Fig. 794 *E—J.*
S. hermaphroditum (C. Müll.) 4. 1122, Fig. 794 *A—D.*
Sematophyllum Paris (*Hypnac.*) 3. 1074.
Semen Lycopodii (*Lycopodium clavatum* L.) 4. 589.
Semilimbidium C. Müll. (*Fissidentac.*) 3. 356, 1187.
Semmelpilz (*Polyporus confluens* Alb. et Schw.) 1**. 112, 168.
Sendtnera Endl. (*Jungerm. akrog.*) 3. 108.
Sendtnera Schiffn. et Gott. (*Jungerm. akrog.*) 3. 105.
Sendtnera Syn. Hep. (*Jungerm. akrog.*) 3. 108.
Sendtnerella Spruce (*Jungerm. akrog.*) 3. 108.
Senftenbergia Corda (*Schizaeac.*) 4. 371.
S. (Pecopteris) elegans Corda 4. 371, Fig. 199.
Senftenbergia Stur. (*Marattial.*) 4. 445.
Senftenbergieae (*Marattial.*) 4. 371, 445, 473, 478, 495.
Senodictyon (*Bryac.*) 3. 552.
Senophyllaria C. Müll. (*Pottiac.*) 3. 425.
Senophyllum C. Müll. (*Pottiac.*) 3. 407.
Sepedonium Link (*Mucedinac.*) 1**. 419, 439.
Sepincola Ehrh. (*Parmeliac.*) 1*. 213.
Septobasidium Pat. (*Auriculariae.*) 1**. 84.
Septocarpus Zopf (*Rhizidiac.*) 1**. 527.
Septocolla Bon. (*Dacryomycetac.*) 1**. 99.
Septocylindricae (*Mucedinac.*) 1**. 447.
Septocylindrium Bon. (*Mucedinac.*) 1**. 447, 450, 451.
S. album (Preuss) Sacc. 1**. 450, Fig. 233 *F.*
S. Bonordenii Sacc. 1**. 450, Fig. 233 *H*
S. tapeinosporum Sacc. 450, Fig. 233 *G.*
Septogloeum Sacc. (*Melanconiac.*) 1**. 407, 408.
S. acerinum (Pass.) Sacc. 1**. 408, Fig. 212 *B, C.*
S. Hartigianum Sacc. 1**. 408, Fig. 212 *A.*
Septomyxa Sacc. (*Melanconiac.*) 1**. 405, 406.
S. persicina (Fresen.) Sacc. 1**. 406, Fig. 211 *K, L.*
Septonema Corda (*Dematiae.*) 1**. 476, 477, 478.
S. bisporioides Sacc. 1**. 477, Fig. 248 *H.*
S. Hormiscium Sacc. 1**. 477, Fig. 248 *G.*
Septonemeae (*Dematiac.*) 1**. 476.
Septorella Allesch. (*Sphaerioidac.*) 1**. 377, 380.
Septoria Fries (*Sphaerioidac.*) 1**. 377, 378, 379.
S. Limonum Pass. 1**. 379, Fig. 199 *B—D.*
S. Montemartinii Polacci 1**. 379, Fig. 199 *G, H.*
S. piricola Desm. 1**. 379, Fig. 199 *A.*
S. sicula Penz. 1**. 379, Fig. 199 *E, F.*
Septosporiella Oudem. (*Sphaerioidac.*) 1**. 377, 382.
Septosporium Corda (*Dematiac.*) 1**. 482, 484, 485.
S. instipitatum Preuss 1**. 485, Fig. 252 *F.*
Sepultaria Cooke (*Pezizac.*) 1. 180, 181.
Seranxia Neck. (*Stictac.*) 1*. 188.
Sericaria Kindb. (*Brachytheciac.*) 3. 1134.
Serpentinaria Gray (*Mesocarpac.*) 2. 23.
Serpoleskea Hampe (*Hypnac.*) 3. 1025.
Serpoleskea Limpr. (*Hypnac.*) 3. 1025.
Serpoleskea Loeske (*Hypnac.*) 3. 1025.
Serpula Pers. (*Polyporac.*) 1**. 152.
Serpula (Pers.) Schröt. (*Polyporac.*) 1**. 154.
Serpularia Rostaf. (*Didymiac.*) 1. 30.
Serridium C. Müll. (*Fissidentac.*) 3. 359, 1188.
Setaria Ach. (*Usnenc.*) 1*. 219.
Setchellia Magn. (*Tilletiac.*) 1**. 21.

Seynesia Sacc.(*Microthyriac.*) 1, 339, 342.
Siegelbäume (*Sigillariac.*) 4. 745.
Siegertia Koerb. (*Lecideac.*) 1*. 137.
Sigillaria (*Sigillariae.*) 4.748; 748, Fig. 409; 746, Fig. 437; 749, Fig. 446.
S. biangula 4. 751, Fig. 452.
S. Brardii 4. 744, Fig. 433: 744, Fig. 435; 745, Fig. 436; 747, Fig. 439, 440; 750, Fig. 451.
S. elegans 4. 749, Fig. 447.
S. elliptica 4. 749, Fig. 448.
S. oculina 4. 755, Fig. 454.
**Sigillariaceae** 4. 717, 738, 740—753.
Sigillariostrobus Schimp. (*Sigillariac.*) 4. 754.
Sigillodendron Weiss (*Lepidodendrac.*) 4. 780.
Sigmatella (*Hypnac.*) 3. 1090.
Sigmatella (*Sematophyllac.*) 3. 1117.
Sigmatella C. Müll. (*Hypnac.*) 3. 1049, 1089.
Sigmatella Kütz. (*Bacillariac.*) 1b. 142.
Sigmoideomyces Thaxt. (*Mucedinac.*) 1**. 417, 427, 428.
S. dispiroides Thaxt. 1**. 427, Fig. 220 G, H.
Sillia Karst. (*Melogrammatae.*) 1. 478, 480.
Silver-Treefern (*Cyathea dealbata* Sw.) 4. 129.
Simblum Klotzsch (*Clathrac.*) 1**. 284, 284.
S. sphaerocephalum Schlecht. 1**. 284, Fig. 133.
Simocybe Karst. (*Agaricac.*) 1**. 244.
Simodon O. S. Lindb. (*Jungerm. anakrog.*) 3. 50, 60.
Simonyella Stur. (*Roccellac.*) 1*. 107, 110.
S. variegata Stur. 1*. 110, Fig. 54 A—D.
Simophyllum Lindb. (*Pottiac.*) 3. 384, 385, 386.
Sindonysce Corda (*Marchantiac.*) 3. 31.
Siphodendron Sap. (*Algae*) 2. 566.
**Siphoneae** 2. 28, 123—159.
Siphonia E. Fr. (*Usneac.*) 1*. 225.
Siphonocladus Schmitz (*Valoniac.*) 2. 145, 147, 148, 149, 556.
S. Psyttaliensis Schmitz 2. 147, Fig. 98.
S. pusillus (Hauck) Kütz. 2. 145, Fig. 96.
Siphoptychium Rostaf. (*Reticulariac.*) 1. 25.
Siphula E. Fr. (*Usneac.*) 1*. 217, 225.
Siphulastrum Müll. Arg. (*Lichinac.*?) 1*. 168.

**Sirobasidiaceae** 1**. 89—90.
Sirobasidium Lagerh. et Pat. (*Sirobasidiac.*) 1**. 89.
S. Brefeldianum A. Möll. 1**. 89, Fig. 58 A, B.
Sirococcus Preuss (*Sphaerioidac.*) 1**. 350, 357.
Sirocoleum Kütz. (*Oscillatoriac.*) 1a. 64, 70.
Sirodesmium De Not. (*Dematiac.*) 1**. 482, 483.
S. granulosum De Not. 1**. 483, Fig. 251 H.
Sirogonium Kütz. (*Zygnemac.*) 2. 20.
Sirophysalis Kütz. (*Fucac.*) 2. 282, 283.
Sirosiphon Kütz. (*Stigonematac.*) 1a. 83; 1*. 158; 18, Fig. 17.
Sirothecium Karst. (*Sphaerioidac.*) 1**. 363, 364.
Sistotrema Pers. (*Hydnac.*) 1**. 139, 150, 151.
S. confluens Pers. 1**. 151, Fig. 80 M, N.
Sitobolium Desv. (*Polypodiac.*) 4. 247.
Sitolobium J. Sm. (*Polypodiac.*) 4. 247.
Skepperia Berk. (*Thelephorac.*) 1**. 118, 127, 129.
S. convoluta Berk. 1**. 129, Fig. 70 A —D.
Skitophyllum La Pyl. (*Fissidentac.*) 3, 352.
Skolecites A. Zahlbr. (*Lecideac.*) 1*. 248.
Skolekites Norm. (*Lecideac.*) 1*. 135, 136, 248.
Skottsbergia Card. (*Dicranac.*) 3. 1178.
S. paradoxa Card. 3. 1179, Fig. 830 A —G.
Solenia Hoffm. (*Thelephorac.*) 1**. 118, 129.
S. fasciculata Pers. 1**. 129, Fig. 70 N, O.
Solenieae (*Bacillariac.*) 1b. 56, 82.
Solenochaetium Trevis. (*Jungerm. anakrog.*) 3. 55.
Solenographa Mass. (*Graphidac.*) 1*. 98.
Solenographa (Mass.) Müll. Arg. (*Graphidac.*) 1*. 97, Fig. 48 B.
Solenographa C. Müll. (*Graphidac.*) 1*. 98, 248.
Solenographina Müll. Arg. (*Graphidac.*) 1*. 100.
Solenogrographia A. Zahlbr. [sphalm.] (*Graphidac.*) 1*. 248.
Solenoideae (*Bacillariac.*) 1b. 56, 82.
Solenopezia Sacc. (*Helotiac.*) 1. 203.
**Solenopteris** Wall. (*Polypodiac.*) 4. 300.
Solenopteris Zenk. (*Polypodiac.*) 4. 222.

Solenospora Mass. (*Lecanorac.*) 1*. 204.
Solenospora (Mass.) A. Zahlbr. (*Lecanorac.*) 1*. 204.
Solenostoma Mitt. (*Jungerm. akrog.*) 3. 78, 82.
Solenostoma Sacc. (*Hypocreac.*) 1. 364.
Solenotheca Müll. Arg. (*Graphidac.*) 1*. 95.
Solenothecium Müll. Arg. (*Graphidac.*) 1*. 99.
Solenotus Stokes (*Peranemac.*) 1a, 183.
Solieria J. Ag. (*Rhodophyllidac.*) 2. 369, 379, 380.
S. chordalis J. Ag. 2. 380, Fig. 227 C.
Soliericae (*Rhodophyllidac.*) 2. 369, 377.
Solium Heib. (*Bacillariac.*) 1b. 97.
Solmsia Hampe (*Dicranac.*) 3. 324.
Solmsiella C. Müll. (*Erpodiac.*) 3. 704, 707, 711.
S. paraguensis Broth. 3. 712, Fig. 534 G —K.
Solorina Ach. (*Peltigerac.*) 1*. 191, 192.
S. saccata (L.) Ach. 1*. 45, Fig. 28 C; 193, Fig. 102 C, E.
Solorinaria Wainio (*Heppiac.*) 1*. 177.
Solorinella Anzi (*Peltigerac.*) 1*. 191, 192.
S. asterismus Anzi 1*. 193, Fig. 102 A, B.
Solorinia Nyl. (*Peltigerac.*) 1*. 192, 248.
Solorinina A. Zahlbr. [sphalm.] (*Peltigerac.*) 1*. 248.
Sonderella Schmitz (*Delesseriac.*) 2. 409, 415.
Soranthera (Post.) Rupr. (*Encoeliac.*) 2. 201, 204.
S. ulvoides (Post.) Rupr. 2. 204, Fig. 143.
Sorapilla Spruce et Mitt. (*Sorapillac.*) 3. 352, 362, 4230.
S. papuana Broth. et Geh. 3. 363, Fig. 225 A—E.
**Sorapillaceae** 3. 1230.
Sorastrum Kütz. (*Hydrodictyac.*) 2. 72, 73.
Sordaria Ces. et De Not. (*Sordariac.*) 1. 390, 491.
S. Brassicae (Kl.) Wint. 1. 391, Fig. 253 E, F.
S. fimiseda Ces. et De Not. 1. 391, Fig. 253 A—D.
**Sordariaceae** 1. 386, 390—393; 1**. 542.
Soredospora Corda (*Dematiac.*) 1**. 484.
Sorocarpus Pringsh. (*Ectocarpac.*) 2. 186, 187, 188.
S. uvaeformis Pringsh. 2. 188, Fig. 132 A.
Sorocladus Lesq. (*Filical.*) 4. 542.

Sorokina Sacc. (*Cenangiac.*) 1. 232, 239.
Soromanes Fée (*Polypodiac.*) 4. 195, 198.
Sorosia Ed. Fischer (*Nidulariac.*) 1**. 326.
Sorosphaera Schröt. (*Phytomyxin.*) 1. 6, 7.
Sorosporella Sorok. (*Mucedinac.*) 1**. 417, 422.
Sorosporium Rud. (*Ustilaginac.*) 1**. 7, 12, 13, 545.
S. Saponariae Rud. (*Ustilaginac.*) 1**. 13, Fig. 3 E—G.
Sorotheca Stur (*Marattiac.*) 4. 448.
Sorothelia Koerb. (*Sphaeriac.*) 1. 395, 403, 404; 1*. 78, 240.
S. confluens Koerb. 1. 404, Fig. 258 H.
Southbya Aust. (*Jungerm. akrog.*) 3. 78.
Southbya Carr. (*Jungerm. akrog.*) 3. 78.
Southbya Gott. (*Jungerm. akrog.*) 3. 80.
Southbya Spruce (*Jungerm. akrog.*) 3. 75, 80.
Spaltpflanzen 1a. I, 1.
Sparassis Fries (*Clavariac.*) 1**. 130, 138.
S. ramosa (Schaeff.) 1**. 138, Fig. 74.
Sparganum Unger (*Filical.*) 4. 511, 787.
Spatangidium Bréb. (*Bacillariac.*) 1b. 75.
Spathularia Broth. (*Neckerac.*) 3. 850.
Spathularia C. Müll. (*Neckerac.*) 3. 848.
Spathularia Pers. (*Geoglossac.*) 1. 163, 164, 166.
S. clavata (Schaeff.) Sacc. 1. 164, Fig. 138 A, D, E.
Spathulea Fries (*Geoglossac.*) 1. 166.
Spathulidium C. Müll. (*Pottiac.*) 3. 388.
Spathysia Nees (*Marchantiac.*) 3. 29.
Spatoglossum (Kütz.) J. Ag. (*Dictyotac.*) 2. 295.
Speerschneidera Trevis. (*Theloschistac.*) 1*. 230.
Spegazzinia Sacc. (*Tuberculariac.*) 1**. 514, 515.
S. ornata Sacc. 1**. 515 Fig. 263 G.
Spegazzinites Felix (*Hyphomycet.*) 1**. 523.
Spegazzinula Sacc. (*Hypocreac.*) 1. 346, 349.
Speira Corda (*Dematiac.*) 1**. 482, 483.
S. Kummeri (Strauss) Sacc. 1**. 483, Fig. 251 E, F.
Speisemorchel (*Morchella esculenta* L.) 1. 169.
Speisetäubling (*Russula vesca* Fries) 1**. 112.
Speiteufel (*Russula emetica* Fries) 1**. 113.

Spencerella Darbishire (*Gelidiac.*) 2. 349.
Spencerites Scott (*Lepidodendrac.*) 4. 736.
S. insignis 4. 738, Fig. 431.
Spermatidium A. Zahlbr. (*Pyrenulac.*) 1*. 248.
**Spermatochnaceae** 2. 181, 233—235.
Spermatochnus Kütz. (*Spermatochnac.*) 2. 234, 235.
S. paradoxus (Roth) Rke. 2. 234, Fig. 160.
Spermatodium Trevis. (*Pyrenulac.*) 1*. 63, 248.
Spermatogonia (Leud.) Fortm. (*Bacillariac.*) 1b. 150.
Spermodermia Tode (*Tuberculariac.*) 1**. 511, 514.
Spermoedia Fries (*Mycel.*) 1**. 516.
Spermosira Kütz. (*Nostocac.*) 1a. 74.
Spermothamnicae (*Ceramiac.*) 2. 483, 485.
Spermothamnion Aresch. (*Ceramiac.*) 2. 483, 486.
S. flabellata Born. 2. 486, Fig. 267 D.
Sphacelaria Lyngbye (*Sphacelariac.*) 2. 193, 195, 196.
S. olivacea (Dillw.) Ag. 2. 193, Fig. 135 B.
S. tribuloides Menegh. 2. 196, Fig. 137 A.
**Sphacelariaceae** 2. 181, 192—197.
Sphacelia Lév. (*Tuberculariac.*) 1**. 499, 502.
Sphacella Rke. (*Sphacellariac.*) 2. 195.
Sphaerangium Schimp. (*Pottiac.*) 3. 414.
S. muticum Schimp. 3. 156, Fig. 76 F.
Sphaerastrum Meyen (*Hydrodictyac.*) 2. 73.
Sphaerella Anzi (*Fungi*) 1* 240.
Sphaerella Ces. et De Not. (*Mycosphaerellac.*) 1. 423.
Sphaerella Sommerf. (*Volvocac.*) 2. 36, 37, 38.
S. Bütschlii (Blochm.) 2. 36, Fig. 21 D, E.
S. nivalis Sommerf. 2. 36, Fig. 21 F—K.
S. pluvialis (Flw.) Wittr. 2. 36, Fig. 21 A—C.
Sphaeria (*Fungi*) 1. 43.
S. Scirpi 1. 43, Fig. 25.
**Sphaeriaceae** 1. 386, 394—405; 1**. 542.
Sphaeriales 1. 325, 384—491; 1**. 542-
Sphaericeps Welw. et Curr. (*Tulostoma tac.*) 1**. 342, 344, 345.
S. lignipes Welw. et Curr. 1**. 344, Fig. 181 E.
Sphaeridiobolus Boud. (*Ascobolac.*) 1. 191.
Sphaeridium Fresen. (*Tuberculariac.*) 1**. 500, 504, 505.

S. albellum Sacc. et E. March. 1**. 505, Fig. 259 J.
S. citrinum Sacc. 1**. 505, Fig. 259 K.
**Sphaerioidaceae** 1**. 349, 350—382.
Sphaerita Dang. (*Olpidiac.*) 1. 67.
Sphaerites Hall. (*Pyrenomycet.*) 1**. 521.
**Sphaerobolaceae** 1**. 334, 346.
Sphaerobolus Tode (*Sphaerobolac.*) 1**. 345, 346.
S. carpobolus L. 1**. 345, Fig. 182 A—G.
Sphaerocarpoideae (*Jungerm. anakrog.*) 3. 49, 50.
Sphaerocarpus Adans. (*Jungerm. anakrog.*) 3. 49, 50.
S. Michelii Bell. 3. 50, Fig. 28.
Sphaerocarpus Hass. (*Mesocarpac.*) 2. 23.
Sphaerocarpus Mont. (*Jungerm. anakrog.*) 3. 51.
Sphaerocephalum Weber (*Lichen.*) 1*. 239.
Sphaerocephalus Hall. (*Aulacomniac.*) 3. 624.
**Sphaerococcaceae** 2. 305, 382—396.
Sphaerococceae (*Sphaerococcac.*) 2. 384, 386.
Sphaerococcites Brongn. (*Algae*) 2. 566.
Sphaerococcus (Stackh.) Grev. (*Sphaerococcac.*) 2. 384, 386.
S. coronopifolius (Good. et Woodw.) Grev. 2. 386, Fig. 228 C—E.
Sphaerococcus Schimp. (*Algae*) 2. 566.
Sphaerocodium Rothpletz (*Codiac.*) 2. 144, 566.
Sphaerocolla Karst. (*Tuberculariac.*) 1**. 499, 503.
Sphaerocreas Sacc. et Ell. (*Tuberculariac.*) 1**. 504.
Sphaeroderma Fuckel (*Hypocreae.*) 1. 346, 351, 353.
Sphaerodesmus Naeg. (*Pleurococcac.*) 2. 58.
Sphaeroeca Lauterb. (*Craspedomonadac.*) 1a. 124, 126, 127.
S. Volvox Lauterb. 1a. 127, Fig. 84 B.
Sphaerogonium Rostaf. (*Chamaesiphonac.*) 1a. 60, 61.
Sphaerographium Sacc. (*Sphaerioidac.*) 1**. 377, 380.
Sphaeromma Sacc. (*Sphaerioidac.*) 1**. 363.
Sphaeromphale Koerb. (*Verrucariac.*) 1*. 56.
Sphaeromphale Stein (*Verrucariac.*) 1*. 56.
Sphaeromyces Mont. (*Tuberculariac.*) 1**. 511, 513.

Sphaeronema Fries (*Sphaerioidae.*) 1**. 350, 356, 375.
S. aquaticum Jacz. 1**. 356, Fig. 186 F — H.
Sphaeronemella Karst. (*Nectrioidae.*) 1**. 383, 384.
S. Mougeotii (Fries) Sacc. 1**. 384, Fig. 201 F — H.
Sphaeropezia Sacc. (*Phacidiac.*) 1. 257, 262.
S. Empetri (Fuckel) Rehm 1. 262, Fig. 192 C, D.
Sphaeropeziella Karst. (*Patellariac.*) 1. 228, 229.
Sphaerophora Hass. (*Bacillariae.*) 1b. 59.
Sphaerophoraceae 1*. 80, 85 — 87.
Sphaerophoropsis Wainio (*Lecideae.*) 1*. 129, 133.
S. stereocauloides Wainio 1*. 133, Fig. 64 B.
Sphaerophorus Pers. (*Sphaerophorac.*) 1*. 85, 86, 241.
S. coralloides Fries 1*. 86, Fig. 44 F — H.
Sphaerophragmium Magnus (*Pucciniac.*) 1**. 49, 73, 549.
S. Acaciae (Cooke) 1**. 71, Fig. 47 J.
Sphaeroplea Ag. (*Sphaeropleac.*) 2. 122.
S. annulina (Roth) Ag. 2. 122, Fig. 81.
Sphaeropleaceae 2. 28, 121 — 122.
Sphaeropsidales 1**. 349 — 398, 557 — 558.
Sphaeropsis Fw. (*Acarosporac.*) 1*. 150.
Sphaeropsis Lév. (*Sphaeriaidae.*) 1**. 352.
Sphaeropsis Lév. (*Sphaerioidae.*) 1**. 362, 363.
S. fuscescens (Fries) Starb. 1**. 363, Fig. 191 E.
S. Mori Berl. 1**. 363, Fig. 191 C, D.
S. tabacina Berl. 1**. 363, Fig. 191 A, B.
Sphaeropteris Bernh. (*Polypodiac.*) 4. 159.
Sphaeropteris Bk. Hk. (*Polypodiac.*) 4. 159.
Sphaeropteris Wall. (*Polypodiac.*) 4. 159.
Sphaeropyxis Bon. (*Sphaeriac.*) 1. 400.
Sphaerosiphon Reinsch (*Chamaesiphonae.*) 1a. 59.
Sphaerosira Ehrenb. (*Volvocac*) 2. 12.
Sphaerosoma Klotzsch (*Rhizinac.*) 1. 171, 172.
S. fuscescens Klotzsch 1. 172, Fig. 144.
Sphaerospermum Cleve (*Mesocarpac.*) 2. 23.
Sphaerospora Sacc. (*Pezizac.*) 1. 178.
Sphaerosporium Schwein. (*Tuberculariac.*) 1**. 500, 506.

Sphaerostephanos J. Sm. (*Polypodiac.*) 4. 181.
Sphaerostichum Presl (*Polypodiac.*) 4. 324.
Sphaerostilbe Tul. (*Hypocreac.*) 1. 347, 361, 362.
S. gracilipes Tul. 1. 361, Fig. 241 H — L.
Sphaerostylidium A. Br. (*Rhizidiac.*) 1. 77.
Sphaerothallia Nees (*Lecanorac.*) 1*. 201.
Sphaerotheca Lév. (*Erysibac.*) 1. 328, 329.
S. Humuli (D. C.) Schröt. 1. 329, Fig. 228 A — C.
Sphaerothecium Broth. (*Crypheac.*) 3. 739.
Sphaerothecium Hampe (*Dicranac.*) 3. 317, 329, 1183.
Sphaerothermia Ehrenb. (*Bacillariac.*) 1b. 59.
Sphaerothyrium Wallr. (*Stictidac.*) 1. 247.
Sphaeroxylon Cooke (*Xylariac.*) 1. 484.
Sphaerozosma (Corda) Arch. (*Desmidiac.*) 2. 8, 14, 15.
S. vertebratum (Bréb.) Ralfs 2. 15, Fig. 9 C.)
Sphaerozyga (C. A. Ag.) Born. et Flah. (*Nostocac.*) 1a. 74.
Sphaerulina Sacc. (*Mycosphaerellac.*) 1. 424, 427.
S. intermixta (Berk. et Br.) Sacc. 1. 427, Fig. 266 G — J.
Sphagnaceae 3, 248 — 262.
Sphagnales 3. 1, 243, 244 — 262.
Sphagnoecetis Hartm. (*Jungerm. akroy.*) 3. 99.
Sphagnoecetis Nees (*Jungerm. akroy.*) 3. 99.
Sphagnoideae Jack (*Jungerm. akroy.*) 3. 114.
Sphagnum (Dill.) Ehrh. (*Sphagnac.*) 3. 251; 178, Fig. 96 B; 197, Fig. 117 A — E; 199, Fig. 119 A — D; 252, Fig. 151 A — G; 253, Fig. 152 A, B.
S. acutifolium (Ehrh.) 3. 181, Fig. 100 A; 212, Fig. 129 S; 224, Fig. 137 A — H, 237, Fig. 144 L, M; 247, Fig. 153 A — H; 258, Fig. 158 D.
S. Angstroemii Hartm. 3. 254, Fig. 154.
S. centrale Jensen 3. 252, Fig. 151 B.
S. compactum D.C. 3. 253, Fig. 152 A.
S. cuspidatum (Ehrh.) 3. 181, Fig. 100 D, F; 230, Fig. 140 C; 245, Fig. 149 A — D; 256, Fig. 157 C.

14*

Sphagnum cymbifolium (Ehrh.) 3. 156, Fig. 76 G; 160, Fig. 79 A—M; 161, Fig. 80; 162, Fig. 81 A—F; 163, Fig. 82 A—D; 174, Fig. 93 A—D; 181, Fig. 100 B, E, G; 182, Fig. 101 A; 196, Fig. 116 A—D; 198, Fig. 118 A—C; 213, Fig. 129 U; 252, Fig. 151 F.
S. floridanum Card. 3. 255, Fig. 155 A.
S. Garberi Lesq. et James 3. 253, Fig. 152 B.
S. gracilescens Hampe 3. 260, Fig. 160 E.
S. imbricatum (Hornsch.) 3. 252, Fig. 151 D.
S. Lindbergii Schimp. 3. 256, Fig. 157 A.
S. macrophyllum Bernh. 3. 255, Fig. 155 B.
S. medium Limpr. 3. 252, Fig. 151 A.
S. molle Sull. 3. 258, Fig. 158 E, F.
S. molluscum Bruch 3. 199, Fig. 119 C; 256, Fig. 157 E.
S. obovatum Warnst. 3. 260, Fig. 160 D.
S. ovalifolium Warnst. 3. 260, Fig. 160 C.
S. papillosum Lindb. 3. 251, Fig. 130 C —G; 252, Fig. 151 C.
S. pseudocymbifolium C. Müll. 3. 252, Fig. 151 E.
S. pycnocladulum C. Müll. 3. 259, Fig. 159 C.
S. Pylaiei Brid. var. sedoides 3. 260, Fig. 160 A.
S. recurvum (Palis.) 3. 256, Fig. 157 D.
S. Rehmanni Warnst. 3. 260, Fig. 160 B.
S. riparium Ångstr. 3. 199, Fig. 119 B; 256, Fig. 157 B.
S. Russowii Warnst. 3. 199, Fig. 119 A.
S. sericeum C. Müll. 3. 255, Fig. 155 C.
S. squarrosum Pers. 3. 247, Fig. 150 J; 255, Fig. 156 A.
S. subnitens Russ. et Warnst. 3. 258, Fig. 158 A.
S. subsecundum Nees 3. 181, Fig. 100 C; 245, Fig. 130 B.
S. teres Ångstr. 3. 255, Fig. 156 B.
S. tumidulum Besch. 3, 259, Fig. 159 A, B.
S. turfaceum Warnst. 3. 252, Fig. 151 G.
S. Warnstorfii Russ. 3. 258, Fig. 158 B, C.
S. Wulfianum Girgens. 3. 199, Fig. 119 D; 254, Fig. 153.
Sphagnum Huds. (Cryphaeac.) 3. 739.
Sphaleromyces Thaxt. (Laboulbeniac.) 1. 497, 503, 504.
S. Lathrobii Thaxt. 4. 503, Fig. 292 H.
Sphalinopteris Corda (Filical.) 4. 507.
Sphallopteris Eichw. (Filical.) 4. 507.
Spheconisca Norm. (Moriolac.) 1*. 52.

Sphenella Kütz. (Bacillariae) 1b. 136.
Sphenocallipteris Zeiller (Filical.) 4. 498.
Sphenodictyon Ren. (Dicranac.) 3. 1182.
Sphenoglossum Emmons (Marsiliac.) 4. 421.
S. quadrifolium Emmons 4. 421.
Sphenolobus S. O. Lindb. (Jungerm. akrog.) 3. 85, 98.
Sphenomonas Stein (Astasiac.) 1a. 177, 178.
S. teres (Stein) Klebs 1a. 177, Fig. 128 D.
**Sphenophyllaceae** 4. 515—519.
Sphenophyllales (Pteridophyta) 4. 2, 11, 515—519.
Sphenophyllites Brongn. (Sphenophyllac.) 4. 519.
Sphenophyllostachys Seward (Sphenophyllac.) 4. 518.
Sphenophyllum A. Brongn. (Sphenophyllac.) 4. 519, 558; 517, Fig. 319.
S. cuneifolium 4. 515, Fig. 314; 516, Fig. 315; 317, Fig. 320; 718, Fig. 409.
S. tenerrimum 4. 517, Fig. 318.
S. verticillatum 4. 516, Fig. 317.
Sphenopterides (Filical.) 4. 481, 490.
Sphenopteridium Schimp. (Filical.) 4. 489.
S. Dawsonii 4. 482, Fig. 274.
S. dissectum (Goepp.) Schimp. 4. 482, Fig. 273.
Sphenopteris Brongn. (Filical.) 4. 476, 481, 488, 491; 476, Fig. 264; 718, Fig. 409.
S. obtusiloba Brongn. 4. 491, Fig. 289.
Sphenosira Ehrenb. (Bacillariac.) 1b. 136.
Sphenospora Dietel (Pucciniac.) 1**. 48, 70.
S. pallida (Winter) Dietel 1**. 70, Fig. 46 D.
Sphenothallus Hall. (Algae) 2. 566.
Sphinctrina E. Fr. (Caliciac.) 1*. 80, 83.
S. turbinata (Pers.) Fr. 1*. 81, Fig. 42 D.
Sphinctrosporium Kze. (Dematiac.) 1**. 674.
Sphondylothamnion Naeg. (Ceramiac.) 2. 483, 485, 486.
S. multifidum (Huds.) Naeg. 2. 486, Fig. 267 B, C.
Sphynctocystis Hass. (Bacillariac.) 1b. 145.
Sphyridium Fw. (Cladoniac.) 1*. 140.
Sphyropterideae Stur (Marattial.) 4. 445.
Sphyropteris Stur (Marattial.) 4. 445, 449, 490, 491.
S. Boehnischi Stur 4. 446, Fig. 249 C.

SphyropterisCrepini Stur 4. 446, Fig. 249 B.
S. tomentosa Stur 4. 446, Fig. 249 A.
Spicant Hall. (Polypodiac.) 4. 245.
Spicanta (Presl) O. Ktze. (Polypodiac.) 4. 245.
Spicaria Harz (Mucedinac.) 1**. 420, 442, 444.
S. elegans (Corda) Harz 1**. 442, Fig. 229 G.
S. Solani Hart. 1**. 442 Fig. 229 H.
Spicularia Pers. (Mucedinac.) 1**. 418, 430.
S. Icterus Fuckel 1**. 430, Fig. 222 G.
Spilobolus Link (Sphaerioidae.) 1**. 361.
Spilocaea Fries (Hyphomyct.) 1**. 516.
Spilodium Mass. (Patellariac.) 1. 225.
Spiloma Ach. (Lichen.) 1*. 239.
Spilonema Born. (Ephebac.) 1*. 154.
Spilopodia Boud. (Mollisiac.) 1. 212.
Spilosphaeria Rabh. (Sphaerioidae.) 1**. 378.
Spinella Schiffn. et Gott. (Jungerm anakrog.) 3. 52.
Spinellus Van Tiegh. (Mucorac.) 1. 125.
Spirangium Schimp. (Algae.) 2. 566.
Spirhymenia Decne. (Rhodomelac.) 2. 467.
Spiridens C. Müll. (Spiridentac.) 3. 769.
Spiridens Mitt. (Leucodontac.) 3. 761.
Spiridens Mitt. (Spiridentac.) 3. 768.
Spiridens Nees (Spiridentac.) 3. 702, 766, 769.
S. flagellosus Schimp. 3. 770, Fig. 578. 1 —E.
S. Muelleri Hampe 3. 769, Fig. 577 A.
S. Reinwardtii Nees 3. 769, Fig. 577 E, F.
S. Vieillardi Schimp. 3. 769, Fig. 577 B — D.
Spiridentaceae 3. 765—771.
Spiridentella C. Müll. (Rhizogoniac.) 3. 624.
Spiridentopsis Broth. (Neckerac.) 3. 789, 805.
S. longissima (Raddi) 3. 806, Fig. 603 A —C.
Spirillaceae 1a. 13, 30—35.
Spirillum Ehrenb. (Bacteriac.) 1a. 6, 31, 33, 34.
S. rubrum Esmarch 1a. 6, Fig. 1 J, K.
S. sanguineum (Ehrenb.) Cohn 1a. 34, Fig. 38.
S. tenue Ehrenb. 1a. 34, Fig. 39.
S. undula Ehrenb. 1a. 6, Fig. 1 A, L.
Spirochaeta Ehrenb. (Bacteriac.) 1a. 34, 34.
S. Obermeieri Cohn 1a. 34, Fig. 40 B.

S. plicatilis Ehrenb. 1a. 34, Fig. 40 A.
Spirochorda Schimp. (Algae) 2. 567.
Spirocoleus Moeb. (Oscillatoriac.) 1a. 67.
Spirodinium Schütt (Gymnodiniac.) 1b. 3, 5.
S. spirale (Bergh) Schütt 1b. 5, Fig. 6.
Spirodiscus Eichw. (Protococcac.) 2. 68.
Spirographa A. Zahlbr. (Graphidac.) 1*. 92, 96.
Spirogyra Link (Zygnemac.) 2. 17, 20.
S. Heeriana Naeg. 2. 17, Fig. 10 I.
S. stictica (E. Bot.) Wille 2. 17, Fig. 10 II.
Spiromonas Kent (Flagellata) 1a. 186.
Spiromonas Perty, Kent (Bodonac.) 1a. 134.
Spironema Klebs (Distomatin.) 1a. 148, 154.
S. multiciliatum Klebs 1a. 154, Fig. 106.
Spirophora Zopf (Vampyrellac.) 1. 38.
Spirophyton Hall. (Algae) 2. 567.
Spiropteris Schimp. (Filical.) 4. 514.
Spirosoma Mig. (Bacteriac.) 1a. 31.
Spirotaenia Bréb. (Desmidiac.) 2. 7, 9, 10.
S. muscicola De Bary 2. 10, Fig. 6 F.
Spirula Doz. et Molk. (Leucobryac.) 3. 343.
Spirulina Turp. (Oscillatoriac.) 1a. 66.
Spirulina Turp. (Oscillatoriac.) 1a. 63, 65, 66.
S. major Kütz. 1a. 65, Fig. 52 G.
Spitzmorchel (Morchella conica Pers.) 1. 169.
**Splachnaceae** 3. 498—508, 1203.
Splachneae (Splachnac.) 3. 285, 498, 503, 1203.
Splachnidium Grev. (Fucac.) 2. 271, 278, 280.
S. rugosum (L.) Grev. 2. 271, Fig. 181 B.
Splachnobryeae (Splachnac.) 3. 1203.
Splachnobryella C. Müll. (Pottiac.) 3. 424, 1195.
Splachnobryum C. Müll. (Pottiac.) 3. 413, 420, 1195, 1203.
S. Baileyi Broth. 3. 420, Fig. 275 A—C.
S. Wrightii C. Müll. 3. 420, Fig. 275 C.
Splachnum auct. (Splachnac.) 3. 503, 505.
Splachnum Dicks. (Splachnac.) 3. 499.
Splachnum L. (Splachnac.) 3. 503, 506, 1203.
S. ampullaceum L. 3. 234, Fig. 143 H.
S. luteum Montin. 3. 507, Fig. 362 A—F.
S. vasculosum L. 3. 506, Fig. 361 A—C.
Spolverinia (Mass. Koerb. (Fungi) 1*. 78, 240.
Spondylocladium Mart. (Dematiac.) 1**. 476, 480, 481.

Spondylocladium fumosum Mart. 1\*\*.
481, Fig. 250 A.
Spondylomorum Ehrenb. (Volvocac.) 2.
30, 37, 40.
S. quaternarium Ehrenb. 2. 30, Fig. 13.
Spondylosium (Bréb.) Arch. 2. 8, 14,
15.
S. pulchrum Arch. var. bambusinoides
(Wittr.) Lund 2. 15, Fig. 9 A.
Spongiae 1a. 124.
Spongiocarpus Grev. (Rhizophyllidae.) 2.
529.
Spongiosa Steph. (Marchantiac.) 3. 34.
Spongites Kütz. (Corallinae.) 2. 542, 560.
Spongocarpus Kütz. (Fucac.) 2. 283, 287.
Spongocladia Aresch. (Cladophorac.) 2.
117, 119.
Spongoclonieae (Ceramiac.) 2. 484, 491.
Spongoclonium Sonder (Ceramiac.) 2.
484, 491.
Spongodendron Zanard. (Cladophorac.) 2.
119.
Spongomonadeae(Amphimonadac.)1a.138.
Spongomonas Stein (Amphimonadae.)
1a. 138, 139, 140.
S. uvella Stein 1a. 139, Fig. 95 C.
Spongomorpha Kütz. (Cladophorac.) 2. 118.
Spongonema Kütz. (Ectocarpac.) 2. 187.
Spongopsis Kütz. (Cladophorac.) 2. 117.
Spongosiphonia Aresch. (Cladophorac.) 2.
118.
Spongotrichum Kütz. (Chaetangiac.) 2. 338.
Sporacanthus Kütz. (Ceramiac.) 2, 497.
Sporacestra Mass. (Lecideac.) 1\*. 135.
Sporae Lycopodii (Lycopodium clavatum L.)
4. 589.
Sporangites W. Daws. (Filical.) 4. 514.
Sporastatia (Mass.) Th. Fr. (Acarosporac.)
1a. 152.
Sporendonema Desm. (Mucedinac.) 1\*\*.
417, 422.
Sporledera (Hampe) C. Müll. (Dicranac.) 3.
290, 291.
Sporoblastia Trevis. (Lecideac.) 1\*. 133.
Sporocadus Corda (Sphaerioidac.) 1\*\*.370.
Sporocadus Sacc. (Sphaerioidac.) 1\*\*. 374.
Sporocarpon Wille (Salviniac.) 4. 402.
**Sporochnaceae** 2. 181, 236—239.
Sporochnus Ag. (Sporochnac.) 2. 238,
239.
S. pedunculatus (Huds.) Ag. 2. 239, Fig.
163.
Sporochnus Kütz. (Filical.) 4. 514.
Sporocybe auct. (Dematiac.) 1\*\*. 464.

Sporocybe Lindau (Stilbac.)1\*\*. 492,493,
494.
S. byssoides (Pers.) Bon. 1\*\*. 491, Fig.
255 E, F.
Sporoderma Mont. (Tuberariac.) 1\*\*. 499,
503.
Sporodermium Link (Dematiac.) 1\*\*.
482, 483.
S. antiquum Corda 1\*\*. 483, Fig. 251 C.
S. viticolum Sacc. 1\*\*. 483, Fig. 251 B.
Sporodictyon Mass. (Verrucariac.) 1\*. 56.
Sporodinia Link (Mucorac.) 1. 123, 127.
S. Aspergillus (Scop.) Schröt. 1. 127, Fig.
111.
Sporodum Corda (Dematiac.) 1\*\*. 465.
Sporoglena Sacc. (Dematiac.) 1\*\*. 456,
464.
Sporomega Corda (Phacidiae.) 1. 260.
Sporonema Desm. (Excipulae.) 1\*\*. 393,
394.
Sporonema Desm. (Sphaerioidae.) 1\*\*.
352.
Sporonyla Schwein. (Sphaerioidac.) 1\*\*.
381.
Sporopodium Mont. (Ectolechiac.) 1\*.
123.
Sporormia De Not. (Sordariac.) 1. 390,
392, 393.
S. intermedia Auersw. 1. 393, Fig. 234
C, D.
Sporormia Pirotta (Sordariac.) 1. 393.
Sporormiella Ell. et Ev. (Sordariac.) 1.
390, 393.
Sporormiella Pirotta (Sordariac.) 1. 392.
Sporoschisma Berk. et Br. (Dematiac.)
1\*\*. 477, 481.
S. mirabile Berk. et Br. 1\*\*. 481, Fig. 250
D.
Sporotrichella Karst. (Mucedinac.) 1\*\*.
419, 437.
Sporotrichites Link (Hyphomycet.) 1\*\*.
522.
Sporotrichum Link (Mucedinac.) 1\*\*.
419, 434, 435.
S. geochroum Desm. 1\*\*. 434, Fig. 225 D.
S. roseum Link 1\*\*. 434, Fig. 225 E.
Sporozoa Leuckart 1. 39.
Spraguecola Massee (Rhizinac.)1\*\*.532.
Sprucea Hook. f. (Dicranac.) 3. 320.
Sprucella Steph. (Jungerm. akrog.) 3. 95,
102.
Spumaria Pers. (Spumariac.) 1. 29.
S. alba Bull. 1. 29, Fig. 16 A, B.
**Spumariaceae** 1. 15, 29.

Spumella (Cienk.) Bütschli (Oicomonadac.)
1a. 119.
Spyridia Harv. (Ceramiac.) 2. 484, 499.
S. filamentosa (Wulf.) Harv. 2. 498, Fig. 271 F.
Spyridieae (Ceramiac.) 2. 484, 498, 499.
Squamaria D.C. (Lecanorac.) 1*. 202.
Squamaria Mass. (Physciac.) 1*. 234.
Squamaria Nyl. (Lecanorac.) 1*. 202.
Squamaria Zanard. (Squamariac.) 2. 536.
**Squamariaceae** 2. 306, 532—537.
Squamarieae (Squamariac.) 2. 534, 535.
Squamidium C. Müll. (Neckerac.) 3. 807.
Squamidium (C. Müll.) Broth. (Neckerac.) 3. 806, 807.
S. nigricans (Hook.) 3. 808, Fig. 604 A—F.
Squarridium (Neckerac.) 3. 807.
Squarridium C. Müll. (Neckerac.) 3. 825, 1227.
Staarsteine (Psaronius Cotta) 4. 508.
Stableria Lindb. (Bryac.) 3. 511, 542.
S. gracilis (Wils.) Lindb. 3. 512, Fig. 405 A—H.
Stachannularia Weiss (Calamariac.) 4. 557.
Stachelschwamm, schuppiger (Phaeodon imbricatus L.) 1**. 112, 149.
Stachybotrys Corda (Dematiac.) 1**. 455, 460.
S. alternans Bon. 1**. 460, Fig. 238 B.
S. papyrogena Sacc. 1**. 460, Fig. 238 A.
Stachydium Link (Dematiac.) 1**. 471.
Stachygynandrum Bak. (Selaginellac.) 4. 673.
Stachylidieae (Dematiac.) 1**. 455, 457.
Stachylidium Link (Dematiac.) 1**. 457, 470, 471.
S. bicolor Link 1**. 470, Fig. 245 A.
Stachypteris Pomel (Filical.) 4. 494.
Stäbchenbakterien (Bacteriaceae) 1a. 20—30.
Stagonopsis Sacc. (Nectrioidac.) 1**. 385.
Stagonospora Sacc. (Sphaerioidac.) 1**. 372, 373.
S. muscipara Sacc. 1**. 373, Fig. 196 E —G.
S. Populi (Corda) Sacc. 1**. 373, Fig. 196 A—D.
Stamnaria Fuckel (Helotiac.) 1. 194, 208, 209.
S. Equiseti (Hoffm.) Sacc. 1. 209, Fig. 164 A, B.
Stangerites Born. (Filical.) 4. 511.
Staphyloccus auct. (Coccac.) 1a. 16, 17.

Staphylopteris Presl (Filical.) 4. 511.
Starbaeckia Rehm (Patellariac.) 1. 222, 223.
Staurastrum (Mayen) Lund (Desmidiac.) 2. 2, 7, 11, 12.
S. bicorne Hauptfl. 2. 2, Fig. 1 B.
S. cristatum Naeg. 2. 12, Fig. 7 F.
Stauridium Corda (Hydrodictyac.) 2. 72.
Staurocarpus Hass. (Mesocarpac.) 2. 23.
Stauroceras Kütz. (Desmidiac.) 2. 9.
Staurochaeta Sacc. (Sphaerioidac.) 1**. 351, 358, 359.
S. minima Sacc. 1**. 358, Fig. 188 S—U.
Staurocystis Kütz. (Chlorophyc.) 2. 27.
Staurogenia Kütz. (Pleurococcac.) 2. 58.
Staurogramma Rabh. (Bacillariac.) 1 b. 128.
Staurolemma Koerb. (Collemac.) 1*. 171.
Stauroneis Ehrenb. (Bacillariac.) 1 b. 128.
Steuronema Sacc. (Excipulac.) 1**. 395.
Staurophallus Mont. (Phallac.?) 1**. 296.
Staurophora Willd. (Marchantiac.) 3. 35.
Stauroptera Ehrenb. (Bacillariac.) 1 b. 124.
Staurosigma Grun. (Bacillariac.) 1 b. 132.
Staurosira Ehrenb. (Bacillariac.) 1 b. 113.
Staurospermum A. Br. (Mesocarpac.) 2. 23.
Staurosphaeria Rabh. (Massariac.) 1. 446.
Staurosphaeria Rabh. (Sphaerioidac.) 1**. 376.
Staurosphaeria Rabh. et Kickx (Sphaerioidac.) 1**. 377.
Staurosporae (Dematiac.) 1**. 488.
Staurosporae (Mucedinac.) 1**. 352.
Staurosporae (Sphaerioidac.) 1**. 349.
Staurosporae (Stilbac.) 1**. 498.
Staurosporae (Tuberculariac.) 1**. 510.
Staurothele (Norm.) Th. Fr. (Verrucariac.) 1*. 53, 56.
Stauroxylon Solms (Filical.) 4. 511.
Steetzia Lehm. (Jungerm. anakroy.) 3. 55.
Steffensia Goepp. (Filical.) 4. 495.
Stegania R. Br. (Polypodiac.) 4. 245.
Steganosporium Corda (Melanconiac.) 1**. 443, 444.
S. compactum Sacc. 1**. 414, Fig. 216 A, B.
S. piriforme (Hoffm.) 1**. 414, Fig. 216 C.
Stegia E. Fr. (Stictidac.) 1. 245, 247; 1*. 239.
S. subvellata Rehm 1. 247, Fig. 182 F, G.
Stegilla Reichb. (Stictidac.) 1. 247.
Stegites Fries (Discomycet.) 1**. 520.
Stegnogramme Bl. (Polypodiac.) 4. 167, 161.
Stegobolus Mont. (Thelotremac.) 1*. 118.

Stegocarpi (*Bryales*) 3. 284.
Stegonia Kindb. (*Pottiac.*) 3. 424.
Stegonia Vent. (*Pottiac.*) 3. 422, 424.
Stegotheca Mitt. (*Orthotrichac.*) 3. 495.
Steinera A. Zahlbr. (*Lichinac.*) 1*. 165. 166.
S. molybdoplaca (Nyl.) A. Zahlbr. 1*. 166, Fig. 85 *A—C.*
Steiniella Schütt (*Peridiniac.*) 1b. 18, 19.
S. fragilis Schütt 1b. 19, Fig. 26.
Steinpilz (*Boletus bulbosus* Schaeff.) 1**. 112, 191.
Steinschwamm (*Hydnum repandum* L.) 1**. 112.
Steirochaete A. Br. et Casp. (*Melanconiac.*) 1**. 103.
Stella Massee (*Sclerodermatac.*) 1**. 338.
Stelladiscus Rattr. (*Bacillariac.*) 1b. 69, 70.
S. Stella (Norm.) Rattr. 1b. 70, Fig. 101.
Stellulina Link (*Zygnemae.*) 2. 20.
Steloxylon Solms (*Medullosac.*) 4. 792.
Stem'maria Preuss (*Stilbac.*) 1**. 493, 495, 496.
S. globosa Preuss 1**. 495, Fig. 256 *L*.
Stemmatopterus Corda (*Filical.*) 4. 505.
**Stemonitaceae** 4. 15, 26—28; 1**. 525.
Stemonitis Gleditsch (*Stemonitac.*) 12, 26, 28.
S. fusca Roth 1. 12, Fig. 5 *A*: 26, Fig. 15 *C—E*.
Stemphylium Wallr. (*Dematiac.*) 1**. 482, 484, 485.
S. piriforme Bon. 1**. 485, Fig. 232 *A*.
Stenactinium Naeg. (*Desmidiac.*) 2. 11.
Stenhammara Koerb. (*Lecideac.*) 1*. 131, 248.
Stenhammera Mass. (*Pyrenopsidac.*) 1*. 161.
Stenocarpidium C. Müll. (*Brachytheciac.*) 3. 1128, 1129, 1130.
S. leucodon C. Müll. 3. 1130, Fig. 799 *A —F*.
Stenochlaena J. Sm. (*Polypodiac.*) 4. 245.
Stenochlaena J. Sm. (*Polypodiac.*) 4. 222, 251, 252.
S. palustris (L.) Mett. 4. 252, Fig. 133 *C, D*.
S. sorbifolia (L.) J. Sm. 4. 252, Fig. 133 *A, B*.
Stenocladia J. Ag. (*Sphaerococcac.*) 2. 384, 387.
S. Harveyana J. Ag. 2. 387, Fig. 229.
Stenocladieae (*Sphaerococcac.*) 2. 384, 387.

Stenocybe Nyl. (*Caliciac.*) 1*. 80, 82.
St. byssacea (Fr.) Nyl. 1*. 84, Fig. 42 *E*.
Stenocycla Besch. (*Calymperac.*) 3. 374.
Stenocystis Gray (*Valoniac.*) 2. 151.
Stenodesmus Mitt. (*Hookeriac.*) 3. 955.
Stenodesmus (Mitt.) Jaeg. (*Hookeriac.*) 3. 920, 955.
S. tenuicuspis (Mitt.) 3. 955, Fig. 696 *A —F*.
Stenodictyon Mitt. (*Hookeriac.*) 3. 948.
Stenodictyon (Mitt.) Jaeg. (*Hookeriac.*) 3. 919, 948.
S. nitidum Mitt. 2. 948, Fig. 694 *A—E*.
Stenogramma Harv. (*Gigartinac.*) 2. 354, 359.
Stenographa Mudd (*Graphidac.*) 1*. 100.
Stenolobus Presl (*Polypodiac.*) 4. 212.
Stenoloma Fée (*Polypodiac.*) 4. 215.
Stenomitrium Mitt. (*Orthotrichac.*) 3. 457, 464.
S. pentastichum (Mont.) 3. 464, Fig. 314 *A—E*.
Stenopteris Sap. (*Filical.*) 4. 493.
Stenopterobia Brèb. (*Bacillariac.*) 1b. 146.
Stenosemia Presl (*Polypodiac.*) 4. 167, 198, 199.
S. aurita (Sw.) Presl 4. 199, Fig. 105 *A, B*.
Stenothecium C. Müll. (*Hypnac.*) 3. 1031.
Stenzelia Goepp. (*Medullos.*) 4. 790.
Stephanida Unger (*Filical.*) 4. 511.
Stephanina O. Ktze. (*Jungerm. akrog.*) 3. 113.
S. affinis (Gott.) Schiffn. 3. 114, Fig. 65 *A*.
S. magellanica (Schiffn. et Gott.) 3. 114, Fig. 65 *B*.
Stephaninoideae (*Jungerm. akrog.*) 3. 74, 113.
Stephanobasis Kindb. (*Hypopterygiac.*) 3. 972.
Stephanocoelium Kütz. (*Caulerpac.*) 2. 136.
Stephanocomium Kütz. (*Ceramiac.*) 2. 587.
Stephanocystis (Trevis.) Rupr. (*Fucac.*) 2. 282.
Stephanodiscus Ehrenb. (*Bacillariac.*) 1b. 64, 66.
Stephanogonia Ehrenb. (*Bacillariac.*) 1b. 148.
S. actinoptychus Ehrenb. 1b. 148, Fig. 271 *B*.
S. cincta Pant. 1b. 148, Fig. 271 *A*.
Stephanoma Wallr. (*Mucedinac.*) 1**. 419, 438, 439.
S. strigosum Wallr. 1**. 438, Fig. 227.

Stephanomonas Kent (*Flagellata*) 1a. 146.
S. locellus (From.) Kent 1a. 146, Fig. 102 A.
Stephanophora A. Zahlhr. (*Collemac.*) 1*. 248.
Stephanophoron Nyl. (*Collemac.*) 1*. 175, 248.
Stephanophorus Mont. (*Collemac.*) 1*. 175.
Stephanopyxis Ehrenb. (*Bacillariac.*) 1b. 59, 62.
S. barbadensis (Grev.) Grun. 1b. 62, Fig. 75 B.
S. superba (Grev.) Grun. 1b. 62, Fig. 75 B.
S. turris (Grev.) Ralfs 1b. 62, Fig. 75 C.
Stephanosira Ehrenb. (*Bacillariac.*) 1b. 59.
Stephanosphaera Cohn (*Volvocac.*) 2. 37, 41.
S. pluvialis Cohn 2. 41, Fig. 23.
Stephanostoma Kindb. (*Erpodiac.*) 3. 707.
Stephanoxanthium Kütz. (*Desmidiac.*) 2. 41.
Stephensia Tul. (*Eutuberac.*) 1. 281, 284.
S. bombycina (Vitt.) Tul. 1. 284, Fig. 206 A—E.
Stephonoma Wern. (*Volvocac.*) 2. 41.
Stereocauliscum Nyl. (*Lecideac.*) 1*. 135.
Stereocaulon (*Cladoniac.*) 1*. 142; 1a. 49.
Stereocaulon Schreb. (*Cladoniac.*) 1*. 140, 146.
S. ramulosum Sw. 1*. 6, Fig. 10 B; 1a. 49, Fig. 48 A, B.
Stereochlamys Müll. Arg. (*Pyrenulac.*) 1*. 62, 68.
Stereocladon Hook. f., Harv. (*Dictyosiphonac.*) 2. 214.
Stereococcus Kütz. (*Chaetophorac.*) 2. 99.
Stereodon (*Entodontac.*) 3. 872, 875, 878, 885, 887.
Stereodon (*Hypnac.*) 3. 1026, 1038, 1049, 1051, 1052, 1057, 1063, 1075, 1079, 1084.
Stereodon (*Lembophyllac.*) 3. 864.
Stereodon (*Ptychomniac.*) 3. 1220, 1221.
Stereodon (*Sematophyllac.*) 3. 1108, 1120.
Stereodon Brid. (*Hypnac.*) 3. 1067.
Stereodon Brid. (*Rhizogoniac.*) 3. 619.
Stereodon (Brid.) Mitt. (*Hypnac.*) 3. 1062, 1067, 1237.
S. Haldanianus (Grev.) 3. 1026, Fig. 736 D—J.
S. perpinnatus Broth. 3. 1068, Fig. 764 A—E.
Stereodon Limpr. (*Hypnac.*) 3. 1068.
Stereodon Lindb. (*Hypnac.*) 3. 1025.
Stereodon Mitt. (*Brachytheciac.*) 3. 1148.
Stereodon Mitt. (*Entodontac.*) 3. 875, 881, 883, 889.
Stereodon Mitt. (*Hypnac.*) 3. 1022, 1027, 1030, 1037, 1054, 1060, 1062, 1067, 1089.
Stereodon Mitt. (*Lepyrodontac.*) 3. 772.
Stereodon Mitt. (*Leucodontac.*) 3. 753, 764.
Stereodon Mitt. (*Neckerac.*) 3. 811.
Stereodon Mitt. (*Sematophyllac.*) 3. 1107, 1116.
Stereodontaceae (*Hypnac.*) 3. 706.
Stereodonteae (*Hypnac.*) 3. 706, 1021, 1062, 1237.
Stereohypnella Fleisch. (*Hypnac.*) 3. 1236.
Stereohypnum Hampe (*Hypnac.*) 3. 1236.
Stereohypnum (Hampe) Fleisch. (*Hypnac.*) 3. 1236.
Stereopeltis De Not. (*Acarosporac.*) 1*. 152.
Stereophyllum Hampe (*Entodontac.*) 3. 896.
Stereophyllum Mitt. (*Entodontac.*) 3. 895.
Stereophyllum Mitt. (*Entodontac.*) 3. 871, 896, 1232.
S. Krausei (Lor.) 3. 897, Fig. 658 A—G.
S. oblongifolium Broth. 3. 897, Fig. 658 H—M.
Stereostratum Magnus (*Pucciniac.*) 1**. 551, 552.
Stereum Pers. (*Thelephorac.*) 1**. 118, 123, 124.
S. elegans Mey. 1**. 124, Fig. 69 D.
S. lobatum Fries 1**. 124, Fig. 69 A, B.
S. Moelleri Bres. et P. Henn. 1**. 124, Fig. 69 C.
Sterigmatobotrys Oudem. (*Dematiac.*) 1**. 460.
Sterigmatocystis Cramer (*Mucedinac.*) 1**. 418, 431.
Sterigmatocystis Eidam (*Aspergillac.*) 1. 303.
Sterrebeckia Link (*Sclerodermatac.*) 1**. 338.
Sterreonema Kütz. (*Monadac.*) 1a. 133.
Sterrocladia Schmitz (*Lemaneac.*) 2. 326, 327.
Sterrocolax Schmitz (*Gigartinac.*) 2. 366.
Sterromonas Kent (*Monadac.*) 1a. 131, 132.
S. formicina Kent 1a. 132, Fig. 88 B.
Stibasia Presl (*Marattiac.*) 4. 441.
Sticherus Presl (*Gleicheniac.*) 4. 352.
Stichocarpus C. Ag. (*Rhodomelac.*) 2. 474.

Stichococcus Naeg. (*Pleurococcac.*) 2. 57, 59.
S. baccillaris Naeg. 2. 57, Fig. 36 J.
Stichophora Kütz. (*Fucac.*) 2. 287.
Stichopsora Dietel (*Colcosporiac.*) 1**. 548, 549.
Stichopteris Weiss (*Marattiac.*) 4. 442.
Sticta Schreb. (*Stictac.*) 1*. 185, 188; 1. 220, Fig. 170 F.
S. damaecornis Ach. 1*. 186, Fig. 99 B.
S. dichotoma Del. 1*. 187, Fig. 100 F.
S. dichotomoides Nyl. 1*. 186, Fig. 99 D.
S. filicina Ach. 1*. 187, Fig. 100 E.
**Stictaceae** 1*. 114, 185—190.
**Stictidaceae** 1. 245—252; 1**, 533.
Stictina Hue (*Stictac.*) 1*. 189.
Stictina (Nyl.) Hue (*Stictac.*) 1*. 189.
S. fuliginosa (Dicks.) Hue 1*. 9, Fig. 13.
Stictis (*Graphidac.*) 1*. 93.
Stictis Pers. (*Stictidac.*) 1, 246, 251.
S. radiata (L.) Pers. 1. 251, Fig. 185 D —F.
Stictodesmis Grev. (*Bacillariac.*) 1b. 105.
Stictodesmis Grun. (*Bacillariac.*) 1b. 124.
Stictodiscella De Toni (*Bacillariac.*) 1b. 69.
Stictodiscinae (*Bacillariac.*) 1b. 55, 68.
Stictodiscus Grev. (*Bacillariac.*) 1b. 68, 69.
S. (Cladogramma) conicus Grev. 1b. 69, Fig. 94 A, B.
S. (Eustictodiscus) Kittonianus Grev. 1b. 69, Fig. 93 A, B.
S. (Stictodiscella) trigonus Castr. 1b. 69, Fig. 93 C.
Stictographa Mudd (*Graphidac.*) 1*. 96.
Stictolejeunea Spruce (*Jungerm. akrog.*) 3. 119, 131.
S. Kunzeana (Gott.) Spruce 3. 123, Fig. 69 L.
Stictoncis Grun. (*Bacillariac.*) 1b. 122.
Stictophacidium Rehm (*Stictidac.*) 1. 245, 247.
Stictophyllum Kütz. (*Rhodophyllidac.*) 2. 376.
Stictosiphonia Hook. et Harv. (*Rhodomelac.*) 2. 450.
Stictosphaeria Tul. (*Diatrypac.*) 1. 475.
Stictosporum (Harv.) Schmitz (*Rhodymeniac.*) 2. 398, 404.
Stictyosiphon Kütz. (*Striariac.*) 2. 207, 208.
Stictyosiphoneae (*Striariac.*) 2. 207.
Stiftia Nardo (*Squamariac.*) 2. 336.
Stigeoclonium Kütz. (*Chaetophorac.*) 2. 87, 92.

S. insigne Naeg. 2. 87, Fig. 52.
Stigmagora Trevis. (*Thelotremac.*) 1*. 118.
Stigmaphora Wall. (*Bacillariac.*) 1b. 124, 135.
S. lanceolata Wall. 1b. 135, Fig. 250 A, B.
Stigmaria Brongn. (*Sigillariac.*) 4. 717, 741; 718, Fig. 409; 719, Fig. 410; 720, Fig. 411; 741, Fig. 433.
S. ficoides Brongn. 4. 720, Fig. 413.
Stigmariopsis Grand'Eury (*Sigillariac.*) 4. 740, 742, 750; 718, Fig. 409; 742, Fig. 434.
Stigmatea Fries (*Mycosphaerellac.*) 1. 421, 423, 425.
S. Robertiani Fries. 1. 425, Fig. 265 E, F.
Stigmatella Berk. et Curt. (*Tuberculariac.*) 1**. 500, 504.
Stigmatella Mudd (*Chiodectonac.*) 1*. 104.
Stigmatidiopsis Wainio (*Chiodectonac.*) 1*. 105.
Stigmatidium Mey. (*Chiodectonac.*) 1*. 104.
Stigmatocanna Goepp. (*Protocalamariac.*) 4. 558.
Stigmatolemma Kalchbr. (*Polyporac.*) 1**. 187.
Stigmatomma Koerb. (*Verrucariac.*) 1*. 36.
Stigmatomyces Karst. (*Laboulbeniac.*) 1. 494, 496, 501.
S. Baeri Peyr. 1. 494, Fig. 289 A—S.
Stigmella Fuckel (*Dematiac.*) 1**, 478.
Stigmella Lév. (*Dematiac.*) 1**. 482, 483.
S. dryina (Corda) Lév. 1**. 483, Fig. 254 D.
Stigmidium Trevis. (*Fungi*) 1*. 78.
Stigmina Sacc. (*Dematiac.*) 1**. 476, 477, 478.
S. Platani (Fuckel) Sacc. 1**. 477, Fig. 248 C.
Stigonema C. A. Ag. (*Stigonematac.*) 1a. 81, 82, 83.
S. turfacea Cooke 1a. 82, Fig. 58 G—L.
**Stigonemataceae** 1a. 50, 80—84.
**Stilbaceae** 1**. 416, 488—489, 559.
Stilbella Lindau (*Stilbac.*) 1**. 489, 491.
S. erythrocephala (Ditm.) Lindau 1**. 491, Fig. 254 A.
Stilbomyces Ell. et Ev. (*Stilbac.*) 1**. 492.
Stilbonectria Karst. (*Hypocreac.*) 1. 347, 362.
Stilbospora Pers. (*Melanconiac.*) 1**. 409, 410.
S. thelebola Sacc. 1**. 410, Fig. 213 A, B.
Stilbothamnium P. Henn. (*Stilbac.*) 1**. 493, 494, 495.

Stilbothamnium togoense P.Henn. 1\*\*. 495, Fig. 256 C—E.
Stilbum auct. (Stilbac.) 1\*\*. 489.
Stilbum Tode (Pilacrac.) 1\*\*. 553.
Stilophora J. Ag. (Stilophorac.) 2. 231, 232, 233.
S. rhizoides (Ehrh.) J. Ag. 2. 231, Fig. 159.
**Stilophoraceae** 2. 181, 230—233.
Stinktäubling (Russula foetens Pers.) 1\*\*. 113.
Stipitopteris Grand'Eury (Filical.) 4. 511
Stockmorchel (Gyromitra esculenta Pers.) 1. 170.
Stockschwamm (Pholiota mutabilis Schaeff.) 1\*\*. 112.
Stoechospermum Kütz. (Dictyotac.) 2. 295.
Stomatochytrium Cunn. (Pleurococcac.) 2. 65, 66.
Stoppelpilz (Hydnum repandum L.; Lepiota excoriata Schaeff.)
Stoschia Janisch (Bacillariac.) 1b. 67.
Straggaria Reinsch (Algae?) 2. 544.
Stragularia Stroemf. (Ralfsiac.) 2. 241, 242.
S. clavata (Carm.) 2. 241, Fig. 164 A—C.
Strangospora Koerb. (Acarosporac.) 1\*. 152.
Strangospora Koerb. (Patellariac.) 1. 230.
Strangulonema Grev. (Bacillariac.) 1b. 62, 64.
S. barbadense Grev. 1b. 64, Fig. 80.
Streblocladia Schmitz (Rhodomelac.) 2. 428, 457, 458.
S. neglecta Schmitz 2. 458, Fig. 257 A—D.
Streblon Vent. (Pottiac.) 3. 396.
Streblonema Derb., Sol. (Ectocarpac.) 2. 183, 186, 187.
S. fasciculatum Thur. 2. 183, Fig. 129 B.
S. sphaericum (Derb., Sol.) Thur. 2. 183, Fig. 129 A.
Streblonemopsis Valiante (Ectocarpac.) 2. 186, 188, 189.
S. irritans Valiante 2. 189, Fig. 133 A—C.
Streblopilum Aongstr. (Bryac.) 3. 555.
Streblotrichum Palis. (Pottiac.) 3. 410.
Strephopteris Presl (Filical.) 4. 514.
Strepsilejeunea Spruce (Jungerm. akrog.) 3. 127.
Strepsilejeunea Spruce (Jungerm. akrog.) 3. 119, 127.
Streptocalypta C. Müll. (Pottiac.) 3. 382, 392.
S. Lorentziana C. Müll. 3. 392, Fig. 230 A—D.

Streptococcus Billroth (Coccac.) 1a. 14, 15; 14, Fig. 3 A.
S. erysipelatos Fehleisen 1a. 15, Fig. 4, 5.
S. mesenterioides (Van Tiegh.) Mig. 1a. 15, Fig. 6.
Streptomonas Klebs (Amphimonadac.) 1a. 138.
S. cordata (Perty) Klebs 1a. 138, Fig. 94 B.
Streptonema Wall. (Desmidiac.) 2. 8, 14, 15.
S. trilobatum Wall. 2. 15, Fig. 9 D.
Streptopogon Mitt. (Pottiac.) 3. 419.
Streptopogon Wils. (Pottiac.) 3. 413, 417, 419.
S. erythrodontes (Tayl.) Wils. 3. 418, Fig. 272 D, E.
S. Rutenbergii C. Müll. 3. 417, Fig. 271 A—C.
S. Schenkii C. Müll. 3. 418, Fig. 272 A—C.
Streptotheca Arnott (Aulacomniac.) 3. 624.
Streptotheca Cleve (Bacillariac.) 1b. 150.
S. Thamesis Staubs 1b. 150, Fig. 282.
Streptotheca Kindb. (Pottiac.) 3. 438.
Streptotheca Vuill. (Ascobolac.) 1. 188, 190, 191.
S. Boudieri Vuill. 1. 191, Fig. 153 A, B.
Streptotrichitis Corda (Hyphomyc.) 1\*\*. 522.
Streptothrix Cohn (Chlamydobacteriac.) 1a. 35, 36.
S. epiphytica Mig. 1a. 36, Fig. 41 B, C.
S. fluitans Mig. 1a. 36, Fig. 41 D—H.
S. hyalina Mig. 1a. 36, Fig. 41 A.
Streptothrix Corda (Dematiac.) 1\*\*. 456, 463.
S. fusca Corda 1\*\*. 463, Fig. 240 F.
Striaria Grev. (Striariac.) 2. 207, 208.
S. attenuata Grev. 2. 208, Fig. 146.
**Striariaceae** 2. 181, 204—208, 290.
Striarieae (Striariac.) 2. 207.
Striatella Ag. (Bacillariac.) 1b. 104.
Strickeria Koerb. (Amphisphaeriac.) 1. 413, 415, 416.
S. obducens (Fr.) Wint. 1. 415, Fig. 262 O, P.
Strictidium C. Müll. (Bartramiac.) 3. 640.
Striglia (Adans.) O. Ktze. (Polyporac.) 1\*\*. 180.
Strigula E. Fr. (Strigulac.) 1\*. 74, 76.
S. elegans (Fée) Müll. Arg. 1\*. 75, Fig. 39 A—E.
**Strigulaceae** 1\*. 52, 74—76.

Strobilomyces Berk. (*Polyporac.*) 1**. 188, 193, 194.
S. strobilaceus (Scop.) Berk. 1**. 193, Fig. 102 C—E.
Stromatinia Boud. (*Helotiac.*) 1. 197.
Stromatocarpus Falkbg. (*Rhodomelac.*) 2. 478.
Stromatopogon A. Zahlbr. (*Fungi?*) 1*. 87.
Stromatopteris Mett. (*Gleicheniac.*) 4. 352.
S. moniliformis Mett. 4. 352, Fig. 187 A, B.
Stromatosphaeria Grev. (*Hypocreac.*) 1. 366.
Stromatothelium Trevis. (*Trypetheliac.*) 1*. 70.
Strongylium (Ach.) (*Culiciac.*) 1*. 241.
Stropharia Fries (*Agaricac.*) 1**. 237.
Strozzia Trevis. (*Jungerm. anakrog.*) 3. 55.
Strozzius S. F. Gray (*Marchantiac.*) 3. 34, 36.
Struckia C. Müll. (*Entodontac.*) 3. 871, 894.
S. argyreola C. Müll. 3. 895, Fig. 656 A—F.
Strumella Sacc. (*Tuberculariac.?*) 1**. 511, 512.
S. olivatra Sacc. 1**. 512, Fig. 261 C.
Struthiopteris Scop. (*Polypodiac.*) 4. 245.
Struthiopteris Willd. (*Polypodiac.*) 4. 149, 159, 164, 165.
S. germanica Willd. 4. 149, Fig. 86 O; 165, Fig. 90 A—F.
Struvea Sonder (*Valoniac.*) 2. 148, 150.
S. plumosa Sonder 2. 150 Fig. 101.
Stuartella H. Fabre (*Sphaeriac.*) 1. 394, 400.
Sturiella Weiss (*Marattiac.*) 4. 448.
S. intermedia (Ren.) Weiss 4. 448, Fig. 255 A. B.
Stylaria Bory (*Bacillariac.*) 1b. 109.
Stylobates Fries (*Agaricac.*) 1**. 199, 202.
Stylohiblium Ehrenb. (*Bacillariac.*) 1b. 101, 102.
S. divisum Ehrenb. 1b. 102, Fig. 178.
Stylobryon From. (*Bicoccac.*) 1a. 123.
Stylocalamites Weiss (*Calamariac.*) 4. 555.
S. Suckowii 4. 554, Fig. 317 D.
Stylochrysalis Stein (*Hymenomonadac.*) 1a. 159, 161; 2. 570.
S. parasitica Stein 1a. 161, Fig. 115 A.
Stylococcus Chodat (*Chromulinac.*) 1a. 153, 156, 157.

S. aureus Cienk. 1a. 157, Fig. 110 B.
Stylonema Reinsch (*Bangiac.*) 2. 314.
Stylostegium Bryol. eur. (*Dicranac.*) 3. 304, 306.
Stypella A. Moell. (*Tremellac.*) 1**. 90, 91.
S. minor A. Moell. 1**. 91, Fig. 59 A.
Stypelleae (*Tremellac.*) 1**. 90.
Stypinella Schröt. (*Auriculariac.*) 1**. 84, 85.
S. orthobasidion A. Moell. 1**. 85, Fig. 56 A.
Stypinelleae (*Auriculariac.*) 1**. 84.
Stypocaulon Kütz. (*Sphacelariac.*). 2. 195, 196, 197.
S. scoparium (L.) Kütz. 2. 196, Fig. 138.
Stysanus Corda (*Stilbac.*) 1**. 493, 495.
S. Caput-Medusae Corda 1**. 495, Fig. 256 K.
S. Stemonites (Pers.) Corda 1**. 495, Fig. 256 J.
Suaresia Leman (*Jungerm. akrog.*) 3. 116.
Subselago Bak. (*Lycopodiac.*) 4. 597.
Subsigillariae Weiss (*Sigillariac.*) 4. 744, 746, 750.
Süßreizker (*Lactaria subdulcis* Bull.) 1**. 412.
Suhria J. Ag. (*Gelidiac.*) 2. 342, 348.
S. vittata J. Ag. 2. 348, Fig. 212.
Suillus (Mich.) Karst. (*Polyporac.*) 1**. 188, 189, 190.
S. cyanescens (Bull.) Karst. 1**. 190, Fig. 101.
Suriraya Turp. (*Bacillariac.*) 1b. 146.
Surirella Turp. (*Bacillariac.*) 1b. 49, 145, 146.
S. (Podocystis) adriatica Kütz. 1b. 146, Fig. 266 A. B.
S. calcarata Pfitz. 1b. 49, Fig. 59 F, G.
S. spiralis Kütz. 1b. 146, Fig. 265 C.
S. splendida (Ehrenb.) Kütz. 1b. 146, Fig. 265 A, B.
Surirelleae (*Bacillariac.*) 1b. 57, 145.
Surirelloideae (*Bacillariac.*) 1b. 57, 145.
Swartzia Ehrh. (*Dicranac.*) 3. 304.
Sychnogonia Koerb. (*Pyrenulac.*) 1*. 67.
Sychnogonia Trevis. (*Fungi*) 1*. 78.
Sycidium Sandberger (*Algae*) 2. 567.
Syckorea Corda (*Jungerm. akrog.*) 3. 93.
Sydowia Bres. (*Mycosphaerellac.*) 1. 421, 427.
Sykidion Wright (*Protococcac.*) 2. 65, 68.
Symbiezidium Trevis. (*Jungerm. akrog.*) 3. 121, 125, 128, 129, 130, 131.

Symblepharis Ehrenb. (*Bacillariac.*) 1b. 150.
Symblepharis Mont. (*Dicranac.*) 3. 317, 319.
S. Reinwardtii (Doz. et Molk.) Mitt. 3. 319, Fig. 187 *A—C*.
Symbolophora Ehrenb. (*Bacillariac.*) 1b. 66, 73.
Symphoricoccus Rke. (*Elachistac.*) 2. 219, 220.
S. radians Rke. 2. 220, Fig. 152 *A—C*.
Symphragmidium Strauss (*Dematiac.*) 1**. 483.
Symphyocarpus Rosenv.(*Ectocarpac.*)2. 289.
Symphyocladia Falkbg. (*Rhodomelac.*) 2. 427, 443.
Symphyodon Mitt. (*Entodontac.*) 3. 875.
Symphyodon Mont. (*Entodontac.*) 3. 874, 875, 1234.
S. echinatus Mitt. 3. 876, Fig. 642 *A—F*.
Symphyogyna Mont. (*Jungerm. anakrog.*) 3. 54.
Symphyogyna Nees et Mont. (*Jungerm. anakrog.*) 3. 49, 55.
Symphyomitra Spruce (*Jungerm. akrog.*) 3. 76, 84.
Symphyosira Preuss (*Stilbac.*) 1**. 492.
Symphyothrix Kütz. (*Oscillatoriac.*) 1a. 68.
Symphysodon Doz. et Molk. (*Neckerac.*) 3. 1224.
Symphysodon Doz. et Molk. (*Neckerac.*) 3. 788, 789, 798.
S. vitianus (Sull.) 3. 799, Fig. 598 *A—G*.
Symphysodontella Fleisch. (*Neckerac.*) 3. 1224.
S. cylindracea (Mont.) 3. 1225, Fig. 856 *A—D*.
Symplecia Ach. (*Lichen.*) 1*. 210.
Symplecium Kze. (*Polypodiac.*) 4. 306.
Symploca Kütz. (*Oscillatoriac.*) 1a. 64, 68.
Symplocastrum Gom. (*Oscillatoriac.*) 1a. 64, 68, 69.
S. Friesii (Ag.) Kirchn. 1a. 69, Fig. 53 *A*.
Synalissa E. Fr. (*Pyrenopsidac.*) 1*. 6, 159, 160; 1a. 49.
S. symphorea Nyl. 1*. 6, Fig. 10 *D*; 1*. 49, Fig. 48 *D*.
Synalissis Lindl. (*Pyrenopsidac.*) 1*. 160.
Synalissopsis Nyl. (*Pyrenopsidac.*) 1*.159.
Synamma Presl (*Polypodiac.*) 4. 306, 312.
Synaphia Perty (*Volvocac.*) 2. 42.

Synaphlebium J. Sm. (*Polypodiac.*) 4. 219, 221.
Synarthonia Müll. Arg. (*Arthoniac.*) 1*. 89, 94.
Syncardia Unger (*Filical.*) 4. 511.
Syncephalastrum Schröt. (*Piptocephalidac.*) 1. 132, 133, 134.
S. racemosum F. Cohn 1. 133, Fig. 120.
Syncephalis Tiegh. et Monn. (*Piptocephalidac.*) 1. 132, 133.
S. cordata Tiegh. et Monn. 1. 133, Fig. 119 *A*.
S. cornu Tiegh. et Monn. 1. 133, Fig. 119 *B*.
Syncesia Tayl. (*Chiodectonac.*) 1*. 105.
**Synchytriaceae** 1. 66, 71—74; 1**. 526.
Synchytrium De Bary et Woron. (*Synchytriac.*) 1. 71, 72; 1**. 526.
Syncoryne Fries (*Clavariac.*) 1**. 134.
Syncrypta Ehrenb. (*Hymenomonadac.*) 1a. 159, 162, 163; 2. 570.
S. Volvox Ehrenb. 1a. 162, Fig. 116 *C*.
Syncyclica Ehrenb. (*Bacillariac.*) 1b. 138.
Syndendrium Ehrenb. (*Bacillariac.*) 1b. 86.
S. diadema Ehrenb. 1b, 87, Fig. 144 *C*.
Syndetocystis Ralfs (*Bacillariac.*) 1b. 150.
Syndetocystis Ralfs (*Bacillariac.*) 1b. 62, 63.
S. barbadensis Ralfs 1b. 63, Fig. 78.
Syndetoneis Grun.(*Bacillariac.*) 1b. 150.
S. amplectens (Grove et Sturt) Grun. 1b. 150, Fig. 280.
Synechia Fée (*Polypodiac.*) 4. 282.
Synechoblastus Trevis. (*Collemac.*) 1*. 172.
Synechoblastus (Trevis.) Koerb. (*Collemac.*) 1*. 172.
Synechococcus Naeg. (*Chroococcac.*)1a. 52, 53.
S. aeruginosus Naeg. 1a. 53, Fig. 49 *C*.
Synechocystis Sauv. (*Chroococcac.*) 1a. 52, 53.
S. aquatilis Sauv. 1a. 53, Fig. 49 *B*.
Synedra Ehrenb.(*Bacillariac.*) 1b. 35, 43, 48, 113, 115; 146, Fig. 211 *A, B*.
S. capensis Grun. 1b. 116, Fig. 210 *A*.
S. fasciculata Kütz. 1b. 48, Fig. 58 *O* —*Q*.
S. fulgens W. Sm. 1b. 35, Fig. 48 *D*; 116, Fig. 210 *B, C*.
S. gracilis Kütz. 1b. 48, Fig. 58 *M, N*; 216, Fig. 121 *A, B*.
S. pulchella (Ralfs) Kütz. 1b. 35, Fig. 48 *B*.
S. radians Kütz. 1b. 35, Fig. 48 *C*; 116, Fig. 210 *D*.

Synedra (Ardissonia) superba (Kütz.) Grun.
 1 b. 43, Fig. 55 A, B; 116, Fig. 211 A, B.
S. (Toxarium) undulata W. Sm. 1 b. 116,
 Fig. 213.
Syneuron J. Sm. (Polypodiac.) 4. 167, 181.
Syngenesorus Trevis. (Trypetheliac.) 1*. 69,
 70.
Syngenosorus (Trevis.) Müll. Arg. (Trypetheliac.) 1*. 70.
Synglonium Penz. et Sacc. (Hysteriac.)
 1**. 534.
Syngramme J. Sm. (Polypodiac.) 4. 255,
 256, 257; 256, Fig. 135 C—E.
S. borneensis (Hook.) J. Sm. 4. 256, Fig.
 135 C, D.
S. quinata (Hook.) Carruth. 4. 256, Fig.
 135 E.
Synhymenium Griff. (Marchantiac.) 3. 27.
Synochlamys Fée (Polypodiac.) 4. 266.
Synodontia Besch. (Dicranac.) 3. 340.
Synodontia Duby (Dicranac.) 3. 337, 340,
 1186.
S. planifolia (Besch.) 3. 340, Fig. 200 D
 —F.
S. spathoidea Duby 3. 340, Fig. 200 A—C.
Synphlebium Fée (Polypodiac.) 4. 219.
Synsporium Preuss (Dematiac.) 1**. 455,
 460, 461.
S. biguttatum Preuss 1**. 460, Fig. 238 C.
Synthetospora Morgan (Mucedinac.) 1**.
 451, 452.
S. electa Morgan 1**. 452, Fig. 234 A.
Syntrichia (Brid.) Hartm. (Pottiac.) 3. 432,
 1196.
Syntrichia C. Müll. (Pottiac.) 3. 419, 428.
Syntrichia De Not. (Pottiac.) 3. 428.
Syntrichia Jur. (Pottiac.) 3. 429.
Syntrichia Lindb. (Pottiac.) 3. 429.
Syntrichia Schimp. (Pottiac.) 3. 428.
Synura Ehrenb. (Hymenomonadac.) 1 a.
 159, 162; 2. 570.
S. Uvella Ehrenb. 1 a. 162, Fig. 116 A.
Synura Kirchn. (Hymenomonadac.) 1 a. 163.
Syringidium Ehrenb. (Bacillariac.) 1 b.
 149.
S. Daemon Grev. 1 b. 149, Fig. 278.
Syringocolax Reinsch (Ceramiac.) 2. 485,
 503.
Syringodendron Sternb. (Sigillariac.)
 4. 717; 718, Fig. 409; 746, Fig. 438;
 747, Fig. 441.
Syringosis Neck. (Sphaerophorac.) 1*. 241.
Syringothecium Mitt. (Hypnac.) 3. 1078,
 1088.

S. Sprucei Mitt. 3. 1089, Fig. 773 A—G.
Syrinx Corda (Bacillariac.) 1 b. 110.
Syrrhopodon Doz. et Molk. (Leucobryac.)
 3. 843.
Syrrhopodon Nees (Leucobryac.) 3. 347.
Syrrhopodon Schwaegr. (Calymperac.) 3.
 364, 1488.
S. cavifolium Lac. 3. 373, Fig. 236 G.
S. ciliatus (Hook.) Schwaegr. 3. 368, Fig.
 230 D—H.
S. confertus Lac. 3. 366, Fig. 228 A, B.
S. constrictus Sull. 3. 364, Fig. 226 B;
 368, Fig. 230 A—C.
S. croceus Mitt. 3. 364, Fig. 226 A.
S. cryptocarpus Doz. et Molk. 3. 371, Fig.
 233 A—D.
S. helicophyllus Mitt. 3. 368, Fig. 229 A
 —E.
S. lycopodioides (Sw.) C. Müll. 3. 372,
 Fig. 234 A—D.
S. Mülleri (Doz. et Molk.) Lac. 3. 370,
 Fig. 232 A—E.
S. pomiformis (Hook.) Hampe 3. 372, Fig.
 235 A—D.
S. revolutus Doz. et Molk. 3. 373, Fig.
 236 A.
S. rotundatus Broth. 3. 365, Fig. 227 A,
 B.
S. tristichus Nees 3. 365, Fig. 227 C—E.
S. Wainioi Broth. 3. 369, Fig. 231 A—D.
Syrrhopodon Schwaegr. (Pottiac.) 3. 420.
Syrrhopodon Sull. (Dicranac.) 3. 329.
Syrrhopodon Williams (Pottiac.) 3. 1190.
Systasis Griff. (Jungerm. anakrog.) 3. 35.
Systegium De Not. (Pottiac.) 3. 383.
Systegium Schimp. (Pottiac.) 3. 384.
Systephania Ehrenb. (Bacillariac.) 1 b. 62,
Syzygiella Spruce (Jungerm. akrog.) 3.
 76, 87.
Syzygites Ehrenb. (Mucorac.) 1. 127.

## T.

Tabellaria Ehrenb. (Bacillariac.) 1 b. 32
 102, 103, 104.
T. fenestrata (Lyngbye) Kütz. 1 b. 104, Fig.
 182 A.
T. flocculosa (Roth) Kütz. 1 b. 104, Fig
 182 B—D.
T. (Striatella) unipunctata (Ag.) F. Sm. 32.
 Fig. 45 A; 104, Fig. 182 E, F.
Tabellarieae (Bacillariac.) 1 b. 56, 101.
Tabellariinae (Bacillariac.) 1 b. 56, 101.
Tabularia Gmel. (Dasycladac.) 2. 456.

Tabularia Kütz. (*Bacillariae.*) 1b. 115.
Tabulina Grun. (*Bacillariae.*) 1b. 82.
T. Testudo Grun. 1b. 82, Fig. 131.
Tabulininae (*Bacillariae.*) 1b. 56, 82.
Tachaphantium Bref. (*Auriculariae.*) 1**. 84.
Tachygonium Naeg. (*Chlorophyc.*) 2. 27.
Taenidium Heer (*Algae*) 2. 567.
Taeniocladium Mitt. (*Neckerae.*) 3. 842, 1229.
Taeniocladium (Mitt.) Fleisch. (*Neckerac.*) 3. 1229.
Taeniodictyon Ren. (*Dicranac.*) 3. 1182.
Taeniola Bon. (*Dematiae.*) 1**. 459.
Taenioma J. Ag. (*Delesseriae.*) 2. 409, 413, 415.
T. macrourum Thur. 2. 413, Fig. 238 D.
Taeniophora Karst. (*Excipulae.*) 1**. 397.
Taeniophycus Schimp. (*Algae*) 2. 567.
Taeniophyllum Presl (*Filical.*) 4. 501.
Taeniopsis J. Sm. (*Polypodiae.*) 4. 299.
Taeniopteris Brongn. (*Filical.*) 4. 445, 476, 500, 792.
T. jejunata Grand'Eury 4. 500.
Taeniopteris Hook. (*Filical.*) 4. 299.
Taenitidinae (*Polypodiae.*) 4. 302.
Taenitis Hk. Bk. (*Polypodiae.*) 4. 303, 305.
Taenitis Willd. (*Polypodiae.*) 4. 302. 304.
T. blechnoides Sw. 4. 304, Fig. 161 C, D.
Täubling, brauner (*Russula consobrina* Fr.) 1**. 113.
Täubling, gabelblättriger (*Russula furcata* Pers.) 1**. 113.
Täubling, grünlicher (*Russula virescens* Schaeff.) 1**. 112.
Täubling, roter (*Russula rubra* DC.) 1**. 113.
Talarodictyon Endl. (*Valoniae.*) 2. 132.
Tamariscella C. Müll. (*Leskeae.*) 3. 1011.
Tamariscina Kindb. (*Hypopterygiae.*) 3. 971.
Tamariscineae Hüben. (*Jungerm. akrog.*) 3. 116, 121, 122, 126, 128, 132.
Tamariscineae Reinw. (*Jungerm. akrog.*) 3. 110, 121, 126, 128, 129, 132.
Tanythrix C. Müll. (*Hypnac.*) 3. 1075.
Taonia J. Ag. (*Dictyotae.*) 2. 295.
Taonurus Fischer-Oost. (*Algae*) 2. 550, 567.
Tapeinidium Presl (*Polypodiae.*) 4. 215.
Tapeinodon Mitt. (*Pottiae.*) 3. 420.
Tapeinosporium Bon. (*Mucedinae.*) 1**. 454.
Tapellaria Müll. Arg. (*Ectolechiae.*) 1*. 243.

Tapesia Pers. (*Mollisiae.*) 1. 210, 211.
T. fusca (Pers.) Fuckel 1. 211, Fig. 165 A, B.
Taphria Fries (*Exoascae.*) 1**. 158, 159, 160; 159, Fig. 136.
T. aurea (Pers.) Fries 1. 159, Fig. 136 H.
T. Sadebeckii Johans. 1. 159, Fig. 136 J.
Taphriella Schröt. (*Exoascae.*) 1. 161.
Taphrina Fries (*Exoascae.*) 1. 160.
Taphrina Sadeb. (*Exoascae.*) 1. 160.
Taphrinopsis Giesenh. (*Exoascae.*) 1. 161.
Tapinia Fries (*Agaricae.*) 1**. 202.
Tap roots (*Stigmariopsis*) 4. 743.
Tarachia Presl (*Polypodiae.*) 4. 234, 235.
Targionia A. Br. (*Ricciae.*) 3. 13.
Targionia Dicks. (*Jungerm. akrog.*) 3. 50.
Targionia L. (*Marchantiae.*) 3. 25, 26.
T. hypophylla L. 3. 27, Fig. 12.
Targionia Schwein. (*Anthocerotae.*) 3. 139.
Targionioideae (*Marchantiae.*) 3. 25, 26.
Tarichium Cohn (*Entomophthorae.*) 1. 137, 140.
Tasmanites Newton (*Filical.*) 4. 514.
Tassiella Sacc. (*Sphaeriae.*) 1. 400, 401.
Tauben-Ritterpilz (*Tricholoma Columbetta* Fr.) 1**. 112.
Taxicaulis (*Sematophyllae.*) 3. 1109.
Taxicaulis C. Müll. (*Hypnac.*) 3. 1079.
Taxicaulis Mitt. (*Hypnac.*) 3. 1079.
Taxilejeunea Spruce (*Jungerm. akrog.*) 3. 118, 125.
Taxithelium Spruce (*Hypnac.*) 3. 1078, 1089, 1237.
T. Dozyanum (C. Müll.) 3. 1091, Fig. 774 F—H.
T. nepalense (Schwaegr.) 3. 1091, Fig. 774 A—E.
Tayloria Hook. (*Splachnae.*) 3. 499.
T. Dubyi Broth. 3. 504, Fig. 355 A—E.
T. Hornschuchii (Grev. et W. Arn.) 3. 502, Fig. 356 A—E.
T. laciniata Spruce 3. 500, Fig. 354 A, B.
T. splachnoidea Schleich. 3. 274, Fig. 168 G.
T. subglabra (Griff.) Mitt. 3. 503, Fig. 357 A—F.
Taylorieae (*Splachnae.*) 3. 285, 498, 499.
Tazzetta Cooke (*Peziae.*) 1. 182, 185.
Tectaria Cav. (*Polypodiae.*) 4. 189.
Tegularia Reinw. (*Polypodiae.*) 4. 181.
Teichospora Fuckel (*Amphisphaeriae.*) 1. 416.
Teichosporella Sacc. (*Amphisphaeriae.*) 1. 416.
Teinoma Mitt. (*Jungerm. akrog.*) 3. 105.
Telamonia Fries (*Agaricae.*) 1**. 116.

Telaranea Spruce (*Jungerm. akrog.*) 3. 94, 103.
Teleutosporites Ren. (*Uredinac.*) 1**. 524.
Temachium Wallr. (*Bacillariac.*) 1b. 113.
Temnoma Mitt. (*Jungerm. akrog.*) 3. 105.
Temnospora Mass. (*Lecideac.*) 1*. 135.
Tempskya Corda (*Filical.*) 4. 512.
Tenorea Tornab. (*Lichen.*) 1*. 240.
Terana O. Ktze. (*Thelephorae.*) 1**. 554.
Teratomyces Thaxt. (*Laboulbeniac.*) 1. 496, 502, 503.
T. Actobii Thaxt. 1. 503, Fig. 292 *D*.
Teratophyllum Mett. (*Polypodiac.*) 4. 195, 198, 251.
Terebraria Grev. (*Bacillariac.*) 1b. 113, 115.
T. barbadensis Grev. 1b. 115, Fig. 209 *A*, *B*.
Teretidens Williams (*Dicranac.*) 3. 1174, 1175.
Terfezia Tul. (*Terfeziac.*) 1. 313, 315, 316; 1**. 538.
T. Leonis Tul. 1. 316, Fig. 224 *A—D*.
T. Mattirolonis Ed. Fisch. 1. 316, Fig. 224 *E—G*.
**Terfeziaceae** 1. 293, 312—319; 1**. 538.
Terfeziopsis Harkn. (*Terfeziac.*) 1**. 538.
Terpsinoe Ehrenb. (*Bacillariac.*) 1b. 97, 98.
T. musica Ehrenb. 1b. 98, Fig. 172 *A*, *B*.
Terquemella Mun.-Chalm. (*Algae*) 2. 568.
Tessararthra Ehrenb. (*Desmidiac.*) 2. 10.
Tessararthra Morren (*Protococcac.*) 2. 68.
Tessarthonia Turp. (*Desmidiac.*) 2. 10.
Tessarthonia Turp. (*Pleurococcac.*) 2. 59.
Tesselina Dum. (*Marchantiac.*) 3. 26.
Tesselina Dum. (*Ricciac.*) 3. 13, 15.
T. pyramidata (Raddi) Dum. 3. 12, Fig.3 *D*; 15, Fig. 5.
Tessella Ehrenb. (*Bacillariac.*) 1b. 104.
Tessellata (*Sigillariac.*) 4. 748, Fig. 445.
Testicularia Klotzsch (*Ustilaginac.*) 1**. 339, 545.
Testudina Bizz. (*Perisporiac.*) 1. 297, 307; 1**. 537, 539.
Tetmemorus Ralfs (*Desmidiac.*) 2. 7, 13.
T. laevis (Kütz.) Ralfs 2. 13, Fig. 8 *A*.
Tetrabaena Duj. (*Volvocac.*) 2. 41.
Tetrablepharis Senn. (*Volvocac.*) 1a. 188.
Tetrachastrum Dix. (*Desmidiac.*) 2. 13.

Tetrachia Berk. et Curt. (*Tuberculariac.*) 1**. 515.
Tetrachococcus Naeg.(*Pleurococcac.*) 2. 56.
Tetrachytrium Sorokin (*Hyphochytriac.*) 1. 83, 84.
T. triceps Sorokin 1. 84, Fig. 67.
Tetracladium DeWild. (*Mucedinac.*) 1**. 447, 448, 449.
T. Marchalianum De Wild. 1**. 449, Fig. 232 *M*.
Tetracolium Link (*Dematiac.*) 1**. 458.
Tetracoscinodon R. Br. (*Pottiac.*) 3. 382, 401.
T. Hectorii R. Br. 3. 401, Fig. 257 *A—E*.
Tetractinium A. Br. (*Hydrodictyac.*) 2. 73.
Tetracyclus Ralfs (*Bacillariac.*) 1b. 39, 101, 102.
T. (Castracania) Boryanus (Pant.) De Toni 1b. 102, Fig. 180.
T. lacustris Ralfs 1b. 39, Fig. 51 *D*; 102, Fig. 179 *A—D*.
Tetraëdron Kütz. (*Pleurococcac.*) 2. 60.
Tetragonis Eichw. (*Algae*) 2. 565.
Tetragonostachyae Hieron. (*Selaginellac.*) 4. 669.
Tetragramma Bail. (*Bacillariac.*) 1b. 98.
Tetramelas Norm. (*Lecideac.*) 1*. 132.
**Tetramitaceae** 1a. 118, 143.
Tetramitus Nitsche (*Tetramitac.*) 1a. 143, 144.
Tetramitus Perty (*Tetramitac.*) 1a. 143, 144.
T. descissus Perty 1a. 144, Fig. 99 *A*.
Tetramitus Zach (*Volvocac.*) 1a. 188.
Tetramyxa Goebel (*Phytomyxin.*) 1. 6, 7.
Tetramyxa Goebel (*Plasmodiophor.*) 1. 38.
Tetranema Aresch. (*Ulvac.*) 2. 77.
Tetrapedia Reinsch (*Chroococcac.*) 1a. 52, 56, 57.
T. gothica Reinsch 1a. 56, Fig. 50 *D*.
Tetraphis Hedw. (*Georgiac.*) 3. 668, 669.
T. pellucida Hedw. 3. 167, Fig. 85 *A—G*; 168, Fig. 86 u. 87; 239, Fig. 145 *K*, *L*; 241, Fig. 147 *A—O*; 276, Fig. 169 *A*, *B*.
Tetraphyllum Mett. (*Polypodiac.*) 4. 251.
Tetraploa Berk. et Br. (*Dematiac.*) 1**. 482, 483.
T. arisata Berk. et Br. 1**. 483, Fig. 251 *G*.
Tetraplodon Bryol. eur. (*Splachnac.*) 3. 503, 1203.
T. paradoxus (R. Br.) Hag. 3. 505, Fig. 359 *A—L*.

Tetraplodon urceolatus Bryol. eur. 3.504, Fig. 358 *A—E*.
Tetraplodon Lindb. (*Splachnac.*) 3. 505.
Tetrapodiscus Ehrenb. (*Bacillariac.*) 1b. 77
Tetrapterum Hampe (*Pottiac.*) 3. 384.
Tetraselmis Stein (*Volvocac.*) 2. 38.
Tetraspora Link (*Tetrasporac.*) 2. 45, 47, 49.
T. lubrica (Roth) Ag. 2. 45, Fig. 26 *J—O*.
Tetraspora Pouchet (*Hymenomonadac.*) 1a. 159.
**Tetrasporaceae** 2. 27, 43—54, 159.
Tetrasporella Gaill. (*Tetrasporac.*) 2. 49.
Tetrastagon Nitschke (*Valsac.*) 1. 463.
Tetrastichium Mitt. (*Hookeriac.*) 3. 919, 956, 963, 1235.
Tetrastichium Mitt. (*Leskeac.*) 3. 1004, 1014.
Tetratoma Bütschli (*Volvocac.*) 2. 43.
Tetrodontium C. Müll. (*Georgiac.*) 3. 669.
Tetrodontium Schwaegr. (*Georgiac.*) 3. 668, 669
T. repandum Schwaegr. 3. 169, Fig. 88 *A—C*.
Thalassionema Grun. (*Bacillariac.*) 1b. 113.
Thalassiophyllum Post., Rupr. (*Laminariac.*) 2. 248, 254, 256.
Th. Clathrus Post., Rupr. 2. 248, Fig. 168*B*.
Thalassiothrix Cleve et Grun. (*Bacillariac.*) 1b. 113, 115, 117.
T. Frauenfeldii Grun. 1b. 117, Fig. 214 *A—C*.
T. longissima Cleve et Grun. var. antarctica Cleve et Grun. 1b. 117, Fig. 214 *D—H*.
Thalassosira Cleve (*Bacillariac.*) 1b. 62, 63.
T. Nordenskioeldii Cleve 1b. 63, Fig. 76 *A, B*.
**Thallocarpus** S. O. Lindb. (*Jungerm. anakrog.*) 3. 49, 50.
Thalloedema Th. Fr. (*Lecideac.*) 1*. 136.
Thalloidema Mass. (*Lecideac.*) 1*. 136.
Thalloidima Jatta, Wainio (*Lecideac.*) 1*. 136.
Thallolejeunea Schiffn. (*Jungerm. akrog.*) 3. 120.
Thalloloma Müll. Arg. (*Graphidac.*) 1*. 100.
Thamniadelphus Fleisch. (*Neckerac.*) 3. 1230.
Thamniastrum Reinsch (*Pleurococcac.*) 2. 60.
Thamnidiella Fleisch. (*Cryphaeac.*) 3. 1214.
Thamnidium Link (*Mucorac.*) 1. 123, 127, 128.

T. amoenum (Preuss) 1. 128, Fig. 112 *C*.
T. elegans Link 1. 128, Fig. 112 *A*.
T. Fresenii Van Tiegh. 1. 128, Fig. 112 *B*.
Thamnidium Thur. (*Ceramiac.*) 2. 504.
Thamnidium Tuck. (*Lichinac.*) 1*. 167.
Thamnieae (*Neckerac.*) 3. 776, 851, 1229.
Thamniella Besch. (*Lembophyllac.*) 3. 864, 865.
Thamniella (Besch.) Broth. (*Lembophyllac.*) 3. 864, 865.
Thamnioidea Kindb. (*Neckerac.*) 3. 858.
Thamnium (*Lembophyllac.*) 3. 864.
Thamnium (*Neckerac.*) 3. 850, 852, 854, 856, 859, 1229, 1230.
Thamnium Bryol. eur. (*Neckerac.*) 3. 852, 859, 1230.
T. pandum (Hook. f. et Wils.) 3. 861, Fig. 633 *A—E*.
T. ramosissimum (Hampe) 3. 860, Fig. 632 *A—E*.
Thamnium Kindb. (*Leskeac.*) 3. 990.
Thamnium Mitt. (*Neckerac.*) 3. 859.
Thamnium Ren. et Card. (*Neckerac.*) 3. 858.
Thamnium Vent. (*Cladoniac.*) 1*. 153.
Thamnocarpus Harv. (*Ceramiac.*) 2. 485, 504.
Thamnocarpus Kütz. (*Rhodymeniac.*) 2. 504.
Thamnoclonium Kütz. (*Grateloupiac.*) 2. 510, 514.
Thamnolecania (Wainic) A. Zahlbr. (*Lecanorac.*) 1*. 205.
Thamnolia Ach. (*Usneac.*) 1*. 217, 225.
T. vermicularis (Sw.) Ach. 1*. 225, Fig. 118 *A, B*.
Thamnomyces Ehrenb. (*Xylariac.*) 1. 481, 490; 1*. 250.
Thamnonoma Tuck. (*Caloplacac.*) 1*. 228.
Thamnonoma (Tuck.) A. Zahlbr. (*Caloplacac.*) 1*. 228.
Thamnophora C. Ag. (*Rhodymeniac.*) 2. 504.
Thamnopsis (Mitt.) Jaeg. (*Hookeriac.*) 3. 942, 1235.
Thamnopteris Brongn. (*Filical.*) 4. 307.
Thamnopteris Presl (*Polypodiac.*) 4. 233.
Thanatophytum Nees (*Mycet.*) 1**. 516.
Thaumaleorhabdium Trevis. (*Bacillariac.*) 1b. 104.
Thaumalocystis Trevis. (*Chlorophyc.*) 2. 27.
Thaumatomastix Lauterb. (*Chloromonadin.*) 1a. 170. 172.
T. setifera Lauterb. 1a. 172, Fig. 125.

Thaumatonema Grev. (*Bacillariac.*) 1b. 62, 63.
T. barbadense Grev. 1b. 63, Fig. 79 *B*.
T. costatum Grev. 1b. 63, Fig. 79 *A*.
Thaumopteris Diels (*Polypodiac.*) 4. 808.
Thaumopteris Goepp. (*Matoniac.*) 4. 349.
Thaxteria Giard (*Laboulbeniac.*) 1. 302.
Thaxteria Sacc. (*Sphaeriac.*) 1.394, 403.
Thecaphora Fingerh. (*Ustilaginac.*) 1**. 7, 13, 14, 345.
T. Lathyri Kühn 1**. 13, Fig. 8 *J*.
Thecaria Fée (*Graphidac.*) 1*. 101.
Thecographa Mass. (*Graphidae.*) 1*. 100.
Thecospora Harkn. (*Tubercalariae.*) 1**. 499, 503.
Thecotheus Boud. (*Ascobolac.*) 1. 190.
Thedenia Fries (*Jungerm. akrog.*) 3. 55.
Thekopsora Magn. (*Melampsorac.*) 1**. 47, 548.
**Thelebolaceae** 1**. 533.
Thelebolus Tode (*Thelebolac.*) 1. 188; 1**. 532.
Thelenella (*Pyrenulac.*) 1*. 67.
Thelepella (*Strigulac.*) 1*. 73.
Thelenella (*Trypethelias.*) 1*. 71.
Thelenella (*Verrucariac.*) 1*. 57.
Thelenella Wainio (*Pyrenulac.*) 1*. 65.
Thelenidia Nyl. (*Verrucariae.*) 1*. 53, 57.
Thelephora Ehrh. (*Thelephorac.*) 1**. 118, 124, 125.
T. caperata B. et Mont. 1**. 124, Fig. 69 *H—J*.
T. palmata (Scop.) Fries 1**. 124, Fig. 69 *K*.
T. terrestris Ehrh. 1**. 124, Fig. 69 *E—G*.
**Thelephoraceae** 1**. 114, 117—130.
Theleporus Fries (*Polyporac.*) 1**. 187.
Thelia Sull. (*Leskac.*) 3. 981.
T. hirtella (Hedw.) 3. 982, Fig. 714 *A—J*.
Thelidea Hue (*Pannariac.?*) 1*. 185.
Thelidium C. Müll. (*Sematophyllac.*) 3. 1117.
Thelidium (C. Müll.) Broth. (*Sematophyllac.*) 3. 1117, 1238.
Thelidium Mass. (*Verrucariac.*) 1*. 53, 56.
T. decipiens (Hepp.) 1*. 54, Fig. 31 *F*.
T. minutulum Koerb. 1*. 46, Fig. 29 *C*.
T. papulare Fr. 1*. 54, Fig. 31 *G*.
Thelicae (*Leskeac.*) 3. 978, 981.
Thelignya Mass. (*Pyrenopsidac.*) 1*. 164.
Theliphyllum (*Leskeac.*) 3. 981, 986, 994, 996, 999, 1011.

Thelocarpon Nyl. (*Acarosporac.*) 1*. 150.
T. prasinellum Nyl. 1*. 151, Fig. 72 *A—D*.
Thelocarpon Nyl. (*Hypocreac.*) 1. 347, 354.
T. Laureri (Fw.) Nyl. 1. 354, Fig. 238 *C*.
Thelochroa Mass. (*Pyrenopsidac.*) 1*. 164.
Thelococcum Nyl. (*Acarosporac.*) 1*. 151.
Thelographis Nyl. (*Graphidac.*) 1*. 101.
Thelomphale Laur. (*Acarosporac.*) 1*. 150.
Thelomphale Laur. (*Hypocreac.*) 1. 354.
Thelopsis Nyl. (*Pyrenulac.*) 1*. 62, 67.
Theloschisma Trevis. (*Graphidac.*) 1*. 99.
**Theloschistaceae** 1*. 112, 229—230.
Theloschistes Norm. (*Theloschistac.*) 1*. 229, 230.
T. chrysophthalmus (L.) Th. Fr. 1*. 229, Fig. 120 *A, B*.
Thelotrema (*Thelotremac.*) 1*. 118, 119, 120.
Thelotrema (Ach.) Müll. Arg. (*Thelotremac.*) 1*. 118, 119.
T. lepadinum Ach. 1*. 119, Fig. 58 *A—C*.
T. umbonatum Müll. Arg. 1*. 119, Fig. 58 *D, E*.
**Thelotremaceae** 1*. 113, 118—121.
Thelypteris Schott (*Polypodiac.*) 4. 167, 170.
Theobaldia Heer (*Algae*) 2. 557
Theriotia Card. (*Weberac.*) 3. 1210.
T. lorifolia Card. 3. 1211, Fig. 847 *A—H*.
Thermutis F. Fr. (*Ephebac.*) 1* 154.
T. velutina (Ach.) Th. Fr. 1*. 155, Fig. 75 *A—D*.
Therrya Sacc. (*Pleosporac.*) 1. 428, 429.
Thielavia Zopf (*Aspergillac.*) 1. 297, 299, 300; 1**. 537.
T. basicola Zopf 1. 300, Fig. 213 *A—D*.
Thielaviopsis Went (*Dematiac.*) 1**. 455, 459.
T. ethaceticus Went 1**. 459, Fig. 237 *C, D*.
Thiemea C. Müll. (*Dicranac.*) 3. 529, 1174.
Thinnfeldia Ettingsh. (*Filical.*) 4. 496, 512.
T. odontopteroidis (Morris) Feistm. 4. 496, Fig. 295.
Thiocystis Winogr. (*Bacteriac.*) 1a. 20.
Thiopedia Winogr. (*Bacteriac.*) 1a. 19.
Thiopolycoccus Winogr. (*Bacteriac.*) 1*. 18.
Thiosarcina Winogr. (*Bacteriac.*) 1a. 19.
Thiospirillum Winogr. (*Bacteriac.*) 1a. 34.
Thiothrix Winogr. (*Bacteriac.*) 1a. 35, 40.
T. nivea Winogr. 1a. 40, Fig. 16.

Tholurna Norm. (Sphaerophorac.) 1*. 85.
T. dissimilis Norm. 1* 84, Fig. 44 A—C.
Thorea Bory (Thoreac.) 2. 322, 323, 568.
T. ramosissima Bory 2. 322, Fig. 198 A—D.
Thoreaceae 2. 304, 324—324.
Thozetia Berk. et Müll. (Tubercolariac.) 1**. 500, 504.
Thraustotheca Humph. (Saprolegniac.) 1. 96, 100.
Thricholea Dum. (Jungerm. akrog.) 3. 140.
Thricolea Dum. (Jungerm. akrog.) 3. 140.
Thrombium (Wallr.) Mass. (Verrucariac.) 1*. 54, 57.
Thuemenella Penz. et Sacc. (Hypocreac.) 1**. 540.
Thümenia Rehm (Melogrammatac.) 1. 578.
Thuidieae (Leskeac.) 3. 978, 1003.
Thuidiella Schimp. (Leskeac.) 3. 1004, 1012, 1236.
Thuidiopsis Broth. (Leskeac.) 3. 1004, 1014.
Thuidium (Leskeac.) 3. 1006, 1008, 1012, 1017, 1019.
Thuidium Aust. (Leskeac.) 3. 1004.
Thuidium Broth. (Leskeac.) 3. 1002.
Thuidium Bryol. eur. (Leskeac.) 3. 1005, 1017.
Thuidium Bryol. eur. (Leskeac.) 3. 1011, 1236, 1239.
T. Brotheri Salm 3. 1013, Fig. 734 A—G.
T. Molkenboerii Lac. 3. 1015, Fig. 735 A—J.
Thuidium De Not. (Leskeac.) 3. 996.
Thuidium Jaeg. (Leskeac.) 3 1019.
Thuidium Paris (Leskeac.) 3. 1011.
Thuidium Sull. (Leskeac.) 3. 1008.
Thuretella Schmitz (Gloiosiphoniac.) 2. 506. 507.
T. Schousboei (Thur.) Schmitz 2. 507, Fig. 273 A.
Thuretia Decne. (Rhodomelac.) 2. 430, 475, 476.
T. quercifolia Decne. 2. 476, Fig. 264 A—C.
Thwaitesia Mont. (Zygnemac.) 2. 20.
Thwaitesiella Mass. (Hydnac.) 1**. 142.
Thylacomonas Schew. (Peranemac.) 1a. 181.
Thylacopteris Kunze (Polypodiac.) 4. 306, 310.
Thyopsiella Spruce (Jungerm. akrog.) 3. 134.
Thyrea Mass. (Pyrenopsidac.) 1*. 159, 162.
T. pulvinata (Schaer) Mass. 1*. 162, Fig. 80.
Thyridaria Sacc. (Valsac.) 1. 466.

Thyridella Sacc. (Valsac.) 1. 455, 466.
Thyridio-Calymperes Fleisch. (Calymperac.) 3. 1189.
Thyridium Mitt. (Calymperac.) 3. 368, 1188.
Thyridium Sacc. (Valsac.) 1. 455, 466.
Thyrococcum Sacc. (Tuberculariac.) 1**. 514.
Thyronectria Sacc. (Hypocreac.) 1. 348, 363.
Thyrsanthus Lindenb. (Jungerm. akrog.) 3. 129.
Thyrsidium Mont. (Melanconiac.) 1**. 505, 506.
T. botryosporum Mont. 1**. 506, Fig. 211 E.
T. hedericola (De Not.) Dur. et Mont. 1**. 506, Fig. 211 B—D.
Thyrsoporella Gümbel (Algae) 2. 568.
Thyrsoporella Gümbel (Dasycladac.) 2. 159.
Thyrsopterideae (Cyatheac.) 4. 119, 122.
Thyrsopteris Kunze (Cyatheac.) 4. 122, 123.
T. elegans Kunze 4. 122, Fig. 79 A—F.
Thysananthus Lindenb. (Jungerm. akrog.) 3. 120, 129.
Thysananthus Steph. (Jungerm. akrog.) 3. 129.
Thysananthus Tayl. (Jungerm. akrog.) 3. 130.
Thysananthus Trevis. (Jungerm. akrog.) 3. 129.
Thysanocladia Endl. (Rhodophyllidac.) 2. 369, 379, 380.
T. coriacea Sonder 2. 380, Fig. 227 B.
Thysanolejeunea Spruce (Jungerm. akrog.) 3. 129.
Thysanomitrium Schwaegr. (Dicranac.) 3. 334, 335.
Thysanopyxis Ces. (Tuberculariac.) 1**. 505.
Thysanothecium Berk. et Mont. (Cladoniac.) 1*. 140, 142.
T. Hookeri Berk. et Mont. 1*. 141, Fig. 65 C.
Tiarospora Sacc. et March. (Sphaerioidac.) 1**. 366, 368.
Tichocarpus Rupr. (Rhodophyllidac.) 2. 269, 280, 281.
T. crinitus Rupr. 2. 380, Fig. 227 D.
Tichosphaerella Lindau [sphalm. (Sphaeriac.) 1. 396.

15*

Tichothecium (Fw.) Koerb. (*Mycosphaerellac.*) 1. 424, 426, 427; 1*. 78.
T. gemmiferum (Tayl.) Koerb. 1. 427, Fig. 266 C.
Tichothecium Fw. (*Verrucariae.*) 1*. 54, 78.
Tigillites Rouault (*Algae*) 2. 568.
Tjibodasia Holterm. (*Auriculariae.*) 1**. 553.
Tilachlidium Preuss (*Stilbac.*) 1**. 489.
Tilletia Tul. (*Tilletiac.*) 1**. 5, 15, 16; 1. 45.
T. Caries 1. 45, Fig. 28.
T. Tritici (Bjerk.) Wint. 1**. 5, Fig. 3 B: 16, Fig. 9 D, E.
**Tilletiaceae** 1**. 15—24.
Tilletiineae 1**. 1, 2, 15—24.
Tilmadoche Fries (*Physarac.*) 1. 32, 33.
T. mutabilis 1. 32, Fig. 18 E, F.
**Tilopteridaceae** 2. 181, 265—268.
Tilopteris Kütz. (*Tilopteridac.*) 2. 266, 267, 268.
T. Mertensii (Sm.) Kütz. 2. 267, Fig. 179 A, B.
Timmia Hedw. (*Timmiac.*) 3. 660.
T. bavarica Hessl. 3. 661, Fig. 502 A—E.
T. megapolitana Hedw. 3. 661, Fig. 502 F—G.
**Timmiaceae** 3. 286, 660—662.
Timmiella De Not. (*Pottiac.*) 3. 395.
Timmiella (De Not.) Limpr. (*Pottiac.*) 3. 382, 395, 1190.
T. anomala (Bryol. eur.) Limpr. 3. 396, Fig. 253 C.
Timmiella Kindb. (*Pottiac.*) 3. 395.
Tiresias Ag. (*Ulotrichac.*) 2. 85.
Tirmania Châtin (*Terfeziac.*) 1. 313, 314, 315.
T. ovalispora Pat. 1. 314, Fig. 223 A—D.
Titaea Sacc. (*Mucedinac.*) 1**. 452, 453, 454.
T. callispora Sacc. 1**. 453, Fig. 235 D.
Titanephyllum Nardo (*Corallinac.*) 2. 543.
Titania Berl. (*Melanconidac.*) 1. 468, 471, 472.
T. Berkeleyi Berl. 1. 471, Fig. 280 L.
Tmesipteris Bernh. (*Psilotac.*) 4. 608, 610, 618, 624: 610, Fig. 383 B.
T. tannensis Bernh. 4. 608, Fig. 384 A—G.
Todea Willd. (*Osmundac.*) 4. 377, 378.
T. barbara (L.) Moore 4. 377, Fig. 204 A.
Todeopsis Ren. (*Osmundac.*) 4. 380, 473.
Todites Seward (*Filical.*) 4. 517.

Tolypella A. Br. (*Charac.*) 2. 172, 174.
T. nidifica (Müll.) Leonh. 2. 173, Fig. 127 B.
Tolypellopsis (Leonh.) Mig. (*Charac.*) 2. 172, 174.
Tolypiocladia Schmitz (*Rhodomelac.*) 2. 427, 441.
Tolypomyria Preuss (*Mucedinac.*) 1**. 419, 437, 438.
T. microspora (Corda) Sacc. 1**. 438, Fig. 227 A.
Tolyposporella Atkins. (*Ustilaginac.*) 1**. 545.
Tolyposporium Woron. (*Ustilaginac.*) 1**. 7, 13.
T. Junci (Schröt.) Woron. 1**. 13, Fig. 8 H.
Tolypothrix (Kütz.) Thuret (*Scytonematac.*) 1 a. 78, 79.
T. penicillata Thuret 1 a. 78, Fig. 57 D.
Tomasellia Mass. (*Pyrenulac.*) 1*. 65.
Tomasellia Mass. (*Trypetheliac.*) 1*. 65, 69.
Tomasellia Wainio (*Trypetheliac.*) 1*. 69.
Tomentella Kindb. (*Brachytheciac.*) 3. 1129, 1138.
Tomentella Pers. (*Hypochnac.*) 1**. 115, 116, 117.
T. flava Bref. 1**. 115, Fig. 66 C—F.
Toninia Mass., Jatta, Wainio (*Lecideac.*) 1*. 136.
Toninia (Mass.) Th. Fr. (*Lecideac.*) 1*. 129, 136.
Topospora Fries (*Sphaerioidac.*) 1**. 372.
Tornabenia Mass. (*Theloschistac.*) 1*. 230, 236.
Tornabenia Trevis. (*Physciac.*) 1*. 236.
Torrubia Tul. (*Hypocreac.*) 1. 368.
Torrubiella Boud. (*Hypocreac.*) 1. 347, 351, 352.
T. aranicida Boud. 1. 352, Fig. 237 D, E.
Torsellia Fries (*Sphaerioidac.*) 1**. 351, 361, 362.
T. Sacculus (Schwein.) Fries 1**. 361, Fig. 190 F.
Tortella C. Müll. (*Pottiac.*) 3. 396.
Tortella (C. Müll.) Limpr. (*Pottiac.*) 3. 382, 396.
T. tortuosa (L.) Limpr. 3. 388, Fig. 244 A—D.
Tortella Lindb. (*Pottiac.*) 3. 393, 396.
Tortula (*Pottiac.*) 3. 393, 396, 407, 422, 426, 428, 429.
Tortula De Not. (*Pottiac.*) 3. 397.
Tortula Fior. (*Pottiac.*) 3. 411.

Tortula Hedw. (*Pottiac.*) 3. 414, 428, 1195.
T. agraria Sw. 3. 429, Fig. 284 *A—E*.
T. desertorum Broth. 3. 434, Fig. 288 *A—D*.
T. fontana (C. Müll.) 3. 433, Fig. 286 *A—D*.
T. Mniadelphus (C. Müll.) 3. 432, Fig. 285 *A—F*.
T. mniifolia (Sull.) Mitt. 3. 434, Fig. 283 *A—D*.
T. montana (Nees) Lindb. 3. 445, Fig. 445*K*.
T. obtusifolia Schleich. 3. 430, Fig. 282 *A—F*.
T. papillosa Wils. 3. 239, Fig. 145 *H*.
T. Petriei Broth. 3. 434, Fig. 284 *A—D*.
T. ruralis (L.) Ehrh. 3. 445, Fig. 267 *F — J*.
T. vesiculosa (C. Müll.) 3. 433, Fig. 287 *A—C*.
Tortula Jur. (*Pottiac.*) 3. 428.
Tortula Limpr. (*Pottiac.*) 3. 429, 1195.
Tortula Schimp. (*Pottiac.*) 3. 407, 428.
Torula Cohn (*Bacteriac.*) 1a. 45.
Torula Pers. (*Dematiac.*) 1\*\*. 455, 458.
T. antennata Pers. 1\*\*. 458, Fig. 236 *C*.
T. asperula Sacc. 1\*\*. 458, Fig. 236 *E*.
T. herbarum Link 1\*\*. 458, Fig. 236 *D*.
Torularia Bonnem. (*Helminthocladiac.*) 2. 329.
Toruleae (*Dematiac.*) 1\*\*. 454, 455.
Toxarium Bail. (*Bacillariac.*) 1b. 115.
Toxonidea Donkin (*Bacillariac.*) 1b. 123, 133.
T. insignis Donkin 1b. 133, Fig. 242.
Toxosira Bréb. (*Bacillariac.*) 1b. 118.
Toxosporium Vuill. (*Melanconiac.*) 1\*\*. 409, 413.
Trabutia Sacc. et Roum. 1 (*Clypeosphaeriac.*) 1. 451, 452, 453.
T. quercina (Rud.) Sacc. et Roum. 1. 453, Fig. 274 *A, B*.
Trachelius Ehrenb. (*Peranemac.*) 1a. 180, 182.
Trachelomonas Ehrenb. (*Euglenac.*) 1a. 175, 176; 2. 570.
T. hispida Stein 1a. 175, Fig. 126 *C*.
Trachybryum Lindb. (*Brachytheciac.*) 3. 1150.
Trachybryum (Lindb.) Broth. (*Brachytheciac.*) 3. 1140.
Trachycarpidium Broth. (*Pottiac.*) 3. 382, 383.
T. verrucosum (Besch.) Broth. 3. 383, Fig. 240 *A—E*.
Trachycladiella Fleisch. (*Neckerac.*) 3. 1226.

Trachycolea Spruce (*Jungerm. akroy.*) 3. 132.
Trachycraterium Rostaf. (*Physarac.*) 1. 34.
Trachycystis Lindb. (*Mniac.*) 3. 606, 607.
Trachycystis (Lindb.) Mitt. (*Mniac.*) 3. 607.
Trachyderma Norm. (*Pannariac.*) 1\*. 184.
Trachylejeunea Spruce (*Jungerm. akroy.*) 3. 126.
Trachylejeunea Spruce (*Jungerm. akroy.*) 3. 119, 126.
T. prionocalyx (Gott.) Schiffn. 3. 123, Fig. 69 *C*.
Trachylia Almq. (*Arthoniac.*) 1\*. 90.
Trachylia (Mass.) Koerb. (*Arthoniac.*) 1. 90.
Trachylia Nyl. (*Cypheliac.*) 1\*. 83.
Trachyloma Brid. (*Neckerac.*) 3. 780, 1224.
T. planifolium (Hook.) 3. 779, Fig. 584 *A—E*.
Trachyloma Mitt. (*Hypnodendrac.*) 3. 1167, 1169.
Trachyloma Mitt. (*Neckerac.*) 3. 780.
Trachylomeae (*Neckerac.*) 3. 776, 779, 1224.
Trachymitrium Brid. (*Calymperac.*) 3. 364.
Trachyncis Cleve (*Bacillariac.*) 1b. 130.
Trachyphylla Kindb. (*Neckerac.*) 3. 854.
Trachyphyllum Broth. (*Orthotrichae.*) 3. 478.
Trachyphyllum Gepp. (*Entodontac.*) 3. 871, 889.
T. fabronioides (C. Müll.) 3. 889, Fig. 654 *A—F*.
Trachypodeae (*Neckerac.*) 3. 776, 827, 1227.
Trachypodopsis (*Neckerac.*) 3. 1228.
Trachypodopsis Fleisch. (*Neckerac.*) 3. 828, 830.
T. auriculata Mitt. 3. 831, Fig. 618 *A—E*.
Trachypodopsis Fleisch. (*Prionodontac.*) 3. 1213.
Trachypus Lindb. (*Prionodontac.*) 3. 1213.
Trachypus Mitt. (*Neckerac.*) 3. 814, 817, 828, 830.
Trachypus Reinw. et Hornsch. (*Neckerac.*) 3. 828, 829, 1228.
T. bicolor Reinw. et Hornsch. 3. 830, Fig. 617 *A—D*.
Trachysphenia Petit (*Bacillariac.*) 1a. 108.
Trachytora Sacc. (*Dematiac.*) 1\*\*. 458.
Tracylla Sacc. (*Leptostromatae.*) 1\*. 387.
Trametes Fries (*Polyporac.*) 1\*\*. 155, 178, 179.
T. odoratus (Wulf.) Fr. 1\*\*. 178, Fig. 95 *D*.

Trametes Pini (Brot.) Fr. 1**. 178, Fig. 95
 1—C.
Trametites Fries (Hymenomycet.) 1**.
 522.
Traquairia Carr. (Salviniac.) 4. 402.
Traubenschimmel (Uncinula spiralis Berk.
 et Curt., Oidium Tuckeri Berk.) 1. 332.
Treleasia Speg. (Hypocreac.) 1**. 540.
Treleasiella Speg. (Nectrioidac.) 1**.
 383, 384.
Trematocarpus Kütz. (Sphaerococcac.) 2.
 385, 390.
T. dichotomus Kütz. 2. 390, Fig. 230 C.
Trematodon Michx. (Dicranac.) 3. 290,
 292, 1173.
T. longicollis Michx. 3. 291, Fig. 171 D—G.
Trematodon Mitt. (Dicranac.) 3. 1173.
Trematodonteae (Dicranac.) 3. 284, 290,
 1173.
Trematodontoideae E. G. Britt. (Dicranac.)
 3. 292.
Trematosphaeria Fuck. (Amphisphae-
 riac.) 1. 413, 414, 415.
T. pertusa (Pers.) Fuckel 1. 415, Fig.
 262 H.
Trematosphaeriopsis Elenk. (Fungi)
 1*. 79.
Trematosphaerites Fuckel (Pyreno-
 mycet.) 1**. 521.
Tremella Dill. (Tremellac.) 1**. 90, 92,
 93, 553.
T. fuciformis Berk. 1**. 93, Fig. 60 H.
T. lutescens Pers. 1**. 93, Fig. 60 E—G.
Tremella R. Br. (Volvocac.) 2. 38.
Tremellaceae 1**. 89, 90—95, 553.
Tremelleae (Tremellac.) 1**. 90.
Tremellineae 1**. 1, 88—96, 553.
Tremellodon Pers. (Tremellac.) 1**. 90,
 94, 95.
T. gelatinosus (Scop.) Schröt. 1**. 94, Fig.
 61 D.
Tremotylium Nyl. (Thelotremac.) 1*. 118,
 120, 121.
T. Sprucei Müll. Arg. 1*. 121, Fig. 59 D.
Trentepohlia Mart. (Chaetophorac.) 2.
 97, 99, 100.
T. umbrina (Kütz.) Born. 2. 100, Fig. 66.
Trentepohlia Roth (Bryac.) 3. 546.
Trentonia Stokes (Chloromonadin.) 1 a. 170.
Trepomonas Dej. (Distomatin.) 1 a. 148,
 149.
T. agilis Dej. f. communis Klebs 1 a. 149,
 Fig. 103 C.
Treptacantha Kütz. (Fucac.) 2. 282.

Treubia Göbel (Jungerm. akrog.) 3. 50,
 58.
Trevisania Zingo (Algae) 2. 568.
Triangularia Warnst. (Sphagnac.) 3. 256.
Triblemma G. Sm. (Polypodiac.) 4. 224.
Tribonema Derb. et Sol. (Ulotrichac.) 2. 85.
Triceratiinae (Bacillariac.) 1 b. 56, 89.
Triceratium Ehrenb. (Bacillariac.) 1 b.
 40, 41, 50, 89, 91, 92.
T. (Amphipentas) alternans Ehrenb. 1 b. 91,
 Fig. 155 A.
T. (Amphitetras) antediluvianum Ehrenb.
 1 b. 41, Fig. 53 D; 50, Fig. 60 A, B; 91,
 Fig. 154.
T. Biddulphia Heib. 1 b. 91, Fig. 153 B.
T. (Eutriceratium) distinctum Janisch 1 b.
 91, Fig. 153 A.
T. favus Ehrenb. 1 b. 40, Fig. 52 A, B; 41,
 Fig. 53 F.
T. (Nothoceratium) insutum Castr. 1 b. 92,
 Fig. 156 B.
T. orbiculatum Ehrenb. 1 b. 41, Fig. 53 G.
T. (Amphipentas) quinquelobatum (Grev.)
 De Toni 1 b. 91, Fig. 155 B.
T. (Nothoceratium) reticulatum Grev. 1 b.
 92, Fig. 156 A.
Trichaegum Corda (Dematiac.) 1**. 482,
 484, 485.
T. atrum Preuss 1**. 485, Fig. 252 E.
Trichamphora Jungh. (Didymiac.) 1. 31.
Tricharia Ach. (Lichen.) 1*. 240.
Tricharia Boud. (Pezizac.) 1. 180.
Tricharia Fée (Lichen.) 1*. 79.
Tricharia Krempelh. (Fungi) 1**. 138.
Trichaster Czern. (Lycoperdac.) 1**. 322.
Tricherpodium C. Müll. (Erpodiac.) 3. 708,
 1213.
Trichia Hall. (Trichiac.) 1. 20, 23, 24.
T. varia Pers. 1. 24, Fig. 13 A, B.
Trichiaceae 1. 15, 20—25. 1**. 524.
Trichiocarpa J. Sm. (Polypodiac.) 4. 186.
Trichiogramme Kühn (Polypodiac.) 4. 257.
Trichobelonium Sacc. (Mollisiac.) 1.
 210, 211.
T. obscurum Rehm 1. 211, Fig. 165 C, D.
Trichocalymma Zenker (Polypodiac.) 4. 306.
Trichocarpa J. Sm. (Polypodiac.) 4. 183.
Trichocarpeae (Rhodophyllidac.) 2. 369,
 381.
Trichocaulon Broth. (Leskeac.) 3. 991, 998.
Trichoceras Kütz. (Ceramiac.) 2. 501.
Trichocladia De Bary (Erysibac.) 1. 331.
Trichocladia Strt. (Parmeliac.) 1*. 208.
Trichocladieae (Dematiac.) 1**. 472.

Trichocladium Harz (*Dematiac.*) 1\*\*.
472, 475, 476.
T. asperum Harz var. charticola Sacc. 1\*\*.
475, Fig. 247 H.
Trichocolea Dum. (*Jungerm. akrog.*) 3.
105, 110.
Trichocolea S. O. Lindb. (*Jungerm. akrog.*)
3. 110.
Trichocoma Jungh. (*Trichocomac.*) 1. 310;
1\*. 239.
T. paradoxa Jungh. 1. 310, Fig. 220 *A*—*E*.
Trichocomaceae 1. 293, 310—311.
Trichoconus Palis. (*Lemaneac.*) 2. 326.
Trichocrea March. (*Nectrioidac.*) 1\*\*.
386.
Trichocystis Kütz. (*Chlorophyc.*) 2. 27.
Trichoderma Pers. (*Mucedinae.*) 1\*\*.
418, 428, 429.
T. lignorum (Tode) Harz 1\*\*. 429, Fig.
221 *E*.
Trichodesmium Ehrenb. (*Oscillatoriac.*)
1a. 63, 65, 66.
T. erythraeum Ehrenb. 1a. 65, Fig. 52 *B*.
Trichodictyon Kütz. (*Desmidiac.*) 2. 9.
Trichodon Schimp. (*Dicranac.*) 3. 294,
298.
Trichodytes Klebahn (*Melanconiae.*) 1\*\*.
413, 414.
T. Anemones Klebahn 1\*\*. 414, Fig. 216
*E*—*H*.
Trichogloea Kütz. (*Helminthocladiac.*) 2.
329, 332, 333.
T. Requienii Kütz. 2. 333, Fig. 203 *A*
—*C*.
Trichoglossum Boud. (*Geoglossae.*) 1. 165.
Tricholea Dum. (*Jungerm. akrog.*) 3. 116.
Tricholechia Mass. (*Pilocarpac.*) 1\*. 110.
Tricholeconium Corda (*Dematiac.*) 1\*\*. 467.
Tricholepis Kindb. (*Neckerae.*) 3. 814.
Tricholoma Fries (*Agaricac.*) 1\*\*. 260, 267,
268.
Tricholomella Schröt. (*Agaricac.*) 1\*\*. 270.
Trichomanes Diels (*Polypodiae.*) 4. 235.
Trichomanes Sm. (*Hymenophyllac.*) 4.
16, 53, 90, 93, 94, 95, 100, 102, 103,
104, 106; 93, Fig. 66 *D*—*E*.
T. alatum Sw. 4. 90, Fig. 65; 100, Fig.
70 *D*.
T. labiatum Jenm. 4. 100, Fig. 70 *C*.
T. Lyalii Hook. 4. 106, Fig. 73 *C*.
T. membranaceum L. 4. 100, Fig. 70 *A*, *B*,
*E*; 103, Fig. 72 *A*—*C*; 106, Fig. 73 *B*.
T. radicans Sw. 4. 102, Fig. 71 *A*—*E*.
T. reniforme Forst. 4. 106, Fig. 73 *A*.

T. rigidum Sw. 4. 16, Fig. 11 *I*; 94, Fig.
67 *I*, *II*, 95; Fig. 68.
T. speciosum L. 4. 53, Fig. 37 *II*, *J*.
T. spicatum Hedw. 4. 106, Fig. 73 *D*.
Trichomanites Goepp. (*Filical.*) 4. 475.
Trichomastix Blochm. (*Tetramitac.*) 1a.
143, 144, 145.
T. Lacertae Blochm. 1a. 144, Fig. 99 *C*.
Trichomonas Donné (*Tetramitac.*) 1a.
143, 145.
T. vaginalis Donné 1a. 145, Fig. 100.
Trichomonas Leuckart (*Tetramitac.*) 1a. 144.
Trichonema From. (*Flagellat.*) 1a. 112,
118, 146, 147.
T. gracile Moeb. 1a. 146, Fig. 102 *C*.
T. hirsutum From. 1a. 146, Fig. 102 *B*.
Trichonympha Grassi et Sand. (*Tricho-
nymphid.*) 1a. 187.
**Trichonymphida** Stein 1a. 94, 112, 187.
Trichopeltis Speg. (*Microthyriac.*) 1. 339,
342.
Trichopeltulum Speg. (*Leptostomatac.*)
1\*\*. 387, 389.
Trichopeziza Fuckel (*Helotiac.*) 1. 202.
Trichopezizeae (*Helotiac.*) 1. 194.
Trichophila Oudem. (*Leptostomatac.*) 1\*\*.
387, 389.
Trichophilus Web. v. Bosse (*Chaeto-
phorac.*) 2. 97, 98.
T. Welckeri Web. v. Bosse 2. 98, Fig. 63.
Trichophloea Boud. (*Pezizac.*) 1. 180.
Trichophora Kindb. (*Bryac.*) 3. 592, 1006.
Trichophoreae 1a. 50, 84.
Trichophyllina Hüben. (*Jungerm. akrog.*) 3.
102, 105.
Trichophyton Malm. (*Mucedinac.*) 1\*\*. 424,
536.
T. tonsurans Malm. 1\*\*. 424.
Trichoplacia Mass. (*Fungi*) 1\*. 79, 138,
139.
Trichopsora Lagerh. (*Melampsorac.*) 1\*\*.
38, 40, 548.
T. Tournefortiae Lagerh. 1\*\*. 40, Fig.
24.
Trichopteris Presl (*Cyatheae.*) 4. 132, 133.
Trichormus Rabh. (*Nostocac.*) 1a. 74.
Trichoscypha Cooke (*Helotiac.*) 1. 195.
Trichoseptoria Cav. (*Sphaerioidac.*) 1\*\*.
377, 379, 380.
T. Alpei Cav. 1\*\*. 379, Fig. 199 *O*—*Q*.
Trichosperma Speg. (*Nectrioidac.*) 1\*\*.
386.
Trichosphaerella Bomm., Rouss. et
Sacc. (*Sphaeriac.*) 1. 396; 1\*\*. 542.

Trichosphaeria Fuckel (*Sphaeriac.*) 1. 394, 395, 396.
T. pilosa (Pers.) Fuckel 1. 396, Fig. 255 *E—G.*
Trichosporieae (*Dematiac.*) 1**. 454, 456.
Trichosporites Sacc. (*Hyphomycet.*) 1**. 522.
Trichosporium Fries (*Dematiac.*) 1**. 456, 462, 463.
T. fuscum Bon. 1**. 463, Fig. 240 *B*.
Trichosteleum Besch. (*Sematophyllac.*) 3. 1116.
Trichosteleum Mitt. (*Sematophyllac.*) 3.1116.
Trichosteleum (Mitt.) Jaeg. (*Sematophyllac.*) 3. 1099, 1116, 1238.
T. dicranoides Broth. 3. 1118, Fig. 792 *A—F*.
T. hamatum (Doz. et Molk.) 3. 1116, Fig. 791 *A—E*.
T. novoguineense (Geh.) 3. 1119, Fig. 793 *A—E*.
Trichostoma Brid. (*Pottiac.*) 3. 395.
Trichostomeae (*Pottiac.*) 3. 381, 1189.
Trichostomum (*Pottiac.*) 3. 395, 399, 426.
Trichostomum Bruch (*Dicranac.*) 3. 301.
Trichostomum Bryol. eur. (*Pottiac.*) 3. 299, 392.
Trichostomum Doz. et Molk. (*Pottiac.*) 3. 393.
Trichostomum Hedw. (*Dicranac.*) 3. 300.
Trichostomum Hedw. (*Grimmiac.*) 3. 453.
Trichostomum Hedw. (*Pottiac.*) 3. 382, 393, 1190.
T. Warnstorfii Limpr. 3. 239, Fig. 145 *D, E*.
Trichostomum Hook. (*Dicranac.*) 3. 320.
Trichostomum Hornsch. (*Grimmiac.*) 3. 440.
Trichostomum Kindb. (*Pottiac.*) 3. 393.
Trichostomum Limpr. (*Grimmiac.*) 3. 394.
Trichostomum Lindb. (*Grimmiac.*) 3. 453.
Trichostomum Lindb. (*Pottiac.*) 3. 386, 1190.
Trichostomum Mitt. (*Pottiac.*) 3. 393.
Trichostomum Schrad. (*Dicranac.*) 3. 298.
Trichostomum Steudel (*Pottiac.*) 3. 411.
Trichostomum Web. et Mohr (*Leucodontac.*) 3. 748.
Trichostomum Wils. (*Dicranac.*) 3. 1173.
Trichostroma Corda (*Tuberculariae.*) 1**. 511, 513, 515.
T. olivaceum Preuss 1**. 515, Fig. 263 *A, B*.
Trichostylium Corda (*Jungerm. akrog.*) 3. 52.

Trichothamnion Kütz. (*Rhodomelac.*) 2. 472.
Trichotheca Karst. (*Tuberculariae.*) 1**. 499, 502.
Trichothecium Bon. (*Mucedinac.*) 1**. 449.
Trichothecium Link (*Mucedinac.*) 1**. 444, 445, 446, 449.
T. roseum (Pers.) Link 1**. 446, Fig. 234 *B*.
Trichothelium Müll. Arg. (*Strigulac.*) 1*. 74. 75.
Trichothemalium Kunze (*Polypodiac.*) 4. 306, 308.
Trichothyrium Speg. (*Microthyriac.*) 1 339, 340.
Trichterling (*Clitocybe infundibuliformis* Schaeff.) 1**. 412.
Trichurus Clem. et Shear. (*Stilbac.*) 1**. 493, 495.
Tricladia Decne. (*Caulerpac.*) 2. 136.
Triclinium Fée (*Pannariac.*) 1*. 243.
Tricolea Dum. (*Jungerm. akrog.*) 3. 110.
Tridentaria Preuss (*Mucedinac.*) 1**. 452, 453.
Tridontium Hook. f. (*Pottiac.*) 3. 382, 401.
T. tamariscum Hook. f. 3. 402, Fig. 258 *A—F*.
Tridontium Lindb. (*Dicranac.*) 3. 316.
Trigenea Sonder (*Rhodomelac.*) 2. 428, 453.
Triglyphium Fresen. (*Tuberculariae.*) 1** 510.
Trigonantheae (*Jungerm. akrog.*) 3. 74, 94.
Trigonanthus Spruce (*Jungerm. akrog.*) 3. 97, 98.
Trigonium Cleve (*Bacillariac.*) 1b. 91.
Trigonocystis Ehrenb. (*Desmidiac.*) 2. 11.
Trigonolejeunea Spruce (*Jungerm. akrog.*) 3. 129.
Trigonomitria Fleisch. (*Funariac.*) 3. 522.
Trigonomonas Klebs (*Distomatin.*) 1a. 148, 149.
T. compressa Klebs 1a. 149, Fig. 103 *B*.
**Trimastigaceae** 1a. 118, 141.
Trimastix Kent (*Bodonac.*) 1a. 134.
Trimastix Kent (*Trimastigac.*) 1a. 141, 142.
T. marina Kent 1a. 142, Fig. 97 *C*.
Trimmatostroma Corda (*Tuberculariae.*) 1**. 511, 515.
T. fruticola Corda 1**. 515, Fig. 263 *E, F*.
Trimmatothele Norm. (*Verrucariac.*) 1*. 53, 56.
Trinacria Heib. (*Bacillariac.*) 1b. 97.

Trinacrium Riess (*Mucedinae.*) 1**. 452, 453, 454.
T. subtile Riess 1**. 453, Fig. 235 *B, C.*
Triophthalmidium Müll. Arg. (*Caloplacac.*) 3. 228.
Triophthalmidium (Müll. Arg.) A. Zahlbr. (*Caloplacae.*) 3. 228.
Triphlebia Bak. (*Polypodiac.*) 4. 222, 229, 230; 229, Fig. 122 *C, D.*
T. dimorphophylla Bak. 4. 229, Fig. 122 *C.*
T. pinnata (J. Sm.) Bak. 4. 229, Fig. 122 *D.*
Triphragmium Link (*Pucciniac.*) 1**. 49, 71, 73; 71, Fig. 47 *G, H.*
T. echinatum (Lév.) 1**. 71, Fig. 47 *H.*
T. Ulmariae (Schum.) 1**. 71, Fig. 47 *G.*
Triphyllopteris Schimp. (*Filical.*) 4.488.
Triplicaria Karst. (*Tuberculariae.*) 1**. 511, 513.
Triploceras Bail. (*Desmidiac.*) 2. 9, 10.
Triplocoma La Pyl. (*Dawsoniae.*) 3. 700.
Triploporella Steinm. (*Dasycladac.*) 2. 159, 568.
Tripodiscus Ehrenb. (*Bacillariae.*) 1b. 77.
Tripos Bory (*Peridiniae.*) 1b. 20.
Tripospora Sacc. (*Coryneliac.*) 1. 411, 412.
T. tripos (Cooke) Lindau 1. 412, Fig. 261 *F—J.*
Triposporium Corda (*Dematiae.*) 1**. 488.
T. Ficinusium Preuss 1**. 487, Fig. 253 *K.*
Tripothallus Wille [sphalm.] (*Pleurococcae.*) 2. 580.
Tripterocladium C. Müll. (*Lembophyllae.*) 3. 890.
Tripterocladium (C. Müll.) Kindb. (*Lembophyllae.*) 3. 871, 890, 1230, 1232.
T. leucocladulum (C. Müll.) 3. 890, Fig. 852 *A—F.*
Triquetrella C. Müll. (*Pottiac.*) 3. 382, 398, 1190.
T. papillata (Hook. f. et Wils.) 3. 399, Fig. 255 *A—G.*
T. scabra C. Müll. 3. 399, Fig. 255 *H, —L.*
Trismegistia C. Müll. (*Hypnac.*) 3. 1077.
Trismegistia (C. Müll.) Broth. (*Hypnac.*) 3. 1062, 1077, 1237.
T. Prionodontella Broth. 3. 1077, Fig. 768 *A—E.*
Trismeria Fée (*Polypodiac.*) 4. 255, 264, 265.
T. trifoliata (L.) Fée 3. 264, Fig. 150 *A—D.*
Tristichiaceae C. Müll. (*Dicranac.*) 3. 302.

Tristichiopsis C. Müll. (*Dicranae.*) 3. 294, 302.
Tristichium C. Müll. (*Dicranae.*) 3. 294, 301.
T. Lorentzii C. Müll. 3. 302, Fig. 176 *A—C.*
Trizygia Royle (*Sphenophyllae.*) 4. 516.
T. speciosa Royle 4. 516, Fig. 316.
Trochila Fries (*Phacidiac.*) 1. 257, 260, 261.
T. Ilicis (Chev.) Rehm 1. 261, Fig. 191 *G, H.*
T. petiolaris (Alb. et Schw.) Rehm 1. 264, Fig. 191 *J.*
Trochila Karst. (*Phacidiac.*) 1. 260.
Trochiscia Mont. (*Bacillariae.*) 1b. 59.
Trochobryum Breidl. (*Dicranac.*) 3. 304, 306.
T. carniolicum Breidl. et Beck 3. 305, Fig. 178 *A—D.*
Trochophyllum Lesq. (*Psilotae.*) 4. 621.
Trochopteris Gardn. (*Schizaeae.*) 4. 367, 368.
Trochosira Kitton (*Bacillariae.*) 1b. 62.
Trogia Fries (*Agaricae.*) 1**. 198, 199, 200.
T. faginea (Schrad.) Schröt. 1**. 200, Fig. 106 *F.*
Trombetta O. Ktze. (*Thelephorae.*) 1**. 127.
Tromera Mass. (*Cenangiac.*) 1. 230; 1*. 152.
Tronidia Wainio (*Gyalectae.*) 1*. 126.
Tropidoneis Cleve (*Bacillariae.*) 1b. 123, 133.
T. (Plagiotropis) maxima Grun. 1b. 133, Fig. 244 *B, C.*
T. (Plagiotropis) vitrea W. Sm. 1b. 133, Fig. 244 *A.*
Tropidoscyphus Stein (*Peranemae.*) 1a. 179, 182, 183.
T. cyclostomus Senn 1a. 183, Fig. 133 *B.*
Troposporella Karst. (*Tuberculariae.*) 1**. 515.
Troposporium Harkn. (*Tuberculariae.*) 1**. 509, 510.
T. album Harkn. 1**. 510, Fig. 261 *D.*
Truania Pant. (*Bacillariae.*) 1b. 70.
Trullula Ces. (*Melanconiac.*) 1**. 399, 402, 403, 405.
T. olivascens Sacc. 1**. 402, Fig. 209 *G—J.*
**Tryblidiaceae** 1. 245, 253—256.
Tryblidiella Sacc. (*Cenangiac.*) 1. 231, 234.
T. elevata (Pers.) Rehm 1. 234, Fig. 178 *D, E.*

Tryblidiopsis Karst. (*Tryblidiac.*) 1. 253, 254.
T. pinastri (Pers.) Karst. 1. 254, Fig. 186 *A—C*.
Tryblidium Duf. (*Cenangiac.*) 1. 234.
Tryblidium Rebent. (*Tryblidiac.*) 1. 253, 254.
T. caliciiforme Rebent. 1. 254, Fig. 186 *D, E*.
Tryblionella W. Sm. (*Bacillariac.*) 1b. 143.
Trypanosoma Danil. (*Oicomonadac.*) 1a. 120.
Trypanosoma Gruby (*Oicomonadac.*) 1a. 119, 121.
T. sanguinis Gruby 1a. 121, Fig. 78 *B*.
Trypemonas Perty (*Euglenac.*) 1a. 176.
**Trypetheliaceae** 1*. 52, 69—71.
Trypethelium Spreng. (*Trypetheliac.*) 1*. 69, 70.
T. eluteriae Spreng. 1*. 69, Fig. 36*A—D*.
Trypethelium Wainio (*Trypetheliac.*) 1*. 70.
Trypothallus Hook. (*Pleurococcac.*) 2. 56, 380.
Tschestnowia Pant. (*Bacillariac.*) 1b. 77.
Tubaria Fries (*Agaricac.*) 1**. 250.
Tuber Mich. (*Eutuberac.*) 1. 280, 281, 286, 287; 1**. 535.
T. aestivum Vitt. 1. 287, Fig. 208 *A*.
T. a. var. mesentericum 1. 287, Fig. 208 *F*.
T. brumale Vitt. 1, 287, Fig. 208 *J*.
T. b. var. melanosporum 1. 287, Fig. 208 *C*.
T. excavatum Vitt. 1. 280, Fig. 203; 287, Fig. 208 *D, G*.
T. Magnatum Pico 1. 287, Fig. 208 *B, K*.
T. rufum Pico 1. 287, Fig. 208 *E, H*.
Tubera genuina Vitt. (*Eutuberac.*) 1. 286.
Tubera spuria Vitt. (*Eutuberac.*) 1. 286.
Tubercularia Tode (*Tuberculariac.*) 1**. 499, 500, 501.
T. confluens Pers. 1**. 501, Fig. 258 *J, K*.
T. versicolor Sacc. 1**. 501, Fig. 258 *L, M*.
T. vulgaris Tode 1**. 501, Fig. 258 *H*.
Tubercularia Weber (*Cladoniac.*) 1*. 140.
**Tuberculariaceae** 1**. 416, 498—515, 559.
Tuberculina Sacc. (*Tuberculariac.*) 1**. 23, 499, 500, 501.
T. persicina (Ditm.) Sacc. 1**. 501, Fig. 258 *D*.
T. vinosa Sacc. 1**. 501, Fig. 258 *C*.
Tuberculina Sacc. (*Hemibasid.*) 1**. 23.
Tuberineae 1. 112, 278—290; 1**. 535.

Tuberkulosebazillus (*Bacterium tuberculosis* Koch) 1a. 23.
Tubeufia Penz. et Sacc. (*Hypocreac.*) 1**. 540.
Tubicaulis Cotta (*Filical.*) 4. 507, 509, 746.
Tubiculites Grand'Eury (*Filical.*) 4. 515.
Tubularia Brun. (*Bacillariac.*) 1b. 113, 117, 118.
T. pistillaris Brun. 1b. 118, Fig. 217.
Tubularia Rouss. (*Ulvac.*) 2. 77.
Tubulina Pers. (*Liceac.*) 1. 16, 17.
T. cylindrica Bull. 1. 17, Fig. 8 *C—E*.
T. stipitata (Berk. et Rav.) 1. 17, Fig. 8 *F*.
Tuburcinia (Fries) Woron. (*Tilletiac.*) 1**. 15, 18, 19.
T. Trientalis (Berk. et Br.) Woron. 1**. 18, Fig. 11 *A—E*.
Tulostoma Pers. (*Tulostomatac.*) 1**. 342, 343, 557.
T. mammosum (Mich.) Pers. 1**. 343, Fig. 179 *A, B*.
**Tulostomataceae** 1**. 331, 342—345.
Tuomega Harv. (*Lemanac.*) 2. 326, 327.
Turbinaria Lamx. (*Fucac.*) 2. 279, 286.
T. gracilis Sonder 2. 286, Fig. 188 *C, D*.
Turgidella C. Müll. (*Neckerac.*) 3. 811.
Turnerella Schmitz (*Rhodophyllidac.*) 2. 368, 371, 372.
T. Mertensiana (J. Ag.) Schmitz 2. 372, Fig. 223 *C*.
Tylimanthus Mitt. (*Jungerm. akrog.*) 3. 77, 86.
Tylocarpeae (*Gigartinac.*) 2. 354, 358.
Tylocarpus Kütz. (*Gigartinac.*) 2. 359.
Tylocolax Schmitz (*Rhodomelac.*) 2. 478, 479.
T. microcarpus Schmitz 2. 479, Fig. 266 *B*.
Tylogonus Miliarakis (*Phytomyxin.*) 1**. 524.
Tylophorella Wainio (*Cypheliac.*) 1*. 83, 85.
Tylophoron Nyl. (*Cypheliac.*) 1*. 83, 84.
T. protrudens Nyl. 1*. 84, Fig. 43 *A*.
Tylopilus Karst. (*Polyporac.*) 1**. 188, 190.
Tylotus J. Ag. (*Sphaerococcac.*) 2. 385, 391.
Tympanis Tode (*Cenangiac.*) 1. 234, 236, 237.
T. pinastri Tul. 1. 237, Fig. 179 *H—L*.
Tympanophora Lindl. et Hutt. (*Filical.*) 4. 513.
Tympanopsis Starb. (*Sphaeriac.*) 1. 402.
Tyndaridea Bory (*Zygnemac.*) 2. 20.

Typhodium Link (*Hypocreac.*) 1. 366.
Typhula Fries (*Clavariac.*) 1\*\*. 130, 131, 132.
T. placorrhiza (Reichb.) Fr. 1\*\*. 131, Fig. 71 L.
T. sclerotioides (Pers.) Fr. 1\*\*. 131, Fig. 71 K.
T. variabilis Riess 1\*\*. 131, Fig. 72 M, N.
Typhusbacillus (*Bacterium typhi* Gaffky) 1a. 26.
Tyrodon Karst. (*Hydnac.*) 1\*\*. 148.
Tyrsopteris Kunze (*Filical.*) 4. 515.

## U.

Ucographa Mass. (*Lichenes*) 1\*. 111.
Udotea Lamx. (*Codiac.*) 2. 141, 142, 143.
U. Desfontainii (Lamx.) Decne. 2. 143, Fig. 94.
Ugena Cav. (*Schizaeac.*) 4. 363.
Ulea C. Müll. (*Pottiac.*) 3. 414, 421.
U. palmicola C. Müll. 3. 421, Fig. 276 A — E.
Uleiella Schröt. (*Hemibasid.*) 1\*\*. 23.
Uleobryum Broth. (*Pottiac.*) 3. 1189.
U. peruvianum Broth. 3. 1190, Fig. 835 A — F.
Uleomyces P. Henn. (*Hypocreac.*) 1. 348, 364; 1\*\*. 539.
U. parasiticus P. Henn. 1. 366, Fig. 244 C — E.
Ulnaria Kütz. (*Bacillariac.*) 1b. 115.
Ulocladium Preuss (*Dematiac.*) 1\*\*. 484.
Ulocodium Mass. (*Lecideac.*) 1\*. 134.
Ulocolla Bref. (*Tremellac.*) 1\*\*. 90, 92, 93.
U. foliacea (Pers.) Bref. 1\*\*. 93, Fig. 60 A.
Ulodendron Sternbg. (*Lepidodendrac.*) 4. 735, 738, 740; 718, Fig. 409.
U. minus 4. 736, Fig. 429.
Ulopteryx Kjellm. (*Laminariac.*) 2. 245, 253, 255.
U. pinnatifida (Harv.) Kjellm. 2. 245, Fig. 166 C.
Ulota C. Müll. (*Orthotrichac.*) 2. 472.
Ulota Mohr, Brid. (*Orthotrichac.*) 3. 457, 472, 1201.
U. Bruchii Hornsch. 3. 473, Fig. 323 A — F.
U. phyllantha Brid. 3. 239, Fig. 145 A.
Ulothrix Kütz. (*Ulotrichac.*) 2. 81, 82, 83, 84.
U. Pringsheimii Wille 2. 81, Fig. 46.
U. zonata (Web. et Mohr) Kütz. 2. 82, Fig. 48.

Ulotrichaceae \*) 3. 27, 79 — 85.
Ulozygodon C. Müll. (*Orthotrichac.*) 3. 459.
Ulva (L.) Wittr. (*Ulvac.*) 2. 77.
Ulvaceae 2. 27, 74 — 78.
Ulvaria Rupr. (*Ulvac.*) 2. 77.
Ulvella Nyl. (*Strigulac.*) 1\*. 75.
Ulvella Trevis. (*Strigulac.*) 1\*. 75.
Umbilicaria (*Gyrophorac.*) 1\*. 147.
Umbilicaria (Hoffm.) Fw. (*Gyrophorac.*) 1\*. 147, 149.
U. pustulata (L.) Hoffm. 1\*. 149, Fig. 71 A — C.
Umbracularia C. Müll. (*Splachnac.*) 3. 507.
Umbraculum Gott. (*Jungerm. anakrog.*) 3. 54.
Umbraculum Mitt. (*Jungerm. anakrog.*) 3. 55.
Unatheca Kidst. (*Filical.*) 4. 479.
Uncigera Sacc. (*Mucedinac.*) 1\*\*. 420, 440, 441.
U. Cordae Berl. et Sacc. 1\*\*. 440, Fig. 228 H.
Uncinula Lév. (*Erysibac.*) 1. 328, 332.
U. Aceris (D.C.) Sacc. 1. 332, Fig. 230 A.
U. spiralis Berk. et Curt. 1. 332, Fig. 230 B.
Underwoodia Peck (*Rhizinac.*) 1. 171, 172.
Uphantaenia Vanuxem (*Algae*) 2. 568.
Urceola Quél. (*Mollisiac.*) 1. 215.
Urceolaria Ach. (*Diploschistac.*) 1\*. 122.
Urceolina Müll. Arg. (*Lecanorac.*) 1\*. 202.
U. Tuck. (*Lecanorac.*) 1\*. 202.
U. (Tuck.) A. Zahlbr. (*Lecanorac.*) 1\*. 202.
Urceolopsis Stokes (*Peranemac.*) 1a. 181.
Urceolus Mereschk. (*Peranemac.*) 1a. 178, 179, 180, 181.
U. cyclostomus (Stein) Mereschk. 1a. 180, Fig. 130 B.
Uredinales 1\*\*. 24 — 84, 546 — 553.
Uredinopsis P. Magn. (*Melampsorac.*) 1\*\*. 39, 47, 48, 548.
U. filicina (Niessl) 1\*\*. 47, Fig. 30 F, G.
U. Struthiopteridis Störmer 1\*\*. 47, Fig. 30 A — E.
Uredinula Speg. (*Tuberculariac.*) 1\*\*. 23, 500.
Uredo Bauer (*Volvocac.*) 2. 38.
Uredo Pers. (*Uredinales*) 1\*\*. 80.
U. Ficus Cast. 1\*\*. 80, Fig. 55 A.
U. Vitis Thüm. 1\*\*. 80, Fig. 55 B, C.

---

\*) Nicht Ulothrichaceae.

Urnatopteris Kidst. (*Marattiac.*) 4. 447, 448.
U. tenella (Brongn.) Kidst. 4. 447, Fig. 252 *A, B.*
Urnigera Bryol. eur. (*Polytrichac.*) 3. 692.
Urnula Fries (*Tryblidiac.*) 1. 253, 254.
U. terrestris (Niessl) Sacc. 1. 254, Fig. 186 *F, G.*
Urnularia Karst. (*Sphaeriac.*) 1. 402.
Urobasidium Giesenh. (*Hypochnac.*) 1**. 115, 116.
U. rostratum Giesenh. 1**. 115, Fig. 66 *J.*
Urocladium (Hampe et C. Müll.) Fleisch. (*Neckerac.*) 3. 858.
Urococcus (Hass.) Kütz. (*Pleurococcac.*) 2. 60.
Urocystis Rabh. (*Tilletiac.*) 1**. 15, 19, 20, 546.
U. Anemones (Pers.) Wint. 1**. 20, Fig. 12 *D.*
U. Violae (Sw.) Fisch. v. Waldh. 1**. 20, Fig. 12 *A—C.*
Uroglena Ehrbg. (*Ochromonadac.*) 1a. 163, 166; 2. 570.
U. Volvox Ehrenbg. 1a. 166, Fig. 120.
Uromyces Link (*Pucciniac.*) 1**. 48, 54, 56, 58, 551; 54, Fig. 35 *D—L.*
U. Anthyllidis (Grev.) 1**. 54, Fig. 35 *J.*
U. appendiculatus (Pers.) 1**. 54, Fig. 35 *F*; 56, Fig. 37 *A, B.*
U. Betae (Pers.) 1**. 56, Fig. 37 *C, D.*
U. brevipes (Berk. et Rav.) 1**. 54, Fig. 35 *N.*
U. dictyosperma Ell. et Ev. 1**. 54, Fig. 35 *D.*
U. Fabae (Pers.) 1**. 54, Fig. 35 *H.*
U. Hedysari paniculati (Schw.) 1**. 54, Fig. 35 *G.*
U. Pisi (Pers.) Wint. 1**. 55, Fig. 36 *A—D.*
U. striatus (Schröt.) 1**. 54, Fig. 35 *K.*
U. Tepperianus Sacc. 1**. 58, Fig. 38.
U. Terebinthi (D.C.) 1**. 54, Fig. 35 *L, M.*
U. Trifolii (Hedw.) 1**. 54, Fig. 35 *E*; 55, Fig. 36 *E, F.*
Uromycopsis Dietel (*Pucciniac.*) 1**. 57.
Uronema Lagerh. (*Ulotrichac.*) 2. 83, 85.
U. confervicolum Lagerh. 2. 85, Fig. 51.
Urophagus Klebs (*Distomatac.*) 1a. 148, 150.
U. rostratus (Duj.) Klebs f. angustus 1a. 150, Fig. 104 *C.*

Urophlyctis Schröt. (*Oochytriac.*) 1. 84, 86.
U. pulposa (Wallr.) Schröt. 1. 86, Fig. 70.
Urophora Th. Fr. (*Lecideac.*) 1*. 135.
Uropyxis Schröt. (*Pucciniac.*) 1**. 551.
Urospora Aresch. (*Cladophorac.*) 2. 116, 117.
U. penicilliformis (Roth) Aresch. 2. 116, Fig. 77.
Urospora H. Fabre (*Pleosporac.*) 1. 428, 429, 430.
U. cocciferae H. Fabre 1. 430, Fig. 267 *A.*
Urosporella Atkins. (*Pleosporac.*) 1**. 544.
Urosporium Fingerh. (*Dematiac.*) 1**. 476, 478.
Ursinella Turp. (*Desmidiac.*) 2. 10.
Usnea (Dill.) Pers. (*Usneac.*) 1*. 217, 223.
U. barbata Fries 1*. 9, Fig. 14 *A, B*; 22, Fig. 18 *A—D.*
U. florida (L.) Hoffm. 1*. 223, Fig. 116 *A*; 224, Fig. 117 *A—E.*
Usneaceae 1*. 114, 216—226.
Ustilaginaceae 1**. 6—14.
Ustilagineae 1**. 6—14.
Ustilaginoidea Bref. (*Hypocreac.*) 1. 348, 372.
Ustilago Pers. (*Ustilaginac.*) 1**. 4, 6, 7, 9, 10, 11, 545.
U. Avenae (Pers.) Jens. 1**. 7, Fig. 4 *C—E.*
U. Bistortarum (D.C.) Schröt. 1**. 11, Fig. 7 *E.*
U. bromivora Fisch. v. Waldh. 1**. 7, Fig. 4 *A, B.*
U. Hordei (Pers.) Kellerm. 1**. 7, Fig. 4 *F.*
U. Hydropiperis (Schum.) Schröt. 1**. 11, Fig. 7 *A—D.*
U. Maydis (D.C.) Tul. 1**. 9, Fig. 5 *B, C.*
U. nuda (Jens.) Kellerm. 1**. 7, Fig. 4 *G.*
U. panici-miliacei (Pers.) Wint. 1**. 10, Fig. 6.
U. Sorghi (Link) Pass. 1**. 9, Fig. 5 *D.*
U. Tragopogonis pratensis (Pers.) Wint. 1**. 4, Fig. 2; 5, Fig. 3 *A*; 11 Fig. 7 *F.*
U. Treubii Solms 1**. 4, Fig. 1.
U. Tritici (Pers.) Jens. 1**. 9, Fig. 5 *A.*
Ustulina Tul. (*Xylariac.*) 1. 481, 482, 483.
U. maxima (Hall.) Schröt. 1. 483, Fig. 284 *F—J.*
Uteria Mich. (*Dasycladac.*) 2. 159, 569.
Utraria Quél. (*Lycoperdac.*) 1**. 316.
Uvella Crouan (*Mycoideac.?*) 2. 103.

Uvella Ehrenb. (*Hymenomonadac.*) 1a. 162.
Uvella Ehrenb. (*Monadac.*) 1a. 133.
Uvella Ehrenb. (*Volvocac.*) 1a. 188; 2. 40.

## V.

Vacuolaria Cienk. (*Chloromonad.*) 1a. 170, 171.
V. (Trentoma) flagellata (Stokes) Senn 1a. 171, Fig. 124 B.
V. virescens Cienk. 1a. 171, Fig. 124 A.
Vaginaria Gray (*Oscillatoriac.*) 1a. 70.
Vaginella C. Müll. (*Bartramiac.*) 3. 209, 636.
Vaginopora De France (*Algae*) 2. 569.
Vaginularia Fée (*Polypodiac.*) 4. 297.
Vallifilix Pet.-Thou. (*Schizaeac.*) 4. 363.
Valonia Ginn. (*Valoniac.*) 2. 147, 148,
V. utricularis (Roth) Ag. 2. 147, Fig. 99.
Valoniaceae 2. 28, 145—152.
Valonieae (*Valoniac.*) 2. 148.
Valsa Fries (*Valsac.*) 1. 455, 456, 460.
V. ceratophora Tul. 1. 460, Fig. 276 J—L.
V. Eutypa (Ach.) Nitschke 1. 460, Fig. 276 A—D.
V. flavovirescens (Hoffm.) Nitschke 1. 460, Fig. 276 E.
V. nivea (Pers.) Fr. 1. 460, Fig. 276 F—H.
Valsaceae 1. 387, 454, 468; 1**. 544.
Valsaria (*Melogrammatac.*) 1. 478.
Valsaria De Not. (*Melanconidac.*) 1. 468, 469, 470.
V. Tiliae (Pers.) De Not. 1. 469, Fig. 279 G—L.
Valsella Fuckel (*Valsac.*) 1. 462.
Valsonectria Speg. (*Hypocreac.*) 1. 348, 362.
Vampyrella Cienk. (*Vampyrellac.*) 1. 38.
V. Spirogyrae Cienk. 1. 38, Fig. 20 B —D.
Vampyrellaceae 1. 38.
Vampyrellidium Zopf (*Vampyrellac.*) 1. 38.
Vanheurckia Bréb. (*Bacillariac.*) 1b. 52. 123, 130, 131.
V. (Brébissonia) Boeckii (Kütz.) 1b. 131, Fig. 236 A, B.
V. (Frustulia) rhomboides (Ehrenb.) De Toni 1b. 52, Fig. 62 E.
Van Heurckiella Pant. (*Bacillariac.*) 1b. 150.
Van Romburghia Holterm. (*Thelephorac.*) 1**. 554.

Vanvoorstia Harv. (*Delesseriac.*) 2. 409, 416.
V. spectabilis Harv. 2. 413, Fig. 238 F.
Varicellaria Nyl. (*Pertusariac.*) 1*. 195, 198.
V. rhodocarpa (Koerb.) Th. Fr. 1*. 198, Fig. 104 C.
Variolaria Ach. (*Pertusariac.*) 1*. 195.
V. globulifera Turn. 1*. 22, Fig. 19.
Vaucheria D.C. (*Vaucheriac.*) 2. 132, 133, 569.
V. sessilis (Vauch.) D.C. 2. 132, Fig. 86; 133, Fig. 87.
Vaucheriaceae 2. 28, 131—134.
Vaucherioideae J. G. Ag. (*Caulerpac.*) 2. 136.
Veilchenstein (*Trentepohlia iolithus* L.) 2. 100.
Velocoprinus P. Henn. (*Agaricac.*) 1**. 207.
Veloporus Quél. (*Polyporac.*) 1**. 191.
Velutaria Fuckel (*Cenangiac.*) 1. 231, 232, 233.
V. rufo-olivacea (Alb. et Schw.) Fuckel 1. 233, Fig. 177 A, B.
Velutina Broth. (*Brachytheciac.*) 3. 1145.
Velutinium Loeske (*Brachytheciac.*) 3. 1145, 1238.
Venturia Ces. et De Not. (*Pleosporac.*) 1. 428, 430, 431.
V. ditricha (Fr.) Karst. 1. 430, Fig. 267 H—L.
Venturiella C. Müll. (*Erpodiac.*) 3. 701, 707, 709.
V. sinensis C. Müll. 3. 709, Fig. 532 A—F.
Verderame (*Chromosporium Maydis* Ces.) 1**. 421.
Verlotia H. Fabre (*Pleosporac.*) 1. 439.
Vermicularia Fries (*Sphaerioidac.*) 1**. 354, 358.
V. Dematium (Pers.) Fr. 1**. 358, Fig. 188 D—F.
V. Liliacearum Westend 1**. 358, Fig. 188 L—N.
V. relicina Fries 1**. 358, Fig. 188 H—K.
V. Wallrothii Sacc. 1**. 358, Fig. 188 G.
Vermiculariella Oudem. (*Sphaerioidac.*) 1**. [366], 369.
Vermiporella Stolley (*Algae*) 2. 569.
Verpa Swartz (*Helvellac.*) 1. 168, 169, 170.
V. bohemica (Krombh.) Schröt. 1. 168, Fig. 141 E, F; 169, Fig. 142 G.
Verrucaria (*Pyrenulac.*) 1*. 66.
Verrucaria (*Strigulac.*) 1*. 75.

Verrucaria (Web.) Th. Fr. (*Verrucariae.*) 1\*. 53, 54.
V. calciseda D.C. 1\*. 5, Fig. 7 *A*, *B*; 28, Fig. 21 *C*, *E*, *G*; 54, Fig. 31 *A*.
V. Hochstetteri Fries 1\*. 54, Fig. 31 *D*.
V. macrotoma Desf. 1\*. 54, Fig. 31 *B*.
V. rupestris Schrad. 1\*. 54, Fig. 31 *C*.
Verrucariaceae 1\*. 51, 53—58.
Verrucidens Card. (*Dicranac.*) 3. 1176.
V. immersus (Broth.) 3. 1177, Fig. 828 *G—M*.
V. turpis Card. 3. 1177, Fig. 828 *A—F*.
Verrucula Stnr. (Pilze) 1\*. 79.
Vert-de-gris (*Myceliophthora lutea* Const.) 1\*\*. 421.
Vertebraria Royle 4. 303, 305; 505, Fig. 305.
Vertebrata Gray (*Rhodomelac.*) 2. 439.
Verticicladium Preuss (*Dematiac.*) 1\*\*. 457, 469.
V. trifidum Preuss 1\*\*. 469, Fig. 244 *D*.
Verticillieae (*Mucedinac.*) 1\*\*. 416, 419.
Verticilliopsis Cost. (*Mucedinac.*) 1\*\*. 420, 441.
Verticillium Nees (*Mucedinac.*) 1\*\*. 420, 440.
V. alboatrum Reinke et Berth. 1\*\*. 440, Fig. 228 *C*, *D*.
V. candelabrum Bon. 1\*\*. 440, Fig. 228 *B*.
V. stilboideum Sacc. 1\*\*. 440, Fig. 228 *E*.
Vesicularia C. Müll. (*Hypnac.*) 3. 1093.
Vesicularia C. Müll. (*Leucomiac.*) 3. 1096.
Vesicularia (C. Müll.) C. Müll. (*Hypnac.*) 3. 1079, 1093, 1237.
V. reticulata (Doz. et Molk.) 3. 1063, Fig. 761 *A—D*.
Vesicularia Ren. (*Hypnac.*) 3. 1093.
Vesiculariopsis Broth. (*Leucomiac.*) 3. 1095, 1098.
V. spiripes (Dus.) 3. 1097, Fig. 776 *A —K*.
Vesiculifera Hass. (*Bacillariac.*) 1 b. 150.
Vestergrenia Sacc. et Sydow (*Leptostromatac.*) 1\*\*. 392.
Vexillum Rouault (*Algae*) 2. 569.
Vialaea Sacc. (*Valsac.*) 1. 455, 466.
Vibrio A. Fischer (*Spirillac.*) 1a. 31.
Vibrio Müll. (*Bacillariac.*) 1 b. 142.
Vibrio Müll. (*Desmidiac.*) 2. 9.
Vibrio O. F. Müll. (*Euglenac.*) 1 a. 175.
Vibrissea Fries (*Geoglossae.*) 1. 163, 164, 167.
V. truncorum (Alb. et Schw.) Fr. 1. 164, Fig. 138 *C*, *H*, *J*.

Vidalia Lamx. (*Rhodomelac.*) 2. 429, 467.
V. volubilis (L.) J. Ag. 2. 468, Fig. 261 *D*, *E*.
Vingerziekte (*Plasmodiophora Brassicae* Woron) 1. 6.
Virgaria Nees (*Dematiac.*) 1\*\*. 456, 462, 463.
V. indivisa Sacc. 1\*\*. 463, Fig. 240 *A*.
Virgasporium Cooke (*Dematiac.*) 1\*\*. 486.
Vittaria Sm. (*Polypodiac.*) 4. 20, 68, 85, 297, 298, 299; 298, Fig. 157 *H—Q*.
V. amboinensis Fée 4. 20, Fig. 13 *A*.
V. angustifolia (Sw.) Diels 4. 298, Fig. 157 *Q*.
V. elongata Sw. 4. 20, Fig. 13 *B—D*; 298, Fig. 157 *H—K*.
V. lineata Sw. 4. 298, Fig. 157 *L*.
V. remota Fée 4. 298, Fig. 157 *P*.
V. scolopendrina Thwait. 4. 68, Fig. 47 *B*; 85, Fig. 61 : 298, Fig. 157 *M—O*.
Vittarieae (*Polypodiac.*) 4. 159, 297.
Vittariinae (*Polypodiac.*) 4. 297.
Vivianella Sacc. (*Lophiostomatac.*) 1. 449.
Viviania Raddi (*Jungerm. akrog.*) 3. 55.
Vizella Sacc. (*Microthyriac.*) 1. 339, 340.
Völkelia Solms (*Cladoxyl.*) 4. 783.
Voitia Hornsch. (*Splachnac.*) 3. 498.
V. nivalis Hornsch 3. 499, Fig. 353 *A—E*.
Voitieae (*Splachnac.*) 3. 498.
Volkmannia Sternbg. (*Calamariac.*) 4. 556.
Volubilaria Lamx. (*Rhodomelac.*) 2. 467.
Volutella Tode (*Tuberculariac.*) 1\*\*. 500, 505.
V. scopula Boul. 1\*\* 505, Fig. 259 *O*, *P*.
Volutellaria Sacc. (*Tuberculariac.*) 1\*\*. 500, 506.
Volvaria D.C. (*Gyalectac.*) 1\*. 124, 125.
Volvaria Fries (*Agaricac.*) 1\*\*. 231, 232, 258, 259, 555.
V. volvacea (Bull.) Sacc. 1\*\*. 258, Fig. 124 *C*.
Volvaria Mass. (*Thelotremac.*) 1\*. 119, 120.
Volvariella Speg. (*Agaricac.*) 1\*\*. 555.
Volvoboletus P. Henn. (*Polyporac.*) 1\*\*. 188, 196.
V. volvatus (Pers.) P. Henn. 1\*\*. 196, Fig. 104.
**Volvocaceae** 2. 27, 29—43, 94; 1a. 187.
Volvoceae (*Volvocac.*) 2. 37, 40.
Volvocoprinus P. Henn. (*Agaricac.*) 1\*\*. 208.

Volvox L. (*Volvocac.*) 2. 35, 37, 42.
V. aureus Ehrenbg. 2. 35, Fig. 20 *F—M.*
V. globator L. 2. 35, Fig. 20 *A—E.*
Volvox O. F. Müll. (*Hymenomonadac.*) 1a. 162.
Volvox O. F. Müll. (*Monadac.*) 1a. 133.
Vorticella Müll. (*Bacillariac.*) 1b. 150.
Vorticella O. F Müll. (*Peridiniac.*) 1b. 22.
Vorticella Schrk. (*Monadac.*) 1a. 133.
Vossia Thüm. (*Tilletiac.*) 1**. 546.

## W.

Walchia (*Lycopodiac.*) 4. 713.
Waldchampignon (*Psalliota silvatica* Schaeff.) 1**. 112.
Walkeria Hornsch. (*Dicranac.*) 3. 322.
Wallrothiella Sacc. (*Sphaeriac.*) 1. 400.
Warburgiella C. Müll. (*Sematophyllac.*) 3. 1099, 1116.
W. cupressinoides C. Müll. 1115, Fig. 790 *A—G.*
Wardia Harv. (*Fontinalac.*) 3. 701, 722, 723.
W. hygrometrica Harv. 3. 723, Fig. 544 *A—J.*
Warnstorfia Loeske (*Hypnac.*) 3. 1034.
Warrenia (Harv.) Kütz. (*Ceramiac.*) 2. 484, 492.
Warrenieae (*Ceramiac.*) 484, 492.
Webera De Not. (*Bryac.*) 3. 561.
Webera Ehrh. (*Weberac.*) 3. 663.
W. annotina 3. 241, Fig. 157 *I'.*
W. elongata Schwgr. 3. 234, Fig. 143 *E.*
W. rupestris (Doz. et Molk.) 3. 663, Fig. 503 *A—G.*
W. sessilis (Schmid) 3. 664, Fig. 504 *A, B.*
Webera Hedw. (*Bryac.*) 3. 545, 546.
Webera Schimp. (*Bryac.*) 3. 552, 554.
**Weberaceae** 3. 662—664, 1210.
Weberella Schmitz (*Rhodymeniac.*) 2. 398, 401.
Weberiopsis C. Müll. (*Fissidentac.*) 3. 353, 1187.
Weichselia Stichler (*Filical.*) 4. 499.
Weinmannodora Fries (*Sphaerioidac.*) 1**. 363, 366.
Weisia (*Pottiac.*) 3. 385, 388, 402, 420, 435.
Weisia Brid. (*Grimmiac.*) 3. 440.
Weisia Brid. (*Pottiac.*) 3. 391, 420.
Weisia C. Müll. (*Pottiac.*) 3. 388, 389.
Weisia Funckel (*Bryac.*) 3. 535.
Weisia Hedw. (*Catascopiac.*) 3. 630.

Weisia Hedw. (*Dicranac.*) 3. 304, 306, 312, 318, 320.
Weisia Hedw. (*Pottiac.*) 3. 382, 386, 1190, 1239.
Weisia Hook. et Tayl. (*Dicranac.*) 3. 304.
Weisia Hoppe (*Dicranac.*) 3. 313.
Weisia Mitt. (*Pottiac.*) 3. 384.
Weisia Schwaegr. (*Dicranac.*) 3. 309.
Weisia Sommerf. (*Dicranac.*) 3. 307.
Weisiella C. Müll. (*Dicranac.*) 3. 309.
Weisiodon Schimp. (*Pottiac.*) 3. 388.
Weisiopsis Bryol. eur. (*Pottiac.*) 3. 388.
Weissia (Ehrh.) Lindbg. (*Orthotrichac.*) 3. 472.
Weissites Goepp. (*Filical.*) 4. 498.
Weitenwebera Koerb. (*Verrucariac.*) 1*. 57.
Weitenwebera (Opiz) A. Zahlbr. (*Lecideac.*) 1*. 135.
Weymouthia Broth. (*Neckerac.*) 3. 807, 811.
W. mollis (Hedw.) 3. 812, Fig. 606 *A—F.*
Wibelia Bernh. (*Polypodiac.*) 4. 205, 216.
W. pinnata Bernh. 4. 216, Fig. 116 *II, J.*
Wiesenchampignon (*Psalliota arvensis* Schaeff.) 1**. 112.
Wiesenellerling (*Hygrophorus pratensis* Pers.) 1**. 112.
Wigghia Harv. (*Rhodophyllidac.*) 2. 376.
Wildemannia De Toni (*Bangiac.*) 2. 314.
Wildia C. Müll. et Broth. (*Erpodiac.*) 3. 701, 711.
W. solmsiellacea C. Müll. et Broth. 3. 712, Fig. 534 *A—F.*
Willemoësia Castr. (*Bacillarinc.*) 1b. 66, 67.
Willeya Müll. Arg. (*Verrucariac.*) 1*. 56.
Willeya (Müll. Arg.) A. Zahlbr. (*Verrucariac.*) 1*. 57.
Willia C. Müll. (*Pottiac.*) 3. 413, 417.
W. grimmioides C. Müll. 3. 416, Fig. 269 *A—G.*
W. marginata (Hook. f. et Wils.) 3. 417, Fig. 270 *A—D.*
Williamsia Broth. (*Pottiac.*) 3. 1190.
W. tricolor (Williams) 3. 1191, Fig. 836 *A—G.*
Wilmsia Koerb. (*Lichinac.*) 1*. 165.
Wilmsia Lahm (*Gyalectac.*) 1*. 126.
Wilsonaea Schmitz (*Rhodomelac.*) 2. 428, 451.
Wilsoniella C. Müll. (*Dicranac.*) 3. 1173.
W. flaccida (Williams) 3. 1174, Fig. 826 *F—J.*

Wilsoniella pellucida (Wils.) 3. 1171, Fig. 826 A—E.
Winterella Berl. (*Amphisphaeriac.*) 1. 416.
W. Sacc. (*Melanconidac.*) 1. 468.
Winteria Rehm (*Amphisphacriac.*) 1. 413, 415, 416.
W. lichenoides Rehm 1. 415, Fig. 262 N.
W. rhoina Ell. et Ev. 1. 415, Fig. 262 M.
Winterina Sacc. (*Amphisphaeriac.*) 1. 416.
Wittia Pant. (*Bacillariac.*) 1b. 72, 74.
W. insignis Pant. 1b. 74, Fig. 109.
Wojnowicia Sacc. (*Sphaerioidac.*) 1**. 373, 374.
Wolfspilz (*Boletus lupinus* Fr.) 1**. 113.
Wollea Born. et Flah. (*Nostocac.*) 1a. 72, 74, 75.
W. saccata Born. et Flah. 1a. 75, Fig. 56 B.
Woodiella Sacc. et Sydow (*Patellariac.*) 1**. 533.
Woodsia R. Br. (*Polypodiac.*) 4. 159, 160, 162; 162, Fig. 88 A—E.
W. elongata Hook. 4. 162, Fig. 88 B.
W. ilvensis (L.) R. Br. 4. 162, Fig. 88 D, E.
W. obtusa Torr. 4. 162, Fig. 88 C.
W. polystichoides Eat. 4. 162, Fig. 88 A.
Woodsieae (*Polypodiac.*) 4. 158, 159.
Woodsiinae (*Polypodiac.*) 4. 159.
Woodwardia Sm. (*Polypodiac.*) 4. 57, 222, 253, 254.
W. radicans Sw. 4. 57, Fig. 39 G; 254, Fig. 134 A, B.
Woodwardites Goepp. (*Filical.*) 4. 499.
Wormskioldia Aresch. (*Delesseriac.*) 2. 410.
Wormskioldia J. Ag. (*Delesseriac.*) 2. 412.
Wormskioldia Spreng. (*Delesseriac.*) 2. 412.
Woronina Cornu (*Synchytriac.*) 1**. 71, 72.
W. polycystes Cornu 1. 72, Fig. 54.
Woroninella Racib. (*Synchytriac.*) 1**. 526.
Woroninia Solms (*Vaucheriac.*) 2. 133.
Wrangelia C. Ag. (*Gelidiac.*) 2. 341, 344, 345.
W. penicillata C. Ag. 2. 344, Fig. 209 F.
Wrangelieae (*Gelidiac.*) 2. 341, 343.
Wrightia O'meara (*Bacillariac.*) 1b. 150.
Wrightiella Schmitz (*Rhodomelac.*) 2. 428, 447, 448.
W. Bledgettii (Harv.) Schmitz 2. 448, Fig. 234 A.
Wuestneia Auersw. (*Diatrypac.*) 1. 475.
Wuestneia Auersw. (*Melanconidac.*) 1. 470.
Wuestneia Auersw. (*Valsac.*) 1. 455.

Wurdemannia Harv. (*Rhodophyllidac.*) 2. 382.
Wurmmoos, korsikanisches (*Alsidium Helminthochortos* Latour.) 2. 438.
Wynella Boud. (*Pezizac.*) 1. 188.
Wynnea Berk. et Curt. (*Pezizac.*) 1. 188.
Wysotzkia Lemmerm. (*Hymenomonadac.*) 1a. 159.
W. biciliata (Wys.) Lemmerm. 1a. 159, Fig. 112 A.

## X.

Xanthidiastrum Delponte (*Desmidiac.*) 2. 14.
Xanthidium (*Desmidiac.*) 2. 11.
Xanthiopyxis Ehrenb. (*Bacillariac.*) 1b. 148.
X. cingulata Ehrenb. 1b. 148, Fig. 273 B.
X. oblonga Ehrenb. 1b. 148, Fig. 273 A.
Xanthocapsa Naeg. (*Chroococcac.*) 1a. 54.
Xanthocarpia Mass. et DeNot. (*Caloplacac.*) 1*. 227.
Xanthocarpia (Mass. et De Not.) A. Zahlbr. (*Caloplacac.*) 1*. 227.
Xanthochrous Pat. (*Polyporac.*) 1**. 158, 179.
Xanthodiscus Schewiakow (*Volvocac.*) 1a. 188.
Xanthoglossum Sacc. (*Geoglossac.*) 1. 165.
XanthoparmeliaWainio (*Parmeliac.*)1*.212.
Xanthopus Broth. (*Entodontac.*) 3. 880, 1231.
Xanthopus Kindb. (*Encalyptac.*) 3. 438, 1196.
Xanthopus Kindb. (*Pottiac.*) 3. 438.
Xanthoria (*Theloschistac.*) 1*. 209, 229.
Xanthoria Hue (*Theloschistac.*) 1*. 229.
Xanthoria (Th. Fr.) Arn. (*Theloschistac.*) 1*. 229.
X. parietina (L.) Th. Fr. 1*. 22, Fig. 18 a, b; 46, Fig. 29 A; 229, Fig. 120 C, D.
Xanthotrichum Wille (*Oscillatoriac.*) 1a. 63, 65, 66.
X. contortum Wille 1a. 65, Fig. 52 C.
Xenococcus Thuret (*Chamaesiphonac.*) 1a. 58, 60.
X. Schousboei Thuret 1a. 60, Fig. 51 A.
Xenodochus Schlecht. (*Pucciniac.*) 1**. 553.
Xenomyces Ces. (*Mucorac.?*) 1**. 530.
Xenopteris Weiss (*Filical.*) 4. 498.
Xenosphaeria Koerb. (*Mycosphaerellac.*) 1**. 543.
Xenosphaeria Trevis. (Pilz.) 1*. 79.
Xerocarpus Karst. (*Thelephorac.*) 1**. 123.

Xerotus Fries (*Agaricac.*) 1\*\*. 222, 223.
X. tomentosus Klotzsch 1\*\*. 223, Fig. 112 *D*.
Xiphophora Mont. (*Fucac.*) 2. 278, 281.
Xiphophyllanthus Kuntze (*Fucac.*) 2. 284.
Xiphopteris Kaulf. (*Polypodiac.*) 4. 306, 308.
Xylaria Hill (*Xylariac.*) 1. 481, 487, 488, 489. ?
X. carpophila (Pers.) Fr. 1. 489, Fig. 288 *B, C.*
X. Hypoxylon (L.) Grev. 1. 488, Fig. 287 *A*.
X. polymorpha (Pers.) Grev. 1. 488, Fig. 287 *B—E*; 289, Fig. 288 *A*.
**Xylariaceae** 1. 387, 480—494; 1\*\*. 544.
Xylariodiscus P. Henn. (*Xylariac.*) 1\*\*. 544.
Xylastra Mass. (*Graphidac.*) 1\*. 95.
Xylobotryum Pat. (*Xylariac.*) 1. 481, 489, 490.
X. andinum Pat. 1. 489, Fig. 288 *II—K*.
Xylocladium Sydow (*Stilbac.*) 1\*\*. 492, 494.
Xylocoryne Fries (*Xylariac.*) 1. 487, 488.
Xylodactyla Fries (*Xylariac.*) 1. 487, 490.
Xylodon Ehrenb. (*Clavariac.*) 1. 149.
Xyloglossa Fries (*Xylariac.*) 1. 487.
Xylogramma Wallr. (*Stictidac.*) 1. 245, 249, 250.
X. sticticum (Fr.) Wallr. 1. 250, Fig. 184 *G, H.*
Xylographa Fries (*Graphidac.*) 1\*. 92, 93.
X. minutula Koerb. 1\*. 93, Fig. 46 *A—C*.
Xylomites Pers. (*Mycel.*) 1\*\*. 523.
Xylomycon Pers. (*Polyporac.*) 1\*\*. 152.
Xylopilus Karst. (*Polyporac.*) 1\*. 158, 161.
Xylopodium Mont. (*Podaxac.*) 1\*\*. 334.
Xyloschistus Wainio (*Graphidac.*) 1\*. 92, 94.
Xylostroma Tode (*Mycel.*) 1\*\*. 517.
Xylostyla Fries (*Xylariac.*) 1. 487, 488.

## Y.

Ymnitrichum Lindb. (*Polytrichac.*) 3. 685.
Ymnitrichum Nees (*Polytrichac.*) 3. 685.
Ypsilonia Lév. (*Sphaerioidac.*) 1\*\*. 350, 357.

## Z.

Zachariasia Lemmerm. (*Chroococcac.*) 2. 52, 53, 55.
Z. endophytica Lemmerm. 1a. 53, Fig. 49 *K*.

Zamiopsis Fontaine (*Filical.*) 4. 495.
Zamiopteris Schmalh. (*Filical.*) 4. 501.
Zanardinia J. Ag. (*Chaetangiac.*) 2. 338.
Zanardinia Nardo (*Cutleriac.*) 2. 264, 265.
Z. collaris (Ag.) Cr. 2. 264, Fig. 178 *H—K*.
Zeilleria Kidst. (*Marattial.*) 4. 448.
Zellera Mart. (*Delesseriac.*) 2. 409, 416.
Zeora Koerb. (*Lecanorac.*) 1\*. 202.
Zeugnema Link (*Zygnemac.*) 2. 20.
Ziegenbart (*Clavaria* spec. div., *Sparassis ramosa* Schaeff.) 1\*\*. 112, 138.
Ziegenfuß (*Polyporus pes caprae* Pers.) 1\*\*. 112.
Ziegenlippe (*Boletus subtomentosus* Fr.) 1\*\*. 112, 192.
Zieria Schimp. (*Bryac.*) 3. 563.
Zignaria Sacc. (*Sphaeriac.*) 1. 403.
Zignoa Trevis. (*Ulvac.*) 2. 77.
Zignoella Sacc. (*Sphaeriac.*) 1. 395, 403.
Zignoina Sacc. (*Sphaeriac.*) 1. 403.
Zinnkraut (*Equisetum silvaticum* L., *E. arvense* L.) 4. 543.
Zippea Corda (*Megaphyta*) 4. 507.
Zittelina Mun.-Chalm. (*Algae*) 2. 569.
Zodiomyces Thaxt. (*Laboulbeniac.*) 1. 497, 504, 505.
Z. vorticellarius Thaxt. 1. 505, Fig. 293 *C—E.*
Zodiomyceteae (*Laboulbeniac.*) 1. 497.
Zoidiogama 3. 1—1246; 4. 1—808.
Zonaria J. Ag. (*Dictyotac.*) 2. 295, 296.
Z. Turneriana J. Ag. 2. 296, Fig. 191 *A*.
Zonarites Schimp. (*Algae*) 2. 569.
Zonopteris Deb. et Ett. (*Filical.*) 4. 515.
Zonotrichia J. Ag. (*Rivulariac.*) 1a. 89.
Zoochlorella Brandt (*Pleurococcac.*) 2. 27, 160.
Zoogonicae (Phaeophyc.) 2. 180.
Zoophycus Mass. (*Algae*) 2. 550, 567.
Zoopsis Hook. f. et Tayl. (*Jungerm. akrog.*) 3. 94, 96.
Zopfia Rabh. (*Perisporiac.*) 1. 333, 335, 336.
Z. rhizophila Rabh. 1. 335, Fig. 232 *A—C*.
Zopfiella Winter (*Perisporiac.*) 1. 333, 334.
Z. tabulata (Zopf) Winter 1. 334, Fig. 231 *C, D.*
Zosterocarpus Born. (*Ectocarpac.*) 2. 186, 189.
Zukalia Sacc. (*Perisporiac.*) 1. 297, 308; 1\*\*. 537, 539.
Zukalina O. Ktze. (*Ascobolac.*) 1. 189, 191.

Zukalina neglecta (Zukal) O. Ktze. 1. 191, Fig. 153 C—E.
Zunder (Fomes fomentarius L.) 1**. 113, 161.
Zunderschwamm (Fomes fomentarius L.) 1**. 113, 161.
Zungenpilz (Fistulina hepatica Schaeff.) 1**. 188.
Zwackhia Koerb. (Graphidac.) 1*. 94.
Zygnema (Ag.) De Bary (Zygnemac.) 2. 18, 20.
Z. leiospermum De Bary 2. 18, Fig. 11 B, C.
Zygnemaceae 2. 1, 16—20.
Zygoceros Ehrenb. (Bacillariae.) 1 b. 93.
Z. circinum Bail. 1 b. 93, Fig. 159.
Z. (Odontotropis) longispina Grun. 1 b. 93, Fig. 160.
Zygochytrium Sorokin (Oochytriae.) 1. 87; 87, Fig. 71.
Zygodesmus Corda (Dematiac.) 1**. 456, 462.
Zygodon (Orthotrichac.) 3. 464.
Zygodon C. Müll. (Orthotrichac.) 3. 458, 459.
Zygodon C. Müll. (Pottiac.) 3. 398, 435.
Zygodon Hook. et Tayl. (Orthotrichac.) 3. 457, 460, 464, 1198.
Z. Araucariae C. Müll. 3. 463, Fig. 313 A—E.

Z. conoideus (Dicks.) Hook. et Tayl. 3. 463, Fig. 312 A—D.
Z. Moniezii (Schwaegr.) W. Arn. 3. 461, Fig. 310 A—G.
Z. pichinchensis Mitt. 3. 462, Fig. 311 A—G.
Zygodon Thwait. (Orthotrichac.) 3. 1198.
Zygogonium (Kütz.) De Bary (Zygnemac.) 2. 18, 20.
Z. didymum Rabh. 2. 18, Fig. 11 A.
Zygomitus Born. et Flah. (Algae) 2. 556.
Zygomycetes 1. 64, 119—141.
Zygopteris Corda (Filical.) 4. 478, 479, 504, 509, 510, 511, 512.
Z. pinnata Grand'Eury 4. 478, Fig. 267 A, B.
Zygoselmis Dus. (Paranemac.) 1 a. 182.
Zygoselmis From. (Cryptomonad.) 1 a. 168.
Zygoselmis From. (Volvocac.) 2. 38.
Zygosporium Mont. (Dematiac.) 1**. 457, 469, 470.
Z. oscheoides Mont. 1**. 469, Fig. 244 H.
Zygotrichia (Brid.) Mitt. (Pottiac.) 3. 431, 1196.
Zygotrichia Lindb. (Pottiac.) 3. 426, 429.
Zythia Fries (Nectrioidac.) 1**. 383, 384.
Z. Versoniana Sacc. 1**. 384, Fig. 201 A—C.
Zythieae (Nectrioidac.) 1**. 382.

www.ingramcontent.com/pod-product-compliance
Lightning Source LLC
Chambersburg PA
CBHW031739230426
43669CB00007B/408